米国のブラウンフィールド再生

工場跡地から都市を再生する

黒瀬 武史

九州大学出版会

米国では，1980年代初頭の環境規制強化のきっかけとなったラブ・キャナル事件（口絵1）から，土壌汚染地の塩漬け（ブラウンフィールド問題，口絵2，3）を乗り越えて，様々な主体が協力し（口絵4），多様な再生支援制度を展開している。

口絵1
運河に埋め立てられた廃棄物を原因とする土壌汚染のため住宅を強制移転した住宅地の跡地（ラブ・キャナル事件）
（筆者撮影，以下出典の記載がない写真は同様）

口絵2
放棄された工場建物が残る典型的なブラウンフィールド・サイト
（マサチューセッツ州チコピー市）

口絵3　立ち入りが制限された連邦政府が管理する深刻な土壌汚染地「スーパーファンド・サイト」（マサチューセッツ州ウーバン市）

口絵4　活発な議論が行われるニューヨーク州ブラウンフィールドオポチュニティ地区に関する情報交換会（2014/6）

6章　コネチカット州ブリッジポート市

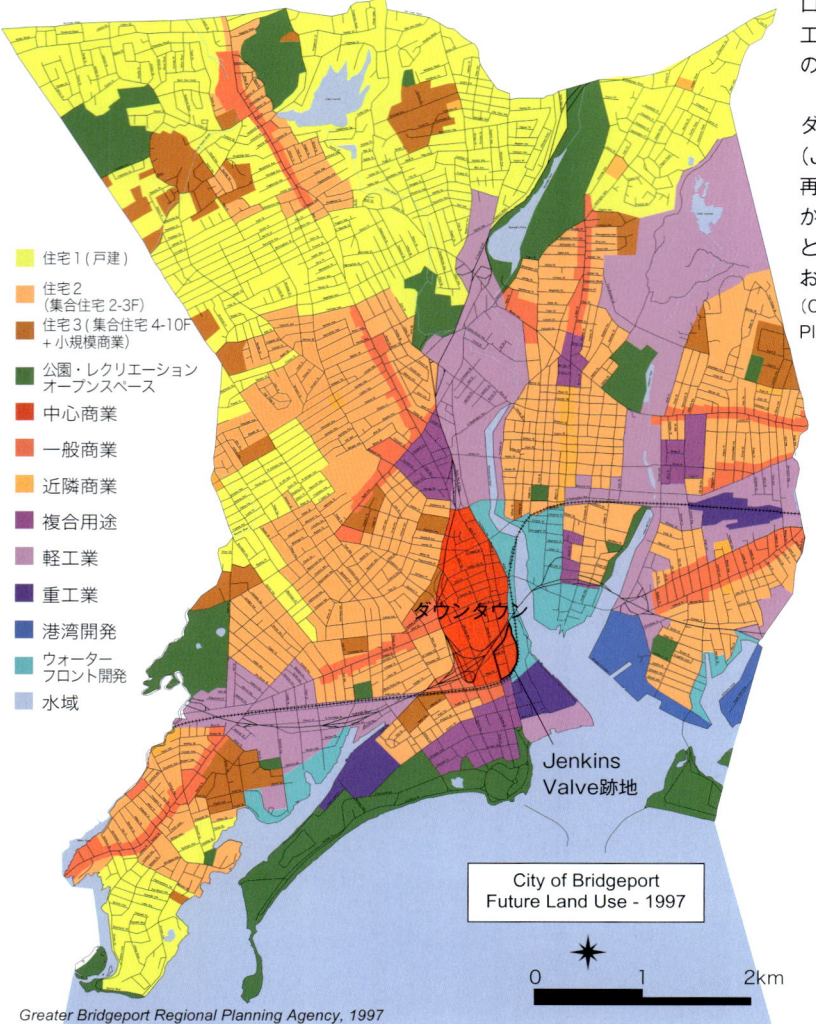

口絵5　1996年計画
工業系の土地利用（薄紫・紫）中心の将来土地利用計画図

ダウンタウンに隣接する工場跡地（Jenkins Valve跡地）は，製造業再興を目指す当時の市の計画のなかで，例外的にプロスポーツ施設として再開発され，一定の成功をおさめた。
(City of Bridgeport, Bridgeport Master Plan of Development-1996, 1997)

凡例：
- 住宅1（戸建）
- 住宅2（集合住宅 2-3F）
- 住宅3（集合住宅 4-10F＋小規模商業）
- 公園・レクリエーションオープンスペース
- 中心商業
- 一般商業
- 近隣商業
- 複合用途
- 軽工業
- 重工業
- 港湾開発
- ウォーターフロント開発
- 水域

ダウンタウン

Jenkins
Valve跡地

City of Bridgeport
Future Land Use - 1997

0　　1　　2km

Greater Bridgeport Regional Planning Agency, 1997

口絵6　Jenkins Valve跡地に建設された野球場

口絵7　Jenkins Valve跡地に建設されたアリーナ

ボストンとニューヨークの中間に位置するブリッジポートは機械・武器製造の中心として20世紀初頭に発展し、1970年代以降の工場閉鎖で多くのブラウンフィールド（BF）を抱えた。1990年代半ばにBF再生の全米パイロット都市に指定され、製造業の再興を目指して、工場跡地に工場を誘致する再開発計画（口絵5）を進めたが停滞、近年は緑地（口絵9、10）や公共交通を中心とした住民の生活の質を高める都市空間の創出を目指す長期的なブラウンフィールド再生（口絵8）へ戦略を転換した。

口絵8　2008年計画
複合用途（ピンク）の面積を大幅に増やした将来土地利用計画図

市長の交代に伴い、工業系用途が中心の口絵5から大きく転換し、鉄道駅や幹線道路沿道に複合用途を多数配置した計画である。ブラウンフィールドを活かした水辺の緑地ネットワークも加わった。
（City of Bridgeport, Master Plan of Conservation and Development Bridgeport, Connecticut, 2008）

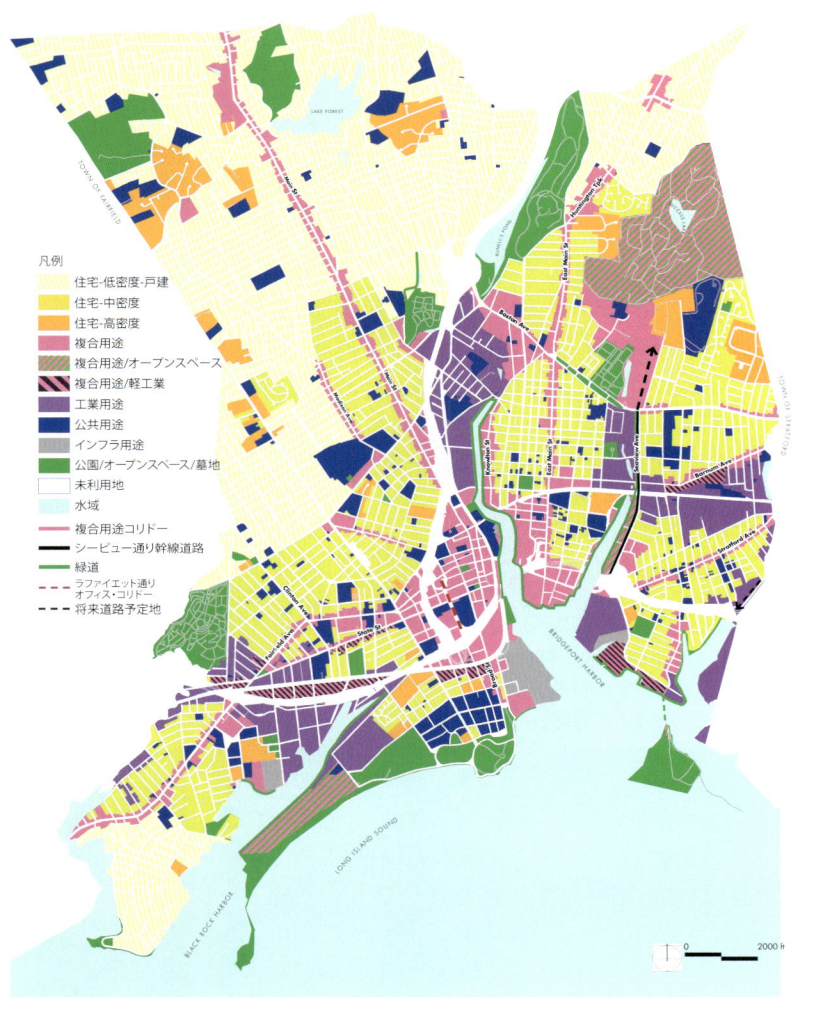

凡例
住宅-低密度-戸建
住宅-中密度
住宅-高密度
複合用途
複合用途/オープンスペース
複合用途/軽工業
工業用途
公共用途
インフラ用途
公園/オープンスペース/墓地
未利用地
水域
複合用途コリドー
シービュー通り幹線道路
緑道
ラファイエット通りオフィス・コリドー
将来道路予定地

口絵9　Knowlton公園
　　　水辺の再生を目指す工場跡地の公園化

口絵10　市の公園マスタープランに描かれた水際緑地の展開イメージ（Knowlton公園はこの緑地の一部）
（City of Bridgeport, The Parks Master Plan 2011 Executive Summary, 2012）

口絵11　Appleton Mills 再生前 （2005）
ダウンタウンの南側に隣接する JAM 地区に位置する歴史的な織物工場だが，長期間にわたって放置されていた。地下に土壌汚染の問題も抱えていた。

口絵12　Appleton Mills 再生後 （2014）
ローウェル市は JAM 地区を戦略的なブラウンフィールド再生地区に選定して州の都市再開発事業を用いて一部のブラウンフィールドを公有地化，土壌汚染対策を進めて民間事業者に売却した。
Appleton Mills は歴史的な建造物を活かしたロフト型住宅として再生された。

ボストン北西部に位置するローウェルは，米国の産業革命発祥の地の一つであり，歴史的な繊維工場の建物が多数残る。ダウンタウンは，産業遺産を中心に据えた国立公園として1970年代半ばから整備されたが，周辺には土壌汚染を抱えたまま遺棄された工場建物が廃墟となって残っていた。1990年代末から，市はブラウンフィールド再生のモデル都市に指定され，地区全体を再生させる空間戦略を採用し，州立大学とスポーツ施設を核にダウンタウン周縁部の工場跡地を再生させることに成功した。

口絵13
ダウンタウン周辺のブラウンフィールド地区を対象とした空間計画

地区の再生を先導する公共事業（先導事業）と運河や川を活かした遊歩道整備を組み合わせて，地区の再生を印象づけ，その後の民間のブラウンフィールド再生による地区全体の活性化に成功した。

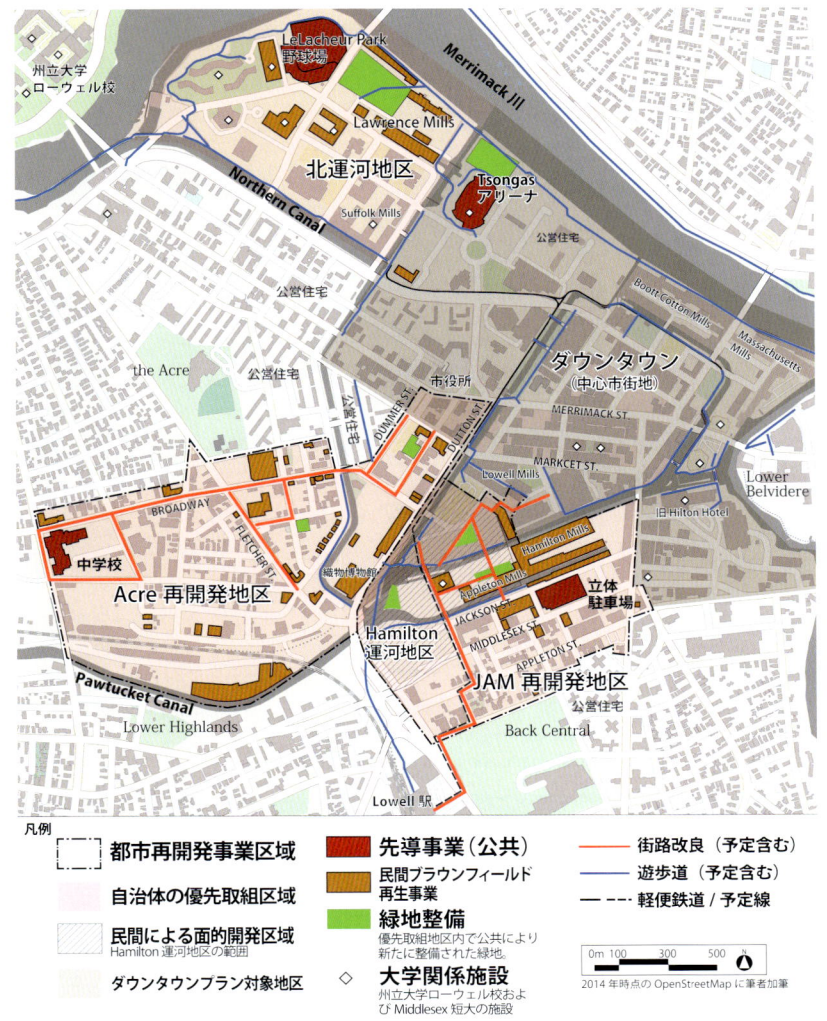

口絵14　北運河地区の再生を牽引する Merrimack 川沿いの遊歩道（ダウンタウンと野球場・アリーナをつなぐ歩行者ネットワーク）

口絵15　北運河地区の先導事業として 1990 年代後半に建設された Tsongas アリーナ（現在は州立大学が管理・運営している）

8章　ニューヨーク州バッファロー市

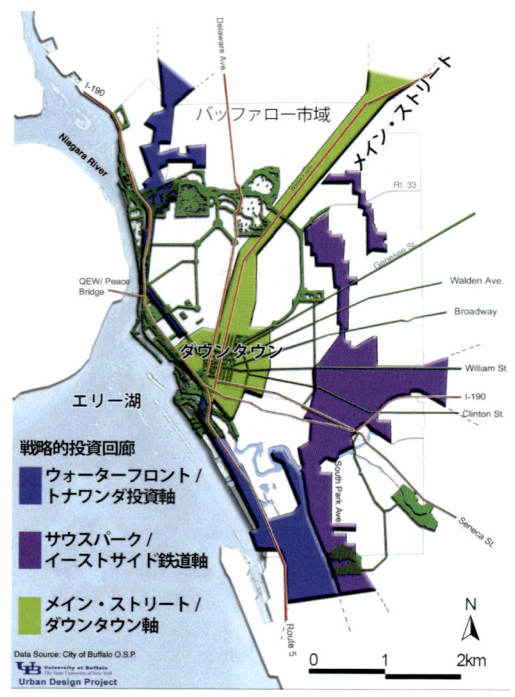

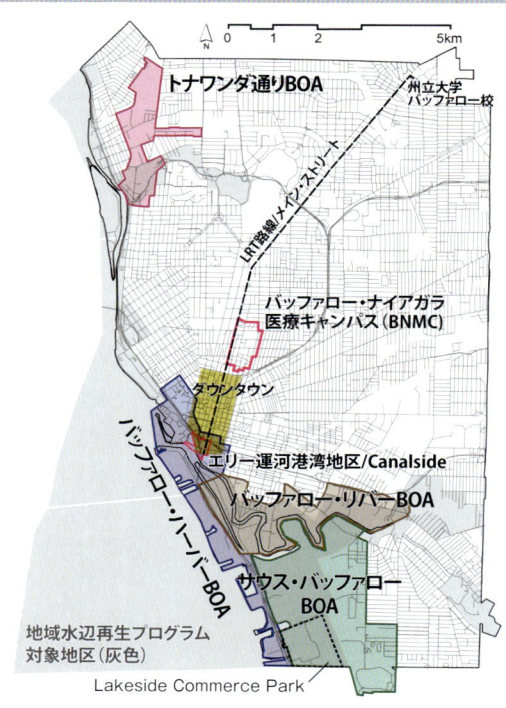

口絵16　市の戦略的投資回廊（2006年総合計画）
(City of Buffalo, Queen City in the 21st Century - Buffalo's Comprehensive Plan, 2006)

口絵17　市内の主なブラウンフィールド再生事業
州の計画支援制度であるブラウンフィールド・オポチュニティ地区（BOA）を4地区で活用

口絵18　土壌汚染を建物下部に管理した状態でホテル・オフィスに改修した建物 One Canalside

口絵19　製鉄所の港湾施設を再生して生まれた Ship Canal Commons

口絵20　複数の製鉄所が残っていた 1970 年の South Buffalo 地区の空中写真（USGS 所蔵）

ニューヨーク州第2位の工業都市バッファローは、五大湖と大西洋をつなぐ主要なルートであったエリー運河の衰退と同時期に製造業が衰退し，市内には大規模な工場跡地が多数残されている。1950年には58万人を数えた人口も2010年には約26万人と半減した。バッファロー市は，自治体のマスタープランにブラウンフィールド再生を位置づけ，ブラウンフィールド・オポチュニティ地区（BOA）を活用して，大規模なブラウンフィールドを抱える地区の再生を進めている。

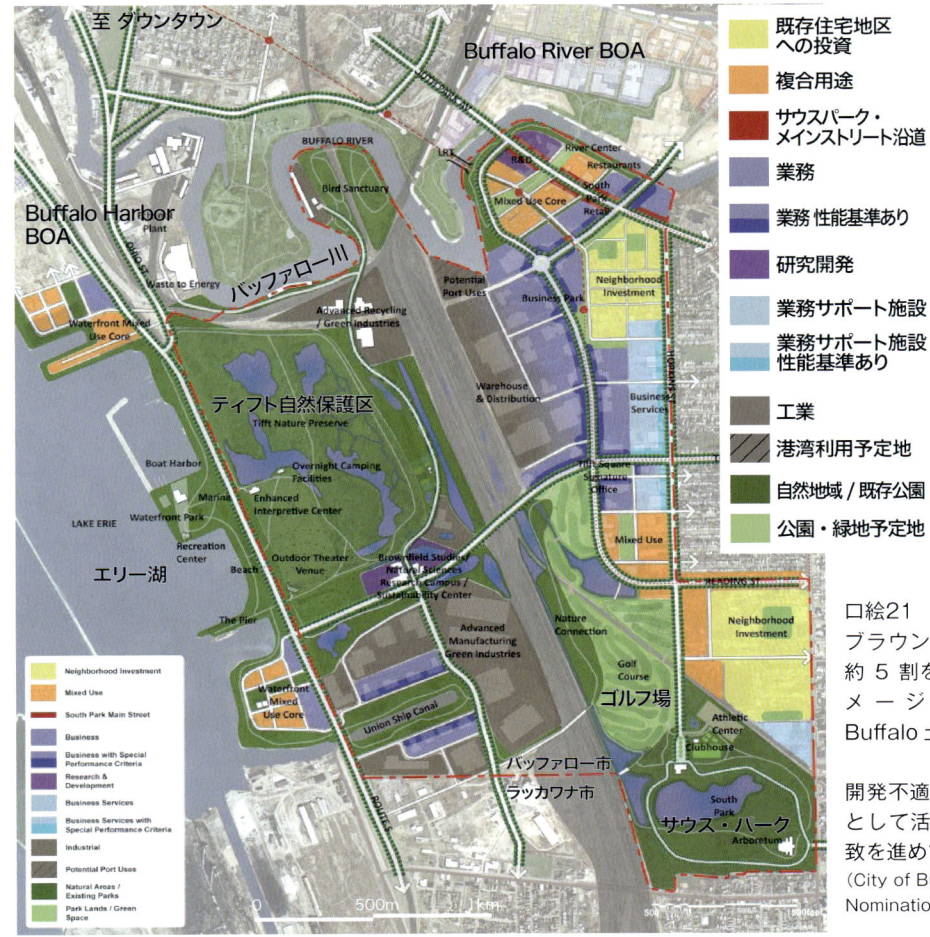

既存住宅地区への投資
複合用途
サウスパーク・メインストリート沿道
業務
業務 性能基準あり
研究開発
業務サポート施設
業務サポート施設 性能基準あり
工業
港湾利用予定地
自然地域／既存公園
公園・緑地予定地

口絵21
ブラウンフィールド・サイトの約5割を緑地に転換し地区のイメージを一新する South Buffalo 土地利用計画素案

開発不適地を緑地ネットワークとして活用し，新たな企業の誘致を進めている。
(City of Buffalo, South Buffalo BOA Nomination document, 2009)

口絵22
South Buffalo 地区の南側上空から撮影した地区の全景

手前側が大規模な製鉄所跡地の再生を印象づける Lakeside Commerce Park と中心の公園 Ship Canal Commons。
奥側の緑地がティフト自然保護区でその先にはバッファロー市のダウンタウンが位置している。
(Buffalo Urban Development Corporation)

結章　環境保護と都市計画の連携が生み出した米国のブラウンフィールド再生政策

米国のブラウンフィールド再生政策は，個別の土壌汚染地の再生を進めた第1世代の政策から，工場跡地を抱える地区全体の再生を促す第2世代の政策へ進化した（口絵23）。民間投資の活用を前提としつつも，立地と汚染の程度に応じて多様な支援を展開している（口絵24）。

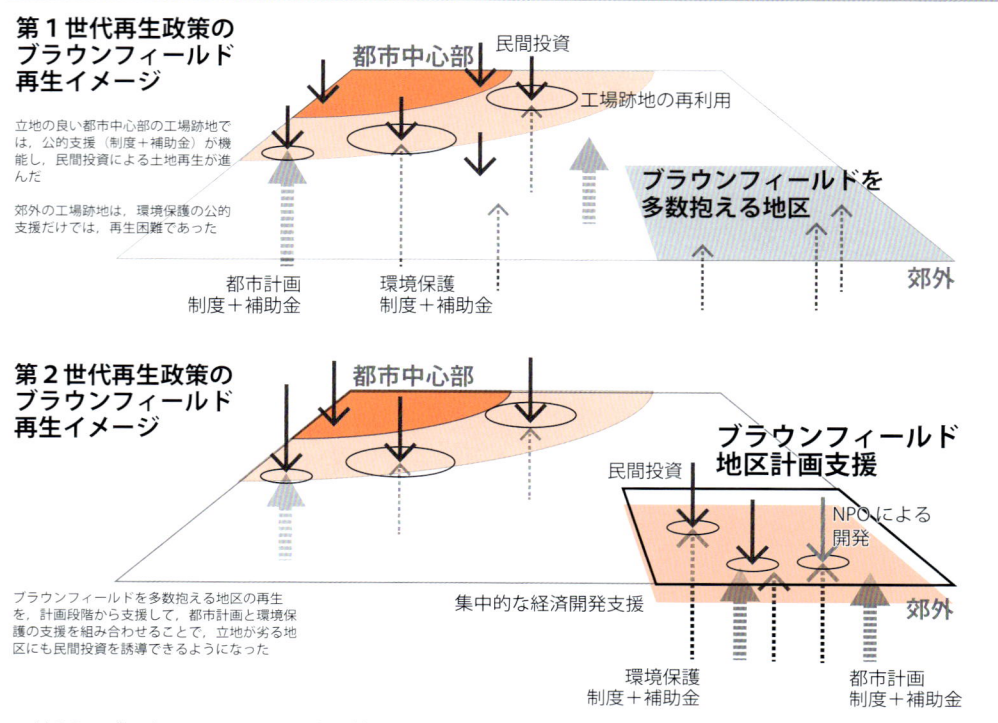

口絵23　ブラウンフィールド再生政策の変化の概念図（上からの矢印：民間投資・下からの矢印：公的支援）

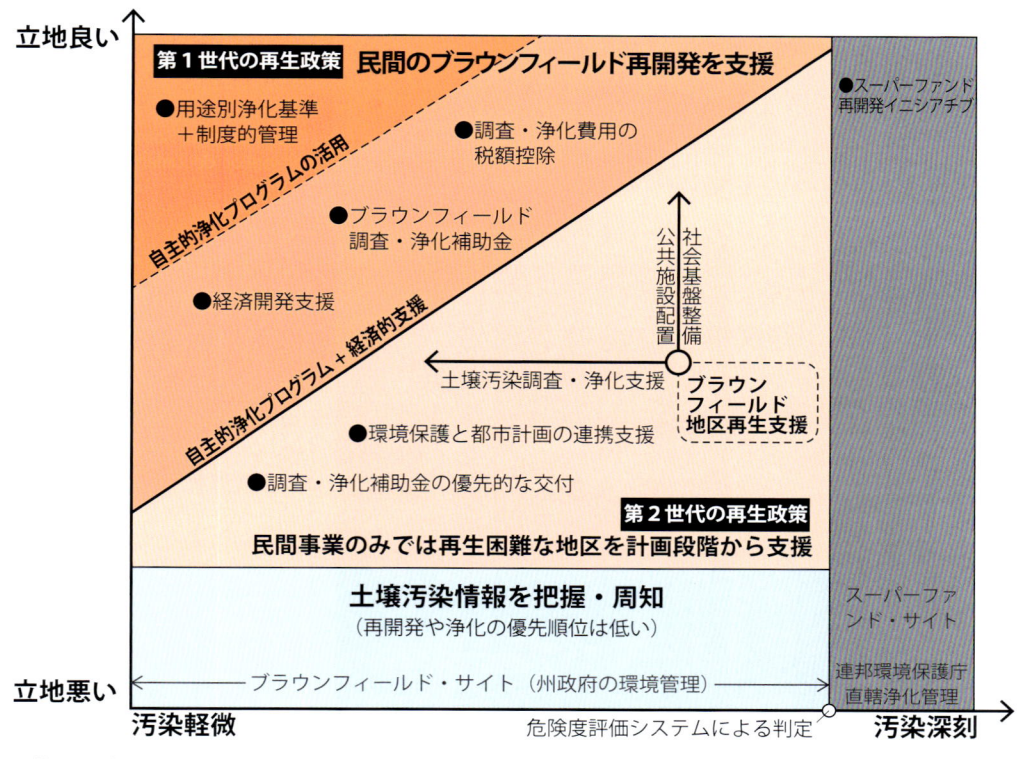

口絵24　立地と汚染状況に応じたブラウンフィールド再生支援の実態

目　次

序章　工業都市の再生とブラウンフィールド問題

0.1　本書のねらい

　本書が取り扱う「土壌汚染のある工場跡地（ブラウンフィールド）」と「ブラウンフィールドを抱えるまち」の再生は，産業構造の転換が進む先進工業国が共有する都市問題である。土壌汚染への対応と跡地利用の問題を抱える日本にとっても重要な社会的課題であると言えるだろう。加えて，人口減少下の地域再生，産業基盤の海外移転によって空洞化した都市への対応は，自治体やまちづくりに携わる市民にとって，喫緊の課題である。大都市においても，工場跡地の再利用において，土壌汚染リスクの低減と対策費用や期間のバランス，中長期的な土地の安全性の確保について，社会的な注目が集まっている。

　工場跡地は，土壌汚染や地下水汚染を中心とした環境汚染を抱えている場合が多い。環境基準を設定し，科学的な「安全」を担保するとともに市民や跡地利用の主体が納得して土地を再利用するための「安心」を提供することも重要な課題である。加えて，工場周辺の市街地には，工場労働者向けの住宅地が多く，雇用の喪失，空き家や空き地の増加による治安悪化など社会的な課題も抱えている。

　本書は，1980 年代初頭に市街地の土壌汚染が社会問題化し，行政・産業界・市民が対話を繰り返して，ブラウンフィールドの再生を実現してきた米国の政策と都市再生を取り扱う。日本と米国では，当然，法制度や規制の違いは存在する。しかし，安全性と経済性の両立，都市再生の視点，市民と行政のリスク・コミュニケーションなど，本質的な課題への取り組みは，違いよりも共通点のほうが多いと考えている。

　本書のもう 1 つの狙いは，ブラウンフィールド再生を事例とした，土地に潜むリスクへの対応を考えることにある。特に問題ないと思われてきた市街地が，自然災害や過去の人為的な土地の改変が原因となり，100% 安全だとは言い切れない状況が発生している。深刻なリスクは避けるべきだが，可住地が限られた日本では，土地のリスクを理解し向き合いながら暮らすことも必要になる。そのためには，既存の制度や枠組みを超えた取組が重要となる。米国のブラウンフィールド再生で言えば，環境行政と都市計画行政の連携である。具体的には，土地用途に応じた浄化基準の設定や，土地登記と一体的に土壌環境情報を管理する環境地役権など，日本でも将来的には導入を検討できる制度を取り扱っている。

　人口減少が進む日本の工場跡地や工業都市が置かれた現状は厳しいが，本書がそのような場所や街の前向きな将来を探る一助となれば幸いである。

0.2 本書の構成

　本書は，工場跡地の再生の停滞を経て，先進的なブラウンフィールド再生政策を生み出してきた米国を対象に，「再生を支える制度」（第1部）と，制度を活用した「ブラウンフィールドを抱える都市の再生」（第2部）の2つの視点で解説する。章末に本書の構成を示した図を挙げるので参照されたい。

　第1部では，1章で米国の土壌汚染地対応の枠組みとして，連邦政府が所管するスーパーファンド法対象の「深刻な汚染地」と，州政府が所管する中軽度の汚染地である「ブラウンフィールド」の違いを整理し，都市計画と環境の統合的な運用を可能にした制度の基礎を解説する。2章では「厳格な規制と責任追及」から「対策の規範化による自主的な対策の誘導」へ，さらに「土地の再生」へと変化した米国の再生政策の変遷を分析し，「地区の再生」を目指す新たな制度も詳述する。3章では，連邦・州政府の政策を分析し，4章で土壌調査・対策から再開発に至る一連の再生過程における支援・政策の要点を示す。

　第2部では「ブラウンフィールドを抱える都市の再生」として，米国北東部の中小規模の工業都市を事例に，都市や地区の再生の実際のプロセスを分析する。5章は事例分析の枠組みを示す。6章のブリッジポート市は，初期の連邦政府の再生モデル都市の一つだが，荒廃地区の工場跡地を，跡地毎に再開発する戦略に固執し，失敗した。市長交代を契機に再生エリアを限定し，地区改善と汚染対策を並行して進める戦略に転換した。7章のローウェル市は，産業遺産としての工場建物の保全，歴史的な工場の土壌汚染，工場跡地に隣接する移民集中地区の課題を抱えていた。ブラウンフィールドを軸に据えた地区再生戦略を策定し，丁寧に住民との協議を進め，約20年かけてこれらの複合的課題の解決に成功した。8章のバッファロー市は，環境保護と都市計画を統合した州の計画支援制度を用いて，800haの大規模工場跡地群に，低コストで大規模緑地を整備して地区のイメージを改善し，太陽光発電の研究・開発・製造拠点へと転換することに成功した。9章では3都市の事例から「都市全体のブラウンフィールド再生戦略」「ブラウンフィールド再生における計画技法」，「公的支援の利用実態とその意義」を分析し，第1部で分析した再生制度の効果を検証する。

　最後に，本書のまとめとして，ブラウンフィールド再生における環境保護と都市計画の連携と形成過程とそのあり方を事例に，多分野の境界領域の都市問題への対応手法と都市計画の役割について論じる。また，米国と日本の背景の違い（土地所有の概念・行政機構・地価）も踏まえ，本書が示す知見の我が国への示唆を指摘する。

0.3 ブラウンフィールド再生を考えるうえでの課題

　本節では，工場跡地をはじめとする土壌汚染が存在する土地の発生の状況とそれに付随する問題を概観し，ブラウンフィールド再生に関する研究の背景について整理する。

0.3.1 産業構造転換と環境規制の強化

　日本を含む多くの先進国では，第3次産業従事者の割合が高まり，特に重厚長大型の製造業

は人件費が安く土地取得も容易な開発途上国に移転している。公害問題に起因する市民の環境意識の高まりによって，産業由来の廃棄物に対する環境規制も強化されており，規制が緩やかな第2次産業の途上国への移転の原因にもなっている。工場転出後の土地には，程度の差はあるが土壌汚染が存在することが多く，跡地の再利用にあたって土壌汚染への対策が必要となる。土壌環境に関する規制も強化されており，土地によっては土地の価値を上回る浄化費用が見込まれる場所も存在する。

0.3.2　産業の転出に伴う市街地の問題

　ある地域から工場等が転出した場合，転出後の土地の再利用に加えて，その産業によって生み出されていた雇用の補填・創出が，地域にとって重要な課題となる。また，工場の存在によって副次的に発生していた自治体の税収減，関連する市街地（直接取引があった他の工場に加え従業員の利用を見込んで存在した商業地・住宅地）の衰退も考慮すべき問題である。

　つまり，工場跡地の再利用にあたっては，工場内に放出された土壌汚染の対策という環境面の課題と，工場が担っていた地域の雇用創出及び税収の回復という経済面の課題という，2つの課題に同時に取り組む必要がある。雇用創出や税収の回復は，すなわち工場跡地の新たな土地利用を検討することであり，工場跡地の規模が大きい場合や複数存在する場合，経済面の課題は都市計画とも密接に関係している。そのため，工場跡地の再生は，環境保護，経済開発（経済発展），都市計画の3つの要素が必然的に関係することになる。

0.3.3　土地に起因するリスクへの対応

　本研究が対象とする土壌汚染は，主に表層および地中にある有害な化学物質や油等とする。土壌汚染をより広い概念でとらえれば，土地の物理的環境に起因するリスクの一部と考えられる。近年，我が国はじめ先進工業国においては，土壌汚染に加えアスベストや鉛塗料などの建材由来の化学物質の存在，地震，津波，洪水，海水面上昇に代表される自然災害の発生など，土地の物理的環境に起因するリスクへの対応を求められる事態が増加している。多くの場合，土地に起因するリスクは，新たにリスクが発生しているのではなく，人口増加に伴う住宅地の拡大や産業跡地の転換によって，物理的リスクの高い土地の利用密度が高まり，自然災害の発生や汚染物質の発見が契機となって顕在化している。

　顕在化した土地リスクへの対応や潜在的な土地リスクの想定は，土地を主要な対象とする都市計画の分野においても対応が求められる重要な課題であり，本書は土壌汚染地の再生を通して，土地リスクに対する都市計画の対応技術について示唆を得ることを目指す。

0.4　なぜ米国のブラウンフィールド再生政策なのか

　本書では，米国の中軽度の土壌汚染地に対する再生支援政策を研究対象とする。本節では，欧州との比較も踏まえて米国のブラウンフィールド再生政策の特徴を整理する。

0.4.1　米国と欧州の土壌汚染地に対するアプローチの違い

　米国のブラウンフィールド再生政策の特徴は，1980年に制定された包括的環境対処・補償・

責任法（スーパーファンド法）に端を発する環境保護行政と都市計画行政の鮮明な対立と，その後の協調・連携の歴史にある。その過程で，民間事業者によるブラウンフィールド再生を間接的に支援する政策・制度が発展した。

スーパーファンド法による浄化責任の厳格な追求は，理想主義的な厳しい環境規制であったため，既成市街地の再開発停滞という深刻な都市問題を引き起こした。欧州や日本のような，緩やかな事前調和型の環境規制と比較すると，環境保護行政と都市計画行政との対立も明確なものであった。その後，両者は対立を乗り越えて 1980 年代後半から協力して，様々な法制度や公的支援の枠組みを提供した。他国でも同様の課題が発生し解決が進められているが，問題発生の強度と規模は米国が最も大きかったと考えられる。そのため，本研究の重要なテーマである環境保護行政と都市計画行政の対立と協調が，最も明示的に現れるのも米国であると考えられる。

EU 諸国にも個々の事例として優れたブラウンフィールド再生事例は多い[1]が，国レベル・州レベルのブラウンフィールド政策（特に民間事業者のための経済的・制度的インセンティブ）においては，米国が最も先進的であると言われている[2]。

特に大陸欧州と米国を比較すると，民間事業者によるブラウンフィールド再生を支援する方法としては，一時的な土地取得を伴う基盤整備と土壌汚染対策を一体的に行い，対策後に土地を民間に貸与または売却する行政の直接介入型と，民間事業者による土壌汚染対策と再開発に対する制度的支援と経済的インセンティブの付与による間接支援型に大別される。大陸欧州の大規模なブラウンフィールド再開発事業は前者が多いが，米国は後者の制度で民間事業者を支援している。米国が間接支援型で先進的な仕組みを作り上げた背景には，自治体や州の都市計画権限が欧州と比べ相対的に弱く，公有地も少ないことにある。ブラウンフィールド問題が深刻だった当時の米国では，都市開発は郊外の未開発地（ブラウンフィールドに対応してグリーンフィールドと呼ばれる）に向かった。米国は人口あたりの可住地面積が多くの欧州諸国よりも大きく，都市計画権限も弱いため，グリーンフィールドにおける新規開発を都市計画で抑制できなかったのである。

英国は，米国と類似した状況にあり，ブラウンフィールド・サイトの再生に民間を惹きつけるために，政府機関が様々な支援を行っており，1990 年代後半から 2000 年代にかけては地域開発公社（Regional Development Agency）主体で衰退工業地域の再生事業が進められた。

自治体の計画権限が弱く，自治体や自治体の都市開発公社が主体となる開発を今後進めることは難しい日本の現状を考えると，直接介入型の欧州よりも間接支援型の米国の制度のほうが日本への応用可能性が高いと考えられる。

0.4.2　ブラウンフィールドの定義の違い

本書で対象とする土壌汚染地は，米国で一般にブラウンフィールド（Brownfield）と呼ばれる。米国においてブラウンフィールドは，2002 年に制定された「小規模企業の浄化責任免除およびブラウンフィールド再活性化法（連邦ブラウンフィールド法）[3]」において定義されている。これによると「ブラウンフィールド・サイトは，有害物質・汚染物質の存在または存在の可能性により，拡大・再開発・再利用が困難になっている不動産[4]」とされる。ここで重要なことは，汚染の存在が確定した状態のみならず，汚染が存在する可能性がある状態も定義に含

まれている点にある。米国のブラウンフィールド・サイトの中には，実際には浄化を必要とするような汚染がない土地であっても，土壌汚染の可能性を恐れ，調査費用も捻出できないため放置されていることも少なくないためである。この定義は，米国およびカナダでは広く受け入れられている。日本では法的な定義ではないが，環境省は米国の定義を引用している[5]。

一方，英国ではブラウンフィールドはやや異なる概念で用いられている[6]。英国では，ブラウンフィールドを既成市街地（Previously Developed Land, PDL）と定義しており，環境修復と同時に，経済開発（特に既成市街地の再開発）と社会的な結束に重点を置いている。つまり，英国のブラウンフィールドは土壌汚染の有無によらず，既成市街地のなかで再生が必要な土地を指す言葉として用いられているのである。米国のブラウンフィールド再生政策も既成市街地（特に経済的困窮地区）の経済発展に力を入れているが，土壌汚染の存在可能性が前提条件に置かれている点が大きく異なる。

本書では，米国を研究対象とするため，米国の定義を前提に議論を進める。

0.5 本書の特徴

ブラウンフィールド再生は，日本でも土壌汚染対策法制定時から取り上げられた課題であり，日本にもこの分野を取り扱った研究は多数存在する。本書の特徴は，地区再生を意図したブラウンフィールド再生政策の展開，ブラウンフィールドを抱える自治体の戦略とその変化，土地リスクに対する環境保護政策と都市計画の協調的対応の3点に注目する点にある。以下に各々について詳細を述べる。

0.5.1 地区再生を意図したブラウンフィールド再生政策の展開

本書では，先行研究で包括的に取り上げられていない米国の2000年代以降の地区再生を意図したブラウンフィールド再生政策の展開を，制度と実態の双方から明らかにする。また，土壌汚染地再生制度については，文献調査に加えて，州や連邦政府の担当者への聞き取り調査を行い，支援制度の運用実態と制度策定の背景を考察した。

各州の取り組みについても，本研究は自主浄化プログラムに関する枠組みに基づき制度の概要を整理したうえで，ケーススタディとして先進州のブラウンフィールド再生制度を包括的に整理する。これにより，環境保護政策の分野に限定せず，都市計画や経済開発面の支援を含む州政府の再生支援策の全容を明らかにする。

0.5.2 ブラウンフィールドを抱える自治体の戦略とその変化

本書では，第2部において，過去20年間にわたる自治体のブラウンフィールド再生戦略の実態とその変化を明らかにする。日本国内の既往研究は，法令に関するものが多く，都市や地区内の複数のブラウンフィールド・サイトの再生を対象とする研究がほとんどない。米国内の研究も90年代後半から2000年代前半に行われたパイロット事業や特定の施策の評価が多いが，都市全体の戦略とその変化に着目したものは少ない。多様な公的支援を活用した自治体の再生戦略と，失敗も含めたその実態を分析することにより，中期的な視点から，衰退工業都市の再生手法とその実現に有効な公的支援について知見を得る。

0.5.3 土地リスクに対する環境保護政策と都市計画の協調的対応

　本書は，ブラウンフィールド再生政策を事例として，単一のものさしでは比較困難な，環境保護政策における市街地の土壌汚染対策と，都市計画行政における都市や地区の再生の，統合的・協調的な運用に着目する。また，それらを可能にした米国の連邦・州の制度の背景とその変遷についても検討する。そのため，文献や法令の調査に加え，再生政策の立案や利用に関与する政府職員への聞き取り調査と，多様な支援施策により再生を進める都市の現地調査を重視した。既往研究で指摘されている，土地単体の跡地利用と土壌汚染対策の関係にとどまらない，土壌汚染地を含む地区の再生という観点で分析を行い，関連する地区スケールの計画に着目している点に特徴がある。

　従来は環境保護を目標とした枠組みで議論されてきた環境規制手法のあり方について，都市や地区の再生という目標が加わり，「土壌汚染地を，安全な環境を確保しつつ，生産的な土地利用に復帰させる」という複合的な目標が設定したブラウンフィールド政策のあり方を議論する。また，米国の事例研究を通して，日本の工場跡地再生に対する示唆を示す。

注
1) 2000 年頃の日本と欧米のブラウンフィールド再生（工場跡地等の土壌汚染対策と再開発）については，宮川らの研究が代表的である。
　宮川智子・中山 徹，日本・オランダ・ドイツ・イギリスの土壌汚染対策に関する法制度の比較：工場跡地等の土壌汚染対策と再開発に関する研究 その1，日本建築学会計画系論文集（547），pp. 177-183, 2001
　宮川智子・中山 徹，跡地利用・再開発と連携した土壌汚染対策の計画の検討：工場跡地等の土壌汚染対策と再開発に関する研究 その2，日本建築学会計画系論文集（565），pp. 209-216, 2003
2) OECD, Private Finance and Economic Development : City and Regional Investment, Local Economic and Employment Development（LEED），OECD Publishing, Paris, 2003
3) Small Business Liability Relief and Brownfields Revitalization Act. この法律は CERCLA の修正法として位置づけられている。
4) Public Law 107-118（H.R. 2869）: "Small Business Liability Relief and Brownfields Revitalization Act"，39 条 A 項より引用した下記の文言を和訳。"The term 'brownfield site' means real property, the expansion, redevelopment, or reuse of which may be complicated by the presence or potential presence of a hazardous substance, pollutant, or contaminant."
5) 英国のブラウンフィールド再生に関する取り組みは，高橋らの研究に詳しい。
　高橋 彰・阿部浩和・大塚紀子・宮川智子，日英の土壌汚染地としてのブラウンフィールドにかかわる法的枠組みと規模推計，日本建築学会計画系論文集（687），pp. 1077-1085, 2013
6) 環境省，土壌汚染をめぐるブラウンフィールド問題の実態等について 中間とりまとめ，2007/3

本書で用いる主な用語の定義（巻末の索引に略語を掲載しているので参照のこと）

用　　　　語	本書における用語の使い方
ブラウンフィールド ブラウンフィールド・サイト	米国では，ブラウンフィールドは「有害物質・汚染物質の存在または存在の可能性により，拡大・再開発・再利用が困難になっている不動産」と定義される。ブラウンフィールドとして定義される土地のうち，個別の区画を対象として取り扱う場合にブラウンフィールド・サイト（Brownfield site）と呼称する。
ブラウンフィールド地区	町丁目や近隣地区など一定の広がりを持つ空間領域（本書では地区と呼称する）に複数のブラウンフィールド・サイトが位置している場合に，その空間領域をブラウンフィールド地区と呼称することとする。米国では，ブラウンフィールド・サイトが複数集まる地区の呼称として一般的な呼称はないが，例えば，ニューヨーク州の Brownfield Opportunity Area は，"area affected by the presence of brownfield sites" と定義されている[*1]。
スーパーファンド・サイト	連邦政府が直轄で管理する極めて深刻な土壌汚染地である。汚染原因者が特定されなくても，スーパーファンド法（包括的環境対処・補償・責任法，CERCLA とも呼ばれる）によって，設置された基金（スーパーファンド）を用いて浄化される。
地区の再生	対象地区内において，ブラウンフィールド再生事業や再生計画の影響によって，公共事業以外の民間事業者による土地の再利用が複数発生した状態になることを地区の再生と定義する。
公的支援	一般に公的支援は，国や自治体などの公的機関から，民間（企業・個人）に対して実施されるものとされる。しかし，米国のブラウンフィールド再生支援においては，連邦政府や州政府から自治体や民間企業，個人（土地所有者等）へ財政的支援や技術的支援が提供されている。本書では一般の定義をやや拡大して，国や州政府等の公的機関から，民間または地方自治体等へ提供される技術的または経済的支援を全て公的支援として呼称する。

*1 ニューヨーク州環境保全局，Brownfield Opportunity Area Program, http://www.dec.ny.gov/chemical/8447.html, 2014/12/11 参照

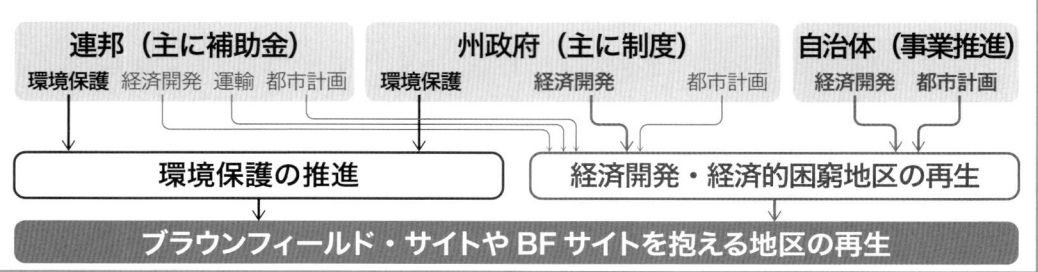
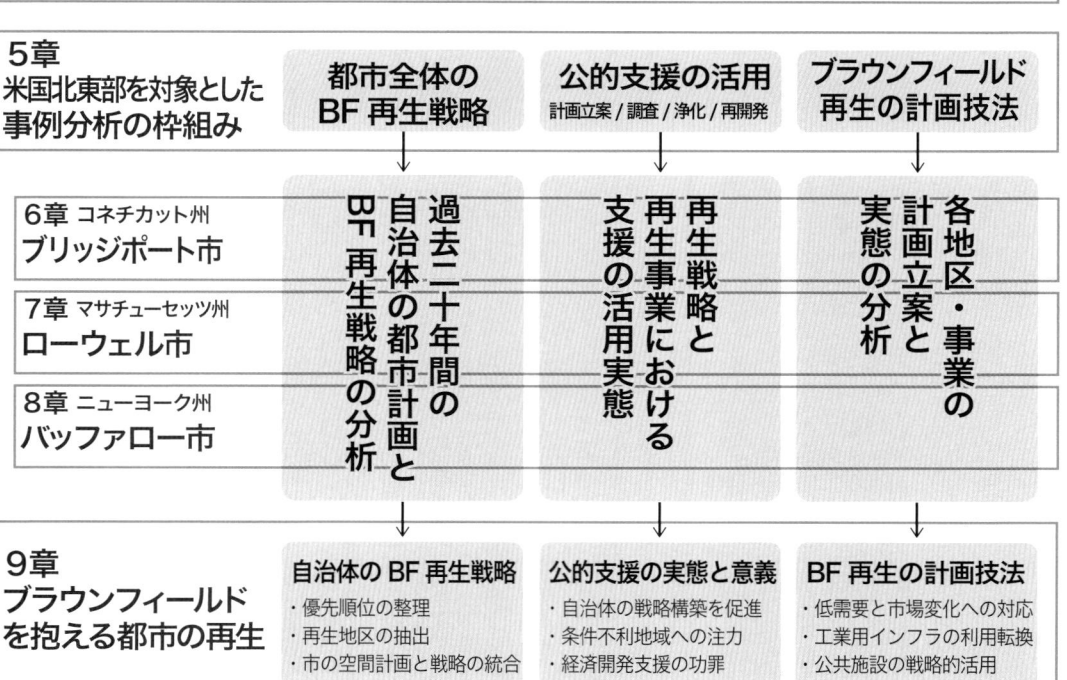

序章 工業都市の再生とブラウンフィールド問題
本書のねらい・米国を取り上げる意義

第1部 米国のブラウンフィールド再生政策

1章 米国の土壌汚染地対応の枠組み
ブラウンフィールド・サイト（中軽度汚染）
州政府（環境保護）＋自治体（都市計画）
スーパーファンド・サイト（深刻な汚染）
連邦政府直轄（環境保護）

2章 ブラウンフィールド (BF) 再生政策の変遷
スーパーファンド法施行
ブラウンフィールド問題発生 → 第1世代の再生政策 BF サイト（区画）の再生 → 第2世代の再生政策 BF 地区全体の再生

3章 ブラウンフィールド再生政策の実態　4章 ブラウンフィールド再生政策の特徴
連邦（主に補助金）　環境保護 経済開発 運輸 都市計画
州政府（主に制度）　環境保護 経済開発 都市計画
自治体（事業推進）　経済開発 都市計画
→ 環境保護の推進　経済開発・経済的困窮地区の再生
→ ブラウンフィールド・サイトや BF サイトを抱える地区の再生

第2部 米国のブラウンフィールド再生の実態

5章 米国北東部を対象とした事例分析の枠組み
都市全体の BF 再生戦略
公的支援の活用 計画立案/調査/浄化/再開発
ブラウンフィールド再生の計画技法

6章 コネチカット州 ブリッジポート市
7章 マサチューセッツ州 ローウェル市
8章 ニューヨーク州 バッファロー市
過去二十年間の自治体の都市計画と BF 再生戦略の分析
再生戦略と再生事業における支援の活用実態
各地区・事業の計画立案と実態の分析

9章 ブラウンフィールドを抱える都市の再生
自治体の BF 再生戦略
・優先順位の整理
・再生地区の抽出
・市の空間計画と戦略の統合
公的支援の実態と意義
・自治体の戦略構築を促進
・条件不利地域への注力
・経済開発支援の功罪
BF 再生の計画技法
・低需要と市場変化への対応
・工業用インフラの利用転換
・公共施設の戦略的活用

結章
環境保護と都市計画の連携が生み出した米国のブラウンフィールド再生政策
米国の BF 再生政策の継続の背景
日本への示唆

図 0-1　各章の構成（筆者作成）

第1部
米国のブラウンフィールド再生政策

第1部では，米国のブラウンフィールド再生政策を構成する連邦政府と州政府の政策について論じる。米国では，連邦・州それぞれの環境保護行政，都市計画行政，経済開発行政を中心とした，多様な政策分野の資金や制度を活用してブラウンフィールド再生が進められている。

1章では，米国の土壌汚染地対策におけるブラウンフィールド・サイトの位置付けを確認し，スーパーファンド法（CERCLA）に基づく深刻な土壌汚染地（スーパーファンド・サイト）とブラウンフィールド・サイトの違いについて整理する。続く2章では，ブラウンフィールド問題の発生とその対応について時系列で分析を行い，米国のブラウンフィールド再生政策の変遷を明らかにする。

3章は，連邦政府と州政府のブラウンフィールド再生政策の現在の実態を分析する。州政府については，全米50州の政策を概観し，事例分析としてマサチューセッツ州，ニュージャージー州，ニューヨーク州の再生政策の全容を明らかにする。4章は，米国のブラウンフィールド再生政策を総括し，第1部の成果と限界を論じた上で，第2部の自治体の取組を分析する視点も示す。

1章　米国の土壌汚染地対応の枠組み

1.1　本章のねらい

　本章では米国のブラウンフィールド再生政策の前提として，土壌汚染地対応の枠組みを分析し，土壌汚染地対応におけるブラウンフィールドの位置付けを確認することを目的とする。また，ブラウンフィールドの再生にあたって，連邦政府，州政府，自治体がそれぞれ果たす役割も整理する。

　土壌汚染地対応については，連邦政府の土壌汚染関連法と州政府が定める州の土壌汚染関連法や法に付随する規則を分析の対象とした。連邦政府が直轄管理するスーパーファンド・サイトと呼ばれる深刻な土壌汚染地と，中軽度の土壌汚染地であるブラウンフィールド・サイトの区別について整理する。

　各公共機関の役割分担については，土壌汚染地対応に関する役割分担に加え，州政府が行うブラウンフィールド・サイトの浄化管理の実態，連邦や州の支援を活用し，主として跡地利用の観点から再生を推進する自治体の役割も整理した。なお，連邦政府および州政府が提供するブラウンフィールド再生支援制度は3章で詳述する。また，第2部でブラウンフィールドを多く抱える自治体が果たす役割を分析する。

1.2　米国連邦ブラウンフィールド法の定義

　ブラウンフィールドと土壌汚染地全体の関係を確認するために，序章に示した2002年の連邦ブラウンフィールド法に基づくブラウンフィールドの定義を再掲したい。

> 「ブラウンフィールド・サイトは，有害物質・汚染物質の存在または存在の可能性により，拡大・再開発・再利用が困難になっている不動産を意味する」
> *"The term 'brownfield site' means real property, the expansion, redevelopment, or reuse of which may be complicated by the presence or potential presence of a hazardous substance, pollutant, or contaminant."*
> Public Law 107-118（H.R.2869）："Small Business Liability Relief and Brownfields Revitalization Act"，39条A項

　この定義は，現在米国で用いられている最も一般的な定義だが，同法39条B項には，例外規定が定められている。例外とは，①同法により対策が計画または実施中の土地，②全国優先順位表（National Priority List，NPL）に掲載または掲載が提案されている土地，③同法（連邦ブラウンフィールド法は，スーパーファンド法の修正法である）に基づき法的に認められた

施設，④固形廃棄物処理法・連邦水質汚染規制法，有毒物質規制法，飲料水安全法に基づき認められた施設や土地，⑤固形廃物処理法に基づき対策中の土地，⑥固形廃棄物処理法に基づき閉鎖された施設，⑦先住民部族向けの土地を除く，連邦政府の部局等の管轄区域，⑧ PCB が排出された土地および有毒物質規制法に基づき浄化が必要な土地，⑨固形廃棄物処理法に規定される地下貯蔵タンク基金による対応支援が提供される土地である。

このうち，特に重要な点は，②の全国優先順位表（NPL）に掲載または掲載が提案されている土地という点である。これは，1980 年に制定されスーパーファンド法によって設置された深刻な土壌汚染に対応する基金（スーパーファンド）を用いた連邦政府直轄の浄化の対象となる土地であり，危険度順位システム（Hazard Ranking System，HRS）と呼ばれる定量的な評価によって，極めて危険度が高いと評価された深刻な土壌汚染地である。

一方で，ブラウンフィールドの定義には，土壌汚染の可能性（potential presence）という表現が含まれている。一般に土壌汚染関連の法規の対象となる土地は，土壌汚染が存在する土地であるが，同法では，土壌汚染の可能性という言葉を加えることによって，土壌汚染の有無やその程度さえわからない工場跡地も，法による支援の対象に加えている。

つまり，ブラウンフィールドは，土壌汚染が存在または存在する可能性がある土地のうち，NPL に掲載される極めて深刻な土壌汚染地や他法により対策が実施されるべき土地を除いた全てを示す非常に幅広い定義であることがわかる。

1.3　州政府によるブラウンフィールドの考え方

実際のブラウンフィールド再生支援においては，州政府が中心的な役割を果たす。その詳細は 3 章および 4 章で整理するが，本節では，州政府によるブラウンフィールドの考え方について，整理しておきたい。

ほとんどの州政府は，連邦スーパーファンド法と類似する州政府版のスーパーファンド法を設置しており，NPL には含まれないが，深刻な土壌汚染地について，州政府のスーパーファンドを用いて浄化を実施している。そのため，連邦政府の定義から，州政府のスーパーファンド法対象のサイトを除外した部分を州政府のブラウンフィールド再生支援策の対象としている場合もある。

以下に 4 章で州政府のブラウンフィールド再生政策のケース・スタディとして取り上げた米国北東部のマサチューセッツ州・ニュージャージー州・ニューヨーク州のブラウンフィールドの考え方を整理する。なお，ブラウンフィールド・プログラムを経済的困窮地区に限定して展開している州では，ブラウンフィールド・プログラムを国勢調査に基づき選定した特定の経済的困窮地区のみに提供している場合もある。

1.3.1　マサチューセッツ州の考え方

マサチューセッツ州には，州が定めるブラウンフィールドの明確な定義は存在しない[1]。州のブラウンフィールド再生支援策は，NPL や州政府版スーパーファンドの対象以外の土壌汚染地の自主的浄化プログラムと，経済的困窮地区を対象としたブラウンフィールド・プログラムにより構成されている。

1.3.2 ニュージャージー州の考え方

ニュージャージー州は，州法により以下のブラウンフィールドの定義を行っている。

> 「ブラウンフィールドは，過去または現在も商業用途または工業用途に用いられ，現在は空地または低利用の状態にあり，過去に汚染が排出されたまたは排出が疑われる土地である」
>
> *"brownfield" means any former or current commercial or industrial site that is currently vacant or underutilized and on which there has been, or there is suspected to have been, a discharge of a contaminant.*
>
> New Jersey Statutes Annotated 58：10B-23d

この定義は連邦ブラウンフィールド法の定義にも類似した一般的な定義であり，スーパーファンド・サイト等を明示的に除外していないが，実務上は，スーパーファンド・サイトにブラウンフィールド再生支援策は提供されていない。

1.3.3 ニューヨーク州の考え方

ニューヨーク州は，ブラウンフィールドの定義を明確には定めていないが，連邦ブラウンフィールド法とほぼ同じ時期に州法でブラウンフィールド浄化プログラムを定めており，同プログラムの参加資格を次のように定めている。

同プログラムに申請可能な土地は，有害廃棄物，ガソリン，汚染物質の存在または存在の可能性によって，再開発や再利用が困難になっているあらゆる不動産である。連邦政府と同様に以下の除外規定もある。①非操業中廃棄物処理場登録（州政府の NPL にあたる州政府版スーパーファンド対象リスト）でクラス 1 またはクラス 2 に指定されている土地，②連邦環境保護庁の NPL 掲載サイト，③州法 ECL27-901 で許可された有害廃棄物取扱・保管・処理施設（仮ステータスの場合参加可能），④航海法 12 条または州法 ECL27-901 の 17 条 10 項に定められた浄化指示や契約下にある土地，または州や連邦政府の固形廃棄物，有害廃棄物，ガソリンに関する強制執行措置の対象となっている土地は除外される。

つまり，ニューヨーク州は連邦政府のブラウンフィールドの定義から，州政府版スーパーファンド法の対象地やその他の州法により別に対応が定められた土地を除く土地をブラウンフィールドと定めている。

1.4　米国におけるブラウンフィールドの考え方

州政府のブラウンフィールドの定義は多様であるが，連邦政府と州政府のブラウンフィールドに対する考え方を整理すると，図 1-1 となる。基本的には土壌汚染が極めて深刻で差し迫った健康被害のリスクがある土地は，連邦スーパーファンド法や州政府版スーパーファンド法の対象とされる。ブラウンフィールド・サイトは，汚染が存在するまたは疑われているが，深刻な土壌汚染地を除く，中軽度の土壌汚染が存在する，または存在する可能性がある土地であると整理できる。

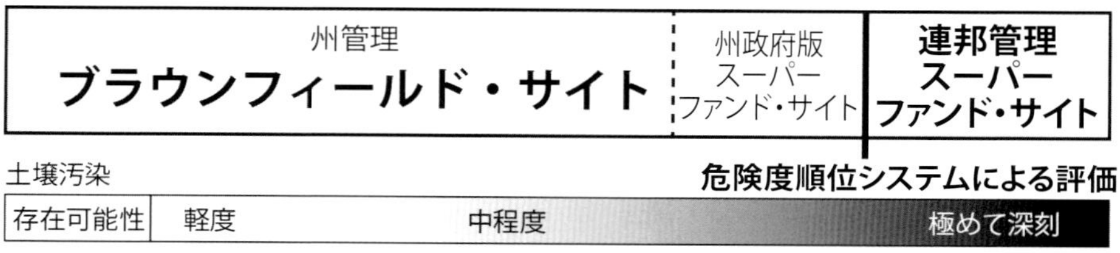

図1-1 米国におけるブラウンフィールド・サイトの考え方（筆者作成）

1.5 連邦政府・州政府・自治体の役割

　本節では，米国の連邦政府・州政府・自治体の役割の違いを整理しておく。前述の通り，ブラウンフィールド・サイトは，連邦政府は直接管理せず，州政府がそれぞれ独自の州法と環境基準を設定して管理している。米国ではブラウンフィールドに関する環境管理の役割は州政府が担っており，国が法律や基準を設定し，地方自治体に法の運用を委任する日本の土壌汚染に対する対応とは，この点で大きく異なる。

1.5.1　連邦政府

　連邦政府の機関である環境保護庁（EPA）が，NPL に登録された深刻な土壌汚染地の浄化・管理を直轄事業として管轄している。ブラウンフィールド・サイトに関しては，州政府や市町村・NPO 等に対して，様々な補助金の拠出・技術支援等を実施しているが，土壌汚染浄化や環境規制に関して，直接対応は行わない。都市計画・公営住宅の面では住宅・都市開発省（Department of Housing and Urban Development，HUD），高速道路等の交通インフラに関連する場合は，運輸省（Department of Transportation，DOT）が関連することもあるが，いずれも自治体に対する補助金を中心とした財政支援となる（3.2で詳述）。

1.5.2　州政府

　州政府は，独自の土壌環境基準を設定して，ブラウンフィールド・サイトの環境管理に責任を持つ。多くの州では環境行政を掌る部局[2]が，土壌汚染情報の収集と土壌汚染地目録の作成，浄化・管理の指導まで含めて担当している[3]。連邦政府と同様に都市計画・交通インフラ・経済開発等の部局も必要に応じて連携する（3.5で詳述）。

1.5.3　自治体

　市町村においては，多くの場合，経済開発や都市計画を担う部局がブラウンフィールド再生事業を担当している。環境管理については，州政府の指示を仰ぎつつ，浄化後の土地利用の検討をはじめとした役割を担う。地区を対象とした面的な再生計画の立案を行う場合などは，ゾーニングの変更も同時に実施する場合もある。小規模な自治体の場合，経済開発と都市計画の部署が一体であることが多く，そのような部署が計画を主導する。比較的大きな自治体の場合，経済開発と都市計画の部署が分かれている場合もあり，ブラウンフィールド再生を経済開発の部署が担当している事例も多く見られる。

一般に自治体単独でブラウンフィールド対策専門の部局を設置することはないが，いくつかの大都市は例外的に設置している。シカゴ市は，1993 年から市の複数の部局が連携して，ブラウンフィールド・イニシアチブ（Brownfield Initiative）を開始し，40 ヶ所以上のブラウンフィールド・サイトの再生を行った[4]。財源として環境保護庁のブラウンフィールド補助金や住宅・都市開発省の補助金に加えて，Tax Increment Financing（TIF）を積極的に用いて市内のブラウンフィールド再生を推進した。ニューヨーク市はブルームバーグ市政下で 2009 年に市長直轄の環境浄化室（Office of Environmental Remediation）を発足させ，州のブラウンフィールド浄化プログラムより許認可が迅速な独自制度の設置や，ゾーニングの変更や用途変更に応じて，土壌汚染やその他の環境問題が発生する可能性が高い土地を予め指定する制度（E-Designation）の導入など先駆的な取組を行っている。

　なお，自治体が主導したブラウンフィールド再生戦略の実態については，第 2 部のケーススタディにおいて，詳細に取り扱う。

1.6　米国の土壌汚染地対応の枠組みとブラウンフィールドの位置付け

　本章では，ブラウンフィールドの土壌汚染地全体における位置付けを整理し，各行政機関がブラウンフィールド再生政策に関して果たしてきた役割を明らかにした。

　米国の土壌汚染地は，連邦政府機関である EPA が直轄で対策を行う深刻な土壌汚染地（スーパーファンド・サイト）と，中軽度の土壌汚染地および土壌汚染の可能性があるブラウンフィールド・サイトの 2 つに分類される実態を整理した。スーパーファンド・サイトとブラウンフィールド・サイトを分類するために，土壌汚染地の情報を収集・蓄積し，人間や環境への影響の大きさを定量的に分析していることも指摘した。

　ブラウンフィールド再生に関する各行政機関の役割については，以下のことを明らかにした。ブラウンフィールド・サイトの浄化は，前述のスーパーファンド・サイト以外は連邦政府が直接的な浄化管理を行わないため，主として州政府の環境部局が担当する。連邦政府は，EPA を中心に経済的・技術的支援を行い，州や自治体によるブラウンフィールド再生を側面支援している。自治体は，経済開発や都市計画の部局が中心となりブラウンフィールド再生に携わっている。大規模な自治体は，独自のブラウンフィールド再生支援策を提供している場合もある。また，郡役所等の広域行政体が，ブラウンフィールドの情報収集や再生支援を実施している地域も存在する。

注
1) EPA, 2009 State Brownfields and Voluntary Response Programs : An Update from the States, November 2009
2) 例えば，ニューヨーク州，マサチューセッツ州，ニュージャージー州の環境保護局（Department of Environmental Protection）等が挙げられる。
3) マサチューセッツ州・ニュージャージー州では，浄化計画の立案や浄化管理を民間専門家に委任しており，州政府は民間専門家に対する査察を実施する体制をとっている。
4) Higgins, Jessica, Evaluating the Chicago Brownfields Initiative : The Effects of City-Initiated Brownfield Redevelopment on Surrounding Communities, Northwestern Journal of Law and Social Policy, Vol. 3, No. 2, pp. 1-24, 2008, p. 242

2章　ブラウンフィールド再生政策の変遷

2.1　本章のねらい

本章では，1970 年代後半以降の米国の土壌汚染地に関する政策，特にブラウンフィールド再生政策の変遷とその背景を整理する。

1980 年に制定された連邦スーパーファンド法（CERCLA）[1]により土壌浄化に関する厳しい責任追及の可能性が発生したことが，中軽度の土壌汚染地の再生が停滞するというブラウンフィールド問題発生の主因であった。本章では，現在のブラウンフィールド再生政策の展開を踏まえ，同法の課題に加えて，ブラウンフィールド再生政策の視点から見た同法の意義についても言及する。また，スーパーファンド法の責任追及への対応が主な課題であった 1990 年代の再生政策から，地区再生や都市再生を強く意識した 2000 年代以降の政策への展開についても言及する。

本章では，再生政策の変遷の分析の視点として，以下の 2 点に着目する。

第 1 に，ブラウンフィールド再生政策の目的や目標の変化に注目する。1980 年代初頭，公害防止の観点からスーパーファンド法を中心に土壌汚染に対する規制強化・責任追及の厳格化が進み，土壌汚染地の再利用が停滞した。それに対し，1980 年代後半から，中軽度の土壌汚染地に対する調査・浄化を支援する政策が始まり，2000 年代には，土壌汚染地を多く抱える衰退地区全体の再生を目指す政策へ展開した。これらの政策変化の背景を明らかにするとともに，それぞれの時代の連邦政府および州政府の政策の目標について検証する。

第 2 に，環境行政と都市計画行政の関係及び，両者の連携した運用に着眼する。再生政策の変化に応じて，別個に行われてきた環境行政と都市計画行政が，相互関係を深化させ，連携した運用を必要とする制度導入を行っている。本章では，両者の関係に注目する。また，あわせて連邦政府・州政府および自治体のブラウンフィールド再生における協力関係の進化についても分析する。

2.2　スーパーファンド法の制定とブラウンフィールド問題の発生

米国では，1970 年に連邦政府に環境保護庁（EPA）が設置され，大気，水質の環境規制を強化した後，1976 年の資源保護回復法によって，その対象を廃棄物まで拡大した。一方で，本節で詳述する 1970 年代後半に発覚したニューヨーク州のラブ・キャナル事件や，ケンタッキー州の「ドラム缶の谷（Valley of Drums）」によって顕在化した深刻な土壌汚染問題が契機となり，1980 年に過去の土壌汚染にも責任の対象を拡大したスーパーファンド法が制定され，土壌汚染政策は大きく転換した。

2.2.1 1970 年代当時の連邦政府の環境政策

1970 年の環境保護庁の設置に続いて，1940 年代から 50 年代に制定された大気浄化法（Clean Air Act）や水質浄化法（Clean Water Act）などの環境関連の法律が 1970 年代に全面的に改正し，環境基準の強化が行われた。

廃棄物に関しては，1965 年に連邦議会で固体廃棄物処理法（Solid Waste Disposal Act）が制定されている。同法は，自治体廃棄物や産業廃棄物などの大量の固体廃棄物を安全に処分する際に，人体の健康や環境保護を確実にすることを目的としたもので，固形廃棄物の処理に焦点を当てたものであった[2]。さらに連邦政府は，1976 年に資源保護回復法（Resource Conservation and Recovery Act, RCRA）を定めた。この法律によって，汚染物質を発生させた個人・法人は，州及び連邦の環境保護庁に対する補償債務を負うことになった。危険有害廃棄物の生成，移送，保管，処分施設を所有もしくは管理する者などに対して，有害廃棄物の取扱および管理上の責任を課すことにより有害廃棄物の発生から最終処分まで規制が開始された。

つまり，1970 年代，米国は連邦政府の主導により，環境法令を強化し，大気，水質に続いて土壌にも関係する有害廃棄物に対しても RCRA の制定によって，命令・統制型規制を整えつつある状況にあった。

2.2.2 ラブ・キャナル事件の発生

スーパーファンド法制定の契機として，ニューヨーク州ラブ・キャナル事件とケンタッキー州の「ドラム缶の谷」が取り上げられる。本項では「ドラム缶の谷」と比べて都市計画や土地利用との関係が深い，一般の郊外戸建て住宅地で起こったラブ・キャナル事件について，その概要を紹介する。

ニューヨーク州ナイアガラ・フォールズ（Niagara Falls）市にある 19 世紀末に開削された運河（Love Canal）は，1920 年代に行政の廃棄物埋立地に転用され，1940 年代からは化学会社の廃棄物埋立地にも使われていた。1953 年に運河のあった土地は，化学会社から同市教育委員会に 1 ドルで売却され，小学校および住宅地の建設が行われた。

この地区では，1970 年代後半から流産が多いなどの健康被害が指摘され始めていた。当時，発足して間もない環境保護庁とニューヨーク州保健局および環境保全局は，土壌調査や健康調査を実施したが，健康被害と土壌汚染の関係は明確に得られてはいなかった。そのような状況のなかで，1978 年 8 月に州知事から広範な緊急事態に対応する権限を与えられていたニューヨーク州保健局長 Robert Whalen は，ラブ・キャナル一帯に緊急事態を宣言し，小学校の閉鎖と妊婦と 2 歳以下の子供の避難を指示した。また，当時の合衆国大統領 Jimmy Carter は，236 世帯の移転にかかる費用 1,000 万ドルに連邦予算を充てることに同意した。さらに 1980 年 5 月には，大統領が連邦非常事態を宣言し，さらに 710 世帯の移転を連邦政府の予算で実施した。

ラブ・キャナル事件において重要な点の一つに，自治体が化学会社から承継した土壌汚染情報や警告を無視したという事実が指摘される。化学会社は，有害廃棄物が埋め立てられている事実を不動産譲渡証書（図 2-1）に明記したうえで市に土地の譲渡を行ったが，教育委員会によって，小学校と戸建て住宅地という土壌汚染が最も人体に曝露する可能性が高い土地利用の導入が行われた。化学会社が行った廃棄物の投棄は，当時の法律では合法であったが，後に深

SUBJECT to the rights of the public in and to any and all streets and highways which cross said premises;

Prior to the delivery of this instrument of conveyance, the grantee herein has been advised by the grantor that the premises above described have been filled, in whole or in part, to the present grade level thereof with waste products resulting from the manufacturing of chemicals by the grantor at its plant in the City of Niagara Falls, New York, and the grantee assumes all risk and liability incident to the use thereof. It is, therefore, understood and agreed that, as a part of the consideration for this conveyance and as a condition thereof, no claim, suit, action or demand of any nature whatsoever shall ever be made by the grantee, its successors or assigns, against the grantor, its successors or assigns, for injury to a person or persons, including death resulting therefrom, or loss of or damage to property caused by, in connection with or by reason of the presence of said industrial wastes. It is further agreed as a condition hereof that each subsequent conveyance of the aforesaid lands shall be made subject to the foregoing provisions and conditions.

図 2-1　廃棄物が埋められていることを伝える不動産譲渡証書の一部
A copy of the original quit-claim deed where Hooker Electrochemical Company sold the Love Canal land to The Board of Education of the School District of the City of Niagara Falls, New York.
（ニューヨーク州立大学バッファロー校図書館所蔵）
なお，この証書は，権利放棄型証書（quitclaim）に分類されるもので，「譲渡人が保証するのは，譲受人に移転する対象地の権利および権原を移転することのみであり，それが瑕疵のない権原であることまでは保証しない」とされる。（Callies，David L. 伊川正樹訳，翻訳 アメリカ法およびアメリカ財産法の概要，名城法学，2007，pp. 12-13 より引用）

刻な健康被害をもたらしたため，スーパーファンド法には汚染責任を遡及的に追及する項目が追加された。

ラブ・キャナルにおいて過去の土壌汚染の存在が無視されて，深刻な環境問題が引き起こされたことが米国の土壌汚染問題を考えるうえでの前提である。現在，ブラウンフィールド再生政策の一環として，土地利用に応じた浄化基準の設定は全米のほとんどの州で導入されているが，制度による管理を徹底するために，用途別浄化基準が設定された場合，土地証書（Deed）に直接用途の制限が加えられ，変更する場合は州の環境保護局による確認が必要とされる。所有者等が変更になった場合も，将来にわたって汚染と土地利用を管理し続ける体制をつくる努力が行われている（4 章にて詳述）。

ラブ・キャナル事件における，自治体，州政府，連邦政府の関係についても整理すると，自治体は，土壌汚染地に住宅と小学校を開発した主体であり，非常事態宣言の発令まで，汚染と健康被害の因果関係を否定し，対策を講じなかった。州の環境保全局や保健局は，連邦環境保護庁と協力して土壌や住民の健康状態の調査等を行った。最終的には，カーター大統領の政治的な決断により非常事態宣言が発令され，巨額の連邦予算で住宅の移転と浄化が実施されることになった。

後述する通りスーパーファンド法は，対象となる土壌汚染地の指定や浄化作業は連邦政府主導で行われ，自治体や州政府の役割は極めて小さい。その背景には，ラブ・キャナル事件における自治体の制度的管理の失敗と，州政府だけでは対応困難な巨額の浄化費用・住宅の移転費用が必要となったことが意識されていた。

2.2.3　スーパーファンド法の制定

前項で整理したラブ・キャナル事件や「ドラム缶の谷」が契機となり包括的環境責任対処・

補償・責任法（Comprehensive Environmental Response, Compensation and Liability Act, CERCLA，本書ではスーパーファンド法と表記する）が 1980 年 12 月に制定された。スーパーファンド法の規定により，土壌・地下水汚染の汚染責任を，厳格，広範且つ遡及的に追及できることになった。ラブ・キャナル事件を踏まえ，人々の健康や環境に悪影響を与えるような汚染が見つかった場合，たとえ実際に被害が生じていなくとも，過去の時点における汚染行為の責任（汚染放出当時は合法だったとしても）を遡及して追及するとともに，責任当事者の環境修復が義務付けられるようになった。スーパーファンド法による広範な潜在的責任当事者（Potentially Responsible Parties）に対する連帯責任，法施行以前の汚染物質による被害も責任対象とする遡及責任など，厳しい責任追及がその後のブラウンフィールド問題の主要な原因のひとつとなった。

　スーパーファンド法は，深刻な土壌汚染地の対策に用いるためにスーパーファンドと呼ばれる信託基金を設置し，汚染原因を作り出してきた石油化学業界に対する目的税をその財源とした。汚染原因者の追及と並行して，基金を用いた環境保護庁の直轄事業として，深刻な土壌汚染の調査・浄化が開始された。汚染原因者の確定を待たずに，連邦直轄で対策を開始したラブ・キャナル事件と同様の枠組みが見て取れる。

　対策事業においては，汚染が報告されたサイトを環境保護庁が開発した危険度順位システム（HRS）により判定し，危険度の高いものが全国優先順位表（NPL）に追加され対策が開始された[3]。危険度が低い土地は，連邦直轄事業の対象ではないが，スーパーファンド法の下で汚染責任の広範かつ遡及的な追及の対象とはなりうる状態に置かれた。つまり，NPL に登録されない中軽度の土壌汚染地は，土壌汚染（環境汚染）のリスクに加えて，スーパーファンド法による訴追リスクがある土地となった。

　一般に，現時点および将来の汚染物質放出は，技術向上により対応可能であるため，汚染排出者との事前調整によって，経済的な合理性と環境規制の強化を両立できる可能性が高い。日本の大気や水質に対する環境規制の強化が成功した事実もその一例と言えよう。

　他方，過去に排出され蓄積した土壌汚染を対象とした，過去の過失に対する規制強化は，企業にとって経済的負担の増大以外の何者でもない。また，多くの場合，今後の技術開発によって解決できる類の汚染でもない。そのため，民間事業者と政府の事前調整による目標の共有と段階的な規制強化は，政治的にも極めて難しい。米国において，スーパーファンド法が産業界の反対を押し切って成立した背景には，ラブ・キャナル事件や「ドラム缶の谷」によって形成された世論の強い支持があった。

2.2.4　スーパーファンド法の意義

　本項では，ブラウンフィールド再生政策の展開が進んだ現在の視点で振り返り，ブラウンフィールド再生政策の側面から見たスーパーファンド法制定の意義を述べる。主な意義は，①深刻な土壌汚染地の対策進展，②産業側の事前対策の進展，③浄化責任の追及と対策の分離，④土壌汚染地の定量的なリスク評価と分類，⑤土壌汚染情報の蓄積と公開の 5 点に整理される。以下の各項目の意義を詳述する。

1）深刻な土壌汚染地の対策進展

　スーパーファンド法により，2000 年までに 6,400 件以上の人体の健康や環境への脅威を軽

減する措置がとられ，757ヶ所のスーパーファンド・サイトで工事が完了した[4]。汚染が深刻なサイトの対策を進めるという点で，スーパーファンド法は大きな成果を残した。環境保護庁は，土壌汚染対策の進捗による直接の利点として，人体に対する健康リスクの低減，生態系に対する被害の減少と復元，緊急事態に対する安全な対応能力の向上，地域経済と生活の質向上を指摘している[5]。

スーパーファンド法が採用した基金（スーパーファンド）の設置と，連邦政府直轄の土壌汚染対策が最適な政策であったかどうかは，意見が分かれるが，スーパーファンド法の制定によって，米国内の深刻な土壌汚染への対応が前進したことは事実であり，スーパーファンド法の最大の功績と言えるだろう。

2）産業側の事前対策の進展

スーパーファンド法の厳しい責任追及により，民間事業者は，土壌汚染の発生が膨大な処理コストを生むことを認識し，有害廃棄物の排出削減とその管理に取り組んだ。また，スーパーファンド法に対応して，所有する不動産や工場の土壌汚染に対する認識も高まり，過去の土壌汚染についても，自主的に調査や浄化を開始した。結果として，少なくとも米国内における将来の土壌汚染や水質汚染のリスクを低減することにつながった。

3）浄化責任の追及と対策の分離

スーパーファンド法によって，健康被害が懸念される深刻な汚染は，汚染浄化の責任主体の存在やその資力にかかわらず，公的資金の意味合いが強いスーパーファンドを用いて，連邦政府が迅速に対策を行うことが可能になった。スーパーファンドは，汚染責任を持ちうる業界に幅広く課税して資金を徴収しており，これまで及び将来起こりうる市場の失敗に対して，事前に一定額を公的資金として留保する手法が導入された。

浄化責任の追及は，対策と並行して進められるが，訴訟となる場合も多く，長い期間がかかり，小規模な自治体は，その期間中に資金を立て替えることは困難である。そのため，巨額の先行拠出に耐えうる連邦政府が設定した，長期の安定した財源であるスーパーファンドが効果を発揮した。

スーパーファンド法は，その責任追及の厳しさが知られているが，浄化責任主体の有無にかかわらず，健康被害を抑止するための対策を迅速に実行する法的枠組みとその準備資金を導入した点は，危機管理の観点からも評価される。

4）土壌汚染地の定量的なリスク評価と分類

スーパーファンド法は，HRSにより土壌汚染地の人体への曝露危険性という観点を踏まえて定量的に評価し，連邦直轄管理のスーパーファンド・サイトと連邦スーパーファンドを利用できない非スーパーファンド・サイトに分類した。州政府版スーパーファンドにより非スーパーファンド・サイトの一部の対策は進められたが，それ以外の大半の非スーパーファンド・サイトは，土壌汚染は存在するが対策の優先順位は低いという状況に置かれた。ブラウンフィールド問題を引き起こしたこの問題は，短期的には，スーパーファンド法の問題点とも言える課題であった。

しかし，ブラウンフィールド・サイトへの対応方法が確立した現在の状況を踏まえて考察すると，スーパーファンド法による土壌汚染地のリスク評価と分類は，公的資金を全面投入すべき緊急事態と，環境保護に加えて社会的・経済的要素を踏まえた総合的な実現可能性の観点か

ら対応を検討すべき環境問題の線引きでもあった。スーパーファンド法による土壌汚染地の定量的な評価と優先順位をつけた取組がなければ，環境問題に対して経済開発や都市計画の観点を持ち込んだその後のブラウンフィールド再生政策は，経済発展を目指す産業と生活環境の改善を目指す住民の対立に見られたような，環境か経済発展かという二者択一的な議論に陥った可能性さえ指摘されるだろう。市場原理を利用して民間事業者を自主的浄化へ誘導するブラウンフィールド再生政策は，スーパーファンド法が設定したスーパーファンド・サイトというセーフティ・ネットの上に成立していることは，実務者からも指摘されている[6]。

　スーパーファンド法は，一律的な命令・統制型の環境規制であったが，同法によって対策することができなかった非スーパーファンド・サイトという分類が生まれ，自らの一律型規制の限界点をも示すこととなった。

5）土壌汚染情報の蓄積と公開

　スーパーファンド法は，土壌汚染地の危険度を定量的に評価する仕組みを全国で導入したため，全国レベルの土壌汚染地データベース（CERCLIS）が構築され，結果として NPL に掲載されない土壌汚染情報も含めて，土壌環境情報が蓄積される仕組みが生まれた。

　これらのスーパーファンド法が生み出した制度は，前項で整理した通り，土壌汚染地の問題を抱えるほとんどの州で州政府版のスーパーファンド法として制度化され，土壌汚染地情報は州政府に情報が集まる中軽度の汚染地についても収集・蓄積されるようになった。ただし，土壌汚染地の中には NPL の候補地となったことにより，不動産事業者から忌避されるという課題も発生しており，後述するブラウンフィールド問題の発生の一因でもある。

2.2.5　スーパーファンド法がもたらした課題

　本項では，スーパーファンド法がもたらした環境保護や都市開発に関する課題について述べる。主な課題は，①責任追及の範囲の広さ，②責任追及対象と法に基づく対策実行対象の不整合，③浄化目標の不明瞭さと浄化費用の高額化の3点に整理される。これらの課題も原因となり，次節で述べるブラウンフィールド問題が発生した。

1）責任追及の範囲の広さ

　修復義務を負う責任当事者は有害物質の投棄に直接関わった地主や施設所有者に限定されず，例えば汚染地である事実を知らずに購入した善意の地主が対象となり得るし，購入資金を提供した金融機関も連帯責任により費用負担を求められる可能性がある。ある時点で浄化を完了したと自他ともに認めても，再び汚染が発覚した場合には責任を免れない。有害物質の取扱に十分配慮して過失がなかったと認められても免責理由にならず，汚染発覚時には責任を問われる。このため，土壌汚染のある土地の取引に関わる者は大きなリスクを負うことになる。

2）責任追及対象と法に基づく対策実行対象の不整合

　スーパーファンド法は，土壌汚染地全体に対して汚染原因者や関係者に対する広範かつ遡及的な責任を課したが，スーパーファンドによって浄化対策が実施される土壌汚染地は，スーパーファンド・サイトとなった一部分の土壌汚染地に限られた。その結果，同法により浄化責任は追及されるが，スーパーファンドでは浄化される見込みはない土地が大量に発生した。これらの土地の多くが，その後ブラウンフィールド・サイトとして社会問題化した。

　スーパーファンドによる浄化は，人体への健康被害を抑制するための緊急措置であり，汚染

対策の基本は，汚染責任者による土壌浄化が原則であるため，対象の不整合は必ずしも同法の不備とは言えない。しかし，非スーパーファンド・サイトにも汚染原因者に対策能力がなく，土壌汚染地の譲渡と新しい所有者による対策への投資という方法でしか，土壌汚染対策が実行できない土地が存在した。汚染地の譲渡を受ける開発事業者や金融機関が，スーパーファンド法の責任追及を恐れた結果，土地取引自体ができない状態に陥った。

3）浄化目標の不明瞭さと浄化費用の高額化

スーパーファンド法には，1980年当時，どのような内容の修復作業が必要になるのか定めがなかった。どこまで浄化すれば免責されるのか事前には特定できず，連邦や州政府との交渉過程の中で後追い的に浄化目標が決まるため，民間事業者は，極めてあいまいな費用負担を前提に開発を進めざるを得ない状況にあった。1986年の修正法により，最低限達成されるべき浄化基準が設定されたことにより，この状況は一定程度改善された。

また，州政府による用途別浄化基準の設定と制度的管理が定着するまでは，開発許可を与える行政当局は事件発生を恐れるあまり，最終用途が何であっても最も厳しい住宅並みの浄化を求める傾向があったと言われる。そのため，事業者は必要以上に高額な浄化費用の負担を求められ，結果としてブラウンフィールドに対する開発意欲をさらに低下させた。

2.3 ブラウンフィールド問題の発生と第1世代の政策による対応

スーパーファンド法が規定した，土壌汚染に対する広範で連帯的かつ遡及的な責任追及が原因となり，工場跡地の再開発を行っていた開発事業者や開発資金の融資元である銀行は，土壌汚染の可能性がある既成市街地の土地を避け，土壌汚染の恐れがない郊外の新規開発に向かった。既成市街地の遺棄された工場跡地は，「ブラウンフィールド」と呼ばれるようになり，そのような工場跡地を多く抱える米国北東部や五大湖沿岸の都市では，深刻な都市問題となった。この問題は「ブラウンフィールド問題」と呼ばれ，問題に直面した自治体は，全米市長会等を通じて問題解決を州政府や連邦政府に働きかけた。

自治体の働きかけにいち早く応じたのは，五大湖沿岸や北東部の州政府の環境部局であった。これらの州の環境部局は，ブラウンフィールド問題解決に向けた具体的な取組を開始する。具体的には，民間事業者が自主的に実施する浄化事業を制度面・費用面で支援するとともに，浄化完了後にスーパーファンド法や州法による責任追及を免除することで，土壌汚染地の新規購入者の土壌汚染に対する資金的，法的負担を限定した。州により名称は異なるが，この制度は一般に自主的浄化プログラム（Voluntary Cleanup Program，VCP）と呼ばれる。スーパーファンド・サイトの浄化事業が，連邦政府が主体となり「強制的」に実施されるのに対し，所有者が「自主的」に浄化に取り組むことから，このように呼ばれている。

一方，連邦政府も1993年に始まるクリントン政権下でブラウンフィールド・サイトに対応するための試験的な事業を開始した。地方自治体や非営利団体等へのブラウンフィールドの土壌調査のパイロット補助金の交付に始まり，1990年代にこのブラウンフィールド・パイロット補助金は拡大を続け，2003年の連邦ブラウンフィールド法成立以降は財源を割り当てられた正式事業となった。

本節では，ブラウンフィールド問題の発生とその背景，州政府による対応の発展を整理する

とともに，連邦政府による 1990 年代のブラウンフィールド再生支援制度についても概観し，連邦ブラウンフィールド法成立までの政策展開を整理する。

2.3.1　ブラウンフィールド問題の発生

　土壌汚染の浄化・対策・補償にかかる資金は，汚染の状態によって異なり，非常に大きな規模になる恐れもあった。当時は，土壌汚染対策事例自体も少なく，開発事業者や銀行は，土壌汚染の責任のリスクを回避するために，土壌汚染が存在する可能性がある土地に対して，土地購入や資金の貸出等を手控えるようになった。その結果，工場跡地を多く抱える都市では，都市内での土地の再利用が停滞することとなった。特にラストベルト（Rustbelt）と呼ばれる米国北東部から中西部にかけての地域は，衰退した製造業を多く抱えていた。これらの工場跡地は，ブラウンフィールド・サイトと呼ばれるようになり，1980 年代後半から 1990 年代初頭にかけて，その発生が顕在化した。

　ブラウンフィールド・サイトの発生により最も大きなダメージを受けたのは，多くの工場跡地を抱える自治体であった。ブラウンフィールド・サイトの発生による都市再開発の停滞が，それらの自治体にとって極めて深刻な問題となった[7]。

　自治体関係者は，連邦政府・州政府に対して，様々な方法で，ブラウンフィールド・サイトの問題解決を訴えた[8]。なお，当時から自治体は，ブラウンフィールド問題を（環境問題ではなく）都市問題として捉えていたと言われており[9]，ブラウンフィールド問題は自治体にとっては環境側に起因する都市問題，州政府や連邦政府の環境部局にとっては，都市問題と関係した環境問題という具合に，どちらにとっても従来の政策の範囲だけでは解決が難しい境界領域の問題であった。

2.3.2　ブラウンフィールド問題において課題となる不確実性

　1980 年代後半，ブラウンフィールド問題が解決すべき最大の課題は，当時の一般的な不動産のリスク評価では捉えられない，土壌汚染リスクの不確実性にあった。この土壌汚染リスクの不確実性は，大きく以下の 2 つに大別される。

　1 つは，土地に起因する環境汚染により，その土地の居住者や従業者，近隣住民の健康を害するリスクである。実際には，健康を害しない場合も，連邦スーパーファンド法や関連する州法に基づいて，行政や周辺住民から訴えられるリスクが存在する。

　もう一方は，土壌汚染の浄化にかかる費用の不確実性である。土壌汚染はその特徴の一つとして，調査を行わないと汚染の定量的な把握が困難なことが挙げられるが，調査自体にも一定の費用がかかる。

　ブラウンフィールドが抱える 2 つの不確実性の結果，開発事業者や銀行等の投資家は，土壌汚染が存在する可能性がある既成市街地では不動産事業を行わず，郊外のグリーンフィールド（これまで開発されたことがない農地・緑地等）における開発に注力した。実際の土壌汚染が有無ではなく，土壌汚染の可能性とそれに起因する上述の土壌汚染リスクを理由に，開発事業者は，工場跡地を忌避するようになっていた[10]。

2.3.3　第1世代のブラウンフィールド再生政策による対応

　ブラウンフィールド問題に対応するために，大きく2つの方法がとられた。スーパーファンド法の責任追及からの保護と民間による土壌浄化を推進するための「土壌汚染対応の規範化と責任保護制度の提供」と，土壌汚染のリスクを定量的に把握するための「土壌調査の推進」である。本書では，連邦ブラウンフィールド法の制定までの再生政策を第1世代のブラウンフィールド再生政策と呼び，連邦ブラウンフィールド法以降の地区再生を企図した再生政策を第2世代のブラウンフィールド再生政策と位置付ける（第2世代の再生政策は2.4で詳述する）。

　土壌汚染対応の規範化と責任保護制度の提供は，州政府の環境部局がその中核的な役割を担った。1980年代当時，土壌汚染の浄化は，連邦のスーパーファンド法や同様の州版スーパーファンド法に基づいた対応であり，連邦や州が，汚染の深刻なものを優先的に着手するという考え方で対応していた。軽度の汚染の場合，この優先順位は低く，浄化計画の策定や実施が後回しにされることが問題であった。一方，民間の土地所有者等が自主的に浄化を実施した場合，浄化の方法やプロセス，結果に不備があれば，連邦や州政府から提訴されるリスクがあった。

　そこで州政府環境当局は，従来の深刻な土壌汚染地とは別に，州法に示された基準や手順に基づいて，土地所有者等が主体的に汚染浄化を実施し，州政府が対策の内容と結果を確認する自主的浄化プログラム（VCP）という枠組みを打ち出した。同プログラムに基づく対策完了後には，民間事業者を将来行政から土壌汚染を理由に提訴されるリスクから守る責任保護制度を導入した（州政府の支援制度については，2.3.4で詳述）。

　土壌調査・浄化の推進は，VCPに代表される州政府の取り組みに加えて，環境保護庁による補助金が一定の役割を担った。土壌調査は，再開発のプロセスのなかで最も資金が確保しづらい部分である。多くの場合，工場跡地として荒廃した土地は，開発計画もなく，土地所有者も資金的な余裕がないため，一定の金額が必要となる土壌調査を行うことができない。定量的な調査結果がないため，土壌汚染リスクの不確実性を減らすことができず，開発事業者や投資家もその土地を対象にした再開発に着手できないという悪循環に陥っていた。

　そこで，環境保護庁は土壌調査に対する公的支援を通じて，土壌汚染リスクを定量的に示し，民間資金による浄化・再開発を促進することを狙った。ブラウンフィールドとされた土地は，実際は軽度の汚染しか存在しない土地も多いが，調査結果がなければ浄化費用の見積やその後の土地利用に応じた対策費用も含め，事業化の目処が立たない。環境保護庁は浄化費用に比べれば安価で一定の公共性も見込める土壌汚染の調査費用を支援することで，浄化・再開発に効果的に民間投資を呼び込むことを目指した。

　州政府のVCPの導入と，連邦政府の公的資金による支援により，ブラウンフィールドの再利用におけるリスクと対応策が一定程度整理され，1990年代後半から民間事業者が参画するブラウンフィールド再生事業が展開されるようになった。また，一部の州では，VCPに加えて特に市街地の工場跡地の問題に対応するブラウンフィールド・プログラム（Brownfield Program，BFP）を展開された。

　表2-1にブラウンフィールド再生に対する公的支援の展開を年表形式でまとめた。各時代の政権と比較すると，連邦政府の政策は民主党政権の時代に前進しているケースが多く，共和党政権の時代は一部の州政府が積極的に新たな制度を試行してきたことがわかる。図2-2には

表 2-1　ブラウンフィールド再生に対する公的支援の変遷（筆者作成）

政　権	年	政策展開	主体	主要な法改正・制度開始
フォード 共和党 1974-1977	1976	スーパーファンド法制定とブラウンフィールド問題発生	連邦	資源保護回復法（RCRA）
	1976		州	ニュージャージー州（Spill Act）
カーター 民主党 1977-1981	1978		州/ 連邦	ニューヨーク州ナイアガラ・フォールズ市において ラブ・キャナル事件発生，連邦・州が非常事態宣言
	1980		連邦	包括的環境対処・補償・責任法（スーパーファンド法）
レーガン 共和党 1981-1989	1986		連邦	スーパーファンド修正および再授権法（SARA）
	1986		州	イリノイ州環境保護法の改正・自主浄化プログラム（VCP）の開始
G. H. W. ブッシュ 共和党 1989-1993	1987- 1993		州	州政府のVCP制定開始（1994年までに18州） 1987　ノースカロライナ 1988　サウスカロライナ・ミネソタ 1991　オレゴン 1992　ニュージャージー 1993　メーン・マサチューセッツ・デラウェア・ 　　　インディアナ・カリフォルニア
クリントン 民主党 1993-2001	1993	第1世代のブラウンフィールド再生政策	連邦	環境保護庁（EPA）オハイオ州カヤホガ郡に最初のブラウンフィールド調査パイロット補助金を交付
	1993		州	マサチューセッツ州が浄化管理を民間化したVCPを開始
	1995		連邦	EPA　ブラウンフィールド行動指針の発表
	1997		連邦	連邦政府　ブラウンフィールド連邦パートナーシップ発表
	1997		連邦	EPA　ブラウンフィールド・リボルビング・ローン基金補助金開始（試験事業）
	1994- 1998		州	州政府のVCPが拡大（1998年までに44州） 州政府ブラウンフィールド・プログラムの開始 （1998年までに28州）
	1998/ 2000		連邦	ブラウンフィールド・ショウケース・コミュニティ事業 （1998年と2000年に指定）
	1998- 2001		州	州政府のVCPは49州で採用（2001年時点） 州政府のブラウンフィールド・プログラム拡大 （31州で制度化，14州もVCPでBF対応　2001年時点）
G. W. ブッシュ 共和党 2001-2009	2002	第2世代のブラウンフィールド再生政策の展開	連邦	小規模企業の浄化責任免除及びブラウンフィールド再活性化法 （連邦ブラウンフィールド法）
	2003		連邦	EPA　ブラウンフィールド浄化補助金開始（正式事業）
	2003		州	ニューヨーク州ブラウンフィールド・オポチュニティ地区事業開始 ニュージャージー州ブラウンフィールド開発地区事業開始
	2003		連邦	EPA　土地再生行動計画　発表
	2004		連邦	EPA　ブラウンフィールド調査補助金の対象にコミュニティ全体を追加
オバマ 民主党 2009-2017	2009		連邦	連邦政府　持続可能なコミュニティに向けたパートナーシップ開始（住宅・都市開発省，運輸省，環境保護庁）
	2010		連邦	EPA　ブラウンフィールド地区全体計画支援事業開始（試験事業）
	2011		州	オハイオ州ブラウンフィールドアクション・プログラム
	2013		連邦	EPA　ブラウンフィールド地区全体計画支援事業正式事業化

スーパーファンド法の開始当初
1980 年〜1980 年代 (州により異なる)

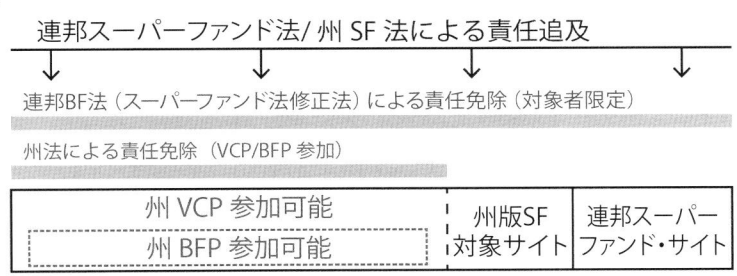

図 2-2　スーパーファンド法による責任追及と州 VCP の関係とその変化 (筆者作成)

スーパーファンド法以降のブラウンフィールドを含む土壌汚染地の法的な位置付けの変化を示す。

2.3.4　州政府による自主的浄化プログラムの展開

　スーパーファンド法制定を受けて州政府が直面した課題は，NPL に登録されない中軽度の汚染への対応であった[11]。1989 年時点で約半数，1997 年までに全ての州でスーパーファンド法の考え方を踏襲して，土壌汚染浄化に関する州法が制定され，州政府版のスーパーファンドが設置された[12]。結果，多くの州政府が 80 年代後半から 90 年代前半に，土壌汚染に対応す

る財政力と人的能力を拡大した。

　また，1980年代後半から，一部の州では膨大な数の中軽度の土壌汚染に対応するために，汚染責任者や土地所有者が州法等に定められた規範に基づき自主的に対策を実施して，その対策のプロセスと結果を州政府が管理・確認する，VCPを開始した。1986年にイリノイ州で州環境保護法が改正，VCPが設置され，NPLやその他の連邦法に基づく管理地，廃棄物埋立地等以外の土壌汚染・油汚染が存在する土地を対象に開始された。続いてノースカロライナ・ミネソタ等で同様のVCPが開始され，概ね90年代前半までにニュージャージー州，ニューヨーク州，マサチューセッツ州等のブラウンフィールドを多く抱える北東部の州にも同様の制度が広がっていった。

　州版スーパーファンド法に付随した制度としてVCPを運用する州と，州版スーパーファンド法とは独立してVCPを設定する州もあった。また，一部の州は，財産移転（不動産取引）を契機にブラウンフィールドの調査と浄化を義務付けた[13]。

　VCPの中でも特に重要な政策は，責任保護制度であった。州が定めたプロセスに則り対策完了した時点で，訴権放棄契約（Covenant not to sue）や対策完了証書（No further action letter）を交付する制度で，これにより民間事業者は，一定の条件付ではあるが土壌汚染に関する訴追リスクの大半から解放された[14]。一方でVCP開始により，州政府管理の環境修復が著しく増加し，州の環境関連部局の負担は増大し，管理の質の維持が州の重要な課題となった[15]。制度的管理についても，一部に適切に管理できていない土地があり，長期的に状況が悪化する可能性が指摘されている[16]。また，一部の州ではVCP参加費用が高額[17]であり，中小事業者の参加が困難であることも課題である（州の政策は4章詳述）。

　VCPの導入により，州政府は危険度の高い汚染に対して，行政の厳しい管理下で浄化を強制してきた従来の手法に加えて，軽度の汚染に対する民間の自主的な取組を確認し，促す手法を整えた。この政策転換は，スーパーファンド法を制定した連邦政府ではなく，衰退した工業都市を多く抱える州の環境部局により開始されたことが注目される。これらの州では，ブラウンフィールド再生政策が，次節で述べる連邦政府の取組よりも早い時期に始まっており，州政府がブラウンフィールド再生政策の初期段階で先導的な役割を担っていたと言える。

2.3.5　連邦政府によるブラウンフィールド再生支援の開始

　州政府による自主的浄化プログラムの導入に対し，連邦政府はスーパーファンド法に基づくスーパーファンド・サイトの浄化に重点を置きつつ，少しずつブラウンフィールド問題への対応を進めた。1993年頃から環境保護庁を中心にスーパーファンド・サイト以外の土壌汚染地への対応を模索し始め，1990年代後半には現在の再生支援制度の基礎となる制度まで拡大した。環境政策と経済的困窮地区の再生に熱心であったクリントン政権下では，主として立法措置を伴わない各省庁の裁量支出で支援が展開された。

　本項では，環境保護庁の取り組みを中心に時系列で制度の展開を整理し，連邦ブラウンフィールド法成立以前の連邦政府によるブラウンフィールド再生支援の変遷を明らかにする。

1）環境保護庁によるブラウンフィールド再生支援の開始

　州政府による積極的な自主的浄化プログラムの展開と，ラストベルトと呼ばれるブラウンフィールドを多く抱える北東部や五大湖沿岸地域の自治体の首長らの支援を求める動き[18]に対

応して，環境保護庁はスーパーファンドの資金を活用しながら，ブラウンフィールド再生に対する支援を試験的に開始した。

1993 年 11 月にオハイオ州カヤホガ（Cuyahoga）郡（クリーブランド都市圏），1994 年にコネチカット州ブリッジポート（Bridgeport）市（6 章で取り上げる）とバージニア州リッチモンド（Richmond）市に全米ブラウンフィールド調査パイロット（National Brownfields Assessment Demonstration Pilot）を提供した。ブラウンフィールドの存在が深刻な課題となっていたこれらの対象都市では，補助金を活用して市内に散在するブラウンフィールドの概略を調査，一覧表を作成し，いくつかのサイトに対しては詳細な調査が実施された。環境保護庁のブラウンフィールド補助金は，2001 年のブラウンフィールド法制定まで，試験事業（Pilot）として拡大を続けた[19]。

2）ブラウンフィールド行動指針

1993 年から試験的に開始された環境保護庁のブラウンフィールド再生支援は，1995 年に発表されたブラウンフィールド行動指針[20]によって，より明確な政策として打ち出されることとなった。この行動指針のなかでは，①ブラウンフィールド補助金（試験事業）の拡大，②浄化責任と浄化に関する問題の明確化，③州政府・自治体・コミュニティおよび他の連邦政府機関とのパートナーシップとアウトリーチの推進，④雇用の開発とトレーニングの 4 点が明示され，環境保護庁のブラウンフィールドに対する取組拡大の方針が示された。

特に②の浄化に関する問題の明確化について，環境保護庁はスーパーファンド・サイトを抽出するための土壌汚染地データベース（CERCLIS）から一部の土地を削除した[21]。対象となった土地は，実際には汚染されていなかった土地，州政府のプログラムに基づいて浄化済みまたは浄化中の土地で，25,000 件にも及んだ[22]。CERCLIS への掲載は，必ずしもスーパーファンド・サイト登録を意味するものではない。しかし，データベースからの削除によって「環境保護庁が記録する土壌汚染地」という民間事業者の印象を払拭し，これらの土地の再利用を促そうとした。

3）ブラウンフィールド補助金の拡大

前項のブラウンフィールド行動指針の 4 点の重点目標のなかでも，その後のブラウンフィールド補助金（試験事業）の拡大は目覚ましいものがあった。図 2-3 に補助金件数の変化をまとめたが，1993 年に初めて交付されたブラウンフィールド調査補助金は，1998 年には年間 108 件まで増加した。

現在の環境保護庁のブラウンフィールドに対する補助事業は，ブラウンフィールド補助金開始時から継続されている土壌調査補助金，1997 年度からリボルビング・ローン基金補助金，ブラウンフィールド法成立後に認められた浄化補助金の 3 つの補助金に大別される。補助金は，地方自治体やその関係機関が応募要項に従って応募し，競争的なプロセスを経て選ばれた自治体に交付される。汚染原因者による費用負担の原則を守るため，汚染原因者が保有する土地等に対しては交付されない[23]。調査補助金が補助件数過半を占めており（図 2-3），1993 年のブラウンフィールド補助金開始以来，環境保護庁が調査支援に力をいれてきたことがわかる[24]（詳細は 3 章参照）。また交付先は北東部・五大湖周辺に集中しており，この地域に多くのブラウンフィールドを抱えていることが窺える（図 2-4）。

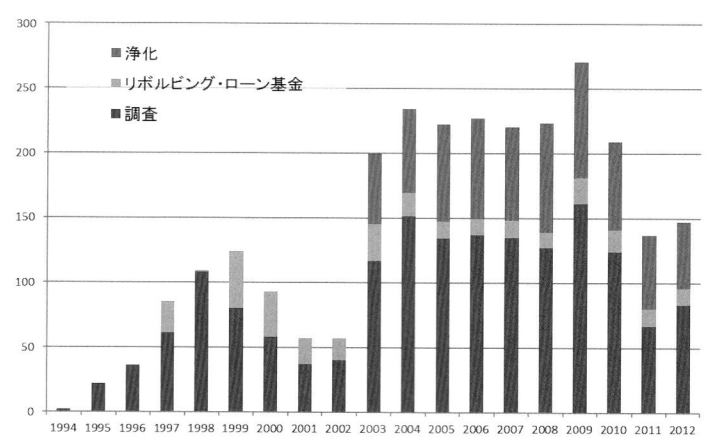

図 2-3　ブラウンフィールド補助金の件数の変遷（環境保護庁補助金交付記録より筆者作成，1993 年は 1 件のみ）

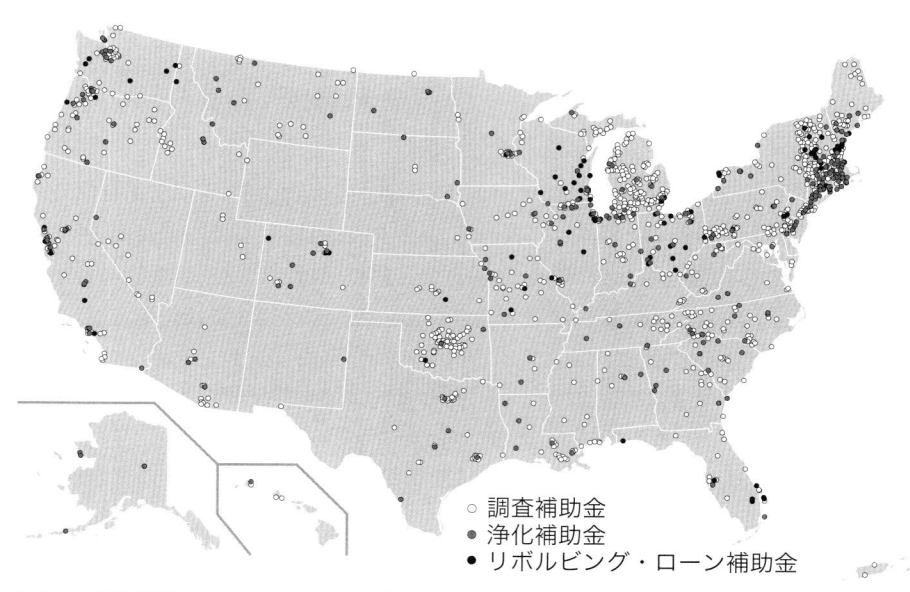

○　調査補助金
●　浄化補助金
●　リボルビング・ローン補助金

図 2-4　環境保護庁ブラウンフィールド補助金交付先の分布（2003-2008）
EPA，Evaluation of the Brownfields Program, 2012，P. 15 より引用

4）ブラウンフィールド全米パートナーシップ行動計画

　クリントン政権が 1997 年に発表した，ブラウンフィールド全米パートナーシップ行動計画（Brownfield National Partnership Action Agenda）は，ブラウンフィールド再生のための連邦・州・自治体の連携強化を目指す 2 年間の行動計画である。環境保護庁を中心に 20 以上の連邦政府の省庁が，それぞれのブラウンフィールドに関連する制度・予算を整理・共有し，ブラウンフィールド再生に対して総額 469 万ドルの連邦政府からの資金支援を行うことを発表し，民間投資の誘導・雇用創出・グリーンフィールド開発の抑制を目指した[25]。

　このパートナーシップでは，各省庁ごとにブラウンフィールド再生支援への対応を整理しており，従来からブラウンフィールド再生支援に積極的に取り組んでいた環境保護庁に加え，商

務省経済開発局（Economic Development Administration, EDA）と住宅・都市開発省（HUD）が，一定の経済的支援を打ち出した。また，連邦政府内の省庁間連携に留まらず，州政府や自治体との連携を促すブラウンフィールド・ショウケース・コミュニティも実施された（次項で詳述）。

5）ブラウンフィールド・ショウケース・コミュニティ

　連邦，州の個別の取組に加えて，連邦政府内の省庁間連携や，連邦・州・自治体の連携を促す事業が1990年代半ばから実施されてきた。全米ブラウンフィールド会議の開催により，実際にブラウンフィールド再生支援に携わる実務者の情報交換の場を設け，連邦政府から州政府や部族政府への技術支援も実施された。

　なかでも大きな成果を挙げた事業は，前項のブラウンフィールド全米パートナーシップ行動計画に基づき行われたブラウンフィールド・ショウケース・コミュニティ事業（Brownfield Showcase Community）である。ブラウンフィールドを多く抱える都市を対象として，連邦政府職員の派遣[26]を中心とした支援体制を構築し，派遣された職員が各省庁のブラウンフィールド再生支援プログラムの活用を助言し，対象都市のブラウンフィールド再生を促した。2ヶ年の事業であり，1998年に16都市，2000年に12都市の対象都市を選定した。

　ショウケース・コミュニティ事業は，事業の目的であるブラウンフィールド再生の成功事例の蓄積という観点では，一定の成功をおさめたが，民主党政権から共和党政権への政権交代や職員派遣の予算負担の限界もあり[27]，2000年の指定を最後に事業は終了した。ショウケース・コミュニティ事業で行われた，省庁間協力や地域コミュニティと協力したブラウンフィールド再生事業の推進などの取組は，全米ブラウンフィールド会議やシンクタンクによるレポート等で取り上げられ，ノウハウ共有がはかられた[28]。

　本書では，本事業の具体事例として，第2部でマサチューセッツ州ローウェル（Lowell）市を取り上げ，派遣された環境保護庁職員の役割についても詳述する。

2.3.6　環境保護庁によるブラウンフィールド再生政策展開の背景

　連邦政府のなかでは環境保護庁が，初期段階からブラウンフィールド再生政策を積極的に展開した。既成市街地再開発の停滞という都市問題としての側面も強いブラウンフィールド問題に対して，なぜ環境保護庁が中心的な役割を果たしたのかという疑問が残る。

　本項では，当時の環境保護政策に関する時代背景の分析や聞き取り調査に基づき，環境保護庁が再生政策を主導した主な理由として，環境保護行政への評価と圧力，ブラウンフィールド問題に接する自治体の訴え，住宅・都市開発省の消極的な姿勢の3点を指摘する。また，その後のブラウンフィールド全米パートナーシップの意義についても考察する。

1）1990年代前半の環境保護行政への評価と圧力

　1990年代初頭，G. H. W. ブッシュ政権時代から，環境保護にかける政府予算に対する批判が高まっており，費用対効果の高い環境保護が政治的にも求められていた。1990年12月に当時の環境保護庁長官であったWilliam K. Reillyは，議会に宛てたCost of a Clean Environmentと題したレポート[29]において，1970年代のRCRAおよび1980年代のスーパーファンド法をはじめとする土壌環境規制の強化により，汚染管理にかかる費用において，大気および水質の割合が低下し，土壌の割合が高まっている実態と1990年代の予測を示した。また，市場原理

を利用した費用対効果の高い環境規制の導入を主張した。Reilly 長官は，1990 年の大気浄化法改正において，初めて酸性雨事業で SO_2 の排出権取引を認める制度を導入している。

　ブラウンフィールド再生政策が開始されたのは，一般に環境保護政策を（雇用減などの深刻な問題に結びつかない範囲で）推進する民主党のクリントン政権の時代である。しかし，民主党政権下とは言え，スーパーファンド法をはじめとする土壌環境保護の効率の悪さが指摘され，市場原理を活用した効率的な環境規制が求められる状況にあった。

2）ブラウンフィールド問題に接する自治体の訴え

　ブラウンフィールド問題は，1990 年代初頭により深刻な局面を迎えていた。1990 年の United States vs. Fleet Factors[30] の判決は，直接の汚染責任者に融資を行った金融機関の責任を広く認めるものであった。スーパーファンド法には，そもそも担保権者を汚染責任者から除外する規定が存在する。同判決の以前は，融資先に対する日常的な関与がなければ，除外規定の適用可能という判断であったが，同判決は，「財務面からの施設の有害廃棄物取扱に影響を与えうる程度の関与が存在すれば，経営関与に当たる」[31]とした。その結果，多くの金融機関は，スーパーファンド法による責任者となることを恐れ，環境リスクを持つ化学工場や事業施設への投資を中断した。スーパーファンド・サイトではない，軽微な汚染のある土地の再開発が停滞し，ラストベルトの多くの市長から環境保護庁に対して事態の改善を求める声があがった[32]。全米の市長会も連邦政府に対する働きかけを強めた。

3）住宅・都市開発省（HUD）の消極的な姿勢とその背景

　ブラウンフィールド問題は，当初「土壌汚染以外の大半が都市開発に関する問題であり，住宅・都市開発省が対応すべき問題であると考える人も多かった」と言われている[33]。しかし，住宅・都市開発省は，クリントン政権下の大規模な経済開発推進政策であるエンパワーメント・ゾーンに注力していた。環境保護庁と住宅・都市開発省がブラウンフィールド問題への対応を議論した連邦政府内部の会議において，「住宅・都市開発省はブラウンフィールド問題に興味を示さず，ブラウンフィールドにわざわざ対応しない。そのため解決に向けた新たな措置はとらない」という姿勢を示した。一方，環境保護庁の当時の担当者[34]は，「環境保護庁は人々の生活の質を高めるために環境保護を推進しており，ブラウンフィールド問題も対応すべきと考える。そして，環境保護庁はブラウンフィールド問題への対応を行うことができる」という主旨の発言をした。もちろん，この会議の議論だけで政策の方向性が定まったわけではないが，現実にこの時期から，住宅・都市開発省ではなく環境保護庁が積極的にブラウンフィールド再生支援を拡大した。

　環境保護庁自体が「環境保護庁や環境規制は，選挙のたびに，（国内の）雇用を失わせ，過剰に規制しているという批判の対象となる」状態にあった。そのため，環境保護庁は，「ブラウンフィールド再生を通じて，保健衛生や環境保護を大切にすると同時に，地域に雇用を生み出し，新たな緑地を創出する新たな事業を推進したいと考えていることを，（世間に）発信しよう」としていた。つまり，環境保護庁は，ブラウンフィールド問題を同庁の環境保護行政への批判や課題に対応する好機と捉え，ブラウンフィールド再生支援を 1990 年代半ばから後半にかけて大幅に拡大した。

　クリントン政権下の議会は，初期を除くほとんどの期間において，連邦議会では共和党が多数派を握っており，政権はブラウンフィールドに関する法律を立法することはできなかった。

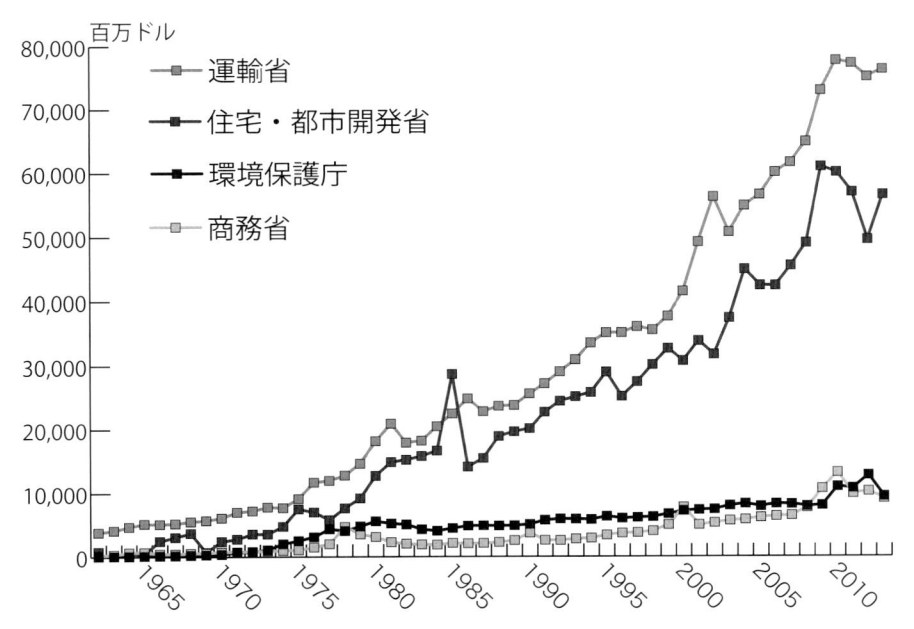

図 2-5 ブラウンフィールド再生に関係が深い連邦政府省庁の予算規模
Office of Management and Budget 資料より筆者作成．1976 年の Transitional Quarter を省略．予算金額の
単位は 100 万ドル

しかし，同政権下で 8 年間に亘り環境保護庁長官を務めた Carol Browner のもとで，環境保護庁は立法措置を必要としない政府機関の裁量で，スーパーファンドの資金の一部を流用して，ブラウンフィールド再生支援を開始，強化されていったのであった。

4）ブラウンフィールド全米パートナーシップ展開の意義と背景

　環境保護庁は 1990 年代前半から積極的にブラウンフィールド問題への対応を進めたが，前項でも指摘した通り，住宅・都市開発省にとっては，ブラウンフィールド問題は長い間取り組んできた既成市街地再生の障害の一つに過ぎなかった。

　住宅・都市開発省は，1997 年に，コミュニティ開発包括補助金経済開発イニシアチブ[35]にブラウンフィールド向けの制度を追加した。これは，1993 年にブラウンフィールド調査パイロットを開始した環境保護庁の動きの 4 年後であり，ゴア副大統領が中心となって進めたブラウンフィールド全米パートナーシップに基づく導入であった。

　連邦政府において，環境保護庁は旧来の命令・統制型の環境規制からの脱皮を図る過程にあり，積極的にブラウンフィールド再生支援を展開した。一方，住宅・都市開発省には自主的な再生支援の動きはなく，環境保護庁やクリントン政権が推進した省庁間連携に対応して再生支援を開始した。自治体においては，都市計画と経済開発の停滞が問題となったブラウンフィールドであったが，連邦政府や州政府のレベルでは，1990 年代半ばまでに，環境保護行政が積極的に再生支援を展開する構図が確立された。

　1990 年代の後半以降，ブラウンフィールド・サイトやブラウンフィールド再生という政策目標は，各省庁がそれぞれ行っていた自治体の物的環境改善に対する連邦政府や州政府支援の焦点として機能し始めた。上述の通り，環境保護庁が再生支援の旗振り役となったが，その財政能力に限界があり（図 2-5），パートナーシップに基づく住宅・都市開発省や運輸省，経済開発

局等の他の連邦政府省庁や州政府との連携を前提としたプログラムであった。

2.3.7　連邦ブラウンフィールド法の成立

1990年代から展開してきた連邦政府のブラウンフィールド再生の取り組みは，2002年に連邦議会で成立した連邦ブラウンフィールド法に結実した。立法措置を採らないまま省庁の裁量で継続してきたブラウンフィールド再生支援が連邦法に位置付けられ，スーパーファンドから独立した財源が確保された。

同法は，スーパーファンド法の修正法にあたり，正式名称は「小規模企業の浄化責任免除及びブラウンフィールド再活性化法」（Small Business Liability Relief and Brownfields Revitalization Act）である。名称からもわかる通り，この法律は，①小規模事業者の汚染責任免除，②ブラウンフィールド再活性化と環境修復の2つの部分から構成される。

小規模事業者の浄化責任免除は，その名の通り小規模事業者のスーパーファンド法に基づくスーパーファンド・サイトの浄化費用についてその責任が免除されるものである。自治体固形廃棄物（Municipal Solid Waste）の処分権者についても，住居用施設の所有者等，100人以下の雇用の中小企業や非営利団体などは，責任免除の対象となる。

ブラウンフィールド再活性化と環境修復については，本書でも引用したブラウンフィールドの定義が示された。また，これまで試験的な事業として行われてきた調査補助金，リボルビング・ローン基金補助金の財源が正式に位置付けられ，浄化補助金が新たに開始された。また，善意の土地所有者等に対する浄化責任からの保護拡大が認められた。加えて，州政府の土壌汚染対応に対する資金支援と，州政府のVCPに則った修復措置を実施した場合の連邦政府のスーパーファンド法に基づく責任追及の制限も規定された。

連邦ブラウンフィールド法は，州政府・環境保護庁の試行的な取組をスーパーファンド法の修正法として位置付けた，いわば第1世代の再生政策の集大成と言える法律であった。

2.3.8　第1世代のブラウンフィールド再生政策における都市計画の役割

第1世代の再生政策のなかで，都市計画と関係が深い点は，州によるVCPの一部である制度的管理であった。制度的管理は，再利用後の土地利用用途に応じて，浄化目標を設定するものである。適用を受けた土地は，一般の用途地域に加えて，制度的管理に伴う用途規制を受ける。用途を限定することで土壌汚染の人体への曝露リスクを管理するため，用途によっては一律基準より安価な対策が可能となる。一方で用途変更により，リスクが向上するため，浄化目標設定時の用途の維持を確認し続けることが求められる。

例えば，制度的管理を活動用途制限の名称で認めているマサチューセッツ州では，環境部局に加えて，都市計画・不動産登記双方に記録を保管，対象となる土地に何らかの変化が加わる場合に，制度的管理の情報を確認する仕組みを持つ。連邦政府も制度的管理ガイドラインの策定および適切な活用とノウハウの共有を促した。

連邦政府による補助事業においても，一部都市では，都市計画との連携が見られた。例えば，コネチカット州ブリッジポート市では，調査パイロットに基づき市内のブラウンフィールド・サイトの一覧表作成と再生の優先順位検討が行われた（6章参照）。また，ショウケース・コミュニティに指定されたマサチューセッツ州ローウェル市では総合計画策定時に，土壌汚染

の情報を基礎情報として計画の前提に加えた検討が行われた（7章参照）。

州政府の VCP における制度的管理は，汚染土壌に対する曝露可能性低減を目標とした，「環境行政による都市計画手法の利用」であった。一方で連邦政府による調査補助金やショウケース・コミュニティ事業の実施の際に行われた，地区や都市の再生計画立案の前提条件に土壌汚染情報を加えた事例は，「都市計画行政による環境情報の活用」と言える。特に後者は，次節で述べる第 2 世代の政策の萌芽とも考えられる取組である。ただし，当時は明示的な制度は確立しておらず，環境保護庁派遣職員と自治体担当者による実験的な取組だった。

2.4 ブラウンフィールド再生政策の変化と第 2 世代政策の発展

第 1 世代のブラウンフィールド再生政策は，好立地のブラウンフィールド・サイトの再生を推進した。一方で，立地が悪く，複数のブラウンフィールドが点在する経済的困窮地区は，再開発の動きから取り残されていた。第 2 世代のブラウンフィールド再生政策は，個別の敷地の再生から，地区全体の再生に政策目標を拡大し，複数のブラウンフィールド・サイトを含む地区全体の再生計画の立案を目指す計画支援制度がその中心となった。

本節では，第 2 世代の再生政策に至った背景を分析し，同政策が目指す政策の内容を明らかにする。また，導入された制度の実例として，ニューヨーク州ブラウンフィールド・オポチュニティ地区（BOA）とニュージャージー州ブラウンフィールド開発地区（BDA）の 2 つの州の制度と，2010 年から開始された環境保護庁のブラウンフィールド地区全体計画支援補助金について，時系列で分折する。

2.4.1 第 1 世代の政策が対応できなかった問題

スーパーファンド法に起因するブラウンフィールド・サイトに関する問題の多くは，前節で述べた土壌汚染に関連する不確実性に起因する土地固有の問題であった。連邦のブラウンフィールド法成立を区切りとして，それらの課題に対する対応策は概ね整理された。

実際に 90 年代後半から 2000 年代前半にかけて，連邦政府の補助金が拡充され，多くのブラウンフィールド再生事業が民間主体で実施され，サイト単体の再生事業として成功をおさめた。その多くは，大型で立地が良く，経済的な見通しがつけやすいブラウンフィールド・サイトであった。

1990 年代後半のブラウンフィールド再生に専門的に携わる民間ディベロッパーに対するヒアリング調査を行った Peter B. Meyer らによる研究[36]によると①重度の汚染・特殊な汚染（一般の事業者との競合が少ない），②価値の高いロケーション，③民間による所有（行政による計画への介入を好まない），④大規模な土地（5 エーカー以上），⑤高い利益率が，ブラウンフィールド再生に民間事業者が参入するうえで重要であるとされる。

また，ニュージャージー州の BDA の設置に尽力した元州環境保護局長官補である Evan van Hook[37]は，「多くの商業的に採算のとれる事業は，1990 年代に始まった "第 1 世代" のブラウンフィールド・プログラムによって浄化・再開発されてきた」と述べている[38]。同氏は，従来の個別サイト毎（Site by Site）の再生を支援する政策を第 1 世代のブラウンフィールド再生政策である[39]と指摘し，その問題点を「複数の（ブラウンフィールド）不動産に影響す

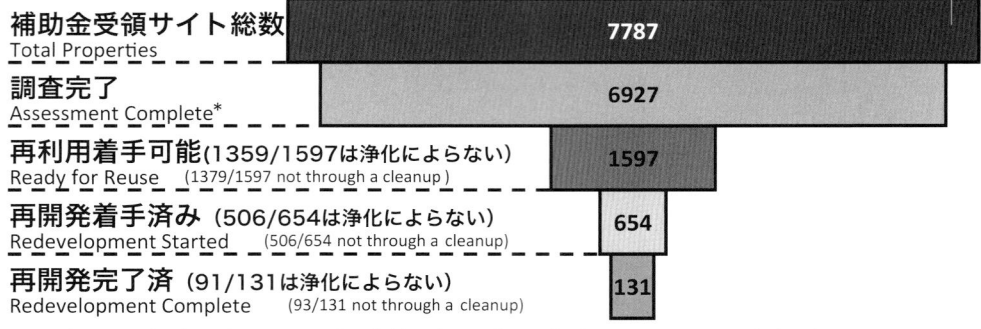

補助金受領サイト総数 Total Properties **7787**

調査完了 Assessment Complete* **6927**

再利用着手可能(1359/1597は浄化によらない) Ready for Reuse (1379/1597 not through a cleanup) **1597**

再開発着手済み (506/654は浄化によらない) Redevelopment Started (506/654 not through a cleanup) **654**

再開発完了済 (91/131は浄化によらない) Redevelopment Complete (93/131 not through a cleanup) **131**

Note: The ACRES database does not contain a field to denote that no further assessment is needed at the property. In the above figure, "Assessment Complete" is counted only when a Phase I, Phase II, or Supplemental Assessment is complete and no further assessment is in progress.

図 2-6 ブラウンフィールド調査補助金の交付を受けた土地の追跡調査
EPA, Evaluation of the Brownfields Program, 2012, P. 21

る帯水層の汚染や汚染部分の移動といった環境面の問題に取り組むことができない。また，環境問題と同様に重要な，ブラウンフィールドを生産的な利用に戻すための最大の希望となりうる，地区全体の経済発展や地域社会の発展を引き起こすこともできない」[40]と指摘した。彼は一方で地区の視点で複数のブラウンフィールド再開発を検討するアプローチを，第 2 世代の政策として提言した。「（ブラウンフィールド）地区全体の開発（再生）というアプローチによって，公共交通や下水道処理，学校やその他インセンティブ等の，より重要な公共支出を正当化することが可能となる」[41]と指摘しており，単独の民間事業では再生が進まない地区に対して，地区全体（Area-wide）の再生を支援する政策の必要性を述べた。1999 年当時，そのような再生支援策の枠組みは全米でも存在しなかった。ただし，制度や枠組みがない状態でも，いくつかの自治体は，都市の主要な産業を抱えていた地区や水辺等を対象に，地区スケールでブラウンフィールドの再生を検討している事例があることも指摘している[42]。

ブラウンフィールドの発生は，土地自体の土壌汚染のみならず，周辺地区の商業・住宅需要の低下，関連工場の閉鎖など，周辺地区全体の衰退が関係している場合も多い。土地固有の土壌汚染に関する問題を解決しても，再生後の需要がなければ土地の再利用は進まない。この問題は，1990 年代後半から一部の研究者により指摘されていたが，2000 年代初頭にはブラウンフィールド・サイトを多く抱えるニュージャージー州やニューヨーク州等の一部の州政府においても，ブラウンフィールド・サイトの存在によって，周辺地区の荒廃が進んでいるという認識が進んだ。

2.4.2 政策目標の変化（土壌汚染対策から土地再生・地区再生へ）

これらの課題に対して，ブラウンフィールドを抱える地区の再生を目指す政策が，2000 年代前半に試験的に開始された。第 1 世代の再生政策では対応が難しいブラウンフィールド・サイトを，サイト単体ではなく，周辺地区と一体的に検討し，再生することを目標に据えた Area-Wide approach と呼ばれる取組である。本項では，この政策を第 2 世代のブラウンフィールド再生政策と位置付け，州政府・連邦政府の政策の展開を整理する。

なお，前節で整理した 1990 年代後半の環境保護庁パイロットやショウケース・コミュニ

ティ事業において，一部の都市では，地区再生を企図したブラウンフィールド再生の萌芽は見られた。しかし，都市単位の成功事例にとどまり，州政府や連邦政府が，明示的に政策を展開していなかった。そのため，本書では，ブラウンフィールドを多く抱える地区を対象とした計画支援の取組が具体化するきっかけとなった，2003 年前後のニューヨーク州・ニュージャージー州の政策とその後の環境保護庁の動きを第 2 世代の政策として取り上げる。

1）ニューヨーク州ブラウンフィールド・オポチュニティ地区

米国北東部の州が第 1 世代の再生政策を打ち出すなかで，1999 年当時，ニューヨーク州は，北東部で数少ない，再生支援を明示的に示した枠組みのない州であった。州議会では，ニューヨーク州のブラウンフィールド再生支援に関する立法の動きがあり，第 1 世代の再生政策に加えて，地区全体の再生を支援する枠組みもこの中で検討されつつあった。

ニューヨーク州は，ラブ・キャナル事件の当事者であったため，土壌汚染に関する規制の緩和に他州ほど積極的ではなかった[43]。当時，すでに多くの州で導入されてきた対策後の用途に応じた浄化基準の設定もなく，経済的なインセンティブもほとんどない状態であった。

1993 年から法案が提出され法改正の動きはあったが，他州や連邦政府が新たな制度を導入するなか，ニューヨーク州は基本的な技術的項目を議論し続けていた。そのような状況のなかで 1998 年からロックフェラー兄弟財団や環境保護庁の支援を受けて，100 以上の多様な環境団体と市民団体が加わり，州内でブラウンフィールド円卓会議（The Pocantico Roundtable for Consensus on Brownfields）が結成され，包括的なブラウンフィールド再生支援の立法に向けて運動を開始した。後にニュージャージー州環境保護局長官補となる前述の Evan Van Hook はこの円卓会議にプロボノ（専門家によるボランティア）として参加していた。この円卓会議が母体となって 2000 年にブラウンフィールド連合（Brownfield Coalition）が結成され，通称 "Coalition Bill" と呼ばれる 2003 年の州ブラウンフィールド法の原案の一つとなる法案を，Long Island 選出の州上院議員 Carl Marcellino と Brooklyn 選出の州下院議員 Vito Lopez を通して，州議会に提出した。同法案には，複数のブラウンフィールド・サイトを抱える疲弊した地区の再生を目指す制度の枠組みも含まれていた。2003 年にニューヨーク州議会において，州のブラウンフィールド法が成立，ブラウンフィールド連合が目指した地区全体の再生を支援するブラウンフィールド・オポチュニティ地区（Brownfield Opportunity Area，BOA）が制度化された[44]。

同制度は，自治体やコミュニティの指定申し出に基づき，州政府が審査，指定を行う。指定を受けると，ブラウンフィールドを含む地区全体の再生計画や実行戦略の立案にかかる費用の 90％ 以上を州務局（都市計画等を担当する部局）から補助され，技術支援も提供される。それまでの公的支援が，土壌汚染の存在に対応することに主眼を置き，調査・浄化や浄化責任からの保護に注力したのに対し，BOA は土地の再利用後の用途を検討する計画支援を行う点，BOA による再生計画を前提に，関連補助金やインセンティブが優先的に交付される点が従来の支援とは異なる重要な点であった。

2）ニュージャージー州ブラウンフィールド開発地区

ニューヨーク州の BOA 導入とほぼ同じ時期に，ニュージャージー州ではブラウンフィールド開発地区の名称で，複数のブラウンフィールドを含む地区全体の再生を支援する制度を導入した。同州における同制度の導入背景には，成長管理（Smart Growth）の考え方に基づき，

州政府の変革によってスプロールの問題に取り組むことを掲げ当選し，2002年1月から州知事に就任したJames E. McGreeveyの影響が指摘される。彼の戦略の重要な要素として，交通機関や社会基盤，商業基盤が成長を支え，スプロールを抑制することができる，中心市街地と古くからの郊外の再開発があった。この目的を達成するためには，ブラウンフィールドの修復と再開発を促す強力な制度の創設が必要であった[45]。

　ニューヨーク州BOAの創設に携わり，新しい知事のもとで州環境保護局長官補に指名されたEvan Van Hookは，1998年のVCP改良後，ニュージャージー州の対策実績は着実に増加していたが，それは「第1世代のブラウンフィールド・プログラムのもとで，多くの商業的にうまくいきそうなブラウンフィールド不動産が浄化され再開発された」に過ぎず，制度立ち上げ当時「10,000ヶ所以上のあまり魅力的でないブラウンフィールドが長期間，修復されないままの状態にあり，地域コミュニティと地域経済から活力を奪っている」と指摘している[46]。

　ブラウンフィールド開発地区の指定には，利害関係者（地域住民・地権者等）からなる運営委員会を組織して応募する必要がある。州側は担当する州環境保護局・コミュニティ局・経済開発公社による競争的な審査を経て，地区の指定を決める。指定を受けると州環境保護局は，ブラウンフィールド開発地区担当者を設定し地区内の土壌汚染を一括して担当する。コミュニティ局，経済開発公社も担当者を選任して再生計画の立案と実行を支援する。

　BOAと異なり，ブラウンフィールド開発地区は計画立案に対する直接の財政支援はないが，担当3部局が人的支援を行うとともに，関連する州内の補助金を優先的に獲得できる。ブラウンフィールド再生に関わりが深い3部局が協力して計画立案を支援する点が特徴的である。一方で地区ごとに担当者を配置するため州の負担も大きく，2010年以降は新規の指定を行わず，これまで指定した地区の対応を続けている。

2.4.3　連邦政府の政策の変化と第2世代の政策の広がり

　本項では，連邦ブラウンフィールド法制定後の環境保護庁の政策の変化について述べる。

　環境保護庁は，土地の再利用の概念を強調した土地再生行動指針を2003年に示したが，実体的には第1世代の再生政策の改良に留まる内容であった。地区再生を企図した本格的な計画支援制度の導入は，オバマ政権下で2010年から開始されたブラウンフィールド地区全体計画支援補助金（Brownfield Area-Wide Planning Grant, AWP）である。

　AWPの詳細と運用の実態は3章に譲るが，ニューヨーク州BOAに類似した制度で，ブラウンフィールドを多く抱える地区を対象に，地区全体の再生計画立案に対する補助金を交付する制度である。

　この補助金の導入の背景として挙げられるのは，州の制度，特にニューヨーク州BOAの影響である。環境保護庁担当者[47]は「土壌汚染をはじめとした環境問題がある土地の再生を考えると，環境面でも地域再生の点からも，必然的に周辺地区にも影響が大きいことがわかってきた」と述べており，都市計画や公営住宅を管轄する住宅・都市開発省ではなく，環境行政を担当する環境保護庁が再生計画の支援を開始する背景として「地区の再生」の重要性を指摘した。また，ニューヨーク州BOAがAWPの原型であり，オバマ政権下で新たに指名された環境保護庁長官補佐[48]が，ニューヨーク州でブラウンフィールド再生に取り組んできたNPO出身だったことも，環境保護庁が地区単位の再生に取り組む背景にあると指摘している。なお，

同制度は住宅・都市開発省，運輸省，環境保護庁がオバマ政権下で2009年から共同で推進する「持続可能なコミュニティのためのパートナーシップ」[49]の一環に位置付けられている。

　連邦政府のAWP導入と関連して，オハイオ州も2012年にブラウンフィールド・アクション・プラン事業と呼ばれる小規模な再生計画立案の支援を自治体向けに実施した。個別の土地の再生から，地区全体の再生に資するブラウンフィールド再生へ政策の重点が変化してきたと言えるだろう。

2.4.4　第2世代のブラウンフィールド再生政策展開の特徴

　ニューヨーク州とニュージャージー州の2つの先進的な州によって開始された第2世代の政策は，2010年の環境保護庁によるAWP開始への展開と，米国全体に一定の広がりを見せた。第2世代の政策の共通点は，①単一のブラウンフィールド・サイトに留まらず，面的に広がったブラウンフィールドを含む地区や地域を対象とした公的支援であること，②ブラウンフィールド・サイトの位置や汚染の概況を踏まえた地区の再生計画立案を支援すること，③再生計画に基づく浄化事業を優先的に支援することの3点にあると言える。第2世代の制度については3章で詳述する。

2.5　小括：米国ブラウンフィールド再生政策の変遷と特徴

　ブラウンフィールド再生政策は，連邦法であるスーパーファンド法に起因する問題を，主に州政府が様々な手法を用いて解消していくプロセスであった。環境法の進化の枠組みに則って言えば，中央政府による一律基準の命令・統制型手法（スーパーファンド法）から，地方政府政府を中心として民間事業者や自治体を巻き込んだ多様な関係主体との協力のもとで，それぞれの土地が環境保護の観点からも経済的な観点からも実現可能な目標を設定する柔軟な手法（第1世代のブラウンフィールド再生政策）へ変化する過程であるとも言える。さらに，区画単体の再生から地区全体の再生へ，政策の目標が拡大し，環境保護と都市計画はより密接に連携して，土壌汚染地の再生支援を展開することとなった。

　本節では，本章で整理した連邦政府と州政府による米国のブラウンフィールド再生政策の変遷の特徴を，ブラウンフィールド再生の目標の変化と，連邦・州の役割分担に着目して分析する。

2.5.1　区画単位の再生からブラウンフィールド地区の再生への進化

　米国のブラウンフィールド再生政策は，スーパーファンド法が課した責任追及への対応を確立し，民間事業者主体の浄化を推進した州政府の自主的浄化プログラムを中核とする第1世代，区画単体（Site by Site）から複数のブラウンフィールドを抱える地区全体（area-wide）の再生支援を行う第2世代の2つに大別される。

　第1世代の政策は，スーパーファンド法による過去の土壌汚染に対しても広範で連帯的かつ遡及的な責任追及が開始されたことを主因として，既成市街地内の工場跡地の再開発の停滞（ブラウンフィールド問題）を起こした。このブラウンフィールド問題への対応は，スーパーファンド法の責任追及を免除し，民間事業者主体の浄化を促す，州政府の自主的浄化プログラ

ムがその中核を担った。自主的浄化プログラム参加者への経済的支援は，調査・浄化への補助金が中心だが，州政府に加え連邦政府もスーパーファンドを用いて拠出し，特に自治体の取組を支えた。

　自主的浄化プログラムは，一定の成功をおさめ，立地が良く，経済的な見通しが立てやすいブラウンフィールド・サイトは，再開発が進められた。一方で，調査や浄化に公的資金を投入しても，土地の再利用がうまく進まない事例も見られるようになった。調査や浄化の補助金の多くは，経済的困窮地区に優先的に交付されており，民間事業者単体では再開発に結びつかない土地も少なくなかった。

　浄化が完了しても土地の再利用が進まない状況を打開するために，一部の州は再開発に対する補助金や低利融資を拡充した。経済的困窮地区に対して，調査・浄化を手厚く支援するとともに，土地の再利用や再開発に関しても補助金を交付するブラウンフィールド・プログラムを展開した州もある。連邦政府は，ブラウンフィールド・ショウケース・コミュニティによる省庁間連携を推進し，コミュニティ開発包括補助金や道路財源を再開発やブラウンフィールド周辺の社会基盤整備に利用することを推奨した。

　さらに浄化だけでなく，ブラウンフィールド・サイトの再利用，再開発を推進する動きが拡大するにつれ，区画単体ではなく，ブラウンフィールドを多く抱える地区全体で，社会基盤の整備やブラウンフィールド・サイトを活用した再開発を検討し，地区再生計画を立案することで，効率的かつ効果的にブラウンフィールド地区を再生させる第2世代の政策が生み出された。

　ブラウンフィールド再生支援の制度の多くは，五大湖沿岸や北東部のブラウンフィールド・サイトを多く抱える州政府の取組から生まれている。連邦政府は，スーパーファンドや連邦ブラウンフィールド法以降は法に基づく自治体等に対する経済的支援を行うとともに，先進州の取組を連邦の制度に組み入れ，他州への展開も推進した。

　環境保護行政と都市計画行政の関係から整理すると，第1世代の制度は調査・浄化が中心であるため，環境保護行政における連邦政府と州政府の調整という側面が大きい。ただし，自主的浄化プログラムの一環として導入された，用途別浄化基準はゾーニングの上乗せ規制として土地利用を限定することを前提に，浄化基準を緩和するものであり，環境保護と都市計画の規制が一体的に運用されることで機能する手法であると言える。また，区画単位で限定的な連携と，跡地利用から再開発の検討に至る過程で非明示的に自治体と州の環境部局の間で協議が行われていた。

　第2世代の政策は，調査・浄化に限定されていた公的支援を，土地の再利用や再開発の計画と明示的に連携させるものであった。大半は環境保護行政の範疇であったブラウンフィールド再生支援における都市計画の役割を拡大・明確化した。また，従来は非明示的に連携が行われていた都市再開発事業や，社会基盤整備との連携も明示的に行われるようになり，ブラウンフィールド・サイトを活用した地区再生計画に対して，環境保護と社会基盤整備の双方の事業が連動する枠組みに変化した。

2.5.2　政策展開における州政府と連邦政府の役割

　州政府と連邦政府のブラウンフィールド再生政策の変遷とその関係を図2-7に整理した。連

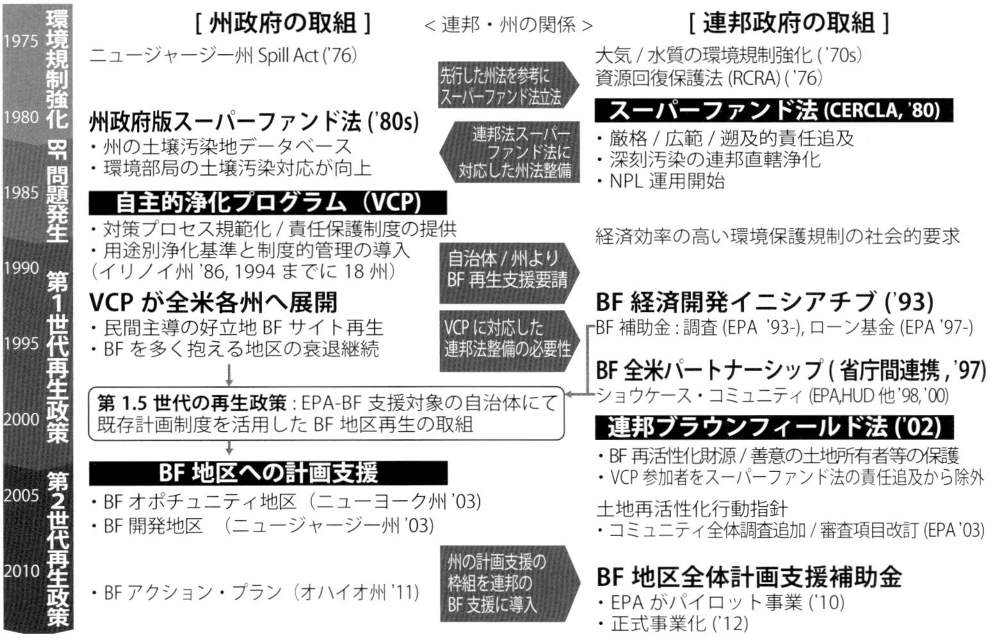

図 2-7 ブラウンフィールド再生政策発展の経緯（筆者作成）

邦法であるスーパーファンド法の成立に伴い，厳格・広範・遡及的な浄化責任の追及が始まり，土壌汚染地再利用における民間事業者の「不確実性」が高まった。先駆的な州が自主的浄化プログラムにより牽引した第1世代の政策は，対策プロセスの規範化・責任保護制度によりこの不確実性を低下させ自主浄化を推進した。

　厳しすぎた中央政府主導の環境規制の，地方政府による緩和という見方もできるが，土壌汚染をリスクに応じて判定する NPL 掲載プロセスや，土壌汚染情報の蓄積システム（NPL や州政府の土壌汚染地目録）の存在故に，土壌汚染リスクを行政が管理・追跡できるようになり，第1世代の政策が展開可能となった。スーパーファンド法に起因するブラウンフィールド・サイトに対する公的支援は，同法により生まれたリスク管理の基盤を最大限活用した制度だったとも言える。また，同法以降，土地所有者・開発者が負担していた土壌汚染リスクは，VCP により州政府がその一部を分担し，連邦ブラウンフィールド法により環境保護庁も州政府が分担したリスクを追認・共有した。

　スーパーファンド法の修正に加えて，連邦政府のブラウンフィールド補助金交付により，州政府は税免除や技術支援を中心に，民間資金によるブラウンフィールド再生を支援し，好立地のブラウンフィールド・サイトの再生は進展した。

　一方で個別のサイトの浄化を支援する第1世代の政策では，土地の再利用が進まない地区・地域があることも明らかになった[50]。このような衰退地区に対して先進的な制度を導入したのも州政府であった。土壌汚染浄化だけでなく，交通インフラの改良や土地利用者の誘致を含む，包括的な地区再生計画の立案を支援する枠組みが 2003 年にニューヨーク州・ニュージャージー州で開始された。2010 年には連邦政府の機関である環境保護庁も，計画支援の重要性を認識し，同様の補助金提供を開始した。

第1世代の中心的な施策である自主的浄化プログラムは，ブラウンフィールド・サイトを多く抱える州政府により推進されたが，第2世代の政策についても州政府の取組がその発端であることが明らかとなった。本章で述べた通り，ブラウンフィールド・サイトは主として州政府の環境保護部局が中心となって対応しており，民間事業者や自治体から寄せられる現実的な課題を解決するなかで新たな制度が生まれている。第2世代の政策に関しては，環境保護部局に加えて都市計画部局も支援を提供しており，州政府の部局間の連携により支えられている側面も大きい。一方で連邦政府は，自治体や州政府に対する資金面の支援を行うほか，一部の州の革新的な制度に連邦法や連邦政府の制度を段階的に対応させており，制度整備が遅れている他州に対する制度の提供や技術的支援においても一定の役割を果たしていると言える。

注

1) 本書では 1980 年に制定された包括的環境責任対処・補償・責任法（Comprehensive Environmental Response, Compensation and Liability Act, CERCLA）と，その修正法であるスーパーファンド修正および再授権法（Superfund Amendments and Reauthorization Act）をあわせてスーパーファンド法と表記する。

2) 経済産業省，3R 政策 北米の取り組み事例，http://www.meti.go.jp/policy/recycle/main/data/oversea/index02_1.html, 2014/04/08 参照。

3) NPL に追加された土壌汚染地は，NPL サイトまたはスーパーファンド・サイトと呼ばれる。

4) EPA, Superfund : 20 YEARS OF PROTECTING HUMAN HEALTH AND THE ENVIRONMENT, 2001

5) スーパーファンドを用いた様々な緊急対策の技能が向上しており，対策時の作業者の安全向上，周囲の市民に対する曝露の抑制，州政府や自治体の初期対応能力の向上，有害物質や生物学的病原体に対する準備体制の確立などが挙げられている。EPA, Beneficial Effects of the Superfund Program, May 2011，P. 23

6) 聞き取り調査：Lee Ilan, Chief of Planning, Office of Environmental Remediation, New York City（2014/6/2）

7) ブラウンフィールド・サイトによって生じる問題の記述は，例えば下記のような指摘がある。「我々が訪れた都市では何百エーカーものブラウンフィールドがあり，ブラウンフィールドを再開発する過程で，地方自治体やコミュニティ組織は，金融機関やディベロッパーが高額な環境浄化費用を払うことを恐れ，消極的であることに直面してきた」
US General Accounting Office, RCED-95-172 Community Development : Reuse of urban Industrial Sites, 1995，P. 3 より引用。

8) Northeast Midwest Institute でブラウンフィールドに関する政策提言を続け，2012 年現在 EPA の経済開発担当上級顧問をつとめる Charles Bartsch は，ブラウンフィールド問題が顕在化していた当時の様子を，「工場跡地を抱える自治体では，ブラウンフィールド・サイトの存在による都市再開発の停滞が深刻な問題となっており，全米の市長や行政関係者が集まる国際郡市マネジメント協会（International City/County Management Association, ICMA）等の，自治体関係者が集まる組織は，積極的に EPA や州の環境部局に働きかけ，制度の改良や支援を促した」と指摘している。なお，ICMA は現在に至るまで EPA と協力して，全米ブラウンフィールド会議を主催するなど積極的にブラウンフィールド問題を取り上げ続けている。
聞き取り調査 Charles Bartsch, Senior advisor for Economic Development, US EPA（2012/10/25）

9) Bartsch，前掲注 8）

10) ブラウンフィールドに対する公的支援が定着した 2003 年-2008 年に EPA の補助金が交付された交付先ブラウンフィールド・サイトの追跡調査の結果によると，21% の土地は再開発のための浄化対策が必要なかったことがわかっている。
EPA, Evaluation of the Brownfields Program, 2012, P. 12

11) 1998 年時点で，NPL 登録の約 1,300 ヶ所に対して，NPL に登録はされないが何らかの対策が必要な土壌汚染地は 24,000 ヶ所存在していた。Environmental Law Institute, An Analysis of State Superfund Programs : 50 State Study, 1998 Update, 1999, P. 3

12) Environmental Law Institute，前掲注 11），P. 3

13) ニュージャージー州は 1983 年に州の環境浄化責任法 ECRA とともに財産移転法を制定した。ECRA は

特定の産業に対して閉鎖・売却・操業の移転をする際に取引が行わる前に土壌中の汚染物質の調査と浄化を求める法律だ。1993 年に ISRA として改正，移転プロセスが整序化され，将来土地利用に応じた浄化基準の設定を含むフレキシブルな浄化が認められた。また，用途変更がなく，浄化する資力が認められれば，調査のみで財産移転が可能となった。

14）実際には州政府による訴追を免れるだけで，連邦政府はスーパーファンド法に基づく訴追の権利を留保していたが，州政府による対策を尊重する内容の EPA と州政府の覚書の締結や，州政府の対策を尊重する連邦ブラウンフィールド法の成立により，州政府の責任保護の有効性が向上した。

15）その結果，マサチューセッツ州やニュージャージー州では管理業務を，認可した民間専門家に開放したが，民間専門家の管理が不十分だった事例も査察で発見されている。例えば，マサチューセッツ州において，2012 年以前の 20 年間で 48 件の問題が報告されており，民間専門家の免許一時停止や廃止に至ったケースもある。
Board of registration of hazardous waste site cleanup professionals : Commonwealth of Massachusetts, Summary of final disciplinary actions, 2012

16）R. Tiyarattanachai, Institutional controls and brownfield redevelopment, A Doctoral Dissertation of NJIT, 2010

17）提供するサービスも異なるため一概に比較できないが，例えばミシガン州では VCP 参加費用は 750 ドルであり，2,000 ドル程度の州も多い一方で，コロンビア特別区では 1 万ドルの費用がかかる。

18）例えば，1993 年には全米市長会（U. S. Conference of Mayors）の，ニューヨーク市で行われた定例会議において，Chicago 市長であった Richard M. Daley をはじめ市長たちは，当時の EPA 長官 Carol Browner に面会し，市長達が直面している環境面と経済開発面の最大の課題である，ブラウンフィールド再開発について議論した。その議論において，市長側は，スーパーファンド法の責任追及からの保護と，土壌調査及び浄化を行うための資金が，再開発を進めるためのツールとして必要であると指摘した。
The United States Conference of Mayors, Recycling America's Land-A National Report on Brownfields Redevelopment（1993-2010）-2010/11, P. 9

19）Bartsch，前掲注 8）

20）Brownfields Action Agenda，ブラウンフィールド行動指針の前文で EPA としてのブラウンフィールドの定義を設定した。2002 年ブラウンフィールド法の定義は，これを踏襲している。

21）厳密には，削除された土地のリストはアーカイブ化されたサイトとして記録されているが，CERCLIS には掲載されていない状態となった。

22）US General Accounting Office, RCED-95-172 Community Development : Reuse of urban Industrial Sites, 1995, P. 7

23）特に浄化基金は，応募者が対象となる土地を所有することが義務付けられており，自治体が破産・物納等で取得した土地や汚染原因者でない NPO が所有する土地などに対象が限定されている。

24）土壌調査補助金は複数サイトを対象としていることもあり件数で比較した図 2-3 よりもさらに多い。例えば，2004 年度-2008 年度補助金対象サイトの合計では，全体の 94% を土壌調査が占めている。
EPA，前掲注 10），P. 12

25）US General Accounting Office : RCED-99-86 Environmental Protection : Agencies Have Made Progress in Implementing the Federal Brownfield Partnership Initiative, 1999, P. 1

26）Intergovernmental Personnel Act（政府間人事法）に基づき，連邦政府（多くは環境保護庁）が給与負担を行い，職員をショウケース・コミュニティ事業の自治体へ派遣した。

27）ショウケース・コミュニティというアイデアは，有用であり現在も他事業で使われているが，EPA に対する人件費削減の圧力，ブッシュ政権後の上層部の交代が主な原因となり，ショウケース・コミュニティ事業は終了した。Bartsch，前掲注 8）

28）例えば，下記文献は代表的なショウケース・コミュニティ事業で培ったノウハウの検証である。
ICMA and NMEW, Brownfields Blueprints-A Study of the Showcase Communities Initiative-, 2001

29）Alan Carlin with the assistance of the Environmental Law Institute, Office of Policy, Planning and Evaluation, EPA, Environmental Investments : The Cost of A Clean Environment, A Summary, 1990/12

30）第 11 巡回区合衆国控訴裁判所判決，1990/5

31）前多伸太郎，杉尾康男，「誰が環境汚染浄化の責任を担うのか」スーパーファンド法と貸し手責任，PREC study report，2002，P. 39

32）Bartsch，前掲注 8）

33）本項の引用は全て Bartsch，前掲注 8）による。

34）Linda Garczynski は EPA の初期のブラウンフィールド・ディレクター。

35）将来のコミュニティ開発包括補助金を原資として自治体に融資保証を行う 108 条融資に付帯する補助金。

36）Meyer, P. B., & Lyons, T. S.: Lessons from Private Sector Brownfield Redevelopers. Journal of the American Planning Association, 66（1), pp. 46-57, 2000, P. 55 より引用

37）Evan van Hook は，ニューヨーク州 Brownfield Opportunity Area やニュージャージー州 Brownfield Development Area の導入にも関わった。

38）Van Hook, D. E., Shaw, J. A., & Kloo, K. J.: Challenge of Brownfield Clusters : Implementing a Multisite Approach for Brownfield Remediation and Reuse, NYU Environmental Law Journal, vol. 12, pp. 111-152, 2003, P. 113 より引用

39）Van Hook, D. Evan, Area-Wide Brownfields Planning, Remediation and Development, Fordham Envtl. LJ, Vol. 11, pp. 743-772, 1999, P. 746 より引用

40）Van Hook，前掲注 39），P. 745

41）Van Hook，前掲注 39），P. 747

42）Van Hook，前掲注 39），P. 753 注釈

43）聞き取り調査：Val Washington，前ニューヨーク州環境保全局環境修復等担当副局長（2014/6/16）

44）ブラウンフィールドを多く抱える地区全体の再生を意図した制度は，州議会において立法が遅れた主な原因ではなく，主な争点は，用途別浄化基準の導入等，他の部分であった。1999 年に当時の州知事 George E. Patak によって提案された法案にも，州務長官が州環境保護局との協議を経て，Brownfield redevelopment area を指定し，対象地区全体のブラウンフィールド開発を監督し，事前計画に対して経済的・技術的支援を自治体と非営利団体に与える制度が明記されている。1999 年当時，円卓会議側は，事前計画立案後，経済開発庁長官による "land re-use opportunity area" の指定を受ける制度を提案している。後述のニューヨーク州の制度変遷も参照。

45）VanHook，前掲注 39），pp. 112-113

46）VanHook，前掲注 39），P. 113

47）Bartsch，前掲注 8）

48）Mathy Stanislaus は BOA の制度化を主導した NPO の共同創設者である。

49）HUD, DOT and EPA Partnership : Sustainable Communities. 3 省庁が連携して交通・環境保護・住宅に関する連邦政府の公的支援を行う。連邦政府による投資を協調・集中して行うことで効果を高めることを狙っており，例えば多くのブラウンフィールド・サイト集中地区の再生計画立案・浄化を EPA，道路再整備を DOT，公営住宅を HUD が協調して支援する事例等が見られる。

50）EPA，前掲注 10）

3章 ブラウンフィールド再生政策の実態

3.1 本章のねらい

3.1.1 本章の目的

　本章の目的は，米国のブラウンフィールド再生支援について，主な提供主体である連邦政府と州政府について，現在の制度を分析し，その特徴を明らかにすることである。

　連邦政府の政策については，環境保護庁（EPA）を中心に，住宅・都市開発省等の他の省庁の関連する支援制度についても，ブラウンフィールド再生と関係が深い制度についても対象とする。また，多分野の境界領域にあたるブラウンフィールド再生の特性に対応するために実施された，省庁間連携を促す政策についても分析する。

　州政府が展開する制度については，州がブラウンフィールド再生を目的に作り上げてきた主な政策を概観し，その実施状況について全米50州の状況を整理する。また，先進的な取組を行っている州として，マサチューセッツ州，ニュージャージー州，ニューヨーク州を取り上げて，州ごとの制度運用の詳細を分析，比較する。

　本章で取り扱う制度・政策は，主としてブラウンフィールド再生を直接の目的として，設置されたものに限定する。第2部の都市を対象としたケース・スタディで触れるが，実際のブラウンフィールド再生の現場では，土壌汚染地とは直接関係のない社会基盤整備や，低所得者向け住宅の整備など，他に主眼とする目的を持つ補助金も数多く使われている。ブラウンフィールド再生に利用される頻度が高い主要な制度を取り上げ，再生の現場を支える公的支援の全体像を把握するようにつとめたが，ブラウンフィールド再生に利用された公的資金の全てを網羅した分析ではない。

　本章では，連邦政府と州政府の各々の政策の小括を行い，連邦政府，州政府および自治体を横断するブラウンフィールド再生政策全体の分析は，4章に譲ることとする。

3.1.2 提供主体別の政策整理と各主体の役割

　2章で示した通り，米国における土壌汚染地の環境対策（調査・浄化）は，極めて深刻な汚染は連邦政府の直轄管理，それ以外の中軽度の汚染や汚染の疑いがある土地はブラウンフィールド・サイトとして，州政府の環境当局が担当する。ブラウンフィールド・サイトの跡地利用は，都市計画による検討も必要となる。

　環境保護について，連邦政府は，環境保護庁が財政支援および技術支援を州や自治体，非営利団体に対して実施している。市町村は，一部の例外を除けば，調査や浄化を管理する立場にない。保健局等が住民説明の際などに協力を行う他は，主として都市計画や経済発展を担当する部局が，州政府環境部局との調整も担っている。

　跡地利用を中心とした都市計画の検討は，基礎自治体である市町村が担当しており，州政府

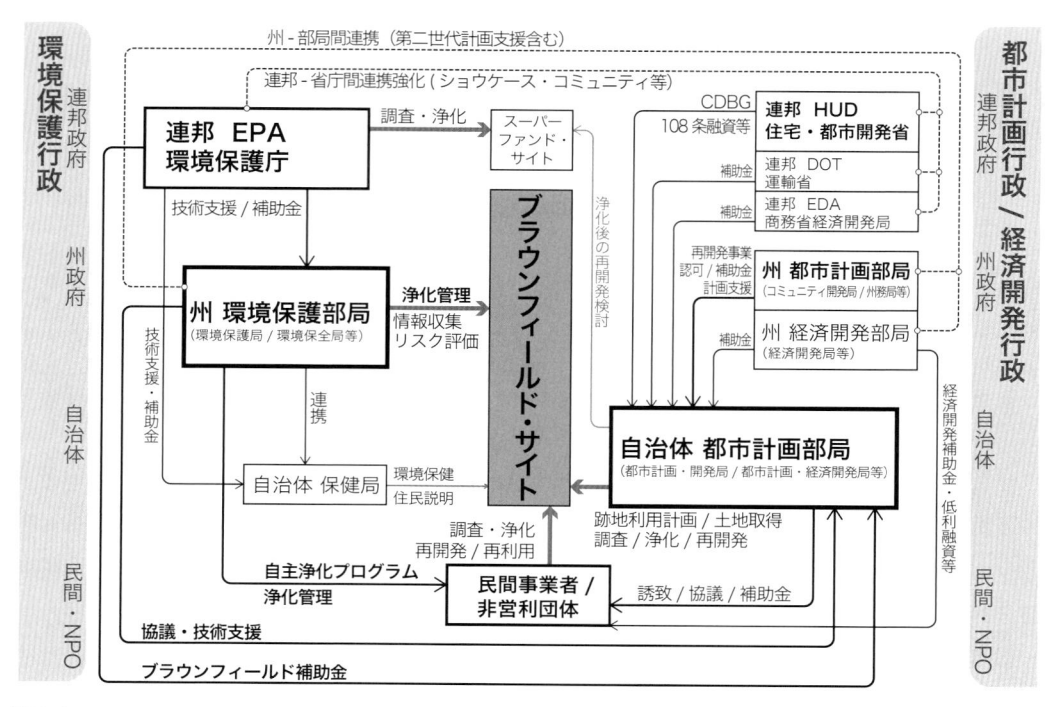

図 3-1　ブラウンフィールド再生に対する主な公的支援

　の都市計画部局は，市町村の取組を支援する立場にある。連邦政府も基礎自治体に対する直接の経済的支援および州政府を通じた経済的支援が中心である。地域によっては，郡や地域計画庁が広域計画の視点から重点的に再生させるべきブラウンフィールド集中地区の検討等を行っている場合もある。

3.2　連邦政府の再生政策の概観

　本節では，ブラウンフィールド再生支援を主な目的として設置された連邦政府の再生支援策を整理する。主に環境保護庁と住宅・都市開発省についてその政策を明らかにする。また，省庁間の協力によるブラウンフィールド再生推進を行ったブラウンフィールド・ショウケース・コミュニティについてもその実態を詳述する。

3.2.1　環境保護庁が提供するブラウンフィールド再生支援

　環境保護庁が提供する主なブラウンフィールド再生支援は，土壌調査および浄化を支援する主要なブラウンフィールド補助金，その他のブラウンフィールド関連補助金，州政府や部族政府に対する財政支援及び技術支援に大別される。2章で整理した通り，近年のブラウンフィールド地区の再生を重視する第2世代の政策の一つとして，2010年からは，ブラウンフィールド地区全体計画支援補助金も開始された。土壌調査，浄化およびリボルビング・ローン基金補助金の3つの交付規模が大きい。

1）主要なブラウンフィールド補助金

　主要なブラウンフィールド補助金であるブラウンフィールド調査補助金（Brownfield Assessment Grant），ブラウンフィールド・リボルビング・ローン基金補助金（Brownfield Revolving Loan Fund Grant），ブラウンフィールド浄化補助金（Brownfield Cleanup Grant）の3つについて，2013年度の募集内容を整理した（表3-1）。

　基本的には，調査補助金と浄化補助金は，自治体とその外郭団体を対象とした補助金であるが，調査補助金は民間が所有する土地に対しても利用することが可能である。また，リボルビング・ローン基金は，民間事業者の浄化資金を融資または補助するための基金であり，民間へ

表 3-1　環境保護庁の主なブラウンフィールド補助金（2013年度募集要項に基づき筆者作成）

名　称	調査補助金	リボルビング・ローン基金補助金	浄化補助金
開　始	1993年度	1997年度	2003年度
上　限	20万ドル	100万ドル	20万ドル
2013年度予定	133件／3,400万ドル	13件／1,000万ドル	73件／1,400万ドル
応募適格	州／自治体／再開発公社等	州／自治体／再開発公社等	州／自治体／再開発公社／NPO
用　途	ブラウンフィールド一覧表の作成/地歴調査/土壌詳細調査/浄化計画策定/住民説明	浄化を実行するための融資や補助を行う基金の設置	応募者が所有する特定のブラウンフィールド・サイトの浄化
備　考	2013年度は3タイプ ①コミュニティ全体のブラウンフィールド調査 ②サイト個別調査 ③複数機関連携による調査	2つ以上の適格団体が合同で申し込むこと 交付額の20%の費用負担を行うこと	応募者は応募時点で唯一の土地の所有者であること 交付額の20%を負担すること

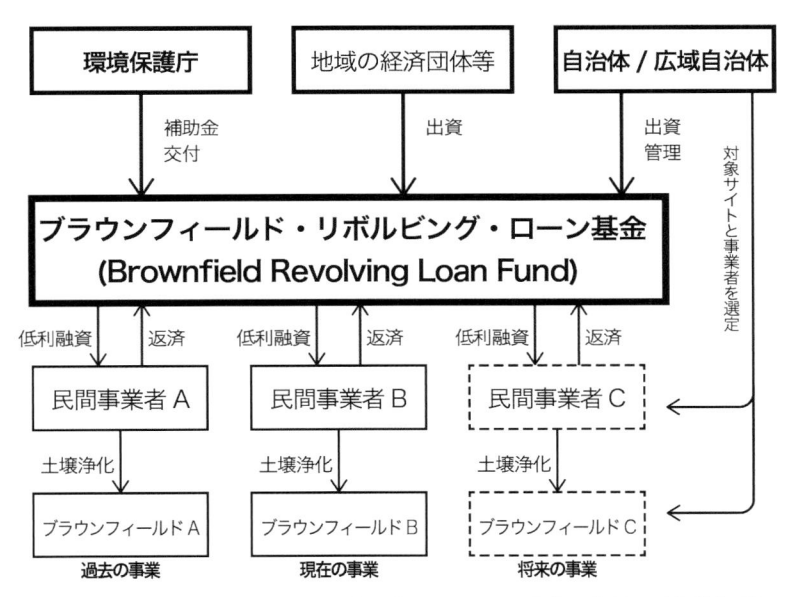

図 3-2　ブラウンフィールド・リボルビング・ローン基金の仕組み（筆者作成）

の間接的な支援と言える。一方で，浄化補助金は，公有地または非営利団体の所有地に対してのみ利用可能であり，近い将来公有地化する場合を除いて，民有地には基本的に利用できない。

2）ブラウンフィールド地区全体計画支援補助金

　前項のブラウンフィールド補助金は，従来の環境保護庁の政策目標である環境保護の観点から，中軽度の土壌汚染の対応を進めるものである。2章で整理した政策の区分で考えると第1世代のブラウンフィールド再生政策に位置付けられる。それに対して，本項で取り上げるブラウンフィールド地区全体計画支援補助金（Brownfield Area-Wide Planning Grant，AWP）は，ブラウンフィールドを多く抱える地区全体の再生を意図した第2世代の再生支援策である。

　2章で述べた通り，ブラウンフィールドを多く抱える地区全体を対象とした第2世代のブラウンフィールド再生支援策である AWP は 2010 年に試験事業として開始された。2010 年は，全米の自治体・コミュニティ団体から応募を募り，競争的選定プロセスを経て 23 の都市・コミュニティにそれぞれ 175,000 ドルの補助金を交付した。AWP は「重要なブラウンフィールド・サイトのための地域全体の計画，実行戦略につながる調査・技術支援・訓練の実施に対する補助金を提供し，ブラウンフィールド不動産の土壌調査や浄化および再利用のための情報を提供し，地域全体の再活性化を促す[1]」ことを目的とする。そのため，単一の土地を対象としていた従来の補助金と異なり，「1つの大きなブラウンフィールド・サイトや複数のサイトの影響を受けている，近隣地区・中心市街地・商店街・街区等のような地区を対象[2]」としている。これまで主として住宅・都市開発省や商務省経済開発局（EDA）が取り組んできた面的な地区の再生に，環境行政である環境保護庁がブラウンフィールド再生の観点から取り組む点が興味深い。2013 年度から正式な補助事業となり，新たに 20 都市が指定された。

3）環境保護庁によるブラウンフィールド再生支援の特徴

　本項では，環境保護庁による一連のブラウンフィールド再生支援の特徴を指摘したい。

　調査，浄化，リボルビング・ローンを中心に様々な補助金が展開されているが，特に調査補助金と浄化補助金が，規模の大きな補助金となっており，全米の多くのブラウンフィールドがこれらの補助金のどちらか，もしくは両方を受けて，調査や浄化を行っている。

　中でも土壌調査に最も多くの補助が行われているのが特徴である。その理由は，調査補助金が，ブラウンフィールドの最も基本的かつ，重要な問題である，汚染による負のイメージ[3]をなくして，再生を推進することに大きく寄与すると考えられているからである。

　汚染がないとはっきりわかれば，再開発のための大きな障壁がなくなり，汚染があるとわかれば，それに対応した浄化戦略と再開発の計画を行うことができる。汚染のイメージを抱えたまま放置された土地に対して，再生プロセスの初動段階を国が支援する意義は極めて大きい。実際，この補助金を使って土壌調査が行われ，浄化の必要がないことが判明した地域も約34%あり，土地の再利用に大きく貢献している。

　また，現在は行われていないが，比較的初期の段階から職業訓練のためのプログラムが行われてきたことも注目したい。ブラウンフィールドが存在する地区は，貧困と失業が多い地域である場合が多く，ブラウンフィールド再生を地域の経済的・社会的再生に結びつけることが求められてきた。そのような地区において，環境や土壌汚染に関する職業訓練を行い，調査や浄化の作業から雇用創出と人材育成を同時に行うというアイデアであった。多数のブラウン

フィールドを抱える自治体において，貧困層の雇用創出と環境浄化の進展の2つの目標の達成を狙った事業であり，環境保護庁が経済的困窮地区の再生にブラウンフィールド再生支援政策の開始当初から力点を置いていたことがわかる。

3.2.2　住宅・都市開発省による支援

住宅・都市開発省（Department of Housing and Urban Development, HUD）は，都市計画や住宅供給を担当する中央省庁の一つである。環境保護庁と比較するとブラウンフィールドを主な目的とした事業は少ないが，コミュニティ開発包括補助金を中心に比較的規模の大きい補助金を自治体に対して提供しており，土壌汚染の調査・浄化に加えてブラウンフィールド・サイトの再開発において重要な支援を行っている。

1）コミュニティ開発包括補助金

コミュニティ開発包括補助金（Community Development Block Grant, CDBG）は，1974年に開始され，コミュニティが抱えている深刻な課題について取り組んでいる地方自治体を支援する住宅・都市開発省の主要な補助金の一つである。州や地方自治体に対して毎年一定額を交付し，地方自治体は裁量によって様々な目的に利用できる。低・中所得者向け住宅の供給，職の創出やビジネスチャンスの拡大などの事業が行われている。

CDBGには，「市民参加」は意図的に組み込まれており，被交付団体は，市民参加に関する詳細な計画を作り，それに従わなければならない。特に低所得者の参加が強調されており，スラム化した地区や荒廃した地区においても，低所得の住民の参加が重視される。計画策定においては，多くの市民が参加可能な公聴会を開催する必要があり，その集会で提案事業やその成果について精査される。不平不満については遅滞なく文書にて回答することが求められる。また，非英語圏の住民の参加が見込まれる公聴会においては，彼らのニーズも適切に汲み取ることが求められる。

事業資格としては，被交付団体が選んだ期間内（1年から3年の間）に，補助金の70%以上の資金が，低所得者層の福祉を増進し，スラムや荒廃した地域を削減し，緊急対策の必要なコミュニティのニーズに応えるために使われなければならない，という基準がある。

2）CDBG108条融資プログラム

CDBGを連邦政府から直接受け取ることができる一定規模以上の自治体は，補助金受給額の5倍を上限に，将来交付されるCDBGの一部を用いて返済することを前提として住宅・都市開発省から融資（108条融資）を受けることができる。元々は，CDBGの被交付自治体が大規模な都市再開発事業等を行う際の資金を融通することを目的とした制度である。108条融資は，自治体が都市再開発事業等を用いて，面的なブラウンフィールド再生事業を行う際に幅広く利用されており，次項のブラウンフィールド経済開発イニシアチブと併用され，自治体主導のブラウンフィールド再生事業の実施段階の事業資金として機能している。

3）ブラウンフィールド経済発展イニシアチブ

ブラウンフィールド経済開発イニシアチブ（Brownfields Economic Development Initiative, BEDI）は，ブラウンフィールドの再開発と関係する活動のためのコミュニティに資金を提供する，競争的な補助金である。ブラウンフィールドとその周辺地域の経済・地域開発を進めることが目的とされている。ただし，BEDIは，108条融資プログラムと共同で，同じ経済開発

事業に対して使われなければならないとされており、BEDI に応募する際には、108 条融資にも同時に応募することになる。CDBG と同様に、基本的には所得や雇用の面で衰退した地区を対象とした補助金である。住宅・都市開発省はブラウンフィールドに特化した経済開発イニシアチブを 2012 年度に終了させたが、2014 年現在でも一般の経済開発イニシアチブの対象として、ブラウンフィールド再生が含まれている。

3.2.3　その他の連邦政府機関が提供するブラウンフィールド再生支援

本項では、環境保護庁、住宅・都市開発省以外の省庁が提供する補助金のうち、ブラウンフィールド再生事業に利用される頻度が高い補助金を交付する連邦政府機関を整理しておく。

1）運輸省

運輸省（Department of Transportation, DOT）には、ブラウンフィールド再生を直接的に目的とした補助金はないが、道路事業等をブラウンフィールド再生に活用する自治体は多い。ブラウンフィールドを交通改良事業の用地に利用する場合、または交通改良事業によりブラウンフィールドを含む再開発地区への交通アクセスを向上する場合のいずれかで活用されている。汚染土壌の封じ込め先として、道路や駐車場の地下が用いられることもある[4]。例えば、第 2 部で取り上げるマサチューセッツ州ローウェル市は、工場跡地が連なる川に沿った遊歩道整備を、運輸省からの補助金を用いて実施した。

近年の運輸省の補助金のなかでも、ブラウンフィールド再生と関係が深いものに運輸投資・経済回復補助金（Transportation Investment Generating Economic Recovery, TIGER）が挙げられる。地域の経済再生に資する交通基盤（道路、鉄道、物流および港湾施設）を対象にした補助金である。ブラウンフィールド再生事業の多くは、地域の経済再生事業として位置付けられており、ブラウンフィールド地区内の道路整備等に同補助金が交付される事例がある。当初は、2009 年の米国再生・再投資法に含まれる時限付きの補助金制度であったが、現在も運輸省の資金で同名の補助制度が継続されている。TIGER は、3.3.2 で詳述する持続可能なコミュニティのためのパートナーシップの一環としても位置付けられている。

2）商務省経済開発局

商務省経済開発局（Economic Development Administration, EDA）は、環境保護庁によるブラウンフィールド再生事業が開始される以前から、積極的に工業地域に対する支援を行っていた。近年は予算の 20% 以上をブラウンフィールドに関連する事業に費やしてきたと言われる[5]。経済開発局の補助金はあらゆる汚染に対して利用可能であり、弾力的な運用が認められている。しかし、失業率を基準に選定され、2 回以上の応募ができないため、ブラウンフィールドを多く抱えていても応募できない自治体も多い。例えば、第 2 部で取り上げるコネチカット州ブリッジポート市は、経済開発局の補助金を用いて West End 工業団地の計画を策定した。

3.3　省庁間の連携を促す制度

ブラウンフィールド再生は、関係する部局が多岐にわたるため、それらの相互の連携が重要な政策課題となる。本節ではブラウンフィールド再生支援にあたり、連邦政府内の省庁間連携および州政府や自治体との連携を促した制度や取組について取り上げる。

3.3.1 ブラウンフィールド・ショウケース・コミュニティ事業

ブラウンフィールド・ショウケース・コミュニティ事業（Brownfield Showcase Community，SC事業）は，20以上の連邦機関のパートナーシップ[6]のもとで1998年から2002年まで行われた事業[7]であり，いわばブラウンフィールド再生のモデル地域事業であった。環境修復から地域開発まで多岐にわたるブラウンフィールド問題を解決するための，省庁間協力の事例と言える。なお，第2部のケース・スタディ都市のうち，マサチューセッツ州ローウェル市とニューヨーク州バッファロー市は，本事業の指定を受けている。

1）事業実施の背景

この事業が開始された背景には，1997年5月にゴア副大統領が発表したブラウンフィールド全米パートナーシップがある。同パートナーシップは，ブラウンフィールド再生にあたって，様々な連邦機関の資源を統合的に利用するため，15以上の連邦機関を集めて開始された。このパートナーシップでは，各省庁の代表者が集まるワーキング・グループが組成され，具体的に各省庁がブラウンフィールド再生に提供可能な資金や事業を示した。さらにこのパートナーシップを活用したブラウンフィールド再生を実証する場として，1998年3月に16ヶ所のモデル地域（Brownfield Showcase Community）を選定し2年間の事業を実施した。同事業は一定の成果をあげ，2000年10月にはさらに12ヶ所のモデル地域を指定，2002年まで継続された。

非常に多数の連邦機関がパートナーシップに加わっているが，資金拠出の面から特に重要な役割を果たした省庁は，環境保護庁，住宅・都市開発省，商務省経済開発局であった。1997-1998年度に行動計画に基づき，実際に投下された補助金額は，環境保護庁128万ドル，住宅・都市開発省26万ドル，商務省経済開発局114万ドル，その他4万ドルとなっており[8]，特に環境保護庁が中心的な役割を担ったことがわかる。なお，住宅・都市開発省は，コミュニティ開発包括補助金で100万ドル超のブラウンフィールド関連支援を行ったが，包括補助金という特性上，正確な金額算定が不可能だったため，上述の数字に含まれていない。

2）事業の目的と内容

ショウケース・コミュニティ事業の目的として，3点の目標が掲げられている。すなわち，「ブラウンフィールドの調査，浄化，持続可能な再利用を通して，環境保護と回復，経済開発，雇用創出，都市の再活性化，そして公衆の健康保護の促進」，「ブラウンフィールドを再生し再利用する自治体の努力を支援する連邦，州，自治体および非政府組織の活動の連携」，「ブラウンフィールド再生において，公共と民間の協働による建設的な成果を実証する全国的なモデルの開発」である。連邦，州，自治体と民間の連携を強調しており，指定都市はモデル事業として具体的な成果があがる可能性が高い都市が選定された[9]。

連邦政府は，事業を成功させるために技術的支援と財政的な支援を行った。具体的には，環境保護庁から土壌汚染調査，浄化向けの補助金20万ドルと，後述の職員派遣の費用として20万ドルが交付され，合計40万ドル程度が指定都市への支援として提供された。また，都市ごとに内容は異なるが前項で述べたパートナーシップに基づき，住宅・都市開発省や経済開発局等がブラウンフィールド再生の補助金を交付したケースが多い。

3）連邦政府職員派遣の実施

本事業の特徴の一つが，連邦政府の職員（主に環境保護庁の職員）が，モデル事業に指定された自治体に出向し，技術的・財政的援助の調整を支援するという点である。この職員は環境

面の知識や制度・補助金に不慣れな自治体職員を助け，2〜3年にわたり，対象自治体の職員として地域のブラウンフィールド再生に取り組んだ。第2部で紹介するマサチューセッツ州ローウェル市では，実際の派遣職員の活動について言及する。

4）対象都市の選定とその分布

同事業の対象都市は，2段階の選抜によって環境保護庁を中心とした連邦政府の選定委員会が決定している。表3-2に指定都市と，最終候補都市（最終的に落選した都市）を整理した。

第1段階の選抜では，対象都市が抱えるブラウンフィールド問題の明確な定義，連邦や州と自治体等が連携したネットワークを既に持っている都市，既にブラウンフィールドの調査や浄化，再開発の検討を実施した実績の3点が，選抜の基準として掲げられた[10]。

第2段階の選抜では，ブラウンフィールドの環境浄化と再利用可能性，コミュニティのニーズ，対象地域の注力，既存の連邦・州および自治体のパートナーシップ，戦略的計画，マネジメント能力，環境正義，全米におけるモデル性の8つが選定基準として明示[11]されている。特に興味深いのは，戦略的計画という項目である。同項目は，「ブラウンフィールドの浄化と，経済再生戦略や雇用創出，環境保護の改善や持続可能性とを結びつけるより大きな再開発戦略の一部としてブラウンフィールド戦略が描かれているか[12]」と説明されており，同事業が，都市全体の再生に寄与するブラウンフィールド再生という方向性を明確に意図していたことを示している。

1998年の指定では特に顕著であるが，231都市の応募[13]のうちブラウンフィールド問題を抱える都市が数多く分布する北東部（地域1）から多くの最終候補が選定されたが，最終的には地域事務所ごとのバランスが考慮され，各地域に1〜2都市の対象都市しか選定されていない。ただし，最終候補都市に選ばれて落選した都市に対しては，20万ドルのブラウンフィールド補助金が交付されている[14]。ブラウンフィールド問題の地域分布の偏りと連邦政府機関としてのバランスのなかで，本事業も実施されたことがわかる。

5）ブラウンフィールド・ショウケース・コミュニティ事業の意義

ブラウンフィールド再生は，単なる土壌汚染の浄化にとどまらず，環境問題に関する市民の教育から，周辺地区の再生，地域の雇用創出に至るまで，非常に多面的な事業である。米国がスーパーファンド法にはじまる土壌環境修復の取組で環境浄化に主眼を置いてきたことと，ブラウンフィールド再生との大きな違いはこの点にあると言える。

スーパーファンド・サイトは，その多くは浄化の優先順位付けから資金確保・浄化の管理に至るまで連邦直轄で行われてきた。それに対して，ブラウンフィールドはスーパーファンドほど汚染の程度は深刻ではなく，土壌汚染の浄化と同程度，もしくはそれ以上に都市・地区の再生と経済開発に主眼が置かれている。結果として，その実施は連邦機関（特に環境保護庁）だけで実施できるものではなく，連邦，州，民間企業および非営利団体の間に，より多くの協力と調整が求められていた。この事業は，多様な主体の連携そのものを事業の目標に掲げている点が特徴であり，当時の関係者がブラウンフィールド再生に多主体の連携が不可欠であると考えていたことを物語っている。

なお，本事業は，後述の職員派遣等にかなりの人件費がかかることもあり[15]，2回の指定後で廃止された。ゴア副大統領の主導で開始された事業であったが，2001年には共和党のブッシュ政権に移行しており，政権交代の影響を受けた。ただし，ショウケース・コミュニティと

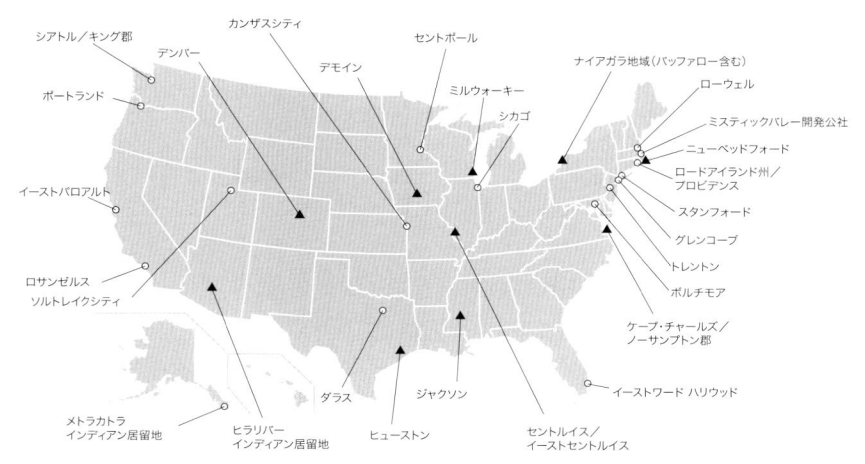

図 3-3　ショウケース・コミュニティ事業に指定された自治体の位置（○は 1998 年指定
　　　　▲は 2000 年指定）

表 3-2　ブラウンフィールド・ショウケース・コミュニティ指定都市と指定都市以外の最終候補都市の一覧

EPA 地域事務所	1998 年指定 最終候補	1998 年指定都市	2000 年指定 最終候補	2000 年指定都市
地域 1 北東部	Bridgeport, CT Hartford, CT New Britain, CT Malden/Medford/Everett, MA Worcester, MA Burlington, VT	Lowell, MA The State of RI and Providence Stamford, CT	Worcester, MA Burlington, VT	Mystic Valley Development Commission, MA (Malden/Medford/Everett), New Bedford, MA
地域 2 ニューヨーク／ニュージャージー州+自治領	Buffalo, NY Utica, NY Camden, NJ	Glen Cove, NY Trenton, NJ	Yonkers, NY Hudson County, NJ	Niagara Region, NY (Niagara County and Erie County)
地域 3 中部大西洋岸	Cape Charles and Northampton County, VA Philadelphia, PA Pittsburgh, PA Wilmington, DE	Baltimore, MD	Crawford County, PA	Cape Charles and Northampton County, VA
地域 4 南東部	Louisville, KY Prichard, AL	Eastward Ho! (Southeast FL)	Charleston, SC Columbia, MS Yancey & Mitchell Counties, NC	Jackson, MS
地域 5 五大湖周辺	Toledo, OH Kenosha, WI	Chicago, IL St. Paul, MN	Cuyahoga County, OH Wayne County/City of Detroit, MI	Milwaukee, WI
地域 6 南中部	Brownsville, TX Houston, TX	Dallas, TX	Magdalena, NM Oklahoma City, OK Shereveport, LA	Houston, TX
地域 7 中西部	Omaha, NE	Kansas City, KS&MO	Wellston, MO	Des Moines, IA St. Louis, MO & East St. Louis, IL
地域 8 山岳部	Sioux Falls, SD	Salt Lake City, UT		Denver, CO
地域 9 太平洋岸南部	Oakland, CA Richmond, CA Tucson, AZ	Los Angeles, CA East Palo Alto, CA	Emeryville, CA Oakland, CA Ventura, CA	Gila River Indian Community, AZ
地域 10 太平洋岸北部		Seattle and King County, WA Portland, OR	Bellingham, WA Tacoma, WA	Metlakatla Indian Community, AK

EPA, Brownfields Showcase Communities, Quick Reference Fact Sheet, October 2000
EPA, Brownfields Showcase Communites – Round 2 Finalists, June, 2000, http://www.epa.gov/brownfields/pdf/32final.pdf,
2000/8/18 時点のウェブサイトを参照
EPA, Federal Brownfields Partnership Chooses Showcase Communities Finalists, 1997/10

いう名称で，省庁間の連携を促す事業は，その後も複数行われており[16]，ブラウンフィールド・ショウケース・コミュニティ事業の仕組み自体は，環境保護庁のなかでも評価されているという指摘[17]もある。

3.3.2　持続可能なコミュニティに向けたパートナーシップ

　本項では，ブラウンフィールド・ショウケース・コミュニティと類似する運輸省，住宅・都市開発省，環境保護庁の連携による「持続可能なコミュニティに向けたパートナーシップ」について，その概略を整理する。

　同パートナーシップは，2009 年 1 月に就任したオバマ大統領の都市政策に関するワーキング・グループによって打ち出された 4 つのイニシアチブ[18]の一つである「持続可能なコミュニティに向けたイニシアチブ」にその起源がある。このイニシアチブは，特に運輸，住宅，水資源および環境社会基盤，経済及び環境政策に関する事業や補助金を，持続可能性を高めることを目的に，統合的に運用することを目指している。

　パートナーシップは，前述の通り住宅・都市開発省，運輸省，環境保護庁により構成され，3 省庁の事業の一部を，以下の原則に則って実行している。原則は，「①より多くの移動手段

表 3-3　3 省庁が連携して開発・審査した補助金

事　業　名	会計年度	先導する省庁	応募件数	概算要求額（百万ドル）	供与件数	実行額（百万ドル）
運輸投資・経済回復（TIGER）実施補助金	2009-2013	運輸省	4,605	112,600	270	3,500
連邦公共交通局　代替案分析支援	2010-2011	運輸省	722	4,300	165	494
チョイス近隣地区実施補助金	2010-2012	住宅・都市開発省	84	860	9	231.6
持続可能なコミュニティ広域計画補助金	2010-2011	住宅・都市開発省	416	674	74	165.1
住宅・都市開発省コミュニティ挑戦補助金及び TIGER 計画補助金	2010	住宅・都市開発省及び運輸省	766	1,300 HUD 分のみ	61	68
交通・コミュニティ及びシステム保全事業	2011	運輸省	715	1,400	65	56.7
コミュニティ挑戦補助金	2011	住宅・都市開発省	267	408	27	28.6
チョイス近隣地区計画補助金	2010-2013	住宅・都市開発省	314	75	56	16.9
ブラウンフィールド地区全体計画支援補助金	2010/2013	環境保護庁	239	42.9	43	8
持続可能なコミュニティのための街区形成	2011-2013	環境保護庁	1,029	15.4	224	3.3
成長管理実施支援	2009-2013	環境保護庁	542	31.5	48	1.5
州都緑化事業	2010-2013	環境保護庁	77	6.1	19	1.5
ブラウンフィールド・パートナーシップ・パイロット	2012	環境保護庁	25	2.5	5	0.5
合　　計			9,801	約 121,700	1,066	約 4,600

HUD, DOT and EPA, Partnership for Sustnainable Communites, Fifth anniversary report, 2014, P. 5

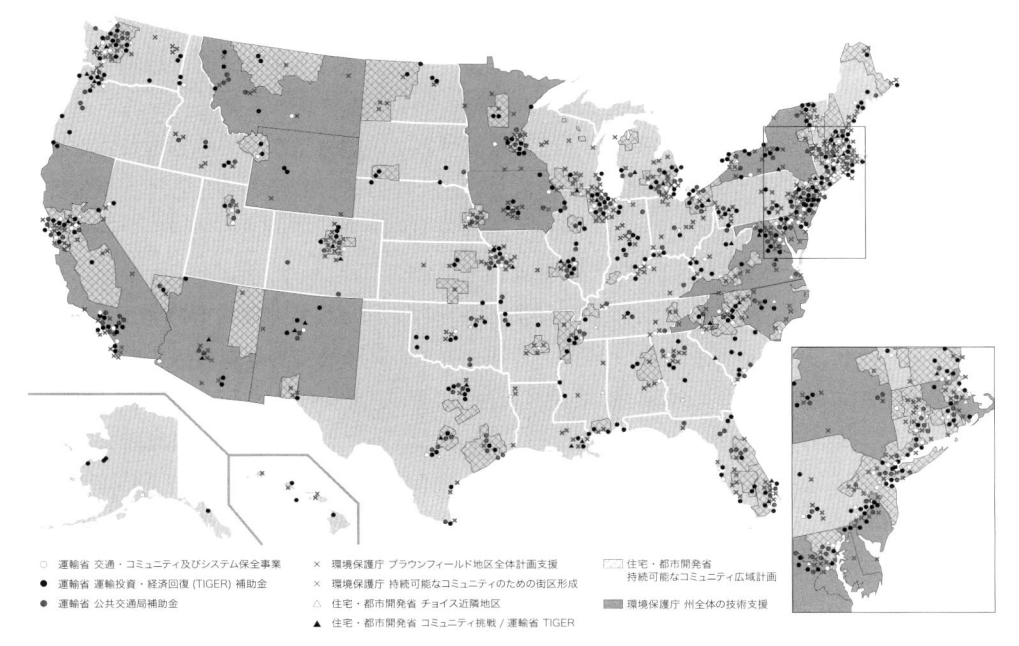

図 3-4　持続可能なコミュニティのためのパートナーシップ 対象都市一覧
HUD, DOT and EPA, Partnership for Sustnainable Communites, Fifth anniversary report, 2014, P. 21 をトレース，翻訳

を提供する，②既存のコミュニティを支える，③適正な価格で入手可能な住宅の供給を推進する，④連邦政府投資を活用する，⑤経済的競争力を高める，⑥コミュニティや近隣地区を評価する」[19] の 6 つから構成される。

　実体的には，いずれかの省庁の補助金の交付を受けて事業を実施していた場合，関連する他省庁の補助金が交付される可能性が高まるため，自治体によっては事業が急速に進展している[20]。ただし，その分，他の自治体に対する補助金交付は減少しており，自治体間でも格差が広がる可能性もある。

　表 3-3 に 3 省庁により協働で開発または審査されている補助金プログラムを示す。35 億ドルを拠出した運輸省の運輸投資・経済回復補助金（TIGER）や，住宅・都市開発省の持続可能なコミュニティ広域計画補助金（2 億 3,160 万ドル）と比較すると，ブラウンフィールド地区全体計画支援補助金の 800 万ドルは，微々たる金額であるが，環境保護庁のなかでは最大の事業である。直接ブラウンフィールドのみを対象とした事業は少ないが，実際にはブラウンフィールド再生事業に TIGER や住宅・都市開発省の広域計画補助金が活用されている。ブラウンフィールドの存在が，地域の課題として捉えられ，補助金交付の理由となっている場合もあり，計画段階の住宅・都市開発省の補助金や，社会基盤整備等の実施段階の運輸省の補助金が交付されやすくなっていると推測される。

3.4　小括：連邦政府のブラウンフィールド再生政策

　連邦政府のブラウンフィールド再生政策は，主に自治体を対象とした土壌調査や浄化，再開

発に対する経済的な支援と，ブラウンフィールド再生に関わる多様な主体の連携支援の2つに大別されることが明らかとなった。従来，環境保護，都市計画などそれぞれの分野で縦割りで支援が行われていたが，1990年代後半以降，単純な土壌汚染対策にとどまらない土地の再利用を実現するためには，分野を横断した連携が重要であるという認識が広がっており，様々な省庁や連邦・州・自治体の連携を重視した政策に変化している。

1）連邦政府による経済的な支援

　経済的な支援のうち，環境保護の強化を直接目的としたものは，環境保護庁のブラウンフィールド補助金が中心であった。同補助金は，主として地方自治体のブラウンフィールド調査・浄化の支援に用いられている。ブラウンフィールド補助金の一部は，自治体による民有地の調査やリボルビング・ローン基金を通して，民間事業者や民有地に対しても利用可能だが，浄化補助金は自治体や非営利団体の利用に限定されている。全体に，環境保護庁のブラウンフィールド補助金は，自治体が所有する土地や汚染責任者が不在で自治体が取得せざるをえない状況にある土地など，公的な性格が強い土地を対象としており，調査に最も注力している。

　一方，住宅・都市開発省が自治体に交付するコミュニティ開発包括補助金や，運輸省の交通改良に関する様々な補助金は，ブラウンフィールド再生のみを目的としたものではない。しかし，再開発を行う際の自治体による土地取得や，対象地周辺の交通アクセスの改良など，主にブラウンフィールド再開発の実施段階で，事業の前進に寄与する公的支援と言えるだろう。

　環境保護を促進する支援は環境保護庁，再開発に対する支援は住宅・都市開発省や運輸省が中心である。ただし，土壌汚染調査の前段階の地区再生計画の立案に対する環境保護庁の支援や，再開発事業の推進のために土壌浄化に対する商務省経済開発局の支援など，各省庁の性格にとらわれない支援も行われていることがわかった。

2）省庁間や連邦・州・自治体間の連携を促す支援

　前項の経済的な支援に加えて，ブラウンフィールド・ショウケース・コミュニティ事業や持続可能なコミュニティのためのパートナーシップに代表される省庁間の連携により，複合した課題への対応が試みられていることも指摘した。

　ブラウンフィールド再生事業の都市全体における戦略性や位置付けの検討，省庁間連携を背景にした環境保護庁によるブラウンフィールド地区への再生計画立案支援などの公的支援は，自治体全体のブラウンフィールド再生戦略の検討を後押しするものであった。これらの新たな支援は，政治的なイニシアチブに基づいて始められ，省庁横断的な取組のなかに位置付けられながら，ブラウンフィールド再生事業に導入されていった実態も明らかとなった。

3.5　州政府の再生政策の概観

　2章で整理した通り，米国の州の政策が米国のブラウンフィールド再生支援の中核を担っており，歴史的にも重要な役割を果たしてきた。本節では，自主的浄化プログラム（VCP）の主な構成要素をその特性毎に整理して，現在の州政府の政策の全容を把握する。本節では州のブラウンフィールド再生支援策を，①制度による支援，②経済的支援，③住民の理解促進の3点に大別して州政府の政策を概観したい。

3.5.1 制度による支援

制度による支援は，土壌汚染の調査・浄化に関する基準や規定の変更により，浄化および再開発の主体となる民間事業者や自治体の土壌汚染に関するリスクを最小化することを目指すものである。具体的には，自主的浄化プログラムの導入によって開始された。

制度による支援の目的は，民間事業者をスーパーファンド法の責任追及から保護する「責任保護」と，浄化費用の削減につながる「用途別浄化基準の導入（浄化基準の緩和）」さらに「対策の明確化と期間短縮」の3点が挙げられる。

州政府が1980年代後半から打ち出した自主的浄化プログラムは，これらの目的を具体的に実現した制度と言える。VCPとして，州は対策手続きや浄化基準を明確化し，その法的手続きに則って行われた対策を認定することにより，浄化主体の将来の浄化責任を免除する制度を導入した。VCPが定めた手順や基準は，土壌汚染地に必要とされる対策を具体的に定め，州政府と浄化主体が対応を進める期間も示した。そのため，民間事業者が重視する浄化の期間と費用を予測することが可能となった。一般に州政府が浄化管理を担当するが，浄化管理の作業自体を，認証された民間専門家に移管した州もあり，浄化の迅速化という面では成果を挙げている。

用途別浄化基準の導入も，VCPの一部として定められた州が多い。環境保護行政と都市計画行政の重要な接点であるため，本書では詳しく取り扱う。用途別浄化基準は，人体に対する有害廃棄物の曝露可能性を制御しつつ，合理的に「浄化基準を緩和」して浄化費用を低減させた。結果的に用途に応じて，浄化基準を緩和することが可能となったが，前提条件として，従来の都市計画による用途規制に加えて，浄化基準を設定する際に想定した土地利用を維持する必要が生まれた。その結果導入された方法が，制度的管理である。

1）一般的な自主的浄化プログラムの内容

自主的浄化プログラム（VCP）では，多くの場合，対象となる浄化主体（汚染に直接関与していない，汚染放出時に土地を所有していない等の条件を満たすことが求められる），調査と浄化の手順，汚染物質ごとの浄化基準，担当する環境部局との協議や報告のタイミングや書式等が細かく定められている。これらを定めることによって，州も浄化主体となる民間事業者も調査と浄化に関する一定の事前合意に基づき，浄化事業を進められるようになった。多くの州では，VCPに参加して浄化完了が認められた場合，自動的に次に述べる責任免除規定が適用されることになっている。

2）自主的浄化プログラムに参加した浄化主体の責任免除

スーパーファンド法の土壌汚染に対する責任追及のひとつに「遡及的な責任追及」がある。民間事業者は土壌汚染を一定程度浄化しても，将来再び汚染が発見されたり，別の汚染が見つかったりした場合，再び責任追及を受ける恐れがあり，ブラウンフィールド問題の要因の一つであった。この問題に対して，州政府は浄化責任終了証明書（State Closure Letters）を発行して，関係当事者のスーパーファンド法や州法に関する浄化責任を免除する制度を導入した。連邦法による訴追から州の制度で保護しているのである。

対象者は，汚染のある土地の新たな（汚染責任のない）所有者や開発者，事業に対する融資者である。この証明書によって，州が定める浄化目標に達した場合，関係者は将来起こりうる同一の理由による汚染の責任を免除される（用途制限が付加された土地の用途を変更する場合

は，新たな用途に応じた浄化を求められる）。

　この制度は，対策完了証書（No Further Action Letter，NFA）や訴権放棄契約（Covenant Not to Sue，CNTS）とも呼ばれる。前者は浄化の完了と追加的な措置が不要であることを証明し，後者は追加的措置の免除を明確にするために，将来にわたって州政府が浄化主体に対して訴訟を行わないことを誓約するものである。

3）浄化の事業に対する公的機関の介入

　民間への「スーパーファンド法の責任追及」を回避するために公的機関（自治体の公社等）が，一時的に土地を保有し浄化する手法である。前述の責任免除制度が未整備の時代にも多用された。民間同士の土地取引の場合も，調査や浄化の期間中は公的機関に一時的に土地名義を変更し，浄化後に民間に土地をかえすことで浄化責任を行政が肩代わりできる。

　手続きが煩雑であるため，近年の事例は少ないが，都市再開発事業の場合は，土壌汚染の有無にかかわらず行政による土地取得が必要となるため，現在でもこの方法が採られる事例がある[21]。民間事業者にとっては，浄化後に土地を取得したほうが事業リスクは小さくなり，再開発事業に参画しやすくなる。

4）リスクに基づく浄化基準の設定と制度的管理

　汚染土壌の位置，汚染の程度，跡地の用途などを考慮して，人体に曝露されるリスクを計算し，リスクに応じた浄化基準を設定する制度である。例えば，土壌汚染がある土地が今後も工場用途に用いられる場合，人体に対する曝露の危険性が低いので，地下の汚染は存置して表層に物理的に蓋をするなどの方法も認められる。幼稚園の砂場など子供が土に直接触れる場所に対しては，より厳しい浄化基準が設定される。汚染の発生状況の分析と人体および環境に対するリスクを分析することで，人体に対する曝露リスクを上げずに，浄化コストを低減させる制度であり，浄化費用の低減につながる。

　リスクに基づく土地用途別の浄化基準を採用するためには，将来にわたって基準の根拠となった跡地の用途が遵守される必要がある。そのため，用途別基準を採用している州は，同時に跡地利用を制限する制度的管理（Institutional Control）を設定し，将来にわたって土地用途と環境基準の関係が維持されるようにしている。より高いレベルの浄化基準が求められる用途

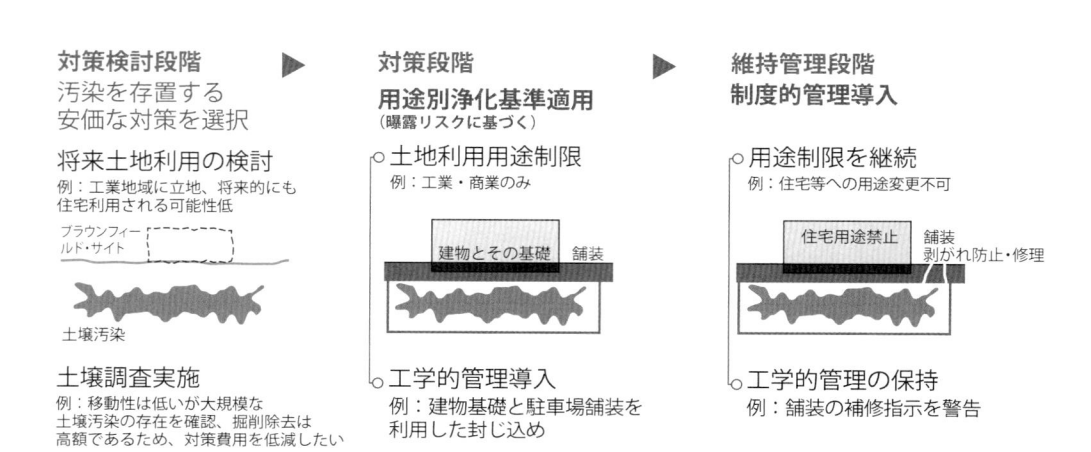

図 3-5　用途別浄化基準と制度的支援の関係（筆者作成）

に変更を行う場合は，新しい用途に適合する追加的な浄化措置が求められる。またリスクベースの基準を採用するためには，制度的管理を導入した場所の正確な記録と周知が重要となるため，多くの州では，これまで発見された土壌汚染地のデータベースを設け，行われた対策と制度的管理の有無に関する情報を蓄積している。制度的管理は，具体的には土地証書に対する制限として取り扱われる場合が多く，土地登記所や用途地域を管理する自治体にも保管されている。

3.5.2　経済的な支援

　経済的支援は，非土壌汚染地と比べて民間にとって余計に費用がかかるブラウンフィールド再生の経済的負担を，補助金や低利融資，税額控除などの経済的支援によって，州政府が支援するものである。

　ブラウンフィールド再生を目的とした支援の対象範囲は，多くの州で土壌汚染の調査と浄化に限られている。ただし，ニューヨーク州など一部の州では，再開発にかかった費用に対する税額控除も認めて，浄化と再開発の両方に経済的な支援を提供している。また，純粋な経済的支援とは言えないが，一部の州では，浄化事業に対する低廉な環境保険も提供されており，浄化費用に一定の上限を設けることで資力に余裕のない浄化主体のブラウンフィールド再生を支援している。

1）補助金および低利融資

　ブラウンフィールド再生に対する補助金は，州の環境保護部局や経済開発部局から，自治体や民間事業者に対して交付される。州により規模は異なるが，環境保護庁のブラウンフィールド補助金よりも交付額が大きい補助金も存在する。経済的に衰退した地域に対して特に重点的に交付している州も多い。浄化費用について民間事業者や自治体に対する無利子や低金利の融資も行われている。また，ミシガン州，コネチカット州では，対象地区に対して TIF（Tax Increment Financing）を適用し，再生事業資金に充てる方法もとられており，特にシカゴ市において大きな成果をあげている。

2）ブラウンフィールド再生以外の財源の活用

　連邦政府の経済的支援と同様に，州政府も，ブラウンフィールド再生を特定の対象としていない補助金をブラウンフィールド再生事業（特に土壌汚染の調査・浄化費用）に用いることを許容している。例えば，学校や公園など自治体が公共施設を建設する場合には，土壌汚染対策費も含めて州政府から補助金が交付される場合がある。民間事業者による低所得者向け住宅の供給なども税額控除の対象となるため，再開発後の用途を他の政策目標に適合させることで，ブラウンフィールド再生に他の財源を活用することが可能となる。

3）環境保険の利用

　環境保険とは，一般に環境賠償責任保険のことであり，土地取引における浄化費用を担保する土地購入・売却者向けのものや，予想された浄化費用が一定額以上超えた場合に超過分が支払われる費用キャップ保険などが代表的な保険である。一般的には民間保険事業者によって提供されるが，マサチューセッツ州やウィスコンシン州のように州政府が補助して環境保険を安価に提供している事例もある。

3.5.3　住民の理解促進（汚染に対する不安・疑念の解消）

　一般市民の土壌汚染に対する理解の促進と不安や疑念の払拭は，長期的なブラウンフィールドの再利用を考えるうえで重要である。本節では，対象地周辺に居住する住民のブラウンフィールド再生事業に対する参加や理解の促進と，一般市民に対する情報公開の2つの視点から州政府が実施している政策を整理したい。

1）再生事業に対する住民参加

　ブラウンフィールド再生事業における住民参加は，土壌汚染に対する周辺住民の不安を取り除き，再生事業の成功に対する寄与も大きい。また，跡地利用に関しても住民の意向を取り入れることで，ブラウンフィールドの再開発を地区の再生に展開できる可能性が拡大する。

　住民参加の手法は，浄化計画に関する告知，公聴会の開催，市民アドバイザリー委員会の設置などが挙げられる。多くの州で，最低限の情報提供として浄化計画に関する告知が求められる。公聴会は，住民や自治体の要求に応じて行われる場合が多く，州によっては公聴会開催の条件を定めている。市民アドバイザリー委員会は，ブラウンフィールド再生支援が開始された時代から環境保護庁が提唱していたもので，土地の様々な利害関係団体の代表者と連邦，州，自治体の担当者が，浄化計画や跡地利用について協議を行う場のことである。委員会は，利害関係者が一堂に会して初期段階から再生事業の計画プロセスに参加する場として評価される一方で，メンバーの選定が適切に行われなければ逆効果の場合もあると言われている。

2）地域住民に対する教育プログラム

　前項の住民参加の拡大として，住民に対する環境問題の教育プログラムを行っている自治体もある。特定の事業を対象としないため，より客観的に住民にブラウンフィールドに関する教育を行うことができる。将来的にブラウンフィールド再生事業をすすめるうえでも，住民に早い時期から適切な環境教育を行うことは効果的である。

3）汚染情報の収集・公開

　多くの州が土壌汚染情報に関するデータベースを作成し，自治体に対する提供とウェブサイトでの一般公開を行っている。汚染情報の公開によって，短期的には土壌汚染のある土地の地価下落を招く恐れがあるが，長期的には事業者の土壌汚染に対する意識向上や，汚染がない土地に対する無用の疑念が払拭されることが期待される。また，自治体や民間事業者は，都市開発の基本的な情報として土壌汚染情報を計画立案に活用することも可能になる。用途別浄化基準を導入している州は，制度的管理の情報もあわせて公開している。

3.5.4　全米50州のブラウンフィールド再生支援制度の概観

　2011年現在の全米50州のブラウンフィールド再生支援制度の概況を表3-4にまとめた。第1世代の再生支援策は，3.5.1の制度による支援として①ブラウンフィールド向け浄化事業，②責任保護制度，③制度的管理，④浄化管理の民間化，3.5.2の経済的な支援として⑤優遇税制制度，⑥資金および技術的支援，⑦環境保険を整理している。また，第2世代の再生政策の代表である⑧計画支援制度についても導入状況を調査した。

1）第1世代の再生支援策に関する傾向

　まず，表中の①②③に該当する，VCPをはじめとするブラウンフィールド・サイトを対象とした浄化事業，責任免除制度，制度的管理は，ほとんどの州で普及しており，全米で一般的に

表 3-4　各州のブラウンフィールド再生支援制度一覧

EPA 地域事務所	州　名（自治領を除く 50 州）	開始年	①BF 用浄化事業	②責任保護制度	③制度的管理	④浄化管理民間化	⑤優遇税制制度	⑥資金/技術支援	⑦環境保険	⑧計画支援
地域 1 北東部	コネチカット	1995	○	○	○	○				
	メーン	1993	○	○	○			○		
	マサチューセッツ	1993	○	○	○	○		○	○	
	ニューハンプシャー	1996	○	○	○			○		
	ロードアイランド	1996	○	○	○			○		
	バーモント	1995	○	○	○			○	○	
地域 2	ニュージャージー	1992	○	○	○	○		○	○	○
	ニューヨーク	1994	○	○	○			○	○	○
地域 3 中部大西洋岸	デラウェア	1993	○	○	○			○		
	ワシントン DC	2000	○	○	○			○		
	メリーランド	1997	○	○	○			○		
	ペンシルバニア	1995	○	○	○			○		
	バージニア	1997	○	○	○			○		
	ウエストバージニア	1996		○	○	○		○		
地域 4 南東部	アラバマ	2001	○	○	○		○	○		
	フロリダ	1997	○	○	○		○			
	ジョージア	1996	○	○	○					
	ケンタッキー	2001	○	○	○					
	ミシシッピ	1997	○	○	○					
	ノースカロライナ	1987	○	○	○					
	サウスカロライナ	1988	○	○	○					
	テネシー	1994	○	○	○			○		
地域 5 五大湖周辺	イリノイ	1986	○	○	○					
	インディアナ	1993	○	○	○					
	ミシガン	1994	○	○	○		○			
	ミネソタ	1988	○	○	○			○		
	オハイオ	1994	○	○	○			○		○
	ウィスコンシン	1994	○	○	○			○	○	
地域 6 南中部	アーカンソー	1995	○	○	○					
	ルイジアナ	1995	○	○	○		○			
	ニューメキシコ	1998		○	○					
	オクラホマ	1998	○	○	○		○	○		
	テキサス	1995	○	○	○		○	○		
地域 7 中西部	アイオワ	1997				○	○			
	カンサス	1996	○	○				○		
	ミズーリ	1994	○	○	○		○	○		
	ネブラスカ	1995			○					
地域 8 山岳平原部	コロラド	1994	○	○				○		
	モンタナ	1995	○	○	○		○			
	ノースダコタ *			○	○			○		
	サウスダコタ	2004	○					○		
	ユタ	1997	○	○	○			○		
	ワイオミング	2000	○	○	○			○		
地域 9 太平洋岸南部	アリゾナ	1997	○	○	○			○		
	カリフォルニア	1993	○	○	○	○		○	○	
	ハワイ	1997	○	○	○			○		
	ネバダ	2000	○	○	○			○		
地域 10 太平洋岸北部	アラスカ	1996	○	○	○			○		
	アイダホ	1996	○	○	○			○	○	
	オレゴン	1991	○	○	○			○		
	ワシントン	1995	○	○	○			○		

EPA, State Brownfields and Voluntary Response Programs: An Update from the States, 2011 および各州の 2011 年前後のウェブサイト参考に筆者作成
* 正式な VCP はないが，保健局により自主浄化に関する書類は審査・同意を受けることができる。開始年不明

用いられている制度と言える。つまり，制度による支援は大半の州で確立している。⑤⑥にあたる経済的な支援も，多くの州が少なくともいずれかの制度を導入しており，一定の経済的支援が提供されている。

　一方で，④の浄化管理民間化は，マサチューセッツ州が1993年，コネチカット州は1995年，ウエストバージニア州は1997年に導入し，ニュージャージー州も2009年からマサチューセッツ州をモデルに民間化を実施しているが，全米で広く進められている状況にはない。⑦の環境保険も，州政府が一定の補助等を実施している事例のみ取り上げているが，マサチューセッツ州やウィスコンシン州など一部の州の実施にとどまっている。

2）第2世代の再生支援策に関する傾向

　第2世代の政策である⑧の計画支援制度は，ブラウンフィールドが集中する地区を指定して，地区全体の再生を目指すための計画支援を行う制度であるが，現在のところ2003年に制度を設置したニューヨーク州，ニュージャージー州と連邦政府のAWP，2012年のオハイオ州の試験的導入にとどまっている。ただし，コネチカット州のブラウンフィールド浄化開発局のようにブラウンフィールド・サイトに関する業務を統括する部局を設置したり，マサチューセッツ州ブラウンフィールド支援チームのように，部局をまたがって特定のブラウンフィールド・サイトを支援したりする動きは他州でも行われている。公式，非公式に部局をまたいだブラウンフィールド再生支援は他州でも展開されていると考えられるが，本研究では主として計画支援の形態を採っているものを取り上げた。

3.5.5　州の再生支援政策に関するケース・スタディ対象の選定

　2章や前節で整理したように，浄化に関する制度は1980年代後半から始まった自主的浄化プログラムによって，過去25年間で概ね完成しており，多くの州で類似した制度が導入され

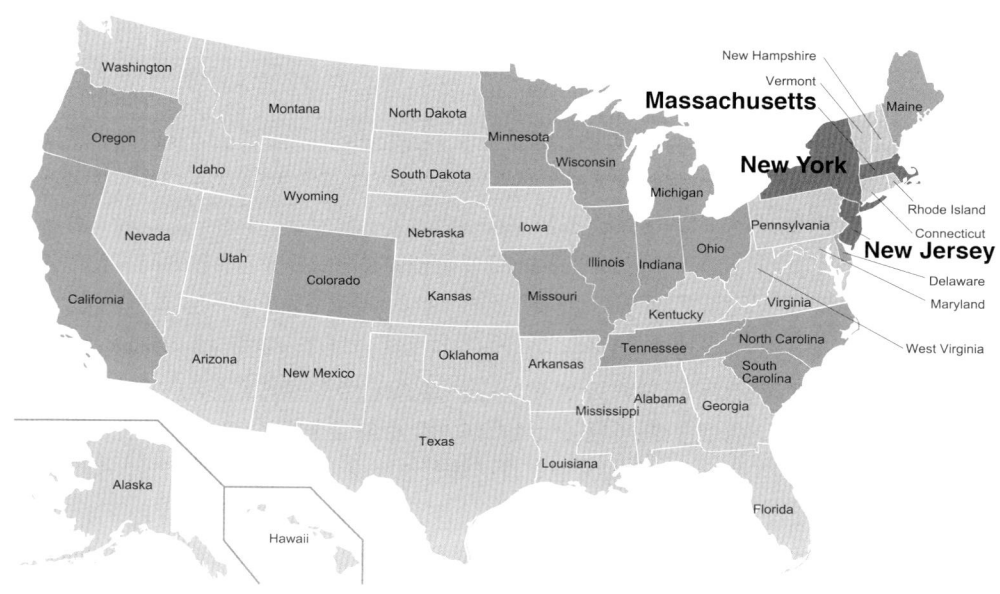

図 3-6　ケース・スタディ州の位置（濃いグレー）と1994年時点のVCP開始州（薄いグレー）の分布
　　　　（筆者作成）

ている。一方で，ブラウンフィールド再生の重要性は，各州で大きく異なり，当然ながら工場跡地を多く抱える州では，積極的に新たな政策を展開している。

　本書では，先進的な政策を展開しているマサチューセッツ州，ニュージャージー州，ニューヨーク州をケース・スタディとして詳細に分析し，州によるブラウンフィールド再生支援の実態を詳細に明らかにする。次節以降の3州の分析では，各州のブラウンフィールド再生政策の歴史について概観し，VCPの内容，浄化基準と制度的管理の実態，経済的支援の特徴，第2世代の政策がある場合は第2世代の政策についての分析を，比較・検討の枠組みとする。

3.6　マサチューセッツ州の再生政策

　マサチューセッツ州は，工業化の長い歴史を持つ米国北東部のなかでも，特に古くからの工業都市を多く抱える。土壌汚染対策の特徴は，全米で最も早く1993年に浄化管理を民間化した点にあり，州の制度的管理である活動用途制限（Activity and Use Limitation，AUL）も活用して，他州の浄化サイト数について他州を圧倒する実績をあげている[22]。一方で本研究で取り上げるニューヨーク州，ニュージャージー州と比較すると，都市計画分野との統合的な取組は制度としては確立していない。

3.6.1　マサチューセッツ州の土壌汚染対策の変遷

　マサチューセッツ州の土壌汚染対策は，1983年に施行された「マサチューセッツ石油・有害物質排出防止対策法[23]」に基づいて開始された。同法は，州版スーパーファンド法とも言われ，連邦のスーパーファンド法と同様に汚染に関係した主体に厳しい責任追及を行う法律であった。同法施行後，1990年までに4,200ヶ所以上の確認された土壌汚染地および汚染が疑われる土地のうち，同法のもとで調査や浄化が行われたのは，その4分の1以下であった[24]。そのため，調査や浄化が行われない土地への対応が，州環境保護局も含め多くの関係者から指摘された。

　1992年に同法の改正が実施され，州環境保護局は民間の浄化主体へのインセンティブを拡大した新たな土壌汚染対策を打ち出した。改正の目玉は，浄化管理の主体を州政府から認定された認定サイト専門家（Licensed Site Professionals，LSP）に移管した点にあった。同時に用途に応じたリスクベースの明確な浄化基準を設け，制度的管理として活動用途制限も導入した。この際に法律の実施規則として，マサチューセッツ州緊急対応計画[25]（Massachusetts Contingency Plan，MCP）が変更され，調査や浄化の方法，土壌の基準などが定められた。

　1993年の法改正により，深刻な土壌汚染地と，中軽度のブラウンフィールド・サイトの取り扱いが分離された。前者は州環境保護局の直轄で対応，後者は民間事業者の浄化を州により認定された認定サイト専門家が管理し，州環境保護局がLSPの浄化管理を確認する体制に移行した。1998年には，「環境浄化と土壌汚染地の再開発促進に関する法（州ブラウンフィールド法）[26]」が定められた。同法は，ブラウンフィールド不訴追証書の提供を設置し，自主的浄化プログラムにおける責任免除制度を確立した。また，再生に対する経済的な支援を新たに導入し，特に経済的困窮地区における浄化と再開発に対して手厚い支援を開始した。

3.6.2 マサチューセッツ州の再生政策の内容

本項では，マサチューセッツ州の再生支援制度の特徴である浄化管理の民間化について整理し，自主的浄化プログラムにより提供される責任免除制度の内容についても詳述する。

1）民間化された浄化管理

マサチューセッツ州の最大の特徴は，1993 年に開始された浄化管理の民間化である。浄化管理を担当するのは，LSP である。LSP が土壌汚染浄化の管理を行い，州の環境保護局の職員は基本的に土壌調査・浄化の管理を行わないという制度となっている。民間化の背景には，州政府の限られた人的資源を有効活用し，環境面に対する効用を最大にするという意図がある[27]。LSP 制度の導入によって，浄化サイト数は 1993 年以降，通知も浄化完了も劇的に増加した（図 3-7）。近年，コネチカット州やニュージャージー州も同様の制度を導入しており，多数のブラウンフィールド・サイトの浄化管理を抱える州に拡大している。

浄化と調査にかかる時間は，民間化以前の平均 8 年間から，民間化後は約 1 年程度に短縮された[28]。マサチューセッツ州の自主浄化プログラムの処理サイト数が全米で最も多い理由は，この民間の専門家を活用した効率的で迅速な浄化管理にあると言えるだろう。

一方で，民間開放による浄化管理の質低下も懸念された。州環境保護局は調査・浄化に関する資料の保管と公開，抜き打ち検査を含む監査の実施，法令違反に対する刑事罰の設定などの管理制度の実行によって，浄化の質を維持する努力を行っており，実際に LSP の法令違反も報告されている。

2）責任免除制度

マサチューセッツ州は，全米でも比較的早い時期（1998 年の州ブラウンフィールド法立法時）に責任免除制度の提供を開始した。責任免除制度は，州ブラウンフィールド法に定められた州環境保護局の規則に則って浄化を実施した主体に付与される責任免除規定か，州法務局が発行する訴権放棄契約（Covenant Not To Sue，CNTS）[29]により提供される。

責任免除規定は，該当する所有者及び操業者[30]（"Eligible" Owners and Operators）に対して，州環境保護局の規則に従って有害廃棄物や油を浄化した場合に，当該者の浄化責任を終結すると定めた。また，一定の条件を満たす所有者等（Downgradient Property Owners and Operators）には，敷地外から敷地内に流入した汚染に関する責任を免除する。同様に，汚染

図 3-7　LSP の導入による処理サイト数の変化（1985-2009 年）
Collins, The Massachusetts LSP Program : 17 Years of Innovation, July 2010, P. 21 に基づき作成

地のテナントについても，州環境保護局に汚染が通報された後に入居し，汚染の原因者ではない場合，責任を免除する。金融機関については，因果関係に基づく責任を設定し，土地を取得して5年以内という責任免除の上限を撤廃することとした。

　また，自治体等の再開発事業で事業主体となる，再開発公社やコミュニティ開発会社（CDC）は，1998年8月5日以降に取得した土壌汚染地に関する責任を免除する。自治体や慈善財団が保有する歴史的保全や農地保全，水源保全，低所得者向け住宅に用いられる土地について，浄化責任が免除された。

3）マサチューセッツ州における浄化のプロセス

　土壌汚染対策を定めた州緊急対応計画に，土壌汚染地の一般的な対策プロセス（図3-8，図3-9）が整理されている。

①汚染の発見と州環境保護局への通知

　何らかの汚染が発見されたら，州環境保護局に通知しなければならない。州緊急対応計画は，土壌汚染について特定の閾値と対応の時間軸を明確に定めている。閾値を超えた場合，汚染は即座に州環境保護局に通知されなければならない。この時点で，深刻な汚染や現在進行中の汚染などに対しては，早期リスク削減措置（Early risk reduction measures）の実行が求められる。

②州環境保護局による数値順位付けシステムによる汚染レベルのタイプ分け

　州環境保護局への通知から1年以内に，早期リスク削減措置によって汚染の完全な浄化が行われなかった場合，汚染された土地は危険度によって順位付けされタイプ分けされる。評価のスコアは，公衆保健と環境資源に対するリスクに基づいて算出される。スコアによって汚染された土地は，汚染レベルⅠ（浄化前に州環境保護局の許可が必要）かレベルⅡ（浄化前の州環境保護局の許可が不要）のいずれかにレベル分けされる。

③環境浄化のプロセス

　環境浄化は以下の5段階で管理され，各段階の浄化活動を記録したレポートが州環境保護局に提出される。段階1では，予備的な土壌調査のデータに基づいて，通知と早期リスク削減措置の必要性が判断される。段階2では，包括的な土壌調査が実行され，汚染の原因，特性，程度，潜在的な影響が決定され，健康や安全，公共の福祉に対する潜在的なリスクが評価され，浄化の必要性が判断される。段階3では，段階2のリスク影響分析の結果に基づき，浄化計画及びプロセスの評価と選択が行われ，改善行動計画[31]（土壌汚染地の浄化計画）が作成される。段階4で，改善行動計画に基づく浄化が実行され，段階5は継続的に動作する浄化システムのモニタリングを行う。

④対策行動結果の発行

　浄化により「重大なリスクがない状態（No Significant Risk）」に到達すると，対策行動結果（Response Action Outcome，RAO）が発行され浄化が完了する。表3-5に詳細を示すが対策行動結果の表現は，2014年の制度変更により「条件なしの恒久的対策」，「条件付（土地用途制限等）の恒久的対策」，「一時的な対策」の3つに分類されている。2013年以前は，浄化作業の実施の有無によりさらに詳細に8種類に分類されていた。調査の結果汚染が見つかった場合でも，汚染の状況によっては，活動用途制限（AUL，3.6.3で詳述）を設定して汚染の人体への曝露可能性を低下させるだけで浄化を完了することができる（例えばB2，B3）。

州緊急対応計画は恒久的な解決を，「予期できる期間において，重大なリスクを取り除く」行為と定めている。実行可能であれば，恒久的な解決は全ての土地で到達されるべきである。一時的な解決は，恒久的な解決が実行不可能なときに適用してもよいが，その一時的な解決

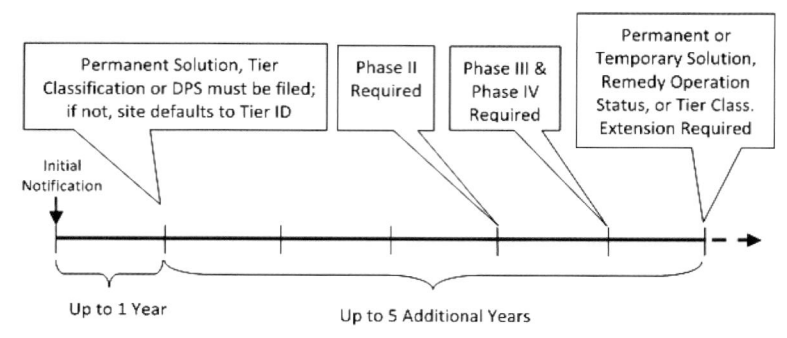

図 3-8　一般的な土壌浄化のタイムライン
MassDEP, MCP TIMELINES AND FEES, June 2014，図 1 より引用

表 3-5　対策行動結果の種類[*1]

2014 年改正後の分類	2014 年改正前の分類	
（浄化作業の有無は分類と関係しないこととなった）	分類 A：恒久的な対策（浄化作業実施）浄化作業が完了し，重大なリスクがない水準が達成された状態を示す。	分類 B：恒久的な対策（浄化作業不要）土壌調査の結果，重大なリスクが存在しないことがわかった。浄化作業は必要ではない。
条件なしの恒久的な対策（従来の A1，A2，B1）	A1：恒久的な対策が達成された。汚染は，バックグラウンド値[*2]まで削減されたか，放出の懸念はなくなった。	B1：重大なリスクが存在しないため，浄化作業が実施されていない。
	A2：恒久的な対策が達成された。汚染はバックグラウンド値まで削減されていない。	N/A
条件付きの恒久的な対策（従来の A3，A4，B2，B3）	A3：恒久的な対策が達成された。汚染はバックグラウンド値まで削減されておらず，AUL が設定された。	B2：1ヶ所または複数の AUL の設定を条件として，重大なリスクが存在しないため，浄化作業が実施されていない。
	A4：恒久的な対策が達成された。汚染はバックグラウンド値まで削減されておらず，AUL が設定された。ただし，汚染土壌が表層土から 15 フィート以内に存在しているが，その汚染レベルを削減することは実行可能ではないと決定された。	B3：1ヶ所または複数の AUL の設定を条件として，重大なリスクが存在しないため，浄化作業が実施されていない。ただし，汚染土壌が表層土から 15 フィート以内に存在しているが，その汚染レベルを削減することは実行可能ではないと決定された。
一時的な対策（従来の C）	分類 C：一時的な浄化である。極めて深刻な危険が存在するわけではないが，重大なリスクがない状態には達していない。サイトは，5 年おきに評価を行い，分類 A か分類 B の対策行動結果の決定を行わなければならない。分類 C の全てのサイトは最終的には，分類 A または B を取得することとされる。	

*1 MassDEP, 310 CMR 40 Massachusetts Contingency Plan, Last revised May 2014 に基づき筆者作成
*2 重大なリスクを取り除くことに加えて，恒久的な解決は，もし可能であれば，廃棄物がなかった状態のレベルまで浄化しなければならない。これは汚染のある土地をバックグラウンドレベル値まで回復する行為として知られている

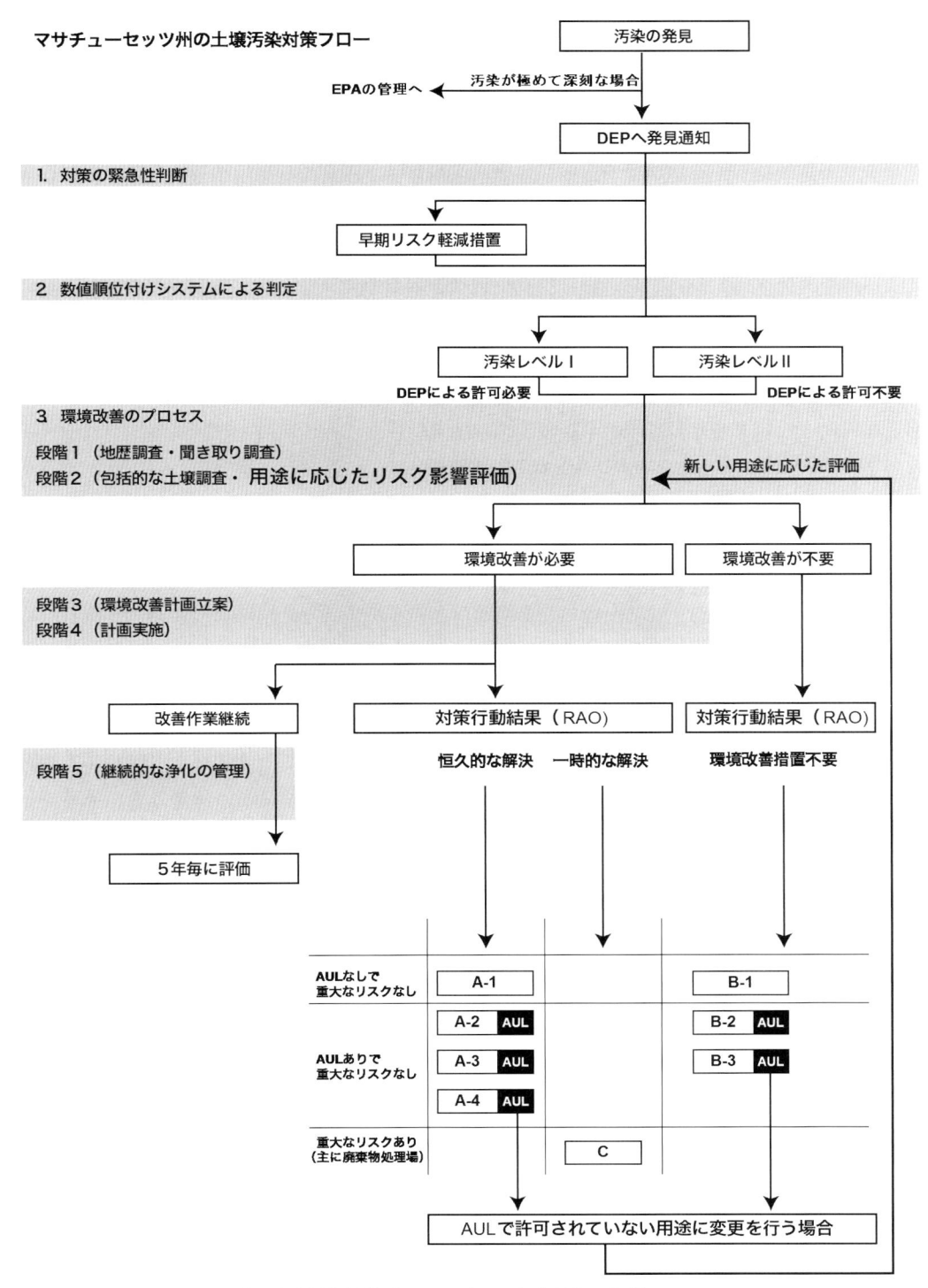

図 3-9　マサチューセッツ州の土壌汚染対策プロセス（2014 年改正前の分類）
MassDEP, 310 CMR 40 Massachusetts Contingency Plan, Last revised May 2014 に基づき，筆者が作成した。なお，対策行動結果の表現は 2014 年より変更された

が，現在の土地の利用や周囲の環境に対する「重大なリスク」を取り除くものでなければならない。

　具体の土壌汚染対策においては，汚染に対して何らかの処理を行うことによって，人体に対する曝露を許容可能な水準まで減少させればよい。言い換えれば，浄化とは「汚染自体の濃度を下げること」ではなく，「汚染に対する人体や環境への曝露を取り除く，もしくは最小化すること」を意味している。土地の用途を規制することは，許容できないリスクの発生が起きないことを確実にするために汚染の曝露を管理する一つの方法である。次項で詳述する活動用途制限は，以上のような考え方のもとで，ブラウンフィールド再生の障壁となっている浄化コストの低減と環境浄化を両立するために定められた方法である。

3.6.3　マサチューセッツ州の浄化基準と制度的管理

　本項では，マサチューセッツ州の土壌浄化基準について整理し，浄化基準と関係が深い制度的管理制度についてもその実態について述べる。

1）マサチューセッツ州の土壌および地下水浄化基準

　マサチューセッツ州は，土地に対してもたらされているリスクを評価し，対策の必要性を判断するために行われるリスク影響分析の手法として，3種類の方法を認めている[32]。

　手法1は，土壌と地下水に対して，一般的な100以上の化学物質の明確な数値による環境基準の適用である。日本の一般的な環境基準の適用と同じタイプで，明確な数値基準があるため適用は容易であるが，サイトの状態や利用状況に応じた調整ができない。

　手法2や3は，土地特有の状況に応じたリスク評価を認めている。手法2は，手法1の基準に土地固有の状態を反映して，若干の調整を認める。手法3は，人体や生物に対してどこで，どの程度，どのような有害物質にさらされるかという点に注目して，リスクを計算し，土地固有の状態に基づいて決められた浄化目標を決定する。いずれの手法を用いる場合も，後述する活動用途制限の設定を前提にすることが認められている。

　主に手法1で用いられる浄化基準は，人体に対する曝露リスクに基づく基準である。土壌浄化基準は最も厳しいS-1からS-3まで3種類（表3-6，表3-7），地下水浄化基準もGW-1からGW-3まで3種類が設定されている。土壌と地下水の基準を組み合わせて最終的な浄化目標が設定される。

　土壌環境基準の分類は，土壌に対する接触可能性，受容者の特性，土地の利用頻度，土地の利用の強さの4つの土地固有の要素によって分類される。

　表3-7に示す通り，主に土壌の深さ，土地利用の頻度，土地利用者の性格（子供か大人か）によって，適用すべき土壌分類を定めている。例えば，舗装がない場合の3フィート以内の土壌を「（人体に）接触する表土」と位置付け，子供が訪れる可能性がある場合，多くの状況で最も厳しい基準にあたるS-1の適用を義務付けている。舗装がある場合または，3フィートから15フィートにあたる土壌は，「潜在的に接触する可能性がある土壌」として，頻度や子供の有無により異なるが，S-2またはS-3を適用しているケースが多い。一方で15フィートより深い位置にある土壌については子供の有無や訪問頻度にかかわらず，最も低いS-3の浄化基準を認めており，人体への曝露頻度に重点を置いた浄化基準であることがわかる。

　地下水環境基準は，地下水の汚染の結果に由来する異なる曝露の可能性を規定する3つの地

表3-6　マサチューセッツ州の土壌環境基準

土壌分類	想定される利用の形態
S-1	以下の条件の場合，表層から5フィート以内の土壌に利用可能 1）人間が摂取する果物や野菜の栽培に現在利用されている，または将来利用されると想定される 2）子供の利用頻度または利用強度が高いと想定される 3）大人の利用頻度と利用強度が両方とも高いと想定される 　以下の条件の場合，表層から3～15フィートに位置する土壌に利用可能（舗装の有無にかかわらず） 4）子供の利用頻度と利用強度が両方とも高いと想定される
S-2	以下の条件の場合，表層から5フィート以内の土壌に利用可能 1）子供の利用頻度と利用強度が両方共低いと想定される 2）子供が利用しない，かつ大人の利用頻度または利用強度が高いと想定される 　以下の条件の場合，表層から3～15フィートに位置する土壌に利用可能（舗装の有無にかかわらず） 3）子供の利用頻度または利用強度が高いと想定される 4）子供が利用しない，かつ大人の利用頻度と利用強度が両方とも高いと想定される
S-3	以下の条件の場合，表層から5フィート以内の土壌に利用可能 1）子供が利用しない，かつ大人の利用頻度と利用強度がどちらも低い 　以下の条件の場合，表層から3～15フィートに位置する土壌に利用可能（舗装の有無にかかわらず） 2）子供の利用頻度と利用強度が両方とも低いと想定される 3）子供が利用しないことが実際に示され，かつ大人の利用頻度も利用強度も両方とも低いと想定される 　土壌が「隔離されている」場合，受容者の性質や利用頻度・利用強度に依らず利用可能 （隔離されている：表層から15フィートより以深に位置，または土壌の位置にかかわらず建物等の構造物で完全に覆われている場合）

MassDEP, 310 CMR 40 Massachusetts Contingency Plan, Last revised May 2014 に基づき筆者作成

表3-7　人体への曝露可能性に基づくマサチューセッツ州土壌基準選択マトリックス

土壌接触可能性	リスク受容者の特性							
	子供がいる場合				大人のみ			
	高頻度		低頻度		高頻度		低頻度	
	接触強度高い	接触強度低い	接触強度高い	接触強度低い	接触強度高い	接触強度低い	接触強度高い	接触強度低い
接触可能な（表面の）土壌 0<=3フィート（舗装なし）	CATEGORY S-1			S-2	S-1	CATEGORY S-2		
接触する可能性がある土壌 3<=15フィート（舗装なし）または0<=15フィート（舗装あり）	CATEGORY S-2				S-2	CATEGORY S-3		
隔離された地下の土壌 >15フィートまたは建物の基礎や常設の構造物の下部	CATEGORY S-3							

*現在または合理的に予測可能な将来の利用が人間の食用に供する果物や野菜の栽培の場合、
全ての接触可能な土壌に対して、カテゴリ S-1が適用される

MassDEP, 310 CMR 40 Massachusetts Contingency Plan, Last revised May 2014, P. 1649, 表40.933（9）を引用，筆者翻訳

下水分類によって定められている。GW-1 は，飲料水としての現在または将来の利用の可能性に基づき保護すべき分類，GW-2 は屋内の空気の揮発水源となってもよいとする分類，GW-3 は，石油や危険物質を地表水に対して放出する可能性がある分類である。

　これらの分類が異なる曝露の可能性を規定しているものであるため，土壌の分類と異なり，地下水の分類は互いに排他的ではない。すべての地下水は，最終的に地表水に流れ出す可能性があると考えられるため，すべての地下水は GW-3 の分類の水質基準を遵守する必要がある。土地固有の要素により，GW-1 や GW-2 に分類される可能性がある。

2）リスクに基づく浄化基準の設定：活動用途制限

　マサチューセッツ州のリスクに基づく浄化基準の設定は，活動用途制限（Activity and Use Limitation，AUL）と呼ばれる制度的管理によって支えられている[33,34]。1993 年の制度導入当時は，土地所有者は土地利用制限を受け入れず，銀行も用途制限がかかった土地に対して融資を実行しないと思われていた[35]が，この制度は実際には順調に機能し，年間 100〜150ヶ所程度のサイトが用途制限付で浄化完了している。州の土壌汚染浄化対象の約 9％で設定され 91％が業務・工業用途に制限されている[36]。

　活動用途制限は，住宅用途や活動的レクリエーションを含む S-1 水準（最高水準）で浄化された場合は必要ない。業務用途等の S-2 水準までの浄化など，S-1 水準以外の土壌が存在する場合に，人体への曝露を限定するために活動用途制限が求められる。なお，設定時点では，都市計画で工業地域に定められた工場でも，将来住宅となる可能性があると想定されるため住宅用途が認められない浄化水準の際には，活用用途制限が必要となる。住宅用途の場合も，汚染土壌の人体の直接接触を禁止することを目的に活動用途制限が設定されることがあり，建物や舗装等による曝露経路の遮断を確実なものにしている。

　活動用途制限が設定された土地を，制限で想定していない用途に変更したい場合は，新たな用途において重大なリスクが存在しないかどうか LSP が事前に決定する必要がある。もし，重大なリスクがあった場合には，追加的な浄化が求められる。

活動用途制限の記録と共有

　活動用途制限の実施において，用途制限が実施されているという情報を確実に管理し，土地取引や都市計画を行う際に考慮する必要がある。マサチューセッツ州は図 3-10 にあるように，環境保護局のほかに，自治体と郡不動産登記所で情報を保管している。まず，活動用途制限の書類を不動産登記書に提出し，それが受け入れられると，土地登記に付随する証書に対する制限の覚書に追加される。土地登記に登録された書類は，環境保護局への提出が求められるとともに，現在の土地の利害関係者へも通知を行う必要がある。さらに，対象となる土地がある自治体の最上位の事務官，保健局，都市計画当局，建築許可当局へ提出され，新聞に活動用途制限の設定の通知の掲載が行われる。また，自治体が都市再開発などの適用を受ける際は，環境通知書によって土壌汚染の扱いが確認される。土地登記に付随する証書とすることで，将来にわたって土壌環境の管理と土地利用を一体的に保持する条件が引き継がれることが，制度的管理の要点と言える。

3.6.4　マサチューセッツ州の経済的支援

　マサチューセッツ州の経済的な支援は，①浄化費用に対する税額控除，②調査・浄化・再開

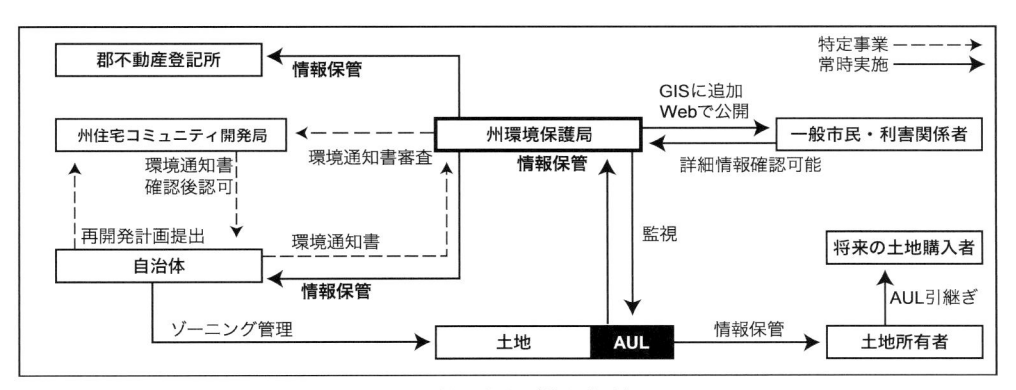

図3-10 マサチューセッツ州の土壌環境情報管理体制（筆者作成）

発に対する補助金・融資を提供するブラウンフィールド再開発基金，③環境保険制度を提供するブラウンフィールド再開発資本調達制度の３つで構成される。ただし，②は，民間事業者には融資しか提供されず，③は浄化事業で費用超過が起きた際にしか利用できないため，民間事業者に対する経済的支援は，主として①の税額控除が利用される[37]。

1）ブラウンフィールド浄化に対する税額控除

マサチューセッツ州のブラウンフィールドに対する税額控除は，1998年の州ブラウンフィールド法により制度化された。ブラウンフィールドの浄化と再開発を支援することを目的とするが，浄化費用に対する税額控除のみを認めており，再開発に対する控除は行われていない。また，対象となる地区が，経済的困窮地区（Economically Distressed Area，EDA）[38]のみに限定されており，一般地区では控除は行われない。ただし，図3-11にある通り，所得等の水準以外に雇用喪失や遺棄された建物の存在など，ブラウンフィールドを一定規模抱えていれば該当する内容も含む幅広い指定基準のため，州内の多くの自治体が対象地区に指定されており，他州の同様の制度より対象地区は広い[39]。控除の規模は，土壌汚染を完全に浄化した場合は，最大50%，活動用途制限が設定され制度的管理が継続する場合は，25%と定められている。

2006年の法改正時に制度が変更され，非営利団体を含む全ての主体に税額控除の権利を移行することを認めた。多くの非営利団体は，低所得者向け住宅の供給等において民間事業者と共同で行っており，開発後に権利自体を売却することも少なくない。そのため，州が税額控除の権利移転を可能としたことは，特に非営利団体にとって大きな意義があった（同様の税額控除を実施する多くの州は権利移転を認めていない）。民間事業者は，他州の制度と比べて，担当部局との交渉や他プロジェクトとの競争が必要なく，法に定められた条件を満たせば"自動的"に交付される税額控除である点，権利移行が可能である点，プロジェクトごとの上限がない点を高く評価している[40]。

2）ブラウンフィールド再開発基金

州ブラウンフィールド法に基づき導入された，州開発庁が運用する浄化と再開発向けの基金である。1999年に３億ドル，2006年に追加の３億ドルが投入された。州内の経済的疲弊地区を対象としている。

一般融資として，民間事業者に対しては，土壌調査に10万ドル，土壌浄化に50万ドルを上限とする無利子融資が提供される。自治体やコミュニティ開発会社等には，融資ではなく補助

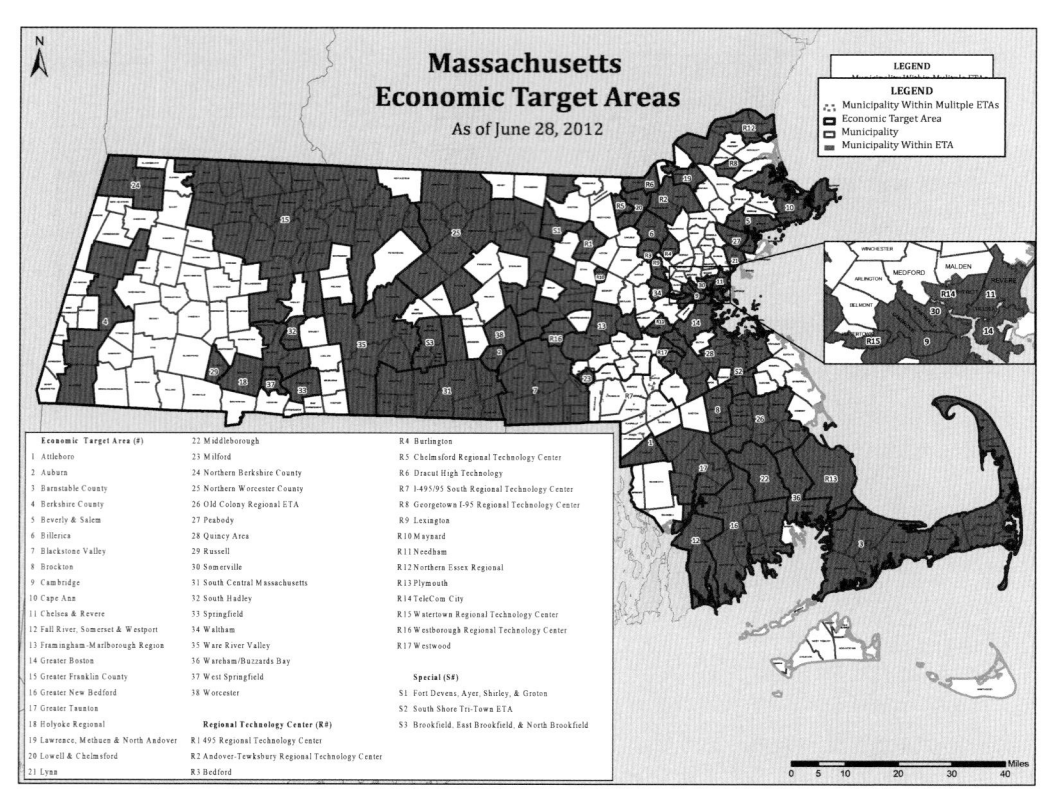

図 3-11　マサチューセッツ州 Economic Target Area（概ね経済的困窮地区に相当）
MassHED, http://www.mass.gov/hed/docs/bd/tax-incentives/eta-map-final.pdf（2014/10/06 参照）

金として交付される。特別融資枠として，住宅開発の土壌調査・浄化に対して 1,000 万ドル，自治体が支援する地域コミュニティの再生に資する優先事業には，200 万ドルを上限とする調査・浄化の資金が別途設定されている。

3）マサチューセッツ州再開発資本調達プログラム

　州ブラウンフィールド法によって設けられたブラウンフィールド再開発資本調達プログラムは，マサチューセッツ・ビジネス・ディベロップメント・コーポレーション[41]が州の補助を受けて安価に環境保険を提供する事業である。州内でブラウンフィールド再生に関わる民間事業者や金融機関を対象としており，保険事業者との事前交渉により大口契約で割引を受け，保険料の最大 50％を州から助成される。

　ここで言う環境保険は，環境賠償責任保険のことであり，ブラウンフィールドの浄化コストが大幅に超過するリスクを軽減することによって，ブラウンフィールドの浄化と再開発が行われることを目標としている。具体的には，汚染による法的な責任（浄化の過程で発生した，人体や資産に対する損害賠償など）と，浄化コスト・キャップ（予想された浄化費用を実際の浄化費用が上回った場合の超過分の費用）が補償される。このプログラムによって，ブラウンフィールド開発計画に関連した環境リスクが減少もしくは除去され，それによって，民間事業者に資金を提供する金融機関が融資を行うことが可能になる。

　ブラウンフィールドの再生を考えるうえで，リスク軽減手段の一つとして有効な環境保険で

あるが，支払い金額の増加により，多くの保険事業者が環境保険の提供を停止している。また，環境保険の提供を継続している事業者も，大規模なプロジェクト以外は直接契約を行わなくなってきている。そのため，この事業はリスク負担能力が低い小規模事業にとって，唯一の環境保険の選択肢となっている。

3.6.5　マサチューセッツ州の新たな再生支援制度

　マサチューセッツ州は，後述するニュージャージー州やニューヨーク州のようなブラウンフィールド地区の再生を目的とした計画支援制度は設置していない。ただし，州環境保護局を中心に特定の地区に対して，ブラウンフィールド支援チーム（Brownfield Support Team）を設置して部局間が連携した支援を提供した実績がある。また，都市計画行政においては，ブラウンフィールドに限定しないが，Growth District の名称で自治体が最優先に取り組む地区の再生を，許認可の円滑化や社会基盤整備への優先的な支援制度も導入している。加えて州の都市再開発事業を用いたブラウンフィールド再生事業も活発に行われている。本項では，これらの制度を概観しブラウンフィールド再生との関係を整理する。

1）ブラウンフィールド支援チーム

　2008 年に導入されたブラウンフィールド支援チームは，ブラウンフィールド再生に関係する複数の部局が協力して，特定地区のブラウンフィールド再生の支援を行う枠組みである[42]。他州の第 2 世代の支援策と比べると新規性は低く，各々の部局が持つ既存の支援制度を組み合わせ，場合によっては優先的に補助金等を交付することにより，条件が不利な地区に立地するブラウンフィールドの再生を促す制度と言える。

　2008 年から 2010 年にかけて第 1 次指定として 5 地区，2010 年から第 2 次指定として 6 地区が選定された。対象地区は，スプリングフィールド（人口 15.2 万人，州内人口規模第 3 位）やウースター（人口 17.6 万人，州内人口規模第 2 位）といった中規模都市の，環境正義の問題も抱える低所得者居住地区やその隣接地区のブラウンフィールド・サイト，または人口 10 万人に満たない都市の低所得者居住地区や疲弊した中心市街地周辺のブラウンフィールド・サイトのいずれかに整理される。ボストン北部の工業都市サマービルを除くと，ボストンからやや離れた内陸や州周縁部の中小自治体が指定されている。

　支援チームには，州環境保護局に加えて，州開発庁（Massachusetts Development Finance Agency），州住宅経済開発総局（Executive Office of Housing and Economic Development），州運輸局（Massachusetts Department of Transportation）の 4 部局が中心的に参加している。チームは，初期段階において自治体担当者とともにプロジェクトのニーズや進行計画を検討し，必要に応じて他の州部局や地域計画庁，連邦政府担当者を招致し，1〜2ヶ月の定例会議でそれぞれの部局の進捗と事業のタイムラインを確認している。実際には，各々の部局が管理する補助金等も事業に投入されており，指定地区に対する州の資源の優先的な配分という側面も強い。指定期間終了後は，各地区の担当チームは公的には解散するが，環境保護局と開発庁が継続的に担当地区の支援を継続している[43]。

2）マサチューセッツ州都市再開発事業

　マサチューセッツ州の住宅・コミュニティ開発局（Department of Housing and Community Development）が認可と補助金交付に携わる州が定める都市再開発事業（Massachusetts

Urban Renewal Program）は，しばしばブラウンフィールド再生に活用されている。米国における都市再開発事業は，1949 年に連邦住宅法の修正によってつくられた連邦政府の事業制度で，スラムクリアランス型の事業手法によって都心部空間の荒廃を招いたとして 1973 年に前述のコミュニティ開発包括補助金（CDBG）に転換した。しかし，マサチューセッツ州では現在でも州の都市計画制度として残され，多くの自治体で面的な計画手法として活用されている。

　都市再開発の主体である自治体や再開発公社が，都市再開発計画を州当局へ提出，承認を受けるプロセスを経て，法定都市再開発として実施することが可能となる。制度の主な利点は，収用権の獲得と州政府からの補助金にある。これにより，中心市街地等の戦略的に重要な低・未利用地やブラウンフィールド・サイトを，計画に基づき強制的に取得可能となる。計画の立案と実行に対して，州の技術的な支援があるほか，認可事業には事業費の 50％が州政府から補助されるため，自治体主導によるブラウンフィールド再生の強力な財政支援となる。

3）Growth District

　Growth District は，自治体に対して再生に優先的に取り組む地区の明確化を促すとともに，公共交通へのアクセスや既成市街地の再生，環境配慮型の開発などの要件を加えることで，州の都市計画の方針に合う開発を積極的に支援する制度である。2008 年に開始されており，州の住宅経済開発総局が管轄するイニシアチブである。

　同制度発足の背景には，自治体の土地利用規制や州政府が行う社会基盤整備への投資が地域の新たな成長ポテンシャルと必ずしも一致せず，新たな成長の可能性を事前に計画し，それに向けて自治体や州の個別事業を方向付けられていなかったという州の都市計画行政の反省があった[44]。

　区域の指定にあたり，州は「①事前に計画された地区の用途地域と円滑な許認可，②市場のニーズに基づく計画，③近隣地区への配慮，④集中的で環境に配慮した土地利用（新規開発の場合），⑤既存交通施設へのアクセス，⑥十分な供給施設」の 6 点を基本的な要件と定めている。また，「①雇用機会創出，②住宅（特に中低所得者向け）供給，③既存地区の改善，④土地の再利用，⑤公共交通へのアクセス，⑥スマート・エネルギー，⑦環境配慮型建築物および環境影響が小さい開発，⑧良質なデザイン」を追加的な要件として，最低一つは要素を含んでいることを求めている。

　実際に指定された地区の多くは，中心市街地や既成市街地，工場跡地の再開発等，既存鉄道駅を活用した公共交通指向型開発や，高速道路出口や鉄道新駅を活用した的を絞った新規開発であり，特に既成市街地再生型の事業の多くは，ブラウンフィールドを含む場合が多い。州は土壌汚染の浄化を含む開発に向けた土地の整備や，社会基盤改良，州政府の許認可の円滑化などの支援を行っている。

3.6.6　小括：マサチューセッツ州の再生政策

　マサチューセッツ州のブラウンフィールド再生支援の特徴として，浄化管理の民間化，1998 年の法改正で強化した経済的困窮地区に対するブラウンフィールド再生支援があることが明らかとなった。

　浄化管理の民間化により，環境保護局の負担を軽減し，浄化のスピードや処理件数を大幅に

改善した。用途別の浄化基準も他州と比べて早い段階で整備しており，ブラウンフィールド・サイトの改善の実績は確実に増加している。浄化管理の民間化は，民間事業者と委託関係にあるLSPが調査および浄化の監督を行うため，民間事業者に有利な対策が実施される恐れがある。マサチューセッツ州は，LSPに対する監督を強化することによってこの課題に対応しているが，浄化管理の民間化には課題もあることが明らかになった。なお，コネチカット州やニュージャージー州も同様の浄化管理の民間化を行っており，他州と比べても対策の必要な土地が多い，米国北東部では利点のほうが大きいと判断されていると考えられる。

マサチューセッツ州が1998年のブラウンフィールド法制定時に導入したブラウンフィールド・プログラムは，経済的支援として，補助金，税額控除，安価な環境保険など当時としては非常に充実した制度を導入しており，特に税額控除はブラウンフィールド再生事業に参入する民間事業者に一定のインセンティブとなっている。ブラウンフィールド・プログラムの対象は経済的困窮地区に限定されているが，地区指定の要件が幅広に設定されており，ブラウンフィールド・サイトを抱える都市の多くは経済的困窮地区に指定されている。そのため，税額控除は州内の民間によるブラウンフィールド再生に頻繁に活用されている。

都市計画とブラウンフィールド再生を一体的にとらえた第2世代再生支援策は，マサチューセッツ州では明示的には展開されていない。部局連携によるブラウンフィールド再生は，ブラウンフィールド支援チームとして実施されており，主に中小自治体の再生が困難な地区を中心に環境保護局に加えて住宅経済開発総局や開発庁が連携して支援を実施している。同様にGrowth Districtは，自治体が最優先で取り組む開発（再開発）地区を選定し，州の支援を強化しており，ブラウンフィールド・サイトの再生も多数含まれていた。また，マサチューセッツ州では法定都市再開発が地区再生に活用している事例も多く，全面的なクリアランスではなく，ブラウンフィールド・サイト等の特定区画の再開発と周辺地区の修復事業や基盤整備を組み合わせて利用されている。

3.7　ニュージャージー州の再生政策

ニュージャージー州は，ブラウンフィールド再生政策をはじめ，環境保護政策の先進州の一つとして知られる。ニューヨーク都市圏やフィラデルフィア都市圏に州の大半が含まれ，古くから港湾や鉄道が発達していたため，19世紀半ばから全米有数の工業地帯として発展してきた。ニューアーク市，カムデン市など多数の工業都市を抱え，マサチューセッツ州やニューヨーク州と同様に第2次世界大戦後，それらの工業都市の衰退が深刻な問題となった。一方で，2つの大都市圏に挟まれ，郊外住宅地や衛星都市として人口の拡大が続いたため，人口密度は全米最高[45]である。そのため，土壌汚染がある工場跡地が住宅地に近接した状況も生じやすく，州は早い時期から土壌汚染地の対応に取り組んできた。

3.7.1　ニュージャージー州の土壌汚染対策の変遷

州は，1976年に連邦政府のスーパーファンド法のモデルとなった，厳格かつ連帯的に土壌汚染の責任を追及する流出補償及び管理法（Spill Act）[46]の制定をはじめ，多くの政策で他州や連邦政府に先駆けて，土壌汚染に対する法的な枠組みを提供してきた。特に1983年の環境

浄化責任法[47]により，汚染の可能性がある産業用地の不動産売買を契機とした土壌汚染への対応を開始した点が特徴的である。他州や連邦の制度は，土壌汚染が何らかの契機によって発見され，その情報が環境当局に提供されて土壌汚染への対応が規定される。しかし，ニュージャージー州は，産業施設の閉鎖や所有の変更を契機と位置付けて，汚染責任者である場合が多い土地所有者の手を離れる前に，土壌汚染対策を実施することを目指した。

1992 年に自主的浄化プログラム（VCP）を開始したが，2009 年には同プログラムを廃止して浄化管理を民間化した。また，2003 年には第 2 世代の支援策であるブラウンフィールド開発地区を制度化し，ブラウンフィールドを多く抱える地区に対する包括的な支援を開始した。

1）ニュージャージー州の自主的浄化プログラム

ニュージャージー州は，1992 年に自主的浄化プログラムを制度化した。他州と比べても早い時期に制度化されており，他州のモデルになったとの指摘もある[48]。

同州の自主的浄化プログラムは，浄化に関するスケジュールや浄化対象，浄化基準について定めた合意覚書を浄化主体と州環境保護局が締結することで開始される。スケジュールや再開発後の土地利用に応じて必要とされる浄化目標は交渉可能であるため，民間事業者にとって比較的自由度のあるプログラムである。ただし，基本的には州環境保護局が定める浄化に関する技術要求書に基づいた交渉となる。合意覚書に基づき，浄化作業を実施することにより，完了後に州環境保護局から，浄化完了証と訴権免除契約が交付され，汚染原因者でない民間事業者に対して，将来の浄化責任が免除される制度であった。

3.7.2　ニュージャージー州の再生政策の内容

本項ではニュージャージー州の再生支援制度として，近年の法改正に伴う自主的浄化プログラムの廃止と浄化管理の民間化について現在の法制度について整理し，自主的浄化プログラムにより提供されていた責任免除制度および関連制度の現況を記述する。

1）自主的浄化プログラムの廃止と浄化管理の民間化

土地浄化改正法（Site Remediation Reform Act）は，浄化プロセスの民間化を目的として 2009 年に制定された法律である。この法律により，マサチューセッツ州の LSP に相当する認定サイト浄化専門家（Licensed Site Remediation Professionals，LSRP）が定められ，民間事業者が行う浄化の管理を州環境保護局に代わって LSRP が実施する体制に変更された[49]。これに伴い，自主的浄化プログラムの前提となっていた民間事業者と環境保護局の浄化に関する合意覚書も廃止された。

制度変更の理由は，公式には「浄化のペースを早め，公衆衛生，安全及び環境に対する土壌汚染の脅威を減らし，低未利用地を生産的な利用に取り戻す[50]」ことが目的とされる。実態としては，VCP のプロセスを管理し続ける予算と人材が州環境保護局に不足していたことにある[51]。法が制定された 2009 年は，リーマンショックの翌年にあたり，州政府も様々な予算的制約を抱えていた。

浄化方法の決定や浄化行為の管理などは全て民間化されるため，州環境保護局は，最終的な対策結果を示す対応行動結果を含む LSRP から提出される全ての書面やレポートを確認することによって，浄化の進行を確認する。一定の問題等があれば，さらに詳細な査察が実施される。州環境保護局は，規制・命令タイムフレームを定め，このタイムフレームを守れるように

浄化主体を支援する。ただし，一定の期間内に定められた浄化や届け出を実施しない主体に対して，強制力をもって浄化管理を代行する規定も設けている。州環境保護局が直接浄化管理を行う場合は，浄化主体は浄化費用全額を事前に確保することが求められ，州環境保護局の強い管理のもと，より負担の大きい浄化を行うこととなる。

　一定の程度を越える土壌汚染地に対しては，浄化資金源をあらかじめ設定することが求められる。加えて工学的管理の維持が必要となる浄化を実施する場合は，（維持管理の）資金保証を設定することも求められる。

　また，環境保護局とは別に，認定土地浄化専門家委員会（Site Remediation Professional Licensing Board）が設置され，専門家の認定と専門家の実際の業務について監督を行う。LSRP の行為に問題があった場合には，認定剥奪を含む懲戒を与えることも認められている。なお，浄化管理の民間開放は，前述したマサチューセッツ州の制度をモデルとしており[52]，多くの面で似通っている。

2）民間化後の責任免除規定

　同州の VCP においては，責任免除は合意覚書に基づく浄化完了後に交付されていたが，浄化管理の民間化後も，州の規定に則って浄化が行われた場合は一定の条件のもとで将来の浄化責任から免除される。具体的には，土地取得前から入念な調査を行い，州の責任免除規定が適用されることを確認したうえで，州法に定められた浄化を実施することで，将来，汚染責任者とは見なされず，訴権免除契約が適用される[53]。

　なお，連邦政府，州政府，郡政府および自治体は，Spill Act に定められた政府機関の責任免除規定に該当する場合は，州法において汚染責任は問われない。具体的には，再開発を促進するために土地取得や，物納や破産等のやむを得ない事情で土地を入手した場合が該当する。

3.7.3　リスクに基づく浄化基準の設定と制度的管理

　本項では，ニュージャージー州の浄化基準と制度的管理について，現在の制度内容を整理する。また，浄化管理の民間化に伴って新設された推定浄化基準についても記述する。

1）ニュージャージー州の土壌汚染対策基準[54]

　ニュージャージー州は，基本的に住宅土地利用と非住宅土地利用の 2 種類の土地利用に対して，それぞれ浄化目標となる数値が設定されている（表 3-8 参照）。

　住宅土地利用は，汚染物質が 1 日 24 時間，1 年で 350 日，30 年間にわたって，居住している子供と大人に曝露されるシナリオで検討を行っている（子供のほうが，体重が軽いため，リスクが高い）。非住宅利用は，屋外の工業従事者を想定しており，腕や手，顔だけが露出しているため，皮膚表面積が住宅の場合より減少し，1 年で 225 日，25 年間で曝露リスクを検討している。

　また州が規定するリスク評価手法に基づき，代替的な土壌浄化基準を設定することも認められており，サイト特有のデフォルト値（鉛汚染）とレクリエーション土地利用シナリオが示されている。レクリエーション土地利用シナリオでは，サイト毎に土地利用シナリオに基づき人間がその土地で過ごす時間によって，浄化基準を設定する。運動場などの活動的利用と歩行者や自転車のための遊歩道などの受動的利用の 2 種類が典型的な利用例とされる。適切な制度的管理の導入を条件としてシナリオの利用が認められる。

2）制度的管理

ニュージャージー州の制度的管理は，土地証書に対する通知（Deed notice）または，地下水分類例外地区（Ground water classification exception）を用いる方法が一般的である。汚染を一部現地に残す場合は，所定の浄化実施および維持管理，浄化活動の有効性を確認するモニタリング，2年ごとに発行する工学的，制度的管理を含む浄化行為の継続的な保護性を示す証書の提出が義務付けられる。

土地証書に対する通知には，非住宅用途向け浄化基準等，土地利用制限付の浄化基準を用いた場合はその制限も含まれる。通知は，対象サイトに土地証書がある場合，浄化主体の依頼に基づき，土地所有者が郡の登記所に保管することになっており，保管の確認を受ける。土地証書が対象サイトにない場合（公有地の場合）は，土地証書に対する通知の代替通知，土地を管理している行政組織に提出する。保管の確認を得た写しを，州環境保護局や自治体関係部局やインフラ企業などに提出しなければならない。

地下水分類例外地区は，浄化主体が位置や汚染の実態を示した書類とともに，例外地区設定の申立を州環境保護局に行う。同時に例外地区または井戸制限地区の概況報告書を，自治体，郡，州の関係部局と制限区域内の全ての土地所有者に送付する必要がある。環境保護局が概況報告書の情報に基づき，地下水分類例外地区および井戸制限地区を設定する。

3）民間化に伴う推定浄化基準の設定

浄化管理の民間化に関連して州環境保護局は，住宅用途，保育施設，学校に利用されるサイトの浄化に対して，推定浄化基準（Presumptive remedy）を設定した。これらの用途に利用される土地は，①工学的管理及び制度的管理が必要ない土地利用制限なしの浄化目標（Unrestricted use remedy），②詳細に定められた工学的管理および制度的管理を前提とした推定浄化（Presumptive remedy），③推定浄化と同等の安全性が認められた代替的な浄化目標（Alternative remedy）のいずれかの浄化目標を満たすことが求められる。推定浄化基準は，あらかじめ州環境保護局が同意した浄化手法（pre-approved remedy that can be used "as is"）として LSRP が利用することを念頭に整備された基準である[55]。

表 3-8　ニュージャージー州住宅用途　直接接触土壌浄化基準の一部（単位は mg/kg）

物　　質　　名	CAS登録番号	経口摂取・経皮曝露に基づく健康基準	吸入曝露に対する健康基準	試料測定時の定量下限値	住宅用途直接接触土壌浄化基準値
アセナフテン	83-32-9	3,400	該当なし	0.2	3,400
アセナフチレン	208-96-8	該当なし	該当なし	0.2	該当なし
アセトン（2-プロパノン）	67-64-1	70,000	該当なし	0.01	70,000
アセトフェノン	98-86-2	6,100	2	0.2	2
アクロレイン	107-02-8	39	0.5	0.5	0.5
アクリロニトリル	107-13-1	1	0.9	0.5	0.9
アルドリン	309-00-2	0.04	5	0.002	0.04
アルミニウム	7429-90-5	78,000	該当なし	20	78,000

NJDEP, N. J. A. C. 7 : 26D REMEDIATION STANDARDS, last amended May 7, 2012, P. 13

推定浄化基準は具体的には，①物理的障壁，②緩衝層，③視覚的境界，④（定期的な）検査の４つの要素により構成される。①物理的障壁は，汚染物質への人体の直接接触を防ぐ耐久性の高い表層を覆う素材または基準を満たすきれいな土壌の層を示す。②緩衝層は，指定された厚さの，物理的障壁とは別の分離された追加的な汚染のない土壌の層を指す。これにより，物理的障壁が機能しなかった場合に汚染土壌の曝露から人体を保護する。③視覚的境界は，土壌に侵入的な活動を行おうとする者に対して視覚的な注意を与える，汚染地の境界を示す目に見えるマーカーや表面の素材を指す。工学的管理の範囲を示し，汚染された場所の始まりを示すことが設置の目的である。④定期的な検査は，土地証書に対する制限や浄化行為許可の査察，モニタリング，維持管理要求によって，長期的な安全性の確保につなげる。

3.7.4　ニュージャージー州の経済的支援

　本項では，ニュージャージー州の経済的支援について，土壌汚染の調査・浄化に対する支援と，再開発や企業立地に対する支援に分けて整理する。

1）調査および浄化に対する支援

　ニュージャージー州は，ブラウンフィールド再生に関して多岐にわたる経済的インセンティブを提供している。浄化に関する支援は，有害物質排出サイト浄化基金（Hazardous Discharge Site Remediation Fund）が中心である。同基金は，州環境保護局のサイト浄化プログラムの要求に則り浄化を行う公共セクターおよび民間・非営利団体を対象とした補助金と融資を提供する。同基金は，1993年7月に設置された基金であり，州法人税のうち，州憲法で定められた特定用途分を利用して拠出されており，州環境保護局と州経済開発庁が共同で管理する。一部補助金はブラウンフィールド開発地区を特に対象としている。

　経済開発庁は，同基金に加えて，浄化を対象としたブラウンフィールド及び土壌汚染地浄化プログラムとして，民間事業者向けの浄化費用の弁済プログラムを実施している[56]。経済開発庁と事前に再開発に関する合意を結ぶことを条件に，浄化費用に対して最大75%が補償される。申請者は，汚染責任者でないことが求められ，合意書には再開発の内容と実施期間を示し，再開発によって新たな税収が生み出されることを示す必要がある。財源は，事業者に対する販売税の一部が割り当てられている。

2）再開発に対する支援

　再開発に関しては，ブラウンフィールド特定の支援はなく，経済的困窮地区に対する一般の経済再生支援制度が活用されている。

　経済開発庁は，経済再開発・成長プログラムにおいて，住宅や商業開発（小売・事務所・工業用途含む）の新規事業を行う民間事業者に，税額控除や補助金を提供している[57]。特に住宅以外の雇用と新規税収を生み出す開発に対しては，州が指定する地区内の該当する事業の場合，総事業費の20%が補助金として交付される。さらに州が経済開発を推進する特定地区の場合，最大20%の上乗せ規定があり，事業費総額の40%が補助金となる。

　また，コミュニティ関係局が経済的な指標に基づき指定する都市エンタープライズ・ゾーン（Urban Enterprise Zone）に対しては，販売税の減税，施設の拡充に対する免税など，対象地区に新規事業を立地させ，既存の事業を保持するための支援策が提供される。ブラウンフィールド・サイトが当該地区に該当した場合は，再開発事業費等に対して一般地区よりも手厚い経

済的な支援が提供される。

3.7.5 ニュージャージー州の第2世代の再生支援制度

本項では，ニュージャージー州に2003年から導入された第2世代の再生支援制度であるブラウンフィールド開発地区（Brownfield Development Area, BDA）について，その手法と指定の概況について整理する。また，適用事例としてカムデン市Cramer Hill地区のBDAの概略を示し，制度運用の実態についても言及する。

1）ブラウンフィールド開発地区の制度概要

州環境保護局は，2003年に従来のブラウンフィールド再生支援に加え，ブラウンフィールド・サイトを多く抱える地区を選定し，地区全体に対してより包括的な浄化支援を行う，ブラウンフィールド開発地区を導入した。

ニュージャージー州の同制度の導入背景には，成長管理政策の考え方に基づき，州政府の変革によってスプロールの問題に取り組むことを掲げ当選し，2002年1月から州知事に就任したJames E. McGreeveyの影響が指摘される。彼の戦略の重要な要素として，交通機関や社会基盤，商業基盤が成長を支え，スプロールを抑制することができる，中心市街地と古くからの郊外の再開発があった。この目的を達成するためには，ブラウンフィールドの修復と再開発を促す強力な制度の創設が必要であった[58]。ニューヨーク州BOA（3.8参照）の創設に携わったEvan Van Hookが新しい知事のもとで州環境保護局長官補に指名され，第2世代の再生政策としてBDAの制度を設計した。

州環境保護局は，2003年から2009年まで合計30地区をブラウンフィールド開発地区に指定した。2010年以降の新たな指定はなく，現在は，過去に指定した地区の一部でプロジェクトが継続されている。新規の指定がない理由について，指定に対する財政的な裏付けを行う予算の不足を州担当者は指摘しており[59]，環境保護局の人的・資金的な負担が大きい制度だったことがうかがわれる。ニュージャージー州の環境保護局は，全米でも最大規模であったが，2008年の金融危機以降の税収減により，大幅な予算の削減が行われており，前述した浄化管理の民間化も2009年に実施されている。

2）ブラウンフィールド開発地区の応募条件と指定

開発地区の指定は，最終的には州環境保護局が審査するが，応募主体として地域の利害関係者（近隣住民，土地所有者，再開発に参加する可能性があるディベロッパー，コミュニティ団体，環境団体など）によって構成される運営委員会の設置を求めている点が特徴的である。運営委員会は再開発のプロセス全般にわたって，議論を進める役割を担う能力があることを示すことが求められる。また，対象となる地区を含む自治体の，運営委員会に対する支援も応募条件に含まれている。

応募において，複数のブラウンフィールド・サイトを特定し，複数サイトを相互に調整して対策を進める必要があるのか，運営委員会のビジョンを説明することも求められる。特定の箇所数は決められていないが，通常4〜10ヶ所程度が適当とされている。

環境保護局は，運営委員会が応募した資料に基づき，自治体や地域の支援の状況と，環境保護，再利用の両面の潜在的な利益を検討して適用地域を決定している。

3）ブラウンフィールド開発地区の適用と計画策定の標準的な手順

　適用地域に対しては，環境保護局は開発地区のプロジェクトマネージャーを配属する。この
マネージャーは，従来のプログラムに応じて様々な担当者が別々に担当する方式と比べ，個々
のサイトに関係なく，地域内の全てのブラウンフィールドに対して責任を持つことになり，地
域全体を考慮したブラウンフィールド再生を検討できる。開発地区の設定は，運営委員会，自
治体と環境保護局の間での合意に基づいて行われ，表3-9に示す5つの段階で検討が進められ
る。段階1で収集した土壌汚染に関する情報に基づいて，段階2で基本構想を立案する点，基
本構想に基づいて段階3と段階4でブラウンフィールド・サイトの具体的な再利用計画を立案
するため，地元組織に加え，環境部局と都市計画部局の相互の調整が重要となる。計画に基づ
く土壌調査や浄化には優先的に公的支援が提供される。

表3-9　ブラウンフィールド開発地区の標準的手順

計画段階	各段階の取組	取組内容の詳細
段階1	基本的な状況の調査	BDA内にあるブラウンフィールドに関する基本的な環境情報と所有者を調査し，整理する。既知の汚染，汚染が疑われる土地，許可されている用途と現在の用途，既存の将来計画，BDAの周辺の土地の状況などを整理する。
段階2	基本構想の策定	収集した情報をもとに，環境保護局，州の都市計画専門家および運営委員会が中心となって基本構想を策定。想定される再利用後の用途に応じた対策の手法なども，この段階から議論の対象とする。
段階3	対策と再利用の可能性がある対象の確認	環境保護局と運営委員会により，BDAのエリア内で調査，対策および再利用の対象とするブラウンフィールドを確定するための会議を開催する。これらのプロセスはサイトごとに行われ，土地所有者などの対策責任者が，会議の参加者であれば，運営委員会は，対策を実施させることは，比較的容易である。対策に責任がある可能性がある団体が確定した場合で，責任者が対策や再利用を遅らせることがないよう，必要がある場合は，環境保護局は，強制権を発揮することも可能である。 追加的な資金源として，連邦，州，郡および民間の補助金や融資の可能性も検討され，それぞれのブラウンフィールドに関して対策や再利用に活用可能な制度や資金を整理したチャートが作成される。
段階4	BDA対策・再利用計画の策定	運営委員会は，BDA対策・再利用プランを策定する。このプランは，ブラウンフィールドも非ブラウンフィールドも含む各土地を含む，BDAの包括的な目標に基づく重要な民間企業および行政の意向が反映されている。地域参加の結果を反映したBDA全体の対策・再利用プランに沿ったものであれば，既存の都市計画の目標と重複していても構わない。プロジェクトマネージャーは，運営委員会および都市計画の専門家と，包括的な調査・対策スケジュールを策定する。
段階5	戦略計画会議と継続的な会議の開催	環境保護局は，対策・再活用プランが完成したら，他の州政府組織も巻き込んで，運営委員会および技術支援，計画支援アドバイザーとともに，実施に向けた支援を行う。関連する州政府の他部局のスタッフも参加しながら，計画実行に必要な方法や他の州のプログラムの利用などを助言する。 運営委員会，自治体と環境保護局の合意は毎年その進展について評価され，評価に基づいて次年度の合意が更新される。

NJDEP, Brownfield Development Area（BDA）Process, http://www.nj.gov/dep/srp/brownfields/bda/bda_synopsis.htm, 2014/10/17 参照より引用，翻訳

4）カムデン市 Cramer Hill 地区の BDA 事例

　本書では，ケース・スタディ都市としてニュージャージー州の都市を扱わないが，BDA の一例として，カムデン市 Cramer Hill 地区の事例を挙げておきたい。

　カムデン市は，ニュージャージー州の南部に位置しており，Delaware 川を挟んで対岸には全米第5位の規模の大都市であるフィラデルフィア市が位置している。1830 年頃にフィラデルフィアとニューヨークを結ぶ鉄道の南端がカムデンとなり，人口が急増，多くの製造業が立地した。20 世紀初頭には Victor 社の本社が置かれ，1950 年には人口が 12 万人に達した。その後は多くの米国北東部の都市と同様に製造業の移転に伴う雇用喪失に加えて，治安の悪化が著しく，1 人あたりの平均所得は約 12,000 ドル[60]，貧困率 38.4％と全米でも最低水準にある。ニュージャージー州において，突出した経済的困窮地区であり，長年にわたって州政府の経済的支援が行われている。

　Cramer Hill 地区は，市のなかでも経済的に困窮した地域であり，地区の貧困率は 51.9％である。2000 年代初頭に Cherokee 社により，大規模な立退きを伴う再開発計画が発表されたが，住民の反対により撤回された経緯がある。BDA 地区は，Cherokke 社の再開発計画に対抗して，地区のコミュニティ開発会社と住民が協働して策定した近隣地区計画に位置付けられており，地区北側の河川沿いに連担するブラウンフィールド・サイト（図 3-12）を緑地と救世軍（社会福祉活動を行うキリスト教系の慈善団体）によるレクリエーション・センターとして再生する計画（図 3-13）である[61]。

　土壌汚染地に関する部分の計画策定に対して，州環境保護局が広範な協力を行っているが，計画策定自体は Cramer Hill コミュニティ開発会社が主体となって策定している。計画資金は慈善財団と州の補助金により提供されている。主な対象地は，市の再開発公社が所有する旧廃棄物埋立地であったが，州環境保護局が 410 万ドルの費用をかけて，その一部の 24 エーカーの廃棄物除去を 2008 年 9 月に終え，清浄な土壌により埋め戻した。慈善財団の資金を活用して救世軍がレクリエーション・センターを建設し，2014 年に竣工している（図 3-14〜図

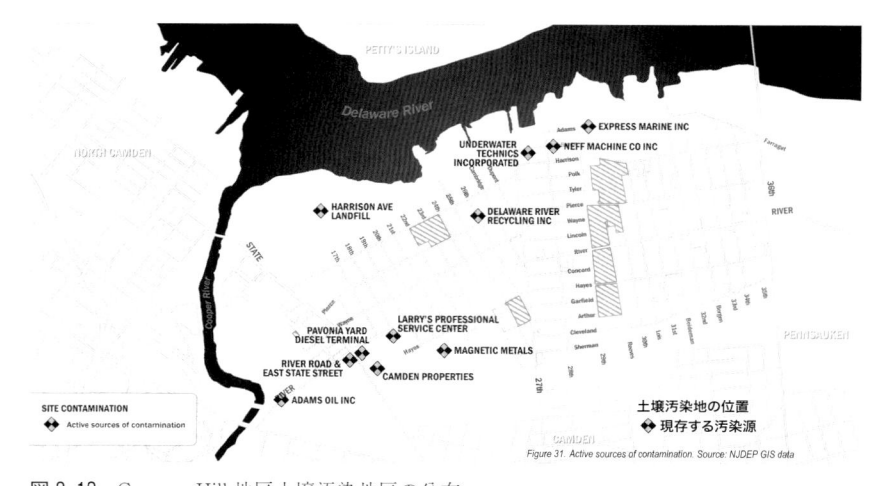

図 3-12 Cramer Hill 地区土壌汚染地区の分布
Cooper's Ferry Development Association Inc. et al., Cramer Hill Commnunity Development Cooproation, Cramer Hill Now!, A neighborhood plan for today and tomorrow, 2009/5, P. 57

3-17)[62]。

　全米でも有数の経済的困窮地区であり，公的支援や民間の財団等の支援が非常に手厚い。土壌浄化，センター建設にも多額の資金が費やされており，現状の経済的困窮度合いの高さ故に多方面からの経済的支援を受けて実現にこぎ着けた側面もある。ただし，民間企業による大規模再開発に反対して再生計画が生まれた経緯もあり，民間事業による経済開発ではなく，明確に地域住民の生活環境向上を目指したブラウンフィールド・サイトの再生が計画された。計画支援から土壌汚染対策まで，州の複数の部局の支援によって実現しており，ブラウンフィールド開発地区の指定の効果が確認できる事例である。

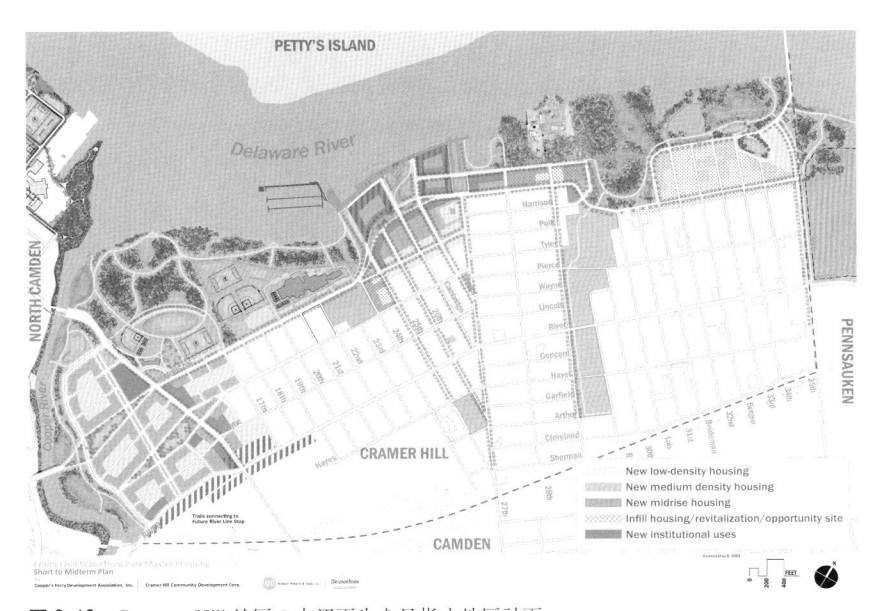

図 3-13　Cramer Hill 地区の水辺再生を目指す地区計画
Cooper's Ferry Development Association Inc. et al., Cramer Hill Commnunity Development Cooproation, Cramer Hill Now!, A neighborhood plan for today and tomorrow, 2009/5, P. 13

図 3-14　Cramer Hill 地区 河川沿いの緑地予定地
（写真右側，2011）

図 3-15　レクリエーション・センター予定地
（2011）

図 3-16 レクリエーション・センター竣工後の空 図 3-17 レクリエーション・センター竣工後の写真
　　　 中写真　　　　　　　　　　　　　　　Salvation Army Ray & Joan Kroc Corps Community Center 提供
Kitchen & Associates 提供

3.7.6 小括：ニュージャージー州のブラウンフィールド再生政策

　ニュージャージー州のブラウンフィールド再生支援制度は，Spill Act にはじまる先進的な土壌汚染対策の積み重ねにより生まれており，自主的浄化プログラムの規模も大きく財政的支援も充実していた。ブラウンフィールド開発地区に代表される第 2 世代の制度の導入にも積極的であり，経済的困窮地区のブラウンフィールド・サイトを環境保護局の全面的な支援のもとで再生する取組を継続している。ただし，巨大な自主的浄化プログラムや環境保護局が主導したブラウンフィールド開発地区の財政的負担は大きく，2009 年以降，自主的浄化プログラムはマサチューセッツ州に類似した民間化した浄化管理の方式に変更され，ブラウンフィールド開発地区は新規指定が凍結された。

　土壌汚染の浄化基準は，住宅と非住宅の 2 種類の明解な基準だが，サイトごとの特性に応じた基準の設定が認められている。また，浄化管理の民間化と同じ時期に LSRP による利用を意識した事前明示性の高い推定浄化基準が，住宅や公共性の高い用途向けに設定された。

　ニュージャージー州は，次節で取り扱うニューヨーク州と比べると経済開発に対する支援と土壌汚染対応の支援は明確に分離している。浄化については，有害物質排出サイト浄化基金が広範な対象に調査，浄化の資金を提供している。再開発に関しては，経済開発政策に基づく企業立地支援等が活用可能である。現実には，同州は製造業の撤退に伴う経済的困窮地区も多いため，ブラウンフィールド・サイトを多く抱える地区と経済開発政策で戦略的な再生対象となっている地区は重複する場合が多い。ブラウンフィールド開発地区の事例で取り上げたカムデン市や，連邦政府のブラウンフィールド・ショウケース・コミュニティ事業の指定を受けている州都トレントン市などは，総事業費の 40％が補助される手厚い経済開発支援が提供されている。土壌汚染対策と再開発の支援は制度としては分離されているが，ブラウンフィールド・サイトを多く抱える都市の多くは，両方の制度の対象となっており，事業化にあたっては経済開発政策の支援も広く活用されている。

3.8　ニューヨーク州の再生政策

　ニューヨーク州はニューヨーク市の大都市圏である南部のダウンステート（Downstate）と，エリー運河の開通によって工業都市として繁栄したオールバニ（Albany）市からエリー

湖畔のバッファローに至る広大な北部・西部のアップステート（Upstate）により構成される。アップステートは，エリー運河による水運の減少に伴い衰退しており，多数のブラウンフィールド・サイトを抱えた旧工業都市が数多く存在している。ラブ・キャナル事件が発生した同州ナイアガラ・フォールズ市は，そのようなアップステートの都市の一つであった。州はこの事件を契機に，他州に先んじて土壌汚染への対応を進め，連邦のスーパーファンド法より早く1979年の州のスーパーファンド法を制定した。本節では，州の制度の変遷と同州の政策の大きな転換点となった州ブラウンフィールド法の制定経緯を整理し，現在の州のブラウンフィールド再生支援制度について分析する。

3.8.1　州ブラウンフィールド法以前のニューヨーク州の土壌汚染対策の変遷

　ニューヨーク州は，1979年に州のスーパーファンド・プログラム[63]を設置しており，ニュージャージー州と並んで，全米で最も早い時期から有害廃棄物の排出により汚染された土地の浄化に対する法的枠組みを与えた[64]。連邦法と同様に，土壌汚染地リストを作成し，州環境保全局と保健局の両長官に所有者に浄化を命令する権限も付与した。責任者が特定できない場合や資力がない場合，両部局が浄化を代行し，その費用を関係する責任者に請求することも認められた。深刻な土壌汚染地への対応は早かったが，ブラウンフィールドへの対応は遅れ，州内の既成市街地の再活性化に大きな問題を与えた。

　1994年に環境保全局は，局の管理権に基づき（新法の制定を行わずに）州の自主的浄化プログラムを設置した。VCP参加者は，環境保全局と自主的浄化合意書を締結し，環境保全局の管理下で，想定する将来土地利用に見合った段階まで浄化を実施する。浄化完了後は，環境保全局から将来発生する可能性がある浄化責任について，合意書で対象とされている汚染について，責任免除証書と不訴追契約書が与えられるが，これらの証書は州の他部局や州法務長官を拘束できない点に課題があった。VCPは，1994年から2003年まで提供され，2013年2月現在，合計414区画がプログラムに参加し，そのうち212区画が浄化完了済みとなっている[65]。対象とする汚染の程度や枠組みに違いがあり，同一の尺度では比較できないが他州と比べると[66]，同州のVCPの広がりは限定的であった。

　1996年には大気浄化・水質浄化公債法により2億ドルの環境回復基金が設置され，自治体所有のブラウンフィールド・サイトの浄化を「環境回復事業（Environmental Restoration Program，ERP）」として経済的に支援することとなった。州や連邦のスーパーファンド・サイト以外の土壌汚染やガソリン汚染が存在する自治体所有地が対象とされた。当初，土壌調査と汚染浄化の費用の75％までを自治体に対して補助する制度として開始されたが，自治体負担分の25％が自治体にとっては巨額であり，自治体負担分に他の補助金を組み合わせて使えなかったことも理由となり，制定当初はあまり利用されなかった。2003年の法改正により，補助率が90％まで引き上げられ，他の補助金を自治体負担分に割り当てることが認められた。その結果，環境回復事業は，自治体にとって非常に魅力的な事業となり州全体で172ヶ所の浄化に使用された。平均浄化コストは779,176ドル/サイト，中央値は256,637ドルと計算されており[67]，環境保護庁の浄化補助金（最大20万ドル）等と比較しても，規模の大きな補助金である。

3.8.2 州ブラウンフィールド法制定の経緯

1) 州ブラウンフィールド法が必要とされた背景

　ニューヨーク州のVCPや環境回復事業は，一定の成果をあげたが，いくつかの課題を残していた。第1に，VCPが法に基づいた制度ではないため，「ブラウンフィールド」が明確に定義されておらず，VCPの責任保護制度の対象も不十分であった。第2に，用途に応じた浄化目標が明示されておらず，サイトごとに州環境保全局と交渉して浄化目標を設定するため，資金も時間もかかるという課題があった。第3に，自治体向けの環境回復事業にしか補助金が与えられず，VCP参加者に経済的なインセンティブがないことが指摘された[68]。

　1990年代後半から，これらの課題の解決を目指すとともに，経済的な困窮地区に点在するブラウンフィールド・サイトへの対応も視野に入れて，同州のブラウンフィールド法制定に向けた動きが展開した。

2) Pataki知事によるスーパーファンド・ワーキング・グループ設置と知事法案

　上述の課題に対応するために，当時のニューヨーク州知事George Patakiは，1998年8月にスーパーファンド・ワーキング・グループを設置し，州政府職員，ビジネス団体，環境団体，自治体および小規模事業の代表者を集めて，土壌汚染対応の制度について諮問した。同グループからの諮問結果[69]に基づき，Pataki知事は1999年6月に「知事法案」を提出する。知事法案では，スーパーファンド法の対象となる有害廃棄物を拡大して様々な法に関連していた有害廃棄物処理を全て同法に一元化することを提案した。また，用途制限なしの浄化へインセンティブを与えつつも，住宅・商業・工業の3種類の用途に応じた浄化基準の導入を主張した。同法案には後にVCP参加者に対する一定の税額控除の導入も加えられた[70]。知事法案は，特に用途別浄化基準の導入に対して，浄化基準の緩和につながるという批判があり賛否が分かれた[71]が，ブラウンフィールド再生支援に関する議論は，州議会で継続されて複数の法案が提出された。

3) ブラウンフィールド円卓会議とブラウンフィールド連合の活動

　前項の知事の法案提出と同時期に活動していたブラウンフィールド円卓会議（Pocantico Roundtable for Consensus of Brownfields）とその後進にあたるブラウンフィールド連合（Brownfield Coalition）の活動は，用途別浄化基準の導入や，地区を対象としたブラウンフィールド再生支援の導入に影響を与えた。

　円卓会議は，ニューヨーク市を中心に環境保護や低所得者向け住宅供給などに関わる非営利団体の代表者らにより構成されており，1998年12月から開催された。ブラウンフィールド再生の推進では一致しているものの，推進の手法については多様な意見を持つ関係者が集まっていた。特に参加者の意見が割れたのは，低所得者や有色人種の多い地区に土壌汚染が存在し続けてきたという「環境正義」の問題に対して，用途別浄化基準の導入をどう考えるかという点であった[72]。

　これまで廃棄物処理場等の迷惑施設が低所得者居住地区に押し付けられてきたと考える"純粋主義者"は，用途別基準の導入により緩和される工業用途の基準によって，今後もこれまでの状況が続くことを危惧し，従来の単一基準による完全浄化を主張した。一方，多額の費用がかかる単一基準を継続した場合，民間事業者を活用したブラウンフィールド再生は進まず，結果として環境正義の問題を抱える地区のブラウンフィールド・サイトはそのまま放置され続け

る可能性が高いと考える"現実主義者"は，用途別浄化基準の導入と様々なインセンティブの導入により，完全浄化ではなくても一定の浄化が進む方向で制度改良を行うべきという主張であった[73]。

円卓会議は，地下水および土壌の浄化基準，責任免除，資金支援，地域との関わり，そして地区全体の再生を支援する計画という問題を提起して議論を続けたが，特に浄化基準の設定について全会一致の結論に至らず1999年5月に解散した。

ただし，多くの参加者は，以下の4点を骨格とする革新的な政策提案に至っていたとしている[74]。すなわち，①用途別浄化基準の設定，②自主浄化プログラムに対するインセンティブと責任保護の拡大（特に対象となるサイトが，支援が必要な地区にある場合や地域コミュニティの優先順位が高い場合），③ブラウンフィールドがあるコミュニティに対する技術支援と能力向上，④公衆保健と経済再活性化双方のニーズに効率的に応える地区全体を対象とする手法（Area-Wide approach）の導入である[75]。

これらの政策提案は，円卓会議の約2/3の参加者で構成されたブラウンフィールド連合に受け継がれ，アップステートおよびダウンステートの自治体や政治家に支持を広げていった。ブラウンフィールド連合は，先述の知事法案に対して「連合法案"Coalition Bill（A7498/S7499）"」と呼ばれるブラウンフィールド連合の主張を盛り込んだ法案を2001年3月に州議会議員を通して議会へ提出した。「連合法案」は，住宅用途（Residential Use），商業及び事務所用途（Commercial Use），工業用途（Industrial Use）の3段階の用途別浄化基準を提示し，ブラウンフィールドを抱える地区全体を再生する制度として，土地再利用オポチュニティ地区（Land Re-use Opportunity Area）の名称で州政府からの都市計画支援と計画策定後の税額控除等による再開発促進を行う地区の設定を盛り込んでいた。

4）ブラウンフィールド地区全体の再生を支援する制度の萌芽

本項では，後に全米に展開されることになる，ブラウンフィールドを抱える経済的に衰退した地区を自治体の申し出に基づき特定地区として指定して，環境浄化の前提となる将来の土地利用計画も含めて検討する制度について，各法案の内容を検証しておきたい。

州知事が設置したスーパーファンド・ワーキング・グループは，自治体の申し出に基づき，一般地区よりも手厚い経済的インセンティブと計画支援の補助金を交付するブラウンフィールド再開発地区（Brownfield Redevelopment Area）を提案した。地区指定の基準として「ブラウンフィールド・サイトが複数集まって存在しており，土壌や地下水汚染がかなり拡大しているため，1ヶ所の浄化では全ての公衆保健と環境へのリスクに効率的に対応できない地区，かつ多くの土地が自治体や非営利団体に保有されている地区」[76]と表現されている。また，その必要性が明確に提示された土地については，優先的な環境浄化の資金を交付すべきという考え方も示された。州政府から交付される補助金を用いて，計画段階として，「事前計画（Pre-planning），地区指定／ブラウンフィールド再開発計画策定，環境調査」[77]を実施，州によるブラウンフィールド再開発地区の指定およびブラウンフィールド再開発計画の承認を経て，実施段階では「社会基盤の改良，土壌汚染の浄化，既存構造物の解体，再開発」を行うという青写真も描かれている。知事はこの提案を知事法案に取り込み，法案では環境保全局との協議を経て州務長官が指定する地区として制度の導入が示された。

一方で，1999年当時，州議会の環境保護委員会議長を務めていたニューヨーク州下院議員

Richard Brodsky らによる議会法案 496 号[78] において，環境オポチュニティ地区法（Environmental Opportunity Zone Act）が提案されている。自治体が，住民参加に基づき，自治体内の特定の地区を環境オポチュニティ地区に指定し，その地区内のブラウンフィールド再生に対して，10 年間の税額控除や経済開発インセンティブを州の経済開発法を通して導入を提案[79]するものであった。

　ブラウンフィールド連合は，円卓会議の議論において指摘された Area-Wide approach の必要性に基づき，「連合法案」において，事前計画立案後，経済開発庁長官による土地再利用オポチュニティ地区（Land Re-use Opportunity Area）の指定を行い，経済的なインセンティブを与えることを提案した。

　最終的にブラウンフィールド法の成立は，用途別浄化基準に関する議論や同時多発テロの影響もあり，2003 年にずれ込んだ。しかし，複数のブラウンフィールドが立地し，経済的にも停滞した地区に対する浄化前の計画支援と，浄化に対する経済的インセンティブの強化を骨格とする法の骨格は，1999 年頃には法案というかたちで提示されていた。

　州ブラウンフィールド法では，用途別浄化基準や VCP 参加者に対する税額控除が新たな自主浄化プログラムとなるブラウンフィールド浄化プログラム（Brownfield Cleanup Program，BCP）に盛り込まれ，経済衰退地区に対する包括的な支援策としてブラウンフィールド・オポチュニティ地区（Brownfield Opportunity Area，BOA）が導入された。

3.8.3　ニューヨーク州の再生政策の内容

　現在の州のブラウンフィールド再生支援制度は，2003 年の州ブラウンフィールド法により導入された制度を骨格としている。2003 年のニューヨーク州の Brownfield Legislation と呼ばれる一連の法改正は，厳密には Part A から Part G におよぶ複数の法律の改正により構成されるが，本書ではニューヨーク州ブラウンフィールド法として取り扱う。

　立法の目的として，「公衆の健康と環境に対する土壌汚染地からの脅威を最小化する」，「遺棄された土壌汚染地を経済的に落ち込んだコミュニティの再活性化のツールとして再開発することを推進する」，「都市内のブラウンフィールド再開発の障害を取り除き，グリーンフィールド開発の代替を生み出す」ことを挙げており[80]，ブラウンフィールドの再開発を目標に明示している点が特徴的である。

　同法の主な取り組みは，ブラウンフィールド浄化プログラムとブラウンフィールド・オポチュニティ地区の設定の 2 つである。前者は，民間事業者の積極的な参入を目指して改良された自主的浄化に関する制度，浄化に関する責任追及からの保護制度，浄化および再開発の費用に対する税額控除（経済的支援）の 3 要素に大別される。同プログラムの基本的なプロセスと責任保護について本項で整理し，用途別の浄化基準を 3.8.4，経済的支援を 3.8.5 で分析する。後者については，3.8.6 で制度を解説し，第 2 部においてバッファロー市で実際に適用された事例を詳述する。

　なお，同法は 2008 年に改正されており，主にブラウンフィールド浄化プログラムの税額控除の内容が変更された他，当初は環境保全局と州務局の共同所管であったブラウンフィールド・オポチュニティ地区は，州務局の単独所管に変更された。

1）ブラウンフィールド浄化プログラムのプロセス

　ここでは，ブラウンフィールド浄化プログラムへの参加資格と一般的なプロセス[81]について概説する。同プログラムの対象者は，自発的参加者と一般参加者に大別される。一般参加者は，有害廃棄物や油等の排出時の土地所有者や排出に関係した主体として，汚染浄化の費用支払いに責任がある主体とされる。一方で，自発的参加者は，汚染物質の排出に関係していないため一般参加者に該当せず，現在，汚染がある土地を所有している，または操業等に関わっている主体とされる。一般参加者は，所有地外へ拡大した汚染の浄化を行わなければならないが，自発的参加者は所有地外の汚染浄化に責任を持たない点が違いである。

　プログラムの一般的なプロセスを表 3-10 に示す。調査および浄化方法に関する環境保全局と保健局によるレビュー期間を活用して，民間事業者側の環境チームが迅速に作業を行えば，1 年から 1 年半程度の期間で浄化作業を完了，環境保全局から浄化完了証書（Certificate of Completion，COC）を受領し，税額控除や責任免除証発行などのインセンティブを得ること

表 3-10　ブラウンフィールド浄化プログラム（BCP）の手順（最も短縮した場合）[*1]

重要なマイルストーン	必要な作業	周辺地権者等に対する公告
BCP 申請	ASTM フェーズ I に相当する環境レポートを添付する必要あり	第 1 回公告：新聞，環境通知告示，ブラウンフィールド・サイト連絡表（周辺の土地所有者）への通知　初回の公告後 30 日間を経て申請が認められる
ブラウンフィールド浄化合意書	サイトで実施されるべき調査および浄化作業およびその他の条件を定める環境保全局と申請者の法的合意書	申請許可の完了：最初の 45 日間の期間が完了した後に浄化合意書は，申請許可書とともに送付される
調査作業計画案	包括的な地中土壌のサンプリングによる土壌状態と汚染の位置を突き止める調査[*2]	第 2 回公告：環境保全局および保健局が計画案をレビューし（30 日間），第 2 回公告が 30 日間実施される。この 2 回目のパブリックコメントの期間後に，物理的な調査作業を開始する
最終調査報告書浄化作業計画案代替案報告書	調査作業は法に基づく方式で報告書にまとめて環境保全局に提出[*3]	第 3 回公告・第 4 回公告：環境保全局および保健局が最終調査報告書をレビューし，浄化作業計画案・代替案報告書も同時に提出された場合，それらも 45 日間かけてレビューされ，第 3 回・第 4 回公告が 30 日間行われる。報告書の内容をまとめたファクトシートの近隣への送付が必要であり，求められた場合は公聴会が実施される
最終浄化作業	実際の物理的な浄化作業の実施	第 5 回公告：第 4 回公告終了の 45 日間後に，最終的な浄化作業の実施を伝える第 5 回公告を送付できる
最終工学的報告書浄化完了証書の要請　制度的管理および工学的管理通知書	第 6 回と第 7 回の公告の一体化を可能であれば環境保全局に要請することで期間短縮可能	第 6 回・第 7 回公告：浄化が完了したら，専門技術者による最終工学的報告書を準備し，環境保全局・保健局による 45 日間のレビューが行われる。完了後に環境保全局が浄化完了証明書を交付し，責任免除規定と税額控除の手続きが開始される。10 日間の制度的管理および工学的管理に関する公告が求められる

*1 Knauf Shaw LLP, New York State, Brownfield Cleanup Program, (http://www.nyenvlaw.com/BrownfieldsEnergy/BCP/, 2014/10/03 参照) より筆者が抜粋，翻訳
*2 BCP 申請前に，完全な調査を行うことにより，この期間をなくすことが可能だが，その場合の調査費用は税額控除の対象にならない
*3 浄化計画案と最終調査報告書を同時に提出して，第 3 回と第 4 回の公告をまとめることができる

ができる。ただし，複数回の周辺地権者や住民を主な対象とした公告が設定されており，これらの公告に対応して，周辺地権者やコミュニティから反対等があった場合はさらに時間がかかる。また，BCP 以外の土地利用に関するプロセス（用途地域の変更や州の環境アセスメントである SEQRA[82]）が関係する場合も，同様に時間がかかる。

なお，同州のブラウンフィールド再開発事業が全てこのプログラムを利用しているわけではない。プログラムの参加には約 3 年半の期間がかかるため，税額控除なしでも経済的に成立する事業は参加せずに，連邦ブラウンフィールド法に基づく善意の購入者保護，民間の環境保険，ニューヨーク市が開発したブラウンフィールド浄化プログラムなどを利用[83]している。

2）ブラウンフィールド浄化プログラム完了後に提供される責任免除制度

浄化完了証書を環境保全局から受領した時点で，残された土壌汚染に対するニューヨーク州（環境保全局だけでなく，全ての機関）による責任追及からの免除（Liability limitation）が提供される。この責任免除は，投資家や金融機関を説得する際の有力な助けとなる。責任免除には，責任再開が規定されており，汚染が人体の健康に被害をもたらす状態で発見された場合，浄化合意書の内容の不遵守，提案された開発事業の 5 年以上の遅れ[84]等により，責任追及が再開される場合がある。

3.8.4　ニューヨーク州の浄化基準と制度的管理

1）リスクに基づく用途別浄化基準の内容

2003 年の法改正により州は浄化目標を土地利用制限なし，土地利用制限付の 2 つに大別し，土地利用制限付については，住宅用途，制限付住宅用途，商業用途，工業用途の 4 種類の基準を設定している（表 3-11）[85]。土地利用制限付の浄化基準については，対象地の「現在の用途，将来予定している用途，および合理的に予見される将来の土地利用[86]」に対して，安全であることが求められる。

合理的に予見される将来の土地利用（reasonably anticipated future use）は，環境保護庁がスーパーファンド・サイトの浄化目標設定においても用いる言葉であり，浄化目標を設定する前段階で，既存の周辺土地利用の確認，対象サイトが含まれる地区の将来計画との整合，周辺住民や自治体との協議によって検討されるべき項目である。

土地利用制限付浄化目標は，対象サイトが予定している土地利用の検討（表 3-12）だけでなく，地下水保護および生態系資源に対する浄化目標の検討も踏まえて決定すると規定されており，地権者や民間事業者がその土地の将来用途だけを想定して，低い浄化基準を選択することに一定の歯止めをかけている。

2）浄化基準の考え方[87]

浄化基準の選定においては，採用する浄化基準の違いに応じて，トラックと呼ばれる 4 つのプロセスが定められている。トラック 3 や 4 は，州が定める基準より緩和される可能性があるが，詳細な調査や曝露経路の検討が必要となり時間がかかる。トラックによって後述する税額控除の額が異なり，トラック 1 が最大，トラック 4 が最低の控除割合となる。

トラック 1 は，土地利用制限なしの浄化基準に到達しなければならない。制度的管理や工学的管理は，5 年以下の期間に限り利用を認められる。

トラック 2 は，「現在の用途，予定用途，または合理的に予測される将来の用途」を考慮し

表 3-11 土地利用制限付浄化基準を適用する場合の土地利用の詳細

用　　　途	適用可能な用途の詳細
住宅用途 Residential Use	家畜の飼育および，人が消費する動物製品の生産以外のあらゆる土地利用が認められる。地下水の使用に関する制限は認められるが，サイト管理計画のような，その他のトラック2住宅土壌浄化目標に関する制度的管理および工学的管理は認められない。一戸建ての住宅向けの土地利用種別である。
制限付住宅用途 Restricted-residential use	合同のまたは単一の土地所有者や管理者がいる土地についてのみ，認められる土地利用種別とする。対象となる土地において，野菜畑や一戸建ては認められない（市民農園に関しては環境保全局との合意のもとで認められる場合もある）。 公的利用に関しては，一定の土壌への接触可能性がある，活動的なレクリエーション利用が認められる。
商業用途 Commercial use	商品やサービスの購入，売却，取引を主目的とした土地利用を対象とする。 公的利用に関しては，限定的な土壌への接触可能性がある，受動的なレクリエーション利用が認められる。
工業用途 Industrial use	製造業，生産，組立の工程やそれらに付随するサービスを主目的とした土地利用を対象とする。工業用途は，一切のレクリエーション目的の土地利用を含まない。

DOH, DEC, New York State Brownfield Cleanup Program Development of Soil Cleanup Objectives Technical Support Document, September 2006, pp. 11-12 より筆者作成

表 3-12 用途別の土壌浄化基準設定のために検討の対象とした曝露経路

用　　　途	土地利用制限なし		住宅用途		制限付住宅用途		商業用途		工業用途	
想定すべき対象曝露経路	成人住人	子供住人	成人住人	子供住人	成人住人	子供住人	成人従業員	子供訪問者	成人従業員	青年期侵入者
土壌摂取	○	○	○	○	○	○	○	○	○	○
吸入（粒子及び気体）	○	○	○	○	○	○	○	○	○	○
経皮接触	○	○	○	○	○	○	○	○	○	○
家庭で育てられた野菜の摂取	○	○	○	○						
家庭で生産された動物製品の消費	○	○								

DOH, DEC, New York State Brownfield Cleanup Program Development of Soil Cleanup Objectives Technical Support Document, September 2006, P. 102 より翻訳引用

て，定められた用途別浄化基準から，適切な土壌浄化水準を選択することができる。制度的および工学的管理は，上部15フィートの土壌に対して5年以内であれば認められる。現地の土地利用と地下水利用を制限する制度的・工学的管理の期間の限りはない。

　トラック3は，「現在の用途，予定用途，または合理的に予測される将来の用途」を考慮して，定められた用途別浄化基準の限定的な修正（地下水・粒子摂取・気体摂取の曝露経路等）が認められる。制度的および工学的管理の条件はトラック2と同様である。

　トラック4は「現在の用途，予定用途，または合理的に予測される将来の用途」を考慮して，サイト特有の土壌浄化水準を設定することができる。公衆衛生と自然環境の保護を達成するために，短期および長期の制度的及び工学的管理が認められる。ただし，曝露された土壌汚染の上部を覆うことが求められる。

実態としては，地下室等が計画されており，大規模な掘削が行われる場合は，トラック１の基準に達することも可能だが，それ以外の場合は，用途別浄化基準を用いるトラック２の利用か，一部の濃度の高い汚染（ホットスポット）のみを除去し，他の軽度の汚染を何らかの方法で覆うトラック４が用いられることが多い[88]と言われている。

３）ニューヨーク州における制度的管理[89]

　ニューヨーク州環境保全局は，基本的には将来土地利用に制限がない「恒久的な浄化」を推奨しているが，経済的な理由もしくは所有者が将来土地利用を制限することに同意した場合は，制度的管理の併用を認めている。具体的には，環境地役権（Environmental Easement），土地証書に対する制限（Deed Restriction），環境通知書（Environmental Notice）の３種類が定められている。

　州環境保全局は，約30年にわたって，土地証書に対する制限と環境通知書を用いて，土壌汚染が残り土地利用の制限が必要な土地に対応してきた。環境地役権は，2003年の立法により新たに設定された制度で，環境保全局の全ての浄化事業において，対象となる土地の利用に制限を加える権利が付与されたことに基づくものである。いずれの制度においても，郡が管理する土地登記に関連付けて保管され，土地に何らかの変更が加わる際に的確に効力を持つように制度設計されている。

　土地証書に対する制限と環境地役権は類似している。前者は2003年の法改正以前の事業[90]や，森林保全地のように環境地役権の対象から法的に除外された土地に用いられる。後者は，ブラウンフィールド浄化プログラムなど近年の事業で広く使われている。いずれも「土地と共に存在する制限」であり，土地所有者の同意が必要である。所有者の同意を得て，制度的管理が発効した時点で郡役所の登記とともに保管し，土地登記とともに保管されたことを確認して，環境保全局は，浄化完了の手続きを進める。

　環境通知書は，土地所有者が明確にわからない場合及び，対象地に地役権や土地に対する制限を設定することを拒否，または設定することが不可能であった場合に利用される。そのため，環境通知書には土地所有者の同意は必要ない。環境通知書は，浄化主体または環境保全局の契約者によって，郡の土地登記所に保管され，州環境保全局は通知書の保管をもって浄化完了の手続きを進める。

　制度的管理の手続きが完了したあとは，浄化主体は制度的管理の自治体への通知を行わなければならない。環境地役権及び土地証書に対する制限の場合は，土壌汚染が残っている土地が位置する自治体において，自治体の最高位の行政官（市長等）と建築法規担当官に対して，土地登記に保管された土地利用の制限を示す環境地役権または土地証書に対する制限を提出しなければならない。環境通知書については，環境保全局が通知書の写しを土壌汚染が残る土地が位置する自治体に提出する。

　制度的管理に関するレポートは，他の文章保管規定にかかわらず，制度的管理が存在し続ける限り保有されつづけなければならない。また，制度的完了の変更や廃止を行う際の手続きは，サイト管理計画に明記された手順に従って評価されなければならない。現在の所有者が環境保全局に変更や廃止を書面で要請し，環境保全局が評価，同意した場合は，土地登記や自治体への届け出など，制度的管理の設定時に行った情報共有と同じ手続きを行うことになる。主な変更理由として，汚染自体が存在しなくなることに加えて，自治体による地下水汲み上げ禁

止，新たな制度的管理の導入などが挙げられる。

3.8.5　ニューヨーク州の経済的支援：ブラウンフィールド浄化プログラム税額控除

　民間事業者にとってのブラウンフィールド浄化プログラム参加の大きな理由は，全米でも有数の浄化と再開発に対する税額控除を制度として備えている点にある[91]。税額控除に対する評価は次項に詳述するが，少なくとも州内の民間事業者は税額控除を高く評価しており，民間事業を誘致する立場にある自治体担当者も税額控除はブラウンフィールド地区の再生にとっても重要な制度であると考えている[92]。

　税額控除は法的には，敷地造成および有形固定資産に対する還付可能[93]税額控除と，不動産税控除の2つから構成される。還付可能税額控除は，敷地造成費用[94]，有形固定資産費用[95]，進行中の地下水浄化費用（5年間）の3つが含まれるが，本書では1）浄化に対する税額控除（敷地造成費用，進行中の地下水浄化費用）と2）再開発に対する税額控除（有形固定資産費用）に分類して記述する。税額控除の金額は，申請者の種類，対象となるサイトが位置する場所，達成される浄化の程度によって異なる。

　また，州ブラウンフィールド法の立法時から議論されてきた，「用途別浄化基準の問題（相対的に低い浄化基準の利用が増えるという疑念）」と，「環境正義の観点から再生支援が必要な経済的困窮地区のブラウンフィールド・サイト問題」に対しては，税額控除の割合によってインセンティブを変化させて民間事業者をより高い浄化基準へ誘導している。

1）浄化に対する税額控除

　浄化に対する税額控除（敷地造成費と地下水浄化費）は，適用される浄化基準（トラック）によって税額控除の割合が異なり，完全な浄化ほど高い割合の税額控除が得られる（表3-13）。土地利用制限なしの完全浄化であれば浄化費用の半額が実質的に補助金となる。

2）再開発に対する税額控除

　再開発に関する費用（有形固定資産費）の税額控除は，申請者の属性（個人・会社）と対象となるサイトの場所，さらにトラックの組み合わせで決定する（表3-14）。申請する納税者の属性については，会社は12％，個人や特定の会社[96]は10％の控除となる。サイトの場所が，環境ゾーン[97]やブラウンフィールド・オポチュニティ地区など経済開発政策の優先地区であれば2～8％の控除が付加される。なお，再開発に対する税額控除には，2008年の法改正以降3,500万ドルまたは浄化費用の3倍までという上限が設定された。ただし，再開発後に製造業や新興のテクノロジーに関する事業を行う場合は，上限が一定程度緩和される。

3）不動産税の控除と環境保険に対する控除

　再開発後のブラウンフィールド・サイトに対する不動産税を一定期間控除する制度もある。免除期間は，浄化完了後10年間または，2005年4月以前のプロジェクトはその時点から10年間控除される。環境ゾーンでは一般地区の4倍の控除が設定されており，再開発への投資に対する控除と同様に条件不利地区の経済開発を重視する姿勢がうかがえる。

　また，一定の条件を満たす環境浄化に対する保険料を支払った場合，3万ドルまたは支払った保険料の50％が税額控除の対象となる。

表 3-13　2008 年改正後の浄化に対する税額控除と浄化基準の関係

	土地利用制限なし	住宅用途	商業用途	工業用途
トラック 1	50%	設定なし	設定なし	設定なし
トラック 2/3	設定なし	40%	33%	27%
トラック 4	設定なし	28%	25%	22%

NYSDTF, New York State Tax Credits Available for Remediated Brownfields, December 2012 及び Knauf Shaw LLP, New York State, Brownfield Cleanup Program（http://www.nyenvlaw.com/BrownfieldsEnergy/BCP/, 2014/10/03 参照）に基づき筆者作成

表 3-14　再開発に対する税額控除の割合と対象サイトの場所・申請者の違いの関係

浄化トラック	申請者	地区指定なし	地区指定なし BOA（+ 2%）	環境ゾーン（+ 8%）	環境ゾーン（+ 8%） BOA（+ 2%）
トラック 2-4 土地利用制限あり	個人及び特定の会社	基礎控除割合 10%	10 + 2 12%	10 + 8 18%	10 + 8 + 2 20%
	一般の会社	基礎控除割合 12%	12 + 2 14%	12 + 8 20%	12 + 8 + 2 22%
トラック 1 （+ 2%） 土地利用制限なし	個人及び特定の会社	10 + 2 12%	10 + 2 + 2 14%	10 + 2 + 8 20%	10 + 2 + 8 + 2 22%
	一般の会社	12 + 2 14%	12 + 2 + 2 16%	12 + 2 + 8 22%	12 + 2 + 8 + 2 24%

NYSDTT, New York State Tax Credits Available for Remediated Brownfields, December 2012 及び Knauf Shaw LLP, New York State, Brownfield Cleanup Program（http://www.nyenvlaw.com/BrownfieldsEnergy/BCP/, 2014/10/03 参照）に基づき筆者作成

4）2003 年法のブラウンフィールド浄化プログラムに対する評価と 2008 年の変更

ブラウンフィールド浄化プログラム（BCP）は，2003 年の立法後，比較的順調に申請者を増やしたが，浄化と再開発のバランス，特定地区に対する支援の 2 つの課題が指摘された。2003 年当初の税額控除は浄化と再開発は共通の割合で控除されていた（表 3-15）。

第 1 に，一部の大規模事業に浄化費用を上回る高額の税額控除が行われたことについて，州予算当局が財政への悪影響を懸念した[98]。この税額控除は，還付も認める税控除のため，納税額以上に還付される場合もある。控除額が投資額に比例するため，ニューヨーク市内の大規模再開発に高額（1 億ドル以上も数件）の税額控除が行われた（表 3-16）。

州の会計検査院は，浄化費用の控除と比べて再開発の控除が大きすぎるため，再開発の控除規模を縮小するか，環境ゾーン等の指定地区に限定すべき[99]と指摘した。また，マサチューセッツ州をモデルとして，浄化完了後の州の管理コストが発生しない，用途制限なしの浄化に対する控除を強化して推進すべきという提案も行われた。

第 2 に，ブラウンフィールド地区への支援強化を目指す環境団体が指摘した，BOA に対するインセンティブの強化が挙げられる。事業開始時，BOA に指定された地区に対する他の補助金やインセンティブの交付が法令では謳われたが，実態として地区内の BCP 参加者への具体的な支援が提示されていなかった。特に BOA 内の戦略的なブラウンフィールド・サイトは民有地が多く，土地所有者が BOA に参加して所有地を再生するインセンティブの必要性（税額控除の強化）が指摘された。

表 3-15　2003 年法の BCP 税額控除（上限なし，浄化部分と再開発部分は共通）

浄化トラック	申　請　者	地区指定なし	環境ゾーン（＋8%）
トラック 2-4 土地利用制限あり	個人及び特定の会社	基礎控除割合 10%	10 + 8 18%
	一般の会社	基礎控除割合 12%	12 + 8 20%
トラック 1（＋2%） 土地利用制限なし	個人及び特定の会社	10 + 2 12%	10 + 2 + 8 20%
	一般の会社	12 + 2 14%	12 + 2 + 8 22%

表 3-16　2008 年 1 月時点での BCP 税額控除の交付先と平均交付額

地　域	環境ゾーン	平均免除額	環境ゾーン外	平均免除額
アップステート	43 サイト	270 万ドル	64 サイト	410 万ドル
ダウンステート	34 サイト	4,900 万ドル	59 サイト	1,770 万ドル

DiNapoli, Comptroller, New York State, Overview of the NYS Brownfields Cleanup Program, June 2008, P. 9 より引用

　BOA は州による指定発表後の補助金交付が遅れており，環境保全局と州務局の共同所管の問題が指摘された。そもそも，地域コミュニティと直接やり取りする都市計画部局（州務局）と，環境浄化を管理する立場の環境保全局が，合同で事業を担当することに無理があるという指摘であり，歴史的に自治体との関係が深い州務局が BOA を所管し，環境保全局は環境保護に徹するべきという提案も行われた[100]。

　これらの課題を踏まえて 2008 年に税額控除と BOA に関する法改正が行われた。税額控除は，浄化費用は適用した浄化基準によって控除率に大きな違いがある現行制度に変更され，土地利用制限なしの浄化に対するインセンティブが強化された。一方で，再開発に対する控除には上限として 3,500 万ドルまたは浄化に対する控除額の 3 倍に設定する規定が追加され，大規模再開発事業に対する多額の税額控除への批判に対応した。ブラウンフィールド・オポチュニティ地区は，州務局の単独所管へ変更され，再開発部分の税額控除の連携が図られた（指定地区内 2% の追加控除）。2008 年の改正の結果，大規模再開発に対する高額な税額控除は大きく減少しており一定の効果が確認されている。

3.8.6　ニューヨーク州の第 2 世代の再生支援制度

　ニューヨーク州は，2003 年の州ブラウンフィールド法により BOA を導入した。同制度は，ブラウンフィールド地区に対する包括的な支援を目的としており，地区の再生計画立案やブラウンフィールド調査に補助金が交付される。都市計画を担当する州務局が費用の 90%，残りの 10% を応募者が負担する手厚い補助金プログラム[101]である。

1）ブラウンフィールド・オポチュニティ地区の基本的な構成

　BOA は，自治体や非営利団体の応募を，表 3-17 の内容に基づき，州務局が審査・交付す

る。対象地区の定義は，ブラウンフィールド・サイトが集中する地区とされているが，具体的なブラウンフィールドの密度やサイト数は設定されていない。応募者にとって重要な地区の再生がブラウンフィールドの存在によって阻害されていれば，BOA の対象とされる[102]。BOA 全体において環境・都市計画双方の課題を統合的に取り扱い，柔軟な制度運用が行われているが指定においても同様の考え方が貫かれている。段階が進むに連れて，地区境界が変更されることもある[103]。

BOA は，事業進捗に応じて表 3-18 に整理した 3 段階で構成される。

段階 1 は必ずしも BOA に基づいて実施する必要はなく，これまでの計画立案作業や基礎調査が行われていれば，段階 2 から補助を受けることもできる。組織内に都市計画の専門家がいるバッファロー市のような人口 20 万人程度の自治体は，段階 1 を自治体内で作成し段階 2 から補助金の交付を受けている[104]。他方で応募者内部に都市計画を担当する人材が乏しい場合，段階 1 から補助金の交付を受けることで，コンサルタントの起用が可能になる[105]。段階 1 と段階 2 を統合すべきという意見[106]もあるが，段階を分けて進捗段階に応じた適切な補助を行うことで州は資金を効率的に使っているとの指摘もある[107]。州の財政的制約を理由に段階進展を妨げられることはないが，BOA の主旨に適合した内容でなければ，次段階に進むことが認められていない[108]。

段階 1 から段階 2 への進展においては，地区における再開発・再生の可能性の有無が重要とされる[109]。地区内のブラウンフィールド・サイトや低・未利用地の，将来の土地利用の可能性を示すことが求められる。

同様に段階 2 から段階 3 においては，戦略サイト（Strategic Brownfield Site）の特定が求められる。戦略サイトとは地区全体の再活性化の触媒となりうる土地[110]であり，先行して再

表 3-17　BOA 指定に関する州の方針

応募適格	州内の自治体・コミュニティ組織・ニューヨーク市コミュニティ委員会・複数の共同応募
指定の方向性	①ブラウンフィールド・サイトが集中している地区 ②経済開発やコミュニティ再活性化，新たな公的アメニティの充実に資する戦略的な機会を持つブラウンフィールド・サイトが存在する地区 ③低所得・高失業率・高空き店舗率・地価低下を含む指標が経済的困窮を示す地区 ④地区計画策定のための自治体とコミュニティ組織の相互関係の存在と支援表明
費用負担	必要経費の 90% を州政府が負担・残り 10% は応募者の負担共同応募者の負担

表 3-18　BOA の各段階の内容と必要な作業項目

段階 1 指定事前調査	応募コミュニティが，基礎的調査と現在の地区の状況，ブラウンフィールドおよび地区の活性化のための潜在力について基本的な理解を得るための予備的な分析。この段階において，それぞれの段階における詳細な作業を設定する。
段階 2 指定調査	戦略サイトとその他の再活性化の機会に対する，経済的な傾向と不動産市場傾向の分析，最適な再利用用途の可能性の検討を含む，現状の詳細な調査と評価を行う。
段階 3 実行戦略	戦略サイトの再開発推進，活性化を支えるインフラ改良，快適な公的空間と環境の質向上のための準備・投資による近隣地域全体の再活性化によって，再活性化の目的に到達するための多様な手法と行動を資金的に支援する。

生を推進する区画である。戦略サイトの選定は計画的な重要性を評価して[111]交付先が行っており，州側も妥当性を確認している。段階3では，再生計画を実現するために，詳細な土壌調査を行う補助金の確保や，事業者募集，社会基盤整備の詳細検討などが行われる。

2）ブラウンフィールド・オポチュニティ地区指定の利点

自治体等にとってBOAの指定の利点は，①ブラウンフィールド地区の再生計画立案のための補助金交付，②計画立案後の他補助金の優先的な配分，③多様な利害関係者が地域の将来像に関して議論し目標を共有する機会の獲得の3点にある[112,113]。

①は，計画立案の費用の9割を州が負担するため，財政余力のない自治体にとって貴重な都市計画の補助金となる。交付額は，小規模地区の段階1に対する5万ドルから，大規模地区の段階3には100万ドルを上回る事例まで多様である。類似する環境保護庁のブラウンフィールド地区全体計画支援補助金（約20万ドル）と比べても継続的で交付規模も大きい制度と言える。

②の計画立案後の他補助金の優先配分は，州ブラウンフィールド法により，BOA指定地区に対して，幅広い範囲で優先的な取扱が位置付けられている[114]が具体的には明示されていない。これまでに優先交付された補助金等を表3-19にまとめた。税額控除と環境回復基金（浄化補助金）との連携は，継続的に実施されている。

③の多様な利害関係者との目標共有は，他の2点のような経済的利点ではないが，多くの関係者から指摘された[115]。土壌汚染が存在する荒廃地区は，有権者も少なくBOAがなければ，自治体が他地区に優先して資金を投じて再生計画を立案することは難しい場所である。土壌汚染の浄化を検討する際も，将来の土地利用が定まることで最適な浄化目標の設定が可能となる。戦略サイトには公的資金が優先的に投入されるため，汚染地の地権者にとってもBOA参加のメリットは大きい。

3）地域によるブラウンフィールド・オポチュニティ地区の違い

ニューヨーク州は，ニューヨーク市とニューヨーク都市圏に属する南東部のダウンステートと，ニューヨーク都市圏以外の広大な地域にあたるアップステートとでは，開発需要や都市の現況が大きく異なる。表3-20に地域別のBOAの指定を整理した。

ダウンステートは，世界最大の都市圏の一つであり，ブラウンフィールドに対する開発圧力は高い。ただし，土壌汚染を含む環境問題のある地区に低所得者居住地が重なる環境正義の課題が多く，地域としては強い開発需要があっても，多くのブラウンフィールドや低・未利用地を抱えた地区が点在している。ニューヨーク市はブルームバーグ市政下で開始された独自プログラムによりブラウンフィールド再生に注力しているが，BOAに関しては，各地区の非営利団体への交付事例が多く，市も各団体へ技術支援・情報提供を行う[116]。

アップステートと呼ばれる地域には，エリー運河に沿って物流・工業都市として発展したオールバニ，シラキュース，ロチェスター，バッファローなどの中規模の都市が点在する。水運の衰退と製造業の転出に伴い，多くの都市が産業衰退と人口減少に苦しんでいる。ダウンステートと比べ開発需要に乏しいため，放置されているブラウンフィールド・サイトも多い。ブラウンフィールド地区の再生が都市全体の課題である場合も多く，自治体が主な交付対象となっている。

表 3-19　BOA 指定により優先配分が行われた補助金[1,2,3]

制度名称（担当）	補　助　金　内　容	BOA 指定による優先
BCP 税額控除 （税務財務局／州開発庁）	州内の浄化された BF サイトに対する税額控除で下記の 3 つにより構成される。① BF 再開発税額控除（土壌浄化・地下水浄化・土地の再開発）② BF 不動産税額控除 ③ 環境保険税額控除	① BF 再開発税額控除において，一般地区 12% に，BOA 地区内は 2% 加えた額が税額控除される。
環境回復基金と水質浄化・大気浄化公債法 （公園レクリエーション歴史的保全局／環境保全局／州務局）	（54 項 環境回復基金）オープンスペース保護事業，非危険性行政廃棄物埋立地閉鎖及びガス管理事業，行政廃棄物減量・再利用事業，公園・レクリエーション及び歴史的保全事業，地域水辺再生計画及び沿岸修復事業 （56 項 水質大気浄化公債法）水質浄化事業，飲料水リボルビング・ローン基金向けの安全な飲料水事業	（54 項）環境回復基金は，コミュニティ（自治体）が決めた優先事項を達成するために資金・資源を充てることができる （56 項）水質浄化・大気浄化公債法：現在は資金が残っていない
ニューヨーク・コミュニティ回復事業 （州開発庁） 2013 年現在停止	コミュニティ開発と荒廃した構造物の撤去・再開発を行うことを通した近隣地区の成長を支援することを目的とする。自治体が，空地や荒廃地の取壊，撤去，修復および再建設を行う際の資金支援を行う。3 億ドルの資金が 2006-07 年州予算として計上され，NY 回復事業として立法，3 回に分けて執行された。	エンパイアゾーンと BOA 地区，および同様の州政府や連邦政府による再開発・土壌浄化および都市計画事業が行われている地区に対して，優先的な配分が行われた。
アップステート／ダウンステート再活性化基金 （州開発庁） 2013 年現在停止	州内の経済開発を進めるために州北部・南部それぞれの特定の地域に対して提供される補助金。ビジネス，社会基盤，中心市街地再開発の 3 分野に補助金またはローンで提供された。	両事業において開発庁による補助金交付先判断の際に，持続可能な開発（BOA エリア内）に 5 点，再利用・環境修復に 0-5 点を加点。（合計 110 点中）

*1 New Partners For Community Revitalization（NPCR），Smart Growth Outlook 2011：Challenges and Opportunities in Brownfields, Area-weide Planning & Implementation，2011/1
*2 ニューヨーク州州務局ウェブサイト http://www.dos.ny.gov/opd/，2014/4/6 参照
*3 ニューヨーク州開発庁ウェブサイト http://www.nylovesbiz.com/，2014/4/6 参照

表 3-20　2013 年 12 月現在の段階別・地域別 BOA 指定実績（アップステートの表記以外はダウンステート）

段階/地域（主な都市）	2005/3	2008/3	2009/10	2011/4	2012/3	2013/10	合計
段階 1 事前指定調査検討	33	34	3	4	5	12	91
段階 2 指定調査	19	15	20	13	8	5	80
段階 3 実行戦略	2	2	2	4	1	9	20
合　　計	54	51	25	21	14	26	191
地域 1 Long Island 地域-アップステート	5	2	5	1	1	3	17
地域 2 New York City-アップステート	10	10	3	2	3	4	32
地域 3 Kingston 他 -アップステート	6	2	1	3	1	2	15
地域 4 Albany, Cohoes, Troy	7	15	0	2	3	3	30
地域 5 Glens Falls, Fort Edward	7	2	3	2	1	1	16
地域 6 Rome, Utica	3	2	3	2	1	3	14
地域 7 Syracuse	5	6	2	2	0	4	19
地域 8 Rochester	3	5	2	5	2	3	20
地域 9 Buffalo, Niagara Falls	8	7	6	2	2	3	28

New Partners For Community Revitalization（NPCR），Smart Growth Outlook 2011：Challenges and Opportunities in Brownfields, Area-weide Planning & Implementation，2011/1
ニューヨーク州州務局ウェブサイト http://www.dos.ny.gov/opd/，2014/4/6 参照
ニューヨーク州開発庁ウェブサイト http://www.nylovesbiz.com/，2014/4/6 参照に基づき筆者作成

3.8.7 小括：ニューヨーク州の再生政策

ラブ・キャナル事件の当事者となったニューヨーク州は制度の確立は遅れたが，第1世代の再生支援策の課題も踏まえて，ブラウンフィールド法制定後は充実した支援を展開してきた。特にブラウンフィールド浄化プログラムによる税額控除とブラウンフィールド・オポチュニティ地区は，全米でも先進的な取り組みと言えるだろう。

環境保護の強化や人体への健康被害抑制を重視する環境団体と環境正義を重視して経済的な課題を抱えた地区の再生へ公的支援の拡大を主張するコミュニティ団体，ブラウンフィールドの再開発を円滑に見通しよく進め事業性を高めたい民間事業者，産業撤退と雇用減少に悩む自治体が，それぞれの主張を展開しながらも，ブラウンフィールド再生に対する効果的な支援を見出してきた。例えば，州の税額控除の複雑なメニューにも，各主体の主張を控除比率として取り入れつつ，市場の力を最大限活用して再生を進めるニューヨーク州の姿勢が表れている。

同州で積み重ねられてきた再生支援における「浄化と再開発のバランス」の議論は特に興味深い。連邦政府や他州は，調査・浄化と再開発の連携や省庁間連携に力を入れてきた。調査と浄化を取り扱う環境部局が，経済開発や都市計画部局から提供されるブラウンフィールド"にも"利用可能な事業を組み合わせて資金不足を補ってきた。特に連邦政府は全体の組織が大きいため，部局毎の財布から出る資金を組み合わせてブラウンフィールド再生を推進してきた。

一方で，ブラウンフィールド再生政策の制度化において後発のニューヨーク州は，州ブラウンフィールド法の制定前から，州政府という単一の資金源からブラウンフィールド再生に公的支援を行うとすれば「どの部分をどう支援すべきか」という議論を深めてきた。個別の規制や公的支援のギャップを埋めてつなぎ合わせるという思考から，所得に関係なく（広義の）良質な環境を提供するという将来目標を共有し，その目標に到達するために最も効率的な手法（浄化支援と再開発支援のバランス）を検討して，資源を投入するという思考に展開したのである。

3.9　小括：3州の政策の比較と州政府の役割

本章で取り上げたマサチューセッツ州，ニュージャージー州，ニューヨーク州のブラウンフィールド再生支援制度を比較し，州政府が担う役割について明らかにする。

3.9.1　土壌汚染対策の変遷と浄化管理の主体

本章で取り上げた3州はいずれも米国のなかでは歴史の長い工業地帯が立地しており，スーパーファンド法のモデルとなったニュージャージー州 Spill Act に代表されるように，土壌汚染地に対する取組も早い時期から開始された。1980年代には州政府版スーパーファンド法を設置して，土壌汚染地に対応している。いずれの州も自主的浄化プログラムの設置は1992-93年の時期であり，全米では早い時期に開始されている。VCP完了後のスーパーファンド法や州のスーパーファンド法による責任追及からの保護は，概ね共通している。

VCPの取組は，各州で違いが表れた。マサチューセッツ州はVCPの開始時点で浄化管理を州が認可した民間の専門家に委任し，行政の負担軽減と浄化プロセスの迅速化を図った。一方，ニュージャージー州やニューヨーク州は，州が浄化管理を行う一般的なVCPとして開始

し，民間に比べると許認可のスピードは遅いが，浄化主体とは独立した州の環境部局による確実な浄化管理を続けてきた。しかし，VCP では全米でも最大規模の実績があったニュージャージー州も，2009 年以降リーマンショック後の緊縮財政下で浄化管理の民間化に踏み切った。表 3-21 にまとめたように，民間化したマサチューセッツ州は圧倒的な浄化実績をあげている[117]。

膨大な浄化管理を求められる北東部の州では，浄化管理の民間化の利点に目が行くが，浄化作業の発注者から委託を受けた民間専門家が，公正な浄化管理を行えるかという点は，現在でも大きな課題である。マサチューセッツ州は，民間専門家に対する監査や定期的なレビューの強化で対応しているが，既に違反により懲戒を受けた事例も複数発生している。

3.9.2 浄化基準の設定と制度的管理の実態

浄化基準の設定と制度的管理については，いずれの州も基本的な考え方は共通している。すなわち，再利用後の用途に応じて異なる浄化基準が予め設定されている。ニュージャージー州は住宅と非住宅の 2 つであったが，ニューヨーク州では 5 種類の用途を対象に浄化基準が設定されている。マサチューセッツ州は，人体への曝露可能性の高さによって，3 種類の土壌基準を設定している。いずれの州も定められた基準値の利用に加えてサイト固有の条件によるリスク・アセスメントに基づく値の設定も認めていた。

土壌汚染対策後に，用途を保持する必要がある場合には制度的管理として "土地とともに移転する（run with the land）" 環境地役権や土地証書に対する通知が，土地証書と一体で保管される方式が採られている。用途制限についての情報は，州の環境部局に加えて周辺の地権者や地域住民，市役所のゾーニング担当者にも通知されることが定められており，情報の保管と共有が徹底されていることが明らかとなった。

3.9.3 州による経済的な支援の比較

州の経済的支援は，土壌調査・浄化に関する支援と再開発に対する支援に大別される。

分析した州のなかで，両者が最も一体的に運用されているのは，ニューヨーク州のブラウンフィールド浄化プログラムである。2003 年に開始された新しい制度であるため，他州の知見や民間事業者，非営利団体の意見も踏まえ，ブラウンフィールド・サイトの再利用に力点を置いた制度である。自動的に交付される税額控除があり，浄化と再開発が一体となっているため，再生を検討する初期段階で予測可能なインセンティブとして民間からは高く評価されている。一方で，個別の事業の内容を評価しないため，インセンティブを必要としない好立地の営利事業に多額の補助金が交付されたという批判もあり，法改正により経済的困窮地区内の事業に対するインセンティブの積み増しが図られた。

マサチューセッツ州やニュージャージー州の経済的支援は，土壌調査・浄化に対する支援と再開発に対する支援が，基本的には別々に運用されている。マサチューセッツ州では，税額控除が広く活用されているが，調査・浄化に対する支援に限定されている。

ブラウンフィールド再生と直接関係する支援ではないが，マサチューセッツ州の都市再開発事業のような面的な開発事業がブラウンフィールド再生に活用されていることもわかった。ニュージャージー州でも，調査や浄化に対しては様々な基金から補助金や融資が提供される。

表 3-21　ケース・スタディ3州の比較（筆者作成）

	マサチューセッツ州	ニュージャージー州	ニューヨーク州
州版スーパーファンド法	1983年：石油・有害物質排出防止対策法	1976年：Spill Act（放出補償及び管理法）	1979年：1979年制定法282章
VCP開始	1993年	1992年	1993年
浄化プログラムと管理主体	州VCP（民間LSP），1993-	州VCP（NJDEP），1992-2009州VCP（民間LSRP），2009-	州VCP（NYDEC），1993-2003州ERP（NYDEC）1996-州BCP（NYDEC），2003-※他プログラムも選択可
浄化実績2009年*	33,455ヶ所	5,521ヶ所	BCP 51ヶ所ERP 25ヶ所VCP 171ヶ所
制度的管理	活動用途制限（土地登記に対する制限）土地登記所・自治体に保管	土地証書に対する通知，地下水分類例外区域（土地登記に対する制限）土地登記所・自治体に保管	環境地役権，土地証書に対する制限，環境通知書（土地登記に対する制限）土地登記所・自治体に保管
浄化基準	曝露可能性別に土壌の種類を3種類設定（曝露可能性大・中・小）サイト特有の基準設定可	土地利用別2種類（住宅・非住宅）サイト特有の基準設定可推定浄化基準あり	土地利用別5種類（無制限・住宅・制限付住宅・商業・工業）サイト特有の基準設定可
責任免除	責任免除規定又は訴権放棄契約（州ブラウンフィールド法）	責任免除規定と訴権放棄契約（州ブラウンフィールド法）	責任免除証（BCP）（州ブラウンフィールド法）
経済的支援調査・浄化	①再開発基金（自治体へ補助金，民間事業者へ融資）②州の補助付き環境保険③税額控除（経済的困窮地区のみ）	有害物質排出サイト浄化基金（自治体・民間，州内全域を対象，BDAに対する優先あり）税額控除（浄化，再開発）	環境回復基金（自治体のみ）BCPによる税額控除（州内全域の民間事業対象，浄化基準が高い場合，控除も高率）
支援と浄化基準の関係	税額控除の連携あり（用途制限なし最大50%用途制限あり最大25%）	直接連携なし	税額控除の連携あり（用地制限なし50%用途制限なし22-40%）
経済的支援再開発	ブラウンフィールドのみを目的とした支援なし	ブラウンフィールドのみを目的とした支援なし	BCPによる税額控除あり（州内全域対象，経済的困窮地区とBOAに対する割増）
その他の経済的支援再開発	都市再開発事業補助金税額控除（歴史的建造物，経済的困窮地区投資，遺棄建物等）	税額控除（経済再開発・成長事業，Urban Enterprise Zone，歴史的建造物）	地域経済開発協議会のイニシアチブに基づく税額控除・補助金／特定地区に対する開発公社による支援
計画支援制度等	ブラウンフィールド支援チーム（部局連携）	ブラウンフィールド開発地区（計画支援）	ブラウンフィールド・オポチュニティ地区（計画支援）

NJDEP：ニュージャージー州環境保護局，NYDEC：ニューヨーク州環境保全局，BCP：ブラウンフィールド浄化プログラム，ERP：環境回復事業

* EPA, 2009 State Brownfields and Voluntary Response Programs：An Update from the States, November 2009 による

マサチューセッツ州，ニュージャージー州ともに経済的困窮地区に対する再開発の支援は，ブラウンフィールド再生事業とは別に実施されているが，実際の再生事業では，土壌浄化に対する支援と再開発に対する支援が組み合わされて利用されている。

　支援の方法として，一定の要件を満たせば自動的に交付される税額控除（Tax Credit）と，行政側の審査による補助金（Grant）や融資（Loan）が存在する。前者は，その見通しの高さから民間事業者に歓迎されるが，後者は事業内容を審査して税金を投入すべき事業かどうか最終判断が可能である。州全体で広く再生を推進する場合は税額控除が有効だが，経済的困窮地区に立地する公共性の高い事業については，内容の精査を伴う補助金や融資によって判断すべきであろう。

3.9.4　経済的困窮地区に対する支援の手法

　前項で述べた経済的支援は，経済的困窮地区に対する支援という側面を帯びている。マサチューセッツ州は，ブラウンフィールドの浄化に関する経済的支援を，比較的幅広い条件で設定した広範囲にわたる経済的困窮地区に提供している。ニュージャージー州は，基金による調査や浄化資金の提供先は幅広いが，一部に対象自治体を限定した手厚い支援が存在する。ニューヨーク州のブラウンフィールド浄化プログラムによる税額控除は，州全体に提供されているが，経済的困窮地区である環境ゾーンの税額控除率を高く設定している。また，必ずしも経済的困窮地区を対象としたものではないが，地域全体の経済開発を推進する地区に対して，戦略的に大型の経済的支援を実施している。

　いずれの州も困窮地区に手厚い支援を提供する背景には，州政府がブラウンフィールド再生によって解決を目指す2つの課題がある。1つは，工業都市における製造業撤退後の雇用喪失や低所得者の増加という都市問題を，ブラウンフィールド・サイトの再開発により生まれる雇用や経済発展によって打開しようという意図である。もう一方は，低所得者が地価の低い環境汚染地の近傍に居住せざるを得ないという環境正義の問題を，経済的困窮地区の土壌汚染を優先的に浄化することで解消するという発想である。

　前者は，土壌汚染の有無にかかわらず実施される経済開発政策であり，後者は土壌汚染という環境問題特有の視点である。結果的には「工場跡地再利用による地域経済の再生」と「環境正義の実現」という2つの意図は「経済的困窮地区に立地するブラウンフィールド再生」という共通の対象を見出し，経済開発と環境保護の両方の資金がこの目的のために活用されている。

　もちろん，経済的困窮地区への手厚い公的支援が，税金の利用法として最適かという点については，様々な議論がある。困窮地区への支援に懐疑的な意見は，例えば以下のようなものである。経済的困窮地区のほとんどは民間事業者による投資が地区の治安等の社会的理由により起こりづらい。そのためブラウンフィールド・サイトの再利用用途として緑地や公共施設等となる場合が多く，投入した公的資金に比して短期的な経済開発効果が小さい。一般地区に公的資金を投入した場合，その数倍の民間投資を引き出すことができる可能性が高いため，少ない資金でより多くのブラウンフィールド・サイトを再生することができるという主張である。他方，経済的困窮地区への支援を支持する側は，民間投資が誘導される地区は補助金なしでも実現できた可能性があるが，経済的困窮地区は公的資金以外で土壌汚染地を再生させることが難

しい状況にあると主張する。

　本研究で取り上げたニューヨーク州のブラウンフィールド法制定に至る過程は，本項で例示した議論の積み重ねによって進んでおり，結果として州全域を対象としたBCP税額控除を設定し，経済的困窮地区である環境ゾーンに8％の追加的支援を設定した現在の制度が生み出されている。

　妥協が難しい議論にも思えるが，そもそもの前提として既成市街地の土壌汚染地を安全な状態で再利用すべきという点は両者に共有されている。その結果として，マサチューセッツ州のように広範な経済的困窮地区を設定し幅広くブラウンフィールド・サイトの再生を公的資金により支援する方法や，ニューヨーク州のように地区の状況に応じて2段階の税額控除を設け，条件不利地域により手厚い支援を交付する制度が生まれていると言えるだろう。

3.9.5　新たな再生支援制度の比較

　本章で分析した各州が2000年代に新たに開始した再生支援制度を表3-22に整理した。支援の内容は，部局連携と計画支援（特定地区の再生計画策定）に大別される。マサチューセッツ州は，部局連携の色合いが強いのに対し，ニュージャージーとニューヨークの制度は，部局連携と計画支援を組み合わせたより包括的な再生支援と言える。

1）部局連携と計画支援

　2章で整理した通り，第2世代の再生支援制度は，環境保護を担当する部局と都市計画を担当する部局が連携し，地区スケールでブラウンフィールド・サイトの再利用を中心に据えた再生計画を立案，その計画に基づいて個別サイトの浄化や再開発を実施する。ニューヨーク州とニュージャージー州は，この手順を制度のなかで実現しており，第2世代の政策の先鞭となった事業である。

　マサチューセッツ州のブラウンフィールド支援チームは，地区を対象とした再生計画の策定を定めておらず，自治体等が計画したブラウンフィールド再生を含む事業の支援を目的とする。ただし，これまで環境保護局が担当していたブラウンフィールド再生事業に，都市計画や経済開発関係の部局も連携して支援する枠組みは提供されており，環境保護と都市計画，経済開発の連携は，自治体も含めて緊密に行われている。地区の再生を意識した支援というよりは，1990年代に連邦政府が進めた省庁間連携の意味合いが強い。一部の事業では，自治体が行うブラウンフィールド・サイトの目録化から優先的に取り組む地区の選定まで，支援チームがサポートしており計画支援が行われたケースもあるが，他の2州の制度と比べると計画支援の枠組みは明確ではない。

2）計画支援制度の比較

　計画支援型の再生支援として，ニュージャージー州ブラウンフィールド開発地区（BDA）とニューヨーク州ブラウンフィールド・オポチュニティ地区（BOA）を比較したい。

　BDAは複数のブラウンフィールド・サイトの対策に軸足を置き，それらのサイトの再利用が地域コミュニティの再生につながることを目指している。そのため，応募主体である運営委員会と州環境保護局が中心となり，地区内のブラウンフィールド・サイトの浄化・再利用計画の策定を進める体制である。ニュージャージー州の都市計画や経済開発部局が別の予算を交付して，再生計画が立案される場合もあるが，この制度の中核は特定エリア内のブラウンフィー

ルド・サイトの調査と浄化にある。州環境保護局は，1地区に1名のケース・マネージャーを設定し事業を推進しており，コミュニティ局・経済開発公社も担当者を選任して支援するものの，州環境保護局の人的負担が大きい制度である。同局の担当者によると，担当職員の配置と対象地区の土壌汚染の優先的な浄化支援に，一定の財政的裏付けが必要なため，2009年以降新たな指定は行わず，現在指定中の30地区の支援を継続している[118]。指定地区内のブラウンフィールド・サイトの浄化をある程度想定したうえで，限られた指定地区に資金と行政の人的資源を投入した事業と言えるだろう。

BOAは，土壌汚染の情報を計画立案の前提とするが地区再生計画の策定に重点を置いている。地区再生計画に基づき戦略サイトの選定を行う。この制度は，地区再生計画の立案時点では，対象地の浄化は確定しておらず，計画の深度化と戦略サイトの特定を受けてから浄化資金の獲得を目指す。計画策定プロセスは，応募者（自治体またはNPO）がリードしており担当する州務局の負担は比較的小さい。同制度では，これまでに165地区を指定しており，近年の州内のブラウンフィールド再生の多くは，同制度の地区内の事業とも言われている[119]。地区

表 3-22　ケース・スタディ州の新たな支援（本章の記述に基づき筆者が再整理）

	マサチューセッツ州	ニュージャージー州	ニューヨーク州
名　　称	ブラウンフィールド支援チーム	ブラウンフィールド開発地区（BDA）	ブラウンフィールド・オポチュニティ地区（BOA）
所　　管	環境保護局・開発庁	環境保護局	州務局
協　　力	住宅経済開発総局・運輸局	経済開発庁・コミュニティ局・ビジネスアクションセンター	環境保全局・経済開発庁
開 始 年	2008年	2003年（制度化）	2003年（制度化）
指定規模	11地区	30地区 306サイト（2010年以降新たな指定なし）	191地区（段階1，91地区／段階2，80地区／段階3，20地区） BOA内潜在的BF 11,184サイト
応募資格	自治体	利害関係者（住民・地権者・自治体）で組織する運営委員会	自治体・NPO
他の支援との連携	明示的なものはなし／各部局が提供できる支援を提供	州の浄化補助金交付に一部優先	BCP税額控除（再開発）＋2% 他の州補助金の優先交付
支援内容	部局連携 環境保護局・開発庁住宅経済開発総局・運輸局の合同チームによる技術支援，自治体担当者とメンバーによる定期的な会合による進捗確認，スケジュールの確認	部局連携＋計画支援 環境保護局はBDA地区担当者を設定し地区内の土壌汚染対策を一元化。コミュニティ局，経済開発公社も担当者を選任して再生計画の立案と実行を支援。担当3部局が人的支援を含め，協力して計画立案を支援する	部局連携＋計画支援 BFを含む地区全体の再生計画や実行戦略の立案費用の90%と技術支援を州務局が提供。 BOAによる再生計画を前提に，他の補助金の優先交付，優遇措置提供が行われる

指定の数はブラウンフィールド開発地区と比較すると多いが，地区指定＝浄化への公的支援ではなく，時間をかけてブラウンフィールドを抱える地区の将来を検討する過程を重視した事業である[120]。

　いずれの制度も第 2 世代の再生支援制度ではあるが，その内実には大きな違いがあることが明らかとなった。

注

1) EPA, Brownfields Area-Wide Planning Fact Sheet, 2012, P. 15, Fig. 1
2) EPA 前掲注 1)，P. 15
3) スティグマ（Stigma）とも呼ばれる。汚染の可能性があることによって生じる土地に対する負のイメージのこと。
4) 例えば，マサチューセッツ州 Lawrence 市の事業で，高速道路の改良とブラウンフィールド再生事業を組み合わせて，浄化費用の一部に運輸省の補助金を活用している。
5) Northeast Midwest Institute, Financing Strategies for Brownfield Cleanup and Redevelopment, 2003
6) ブラウンフィールド連邦パートナーシップに参加した省庁：アパラチア地方委員会（ARC），農務省（USDA），農務省内【米国林野部（USFS）・農村開発部（RD）】，商務省（DOC），商務省経済開発局（EDA），国立海洋大気協会（NOAA），国防総省（DDD），米国陸軍技術者部隊（USACE），教育省（ED），エネルギー省（DOE），住宅・都市開発省（HUD），保健社会福祉省（HHS），保健社会福祉省内【国立環境健康科学研究所（NIEHS），有害物質および疾病登録局（ATSDR）】，内務省（DOI），内務省内【国立公園局（NPS），露天採掘局（OSMRE），インディアン保護局（BIA）】，司法省（DOJ），労働省（DOL），運輸省（DOT），財務省（TD），復員軍人省（VA），環境保護局（EPA），連邦預金保険公社（FDIC），連邦住宅金融理事会（FHFB），一般調達局（GSA），中小企業庁（SBA）
7) White House Press Release : Vice President Gore names 16 "Showcase Communities" under "Brownfields" program Tuesday, March 17, 1998
8) US General Accounting Office, RCED-99-86 Environmental Protection : Agencies Have Made Progress in Implementing the Federal Brownfield Partnership Initiative, April 1999, pp. 4-5
9) EPA, Solicitation of Statements of Interest from Communities Interested in Being Designated as Brownfields Showcase Communities, 1997/8, P. 3
10) EPA，前掲注 9)，P. 3
11) EPA，前掲注 9)，P. 4
12) EPA，前掲注 9)，P. 4
13) White House，前掲注 7)
14) US General Accounting Office, RCED-00-32R Environmental Protection : EPA's Use of Funds for Brownfields, pp. 1-20, October 1999, P. 6
15) 聞き取り調査 Charles Bartsch, Senior advisor for Economic Development, EPA（2012/10/25）
16) 例えば，EPA 環境正義ショウケース・コミュニティ事業は，ブラウンフィールド・ショウケース・コミュニティ事業をモデルとして，同庁が 2009 年および 2010 年に実施した事業である。EPA の各地域事務所ごとに 1 都市を選定し，10 万ドルを交付した。同事業は，行政および非行政組織が協力して様々な集合的な資源やノウハウを集約し，環境正義を実現するために地域にとって本当に価値のある結果に到達することを目標としている。具体的には，複数の不相応な環境保健の課題を抱えている場合や，環境正義の問題に影響を受けやすい人口の存在などが挙げられる。なお，6 章でケース・スタディとして取り上げるコネチカット州ブリッジポート市は，第 1 地域事務所によって選定されている。EPA, Environmental Justice Showcase Communities, http://www.epa.gov/environmentaljustice/grants/ej-showcase.html, 2014/11/10 参照
17) Bartsch，前掲注 15)
18) Place-Based Policy Review, Sustainable Communities Initiative, Regional Innovation Clusters Initiative, Neighborhood Revitalization Initiative の 4 つのイニシアチブが発表されている。Urban Policy Working Group, http://www.whitehouse.gov/administration/eop/oua/initiatives/working-groups, 2014/12/14 参照
19) HUD, DOT, EPA, Partnership for Sustainable Communities Fifth Anniversary Report, 2014/08，前文
20) 例えば，地区全体計画支援補助金の対象となったウエスト・ヴァージニア州 Ranson は，住宅・都市開

発省からゾーニングの見直しに向けた補助金，DOT からは地区全体計画支援補助金の対象でもあった
ブラウンフィールド・サイトをつなぐ町の骨格街路を改良する補助金の交付を受けて事業を進めてい
る。

21）例えば，第2部ローウェル市の JAM 地区では市役所がブラウンフィールド・サイトを購入後，EPA の
ブラウンフィールド補助金を得て調査・浄化したあとに民間事業者へ売却した。

22）1993 年から 2013 年までに 45,000 以上のサイトが報告され，33,139 サイトが浄化された（平均すると
年間 1,500 サイト程度）。MassDEP, Statistics on Cleaning Up Oil and Hazardous Waste Sites in Massa-
chusetts, http://www.mass.gov/eea/agencies/massdep/cleanup/reports/statistics-on-cleaning-up-
oil-and-hazardous-waste-sites.html 2014/10/07 参照
2005 年時点での比較だが，マサチューセッツ州 19,513（完了済み）/30,059（VCP 参加），ニュー
ジャージー州は，3,402/23,000 とあり，マサチューセッツ州の浄化実績は他州を圧倒している。
実績引用元：EPA, State Brownfields and Voluntary Response Actions, 2005

23）マサチューセッツ州一般法 21E 章，The Massachusetts Oil and Hazardous Material Release Prevention
and Response Act, Massachusetts General Law Chapter 21E，一般に M. G. L 21E と表記される。

24）MassDEP, About the Waste Site Cleanup Program, http://www.mass.gov/eea/agencies/massdep/
cleanup/about-the-waste-site-cleanup-program.html，2014/10/07 参照

25）MassDEP, 310 CMR 40 Massachusetts Contingency Plan, Last revised May 2014

26）The Commonwealth of Massachusetts, Chapter 206 of the Acts of 1998, An Act Relative To Environ-
mental Clean Up And Promoting The Redevelopment Of Contaminated Property

27）The Commonwealth of Massachusetts，前掲注 26）

28）Collins, R. Duff, The Massachusetts LSP Program : 17 Years of Innovation, July 2010, P. 22

29）1992 年前後に開始されたマサチューセッツ州中部の都市，ウースター市のメディカル・シティ・プロ
ジェクトにおいて，ウースター再開発公社が，浄化後の土壌汚染地を民間事業者に譲渡する際に，州
政府が発行した CNTS がその原型である。

30）汚染排出時に土地を所有していない，工場等の操業を行っていない主体を指す。当然，原因者であっ
てはならない。

31）Remedial Action Plan

32）MassDEP，前掲注 25）

33）MassDEP, GUIDANCE ON IMPLEMENTING ACTIVITY AND USE LIMITATIONS Policy #WSC
14-300, June 2014 の内容に基づき筆者が整理した。

34）MassDEP，注 33）P. 1　州環境保護局は活動用途制限について次のように位置付けている。
「土地は，予想可能な期間にわたって，健康，安全性，人々の幸福と生態系を保護するために浄化され
る必要がある。そして，これまでの経験上，時間の経過のなかで土地利用がしばしば予想できない方
法で変わることがあると認識されている。他方，ある種の汚染は，州緊急対応計画の基準に従った浄
化完了後も，一定程度土壌に残ることが一般的である。土地の浄化が，長い時間のなかで土地利用の
変更を経ても安全であることを確実にする必要がある。州緊急対応計画の浄化基準の柔軟性に対して，
重大なリスクがない状態が長期間にわたり土地利用変更を経ても維持されることを確実にするために，
リスク判定のなかで用いられる監視機構（check and balances）を付け加える。州緊急対応計画により
提供された，そのような監視機構の一つが活動用途制限という形を採っているのである。」

35）Collins，前掲注 28）P. 26

36）MassDEP, MASSACHUSETTS' Approach Toward Monitoring and Enforcement of Institutional Cont-
rols, 2006

37）Redevelopment Economics, ANALYSIS OF THE ECONOMIC, FISCAL, AND ENVIRONMENTAL
IMPACTS OF THE MASSACHUSETTS BROWNFIELDS TAX CREDIT PROGRAM, October 2012, P.
10

38）貧困率や失業率などの国勢調査の指標によって指定される経済的に困窮した地区。

39）対象となる Economic Distressed Area（EDA）は，州の経済開発プログラムの対象となる Economic
Targeted Area と，若干の追加地区により構成される。また，旧ガス工場の近隣は法に基づき，EDA
に指定されている。
MassDEP, List of Economically Distressed Areas（EDAs), http://www.mass.gov/eea/agencies/mass-
dep/cleanup/programs/list-of-economically-distressed-areas.html，2014/12/15 参照

40）Redevelopment Economics，前掲注 37），P. 11

41）Massachusetts Business Development Corporation - MassBusiness

マサチューセッツ州内の多くの金融機関が出資して作られた民間の会社。リサイクル事業に対する貸付や，経済的に衰退した地域の中小企業などに対する低利融資などを行っている。

42) Lieutenant Governor Timothy Murray, Massachusetts Brownfield Support Team Initiative, Lieutenant Governor Timothy Murray's Annual Update, May 2010

43) Governor Deval Patrick, Lieutenant Governor Timothy Murray, Massachusetts Brownfields Support Team (BST) Initiative, November 2012 Report, P. 1

44) State of Massachusetss, Executive Office of Housing and Economic Development (EOHED), Growth Districts Initiative Desicription, http://www.mass.gov/hed/economic/eohed/pro/gdi/growth-districts. html, 2014/10/17 参照

45) ニュージャージー州の人口密度は，467.2 人/平方 km であり，50 州＋ワシントン DC の平均である 34.6 人/平方 km を大きく上回る。なお，マサチューセッツ州は 331.3 人/平方 km，ニューヨーク州は 161.0 人/平方 km である。いずれも 2013 年 7 月 1 日現在の米国国勢調査局の推計に基づく。

46) Spill Compensation and Control Act, Spill Act

47) Environmental Cleanup Responsibility Act, ECRA

48) Eisen, Joel B., Brownfields at 20 : a critical reevaluation, Fordham Urb. LJ, Vol. 34, pp. 721, 2007, P. 739

49) NJDEP, Site remediation program, http://www.nj.gov/dep/srp/, （2014/10/05 参照）に基づき整理

50) NJDEP, 前掲注 49）

51) Maro, Alexander, Outsourcing the Filth : Privatizing Brownfield Remediation in New Jersey, BC Envtl. Aff. L. Rev., Vol. 38, pp. 159-191, 2011, P. 181

52) Maro, 前掲注 51）, P. 182

53) 詳細な条件は，N. J. S. A. 58 : 10-23.11g(d)(4)に規定。

54) NJDEP, N. J. A. C. 7 : 26D REMEDIATION STANDARDS, last amended May 7, 2012 に基づく。

55) NJDEP, 前掲注 54）

56) ニュージャージー州経済開発庁ウェブサイト，http://www.njeda.com/, （2014/10/04 参照）

57) ニュージャージー州経済開発庁，前掲注 56）

58) Van Hook, D.E., Shaw, J.A. and Kloo, K.J., Challenge of Brownfield Clusters : Implementing a Multisite Approach for Brownfield Remediation and Reuse, The, NYU Envtl. LJ, Vol. 12, 2003, pp. 112-113

59) 聞き取り調査 Colleen Kokas, Economic Growth & Green Energy, New Jerzy Department of Environmental Protection（2011/04/07, 2013/05/16）

60) U.S. Census Bureau, 2006-2010 American Community Survey

61) Cooper's Ferry Development Association Inc., Cramer Hill Commnunity Development Cooproation, Cramer Hill Now!, A neighborhood plan for today and tomorrow, 2009/5

62) Kitchen & Associates, Salvation Army Ray & Joan Kroc Corps Community Center Receives 2014 Smart Growth Award, http://www.kitchenandassociates.com/?cat=1, 2014/11/10 参照

63) NewYork State, Chapter 282 of the Laws of 1979

64) DiNapoli, Thomas P., Comptroller, New York State, Brownfield Restoration in New York State: Program Review and Options, April 2013, P. 4

65) DiNapoli, 前掲注 64）, P. 5

66) マサチューセッツ州は，2011 年までに 40,780 区画が参加し 35,360 区画の浄化を完了した。 DiNapoli, 前掲注 64）, P. 36

67) DiNapoli, 前掲注 64）, P. 7

68) Nager, Anita, The Story of Brownfields, rbf. org, July 2012, P. 3

69) New York State Superfund Working Group and New York State Dept of Environmental Conservation, Recommendations to reform and finance New York's remedial programs, 1999

70) Watkins, Carrie, Not My Brownfield : Municipal Liability for Acquiring Title to Brownfields at the Federal and New York State Level, Alb. L. Envtl. Outlook, Vol. 9, 2004, pp. 298-300

71) Watkins, 前掲注 70）, P. 299

72) Nager, 前掲注 68）, P. 4

73) 当時，ニューヨーク州最大の会員制環境保護団体である Environmental Advocates of New York の理事であった Val Washington は，"純粋主義者" と "現実主義者" の意見の乖離について，下記のように述べている。「多くの純粋主義者は，自身のこれまでのスーパーファンド・サイトという難題に対峙した経験に影響を受けていた。スーパーファンド・サイトは，大規模な重工業であり，ひどく汚染されていて，浄化責任主体である企業は，汚染者と見なされていた。一方で，小規模で都市内に存在する

ブラウンフィールド・サイトの多くは，過去の埋立に由来する汚染であることも多く，閉鎖された修理店や家族経営の企業は，浄化資金を捻出する資力がない（no "deep pockets"）ことが多かった。スーパーファンド・サイトとは状況が異なるこのようなブラウンフィールド・サイトの問題には，これまでとは異なる解決策が必要である。」Nager，前掲注68），P. 4

74) Nager，前掲注68) P. 5
75) Nager，前掲注68) P. 5
76) New York State Superfund working group，前掲注69)，P. 52
77) New York State Superfund working group，前掲注69)，pp. 52-53
78) A. 496-C, 223 Leg., REg. Sess. (N. Y. 1999)
79) Brodsky, Richard L. and Parker, John L., Enhancing Environmental Remediation in New York By Strengthening the Superfund Program and Expanding the Brownfields Program, Fordham Envtl. LJ, Vol. 11, 1999, P. 734
80) DiNapoli, Thomas P., Comptroller, New York State, Overview of the NYS Brownfields Cleanup Program, June 2008, P. 1
81) Knauf Shaw LLP, New York State, Brownfield Cleanup Program，(http://www.nyenvlaw.com/BrownfieldsEnergy/BCP/，2014/10/03 参照）に基づき記述。
82) State Environmental Quality Review，ニューヨーク州環境質レビュー法に基づく環境アセスメントで，大規模なゾーニングの変更等も対象となる。
83) ニューヨーク市のプログラムは，州の BCP プロセスに非常に時間がかかり，難しいため，税額控除を必要としないディベロッパーが利用しないという状況に対応するために導入された。Redevelopment Economics, NEW YORK STATE BROWNFIELD CLEANUP PROGRAM, February 2014 P. 37 より引用
84) ただし，土地利用制限なしの浄化目標を設定するトラック１の場合は適用されない。
85) DOH, DEC, New York State Brownfield Cleanup Program Development of Soil Cleanup Objectives Technical Support Document, September 2006
86) DOH，DEC，前掲注85)，P. 1
87) DEC, DEC Policy CP-51/Soil Cleanup Guidance, November 2010 の内容を抜粋。
88) Knauf Shaw LLP，前掲注81)
89) DEC, DEC Program Policy DER-33/INSTITUTIONAL CONTROLS：A GUIDE TO DRAFTING AND RECORDING INSTITUTIONAL CONTROLS, December 2010 の内容を抜粋。
90) 州の自主的浄化プログラム，2003 年 10 月 7 日以前に決定記録が発行されたスーパーファンド・サイトや環境回復事業の対象サイトが該当する。
91) NYSDTF, New York State Tax Credits Available for Remediated Brownfields, December 2012 参照
92) Redevelopment Economics, NEW YORK STATE BROWNFIELD CLEANUP PROGRAM, February 2014
93) 控除される税額が納めた税額より大きい場合は，超過分が還付される税金のことを指す。
94) 建物解体，鉛塗料とアスベスト撤去や調査，浄化に関わる費用および一定の関連費用。
95) 建物の改良，改修，解体，電気的な改良および外溝等が対象である。
96) ニューヨーク州が定める LLC，Partnership 及びその他の州法で定める "S Corportation"
97) Environmental Zone：低所得者や失業率の実態に応じて指定される環境正義（低所得者や社会的弱者の居住地区に土壌汚染等の環境汚染が集中する実態を課題として是正を目指す動き）の観点から懸念がある地区。
98) DiNapolii，前掲注80)，P. 9
99) DiNapoli，前掲注80)，P. 18
100) NPCR, BROWNFIELDS BREAKTHROUGH, January 2007, P. 9
101) ニューヨーク州には BOA と似た制度として 1981 年に導入された地域水辺再生プログラム（Local Waterfront Revitalization Program）と呼ばれる計画支援制度がある。州務局が管轄する沿岸管理に自治体の関与を促す制度で，自治体は計画策定の補助金を活用してきめ細やかな水辺空間の利用計画を定めることができる。工場跡地は水辺に位置することが多く，地区スケールでブラウンフィールドの再利用を検討する BOA と似た使われ方をしている事例もある。
102) BOA の柔軟性について，州務局 BOA 担当者は下記のように述べている。「ブラウンフィールド・サイト数に関して特定の基準は存在しない。地区によって状況は異なり，それに対応できる柔軟さがあるのが BOA の良い点だ。地区の 5% しかブラウンフィールドはなくても，それらが中心部にあり周辺に悪影響を与え，誰も近くに寄り付かない状況だとすれば，BOA の対象とする必要がある。規模は概ね

500 エーカー以内の大きさを薦めている。小規模な村では，段階 1 では村全体を対象として，段階 2 で対象を絞るという方法をとることもある」

聞き取り調査：Christopher Bauer，Buffalo を含む西部地域 BOA 担当，計画開発課，ニューヨーク州州務局（2013/05/20）

103）Bauer，前掲注 102）

104）聞き取り調査：Dennis Sutton，BOA 統括責任者，Office of Strategic planning, City of Buffalo（2014/6/16）

105）聞き取り調査：Andrew Raus，州内 10 以上の BOA に携わったコンサルタント，副社長，Bergmann Associates（2014/6/3）

106）Raus，前掲注 105）

107）Sutton，前掲注 104）

108）聞き取り調査：David MacLeod，中央地域 BOA 担当，計画開発課，ニューヨーク州州務局（2014/6/2）

109）Bauer，前掲注 102）

110）Bauer，前掲注 102）

111）州務局 BOA 担当者は，「土壌汚染地の浄化は重要だが，その区画が戦略サイトでなければ，それほど重要ではない。我々は，（再生・再開発が）成功する事業や土地に集中している。そして，その成功が周辺にも波及効果を及ぼすことを狙っている。（戦略サイトは）都市計画の観点から先に考え，その先に土壌汚染の課題があれば，対応するという考え方を取る」と述べた。Bauer，前掲注 102）

112）City of Buffalo, Buffalo River BOA, Public Open House #2 Analysis and Visioning, 2012/6

113）Sutton，前掲注 104），Raus，前掲注 105）

114）この項に従って BOA に指定された地区内の事業は，法で定められた限度まで，その他の州法・連邦法および自治体条例によって財政的な支援を検討される際に，優先・優遇を受けてよい。
State of New York, General Municipal Law § 970-R. State assistance for brownfield opportunity areas, 2003/10, 第 5 項 3 章

115）Bauer，前掲注 102），Sutton，前掲注 104），Raus，前掲注 105），聞き取り調査：David A. Stebbins, Vice President, Buffalo Urban Development Corp.（2014/6/16）

116）都市内の製造業維持やジェントリフィケーションへの対応も，ニューヨーク市内の非営利団体が，BOA の交付を受けて取り組む課題である。なお，Long Island 等，ニューヨーク市外については自治体に対する交付が中心である。
聞き取り調査：Lee Ilan, Chief of Planning, Office of Environmental Remediation, New York City（2014/6/2）

117）ただし，浄化実績は各州が統計において対象としている土壌汚染地の定義が異なるため単純比較はできない。

118）Kokas，前掲注 59）

119）聞き取り調査：Jody Kass, Executive Director, New Partners For Community Revitalization, 2013/05/16 ニューヨーク州 BOA の発足を働きかけた NPO を主宰する人物である。

120）BOA のなかで実行戦略を検討する段階 3 にある地区は，165 の地区指定のなかで 11 地区に過ぎない。段階 3 に至る前に民間事業が開始された地区もあり，一概には言えないが，浄化支援を見据えて慎重に地区指定を行ってきた BDA と対照的である。

4章　ブラウンフィールド再生政策の特徴

4.1　分析の枠組み

4.1.1　本章の目的と検討の対象

　本章は，米国のブラウンフィールド再生政策の特徴と，多様な政策の相互の位置付けについて分析することを目的とする。本節では，4.1で2章と3章で整理した論点とその限界を整理したうえで，4.2で再生政策の特徴をその目的と手法から分析し，4.3で現在に至る再生政策の進化の背景を考察，4.4で各行政機関の役割分担とその連携について議論する。

4.1.2　第1部で明らかにした米国のブラウンフィールド再生の変遷と実態

　1章では，スーパーファンド法に基づく米国の土壌汚染地対応の原則を整理し，深刻な土壌汚染地の連邦政府直轄の管理（スーパーファンド・サイト）と，州政府管理のスーパーファンド・サイト以外の中軽度の土壌汚染地（ブラウンフィールド・サイト）の管理の実態を整理した。この分類により，ブラウンフィールド再生は，経済開発や都市計画の論理と環境保護の論理を重ね合わせて，対象の精査や支援の優先順位を検討可能になったことを指摘した。

　2章の歴史的変遷では，まずスーパーファンド法導入に伴う環境規制の強化によるブラウンフィールド問題の発生から，ブラウンフィールド再生支援の第1世代の政策として，民間による土壌浄化を促す州の自主的浄化プログラムが展開するまでの状況を整理した。

　2000年代以降は，環境保護や経済開発がそれぞれの分野で再生支援を展開するだけでなく，優先的に取り組むべき経済的困窮地区等を対象に，様々な公的支援を組み合わせ，ブラウンフィールド地区の再生目標とそこに至る道筋を示す第2世代の支援制度が展開された。環境保護と都市計画の部局が連携し，自治体や非営利団体によるブラウンフィールド地区の再生計画策定の支援が進められた。これら再生政策の多くは，一部の州政府の試験的な取組が先行し，成果をあげた制度は連邦や他州へ展開している実態も明らかにした。

　3章では，連邦と州の現在の再生支援制度を分析し，土壌汚染地浄化推進と同時に，民間によるブラウンフィールドの再開発促進，経済的困窮地区の環境改善，製造業の衰退に苦しむ工業都市の経済開発など，多様な目的の制度がブラウンフィールド再生支援に位置付けられていることを述べた。また，州政府，連邦政府ともに，自治体が優先的に取り組む再生地区を対象として，多様な制度を組み合わせたブラウンフィールド地区の再生を，部局間連携や計画支援の制度を設けて支援していることが明らかとなった。

4.1.3　第1部の分析の限界

　第1部の分析では，主として連邦や州といった支援制度を提供する側の視点で現状を分析した。しかし，都市計画行政や環境保護行政から提供される支援は，「同一都市内にも多数存在

するブラウンフィールド・サイトのうちどのようなサイトに主眼をおいて支援を実施しているのか」,「環境保護と都市計画をつなぐ役割を期待された計画支援はどのように機能しているのか」といった実際の再生の現場の取り組みは,十分に明らかにすることができなかった。第2部では,自治体のブラウンフィールド再生に関する戦略とその変遷を分析し,第1部で分析した政策の活用実態をより詳細に明らかにする。

4.2 米国のブラウンフィールド再生政策の実態とその手法

本節では,第1部を通して明らかになったブラウンフィールド再生政策の実態を,再生支援の「対象」と「手法」の2つの面から分析する。また,支援対象の一つである土地の再利用・再開発について,都市全体の経済開発推進と,経済的困窮地区の再生の相反する課題にどのように対応しているのか検討する。

4.2.1 ブラウンフィールド再生支援の目的と手法

第1部の歴史的変遷と再生支援制度の分析を通して,米国のブラウンフィールド再生政策を表4-1のように整理することができる。

支援の手法は,「制度による支援」と「経済的な支援」に加え,第2世代の再生政策として展開した「調整・連携型支援」の3つに分類できる。ブラウンフィールド問題は,スーパーファンド法の不備に起因する部分もあるため,事前明示性の高い土壌汚染対応の規範づくりなど「制度」は重要な役割を果たした。

支援の対象(目標)は,①土壌汚染の調査・浄化(環境保護行政)と②土地の再利用・再開発(都市計画・経済開発行政)の2つに分類できる。①は自主的浄化プログラムに代表される「制度による支援」と補助金や税額控除などの「経済的な支援」である。環境保護行政を担う連邦環境保護庁や州の環境部局が主体となる。②は,浄化された土地の再利用と,その土地を活用した経済開発の推進(特に経済的困窮地区の改善)を目的とする支援である。「経済的な支援」の金額は,前者より高額であり,住宅・都市開発省と経済開発局,州では経済開発・都

表4-1 段階別のBF再生に対する公的支援と種類(筆者作成)

支援対象 ＼ 支援手法	制度による支援	経済的な支援	調整／連携型支援
土壌汚染の調査・浄化(環境保護行政)	自主的浄化プログラム(州) 責任免除制度(州) 用途別浄化基準＋制度的管理(州)	調査補助金(連邦・州) 浄化補助金(連邦・州) リボルビング・ローン基金(連邦) 税額控除(調査・浄化)(連邦・州)	省庁間／部局間連携事業: BFショウケース・コミュニティ(連邦) BF全米パートナーシップ(連邦)
土地の再利用・再開発(都市計画・経済開発行政が中心)	法定都市再開発事業(一部の州) 経済開発を推進する地区指定(州)	税額控除(再開発等)(州) 都市再開発事業補助金(州) 経済開発関連補助金(州) CDBG/108条融資(連邦)	BF地区への計画支援: 計画支援補助金(連邦＋州) 再生計画に基づく経済的な支援の優先交付(主に州)

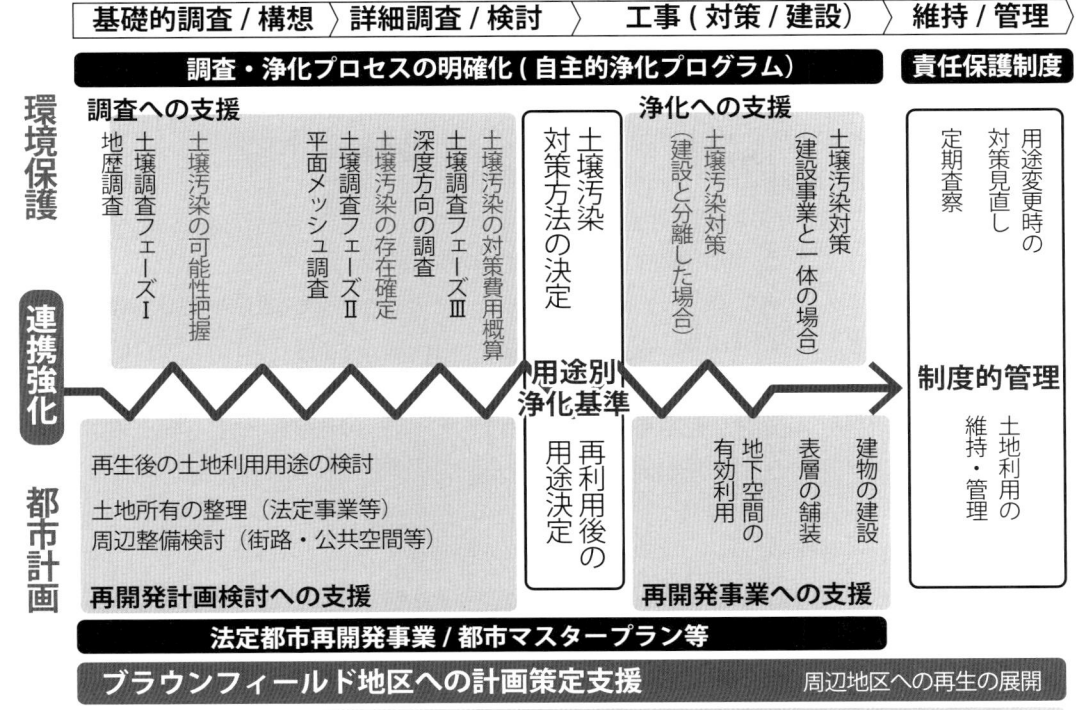

図 4-1　ブラウンフィールド再生の各段階において連邦・州が提供する支援

市計画部局が所管する。「調整・連携型支援」は，①環境保護行政と②都市計画行政が連携し，再生計画の立案から土壌浄化まで包括的に支援するものであったと言える。

　図 4-1 にブラウンフィールド再生への支援を時系列で整理した。①環境保護行政による調査・浄化への支援と②都市計画行政の土地の再利用に関する検討の支援が各段階で並行して展開されるため，調整・連携型支援の役割も長期にわたって必要となる。特に「将来土地利用に応じた用途別浄化基準」の設定や再生後の「制度的管理」は両部局の連携が重要となる。

　土壌汚染対策も都市計画，経済開発についても州政府が所管する事業であるため，制度による支援は州政府，経済的支援は連邦政府，州政府の両方から提供されている。両者の役割分担については，4.4 で分析する。

4.2.2　都市全体の経済開発推進と経済的困窮地区の再生の関係

　「土地の再利用・再開発」を目指す都市計画・経済開発行政は，地域の経済発展という目標を共有している。小規模な自治体だと，両部局が一体の場合も少なくない。

　製造業の衰退による雇用喪失や税基盤の脆弱化は，ブラウンフィールドを抱える自治体の共通した課題であり，移民を中心とした工場労働者が居住する工場跡地周辺の経済的困窮地区は，空き家増加や治安の悪化など深刻な社会問題に直面している。

しかし，都市全体の経済発展と工場跡地の周辺地区の再生の両立は容易ではない。

第1に，自治体が都市の雇用増加や税収増加を目的にして工場跡地に再び工場を誘致すれば，一時的にでも市全体の経済はプラスになるが，周辺地区の生活環境は好転しない。反対に地区住民の生活環境改善を目指して跡地を公園や公共施設とすると，周辺の環境は改善するが市の財政は改善せず雇用も生まれない。

第2に，跡地を住宅とする場合は，低所得者向けか一般向けか，自治体は難しい選択を迫られる。低所得者向け住宅は，周辺地区の従来の居住者の環境改善につながる。しかし，一般向け住宅開発が成功すれば，高い購買力を持ち商業施設への波及効果が大きい中高所得者を獲得できる可能性がある。さらに現実には，低所得者向けと中高所得者向けの住宅を混在させることは難しい。工場跡地周辺の経済的困窮地区は，工業都市の負の遺産であり，特に中所得者の居住を狙う住宅開発の場合は，治安の面からもそのような地区との空間的関係を断つ事例もある。また，一般向け住宅の供給が進むと地区のジェントリフィケーションが進む危険性もある。

第3に，経済的困窮地区の中小工場の跡地は，経済効果が大きい経済開発の用地としては規模不足であり，細分化した土地所有の整理が必要だが時間も手間もかかるため敬遠されやすい。ただし，人体への土壌汚染の曝露のリスクが高いのは，閉鎖され管理された大規模跡地ではなく，住宅地と混在する中小工場の跡地である。

ブラウンフィールド問題，すなわち厳しい環境規制（連邦スーパーファンド法）による既成市街地の再開発停滞は，州政府の積極的な制度改良と環境保護と都市計画の連携によって一応の解決を見た。ただし，自治体は，ブラウンフィールド再利用に関して都市全体の経済発展や民間事業者の誘致と，経済的困窮地区の広義の環境再生という両立が難しい課題を抱えている。ニューヨーク州ブラウンフィールド法成立の過程に象徴されるように，再生を支援する州政府も「民間による効率的な土壌浄化と再開発へのインセンティブ」か「公的資金でしか再生しえない経済的困窮地区への注力」か，というバランスが常に議論される。米国のブラウンフィールド再生政策は，環境保護の推進という大義を共有しつつも，2つの課題の間で常に揺れ動きながら，再生の実績を積み重ねてきた。

4.3 ブラウンフィールド再生政策の進化

本節では，ブラウンフィールド再生政策の進化の背景を「再生政策に対する経済的・社会的要請とその対応」，「州政府による革新的政策の導入」の2点から考察する。

4.3.1 再生政策に対する経済的・社会的要請

2章で整理した通り，米国のブラウンフィールド再生政策の前提は，正負両面においてスーパーファンド法である。ブラウンフィールド問題自体の発生原因も同法の厳しい責任追及にあった。一方で，同法の制定により，土壌汚染リスク評価を定量的に行い，スーパーファンド・サイト（深刻な土壌汚染地）と中軽度の土壌汚染地に分類する枠組みが設けられた。この枠組みは，法制定当初は，スーパーファンド及び連邦政府の資金・能力の限界から生まれたものだったが，結果としてブラウンフィールド・サイトへの対応において「経済的，社会的要

請」を踏まえた環境汚染への対応を可能とする前提条件として機能した。本節ではこの「経済的・社会的要請」について，以下に具体的に整理する。

第1世代のブラウンフィールド再生政策は，州の自主的浄化プログラムにより，スーパーファンド法の責任追及から保護されることを前提に，経済的な要因，すなわち当該区画の土壌汚染対策後の再利用から見込まれる経済的利益と対策費用を比較し，利益が見込まれる土地の土壌汚染対策と再開発に民間資金が投入される状況を生み出した。スーパーファンド・サイトへの対応と比較すれば，汚染の程度やそのリスクよりも，対象とする土地の経済的価値を優先して土壌汚染対策が進められることを許容した。

その結果，立地が良く売却や不動産開発が見込まれる土地は再開発が進み，低所得者居住地区周辺の工場跡地など，土壌汚染対策を進めても利益が見込めない土壌汚染地は放置された。この状況は環境正義の観点から批判を浴びたが，「健康被害のリスクが高い深刻な土壌汚染地は経済的要因に関係なくスーパーファンド法により対策が進められていること」と「州の第1世代の政策の一部は，経済的困窮地区に経済的・制度的支援を優先的に付与したこと」により一定の対応が行われたとも考えることができる。

第2世代の政策は，環境正義の課題を抱える経済的困窮地区を主な対象とした計画支援が中心である。ブラウンフィールドの活用を前提に，経済開発と都市計画の観点から立案した地区再生計画に基づき，環境保護の資金を配分する枠組みを導入した。地区再生計画には，住民の生活環境改善を中心とする地区の要望を反映する一方で，土地の再利用計画については実現性や市場性を重視しており，土壌汚染対策の優先順位に従来以上に経済的・社会的要因（自治体の意向や住民の意向）が強く反映されるようになった。純粋な環境保護の観点から考えれば必ずしも望ましい優先順位ではないが，深刻な土壌汚染はスーパーファンド法が対応しているという安心感が前提となって，環境保護行政と都市計画行政に一定程度受け入れられ，第2世代の政策は複数の州で展開された。

ブラウンフィールドは複数の分野にまたがる課題だが，スーパーファンド法により開始されたリスク評価に基づく分類により，中軽度の土壌汚染対策には，経済開発や都市計画などの経済的・社会的要請も加味して，環境保護行政を展開することが可能となった。

4.3.2　州政府による革新的な制度の導入の背景

2章と3章で示した通り，ブラウンフィールド再生を推進した革新的な制度は，主に州政府によって生み出されている。第1世代の制度の中心である責任免除制度も，第2世代の政策であるブラウンフィールド地区に対する計画支援制度も，州政府が試験的に開始し，全米へ展開した。本項では州政府が新たな政策を生み出した背景を分析する。

1点目は，ブラウンフィールド・サイトに関する環境管理の権限が，ほぼ完全に州政府に集中していた点にある。州政府は，連邦スーパーファンド法制定後，同法の対象以外の全ての土壌汚染に対応することが求められた。その結果，州政府の土壌汚染対策は，80年代から90年代にかけて大きく向上した。スーパーファンド・サイトへの対応は連邦環境保護庁が主体的に実施するが，それ以外の土壌汚染への対応は，州の環境部局に権限が集中しており，州独自の制度導入が可能な状況にあった。

2点目は，特にラストベルトと呼ばれる米国北東部から五大湖沿岸の州において，工場跡地

の放置に悩む自治体と州政府が日常的に接触し，ブラウンフィールドに関する課題を十分認識していた点が指摘される[1]。自治体からは，スーパーファンド法により既成市街地に深刻な経済的問題が発生しており，ブラウンフィールドの存在によって犯罪の増加や不法投棄の発生など地区の環境悪化や都市全体の停滞した状況の解決が求められていた。連邦法に起因するブラウンフィールド問題であるが，州政府や自治体が問題に直面し，その実態を最もよく理解していたのである。

つまり，州政府の環境保護部局は，環境管理に関する広範な権限を有する一方で，スーパーファンド法が原因となった経済的，社会的な問題の発生を自治体や州内の民間事業者から突きつけられる立場にあった。ラストベルトの州環境部局は，連邦のスーパーファンドのような潤沢な資金源はなかったが，州法や州の制度の改良によって，自主的浄化プログラムを開始し，民間資金を土壌汚染浄化にひきつける工夫を行った。

連邦政府は，各州のブラウンフィールド再生支援策の展開を，ブラウンフィールド問題を取り上げていた政策シンクタンクと協力して把握し，全米ブラウンフィールド会議や制度未整備の州への技術支援によって，有効な再生支援制度を他州へ展開した。同様に，第2世代の政策は，ニューヨーク州の制度が，ほぼそのまま連邦のブラウンフィールド再生支援策へ盛り込まれた。連邦政府，州政府ともに，政権交代等により環境部局の局長や局長補などの立場に，他州や環境保護団体の人材が登用されることがあり，人事と一体でブラウンフィールド再生支援制度自体が移入した事例もあったことが明らかとなった。

4.4 　各行政機関の役割分担と連携

ブラウンフィールド再生支援制度は，連邦政府，州政府双方で多岐にわたり，それぞれの行政機関で明確に整理されている状況にはない。その背景には連邦政府と州政府の2つの階層が存在し，調査・浄化を主眼とする環境部局と再開発を主眼とする都市計画及び経済開発部局の組み合わせによって構成される，ブラウンフィールド再生特有の状況がある。

4.4.1では，連邦政府と州政府の関係に注目し，4.4.2で複雑な再生支援策の連携を進めた第2世代のブラウンフィールド政策を分析する。また，各機関が提供する支援について，主体間や分野間の相互の連携と，連携を促進した背景についても分析する。

4.4.1　州政府と連邦政府の関係

米国の州政府独自の取組，特にブラウンフィールド再生に対する経済的支援の多くは，州議会の同意に基づき州政府独自の財源を用いたものであった。ニューヨーク州のように連邦よりも州の支援が充実している州では，州の支援のほうが金額も大きく補助金の取り扱いも容易であるため，州の支援を中心に事業を進めてきたという自治体[2]もある。

もちろん，スーパーファンド法に代表されるように連邦法の規制や責任追及は，州法と同様に実社会に影響を与えており，環境保護行政の全ての面で州政府が主導権を握っているわけではない。3章で事例としたマサチューセッツ，ニューヨーク，ニュージャージーは，人口規模も財政的にも大きく余力があり独自の政策を打ち出すことが可能な州だった。他州，特に南部や中部にはブラウンフィールド問題が深刻な課題ではない州もあり，連邦環境保護庁の方針や

他州の動向に倣って制度等が整備されている場合も多い。

4.4.2　ブラウンフィールド再生政策における連邦と州の役割

　連邦政府と州政府の関係の原点はスーパーファンド法制定に遡る。深刻な土壌汚染地のみ連邦直轄管理で浄化するが，それ以外の土壌汚染地は連邦法の責任追及の対象となるだけで，浄化制度が設けられなかった。連邦法が浄化の対象としないため，州が責任保護制度を導入することで連邦法の責任追及を州法により保護するといういびつな構造が続いた[3]。

　連邦環境保護庁は，州政府のブラウンフィールド再生を促す試みを，連邦ブラウンフィールド法成立以前はスーパーファンドの資金を用いて，同法成立後は主にブラウンフィールド補助金によって支援してきた。特に調査補助金を手厚く支出しており土壌の状況を明らかにすることで浄化・再開発を行う民間資金の呼び水になる役割を果たした。ただし，ブラウンフィールド補助金は自治体を主な対象としており，民間事業者による浄化・再開発の支援という観点から考えると側面的な支援であった。一方で住宅・都市開発省が以前から提供するコミュニティ開発包括補助金や運輸省の交通関連補助金は，ブラウンフィールド再生に取り組む自治体にとっては，現在でも重要な再開発の資金源である。

　州政府は，制度による支援の大半を担っており，一部の州では経済的支援として税額控除や補助金の支出を行っている。経済的支援に関しては，多くの州が経済的困窮地区に重点的または限定的に交付しており，環境正義を実現するための方策としての位置付けと考えられる。また，ニューヨーク州に代表されるように単なる土壌汚染対応の枠組みを越えて，再開発への支援と土壌浄化への支援を一体の枠組みで実施する事例もある。従来の経済開発や再開発に関する補助金も多くの州でブラウンフィールド再生に投じられている。

　連邦，州と多岐にわたるリソースをうまく組み合わせて事業を実施するために調整・連携を行う事例も増加している。ニューヨーク州やニュージャージー州に見られる地区再生を意図する計画策定への支援がその代表であるが，マサチューセッツ州のような部局連携による重要プロジェクトの推進支援も増加している。競争的な審査の過程では，ブラウンフィールドの再生計画の実現可能性が評価対象とされつつあり，現実的な再生計画の立案は経済的な支援を受ける上でも重要な要素となっている。

4.4.3　政府間・部局間の連携を促した施策

　これまで述べてきた通り，ブラウンフィールド再生においては，連邦政府，州政府，自治体の垂直方向の連携と，環境部局，都市計画部局，経済開発部局を中心とした各政府内の水平方向の連携が不可欠であり，連邦環境保護庁と自治体都市計画部局のように両方の垣根を超えた協力が必要な場面も存在する。

　連携のあり方を初めて明確に示したのは，1998年にクリントン政権が開始したブラウンフィールド・ショウケース・コミュニティ事業であった。連邦政府職員が自治体に2年間派遣され，ブラウンフィールド再生の支援と連携強化を行い，一定の成果をあげた[4]。あわせて1997年のブラウンフィールド全米パートナーシップでは，連邦政府の省庁が連携して再生を推進する方針が示され，住宅・都市開発省や商務省経済開発局，運輸省など予算規模が大きく，ブラウンフィールド再生の事業化資金を提供できる省庁が環境保護庁と協力して事業を進める

契機となった。これら2つの事業によって，様々な行政組織の財源や政策目標をブラウンフィールド・サイトやブラウンフィールドを多数抱える地区に集中的に投入し既成市街地の再生を強力に推進することで目に見える成果が生まれることが確認された。

　省庁間連携により特定地区の再生を推進する方針は，オバマ政権下の2009年に開始された「持続可能なコミュニティ・パートナーシップ」にも引き継がれており，多様な公的支援を組み合わせて投資効果を最大化させようとする試みが展開された。ブラウンフィールド・パートナーシップは，環境保護庁と住宅・都市開発省および商務省経済開発局が中心であったが，持続可能なコミュニティ・パートナーシップは，住宅・都市開発省と運輸省および環境保護庁が中心となった。道路・公共交通など交通基盤の改良と一体化したブラウンフィールド再生の計画支援事例も複数行われた。

　第2世代の政策も，計画支援の実施において，特定のブラウンフィールド地区の再生に，環境保護，都市計画，経済開発等の部署が連携して取り組む点では，これらのパートナーシップと類似する部分も大きい。第2世代の政策は，部局間連携に加えて，地区再生計画の立案と，計画に基づく補助金の優先的な執行が加わり，計画と事業実施がより明示的に結びついた政策である。職員派遣は行われていないが，ニュージャージー州ブラウンフィールド開発地区では，特定地区に対して各部局が専属の担当者を置くなどの人事配置の面でも工夫されている。

4.4.4　都市計画行政と環境保護行政の制度面の連携

　第1部で分析した再生政策において，特に都市計画行政と環境保護行政が，特定のプロジェクトの実施ではなく制度として連携した点は，①リスクに応じた浄化基準の適用を認める土地利用規制と環境規制の統合的運用，②複数のブラウンフィールド・サイトの土壌汚染情報に基づく地区再生計画の立案，③地区再生計画に基づく環境改善資金の優先的な配分の3点に整理できる。

　①は第1世代の政策である自主浄化プログラムの一部として導入された制度であり，土壌汚染サイトを対象とした環境保護と都市計画の「点的な情報連携」であった。第2世代の政策として導入された②と③は，環境情報（土壌汚染の位置と程度）を前提条件として都市計画を立案し，計画に基づき優先順位をつけて土壌浄化を実行するもので，2つの行政が所管する情報や資金を相互に活用した「面的な連携」に深化した。その結果として，近年は土壌汚染地の再生事業と交通改良等の社会基盤整備との連携も増えており，条件不利なブラウンフィールド・サイトの立地条件自体を高めるような支援（新駅設置検討など）も展開されている。

注
　1）ラストベルトの諸州（マサチューセッツ，ニューヨーク，ニュージャージー，ミシガン，インディアナ）は，1989年時点で各州に1,000ヶ所以上の注意を必要とする土壌汚染地を抱えていた。
　　　GAO, Survey of States: Cleanups of Non-NPL Hazardous Waste Sites, 1989 Draft
　2）聞き取り調査：Dennis Sutton, City of Buffalo, 2014/6/16
　3）連邦ブラウンフィールド法制定により解消された。それまでは，州政府と連邦政府が了解覚書を結び，連邦法の責任追及を回避する動きも見られた。
　4）ICMA and NMEW, Brownfields Blueprints. -A Study of the Showcase Communities Initiative-, 2001
　　　第2部のマサチューセッツ州ローウェル市およびニューヨーク州バッファロー市の事例でも取り扱う。

第2部
米国のブラウンフィールド再生の実態

第2部では，米国のブラウンフィールド再生政策を活用した，自治体による都市再生や地区再生の実態の分析を行う。公的支援制度の活用実態と，多数のブラウンフィールド・サイトを抱える自治体のブラウンフィールド再生戦略を明らかにすることを目的とする。

5章では，自治体の再生戦略を分析する枠組みを提示し，事例分析都市の選定と，選定都市の米国における位置付けを整理する。本書ではブラウンフィールド・サイトを多く抱え，州政府の先進的な取組も多く見られる米国北東部の諸州から分析対象都市を選定した。

6章では，米国で最初の連邦政府によるブラウンフィールド再生支援の対象の1つとなったコネチカット州ブリッジポート市を取り上げ，再生戦略の転換を指摘する。7章では，米国の産業革命を支えた産業遺産の街，マサチューセッツ州ローウェル市を取り上げ，土壌汚染を抱える歴史的な建造物を活用した特徴的な都市再生戦略を分析する。8章では，エリー運河の玄関口として栄えたニューヨーク州バッファロー市を事例に，巨大なブラウンフィールドを抱える地区の再生を目指して緑地を骨格に据えた特徴的な都市計画を取り上げる。

9章では，5章で示した再生戦略分析の枠組みに基づき，3市の取組を総括し，自治体のブラウンフィールド再生戦略の実態と変化を分析する。また，州政府や連邦政府の支援の活用実態と意義を，事例分析の対象都市で行われた各再生事業の分析を通して明らかにする。

5章　米国北東部を対象とした事例分析の枠組み

5.1　本章の目的と構成

本章は，自治体のブラウンフィールド再生戦略の分析の枠組みを提示し，事例分析の対象都市を選定する。5.2では，自治体のブラウンフィールド再生戦略の分析の枠組みを検討し，都市全体の再生戦略とブラウンフィールド再生を行う地区を対象とした戦略・計画の2つの視点から分析することとする。また，第1部で整理した公的支援の利用の実態については，再生戦略や再生計画の策定に対する支援，土壌汚染対策に関する支援，土地の再利用・再開発に対する支援の3つに大別し，各々の事業で活用された事業を整理する。

5.3ではケース・スタディの対象を選定する。①環境保護庁のブラウンフィールド補助金を初期段階に交付されてブラウンフィールド再生事業を長期間継続していること，②人口10万人〜30万人程度の中規模都市であること，③古くからの工業地域が残る米国北東部に位置することの3点を条件に検討し，3都市を選定した。

5.2　自治体によるブラウンフィールド再生の分析の枠組み

第1部で指摘した通り，米国のブラウンフィールド再生において環境保護については，州政府が主体的な役割を担う。一方で土壌汚染対策後の土地の再利用・再開発については，土地所有者とともに自治体が重要な役割を果たす。本節では，ブラウンフィールド再生において自治体が果たしうる役割について検討し，6章以降の事例分析の枠組みを提示する。

5.2.1　ブラウンフィールド再生において自治体が果たす役割

まず，自治体がブラウンフィールド再生に活用しうる方策について検討したい。自治体が持つ基本的な権限として，都市計画，なかでも用途地域を定める権利がある。用途地域は，土壌汚染浄化後の跡地利用の選択に大きな影響を与える。浄化基準の設定にあたっても「合理的に予見しうる将来の土地利用」への対応が求められることが多いため，用途地域は重要な影響を及ぼす。

公園や道路，公共交通等の新設や廃止も自治体の都市計画に基づくものが多い。高速道路や自治体の行政界をまたぐ大規模な緑地や遊歩道などは，単独の自治体の計画に依るものではないが，ブラウンフィールド・サイトを取り巻く物的環境は，自治体の都市計画によって大きく変化する可能性がある。

公共施設と公営住宅の立地も自治体の方針により新設や廃止が可能である。米国の公営住宅政策と都市政策は担当する連邦政府の省庁（住宅・都市開発省）も共通であり，密接な関係を持つ。自治体の部局も同じ部局のことが多い。学校の新設や廃止は，学区に基づく独立した権

限を持つ教育委員会が決定するが，間接的に自治体の意向が反映される。

　広義の都市計画に含まれる上述の事項に加えて，企業誘致のような企画局や経済局[1]が担う経済開発施策もブラウンフィールド再生に影響を与える。ブラウンフィールド再生の主体，すなわち土壌汚染対策とその後の土地利用の主体は，民間事業者であることが多い。民間事業者の誘致には，社会基盤を中心とする物的環境の整備に加えて，税制優遇などの企業誘致施策も必要となる。民間の開発者や土地の利用者となる企業の誘致は，ブラウンフィールド再生の事業化を進めるうえで重要なポイントである。

　自治体は，これらの都市計画と経済開発に関する様々な権限を活用して，民間事業者によるブラウンフィールド再生を促進し，状況によっては自らも再生事業の主体となる。

　本書では，これらの自治体によるブラウンフィールド再生に向けた様々な方策を総称して「自治体のブラウンフィールド再生戦略」と呼び，第2部の事例分析の主な対象とする。その中でも，特に優先的に取り組む土壌汚染地や地区を選択する「都市全体のブラウンフィールド再生戦略」と「公的支援の活用実態」，さらに戦略的な再生の対象地区に関する「ブラウンフィールド再生の空間計画と計画技法」，の3点に着目して分析を進める。

5.2.2　都市全体のブラウンフィールド再生戦略

　都市全体のブラウンフィールド再生戦略を，「ブラウンフィールド再生の目的」と複数のブラウンフィールド・サイトがある場合の「再生の優先順位の考え方」の，2つの側面から分析したい。

　それぞれの自治体の「ブラウンフィールド再生の目的」は，製造業衰退後の都市の産業・経済の再生から，土壌汚染対策の進展による住民の生活環境の向上に至るまで多岐にわたる。州や連邦は様々な補助金や制度によって支援を行っているが，ブラウンフィールド再生事業は自治体が牽引することが多い。そのため自治体の考え方は，ブラウンフィールド・サイトの将来土地利用や再生計画に大きな影響を与える。自治体が置かれた地理的な状況（大都市圏に含まれるか）や経済的な状況（雇用創出の必要性）により，再生の目的は大きく異なると予想される。

　次に，複数のブラウンフィールド・サイトが都市内にある場合，限られた公的支援や市の人的資源をどのように投入するのかという「再生の優先順位の考え方」が問われる。本書が取り扱う事例分析都市は，いずれも市内に100を超える多数のブラウンフィールド・サイトを抱えており，効率的に再生を進めるためには優先順位を付けざるを得ない状況にあった。単純にサイトごとに優先順位をつけるだけでなく，土壌汚染地を個別に再生するのか，それとも多くの土壌汚染地を抱える地区の全体の再生を指向するのかによって，自治体が取るべき方策は大きく異なる。

　分析の対象となる自治体が，市域内に点在するブラウンフィールド・サイトをどのように捉え，それらの再生を企図したのか，再生の戦略とその後の事業の展開を各章で分析するとともに，9章では3つの事例都市の分析を比較し，各都市の再生戦略の評価も試みる。

5.2.3　公的支援の活用実態

　第1部では，連邦や州政府が提供するブラウンフィールド再生の支援制度の活用の実態を明

らかにできなかった。各制度は，対象，使途に制約があり，実務においては複数の支援制度を組み合わせて利用していると考えられる。第2部の分析では，自治体が自らのブラウンフィールド再生戦略の実施や，個別のブラウンフィールド再生事業に公的支援をどのように利用しているのか，その実態を明らかにする。6～8章で事例分析を行う各都市の特徴を明らかにし，共通点や相違点について9章で分析する。

5.2.4　ブラウンフィールド再生の空間計画と計画技法

　ブラウンフィールド再生支援の第2世代の政策は，個別の区画ではなく，ブラウンフィールド・サイトを含む地区全体を対象としており，土壌調査や浄化に加えて，社会基盤整備にも公的支援が投入された。事例分析では，区画単体ではなく，地区スケールで実施されたブラウンフィールド再生を支える空間計画や計画立案の契機に着目して分析を行う。

　第2世代の政策が実施された都市では，同政策が導入された地区を分析する。明示的に同政策が実施されていない都市では，自治体のブラウンフィールド再生戦略に基づき，地区単位の取組が行われたエリアを対象に計画技法を分析する。また，緑地やオープン・スペースのネットワーク化など自治体全体の政策とも関係する場合は，市全体の政策を取り扱う前項の分析も踏まえて検討する。

5.3　ケース・スタディ対象の選定

　米国でブラウンフィールド再生に取り組む自治体は非常に多く，その全てを分析することは困難である。本書では以下に挙げる視点を用いて事例分析の対象を選定する。

　第1に，代表的な公的支援である環境保護庁のブラウンフィールド補助金のうち，初期段階（1994-1997）の調査パイロットの交付を受けた都市を選択した。環境保護庁はこの時期のパイロット事業を全米パイロット事業または地域パイロット事業と位置付け，交付対象の選定も完全に競争的ではなく，深刻なブラウンフィールド問題を抱えている都市に優先的に交付していた[2]。この時期の交付都市の多くは，個別の土壌汚染調査だけでなく市全体の土壌汚染の概況把握を進めている。また，これらの都市は最初の交付から15年以上経ており，当時行われた事業に一定の評価を行うことが可能であると考えた。

　第2に，現地調査実施の際の地理的な制約と，ブラウンフィールド問題発生の地理的な集中の度合いを考え，米国北東部の環境保護庁第1地域事務所および第2地域事務所が所管する地域[3]を対象とする。なお，本書ではケース・スタディの対象とできなかったが，五大湖沿岸のシカゴ市やクリーブランド市などを含む第5地域事務所にもブラウンフィールド・サイトは多く存在しており，様々な取組が行われていることを紹介しておきたい。

　第3に，人口が10～30万人程度の中規模の都市を対象とする。小規模な都市では，市内のブラウンフィールド・サイトの立地や数が限定され，自治体のブラウンフィールド戦略の空間的な広がりが限定される。中規模の都市は，複数のブラウンフィールド地区を抱え，5.2.2に挙げた都市全体のブラウンフィールド再生戦略の分析がしやすいと考えられる。

　ブラウンフィールド再生への積極的なTIFの導入で知られるシカゴ市や，市独自の再生支援策を打ち出したニューヨーク市など大都市のブラウンフィールド再生戦略も興味深いが，自治

体財政に余力があることもあり，都市の規模に比して州や連邦の公的支援の影響は必ずしも大きくないため，公的支援制度の効果が見えづらい。

　以上で述べた3つの条件のうち，第1と第2の条件を満たす都市を表5-1に整理した。その中から人口10万〜30万人の都市を抽出し，コネチカット州ブリッジポート市，マサチューセッツ州ローウェル市，ニューヨーク州バッファロー市の3都市を事例分析の対象として選定した。

　ブリッジポート市は，人口10万人以上30万人未満の都市のなかで，突出して環境保護庁の支援規模が大きく，全米で2番目のパイロット事業が交付された都市である。ローウェル市は，第1世代の特徴的な取組であるショウケース・コミュニティと第2世代の政策の連邦政府版であるブラウンフィールド地区全体計画支援補助金を両方交付されている。バッファロー市は，環境保護庁の交付総額自体は小さいが，ローウェルと同様にショウケース・コミュニティの指定を受け，ニューヨーク州の第2世代の政策であるブラウンフィールド・オポチュニティ地区も複数の指定を受けており，計画の進捗度も高い。

　ニューアーク市，ジャージー・シティ市，エリザベス市はニューヨーク市に隣接しており工場跡地と再開発の規模は大きい。本書では，大都市圏から独立した都市のほうが住宅による再開発が難しくより厳しい状況に置かれていると考えて分析対象から除外した。

　本研究ではケース・スタディとして取り上げられなかったが，マサチューセッツ州ウースター市は都市再開発公社を活用して，中心市街地隣接のブラウンフィールド・サイトに病院を誘致した事業で知られている。ニューヨーク州ロチェスター市は，市中心部を流れるジェネシー川沿いに遊歩道を設置して公共空間の改善をはかりつつ，川沿いの工場跡地の再生を進めている。また，人口は10万人に満たないが，ニュージャージー州の州都トレントン市もショウケース・コミュニティ事業を活用して市内のブラウンフィールド再生に成功した。いずれもブラウンフィールド再生に積極的に取り組んできた都市として知られている。

5.4　ケース・スタディ都市の位置付け

　本節では，事例分析の対象都市の発展の背景と周辺地域における位置付けを概観し，それぞれの都市が置かれている状況を整理したい。図5-1に対象都市の位置を示す。

5.4.1　都市発展の経緯と類似した状況にある周辺都市

　選定した3都市は，いずれも19世紀から20世紀初頭にかけて大きく発展した工業都市である。この時期に発展した都市の多くは，当時の工業に不可欠な要素であった，鉄道や運河といった交通基盤と動力源として利用した河川との関係によって立地が決まっている。本項では，これらの社会基盤に注目して，米国北東部の工業都市の傾向を概観し，事例分析で得られる知見の一般性について検討する。

1）コネチカット州ブリッジポート市

　ブリッジポート市は，河口に発展した港湾と州間高速道路及び鉄道（北東回廊線）上に位置する工業都市として発展した。人口は州最大だが平均所得は州内では最低水準であり，工場労働者として多くの移民を集めたため，現在でも市内には移民や移民2世も多い。北東回廊線

表 5-1　ケース・スタディ候補都市一覧（網掛けがケース・スタディ都市）[*1]

EPA地域	州	都市名称	都市の立地/特性[*2]	人口（2010国勢調査）	BF補助金総額	交付初年	ショウケース・コミュニティ	第2世代支援策
1	MA	グリーンフィールド Greenfield	ミルタウン	17,456	445,000	1997	－	－
2	NY	グレン・コーブ Glen Cove	ニューヨーク大都市圏[*3]	26,964	750,000	1997	1998	BOA
2	NY	エルマイラ Elmira	－	29,200	200,000	1997	－	BOA
2	NY	ローム Rome	エリー運河	33,725	600,000	1996	－	BOA
1	MA	ウェストフィールド Westfield	－	41,094	175,000	1997	－	－
1	VT	バーリントン Burlington	ミルタウン	42,417	1,100,000	1996	－	AWP2013
1	NH	コンコード Concord	州都	42,695	690,000	1997	－	－
2	NY	ナイアガラ・フォールズ Niagara Falls	エリー運河	50,193	195,250	1997	2000[*4]	BOA
2	NJ	パース・アンボイ Perth Amboy	ニューヨーク大都市圏	50,814	200,000	1997	－	BDA
1	MA	チコピー Chicopee	ミルタウン	55,298	1,800,000	1996	－	AWP2010
1	ME	ポートランド Portland	－	66,194	1,540,000	1997	－	－
1	MA	サマービル Somerville	ボストン市隣接	75,754	3,550,000	1997	－	－
1	MA	ローレンス Lawrence	ミルタウン	76,377	2,050,000	1996	－	－
2	NJ	カムデン Camden（再開発公社含む）	フィラデルフィア市隣接	77,344	4,799,999	1996	－	BDA
1	CT	ダンベリー Danbury	ミルタウン	80,893	200,000	1997	－	－
2	NJ	トレントン Trenton	北東回廊線	84,913	5,250,000	1995	1998	BDA
1	MA	リン Lynn	ミルタウン	90,329	800,000	1997	－	－
1	MA	ニュー・ベッドフォード New Bedford	ミルタウン	95,072	3,545,000	1997	2000	－
1	MA	ローウェル Lowell	ミルタウン	106,519	3,980,040	1997	1998	AWP2010
1	CT	ハートフォード Hartford	ミルタウン	124,775	1,850,000	1997	－	－
2	NJ	エリザベス Elizabeth	ニューヨーク大都市圏	124,969	800,000	1997	－	BDA
1	CT	ニュー・ヘイブン New Haven	北東回廊線ミルタウン	129,779	2,617,000	1997	－	－
1	CT	ブリッジポート Bridgeport	北東回廊線ミルタウン	144,229	7,748,500	1994	－	－
1	MA	ウースター Worcester	ミルタウン	181,045	3,487,789	1996	－	－
2	NY	ロチェスター Rochester	エリー運河	210,565	3,630,000	1995	－	BOA
2	NJ	ジャージー・シティ Jersey City（再開発公社含む）	ニューヨーク大都市圏	247,597	4,478,090	1997	－	BDA
2	NY	バッファロー Buffalo	エリー運河	261,310	1,091,764	1995	2000	BOA
2	NJ	ニューアーク Newark	北東回廊線ニューヨーク大都市圏	277,140	5,950,000	1996	－	AWP2010/BDA
1	MA	ボストン Boston（再開発公社含む）	－	617,594	3,740,500	1995	－	－
2	NY	ニューヨーク New York	－	8,175,133	4,870,000	1996	－	BOA

*1 環境保護庁が第1および第2地域事務所において，1994年から97年に全米パイロット（National Pilot）または地域パイロット（Regional Pilot）として，Brownfields Assessment Pilotに指定した自治体を抽出した。補助金交付の総額は，1994年-2014年の自治体名義の補助金交付額の合計である
EPA, Brownfields Grant Fact Sheet Search, http://cfpub.epa.gov/bf_factsheets/index.cfm, 2014/11/30 参照
*2 都市の立地／特性については次節を参照のこと
*3 米国行政管理予算局が定める大都市統計地域のうち，ニューヨーク市近郊に設定された New York-Newark-Jersey City, NY-NJ-PA Metropolitan Statistical Area をニューヨーク大都市圏として示す
*4 ナイアガラ・フォールズ市を含むナイアガラ郡とバッファロー市を含むエリー郡が共同で指定を受けた

は，ボストンからワシントンD.C.に至る米国鉄道の主要幹線である。特にボストン～ニューヨーク間は1849年に概ね全線が開通しており沿線の工業化に大きな影響を与えた。ニュー・ヘイブン市やスタンフォード市などロング・アイランド湾に沿って，ブリッジポート市と似た出自の都市が複数存在する。ニューヨーク市以南にもニューアーク市，エリザベス市，トレントン市など，北東回廊線に沿って工業都市として発展し，現在はブラウンフィールド再生に取り組む都市が多く存在する（表5-1）。なお，北東回廊線は米国では数少ない通勤路線として機能しており，鉄道新駅の設置によりブラウンフィールド再生を進める動きも見られる[4]。

2) マサチューセッツ州ローウェル市

ローウェル市は，19世紀に大きく発展し，米国の産業革命を支えたミルタウン（Mill Town）と呼ばれる都市の一つである。ブリッジポート市と同様に労働者として多くの移民を迎え入れたため，現在でもアジア系を含む多様な人種構成を保っている。

ニューイングランド地方と呼ばれる米国北東部では，19世紀に水力を動力源として利用して織物工業をはじめ様々な製造業が発展したが，20世紀に入り，徐々に綿花の生産地である南部へ工業自体の重心も移り多くのミルタウンが衰退した。19世紀に建設された大型のレンガ造の工場が残り，工場の発展に伴い建設された中心市街地が工場跡地に隣接する場合が多い。表5-1の中でニューイングランド地方の都市の多くがミルタウンに該当するが，特に状況が類似する都市として，内陸部に立地するバーリントン，マサチューセッツ州のチコピー，ローレンス，リン，ウースター，コネチカット州のダンベリー，ハートフォードなどが挙げられる。

3) ニューヨーク州バッファロー市

バッファロー市は，エリー運河の五大湖側の入口にあたり，鉄道や舟運の要衝として栄えた都市である。20世紀に入ってからはナイアガラの滝を利用した水力発電による安価な電力も工業の発展を支えた。しかしながら，1957年のセント・ローレンス運河の完成により，エリー運河の利用が大きく減少し，工業の衰退が始まる。1950年には58万人を数えた人口も現在では半分以下の26万人程度まで減少している。

エリー運河に沿って発展した工業都市としては，ニューヨーク州のローム，シラキュース，ロチェスター等が挙げられる。また，ナイアガラ・フォールズ市には，バッファローと同様に水力発電による安価な電力を利用した化学工業などの製造業が立地した。第1部で述べたようにニューヨーク州BOAはこれらの工業都市の再生を意図して制定された面もあり，バッファロー市と類似した取組がこれらの都市では実施されている。

なお，バッファロー市はニューヨーク州に位置しているが，経済的，地理的な結びつきは，カナダのトロント市など五大湖沿岸との関係のほうが強い。本書では，分析対象としていないが，オハイオ州のクリーブランド，トレド，ミシガン州デトロイト，ウィスコンシン州ミルウォーキーなど中西部の工業都市と共通する要素も多いと考えられる。

5.4.2　事例分析都市の立地について

本項では，ケース・スタディ都市の立地を，市外への通勤可能性という観点から分析する。ブラウンフィールド・サイトの再生後の用途として，利便性の高い立地の場合，住宅，特に集合住宅として再開発されることも少なくない。しかし，そもそも近隣に雇用が集積した大都市

図 5-1　ケース・スタディ対象都市のその候補の分布（筆者作成）

　がなければ，住宅開発を充たす需要自体が小さいため，雇用自体を創出する用途の検討を行わ
ざるをえない。そのため，本項で整理する都市自体の立地の分析は，都市全体のブラウン
フィールド再生の目標を検討するうえで重要な前提となる。
　分析対象の3都市のうち，ローウェル市はボストンまで1時間程度，ブリッジポート市は
ニューヨーク市まで1時間半程度の距離にあり，堅調な雇用が存在する大都市への通勤が可能
な立地にある。一方，バッファロー市は，通勤圏内に同市を上回る規模の大都市はなく，雇用
も大半はバッファロー都市圏に集中している。
　大都市圏への通勤が可能な都市は，都市内の居住環境を改善することにより，ブラウン
フィールド・サイトの再利用後の用途として，住宅を供給することも考えられる。他の衛星都
市に比べて割安で利便性の高い住宅であれば，一定の競争力が得られるだろう。
　バッファロー市は，ニューヨーク州西部地域の中心都市であり，市外への通勤を前提にした
住宅の需要は小さい。また，市域人口は，1950年代の約58万人から現在は半分以下にまで落
ち込んでおり，市内には大量の住宅ストックが既に余っている。立地にもよるが，住宅系の土
地利用の需要は小さく，ブラウンフィールド・サイトの再生後の用途としても，主たる用途を
住宅とすることは根本的に困難な状況にある。

注
1）経済開発を担当する部局と都市計画を担当する部局が共通である場合が多い。本研究で取り上げるコネ
　チカット州ブリッジポート市は都市計画・経済開発局（Office of Planning and Economic Development），
　マサチューセッツ州ローウェル市は都市計画・開発局（Department of Planning and Development），
　ニューヨーク州バッファロー市は戦略計画局（Office of Strategic Planning）であり，いずれの部局も都

市計画と経済開発の両方を所管している。

2) Greenberg, Michael R. and Hollander, Justin, The Environmental Protection Agency's Brownfields Pilot Program, American Journal of Public Health, Vol.96, No. 2, pp. 277-281, February 2006, P. 279

3) 第1地域事務所は，メーン，ニューハンプシャー，バーモント，マサチューセッツ，ロード・アイランド，コネチカットの6州を対象とする。また，第2地域事務所は，ニュージャージー，ニューヨークの2州とプエルトリコ，ヴァージン諸島を対象とする。本研究では，第2地域事務所の対象地のうち，米国本土外であるプエルトリコとヴァージン諸島は分析の対象から除外している。

4) ブラウンフィールド再生と関係が深い事例として，コネチカット州ブリッジポート市のEast Side 地区で計画中の新駅，フェアフィールド市のFairfield Metro 駅，ローウェル市とボストン市の中間にあたるマサチューセッツ州ウーバン市の事例などが挙げられる。

6章　コネチカット州ブリッジポート市

6.1　分析の枠組みと基礎的情報の整理

6.1.1　本章の目的と分析の枠組み

　本章では，コネチカット州ブリッジポート市のブラウンフィールド再生の実態を「自治体のブラウンフィールド再生戦略」，すなわち「都市全体のブラウンフィールド再生戦略」と，優先的な再生の対象とした「ブラウンフィールド地区の空間計画や計画技法」，「公的支援の活用実態」の3点に着目して分析する。

　本章が対象とするブリッジポート市はコネチカット州最大の人口を誇るが，製造業の撤退に伴い，市民の所得は州内でも最低水準にまで落ち込み，第2次世界大戦後に建設された同市の大規模公営住宅は1980年代には全米有数の犯罪集中地区となっていた。その結果として，市は1990年に財政破綻寸前の状況まで追い込まれた。同市にとって，工場跡地の再生と治安の回復，新たな税収の確保は喫緊の課題であった。

　同市の深刻な状況は全米でも広く知られており，同市は1994年に環境保護庁による最も初期の全米ブラウンフィールド調査パイロット（調査パイロット）の対象の一つに選定され，都市全体のブラウンフィールド再生方針が検討された。調査パイロットでは，経済開発の可能性と環境汚染の課題を比較し，両者を重ねあわせて優先的に取り組む対象を選択する手法が開発された。

　本章では，調査パイロットで行われた全市的な優先取組対象サイトの検討手法を分析し，対象となったブラウンフィールド・サイトのその後の変化を追跡する。また，同市のブラウンフィールド再生戦略の変化と再生事業の実態を検討し，同市が1990年代半ばから実施してきた再生手法の意義とその限界について議論する。

6.1.2　ブリッジポート市の位置と現況

　ブリッジポート市は，人口約14.5万人であり，コネチカット州内で最大の都市，ニューイングランド地方でも第5位の規模を誇る。一方で個人平均所得は約2万ドルと極めて低く，全米で最も平均所得が高いコネチカット州（平均約3.7万ドル）においては，最下位に近い自治体である。広域での都市圏[1]の人口は約90万人である。製造業の発展に応じて世界各地から移民が集まったため，多様な人種構成となっており，アフリカ系アメリカ人が約35%，ヒスパニックが38.2%など高い割合で居住している。

　交通網は，東海岸の主要都市を結ぶネットワーク上に位置しており利便性は高い。鉄道は，ニューヨーク市とボストン市を結ぶ北東回廊の沿線にある。自動車交通については，州間高速道路としてI-95が市内の海側（南側）を東西に横断しており，山側（北側）には国道1号線が東西に走る。

表 6-1　ブリッジポート市の概要

州	コネチカット州　State of Connecticut
郡	フェアフィールド郡　Fairfield County
人口	144,229 人（コネチカット州内第 1 位） 過去最大の人口 158,709 人（1950 年国勢調査）
世帯数	38,470 世帯
市域	50.2 km^2
個人年間平均所得	$19,854（州内 178 位/179 自治体中）州平均 $36,775
貧困線以下割合	18.4%（個人）
人種構成	白人 39.6%／アフリカ系アメリカ人 34.6%／ アジア系アメリカ人 3.4%（スペイン語圏出身 38.2%）

特に注記がない情報については，2010 年国勢調査の情報に基づく

図 6-1　ブリッジポート市の位置

6.1.3　ブリッジポート市の歴史

　本項では，ブリッジポート市の成立と工業の発展の歴史を整理し，ブラウンフィールド再生への注力が必要になった背景についての示唆を得る。

1）漁村から工業都市へ

　ブリッジポートは，Pequonnock 川の河口に位置しており，その入江を利用した漁業や農業

から，19世紀半ばには造船や捕鯨へその産業を展開した。さらに，1840年に開通した鉄道により周辺都市とつながり，1849年にはニューヨーク市まで鉄道が接続，本格的な工業化のきっかけとなった。1840年代および50年代にPequonnock川を渡る橋の建設が進められ，現在のEast Side，East Endにあたる地域は，農地から工業地帯へその後大きく転換することとなった。

2）パーク・シティ運動

1860年には約1.3万人だった人口は，1880年には約2.9万人と倍増した。市内では，人口の急増に伴い，公園の増設を求める運動が広がった。P.T. Barnumや他の住民は，現在のSeaside Parkの建設を求め，1864年に市に35エーカーの土地を寄贈，最終的な設計はニューヨーク・セントラルパークの設計者としても知られるF. L. Olmsteadが関与して行われ，1884年には公園の面積は100エーカーまで拡大した。同公園は，市の主要な道路であるPark Avenue，Main Street，Broad Streetの3本の街路の終端にあたる部分に設置された。また，市の北部でも有力な農家James W. Beardsleyから1878年に100エーカーの土地が寄贈され，Beardsley Parkも同じくOlmsteadにより設計された[2]。

3）工業都市としての発展

1890年に5万人弱だった市の人口は，順調な製造業での雇用を求めて，主にイタリアなどの南ヨーロッパや東ヨーロッパから移民が増加し，1900年には約7万人に拡大した。

1910年代に，ブリッジポートはさらに大きく飛躍した。1912年にはニューヨーク州のRemington Armsが，ブリッジポートのUnion Metallic Cartridge社を合併し，市内で武器製造を開始した。その後，第1次世界大戦の勃発により，ブリッジポートの製造業は大きく拡大した。活況を呈する工場での雇用を期待して，周辺から労働者が集まり，1914年の1年間だけで，市の人口は10万人から15万人に急増した。1915年には，Remington ArmsがBoston Ave.に大型工場を建設した[3]。

1930年代には，市は500以上の工場を抱える北東回廊の中心的な工業都市の一つとなった。第2次世界大戦でも製造業は活況を呈した。Weeler & Wilson，Remington Arms，GE，Bridgeport Brassなど，現在市内に大規模に残るブラウンフィールド・サイトは20世紀初頭から半ばにかけて，急速に拡大したブリッジポートの製造業が利用した土地であった。これらの大工場の多くは，中心市街地の周辺にあたるWest End，East Side，East Endに主に立地した（図6-3）。

4）工業の衰退と財政破綻

1960年代以降1990年代半ばまで，米国北東部の工業都市と同様にブリッジポート市は多くの製造業を失い，雇用の喪失，犯罪の増加，中心部の荒廃を経験した。特に人口が急増した時代に大規模工場を多く抱える地区（East SideやWest End）に建設された公営住宅は，犯罪の増加やドラッグの取引などの問題が深刻化した。市から多くの企業が転出したため，税収が減り，固定資産税の納税者の6割が住民となっていた[4]。製造業の衰退とそれに変わる産業が不足し，低所得者の居住が集中する深刻な状況に置かれた。

1988年には，コネチカット州に対して過去の財政赤字を清算するため，最大6,000万ドルの公債の発行を要請[5]し，市は州が設置した財政検討委員会の管理下に入った。しかし，財政状況は改善せず，1991年6月には，当時の市長Mary Moranが，連邦破産法第9条の適用を

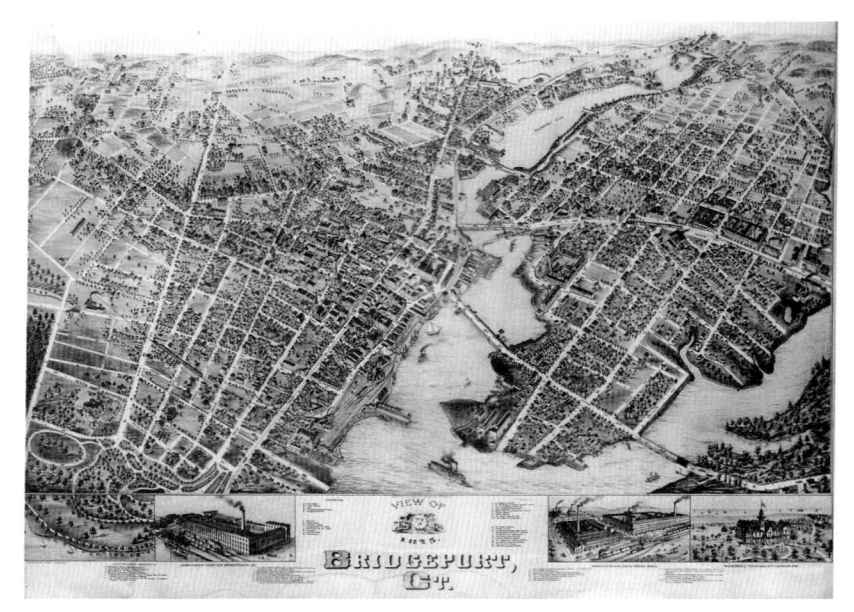

図 6-2 1875 年のブリッジポート鳥瞰図
Bridgeport History Center 所蔵

図 6-3 1960 年のブリッジポート中心部および主な工場
USGS 所蔵の空中写真に筆者が工場名・地区名を追記

申請した。連邦判事は同市の支払い余力があると見なし，市の要請を却下した。Moran 市長は控訴したが，1991 年 11 月の選挙で新市長 Joseph Ganim が当選し，控訴を取り下げ，翌年度から経費を大幅に削減した新予算を執行，市を財政危機の窮地から救った。Ganim 市長は，一連の財政改革を高く評価されたが，2003 年に賄賂等の罪で逮捕，有罪判決がくだされた。

現在の市の主な雇用先は，St. Vincent's 医療センターやブリッジポート病院等の医療機関が中心であり，ブリッジポート大学，Housatonic 短大などの教育関係も一定の割合存在している。他方で製造業の雇用割合は大幅に低下している[6]。

5）カジノ誘致の動きと失敗

ブリッジポートや州内の他の衰退した工業都市では，経済的な苦境を脱するために，工場跡地がブラウンフィールド・サイトとして注目される以前から様々な開発の試みが行われてきた[7]。ブリッジポートや同様に厳しい経済環境にあったハートフォードは，1990 年代初頭に起こったコネチカット州にカジノを誘致する議論の対象となった。実業家 Donald Trump は，当時所有していた Jenkins Valve 跡地（位置は図 6-5 参照）をカジノ対象地として提案，ブリッジポートで 1976 年からハイアライ[8]と呼ばれるスポーツを対象に賭博場を運営していた企業も Mirage Resort と共同でハイアライの施設を利用した開発計画を提示した[9]。ブリッジポートの財界はカジノ誘致の検討を進めたが，州議会が 1993 年にブリッジポートでのカジノを認めないことを議決し，カジノの誘致は実現しなかった。なお，Trump は，East End 南部の Carpenter Steel 跡地（位置は図 6-5 参照）や Plesure Beach を利用したテーマパークの構想も 1994 年に提案した[10]。

これらの開発の検討対象となった Jenkins Valve 跡地や Carpenter Steel 跡地は，ダウンタウンに近い East Side や East End のブラウンフィールド・サイトであった。事業リスクが高く，周辺地区への悪影響も懸念されるカジノ施設であるが，地域の経済界にはそのようなインパクトがある開発を誘致しなければ，ブリッジポートは経済的な停滞から再生できないのではないかという危機感があったことがうかがえる。

6.1.4　ブラウンフィールド再生事業とその対象地区

ブリッジポート市は，表 6-2 に整理されるように 13 地区に区分されている。主なブラウンフィールド再生事業は，ダウンタウン周縁部と，ダウンタウンを取り囲むように位置する工業地域である West End / West Side 地区（以降 West End 地区と略記），East Side 地区，East End 地区およびその周辺に集中している（図 6-5 参照）。

これらの工場跡地の多くは，原料や製品の輸送に備えて，鉄道や幹線道路，水域に隣接して立地しており，特に East Side の西側の Pequonnock 川，East Side と East End の境界にあたる Yellow Mill Pond に沿って多くの工場跡地が存在している。

本書では，本市のブラウンフィールド再生戦略の出発点となった 1994 年の環境保護庁調査パイロットによる取組とその後の市の戦略の変化を概観し，ダウンタウン周縁部，West End 地区，East Side 地区，East End 地区の変化をそれぞれ分析する。

図 6-5 に，ブリッジポート市内で 1990 年代以降に行われてきた主なブラウンフィールド再生事業を整理した。ダウンタウン周縁部は 6.4，West End 地区は 6.5，East Side 地区および East End 地区は 6.6 で詳述する。

表 6-2　地区別の指標（市内 13 地区を項目別に順位付け，網掛けは研究対象地区）

地区名称	開発総合指標	収入指標	教育指標	犯罪指標
Black Rock	5	2	10	13
Boston Avenur/Mill Hill	6	8	2	6
Brooklawn/St. Vincent	3	4	3	10
Downtown	N/A	N/A	N/A	2
East End	8	7	8	3
East Side	10	10	9	4
Enterprise Zone	N/A	N/A	N/A	1
Hollow	7	6	4	5
North Bridgeport	4	5	5	11
North End	1	3	1	12
South End	2	1	6	9
Reservor/Whiskey Hill	N/A	N/A	N/A	8
West End/West Side	9	9	7	7

City of Bridgeport, Master Plan of Conservation and Development Bridgeport, Connecticut, March 2008，P. 137 より翻訳・引用

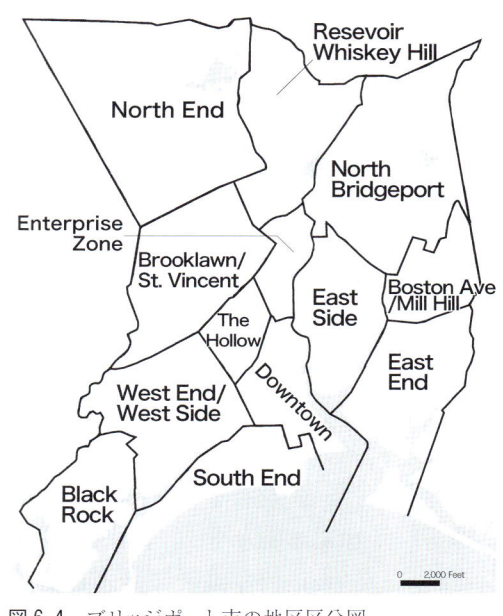

図 6-4　ブリッジポート市の地区区分図

City of Bridgeport, Master Plan of Conservation and Development Bridgeport, Connecticut, March 2008，P. 135 をトレース

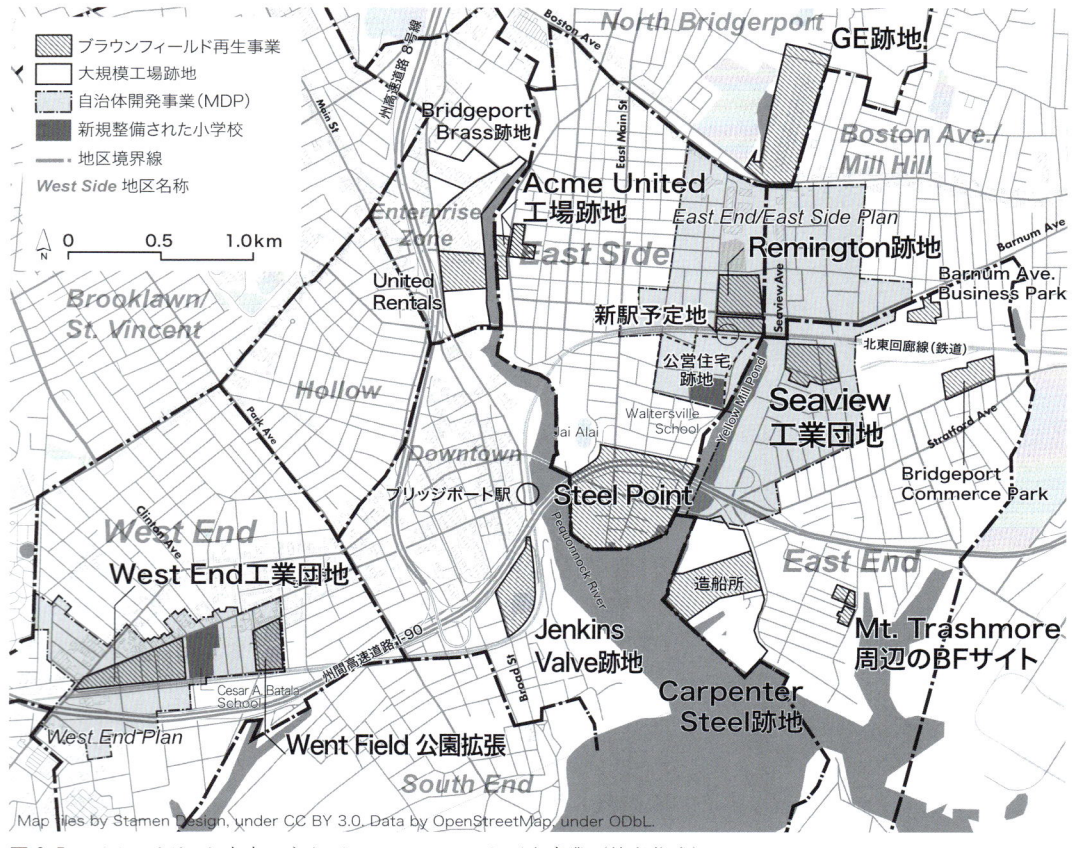

図 6-5　ブリッジポート市内の主なブラウンフィールド再生事業（筆者作成）

6.1.5 ブラウンフィールド再生事業に関わる主な主体

ブリッジポート市内の多くの事業は，市役所が事業主体である。市役所内では主として都市計画・経済開発局（Office of Planning and Economic Development, OPED）がブラウンフィールド再生事業を担当している。公立の学校建設等にブラウンフィールド再生が関連する場合は，教育委員会が事業の是非等について検討する。

市内のブラウンフィールド再生事業の多くは，経済開発事業であり都市計画・経済開発局が計画を主導し，資金の面では次項で詳述する州政府の公債による補助金が多数活用されている。部局としては，コネチカット州の経済・コミュニティ開発局（Department of Economic and Community Development, ECD）の関係が強い[11]。また，コネチカット州エネルギー・環境保護局（Department of Enegy & Environmental Protection, DEEP）が土壌汚染に関する環境管理を担当する。道路事業や新駅建設については，州運輸局（Department of Transportation, DOT）と市が協議しながら，事業を進めている。連邦の環境保護庁は，ボストン市の第1地域事務所がコネチカット州を担当する。

6.1.6 ブリッジポート市のブラウンフィールド再生に関する公的支援

本項では，ブリッジポート市が1994年以降受領して，ブラウンフィールド・サイトの再生に利用された連邦，州政府の公的支援について整理する。

市が活用した主な補助金は，土壌汚染の調査と浄化を目的とした環境保護庁のブラウンフィールド補助金と主に経済開発を目的とした州の公債による財政支援である。同市は2014年までに約750万ドルの補助金を環境保護庁から拠出されており，他の自治体と比べて突出して受領額は大きい[12]。ただし，州は100万ドルを上回る補助金を多数交付しており，ブラウンフィールド再生に関する補助金規模は連邦よりも州のほうが大きい。

1）環境保護庁 ブラウンフィールド補助金

環境保護庁のブラウンフィールド補助金は，1994年に交付された調査パイロット，民間事業者による浄化を財政的に支援するリボルビング・ローン基金（RLF）補助金，調査補助金，浄化補助金，職業訓練補助金の5種類に大別される。

調査パイロットは，市全体のブラウンフィールド再生戦略の検討に利用されており，特定の区画を対象としたその後の調査補助金とは性格が異なる。本章では6.2で詳述する。2000年以降の調査および浄化補助金は，主として低所得のアフリカ系アメリカ人が集中するEast End地区南部のブラウンフィールド・サイトの調査・浄化への支援に充てられている。民間事業者による再開発が困難であり，規模が小さく立地が悪いため，自治体の経済開発政策の対象ともならないブラウンフィールド・サイトである。

RLF補助金は，民間事業者による土壌汚染地の再生に利用できる低利融資のための基金の一部として運用されるが，同市では，中小規模の事業者等を支援する他の基金と一体化したブリッジポート成長基金（現在のブリッジポートコミュニティ資金基金）として利用されている。

2）コネチカット州公債による支援

コネチカット州の公債の起債による財政支援[13]は，1995年から2014年5月までに128件にのぼる。州債による支援の目的別内訳を図6-6に，用途別内訳を図6-7に示す。環境目的の支援の多くは合流式下水道の改良や下水処理場の改良などの下水道関連事業である。ブラウン

フィールド再生に関する支援は，主として経済開発の項目に含まれる。教育関係の支援は，主に小学校および中学校の建替事業である。

　直接的にブラウンフィールド再生事業に関係する支援の一覧を以下の表6-3，6-4 に示した。個別の事業の詳細は後述するが，主なブラウンフィールド再生事業のほとんどに州債による支援が行われている。ブリッジポート市は州内の最貧自治体の一つであり，新たな経済開発事業に割り当てることができる自己財源はない。州政府は，経済開発を目的として，ブラウンフィールド再生に加えて，駅周辺の乗り換え施設の整備や，治安が悪化していた公営住宅の再生（解体も含む）に多額の支援を実施している。

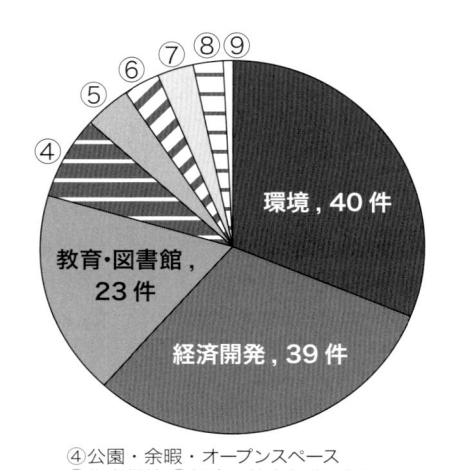

④公園・余暇・オープンスペース
⑤住宅供給 ⑥健康・社会保障・福祉
⑦都市・地区開発 ⑧交通 ⑨法務・安全

図 6-6　ブリッジポート市が受領した州債の目的
　　　　（1995-2014）

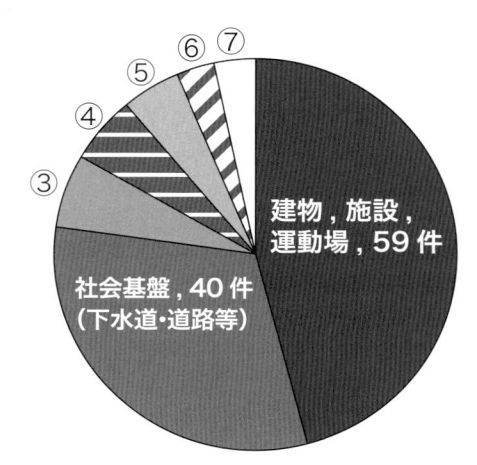

③教育・研究開発 ④環境修復 ⑤土地取得
⑥設備・情報技術 ⑦その他

図 6-7　ブリッジポート市が受領した州債の用途
　　　　（1995-2014）

3）自治体開発事業

　ブリッジポート市のブラウンフィールド再生事業の多くは，経済開発事業として位置付けられ，工業団地として再開発されてきた。これらの経済開発事業に活用された事業制度が，自治体開発事業（Municipal Development Project）である。

　コネチカット州は，都市再開発事業（Urban Renewal Project）に加えて自治体開発事業にも収用権を認めている。そのため，ブラウンフィールド・サイトやその周辺を一体で再開発する際に，周辺敷地も開発に含め整形の区画とする場合に自治体開発計画が用いられた。West End 地区の West End 工業団地や East End 地区の Seaview 工業団地が代表的な活用例である。

　自治体開発事業は，1967 年に開始された工業団地プログラム（Industrial Park Program）にその起源を持つ。州内で工業や研究開発事業の成長を支えるために事業用地の確保を自治体と州政府が都市計画を活用して支援する方針が打ち出された。1970 年代には工業・事業開発プログラム（Industrial and Business Development Program）として，低・未利用の商業不動産を解体し小規模な工業団地として開発する方向性が加えられた。1980 年代には，経済的困窮地区に対する経済的支援も強化された。都市再開発事業と比べて，既存の産業の維持と拡大

に主眼を置いた計画制度である。計画策定と事業化に対する支援が一般債か TIF によって交付される。1990 年の経済開発・製造業支援法（Economic Development and Manufacturing Assitance Act）の立法に基づき，同プログラムは，他の経済開発事業と統合され自治体開発事業としてより柔軟に経済開発を目的とした開発事業を実施可能な制度となった[14]。都市再開発事業は物理的環境が悪化した地区の再開発を主な目的とするが，自治体開発事業は事業による経済開発の推進を重視している。

　なお，自治体開発事業は，Kelo v. City of New London の裁判の対象ともなった事業制度で，

表6-3　州債による補助金（経済開発目的のうちブラウンフィールド再生関連の支援）

対　　象	記録番号	決定日	法　　令	利用用途	割り当て金額(ドル)
Jenkins Valve 跡地 （ダウンタウン周縁部）	615	1997/8/29	79-607	建物・施設・運動場	7,000,000
	2766	2000/5/26	79-607	建物・施設・運動場	15,000,000
	3283	2001/2/23	79-607	建物・施設・運動場	15,000,000
Steel Point 地区 （ダウンタウン周縁部）	1874(87)	1987/9/25	Special Act 87-77	N/A	1,500,000
	1286	1996/10/25	79-607	研究・調査・開発	190,000
	94	1998/6/26	79-607	土地取得	20,000,000
	5228	2006/3/31	79-607	土地取得	8,500,000
	5368	2006/10/6	79-607	土地取得	4,600,00
	5463	2007/1/26	79-607	土地取得	5,500,000
	5605	2007/11/9	79-607	土地取得	4,750,000
	7279	2013/9/27	79-607	建物・施設・運動場	9,300,000
West End 工業団地 （West End）	1502	1993/6/25	90-270	N/A	2,002,500
	1502	1994/7/29	93-382	N/A	2,725,000
	1502	1994/9/23	93-382	N/A	1,275,000
	1502	1994/9/23	90-270	N/A	3,950,000
	1283	1996/10/25	79-607	環境修復	2,000,000
	566	1997/9/26	90-270	建物・施設・運動場	773,500
	2774	2000/5/26	90-270	研究・調査・開発	358,500
	7437	2014/2/28	79-607	建物・施設・運動場	100,000
Seaview 工業団地 （East Side）	1284	1996/10/25	79-607	研究・調査・開発	285,000
	3282	2001/2/23	79-607	建物・施設・運動場	2,416,075
	3285	2001/2/23	90-270	建物・施設・運動場	2,000,000
	4308	2003/12/19	99-242	環境修復	500,000
	5965	2008/8/4	79-607	建物・施設・運動場	750,000
	6496	2011/7/8	90-270	社会基盤	450,000
Carpenter Steel 跡地 （East End）	2632	2000/1/28	79-607	建物・施設・運動場	3,400,000
	3932	2002/9/27	99-242	環境修復	2,500,000

Kevin Lembo, Bond Allocation Database, http://www.osc.ct.gov/finance/index.html に基づき筆者作成
1994 年以前の交付については，State of Connecticut, Office of Fiscal Analysis, Bond Allocation database, http://www.cga.ct.gov/ofa/BondAllocations.asp?optTowns=Bridgeport, 2014/11/19 参照

表6-4　州債による補助金（経済開発目的以外の支援のうちBF再生に関連するもの）

目　　的	記録番号	決定日	法　　令	利用用途	割り当て金額
目的：環境（1995年以降）Steel Point地区	4207	2003/5/30	79-607	研究・調査・開発	927,000
目的：環境（1995年以降）Conco跡地	6025	2009/1/30	99-242	環境修復	2,000,000
目的：公園／レクリエーション／オープン・スペース（1995年以降）Knowlton公園	6297	2010/12/22	Special Act 05-001	建物・施設・運動場	1,000,000
目的：都市／地区開発（1995年以降）	488	1997/12/19	79-607	環境修復	875,000
1994年以前のその他のBF関連	1873（93）	1994/12/9	Special Act 93-2	N/A	360,000
	3795	1994/5/12	79-607	N/A	150,000
	1874（89）	1993/4/2	Special Act 89-52	N/A	800,000
	3795	1992/3/27	79-607	N/A	500,000

経済開発目的で私人による土地収用を実施することの違法性が問われた。裁判では，収用を認め市役所が勝訴している[15]。

6.2　ブリッジポート市の再生戦略1：全米ブラウンフィールド調査パイロット

　本節では，全米で最も初期に環境保護庁が交付したブラウンフィールド再生を支援する補助金であり，市のブラウンフィールド再生戦略に大きな影響を与えた，全米ブラウンフィールド調査パイロット（調査パイロット）に注目する。なお本節は，主に同事業の最終報告書[16]に基づく分析である。

6.2.1　調査パイロット事業以前の市の取組[17]

　ブリッジポート市は，1990年代前半に商務省経済開発局の計画補助金[18]を得て，市の主要な産業回廊にあたる地区の分析を実施していた。同調査では，West End，East Side，East Endの3地区が，優れた交通アクセスと適切な社会基盤，用途地域を兼ね備えているとされた。

　West Endにおいては，調査パイロット開始以前から，市役所と州政府が協力して，West End工業団地という名称で，工場跡地の再開発を検討していた。具体的には，Bryant電気会社の工場があった地区を中心に，既存の工場建物を解体し，社会基盤を再整備することにより，新たな工業団地として再開発する計画であった[19]。また，州と市が出資した公社が，この工業団地へ新たな産業を誘致することを目指して設置された。ただし，Bryant電気会社の工場閉鎖後も残された工場建物と，土壌汚染が再開発にあたっての大きな問題として残されていた。

　East SideとEast Endについては，Seaview Avenueを中心に工場が集積していた。1990年代初頭，同市の最大の税基盤である製造業の縮小が続いており，新たな雇用を創出することが

求められていた。

　当時の市役所は，市外への転出や閉鎖が続いていた製造業が集積する3地区の工場跡地を，軽工業や倉庫を含む工業用途の土地として，市場に提供するという方針で計画を進めていたと考えられる。West End 工業団地がその代表的な事例であった。結果として，その後に行われる環境保護庁の調査パイロット事業においても，市役所の意向を反映して，West End，East Side，East End の3地区を主な対象とすることになった。

6.2.2　全米ブラウンフィールド調査パイロットの交付

　ブリッジポート市は，環境保護庁が1993年に発表したブラウンフィールド行動指針に基づき開始した調査パイロットを1994年9月に交付された。オハイオ州クリーブランド市に次ぐ全米で2番目の交付であった。

　調査パイロットは，公募に基づく指定という形式を採っており，1996年頃からは明示的な公募が行われるようになったが，クリーブランドやブリッジポート等の初期の交付に関しては，限られた人間しか知り得ない "Silent RFP" だったと言われている[20]。ブリッジポート市の製造業の衰退，経済的困窮，犯罪の増加と市の財政破綻は，全米でも広く知られており，同様の状態にあったクリーブランド市やバージニア州リッチモンド市とあわせて，「全米のブラウンフィールド再生のプロトタイプ[21]」をつくるべく，調査パイロットが進められた。

　調査パイロットは，Assessment Pilot という名称ではあるが，市全体のブラウンフィールド・サイトの分布を把握し，都市全体のブラウンフィールド再生の方針（取組の優先順位）を整理することを目標としていた。そのため，各サイトの土壌調査は，一部の最優先取組対象サイトを除くと，フェーズ I の机上調査に留まっているサイトが多い。

6.2.3　調査パイロットの推進体制

　調査パイロットでは，事業推進にあたって，都市計画・経済開発局は，ブラウンフィールドに関係する横断的な地域の利害関係者の代表者を招集し，環境対策に向けたコミュニティ連携タスク・フォース（Community Linkage for Environmental Action Now：CLEAN）と命名した。ブラウンフィールド再開発を実際に行う事業者や調査，浄化を管理する州政府が参画した意義は大きい。参加した団体は表6-5に整理した。

　対象となるブラウンフィールド・サイトの再開発の可能性を評価し，官民の戦略を作るためには，多様な専門分野のコンサルタントが必要であった。市役所は，環境・都市計画・不動産の3つの専門分野のコンサルタント[22]で構成されるコンサルティング・チームを雇い，このCLEAN と共同でパイロット事業の作業を進めた。

6.2.4　調査パイロット検討の枠組み

　本項では，調査パイロットの全体の枠組みを整理しておく。前述した通り，環境保護庁はブリッジポート市を全米のモデルとすることを狙っており，市内のブラウンフィールド・サイトの情報収集と優先順位の検討は，明確な枠組みと客観的指標を重視して進められた。検討のプロセスを図6-8に示す。区画ごとの情報収集で再生候補区画を整理し，データベース化および複数区画を統合して再開発検討地が絞り込まれた。その後，再開発及び環境情報の属性を整理

表6-5　CLEAN参加団体の一覧

種　別	参加団体の名称
地域の企業・経済団体	ブリッジポート地域ビジネス協議会
	主要な公共事業者（電気・ガス・水道）
	フーサトニック・コミュニティ技術大学
	金融機関
	法律事務所
近隣地区及び関連団体	ウエスト・エンド・コミュニティ開発会社 (West End Community Development Corporation)
	イースト・サイド・コミュニティ協議会 (East Side Community Council)
	ブラック・ロック・コミュニティ協議会 (Black Rock Community Council)
	近隣地区企業連合
州政府関係部局	コネチカット州環境保護局
	コネチカット州南西部地域計画庁 (Connecticut Regional Planning Agency)

して，対象の優先順位付けが行われた。複数の段階で，市やCLEANタスク・フォースの意向も反映されており，客観的指標に基づく整理は，市役所やタスク・フォースの最終的な意思決定の支援材料として活用された。

6.2.5　ブラウンフィールド・サイトに関する情報収集

　調査パイロットにおいてブラウンフィールド・サイトの情報収集に用いられたのは，連邦政府のスーパーファンド・サイトの情報収集システム（CERCLIS）や州の有害廃棄物サイト・データベースなどの環境関連の情報に加えて，市役所から課税査定情報や物納可能性といった税務関係の情報が提供された。民間の地権者による土壌汚染対策や再開発が期待できない場合は，公有地化して再生を進められることも想定されており，物納により公有地化できる可能性がある土地の情報は重視された。

　これらの情報から整理された再生候補は205区画にのぼったが，連担区画の統合や不整形な区画の排除を進め，再開発検討地として28ヶ所に整理された。この再開発検討地は，次項で述べる再開発の指標と環境の指標が点数化され候補地の選定が進められた。

6.2.6　再開発と環境に関する指標を用いたブラウンフィールド・サイトの評価

　市における調査パイロットの最大の特徴は，再開発に関わる評価項目（交通アクセスや土地の大きさなど）と，環境汚染の評価項目を点数化して足しあわせて，市内に分布するブラウンフィールド・サイトを評価した点にある。評価項目間の比率の差を吸収するために全ての項目に相対比率を設定しており，時代状況の変化や民間事業者の意向によって，比率を変化させることができる。

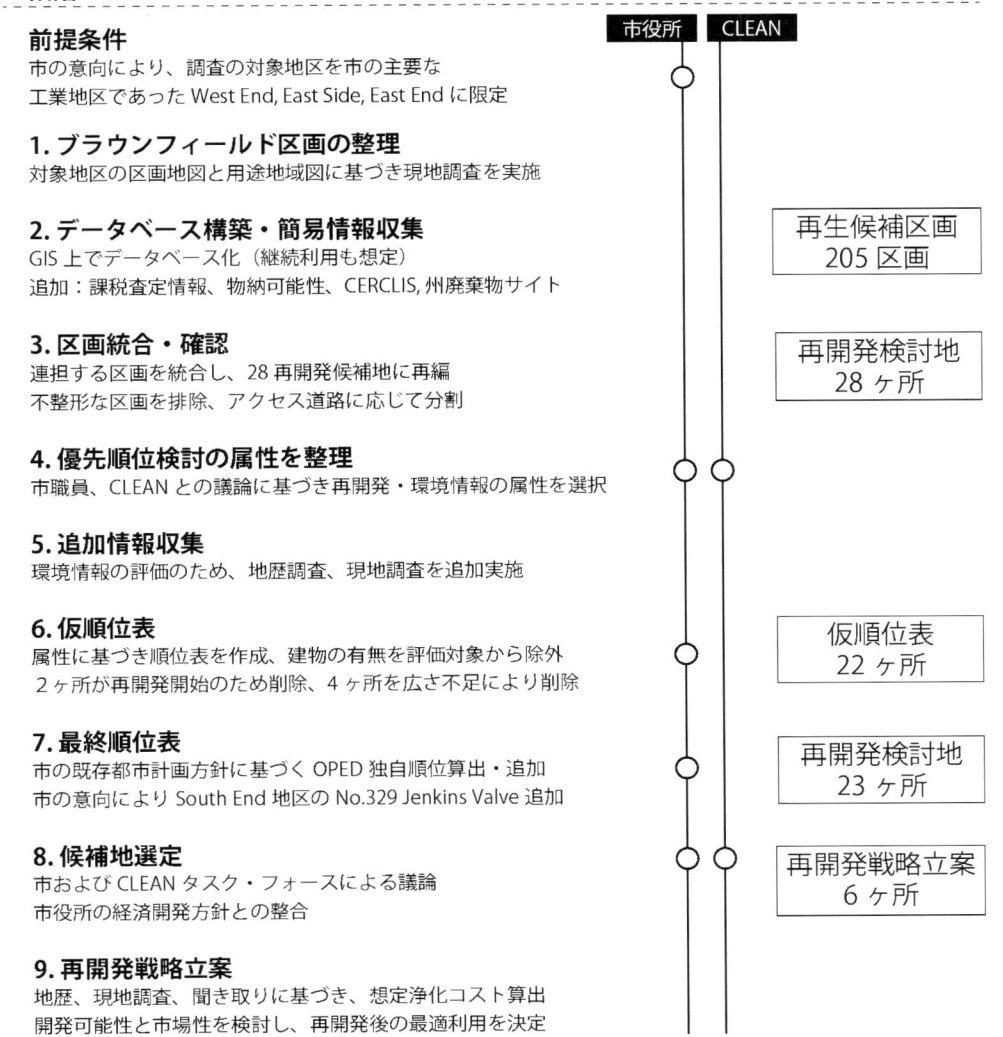

段階	市 /CLEAN の意向	再生対象地
	市役所 / CLEAN	

前提条件
市の意向により、調査の対象地区を市の主要な
工業地区であった West End, East Side, East End に限定

1. ブラウンフィールド区画の整理
対象地区の区画地図と用途地域図に基づき現地調査を実施

2. データベース構築・簡易情報収集
GIS 上でデータベース化（継続利用も想定）
追加：課税査定情報、物納可能性、CERCLIS, 州廃棄物サイト

再生候補区画
205 区画

3. 区画統合・確認
連担する区画を統合し、28 再開発候補地に再編
不整形な区画を排除、アクセス道路に応じて分割

再開発検討地
28 ヶ所

4. 優先順位検討の属性を整理
市職員、CLEAN との議論に基づき再開発・環境情報の属性を選択

5. 追加情報収集
環境情報の評価のため、地歴調査、現地調査を追加実施

6. 仮順位表
属性に基づき順位表を作成、建物の有無を評価対象から除外
2 ヶ所が再開発開始のため削除、4 ヶ所を広さ不足により削除

仮順位表
22 ヶ所

7. 最終順位表
市の既存都市計画方針に基づく OPED 独自順位算出・追加
市の意向により South End 地区の No.329 Jenkins Valve 追加

再開発検討地
23 ヶ所

8. 候補地選定
市および CLEAN タスク・フォースによる議論
市役所の経済開発方針との整合

再開発戦略立案
6 ヶ所

9. 再開発戦略立案
地歴、現地調査、聞き取りに基づき、想定浄化コスト算出
開発可能性と市場性を検討し、再開発後の最適利用を決定

図 6-8　調査パイロットの枠組み
City of Bridgeport et al., The Bridgeport Brownfield Pilot Project, December 1996 に基づき，筆者作成

　環境に関する項目（表 6-6）は，CLEAN タスク・フォースに参加した州環境保護局が提供した環境関係のデータベースに加えて，環境コンサルタントが地歴や外観の調査を行い，土壌汚染リスクの算定が行われている。

　再開発に関する項目（表 6-7）は，民間事業者の立場で商業及び工業用途で新たに開発を行う前提で設定された。そのため，建物の再利用を想定して調査された建物の現況の情報は，相対比率が 0 に設定されている。また，商業・工業用途を前提としたため，道路アクセスに関する項目の比率が高く設定されている。

6.2.7　検討段階の市役所と CLEAN タスク・フォースの意向反映
　優先取組区画の選定は，客観的な情報を重視して進められたが，重要な意思決定の段階で

は，市役所やCLEANタスク・フォースの意見に基づき，対象区画の追加や絞込が進められた。本項では，調査パイロットの報告書に基づき，主な意向反映のポイントを整理しておきたい。なお，6.2.1で指摘した通り，調査パイロットの開始時点で市役所は，本事業の対象地区をWest End，East Side，East Endの3地区に限定することを決めている。この3地区は，市の製造業の中核として多くの雇用を維持してきたが，近年急速に工場の転出，閉鎖が進み大きな問題となっていた。

段階6の仮順位表の作成では，市役所の意向で既存の工場建物に関する評価の比率を0として，更地にして再開発することを前提とした順位表に変更された。

段階7で最終的な優先順位表（表6-9）を作成する時点で，市は本事業の対象地区外にあったSouth Endに位置するNo.329 Jenkins Valveを順位表に追加することを求めた。当時，市はダウンタウンに隣接するウォーターフロント地区事業実施計画（Waterfront Area

表6-6 調査パイロット 環境の状態に関する評価項目

評価項目	比率	データ部分	関連する議論，追加の理由
CERCLIS指定（連邦の土壌汚染地リスト）	5	優先順位高＝1 優先順位中＝2 優先順位低＝3 指定なし＝1	登録されている場合，環境の問題が大きい。
RCRA指定（廃棄物処理関連施設）	1	大量排出＝1 低量排出＝3 貯蔵施設＝1 処理施設＝1 指定なし＝5	登録されている場合，環境の問題が大きい。
コネチカット州廃棄物一覧記載	2	記載あり＝1 記載なし＝3	登録されている場合，環境の問題が大きい。
漏洩地下貯蔵タンク（LUST）／地下貯蔵タンク（UST）	2	LUST＝1 UST 0 − 1箇所＝5 UST 2箇所＝4 UST 3箇所以上＝2	炭化水素による汚染の可能性あり。
地歴情報と環境問題の可能性	5	問題の可能性大＝1 問題の可能性中＝3 問題の可能性小＝5	Sanborn火災保険地図と入手可能な航空写真により収集される。地歴に基づき，専門家の判定により環境問題の可能性を検討する。
事前調査と環境情報の入手可能性	5	相当数の情報が入手可＝5 一部情報が入手可＝3 入手不可能＝1	情報は，環境調査と必要な改善措置の決定に用いられる。相当数の情報が存在する場合，環境調査の必要性が低下し不確実性も減らすことができる。州環境保護局からの情報のみをこの基準で検討する。
環境問題の程度（予想される環境修復費用）	5	深刻／費用高＝1 中程度／費用中＝3 軽度／費用低＝5	必要となる改善措置の費用と深刻さにより費用が土地の価値を上回る可能性がある。地歴，入手可能な情報，土地の外観の調査に基づき，専門家の判定により決定する。
浄化完了までの予測される期間	5	1.5 − 2年＝1 1 − 1.5年＝2 0.5 − 1年＝3 0.5年以内＝5	土地を産業用・事業用に開発する決定を行う際に金融・その他の制限により，開発期間が限定される。土地の状態・地歴・入手可能な環境情報・事前の土地調査に基づき，専門家の判定により決定する。

City of Bridgeport et al., The Bridgeport Brownfield Pilot Project, December 1996, 表I-2を翻訳引用

表 6-7　調査パイロット　再開発に関する評価項目

評価項目	比率	データ部分	関連する議論，追加の理由
土地所有の現況	5	公共（州／市）= 5　金融機関 = 3 企業／個人 = 2	公共所有もしくは金融機関所有の不動産は調査や再開発が容易。
現在の開発状況	5	未開発・ほぼ未開発（建物なし）= 5 開発済み（建物あり）= 1	廃棄物処分場である場合を除き，建物がないほうが環境問題の発生可能性が低く，建物の除去コストも必要ない。
土地所有者の人数	5	1〜3 = 5　4〜7 = 3 8 以上 = 1	所有者の人数が多いほど，土地の利用・再開発・購入の協議が困難になる。
土地の広さ	5	＜5 acre = 1　5.1〜7 acre = 2 7.1〜9 acre = 3　9.1〜11 acre = 4 11.1 acre = 5	土地が広いほうが大規模な事業を開発することが可能になり，雇用や税収の面で効果が大きい。
建物の年代	0	0〜10 年 = 5　10〜20 年 = 4 20〜30 年 = 2　30 年以上 = 1	インフラが更新され現在の建築規制に適合することが多いため，新しい建物のほうが好ましい。
建物の延床面積	0	0〜25,000 平方フィート = 3 25,000〜75,000 平方フィート = 2 75,000 平方フィート以上 = 1	建物が大きいほど解体コストがかかり，再開発の準備に要する時間がかかる。
駐車場台数	0	土地内に設置済み = 5 近隣に設置済み = 4 土地内に設置可能 = 3 路上駐車のみ = 1	駐車場は事業の効率性を高め，従業員をひきつけるために不可欠。
交通アクセス（高速道路までの距離）	5	0〜0.25Mile = 5　0.25〜0.5Mile = 4 0.5〜0.75Mile = 3　0.75〜1Mile = 2 1Mile 以上 = 1	高速道路に近接していることは，ほとんどの工業・商業事業の開発にとって重要である。商品を移動する，貯蔵する場所としての可能性は土地の価値を上昇させる。
歴史的地区	2	歴史地区内 = 1 歴史地区外 = 5	歴史地区内にある場合，再開発実施時により多くの時間や取り組みが必要。
近隣地区	2	良好 = 5　過渡期 = 3 悪化 = 1	地区の安全（国勢調査の犯罪情報に基づく）や美観を含む近隣地区の状況。開発者は犯罪率の低い魅力的な地区を好む。
エンタープライズゾーン（EZ）	2	指定地区内 = 5 指定地区外 = 1	EZ 内の事業は，州政府から提供される高水準のインセンティブあり。
再開発地区	1	指定地区内 = 5 指定地区外 = 1	再開発地区内の不動産に対する市の収用権は区画整理を行う際に不可欠。
経済開発プログラム	1	指定地区内 = 5 指定地区外 = 1	地区内の開発に対して補助金やその他のインセンティブが付与される。
占有状態	1	空き地 = 5　空いた建物 = 4 低利用の建物 = 3　利用中の建物 = 1	空き地や低・未利用の建物を再開発することが目的である。
予想解体費用	5	高い = 1　中程度 = 3 低い = 4　なし = 5	解体費用が安いことは土地の価値を上げ，再開発の費用を下げる。解体費用は建物の大きさや状態，観察された土地の状態によって予想される。
建物の状態	0	良い（ほぼ手を加えずに利用可能）= 5 中程度（改築が必要）= 3 悪い（解体が必要）= 1	一般的に建物の状態が悪いほど，改築・解体・新築費用がかかり，再開発の費用が増える。
税滞納による物納可能性	5	あり = 5 なし = 1	市役所が税滞納により土地を取得することが可能となる。

City of Bridgeport et al., The Bridgeport Brownfield Pilot Project, December 1996, 表 I-2 を翻訳引用

表6-8　調査パイロット　一般項目

評価項目	比率	データ部分	関連する議論，追加の理由
位置	N/A	住所	土地の場所を明確にする。
ゾーニング	N/A	工業または商業 （Yes or No）	工業または商業用途以外のゾーニングの土地を排除するため。
土地の広さ	N/A	面積（エーカー）	3エーカーが最小限度である。
氾濫原	N/A	氾濫原内 （Yes or No）	100年に1度の洪水の氾濫原は，工学，環境責任，資金・法規制の理由で開発が困難なことがある。

City of Bridgeport et al., The Bridgeport Brownfield Pilot Project, December 1996, 表I-2 を翻訳引用

Implementation Plan）を検討しており[23]，この区画はそのなかで重要な役割を果たす可能性があった。市は，土壌汚染の可能性も不明であった同区画を優先順位表に加えることで，調査パイロットを活用した再開発用途や土壌調査を実施することを見込んだ。

6.2.8　最終段階の市役所とCLEANタスク・フォースの意向反映

段階8では，環境情報と再開発情報を統合した順位表を材料として，市役所とCLEANタスク・フォースのメンバーにより，最終的に再開発戦略を立案する対象地の選定が議論された。議論の前提として，順位表はあくまで意思決定を行うための参考資料であるという点が確認された[24]。

議論においては，対象区画の内部に入りフェーズ1調査を実施できるのかという指摘がさされ，調査に関する土地所有者の意向が確認された。また，市全体の経済開発方針において重要性が高い区画を選ぶべきとの意見も出された。将来の補助金交付について，州はWest End地区の工業団地事業を継続する予定であり，将来的には同様の事業をEast Sideでも実施する可能性があることを示唆した。その結果，West End地区の区画に重点を置き，他の2地区からも適切な区画があれば選定するという方針が共有された。

議論の結果，West Endから3区画，East Sideから2区画，East Endから1区画と，市が段階7で順位表に追加したJenkins Valve跡地が選定された。その後，No. 324のBridgeport Metal Goodsは，州間高速道路I-95のインターチェンジ改良の物理的影響を受ける可能性があるとの指摘があり，対象から外された。

最終的に23ヶ所の最終順位表から再開発戦略を策定する優先サイトに選定された6サイト（表6-9）のうち4ヶ所は，市の都市計画・経済開発局が設定した優先順位の上位4サイトであり，最終的な優先順位の設定にも市の意向が強く反映されていることが窺える。

6.2.9　調査パイロット優先対象地のその後

1996年の調査パイロットで作成されたブラウンフィールド・サイトのリストは，市役所のなかで更新され2000年代半ばまで継続して利用されていた。2005年に策定された市の総合経済開発戦略[25]では，1996年のリストを見直し優先順位を再整理している。図6-9は，2006年に更新された市内のブラウンフィールドを地図化したものである。調査パイロット以降，Jenkins

表 6-9　調査パイロットの最終優先順位表とその後の変化

調査パイロット順位	都市計画・経済開発局順位	ID	点数	地区	敷　地　説　明	広さ acre	所有者数	最終優先	2005 年状況	2014 年状況
1	–	309	253	East End	Jacob Bros. ジャンクヤード跡地, O&G site 廃棄物処理場	4.9	2	○	05 一覧 低 変化なし	低利用 変化なし
2	1	301	253	West End	Casco Site（西） 自動車機械部品	4	2	○	建物除却 資材置場等	2005 と同じ
3	–	316	237	East Side	GE 跡地 現在空き地	24.8	1		05 一覧 低 変化なし	建物取り壊し完了／浄化計画策定／ Harding 高校建設計画中
4	–	325	225	West End	市役所下水処理場	5.5	2		05 一覧 無 変化なし	変化なし
5	–	328	218	East Side	Acme United 跡地 軽工業	8.1	2	○	05 一覧 低 変化なし	Knowlton 公園竣工
6	–	319	215	East Side	重工業なし・ 大規模 RCRA・UST 7 347 River St.	14	12		05 一覧 中 変化なし	変化なし
7	8	302	212	West End	Casco Site（東） 小規模 RCRA・UST 2	6.7	3		05 一覧 無 変化なし	浄化開始
8	–	324	206	West End	Bridgeport Metal Goods 小規模 RCRA・UST 2 365 Cherry St.	7.5	17	△	05 一覧 高 変化なし	倉庫施設へ改修中
9	–	308	204	East End	Mount Trashmore 廃棄物処理場・UST 3 Central/Trowel	9.4	8		05 一覧 EPA 補助金で浄化中	追加的浄化計画中 水耕栽培農場計画中
10	–	310	200	East Side	Bridgeport Brass 跡地 重工業	6.2	1		変化なし	変化なし
11	6	315	198	East Side	Remington Arms 跡地（南） 製造業	12.9	1		05 一覧 高	新駅建設にむけ解体済み
12	4	300	196	West End	United Pattern site 軽工業, 機械店舗	3.8	4	○	05 一覧 高 土壌汚染深刻	変化なし
13	–	306	194	West End	Cornwall Patterson and Bridgeport Pressed Steel 跡地：UST3	4.4	1		変化なし	変化なし
14	3	329	192	South End	Jenkins Valve 跡地・Underwood and Sprague Meter 跡地（製造業）	8.5	9	○	再開発完了 野球場・アリーナ	野球場・アリーナ
15	2	312	191	East Side	Bridgeport Brass 跡地（南） RCRA・UST2	21.6	5	○	05 一覧 中 浄化中	一部再開発 (United Rentals)
16	5	314	190	East Side	Remington Arms 跡地（北） 製造業	16.7	1		05 一覧 高	一部解体 新駅開発の一部
17	–	323	185	East Side	Producto Machine Co./ 小規模 RCRA/990 Housatonic Ave	5.6	4		05 一覧	EPABF 補助金（'06）による浄化／一部再開発
18	–	305	185	West End	化学工業・石炭ヤード・ スクラップヤード	5.5	2		不明	不明
19	–	303	181	West End	Bridgeport Gas 跡地	4.5	1		変化なし	変化なし
20	–	311	172	East Side	軽工業等	5.4	6		変化なし	変化なし
21	–	313	171	East Side	Bridgeport Brass 跡地（北） 小規模 RCRA	16.8	5		05 一覧 中	変化なし
22	7	327	166	East Side	GE 跡地 25 Grant St.	12.9	4		05 一覧 低 変化なし	変化なし
23	–	317	164	East Side	GE 跡地 小規模 RCRA・UST2	27.5	1		05 一覧 低 変化なし	建物取り壊し完了／浄化計画策定中／高校建設計画中

*1　網掛けは調査パイロットの再開発戦略立案の対象サイト
*2　City of Bridgeport et al., The Bridgeport Brownfield Pilot Project, December 1996. 表 I-3 を一部翻訳引用
*3　UST：地下貯蔵タンク

Valve 跡地は大規模な再開発が行われ，West End 工業団地も土地取得と土壌汚染の浄化と再開発が進み，戦略的な再生の対象は East Side へ移動した。

　表 6-9 に 2005 年時点と 2014 年現在の状況も整理した。優先対象となった 6 ヶ所のうち 4 ヶ所は，何らかの土地の再利用が進んでいたが，2 ヶ所については土地利用に大きな変化は見られなかった。一方で 1996 年時点では 6 ヶ所の優先対象に選ばれなかった，East Side の GE 跡地や Remington Arms の工場跡地は，後述する市役所の経済開発方針（東ブリッジポート開発回廊）にもとづき，建物の除却や土地の浄化が進められている。

　また，East End 地区の Mount Trashmore については，立地や民間事業者による再開発の可能性は低いが，環境保護庁の浄化補助金が複数回交付され，浄化が進められている。土地単体としては，再開発の可能性を高く評価されていた土地でも，その後の行政の経済開発の方針と合致しない場合は，再開発が進んでいない。

　2014 年現在は，市役所の計画担当者も大幅に入れ替わり，ブラウンフィールド目録は更新されていないが，少なくとも 2006 年前後までは市役所において GIS システムとともに利用されていた。その後は，これまでに抽出された既知のブラウンフィールド・サイトを市が重要視する経済開発回廊に位置付け，その方針に連動するブラウンフィールド・サイトを戦略的に再開発している[26]。

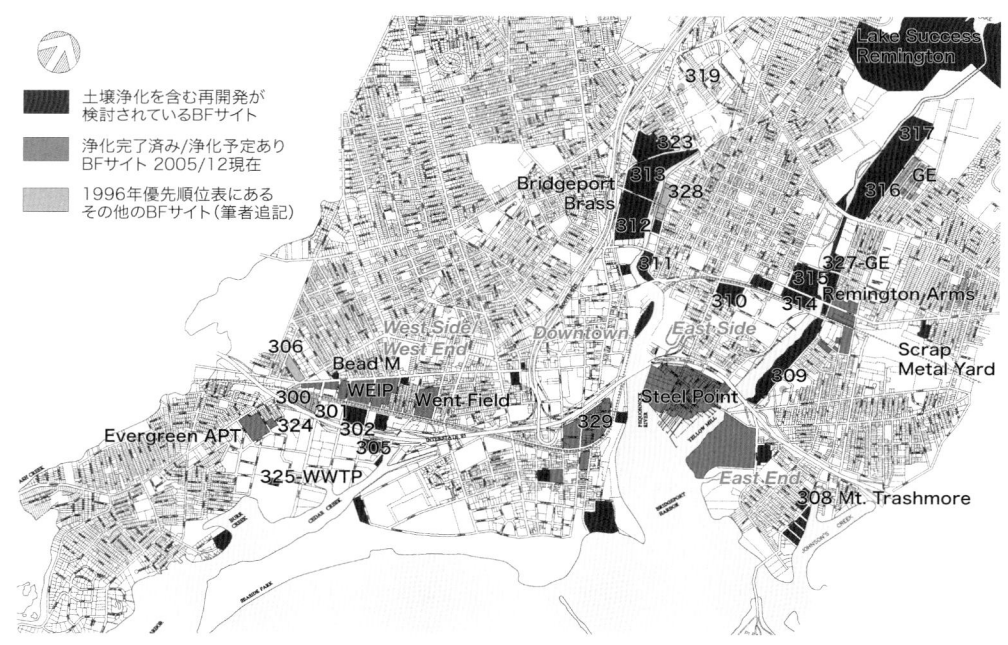

図 6-9　2006 年 1 月のブリッジポート市のブラウンフィールド・サイト一覧図（数字は調査パイロットの優先順位表 ID）

Edward Lavernoich, Brownfields Redevelopment, Notable City Projects, Bridgeport, Connecticut, EBC CT Brownfields Seminar, September 17, 2010, P. 3 に筆者が追記

6.2.10　小括：全米ブラウンフィールド調査パイロットの到達点と課題

　簡潔に述べれば，ブリッジポート市の調査パイロットによる到達点は，ブラウンフィールド再生に関わる多岐にわたる情報を目録化し，環境保護と都市計画の情報を重ねあわせて再生の優先順位を検討する手法が開発されたことである。課題は，ブラウンフィールド再生＝経済開発の位置付けが強く，再生の検討も個別のブラウンフィールド・サイト毎の検討に留まっていた点にあると言える。

1）調査パイロットの到達点

　第1の到達点は，市の主要なブラウンフィールド・サイトを現地調査，固定資産税課税台帳，有害廃棄物等の管理リストなど，多方面の情報を統合して，ブラウンフィールド・サイトの目録を策定したことである。ブラウンフィールド・サイトの基本的な要素である環境汚染の可能性と土地の低・未利用の2つの要素に加え，土地の再利用検討にあたっては，土地所有者の意向や公有地化の可能性（収用・固定資産税滞納による物納）の情報も重要である。

　2点目は，環境汚染への対応と経済開発に資する再開発の可能性という異なる指標を重ねあわせて，ブラウンフィールド・サイトの再生可能性を指標化した点にある。GISによりデータベース化することによって，経済状況や民間事業者の方針に対応して，各項目の重み付けの変化も可能であり，状況や判断基準の変更に対応する努力を重ねた。

　3点目は，指標化されたデータに基づき，市役所と地域の経済界や地区の代表者が，市全体のブラウンフィールド再生戦略について議論を重ね，優先的に取り組む対象を決める計画プロセスを実践した点にある。指標化された情報を材料としつつ，土地所有者の意向や市の経済開発の方針を踏まえた議論が行われた。

2）調査パイロットの課題

　ブラウンフィールド再生事業の経験が少なく，当時の市の経済開発の方針が製造業の再生に力点を置いていたため，以下の2点が調査パイロットの課題として残った。

　第1に，浄化後の土地利用の方針として，再開発の可能性に関する評価が工業または商業用途しか想定していない点である[27]。再開発に関する指標で重視した土地の規模や交通利便性等は，工業または商業用途による再開発を強く意識したものであった。当時の経済開発の方針が，製造業の移転で失われた雇用を何らかの産業（軽工業）で回復するという方針であったため，住宅やオープンスペースの創出など，市民の生活改善，居住地としての魅力向上の可能性は検討されなかった。

　2点目は，複数のブラウンフィールド・サイトを地区のクラスターとして捉えて，地区全体の再生を構想する段階には至っていない点である。West End，East Side，East End という大まかな地区の枠組みに基づいて検討が進められたが，地区全体の再生という観点は言及されていない。複数の区画の統合も検討されたが，登記上分離していた隣接区画を一体として検討する段階に留まり，優先取組区画に選定された土地は，個別に再開発されることを前提に再生戦略の検討が進められた。

　本節で指摘した，工業や商業用途を跡地利用の用途にした，区画ごとのブラウンフィールド・サイト再開発という方針は，2000年代半ばまでのブリッジポート市のブラウンフィールド再生に大きな影響を与えた。

6.3 ブリッジポート市の再生戦略2：自治体の都市計画と再生戦略の関係

本節では，調査パイロット後の市全体の都市計画の方針の変化を概観し，個別地区のブラウンフィールド再生に対する行政のアプローチの前提を整理する。従来の産業誘致を中心とした経済開発から，工業的土地利用の規模を縮小し，居住環境の向上を目指す方向へ土地利用の方針が大きく転換した点が最大の変化である。

6.3.1 1990年代後半から2000年代半ばの政治的な混乱とFinch市長の登場

市の政治は，1990年代後半から2000年代前半にかけて連続して市長が逮捕され混乱した。1991年から2003年まで市長を務めたJoseph Ganimは，2003年3月に市の建設業者から賄賂を受け取ったとして有罪判決を受け9年間の懲役刑を受けた。Ganimの後継者として2003年から市長を務めたJohn M. Fabriziは，2006年に在職中のコカイン利用が発覚し，1期で退任，後任としてBill Finchが選出された。三者とも民主党所属であり，政策の大きな方向性が変化したわけではないが，前節の調査パイロット完了後の市の政策変化の前提として整理しておきたい。

Finchは2007年に着任後，2014年現在まで市長として活躍している。Finchは，持続可能性の向上を推進する市長令を出し，持続可能性を政策の中心に据えた。2008年には，2020年を目標年次に設定した市のマスタープラン（2008年計画，Master Plan of Conservation & Development）が提出された。さらにより広範囲な政策を連携させた計画BGreen 2020 Sustainability Planが，2010年に取りまとめられた。

6.3.2 産業の再立地を目指した1996年計画

6.2で述べた調査パイロットとほぼ同時期の1996年に策定されたマスタープラン（1996年計画）は，土地利用図を策定することを再優先にして取り組んだ。前回（1986年）のマスタープランは土地利用計画図がない政策を重視した計画だったため，1996年計画に基づき市は1949年以来のゾーニング変更を実施した[28]。

1986年マスタープランでは，再開発とインフィル型開発（既成市街地の空き地等を活用した開発）に重点が置かれていたが，1996年計画は，1986年以降に計画された市の経済開発プログラム（Overall Economic Development Program, 1994）の目標を取り込み，工業開発，ウォーターフロントや港湾開発，ダウンタウンの再生などが，計画に取り込まれた。また，調査パイロットの影響と考えられる環境浄化の目標も設定され，最終的に8分野で26の目標が示された。

Steel Point地区の再開発を意識したウォーターフロント開発が強調され，将来土地利用図においてもWaterfront Developmentという名称の用途が設定された（口絵5）。一方で，調査パイロットによってその分布が明らかになっていたブラウンフィールドについては，環境浄化の推進という抽象的な目標にとどまり，将来土地利用図には反映されていない。調査パイロットの主な対象となったWest End，East Side，East Endの3地区の低・未利用地の大半は，軽工業の用途が設定されており，浄化後も工業的な土地利用を継続する方針が示されている。

1996 年計画は，調査パイロットで示された市役所の方針と同様に市内の広大なブラウンフィールド・サイトの大半は，落ち込みが続いていたブリッジポートの経済を再建するために産業立地を進める方向で策定されている。次項で述べる 2008 年計画までの約 10 年間のブリッジポート市のブラウンフィールド再生は，工業団地（Industrial Park）が多く，1996 年計画やそれ以前に策定された経済開発方針の影響が確認される。

　当時，周辺の都市では，1990 年代後半，既に脱工業化の動きが加速していた。スタンフォードは，UBS の米国本社を誘致し，従来から進めていたニューヨーク市からの主に金融関係の本社機能の移転を積極的に進めた。ニューヘイブン市は，Yale 大学を活かして研究開発拠点による都市再生を目指していた。

　ブリッジポートは，大企業の誘致を行うには，治安の問題が大きく，ブリッジポート大学を都市再生の中心に据えることは規模の面でも知名度の面でも困難であった。1995 年当時の都市計画・経済開発局長が述べた「我々はブリッジポートに Fortune 500 の企業やスイス銀行（その後 UBS）を誘致できないことをわかっている。ダウンタウンに Yale 大学があるわけでもない。ブリッジポートは，ブルーカラーの町であり，工業で豊かになった町である。だから，我々は市内に立地する既存の産業を支援することに注力する。現在の立地では拡張が難しい企業には，土壌汚染地を活用してより広い移転地を準備し，そこへ移転するように説得したいと考えている[29]」という言葉が，1990 年代の同市のブラウンフィールド再生戦略を象徴している。

　1990 年代前半のカジノ構想の対象ともなったダウンタウンに近接する Steel Point や Jenkins Valve 跡地は，ダウンタウンの延長として複合用途による再開発の方針が示された。ウォーターフロント開発が注目されていた時期でもあり，ダウンタウン周縁部に限っては，市役所も工業以外の用途の可能性を追求していたことがわかる。

6.3.3　再工業化からの転換

　前項で指摘した通り，ブリッジポート市は 1990 年代後半から 2000 年代半ばまで既存製造業の拡張支援や工業の再立地を目指す経済開発戦略を採ったが，市内の製造業の縮小に歯止めをかけることはできなかった。市役所の都市計画に明確な変化が生まれるのは，2008 年計画からであるが，2005 年前後から再工業化の限界を認識し，新たな都市の再生戦略を検討する動きが生まれていた。本項では，再工業化の限界と新たな経済開発戦略の模索を，主として市が策定した 2005 年および 2007 年の総合経済開発戦略（Comprehensive Economic Development Strategy）に基づいて記述する[30]。

　当時の市の雇用は，1990 年時点で市全体の雇用の約 2 割を占めていた製造業が縮小を続け，2005 年時点で 12.4% まで低下していた。相対的に存在感を高めた分野は，Bridgeport Hospital や St. Vincent's Medical Center 等の医療分野であり，製造業に代わって市内最大の雇用分野となっていた。

　2005 年の経済開発戦略では，産業クラスターの形成等の目標を掲げ[31]，製造業の立地を推進する方針を継続する一方で，新たな経済開発戦略の模索も始まった。その動きの代表的な例が，2005 年に行われた市役所と Bridgeport Regional Business Council の委託による Urban Land Institute（ULI）への都市再生に関する調査の委託である。

ULI による委託調査の結果を受けて，市役所は，許認可プロセス改良，経済開発支援システム改良，不動産開発の機会に関する調査の3点について，それぞれ地元経済界や学識経験者による委員会を設置して ULI の委託調査の結果を精査した。その一つである不動産開発委員会は，製造業誘致からの脱却と住宅を中心とした複合市街地による再生の方針を示した。「製造業の過去10年間の減少傾向は今後も変わる可能性が低い」と述べ，「工業用途の土地を住宅や複合用途等に用途変更すべき」と指摘している。

ULI の委託調査とその後の市が設置した委員会による議論は，その後のブリッジポート市の経済開発戦略に一定の影響を与えた。2007 年に大幅に改訂された経済開発戦略は，2007 年から2012 年の5年間を計画年次として，製造業から住宅を中心とした複合用途への転換を明確に打ち出した[32]。具体的には，低・未利用の工業用途の土地を住宅を中心とした複合用途へ転換し，水域に面する土地への公共アクセスを強化する方向性も明示された[33]。これらの方針は，次項の 2008 年計画によって具体化することになる。

6.3.4　2008 年計画による回廊型の土地利用方針とオープンスペース強化

Finch 市政下で策定された 2008 年計画は，回廊型土地利用方針の導入，工業用途縮小，公園・緑地等のオープンスペース強化の3点が特徴である。ブラウンフィールド再生は，各方針に密接に関係する重要な対象として位置付けられた。

2008 年計画は，1996 年計画からゾーニングの方針は変更していないが，Transit Corridor と呼ぶ骨格的街路[34]を定め，その沿道に限定してやや密度の高い商業と住宅の複合用途に設定した。既存のロードサイドの商業施設の再開発に合わせて，集合住宅を併設した密度の高い都市型の住宅ストックの導入を意識している。骨格街路以外の住宅は低密度の住宅地域に変更しており，密度のメリハリを意識した計画である（口絵8）。

また，大規模な工場跡地等を工業用途から複合用途に変更して，工業に偏重していた市の産業転換を意識した計画となった。1996 年計画で全体の約 20% だった工業用途は約 10% 程度まで低下した[35]。具体的には，East Side 地区北部にある GE 工場跡地や Knowlton St. 沿道，West End 地区の State St. と Fairfield Ave. 等が工業用途から主に複合用途へ変更された。Steel Point やダウンタウン東側に設定されていた Waterfront Development が廃止され，複合用途地区に統合された。工場跡地の用途として軽工業も意識していた 1996 年計画と比較すると，工業用途の土地需要が減退していることを明確に意識した計画と言えるだろう。2008 年計画では，用途変更の背景として，前項で述べた 2007 年の総合経済開発戦略も参照している。

土地利用転換に関連して，East Side 地区のブラウンフィールド・サイトが連担する地区を南北に貫通する Seaview Ave. の改良も提案された。I-95 州間高速道路から Route 1 に至る部分であり，周辺の土地利用転換と並行して，歩行者空間も十分に確保された都市的な街路とすることが提案された。将来的には GE 跡地やさらに北側の Lake Success への延長も検討された。なお，この Seaview Ave. の改良は，次節で述べる新駅の誘致と道路沿道の East Bridgeport 開発回廊の計画へ展開する。

また，持続再生や環境を重視する Finch 市長の政策に対応し，環境面では"Greener Bridgeport"というコンセプトが掲げられ，「ブラウンフィールド・サイトの浄化と再開発」の結果として「公園とオープンスペースの拡大と高質化」や，「水辺への公共アクセスの改善」

など，従来の経済開発に加えて新たな目標も具体的に示された[36]。土地利用計画図においても，ダウンタウンからPequonnock川とYellow Mill Pondに沿って緑道が書き込まれ，East End地区やSouth End地区においても緑地をネットワーク化する方針が明示された。緑地計画の現状分析においては，主なブラウンフィールドが緑地や公園等の資源とともに整理され（図6-10），「非活動的・活動的レクリエーション用途に供することや，雨水管理対策の能力を向上するために，戦略的な位置の未開発のブラウンフィールドをオープンスペースのために取得する[37]」ことが政策として明示された。

　1996年計画は，ブラウンフィールド・サイトを産業立地を促進する土地として区画単位で再開発することを念頭においていたが，2008年計画は，ブラウンフィールド・サイトを市全体の空間計画に位置付け，オープンスペースの創出や複合用途へ転換する方針へ変化した。また，従来は市街地の分断要素として認識していた水域についても，2008年計画ではオープンスペースの骨格と位置付け，従来のEast SideやEast Endといった地区類型に限定されない空間計画の進展を促した。

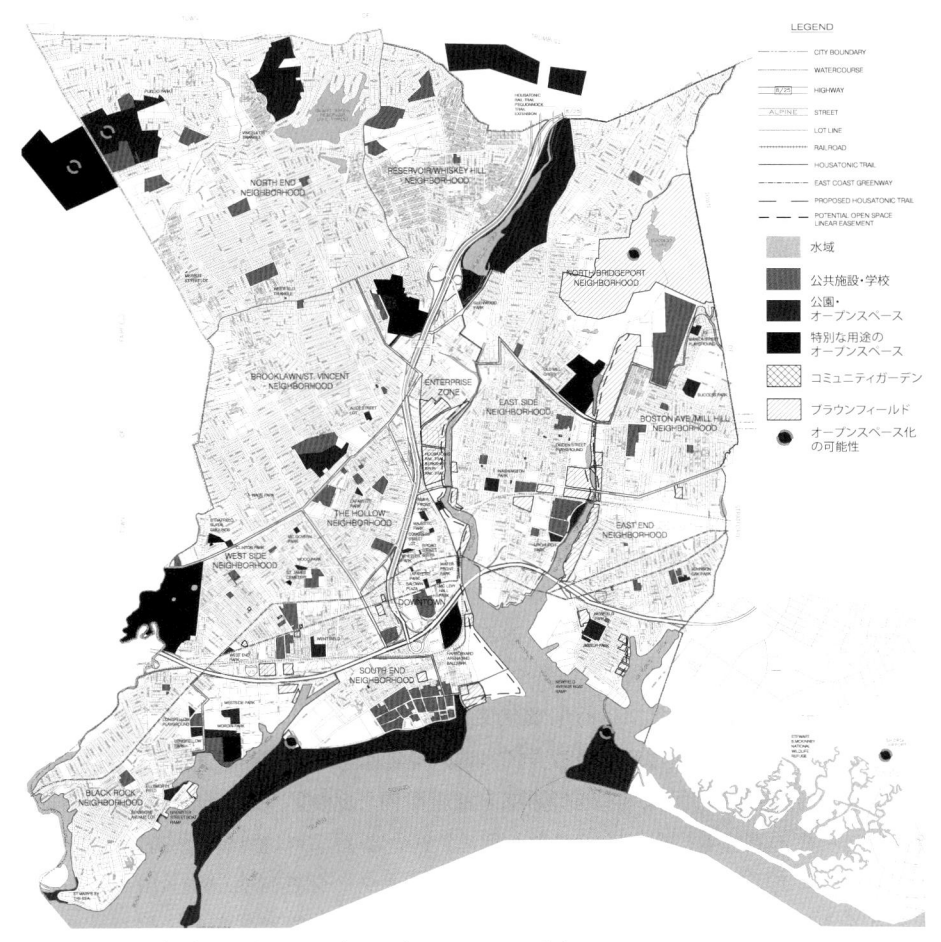

図6-10　2008年計画の公園およびオープンスペースの分布
City of Bridgeport, Master plan of Conservation and Development, Bridgeport, Connecticut, March 2008, pp. 83-84 Fig. 6-1 を引用，一部翻訳

6.3.5　BGreen 2020 Sustainability Plan と近年の取組

　2008年計画は，ブラウンフィールドの再生後の用途の考え方を大きく変えたが，枠組みとしては従来の都市計画マスタープランの改訂という位置付けであった。市は，同計画に続いて2010年に持続可能性をコンセプトの中心に据え，Sustainability Plan と呼ぶ総合計画（BGreen 2020）をブリッジポート地域ビジネス協議会と共同で策定した。同計画は，都市計画に留まらず，リサイクルの推進を中心とする廃棄物処理戦略，再生可能エネルギーの導入を中心とする市のエネルギー戦略，環境教育戦略，行政の調達に関する戦略など，持続可能性に関する市の政策を総括する計画であった。本書では，都市計画や環境保護政策に関わる部分を中心に分析する。

　空間計画に関しては，ブラウンフィールドの存在と海水面上昇の2点が大きな課題として取り上げられた。2008年計画でも強調された水辺の公園緑地整備は，ブラウンフィールド再生とともに海水面上昇への対応という観点からも正当化された。また，公共交通の利用促進が掲げられ，歩行者や自転車，公共交通の利用にも配慮した形態へ街路を改変する "Complete Streets" が戦略として掲げられた。また，2008年計画にはなかった新たな計画として，East Side と East End の境界付近にあたる Yellow Mill Pond の北端付近に新たな鉄道駅の建設を検討する方針が示された（図6-11）。

　近隣地区の改善，特に都市荒廃への対応として，問題ある建物の除却や土地の整理を推進するために，住宅・都市開発省の近隣地区安定化事業の導入も進められている。同事業で交付された39.2億ドルを活用して，物納された不動産や荒廃した不動産の購入と修復を進めており，次のフェーズでは対象地区として Hollow 地区と East End 地区を選定して，低所得者向け住宅の供給を予定している。

　2012年4月の都市計画・経済開発局の議会への説明では，戦略的テーマとして，「ダウンタウンへの投資」，「近隣地区の改善」，「既存事業の拡大」，「ブラウンフィールドの変化（Transforming）」，「クリエイティブ経済の成長」の5つの方針が示されている。ブラウンフィールド・サイトは依然として市の政策のなかでは重要な位置を占めているが，近年は市の都市計画や経済開発の目標に対応して，サイト毎の具体的な再生方針が打ち出されつつある。

6.3.6　公園マスタープランの策定

　2008年計画および BGreen 2020 で位置付けられた公園やオープンスペースの強化は，2011年の公園マスタープラン[38]によりさらに詳細化・具体化が進められた（口絵10）。計画は，「市全体の公園およびオープンスペースの考え方（Park System）」，「公園サービスを提供する様々な主体の協力関係」，「地区ごとの主要な公園の整備計画」，「市内の公園に関する基準」の4点で構成される。

　市全体の Park System においては「多様な水辺空間が，Park City の伝統を支える，相互に接続したネットワークとして，ブリッジポート市に新たな遺産を提供する」とコンセプトを打ち出し，水辺を活用した既存公園のネットワーク化を改めて主張した。

　また，マスタープランの実現と公園の維持管理にあたって，学校（教育委員会），近隣地区，民間事業者との協力を重視した。大規模公園は市が継続して管理を続ける一方で，近隣地区に小規模公園の維持管理を任せるとともに，学校の運動場の一部を一般開放することで不足する

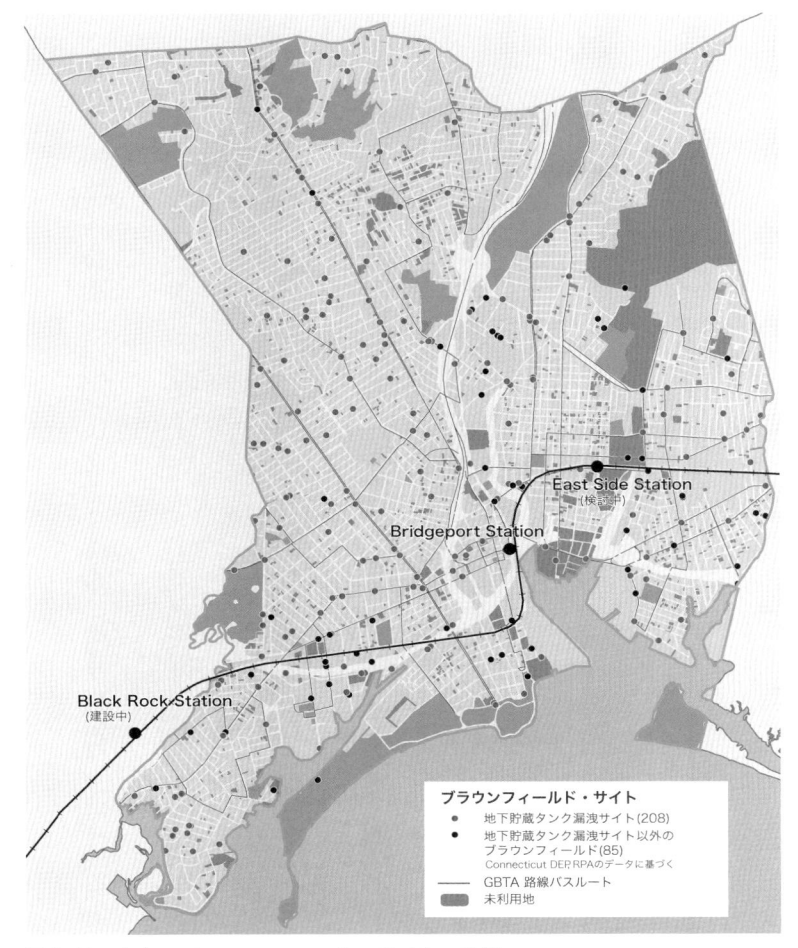

図6-11　市内のブラウンフィールド・サイトの位置
City of Bridgeport, BGreen 2020, March 2010, P. 7 より引用，一部翻訳

公園ニーズに対応することを明示した。

　各地区の公園整備の前提として，自動車アクセス，人口密度，所得，人種多様性に基づいて，町丁目ごとに公園ニーズを分析し，East Side 地区，East End 地区，West Side 地区等のブラウンフィールド・サイトを多く抱える地区が他地区よりも公園ニーズが高いことを示した（図6-12）。

　地区別の公園計画では，地区内で特に重要な公園の改良計画が整理されている。6.6.7 で詳述するブラウンフィールド・サイトを公園化した Knowlton 公園（口絵9）も，East Side 地区の詳細計画のなかで新たな公園として位置付けられた（図6-13）。新駅建設予定地も Yellow Mill Pond に沿って緑地帯が計画されており，水辺のブラウンフィールド・サイトをオープンスペースとして活用する方針が改めて示された（図6-14）。

6.3.7　小括：ブリッジポート市のブラウンフィールド再生戦略の変化

　本節では，1996 年計画から 2008 年計画での大きな方針の転換と，その後のブラウンフィー

図 6-12　都市全体の公園の必要性
濃い色ほどニーズが高い，車でのアクセス性，人口密度，収入，人種多様性
を統合して分析した各地区の公園の必要性
City of Bridgeport, The Parks Master Plan 2011 Executive Summary, April
2012, P. 22

ルド再生に関係する市の都市計画の展開を分析した。

　自治体のブラウンフィールド再生戦略に最も大きな影響を与えた点は，1990 年代の産業の再
立地を目指していた経済開発方針とそれに基づく土地利用計画から大きく変化し，住宅を含む
複合用途による工場跡地再生の方針を示した 2008 年計画や 2007 年の総合経済開発戦略である
と言えるだろう。2000 年代半ばまでは政治的にも安定せず，1990 年代の計画を継続実施して
いたが，Finch 市政下で 2008 年計画以降，BGreen 2020，公園マスタープランが策定され，
1990 年代の計画から空間計画も大幅に刷新された。それに対応して，自治体のブラウンフィー
ルド再生戦略は，個別区画の工業用地としての再開発を中心としたものから，住宅を含む複合
用途による利用や居住者を意識した緑地やオープン・スペース等の創出に変化したことが明ら
かになった。

　調査パイロットで見出された市内のブラウンフィールド・サイトのうち，West End 地区や
ダウンタウン周縁部は，事業の時期が早かったため，1996 年計画の方針に基づく対応事例が
多い。一方，East Side 地区は事業化が遅れていたため，2008 年計画以降の新しい空間計画の
中で位置付けられ，具体的な再生方針が示され近年事業化が進められている。

図 6-13　Knowlton 公園及び Waterview 公園を位置付けた East Side 地区の公園配置計画
City of Bridgeport, The Parks Master Plan 2011 Executive Summary, April 2012, P. 98

図 6-14　Waterview 公園として整備される新駅南側の公園・水辺・学校の計画方針
City of Bridgeport, The Parks Master Plan 2011 Executive Summary, April 2012, P. 100

6.4　ダウンタウン周縁部のブラウンフィールド再生

本節以降, 1990 年代以降の地区別のブラウンフィールド再生の実態を整理する。本節では, ダウンタウン周縁部として整理されるエリアの再生状況について述べる。調査パイロットで再開発戦略立案対象地に選定された① Jenkins Valve 跡地, 1980 年代から都市再開発事業による面的な再開発を市役所が主体となり進めている② Steel Point 地区の 2 地区が主な分析対象である。ダウンタウン北側の Bridgeport Brass 跡地の一部も近年再利用が進んでおり, 同地についても再生の概略を整理する。なお, 詳しくは取り扱わないが, ダウンタウン北側の Bridgeport Brass 跡地は, 一部分は所有者が自主的に浄化を行い, 2008 年に United Rentals 社の施設として再開発されている[39]。

ダウンタウンでは既存建物の再生や駅周辺の公共交通乗換施設の整備[40]が進められたが, 大規模な工場跡地が少ないため本書では詳細は検討していない。

6.4.1　Jenkins Valve 跡地

Jenkins Valve 跡地は, ダウンタウンに隣接する大規模な工場跡地であったが, 民間事業者と州の資金を活用して, 短期間で野球場とアリーナとして再開発が行われた。

この土地は, 調査パイロット開発候補地の中で最も中心市街地に近く, 鉄道駅や州間高速道路のランプも近い, 市の玄関口に位置している。Jenkins Valve は, 工業用のバルブ工場だったが, 1988 年に閉鎖, 売却された。その後は地元の銀行である The Bank Mart による再開発計画[41]や, Donald Trump によるカジノ計画の対象となったが, いずれも実現せず 1990 年代

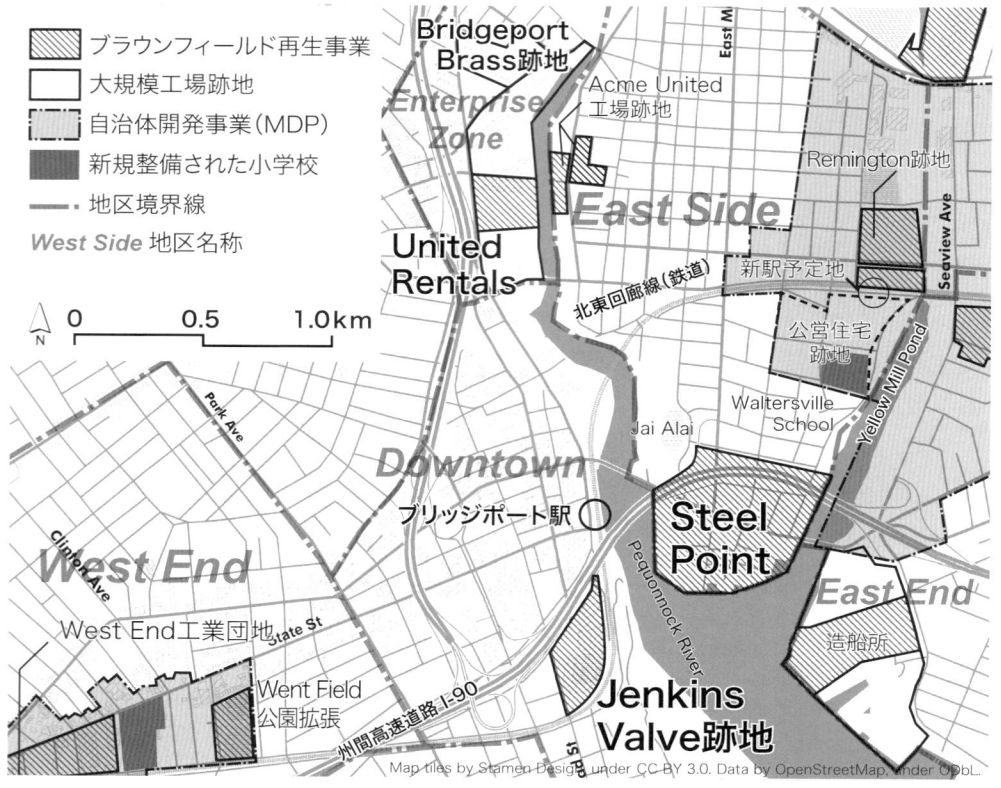

図6-15 ダウンタウン周縁部のブラウンフィールド再生事業の分布

図6-5の一部を再掲

半ばまで放置された状態が続いた。また，同跡地に隣接して，Sprague Meter 工業と Drummond McCall 社の2つの区画もブラウンフィールド・サイトとして，15年以上放置されていた。州間高速道路および鉄道の双方から視認されやすい場所にあり，ブリッジポート市の製造業の衰退を象徴する工場跡地の一つであった。市は再開発着手前に既に敷地の約半分を所有していた[42]。

　これらの跡地は，調査パイロットにおいては，再開発戦略立案対象地の6ヶ所の一つとして取り上げられた。立地が極めてよく，駐車場も確保できるため，工業・オフィス・大規模小売施設・エンターテイメント施設としても十分に開発可能であるとされた。また，再開発戦略検討の過程でフェーズⅠの地歴調査が完了し，環境浄化にかかる費用が推定された。

　このフェーズⅠの地歴調査をもとにして，Zurich Re corporation が再開発に参入し約1,100万ドルを投資[43]して，浄化と再開発事業を行うことになった。市役所は700万ドルの公債を発行して事業を支援[44]，州政府も200万ドルの補助金を交付した。その結果，同跡地は1998年に5,500席の野球場として再生され，マイナーリーグの球団の本拠地となった（口絵6）。また，近接していた土地には，10,000席のアリーナ（口絵7）と立体駐車場が建設された。アリーナはアイスホッケーやコンサート会場として利用され，立体駐車場は鉄道駅利用者のためのパーク・アンド・ライド施設として利用されている。これらの施設に対しては，州が3,500万ドル，市役所は1,000万ドルを投資した。隣接地は，土壌の浄化完了後イベント時の平面駐

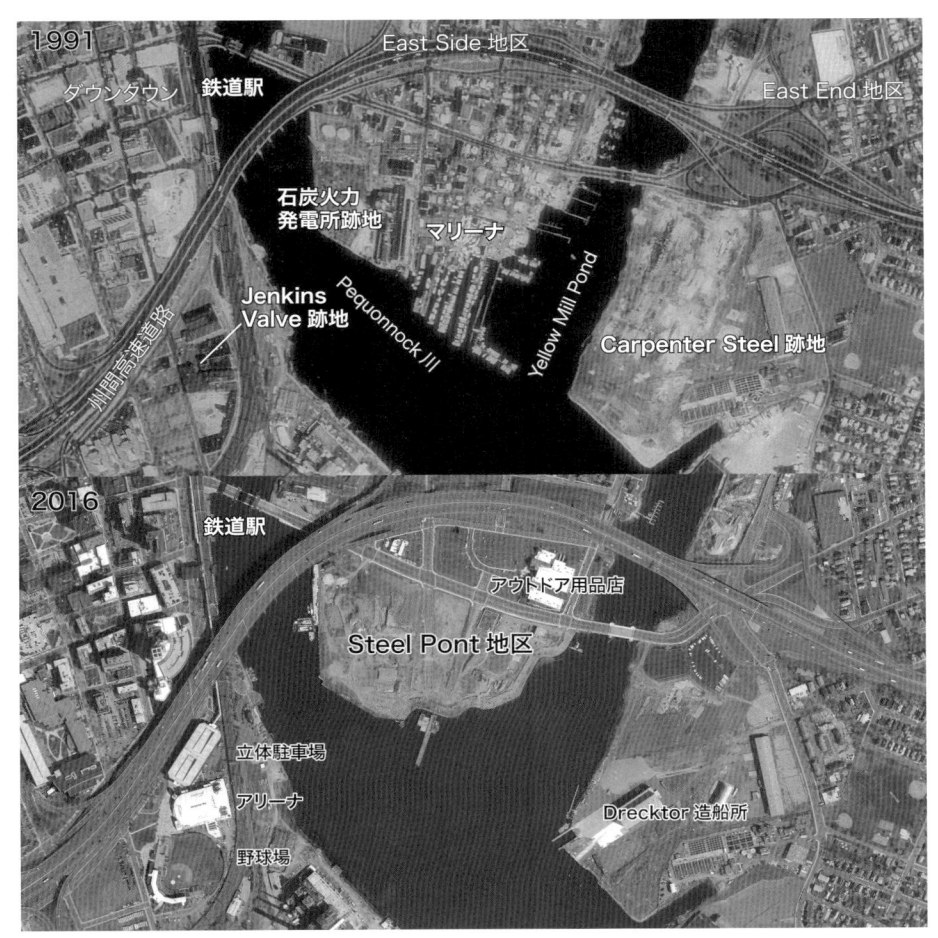

図 6-16　Jenkins Valve 跡地および Steel Point 地区周辺の変化
USGS 所蔵の 1991 年空中写真と 2016 年空中写真に筆者追記

車場として利用されており，立体駐車場としての活用も検討されている。

6.4.2　Steel Point 地区

　Steel Point 地区は，ダウンタウンに隣接する East Side 地区の南端に位置しており，市役所が 1980 年代から計画してきた面的なウォーターフロント開発事業である。地区の一部に石炭発電所の跡地を含む。土地取得や計画と事業者の決定に長い期間を費やし，2010 年代にようやく工事が開始された。

1）事業の経緯

　Steel Point の名称は，この地区で操業していた Bridgeport Steel Works に由来する。この地区には，1983 年まで稼働していた石炭火力発電所や，マリーナや一般住宅，食用貝関係の産業が立地していた。

　1980 年代前半に市長であった Leonard Paloletta によって，1983 年に同地区の再開発が初めて計画された。当初は，Harbor Pointe という名称で大規模な商業施設の誘致を狙ったが，開発事業者として指定した民間事業者が資金を集められず実現に至らなかった[45]。1990 年代に

図 6-17　Steel Point 地区の空中写真（1932）
Bridgeport History Center, Bridgeport Public Library 所蔵

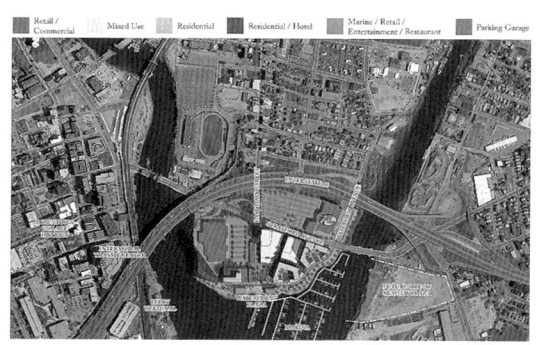

図 6-18　Steel Point 地区の 2014 年時点の土地利用計画
The Steelpoint Project Website, http://www.bldsteelpointe.
com/the-steelpointe-project/, 2014/11/10 参照

図 6-19　Steel Point 地区の全体鳥瞰図
The Steelpoint Project Website, http://www.bldsteelpointe.
com/the-steelpointe-project/, 2014/11/10 参照

はカジノの誘致計画もあったが州議会で賛成を得られず失敗した。

　その後は，Harbor Place という名称で民間事業者である Alex Conroy 社が再開発を試みたが，開発資金を確保できずに失敗した。現在は，2001 年に開発事業者に選定された RCI グループが，市による土地取得とインフラ整備と並行して開発の検討を続けている。市は 2000 年代以降，収用権を用いて複数の裁判を経て土地取得を進めた。

　2010 年代に入り，連邦運輸省の TIGER 補助金[46] として，1,100 万ドルが交付された。また，2013 年には州債委員会により，900 万ドルの補助金と TIF による 2,200 万ドルの州債の起債を認められた。2014 年現在，これらの資金を用いて地区内の街路整備や盛土[47] が行われている。2014 年 4 月には，開発事業者である RCI グループに対して，市から最初の土地売却が行われた[48]。Stratford St. 沿道に大規模アウトドア用品店 Bass Pro の立地が決まり，カフェやファーストフード店と共に 2015 年に開業している（図 6-16）。

2) Steel Point 地区の長期化の要因

　Steel Point 地区に対しては，1987 年の計画段階から 2013 年の土地取得に至るまで，州政府が数多くの経済的な支援を行っている[49]。環境保護庁の補助金は調査パイロットを含め，交付の対象となっていない。近年，ようやく具体的に事業が動きはじめたが，市は同地区の再開発に 30 年以上も費やしており，再開発計画としては課題が残る。地区の西側は大規模工場跡地だが，東側は中小規模の住宅やマリーナ，レストラン等が立地しており，土地の明け渡しを求める訴訟や収用に長い時間を費やした。また，市内に既に存在する産業や需要ではなく，外部からのカジノや大規模ホテルの誘致を狙った再開発計画で事業を進めた結果，経済の状況に大きく左右されて事業全体の見直しを何度も行うこととなった。

　コネチカット州のスタンフォード市には本地区とよく似た立地条件の Harbor Point 地区というブラウンフィールド再生事業がある。同事業は，再開発の対象を工場跡地のみに限定し，既存住宅地や商業地を買収せずに残した。また，ニューヨークへの通勤や駅周辺の企業従事者の利用を見込んだ住宅用途で再開発しており，カジノや大規模ホテルを検討したブリッジポートとは対照的である。

6.4.3　小括：ダウンタウン周縁部のブラウンフィールド再生

　市のダウンタウンは，その歴史的発展の経緯から，河川や海に面した場所に位置しており，東側の East Side 地区は大型の船舶が出入りするため橋も少なく，ダウンタウンと連担しているとは言えない環境にある。さらに，19 世紀の鉄道の建設，第 2 次世界大戦以降の州間高速道路網の拡大により西側の West End 地区や南側の South End 地区との関係が断絶され，ダウンタウンは交通インフラに囲まれた孤立した状態にある。市役所は水域を挟んだ反対側にあたる East Side 地区の南端部の Steel Point 地区やダウンタウン南側の Jenkins Valve 跡地を拡大ダウンタウンと捉え，1990 年代から，他地区のブラウンフィールド・サイトとは異なる考え方をとって，再開発の戦略を立案してきた。

　Jenkins Valve 跡地のスポーツ施設やエンターテイメント施設の建設は，ダウンタウンの経済的再生を意図して，1990 年代から現在に至るまで全米の多くの都市が実施してきたダウンタウンへのプロ・スポーツ誘致の動きの典型例と位置付けることができる。本来であれば中心部に立地させたいが，開発用地の不足や交通問題が懸念されるため，中心部には建設しづらい，大規模集客施設用地として再開発される事例が多く，Jenkins Valve 跡地も同様の戦略で再開発された。Steel Point 地区で当初計画されていたカジノも同種の大規模集客施設に整理される。Steel Point 地区は州間高速道路により East Side の既存コミュニティとは完全に分断されている。市は，その点を逆手にとって，経済的困窮地区であり治安にも問題があった[50] East Side 地区とは切り離し，住宅を含む複合開発を計画，拡大ダウンタウンとして再開発を目指した。2008 年計画までは，産業の再立地を目指していた市内の他の工場跡地とは大きく異なる方針であった。

　Jenkins Valve 跡地が短期間で完了しているのに対し，Steel Point 地区は開発の事業化に非常に長い期間がかかっている。政治的なスキャンダルをはじめ，様々な理由が考えられるが，工場跡地以外の既存の住宅やマリーナ，商店を都市再開発事業の収用権を前提に，広範囲でクリアランスする計画であった点が大きな原因の一つと考えられる。

ブラウンフィールド再生において，地権者数が少ない特定の区画の取得等に都市再開発事業を利用することは有効であるが，既存の所有者，利用者がいる地区で面的なクリアランスを計画すると，既存地権者の反対や協議の長期化という都市再開発事業の典型的な課題に直面することを示している。

6.5　West End 地区

6.5.1　West End 地区の現況

　West End 地区は，ダウンタウンの西側に位置している。移民が多いブリッジポート市のなかでも，West End 地区は，East Side や East End と並んでヒスパニックが多く居住している地域である。

　地区の中央部を東西に State St. と鉄道，高速道路が横断している。鉄道の南側は工業系用途が中心であるのに対し，State St. の北側は住宅系の土地利用が中心であり，小規模な小売店舗や事務所が幹線道路沿いに並んでいる。

　West End 地区で行われた主なブラウンフィールド再生事業は，State St. と鉄道に挟まれた部分にあたる West End 工業団地（West End Industrial Park）とその東側にあたる Went Field 公園の拡張である（図6-21）。前者は，市の産業の再生を目指した 1990 年代の市の方針を具体化しており，同市における最初期の再生事業である。

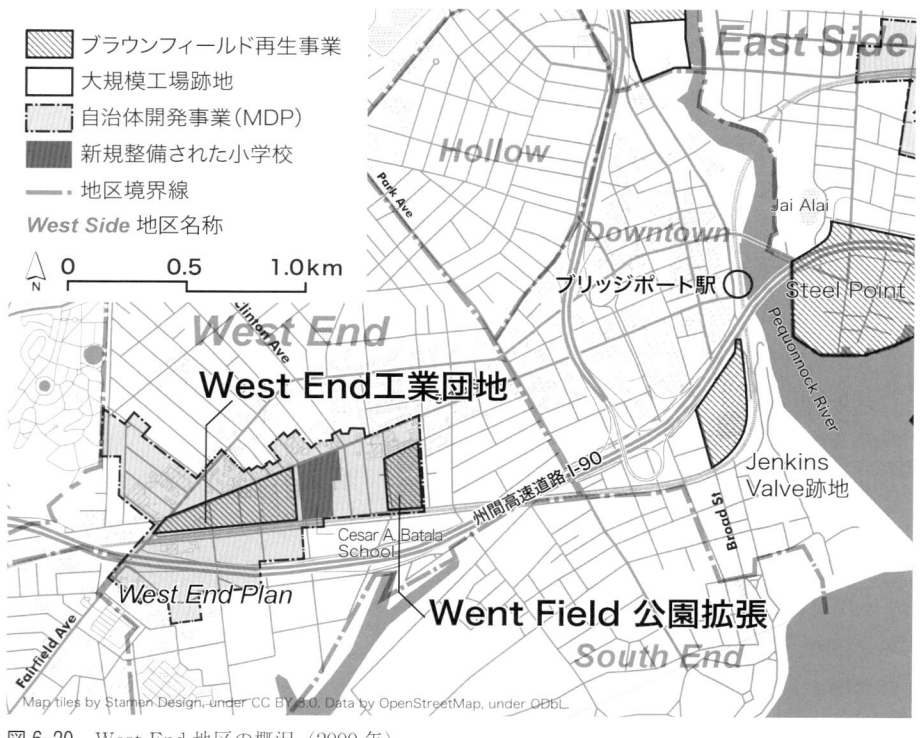

図 6-20　West End 地区の概況（2000 年）
図 6-5 の一部を再掲

6.5.2 West End 工業団地

West End 工業団地は，1990 年代に市と州が協力して進めた Bryant 電気（Bryant Electric）工場跡地を中心とするブラウンフィールド再生事業である。

1）事業の経緯

West End 地区は，1970 年代から 1980 年代において複数の主要な工場の閉鎖を経験したが，それでもなお 1990 年代初頭において市全体の工業用途からの税収の約 2 割を占めていた[51]。一方で同地区では，1990 年代初頭の段階で，約 100 万平方フィートの土地が低・未利用地として放置されており，再利用が困難な工場の建物と土壌汚染への対応が課題となっていた。ニューヨーク方面からの高速道路からのアクセスも良く，基本的な社会基盤は整備されており，立地の面では同地区の再開発の可能性は高く評価されていた。

そのため，市役所と州政府は，1990 年代初頭から，West End 地区の工場跡地を利用して，軽工業を中心とした新たな工業団地を建設することを決め，市の経済再生を目指した。1993 年 6 月[52] に州政府は公債を用いて，市の West End 地区都市計画検討に 28.3 万ドルを交付，さらに工業団地の用地となった Bryant 電気の建物解体に 200.2 万ドルを拠出して，高速道路からのアクセスに優れた同地区の工場跡地再生を推進した[53]。市役所は，1994 年に自治体開

図 6-21 West End 地区の主なブラウンフィールド再生による変化
USGS 所蔵の 1991 年空中写真と 2016 年空中写真に筆者追記

図 6-22　取り壊し前の Bryant 電気 正面入口
Library of Congress 所蔵．View West Southwest of
Building 7, Bryant Electric Company, 1421 State Street,
Bridgeport, Fairfield County, CT．1995 年撮影

図 6-23　AKDO 社の社屋（2014）

図 6-24　Chavas Bakery（2014）

発事業として West End 開発地区（位置は図 6-20 参照）を設定し，州政府が認可した。市と州
の出資によって設置された公社が土地の取得や開発者の誘致などを担った。

　工業団地は，State St. の沿道にある Bryant 電気跡地を中心に約 12 エーカーの規模であっ
た。市は約 1,000 万ドルを州から，200 万ドルを住宅・都市開発省から得て，Bryant 電気周
辺の工業用途の土地の買収を進め[54]，新たな工業団地として再開発した。1996 年から 1999 年
にかけて，既存建物を解体，一部の土地は収用も実施している。また，州の公債を用いて，工
業団地が面する West End 地区の骨格街路である State St. の歩道等の整備も進められた。工
業団地側も街路沿いを緑化して，倉庫等の出入口は表通りに面していない部分に設けられてい
る。

　2000 年には同工業団地で最初の事業である Chavas Bakery が，州の補助を得て竣工した。
現在は，Chavas Bakery に続いて Dari Farms，AKDO 社，A1 Trucking Supply が立地して
いる[55]。また，2012 年には，北米で最大の燃料電池工場が工業団地内に立地することが決ま
り，2013 年に竣工した[56]。

図 6-25　West End 工業団地　空中写真
Edward Lavernoich, Brownfields Redevelopment, Notable City Projects, Bridgeport, Connecticut, EBC CT Brownfields Seminar, September 17, 2010, P. 11

6.5.3　Went Field 公園の拡張

Went Field 公園の拡張・再整備は，土壌汚染地を子供の利用頻度が高い公園として再生するため，土壌汚染対策について丁寧な意見交換が行われた点が特徴である。

1）事業の経緯

Went Field は地区内最大の公園であり，地区のほぼ中央部に位置している。近隣の高校のアメリカン・フットボール・チームは市内で唯一練習場を持っておらず，同じく近隣の小学校は屋外の運動場がない[57]ため，同公園は地区の住民（特に子供たち）の大切な遊び場であった。そのため，地区住民は公園の再整備にあたり，十分な住民参加を行うことを求めた。

拡張の対象となったのは，公園の北側にある Exmet 社（金属押し出し成型）と Swan Engraving 社（印刷工場）の 2 社の土地で，1989 年の閉鎖以来放棄されていた。工場の閉鎖が相次ぎ治安が悪化していた West End 地区において，この 2 社の空地は，ドラッグ売買が行われるなど，地区内でも特に危険な場所となっていた。

市役所は，州間高速道路からも近い同公園を地区全体の玄関口を整備する事業と考えており[58]，1996 年頃から Went Field の修復と拡張を行うことを決定して利害関係者を巻き込みながら再生に向けた計画立案を開始した。

2）環境保護庁等の公的支援を活用した事業実施

市は Exmet 社跡地に対しては調査パイロットを活用して 1997 年から 2000 年にかけて土壌調査を実施した。また，2000 年には環境保護庁のブラウンフィールド調査補助金を Swan Engraving サイトに適用した。この調査により地下水から低濃度の化学溶剤（トルエン・塩素系溶剤）が検出された。化学溶剤の濃度は，州の基準の範囲内だったため完全な除去措置はとられず封じ込めで対応が行われた。調査結果と対応に関して，住民と市役所の協議が行われ，浄化や公園整備の方針が整理された。浄化には，約 440 万ドルの費用が投じられた。公園の整備には，市役所の公債，住宅・都市開発省や国立公園局，州環境保護局による補助金に加え，地域住民らによる募金も用いられた。

3）拡張の過程における住民参加

　市役所は，当初環境保護庁から義務付けられていたために形式的に住民参加の形態をとっていたが，事業の進展とともに市役所も住民参加によって得られる価値を認識しはじめ，積極的に市民とのコミュニケーションを行うようになっていった。計画プロセスにおいては，英語をうまく使えない住民のためにスペイン語の通訳が常に参加した。地域との協働によって，デザイン・シャレット（1999年2月）やイベントも行われた。年4回のコミュニティ会議は，住民から提起される議題について，市役所の職員が答える形で継続された。初期の会合では，暴力，銃，器物の破壊，荒廃，環境リスクが，優先して取り組むべき課題として指摘された[59]。そのため，公園の拡張を担当していた市の都市計画・経済開発局は，警察と協議をして，最終的に公園近くに新しい警察署を設置した。

　土壌汚染に関するリスク・コミュニケーションでは，調査結果として得られた土壌汚染について，市役所と住民で何度も会合が持たれた。市は，調査結果を包み隠さず公開して住民と議論を重ね，結果として，汚染を一部存置してモニタリングを継続するという対策手法を選択し，住民の理解も得られた。計画プロセスに参加したタフツ大学の関係者は「透明性」の重要性を指摘している[60]。なお，汚染を存置しているため，公園の敷地には州により環境土地利用規制が付置されている。

4）Went Field 公園拡張の考察

　Went Field 公園の拡張に用いられた2つの工場跡地は規模が小さいため，調査パイロットでは優先的な再生の対象に選定されていない。経済開発事業として進められた West End 工業団地とは異なり，Went Field 公園の拡張は，学校のグラウンドの不足や治安の悪化などの地区住民の要望に対応して進められた事業であった。環境保護庁のブラウンフィールド補助金により，拡張予定地の土壌汚染調査を進めることが可能となった。

　計画プロセスにおいては，公園の拡張を担当する市役所，土壌汚染対策を監督する州の環境保護局，地域住民や住民組織に加えて，住民参加やリスク・コミュニケーションを支援するために専門のコンサルタントと学識経験者が派遣されている。住民の不安が集中する土壌汚染に関する問題に関して，事業者と住民の間に立ち中立的な立場で土壌汚染のリスクや対策に関す

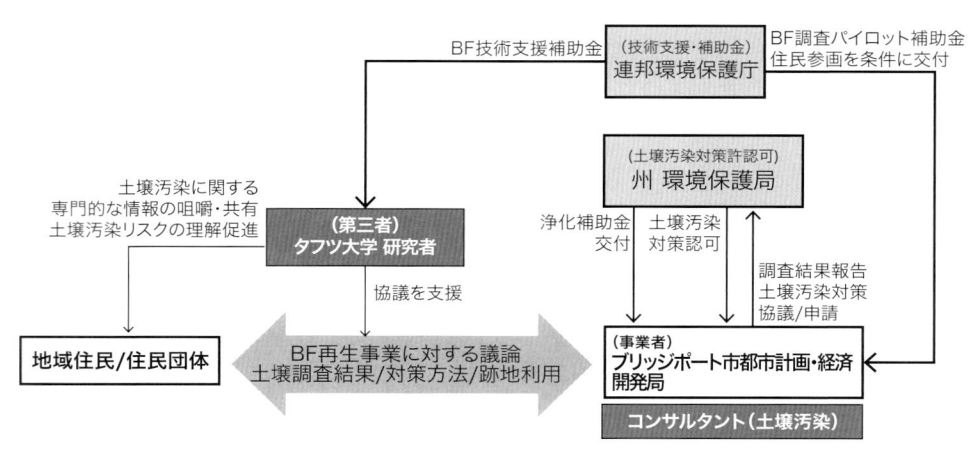

図 6-26　Went Field 公園拡張時の協議体制と公的支援の関係

る意見交換を進める第三者が参加していることが重要なポイントである。環境保護庁は，土壌調査に加えて専門家派遣についても技術支援補助金を提供している（図6-26）。第三者の派遣により，十分なリスク・コミュニケーションが行われた結果，土壌汚染を残したまま公園化するという，住民の合意が取り付けづらい対策であったが，最終的には，住民の理解，合意を得ることが可能となった。

6.5.4　West End 地区における近年の展開

　工業団地の開発は，1990年代後半に主に土地取得や土壌汚染対策が実施され，2000年代は，整備された敷地への工場や商業施設の立地が進んだ。Went Field の拡張は，2000年代初頭にはほぼ完了し，現在も地域住民による利用が盛んである。

　近年の展開として新たな小学校の開校が挙げられる。前市長である John M. Fabrizi は，市内の学校再整備に注力しており，現在の Finch 市長もその計画を受け継ぎ，East Side 地区，East End 地区等の経済的困窮地区を中心に5校の小中学校の建設を進めた[61]。West End 地区では，State St. と Howard Ave. の交差点に Cesar A. Battala 小中学校（K-8）が2007年1月に開校した（図6-20参照）。小中学校は，Went Field と工業団地の中間に位置しており，State

図 6-27　拡張前の Went Field 隣接工場跡地（この4枚の引用元は全て EPA, Brownfields: land & community revitalization, program summary & success stories, 2002, pp. 8-9）

図 6-28　拡張中の Went Field

図 6-29　拡張後の Went Field 1

図 6-30　拡張後の Went Field 2

St. 沿道南側の工場と空地が連続していた部分が，Went Field 公園，同小中学校，West End 工業団地として State St. 沿道が連続的に再生された。

6.5.5　小括：West End 地区のブラウンフィールド再生

　West End 地区は，1993 年前後から市役所と州政府が注力してきた地区であり，一定の成功をおさめた West End 工業団地は，地区において現時点で最も大きな影響を与えたブラウンフィールド再生事業である。Went Field の拡張，新規の小中学校の建設と，工業団地に付帯して行われた歩道整備により，State St. 沿道の状況は 1990 年代初頭と比べて，大きく改善した。一方で再生事業の物理的な広がりは State St. 沿道と，その西端から南西に伸びる Fairfield Ave. が中心であり，地区北部の住宅地域や南側の臨海部への効果は限定的であった。

　環境保護庁のブラウンフィールド補助金は，West End 地区では，初期段階の土壌汚染調査に用いられており，事業化前の計画段階においてその役割を発揮した。一方で州政府の主に経済開発局が交付した補助金は，土地取得，建物解体，土壌浄化など，プロジェクトの実施段階で重要な役割を果たした。特に 1990 年代前半，市役所は財政破綻寸前であり，自己財源がほとんどない状況において，州政府の資金を活用して West End 工業団地の計画を立案，事業化にこぎ着けた。

　市と州は，州間高速道路からのアクセス性と Bryant 電気工場跡地の対応を重視して，West End 工業団地を他地区に優先して進めたが，Went Field の拡張や小中学校の建設は，当初から予定されていた事業ではない。State St. 沿道の改善は工業団地に依るところが大きいが，ブラウンフィールド再生を活用して当初から地区全体の計画を行っていたわけではない。市全体の経済基盤を回復させる経済開発事業として進めた事業色彩が強い事業が，公園拡張や小学校の設置と相まって，結果的に State St. 沿道の連担した再生につながったと考えられる。

6.6　East Side 地区と East End 地区

　East Side および East End はブリッジポート市の製造業の発展を支えた地区である。両地区を東西に横切る鉄道と，East Side と East End の境界にあたる Yellow Mills Pond，ダウンタウンと East Side の境界にあたる Pequonnock 川沿いには多くの大規模工場が立地していた（図 6-3）。本節では，相互に関係が深い両地区のブラウンフィールド再生をあわせて，時系列で分析することとする[62]。

6.6.1　East Side 地区と East Side 地区の現況

　本項では，両地区の現況とそこに至る経緯をそれぞれの地区について整理する。

1）East Side 地区の現況

　East Side 地区は 1980 年代以降，公営住宅の荒廃，大規模製造業の撤退と工場跡地の遺棄，住宅地の空家増加といったブリッジポート市の典型的な課題を抱える地区であった。East Side 地区のなかで特に大規模工場跡地としては，Remington Arms および General Electric（GE）の工場が，地区の東側の Yellow Mills Creek に沿って残っている。また，地区の西側のダウンタウンに近い部分にあった Salts Textile の工場跡地は 1978 年からハイアライを用いた賭博場と

図 6-31 East Side 地区および East End 地区のブラウンフィールド再生事業の分布
図 6-5 の一部を再掲

して再開発されており，1995 年のハイアライ閉鎖後は 1995 年から 2006 年までは競争犬レース場が立地していた[63]。同地区の南端に位置する Steel Point 地区は，前述の拡大ダウンタウンの一部として再開発された。Remington Arms の南側には，市最大の公営住宅 Father Panik Village が，1993 年に取り壊しが完了するまで存在していた。同住宅の跡地についても本節で言及する。

2）East End 地区の現況

East End 地区は，East Side 地区と同様に鉄道および港湾付近に大規模，中規模の工場が立地しており，その内側に住宅地や公共施設が立地する構造である。また，地区を東西に横断する鉄道と高速道路によって地区は南北に分断されている。本書では高速道路より南側を East End 南部，北側を East End 北部と呼ぶ。

East Side に隣接する地区の西側，Yellow Mill Pond と Seaview Ave. に沿って工場が多数立地しており，その多くは現在低・未利用地である。地区全体の人口は，約 7,400 人だが 8 割程度がアフリカ系アメリカ人であり[64]，環境正義の問題も抱える。

同地区の主なブラウンフィールド再生事業として，East End 北部の① Seaview 工業団地と East End 南部の② Carpenter Steel 跡地，③住宅地の Mt. Trashmore 周辺の 3 つの事業を取り上げる。なお，East End 北部には Seaview 工業団地以外に 2 つのブラウンフィールド再生事

業がある。金属スクラップ・ヤードを，市が税滞納により取得して民間へ譲渡しブラウンフィールド・リボルビング・ローン基金を活用して浄化と再開発を行った Barnum Avenue Business Park と，所有者の破綻後に物納を受けた市がテナントを維持したまま環境保護庁の補助金を活用して土壌調査を実施し，新規の民間所有者へ土地と建物を譲渡し，浄化と建物の改修を進めた Bridgeport Commerce Park である。いずれも市がやむを得ず所有者となり，公的資金の支援も受けて再生した事例であるが，長期的な戦略に基づく事業というよりも対応を迫られて進めた事業という性格が強いため本書では詳細な分析は省略する。

6.6.2　Seaview 工業団地（East End 北部）

　Seaview 工業団地は，West End 工業団地と同様にブラウンフィールドを工業団地として再開発した事例である。州政府から多額の補助金が交付され事業が進められたが，立地予定企業の倒産などもあり，最終的にはリサイクル企業が立地している。

1）Seaview 工業団地の構想

　同工業団地の計画は，East Side と East End の境界付近を南北に通る Seaview Ave. 沿道の工業団地として構想された。1996 年に州政府から計画検討の資金が交付されており，Yellow Mill Pond の両側に広がるブラウンフィールド・サイトの再生検討が開始された。Seaview Ave. は Bridgeport 港と Remington Arms が所有していた大規模な土壌汚染地 Lake Success 地区を結ぶ街路であり，州間高速道路の出入口，Remington Arms や GE などの主要な工場跡地がその間に並んでいる。そのため，1996 年の市のマスタープランにおいても「Industrial Parkway」として優先的に改良を行うべき街路に位置付けられた。また，連携して土地利用の面では，Seaview Ave. 沿道を軽工業用地として再開発する方向性が打ち出された[65]。

　この方向性に則って州政府の支援のもとで進められたのが Seaview 工業団地である。Seaview Ave. 近くに立地していた Magnetek 社の工場拡張の相談に対して，市と市の開発公社は同社の周辺を工業団地として整備することで，その求めに応じようと考えた。市は，1999 年に Seaview 工業団地を中心とする自治体開発事業の計画[66]を策定し，州経済・地域開発局に申請，認可された。州の認可に基づき，市は収用権を付与され，実際に事業を推進することが可能になった。計画全体は，Boston Ave. から港までに至る広範囲にわたるもので，公営住宅跡地や Remington Arms も含まれていた（計画範囲は図 6-31 参照）[67]。

2）Seaview 工業団地の事業化

　第 1 期として事業が進められたのは，拡張を要望した Magnetek 社が立地する街区（街区 A）とその南隣（街区 B）および東隣の街区（街区 C）であった（図 6-32）。まず同社の工場と同じ街区にあった 11 戸の住宅の街区外への移転が進められ，土地も市役所が買収を進めて既存工場が利用できる駐車場用地の確保が進められた。しかし，本事業の重要な動機であった Magnetek 社は，駐車場の整備が概ね完了した 2009 年頃に事業停止し，工場を保有していた会社も倒産した。Magnetek 社所有地は市の所有となったが工業団地は肝心の利用者がいない状況になった。その後，Sampson Industries 社がリサイクル施設を建設することを市に提案し，市もその提案を受け入れた。隣地の所有者が同施設に反対し提訴したが棄却されている。

　南隣の街区は，2000 年代前半に工場建物が撤去され，2007 年に軽工業向けの建物が建設された。再開発前はドライ・クリーニングを含む土壌汚染につながる可能性の高い製造業が 100

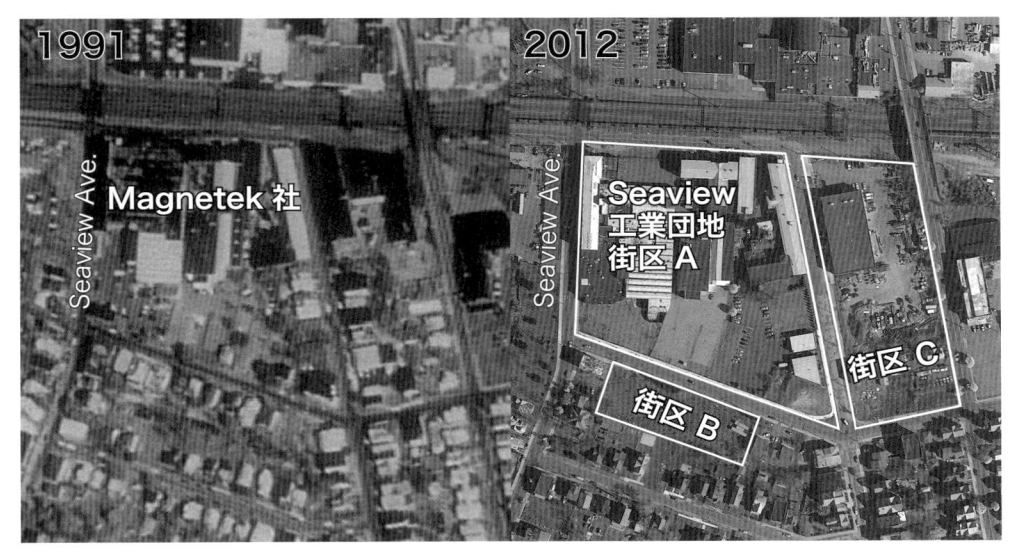

図 6-32 Seaview 工業団地の変化
USGS 所蔵の 1991 年空中写真と 2012 年空中写真に筆者追記

年以上利用していた。2002 年にフェーズ II の土壌調査が実施され，ガソリン，鉛，多環芳香族炭化水素が土壌から検出された。汚染土壌は掘削され新しい土壌で埋め戻され[68]，2005 年 2 月に浄化作業が完了した。この事業は，州の経済地域開発局と環境保護局による州債を利用した補助金，連邦経済開発局の補助金を用いて，土地の集約，浄化および街路の改善が実施された[69]。また，環境保護庁が提供するブラウンフィールド・リボルビング・ローン基金から 35 万ドルがつなぎ資金として利用された。現在は，25,000 平方フィートの建物が建設され，鉄骨のファブリケーターが利用している。

3）Seaview 工業団地の考察

既存製造業の拡張要求に対応して開始された工業団地の事業だが，拡張を予定した企業が撤退し，結果的に市における製造業の拡大の難しさを示す事例となった。West End 工業団地と同様に州の多額の補助金が交付されたが，結果としてリサイクル施設が立地しており，成功事例とは言いがたい現況である。街区周辺の街路整備も並行して実施されているが，歩道と街灯の設置など，West End 地区と同様の比較的簡易な整備であり，同工業団地の再開発による周辺地区への波及効果は限定的であった。

6.6.3　Carpenter Steel 跡地（East End 南部）

Carpenter Steel 跡地は East End 南部の港湾地区に位置しており，市と州が 1990 年代後半から再生に向けた取組を続けてきた。その一部は Derecktor 造船所として 2000 年代に再開発されたが，経営に行き詰まり 2011 年に閉鎖された。

1）Carpenter Steel 跡地の経緯

Carpenter Steel は，同地で操業していた Northeastern Steel を買収し 1957 年から 1988 年まで操業していた。1990 年代に同社は土地の売却を試みたが，質の低い小売やトラック・ストップしか引受先が見つからず，市と港湾局[70]の了承が得られなかった。市役所は 1996 年計

画でも同跡地の土地利用を Port Development と位置付けており，複合用途による再開発を目指した Steel Point 地区と並び，Carpenter Steel 跡地においては港湾利用の拡大を通して経済開発を目指していた。

　同跡地は，深刻な土壌汚染が存在していたため，土地の売却も難航した。Carpenter Steel は，1992 年に州環境保護局の自主浄化プログラムに参加して浄化を開始した。一部に油による土壌汚染は残していたが，州の環境保護局は 1997 年 3 月に環境保護庁に対して現況は人体や環境に対する被害の恐れはないと報告し，スーパーファンド・サイトのリストに追加されないことが決まった[71]。

　土壌汚染対策に一定の目処がついた時期には，土地利用の検討過程で Carpenter Steel 社と市役所は深刻な対立に陥り，1998 年には市は収用権を行使して土地の取得を進めようとした。最終的には裁判において Carpenter Steel 社が 1,000 万ドルの補償と引き換えに，土地を行政側に譲渡し残りの浄化作業も行政側が実施することで決着した[72]。

2）Derecktor 造船所の誘致

　市は跡地を取得した当時，再開発を進めていた Steel Point 地区のマリーナを対岸にあたる同地に移転させようと考えていた。しかし，当該マリーナは他の土地に移転することになり，この土地には他の用途を検討することになった[73]。その段階で州の経済開発局は同地に Derecktor 造船所を立地させることを市に提案する。州は造船所の誘致に非常に熱心だったと当時の市の担当者[74]は述べており，州政府は公債を活用して，残りの土壌浄化に対する補助金を市へ，また，立地に対する補助金を Derecktor 造船所に交付し，事業の立ち上げを強力に支援した。市は 23 エーカーの土地を Bridgeport Regional Maritime Complex として同社へ 50 年間の契約で貸与した。

　2001 年に同社は操業を開始し，2000 年代半ばにおいてはブラウンフィールド再生の成功事例としても取り上げられた。しかし，最終的には，経営に行き詰まり 2011 年に閉鎖された。同社は，州の経済開発局からの融資残額が 170 万ドルあるほか，市の港湾局に 40 万ドルを超える地代の未納があると指摘されている[75]。

3）Carpenter Steel 跡地の考察

　同跡地の再生は，Steel Point 地区の再開発を進めるために市が強引に取得を進めた経緯があり，造船所の立地は中長期的なビジョンに基づく事業ではない。しかし，州政府の多額の財政支援により工業利用が可能な水準まで土壌汚染対策が進められ，2000 年代の造船所の事業中は一定の雇用も生み出していた[76]。環境保護の面では一定の前進があったと言えるだろう。

　造船所の経営破綻の理由は明らかではないが，多額の補助金交付によって本来立地することが難しい産業が立地したのであれば，民間企業の立地や操業自体に手厚い支援を行った州の経済開発支援にもその原因の一部はあったのかもしれない。

　ブリッジポート市において，ブラウンフィールド再生の事業化に大きな役割を果たしている州の公債による補助金が，本来は持続することが難しい産業や土地利用を誘発する危険性があることを本事例は示していると言えよう。

6.6.4　Mt. Trashmore 周辺のブラウンフィールド・サイト（East End 南部）

East End 南部の住宅地に隣接して Mt. Trashmore，Chrome Engineering 跡地，Pacelli ト

図 6-33　操業時の Derecktor 造船所	図 6-34　Derecktor 造船所空中写真
City of Bridgeport, OPED, MENTREPORT TO THE CITY COUNCIL, 2012, P. 46	Bridgeport Port Authority, Enviromental Summit Presentation, 2009/5, P. 14 より引用

ラック跡地という 3 つのブラウンフィールド・サイトが存在する。3 区画とも 20 世紀初頭に沿岸の感潮域を石炭灰で埋め立てたことが原因となり，ヒ素と鉛による土壌汚染が存在しており[77]，さらに個別区画の産業活動により，他の土壌汚染が加わったと考えられている。土地の規模は小さいが土壌汚染が大きな問題となっている地区であり，ブリッジポート市と環境保護庁が長期間にわたり再生に向けた努力を継続している。これらの土壌汚染地は，East End 南部東側の住宅地と海際の幹線道路である Central Ave. の間に位置しており，小規模だが住宅地に近接している点が特徴である。

　なお，East End 南部はアフリカ系アメリカ人およびヒスパニックの人口割合が 9 割を越えており，ブリッジポート市のなかでも環境正義の課題が多い地区である。

1）Mt. Trashmore の汚染と対策

　Mt. Trashmore は，約 1.42 エーカーで，1990 年代に大きな問題となったコネチカット州最大の違法投棄が行われた場所の俗称である。約 35 フィートの高さのゴミの山であり，Capzziello 兄弟がごみ処理業を行っていた。1992 年に緊急的に州と市が対策を実施することとなり，廃棄物の処理に 73.7 万ドルの費用がかかったが，州が 50 万ドル，市が残りを負担した[78]。また，2004 年に環境保護庁のブラウンフィールド追加支援により調査が実施され，2009〜2010 年に浄化補助金により浄化が進められた。土壌汚染の内容としては，ガソリン，鉛，PAHs であり，地下水汚染も発見されている。現在でも土壌汚染および地下水汚染が残存している[79]。

2）Chrome Engineering 跡地の汚染と対策

　Chrome Engineering 跡地は，405 Central Ave. に位置しており，1952 年から 1990 年代半ばまで金属メッキを行っていた。1997 年から市と環境保護庁により複数の浄化作業が進められた。アスベストや鉛塗料を含む物質の除去，建物の撤去，廃棄物が詰まったドラム等の除去，汚染された土壌のうち，上部 2 フィート部分の除去等が主な作業であった。浄化は 2004 年の環境保護庁のブラウンフィールド浄化補助金の交付を受けて実施された。これらの浄化により，以前よりも安全な状態となったが，2009 年 1 月に市役所はカドミウム，鉛，クロムを含む新たな土壌汚染を発見し，環境保護庁は緊急対策として 600 トンの土壌を除去した。

3）Pacelli トラック跡地の汚染と対策

Pacelli トラック跡地の大きさは約 1.4 エーカー，1963 年に Pacelli 社が土地を購入してトラック施設として 1998 年まで操業，その後空き地として放置されていた。有害な金属，アスベスト，ヒ素およびガソリンによる汚染が存在しており，1930 年代に土地の埋め立てに用いられた土壌と，地下貯蔵タンクが原因と考えられている。2004 年に建物が解体され，現在，土地は市が所有している。2005 年に環境保護庁のブラウンフィールド浄化補助金 20 万ドルにより一部浄化が行われたが，まだ土壌汚染が地下に存在している[80]。

4）3 つのブラウンフィールドの再開発検討 1（Park City Partnership）

East End 地区の 3 つのサイトは互いに隣接しており，2000 年代初頭から一体的な再開発が検討されてきた。

2000 年代初頭に市は，南 East End 地区の自治体開発計画を策定するにあたり，West End 地区の Went Field 拡張計画の検討に携わった Park City Partnership（PCP）と協働して，再開発を検討した。PCP は 2002 年から地区の協議会等に参加し，鉛塗料の除去などにも取り組みながら 3 区画の再開発案を検討した。再開発案は，近隣住民のオープンスペースに対する要望も取り入れながら，浄化費用を捻出するために住宅戸数を増やすことが意識された[81]。ファミリー向け住宅と駐車場から構成され，住宅の基礎と駐車場により地下の土壌汚染を封じ込めることを浄化計画の一部としていた。州の環境土地利用規制の導入も検討しており[82]，検討案は 2005 年の East End 近隣地区再生ゾーンの戦略計画に掲載された。しかし，前述の通り，想定されていた以上の汚染が存在する区画もあり，米国の景気自体も悪化したことも理由となって，住宅を中心とした再開発は，実施されなかった。

5）3 つのブラウンフィールドの再開発検討 2（水耕栽培用温室）

土壌汚染が一部に残る空き地として放置されていた 3 区画に対して，2013 年に Boot Camp Farms 社が，主に退役軍人を雇用する野菜の水耕温室栽培農場としての利用を市に提案した[83]。同社は，野菜を安価で販売する施設を併設するとしていた（図 6-37）。温室はコンクリートのスラブの上に建設される予定であり，スラブが土壌汚染の蓋をする機能を担うとされる。土地は市が所有したまま，10 年間にわたり年間 6.3 万ドルで貸借するという方式が市議会で提案されており，市はこの機会に連邦および州の補助金を獲得して，3 区画の浄化を進展させる方向で調整が進められた。環境保護庁はブラウンフィールド RL 基金を通じて 70 万ドル近い資金を浄化に提供し，州は公債により 100 万ドルの補助金を提供することとなった[84]。汚染土壌の撤去は市の発注で 2017 年に開始されたが，Boot Camp Farms 社は実績がなく能力が未知数であるため，市はまずは土地の浄化に注力している[85]。2017 年現在では温室等の建設は具体化していない。

6）East End 南部のブラウンフィールド・サイトの考察

本項で分析の対象とした East End 南部の 3ヶ所のブラウンフィールド・サイトの再生には，環境保護庁のブラウンフィールド補助金が多数交付されている。各区画は，小規模だが汚染が深刻である点と，環境正義の問題となる低所得者やアフリカ系アメリカ人の居住地区に近接している点が，その理由と考えられる。

この 3 区画は，環境保護庁の調査パイロットの時点でブラウンフィールド・サイトとして認識されており，再開発検討地として 23ヶ所の優先順位表に含まれていた。その後，上述の通

図 6-35　Chrome Engineering および Pacelli トラックの 2014 年時点の状況

図 6-36　East End 南部地区の BF 再開発検討図
Gute et al., Revitalizing neighbourhoods through sustainable brownfields redevelopment: Principles put into practice in Bridgeport, CT, Local Environment, Vol. 11, No. 5, pp. 537–558, October 2006. P. 554, Fig.6

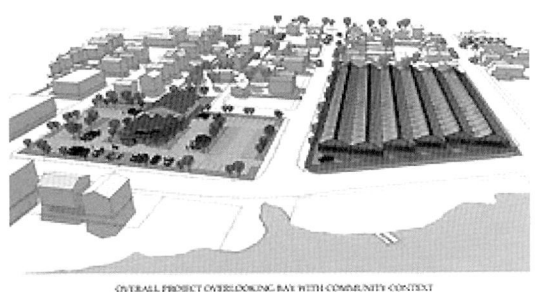

図 6-37　Boot Camp Farms が計画する施設
Boot Camp Farms, Our Projects, http://bootcampfarms.com/projects, 2014/11/24 参照

り，ブラウンフィールド補助金を得て調査と対策が進められた。しかし，幹線道路から奥まった場所にあり，住宅地区が近接していることもあって，他の East End 地区のブラウンフィールド・サイトのように工業団地として再利用されることはなく，長期間空き地として放置されていた。1990 年代の市の方針は産業の再立地を目指すものであり，この地区の土地は工業団地等として再開発を行う対象に選ばれなかった。

　1990 年代に Mt. Trashmore の不法投棄が社会問題化して以降，環境保護庁の調査パイロットやブラウンフィールド補助金によって，土壌汚染に関する調査が進められ，一定の対策が行われてきたことが，住宅としての再開発検討や水耕栽培の温室など非営利団体の利用提案につながり，州政府の補助金による浄化も進められている。ただし敷地規模は限定されており立地も良くないため，土地の再利用という面では現在も苦戦している地区である。

6.6.5　大規模公営住宅 Father Panik Village 跡地（East Side）

　本項では，East Side 地区にあった市最大の公営住宅 Father Panik Village 跡地（位置は図 6-31 参照）について整理しておく。土壌汚染地ではないが East Side 地区の空間計画上も重要であり，周辺のブラウンフィールド再生事業とも関係が深い跡地である。鉄道を挟んで Remington Arms の南側に位置しており 1940 年の竣工当初は，Yellow Mill Village と呼ばれていた。約 5,400 人が生活する巨大な公営住宅であったが，1980 年代には年平均 4〜5 件の殺人

を含む犯罪の温床となり[86]，1986 年から 1993 年にかけて解体された。

　同公営住宅の跡地である 4 街区のうち，西側の 2 街区については市住宅公社により低所得者向の戸建分譲住宅が建設され，Pembroke Green と命名された。2000 年頃までに 33 戸が完成している[87]。一部には元の公営住宅の居住者が再入居している。

　南東側の 1 街区については，市が 2000 年代半ばから進めている市内の学校の建替や新設の一環として，Waltersville School（小中学校）が 2008 年に完成した（図 6-31 参照）。West End 地区でも述べた通り，市は 2000 年代半ばから市内の学校の建替や新設を進めている。同学校は，公園マスタープラン等にも地区のオープンスペースとして位置付けられ（図 6-14 参照），6.6.6 で詳述する新駅計画に伴う周辺の一体再開発においても，地区を構成する重要な既存施設として機能することが期待されている。

6.6.6　新駅検討と East Bridgeport 開発回廊[88]（East Side）

　2010 年前後に，市役所は East Side 地区の Remington Arms 跡地と Father Panik Village 公営住宅跡地を活用して，鉄道（北東回廊線）の新駅（Barnum 駅）設置の検討を開始した。新駅の設置により，大規模なブラウンフィールド・サイトとして，再利用が進まない East Side 地区のブラウンフィールド・サイトの価値を高め，住宅を中心とした複合用途による再開発を意図した計画である。市は，新駅検討と関連して Seaview Ave. 沿道の GE 跡地，Remington Arms 跡地，Carpenter Steel 跡地，Steel Point 地区など主要なブラウンフィールド再生事業をまとめて East Bridgeport 開発回廊として位置付けている。

1）計画策定の経緯

　市役所が BGreen 2020 において新たな戦略として打ち出した East Side の新駅は，近年，本格的に設置の可能性に対する調査が進められた。同調査は連邦政府の「持続可能なコミュニティのためのパートナーシップ」の一環に位置付けられ，2010 年にニューヨーク・コネチカット持続可能なコミュニティ・コンソーシアム[89]に交付された住宅・都市開発省広域計画補助金を用いて実施された。

　実現可能性調査では，「新駅の物理的な建設可能性」，「新駅設置による既存の鉄道事業者の運行上の課題」，「新駅周辺の土地の再開発可能性に関する調査」の 3 点が目標とされた。新駅の利用について，ピーク時は既存のブリッジポート駅とストラットフォード駅の利用者の一部が新駅利用に移行すると想定されるが，オフピーク時は新たな利用者も増加すると予測された。また，近隣にある病院や大学の利用者の利便性向上についても強調された。運行に関しては既存の鉄道事業者の各駅停車が新駅に新たに停車することに大きな問題がないことが検証された。

　新駅の建設は，1996 年の調査パイロットが作成したブラウンフィールド・リストにも掲載されていた Remington Arms の工場跡地の活用が予定されている。駅周辺整備についても周辺のブラウンフィールド・サイトの利用が検討されている。

　新駅周辺の再開発の可能性について，周辺地区の低・未利用地の現況把握が行われ（図 6-38），市場調査によって，2020 年までに 950 戸の住宅需要を中心に，事務所および小売についても小規模な需要があること，2020 年以降の長期で考えると追加で約 2,000 戸の住宅需要を中心に複合開発の市場があることが示された。この結果に基づき，新駅設置を前提とした場

合の将来土地利用についても整理された（図6-38）。また，駅周辺地区の街路およびグリーン・インフラに関する計画案も提示した。

2）East Bridgeport 開発回廊

市役所は，新駅設置の検討と連動して市が取り組んできた Seaview Ave. の改良や，工業団地，Steel Point 等の一連の開発を整理して，East Side と East End 両地区のブラウンフィールド・サイトを中心とした低・未利用地の存在とあわせて「East Bridgeport 開発回廊」として

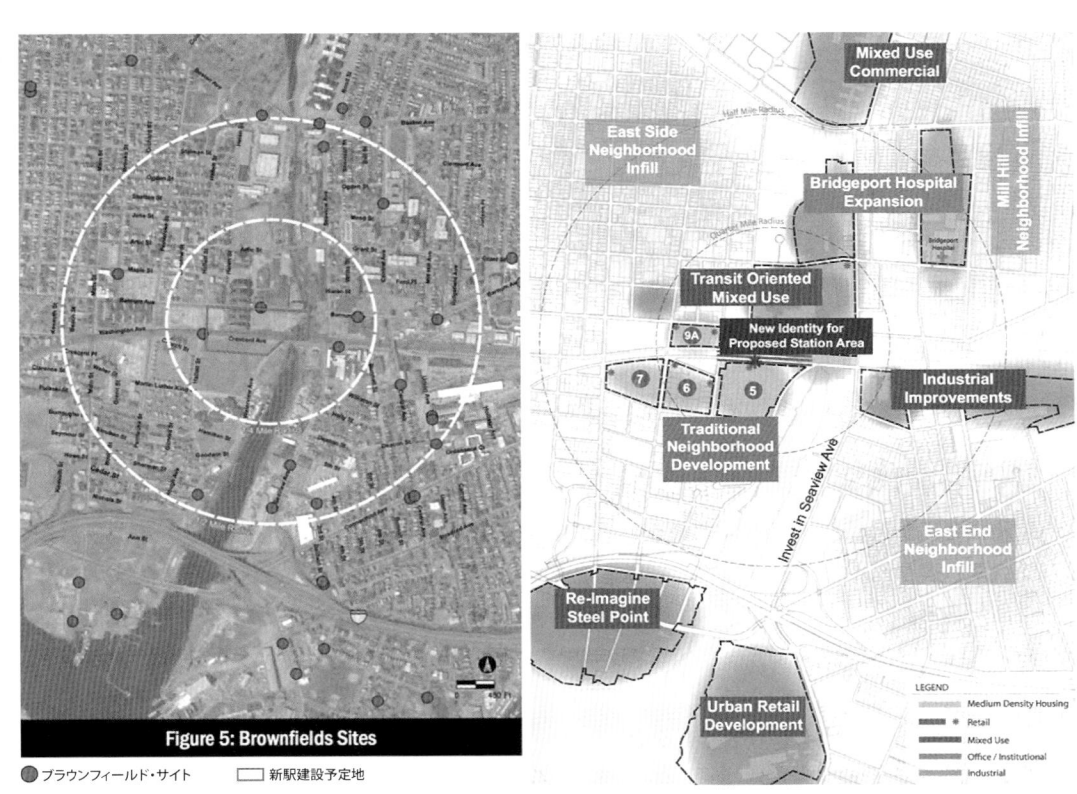

図6-38　新駅予定地周辺のブラウンフィールド・サイト
Greater Bridgeport Regional Council and City of Bridgeport, Barnum Station Feasibility Study, June. 2013, P. 13

図6-39　駅周辺の主要な地区の土地利用目標
Greater Bridgeport Regional Council and City of Bridgeport, Barnum Station Feasibility Study, Station and Site Concepts, P. 7

図6-40　新駅予定地周辺の廃墟化した工場（2014）

図6-41　新駅予定地周辺の工場跡地（2014）

位置付けた。法定計画等で明示されているわけではないが，新駅設置に対応した重点的な開発地区として近年注目を集めている。

　2013 年 12 月には駅建設予定地の建物を州債による支援 250 万ドルをかけ解体した（図 6-40．図 6-41）。2014 年 7 月に州債委員会は，275 万ドルの予算で州運輸局が駅建設の実施にあたり，駅施設の設計および環境に関する許認可を行う業務をコンサルタントに発注することを認めている。当時の市長も「East Bridgeport 開発回廊に位置する鍵となる投資は，East End 地区や East Side 地区，Mill Hill 地区の成長のための触媒として機能する。この事業は既に動き始めているが，新駅の建設によってその可能性を最大限まで拡大することができる」と述べ[90]，新駅建設の波及効果に期待を寄せた。2017 年に新駅の環境アセスメント評価書が発表され，2021 年以降の開業が想定されている。

3）新駅検討と East Bridgeport 開発回廊の考察

　新駅設置の検討は，2008 年計画に基づく複合開発推進の方針に沿う市の中長期的な戦略に基づく事業である。既存のブリッジポート駅と東隣のストラッドフォード駅の間に設置される予定であるが，ブリッジポート駅からは直線距離で 1.5km 弱しか離れておらず，新たに多くの利用者が想定されているわけではない。鉄道駅の建設により，長期間低・未利用の状態が続いていた Remington Arms[91]と公営住宅跡地の再開発を進めることが市役所の目的であった。

　新駅検討の事業は，住宅・都市開発省の地域計画補助金が活用されているが，同補助金は 4 章で指摘した「持続可能なコミュニティのためのパートナーシップ」に基づく事業である。新たな利益が期待されるわけではないが，鉄道駅周辺の公共交通指向型開発（TOD）[92]を後押しする連邦政府の補助金が，新駅検討と周辺のブラウンフィールド再生の推進の初期段階を支えている。また，新駅の事業性検討では，周辺のブラウンフィールド・サイトの位置と活用が計画されており，鉄道駅を中心にブラウンフィールドの存在を前提とした地区スケールの計画が進められていると言えるだろう。

6.6.7　Acme United 跡地（East Side）

　中小規模の工場が立ち並ぶ Knowlton St. 沿道にある Acme United 跡地（図 6-31 参照）は，1996 年のブラウンフィールド・サイト目録でも Site-ID 328 として優先的な再生対象区画に選定された区画であったが，その後再開発の検討は進んでいなかった。しかし，川沿いのオープンスペースを重視する 2008 年計画に基づき，市役所が川沿いの跡地を取得し公園として再利用される計画が進んだ。また，陸側の跡地の一部は飲料物流拠点として再開発された。

1）Acme United 跡地の経緯

　同工場跡地は，市役所が Knowlton 公園として整備した川沿いの土地と，物流倉庫として再整備された陸側の土地で，異なる用途で再生が行われた（口絵 9，口絵 10，図 6-42）。

　市は 2010 年に住宅・都市開発省の近隣地区安定化事業（NSP）を利用して川沿いの土地の一部を先行取得し，2009 年 12 月に Acme United から市に寄付された土地とあわせて公園用地とした。なお，市役所は Acme United から土地の寄付を受けるにあたり，事前にフェーズ III の土壌調査書を受領しており，一部土壌汚染が存在するが，その浄化責任も市に移譲されることを前提に土地の寄付を受けることを確認した[93]。また，下部の土壌汚染に対応するために公園の一部には封じ込めが実施されている。

2014 年現在，全体で 5 エーカーの Knowlton 公園は，第 1 期部分は 2012 年 6 月に開園し，第 2 期部分の拡張工事が進められている。2014 年 1 月にはさらに隣地である 337 Knowlton St. が MP Development 社より市に寄付され，NSP と市の資金を用いて約 100 万ドルで既存構造物の解体を行い，第 3 期工事が行われている（図 6-43，図 6-44）。

　陸側の土地を再開発した B&E ジュース社は，ブリッジポート周辺の飲料水の物流を行う民間事業者である。Acme United 工場跡地の一部であり，川に面していない内陸側の 4 エーカーの土地と 30,000 平米フィートの建物を 250 万ドルで Acme United から購入した。同社は，一定の土壌浄化を実施したうえで，元の建物の基礎を活用し，本社と倉庫機能を併せ持つ

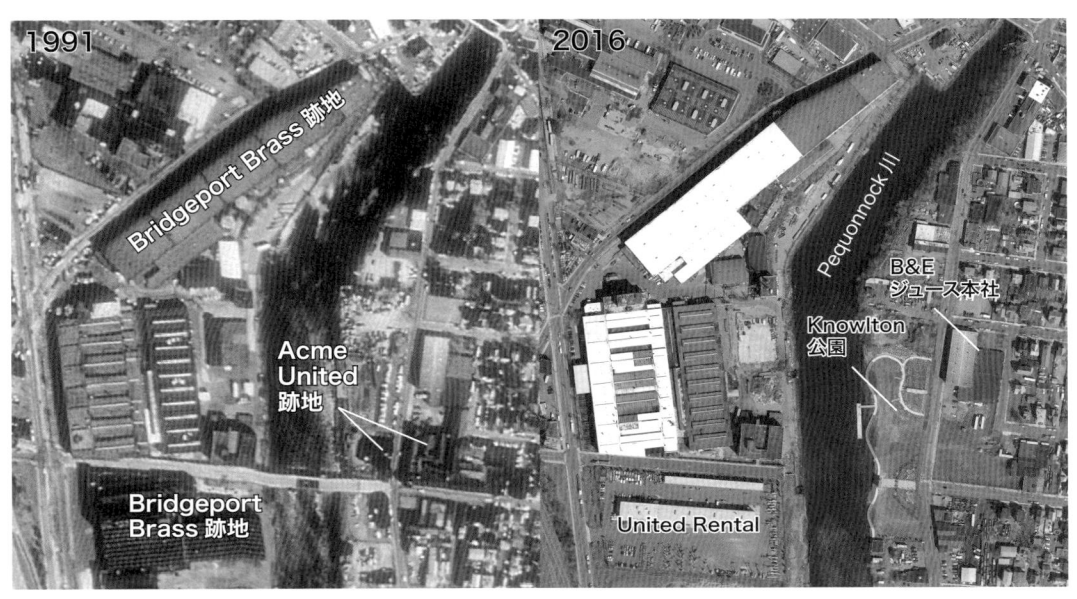

図 6-42　Acme United 跡地の変化
USGS 所蔵の 1991 年空中写真と 2016 年空中写真に筆者追記

図 6-43　Knowlton 公園の従前写真 1
FUSS&O'NEILL, Transforming industrial remains into a community's dream, http://www.fando.com/story/transforming-industrial-remains-into-a-communitys-dream/, 2014/11/09 参照，従前の写真を引用

図 6-44　対岸からの Knowlton 公園の眺め（2014）

拠点として再生した[94]。

2）Acme United 工場跡地の考察

　Knowlton 公園は，2008 年計画や公園マスタープランで位置付けられた水辺のブラウンフィールド再生の方針に基づく最初の事業である。土壌汚染の状態を確認したうえで民有地を市が取得し，公園化する点が特徴的である。工業団地とするには小規模でアクセスの悪い土地だったが，2008 年計画の方針転換により，同跡地も改めて見直され再生の対象となった。2012 年の公園マスタープランでも，East Side 地区の主要な公園として定義され，Pequonnock 川沿いの緑地がパークシステムに組み入れられている。

6.6.8　General Electric 跡地（East Side 北側）

　GE の工場跡地は East Side 地区の北側にある North Bridgeport 地区に位置しているが，同跡地は 6.6.6 で扱った East Bridgeport 開発回廊をはじめ，East Side および East End を対象とした市の戦略に位置付けられているため本項で再生計画を取り扱う。

1）事業の経緯

　GE 跡地の工場は 1915 年に Remington Arms によって建設された第 1 次世界大戦向けの武器製造を行う工場で，最盛期の従業員は約 2 万人に達していた。GE が 1920 年に当時の金額で約 700 万ドルと多額の資金を投じて購入し，一時期は GE の本社としても機能した。その後，徐々に操業の規模を縮小し，1970 年には従業員は約 3,000 人まで縮小，2007 年に GE が正式に工場を閉鎖した。1996 年の調査パイロットでも再開発検討対象地に位置付けられている。GE は建物の修復も含め様々な用途を検討したが，建物の老朽化と土壌汚染の存在を理由に解体を決め 2011〜2012 年に建物を解体した[95]。

　2013 年 3 月に市議会の経済・コミュニティ開発・環境委員会において，都市計画・経済開発局から「（定員を上回る学生を受け入れている）Warren Harding 高校[96]の移転拡張を目的に市が GE から土地を取得する」計画が提案された[97]。GE の調査により土壌汚染が存在することが判明しており，GE は浄化を実施したうえで市役所に土地を寄付する意思を示した。委員会では，土壌汚染の浄化に関する責任の所在や将来のモニタリングコストなど土壌汚染対策の詳細について GE の代表者も含めて議論された。2013 年 5 月に市議会で，GE からの土地取得と高校の移転が議論され，子供の安全を再優先すべきとの意見もあったが，大きな反対はなく満場一致で議会は事業の推進を認めた[98]。

　2014 年 4 月には 5 対 4 の僅差で市の教育委員会が高校の移転計画に同意した[99]。反対した委員は，土壌汚染地に学校を建設することをより慎重に検討すべきと主張した。州環境保護局の土壌浄化計画に対する同意を条件として計画の推進が決まった。

　対象となる土地の汚染は，鉛，ヒ素およびガソリン由来の化学物質だが，GE は 17 エーカーにわたって最低 4 フィートの汚染土壌を掘削除去し，建物の下部には 2 フィート，それ以外の部分には 4 フィートの厚さで汚染されていない土壌で埋め戻す計画である[100]。コネチカット州は用途別浄化基準を設定しているが，この計画では住宅用浄化基準が採用されている。土壌汚染対策は GE が責任を持つが，高校の建物の基礎も対策の最終段階に含まれるため，市も GE と共同で浄化計画を申請した[101]。そのため，高校の建設中は GE が市に土地を貸与し，建物が完成して土壌汚染対策が完結した時点で GE が市に土地を寄付する方法を採っ

図 6-45 取り壊し前の GE 工場建物の空中写真
USGS 所蔵（2004）

図 6-46 2014 年の GE 跡地

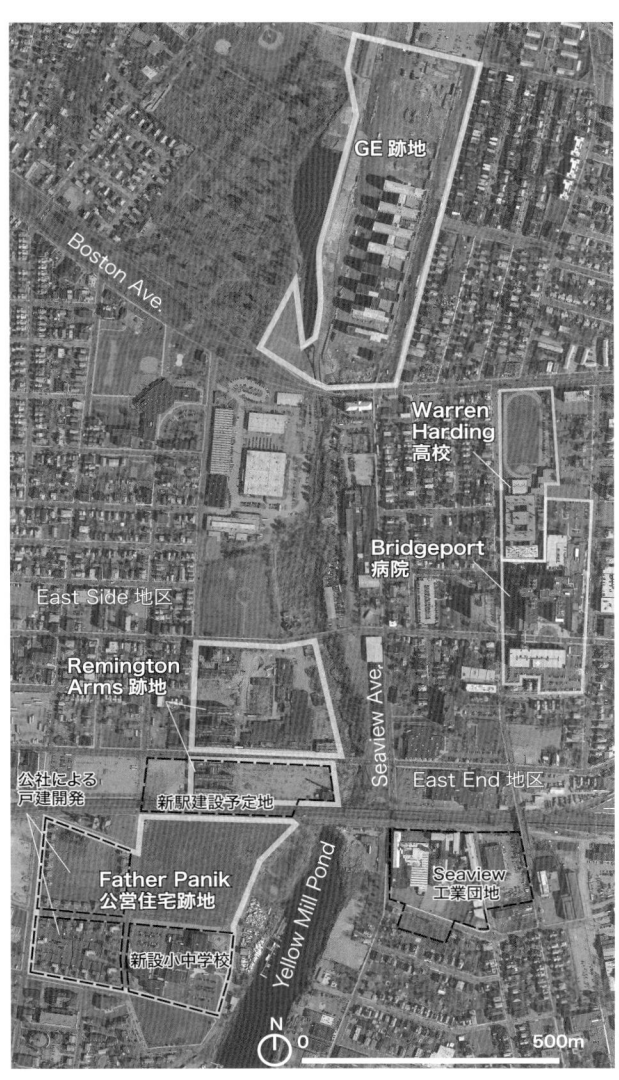

図 6-47 GE 跡地と病院及び学校の位置関係
USGS の 2012 年の空中写真に筆者が区画や地区名を追記

ている。最終的に浄化計画は認められ，高校の定員が 1,150 名まで増加したため新校舎を 2015 年 8 月に着工，2018 年の竣工が予定されている。

市長は議会において，「この土地を最も有効に活用する方策として，高校の移転先に選定した」と述べ，隣接する河川沿いの土地も緑地として整備する意向を示した[102]。市長就任直後に発表した 2008 年計画以降，公共施設整備や緑地整備を進める Finch 市長の意向を強く反映した跡地利用計画であると考えられる。

2）GE 跡地の考察

GE 跡地は，調査パイロットでも 23ヶ所の再生検討地のリストに加わっていたが，GE が 2000 年代半ばまで一部の施設を利用していたため他の工場跡地のように大規模に荒廃した状態ではなく，工場建物を産業遺産として保存すべきという声も強かった。州間高速道路からやや離れた場所にあったため，1990 年代の一連の工業団地開発の対象とはならずに現在に至っている。GE 内部で再開発が検討され，最終的には建物を取り壊して土壌汚染対策を行ったうえで市に寄付する方向に決まった。土壌汚染のある工場跡地に高校を移転させることについて教育委員会では厳しい指摘があったため，浄化計画の検討や情報の公開も徹底して行われた。市は，GE から提供されたデータを活用して独自に土壌汚染の専門家を雇用し，揮発性物質の建物内への侵入リスク等の検討も行った。

高校移転を市が進める背景には，公的な理由である「既存の高校自体が手狭であること」に加えて，高校に隣接するブリッジポート病院の拡張の検討がある。ブリッジポート病院は，製造業が大きく衰退した現在では市内最大の雇用主の一つであり，主要な産業基盤でもある。GE 工場跡地への高校移転によって玉突きで病院の再開発を進め，East Bridgeport 開発回廊内での地区再生を面的に拡大することを狙っている。

また，同跡地は Yellow Mill Pond の上流にあたり，公園マスタープランにも示された河川沿いの緑地の展開を目指すうえでも，学校という公的な用途の設定は適していた。公園や公共施設の充実による地区の再生を目指す 2008 年計画の方針に沿った市のブラウンフィールド再生の事例と言えるだろう。

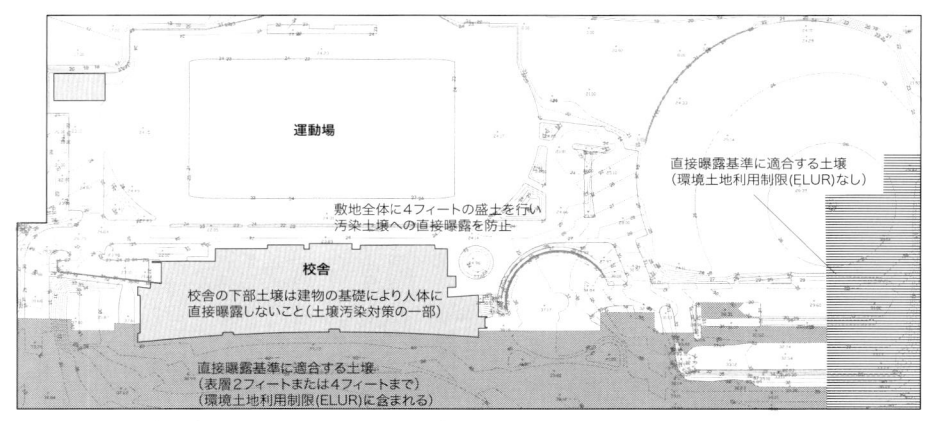

図 6-48 移転後の高校の配置図と表層土壌の安全性・土地利用規制に関する説明図
General Electric Company and City of Bridgeport, Remedial Action Plan- School Parcel, 379 Bond Street, Bridgeport, In Support of the Stewardship Permit Application, April 2014, Revised : August 2014

6.7 小括：ブリッジポート市のブラウンフィールド再生

　本章では，市全体のブラウンフィールド再生の取組と都市計画の方針の分析に加え，各地区で実施されたブラウンフィールド再生事例の実態を明らかにした。本節では，ブリッジポート市のブラウンフィールド再生の実態とその特徴について5章で設定した①都市全体のブラウンフィールド再生戦略と②公的支援の活用実態，③ブラウンフィールド再生の空間計画と計画技法の3つの視点から分析する。

6.7.1 都市全体のブラウンフィールド再生戦略

　ブリッジポート市のブラウンフィールド再生戦略は，1990年代の環境保護庁による調査パイロット事業及び同時期に州の支援を受けて進められたブラウンフィールド再開発による工業団地事業と，2007年以降にFinch市政下で持続可能性を掛け声に進められた複合用途推進およびオープンスペース整備の2つの時期に大別される。図6-49と図6-50に主な再生事業の展開をまとめた。

1）1990年代から2000年代半ばまでのブラウンフィールド再生戦略

　環境保護庁の調査パイロットは，1994年から1996年にわたって実施され，土壌汚染を中心とする環境汚染の問題と，再開発の可能性と容易さを指標化し，その合計のスコアを用いて，ブラウンフィールド再生の優先順位を検討するという手法を開発した。その後も市役所が市内のブラウンフィールド目録をGISと一体的に更新しながら，市全体のブラウンフィールド・サイトの再生検討が行われた。

　この事業により，区画単位で市が優先的に取り組むべきブラウンフィールド・サイトを整理する基礎的な枠組みが作られた。本書の追跡調査により，1996年時点で優先取組区画に選定された土地の多くにおいて，土壌汚染の浄化は進展したことも明らかとなった[103]。このとき作られたブラウンフィールド目録はその後も活用されており，ブラウンフィールドの分布を都市計画の基礎情報として市に提供した意義も大きかった。

　調査パイロットとほぼ同時期に進められた州政府の支援による工業団地の計画は製造業の再立地による経済開発を目指していた。1990年代初頭に財政破綻寸前であった同市の税基盤を確実なものとするため，州政府は計画から土地取得，土壌浄化に至るまで手厚い支援を行った。West End工業団地は，高速道路出口に隣接しており立地も良かったこともあって企業誘致に成功し，一定の成功を収めた。しかし，その後のEast End地区で工業の再立地を目指したSeaview工業団地や，造船所を誘致したCarpenter Steel跡地では，製造業の再立地による経済開発は必ずしも順調には進んでいない。

　ただし，環境保護の観点ではいずれの事業も工業・商業用途向けの土壌汚染対策は完了しており，一定の成果をあげた。工場撤退後に土壌汚染を抱え，廃棄物投棄の問題も抱えていた土地を，生産的な土地利用が可能な状態にまで再生させた点は評価すべきであろう。

　全体として，この時期の市のブラウンフィールド再生戦略は，環境保護庁の調査パイロットによって見出されたブラウンフィールド・サイトを，各々で経済開発という目標に向かって再開発するという発想であった。ダウンタウン周縁部に限っては，当時から都市計画の重点目標

であったダウンタウン再生とウォーターフロント開発のなかに，ブラウンフィールド・サイトが位置付けられ，Jenkins Valve 跡地に代表される面的な再開発が進められた。

2）2008 年以降のブラウンフィールド再生戦略

2008 年以降の Finch 市政下では，工業用途を縮小し住宅を中心とした複合用途の地域を大幅に拡大させた 2008 年計画が発表された。1990 年代に開発された工業団地は，工業の拠点として継続して位置付けられたが，開発の方向性が定まっていないブラウンフィールド・サイトの多くは，将来的に工業用途から複合用途へ用途変更する方向性が示された。また，持続可能性をテーマに公園やオープンスペースの拡充に重点が置かれ，水際のブラウンフィールド・サイトを公園として再生する事例も生まれた。

特に 2010 年代からは，Barnum 駅の新設検討に代表されるように，通勤に活用可能な交通基盤の整備によって，住宅を中心とした複合用途によるブラウンフィールド再生の計画も進められている。2000 年代後半から進められている学校の新設や公共交通の整備によって，既成市街地に立地するブラウンフィールドを用途転換して推進する方向が明確化した。現段階ではこれらの戦略の効果を評価することは困難であるが，長期間にわたって停滞していた Remington Arms や GE の跡地の再利用が事業化に向けて前進しており，州政府や土地所有者も市の方針に賛同している。

2008 年以降の市のブラウンフィールド再生戦略は，ブラウンフィールド単体の再生戦略ではなく，ブラウンフィールド・サイトの分布を前提に検討された市全体の空間計画に基づく再生に変化したと考えられる。この変化の背景には，経済開発の目標を産業の再立地から住宅を含む複合用途による再開発へ方針転換したことがある。空間計画の目標も，地区全体の居住環境改善が重視されるようになり，結果として近年行われているブラウンフィールド再生事業も周辺地区との関係を重視したものに変化しつつある。

6.7.2 公的支援の活用実態

ブリッジポート市が活用した主な公的支援である，環境保護庁によるブラウンフィールド補助金と州政府による主として経済開発を目的とした補助金の 2 つについて，ブリッジポート市のブラウンフィールド再生において果たした役割を明らかにする。

1）環境保護庁ブラウンフィールド補助金

環境保護庁のブラウンフィールド補助金は，前述の市のブラウンフィールド再生戦略の基盤となった 1994〜1996 年の調査パイロット補助金と，個別の土壌汚染地の対策に利用された調査及び浄化の補助金，民間事業者による土壌浄化を支援するリボルビング・ローン補助金の 3 つに大別される。

調査パイロットは，6.2 で述べた通り，都市全体のブラウンフィールド再生の戦略の形成と優先順位の検討に大きく寄与した。また，同パイロットにより優先取組サイトに選定されたブラウンフィールド・サイトでは，フェーズ I 調査が進められており，事業化に不可欠な情報を提供し，民間事業者の参入や州政府の補助金獲得にも貢献した。

個別の調査・浄化補助金は，East End 南部の調査および浄化に集中的に交付されている。同地区には，アフリカ系アメリカ人やヒスパニックが多く居住する住宅に隣接する場所に不法投棄や深刻な土壌汚染地が存在していた。ダウンタウンや高速道路出入口から離れており立地

図 6-49 ブリッジポート市におけるブラウンフィールド再生の展開（筆者作成）

市全体（SP: Steel Point / JV: Jenkins Valve）
- '91 市長破産申請（却下）
- '94-'96 EPA BF パイロット調査補助金 市内のブラウンフィールド情報把握 / 優先順位整理
- '96 都市マスタープラン
- '03 Ganin 市長汚職で逮捕
- '06 市長コカイン使用発覚
- '07 総合経済開発戦略
- '07 Finch 市長就任
- '08 都市マスタープラン
- '10 BGreen 総合計画策定
- '11 公園マスタープラン

ダウンタウン周縁部
- '87 SP 再開発検討（州支援）
- SP: カジノの誘致を計画
- '98 JV 野球場として再開発
- '01 JV 隣地アリーナ竣工
- '01 SP RCI グループを新規民間開発事業者に選定
- SP 市が土地取得を進める
- Bridgeport Brass 跡地に United Rentals 立地
- SP DOT より TIGER 交付
- '13 SP 州債による基盤整備
- '14 SP 市から事業者へ土地譲渡
- SP: Bass Pro Shop オープン

East Side 地区
- '93 Father Panik 公営住宅解体完了
- '96 Seaview 工業団地 (SIP) 計画開始（州支援）
- East End/East Side 開発計画策定 ('99)
- '99 Father Panik 公営住宅跡地の一部を低所得者向け戸建住宅として再開発
- '07 GE が East Side 地区の工場を完全に閉鎖
- '08 公営住宅跡地の一部に Waltersville 小中学校移転
- '10 East Side 地区再生ゾーン計画
- '10 Knowlton 公園土地取得開始
- '10 Barnum 新駅の本格的な検討開始
- '11 GE が East Side 地区の工場の解体開始
- '12 工場跡地に Knowlton 公園竣工
- '11 GE 工場跡地への高校移転を市議会で可決
- '13 Remington Arms 跡地の一部解体
- '21 以降に新駅供用開始予定

East End 地区（SIP: Seaview Industrial Park）
- '92 Mount Trashmore 緊急対策実施（州）
- 造船所建設に向けた州の補助金交付
- '01 Carpenter Steel 跡地に造船所竣工
- SIP 第一期州補助金により住宅移転、土地取得
- '04-'05 南部の 3BF に EPA 浄化補助金交付
- '05 SIP 第一期土壌浄化作業完了
- '05 East End 南部地区再生ゾーン計画
- '07 SIP 第二期建物竣工
- '07 Barnum Ave. Business Park 土壌浄化開始
- '07 旧 Amrican Fabrics 跡地民間へ譲渡、再開発
- '09 Barnum Ave. Business Park 竣工
- '09 Chrome Eng. EPA による追加対策
- **East Bridgeport 開発回顧構想**
- '11 Carpenter Steel 跡地の造船所が破産、閉鎖
- '13 南部の 3BF サイトに水耕温室農場検討

West End 地区（WEIP: West End Industrial Park）
- '93 WEIP 計画策定（州支援）
- '94 市が WEIP を中心とした開発計画策定
- '96 Bryant 電気解体体開始
- '97 Ecmet 社跡地（拡張用地）調査
- '99 拡張検討のデザイン・シャレット
- '00 EPA TBA 補助金による拡張用地調査
- '00 WEIP 最初の店舗兼工場竣工
- '00 Park City Partnership 発足
- '01 Went Field 拡張工事の完了
- Went Field 拡張
- **West End Industrial Park の開発進捗**
- '05 Bryant 電気跡地に AKDO 竣工
- '06 Evergreen Manor 公営住宅再開発完了
- '07 West End 地区 NPZ 策定
- '07 Cesar A Battala 小中学校竣工
- '14 WEIP を Eco Industriall Park として拡張する計画

（左軸年代：1995 / 2000 / 2005 / 2010 / 2015）

に課題がある East End 南部は，市役所や州の経済開発部局による積極的な再開発は期待しづらく，環境保護や環境正義を優先する環境保護庁の公的支援は土壌汚染対策という点では大きな役割を果たした。

　リボルビング・ローン基金補助金は，主に民間事業者が浄化主体となった East End 地区の中小規模のブラウンフィールド再生事業に利用された。市が物納等により取得した土地を民間事業者に安価に譲渡または賃貸し，事業者が同基金を活用して浄化を実施，再開発については州の資金を活用した事例が多い。Community Capital Fund は，浄化向けの環境保護庁の基金と，経済開発向けの州の補助金の両方を運営する管理者であり，民間事業者によるブラウンフィールド再生を資金面から包括的に支援している。

2）州政府の補助金

　州の補助金交付分野は多岐にわたるが，ブラウンフィールド再生に関する資金のほとんどは，経済開発目的であった。本章で対象とした市内の事業のほとんどは，何らかのかたちで州の補助金の支援を受けているが，特に West End 工業団地と Seaview 工業団地の 2 つの工業団地，East End 南部の造船所誘致，Steel Point 地区の開発，Jenkins Valve 跡地の野球場及びアリーナ開発に対して計画段階から支援している。コネチカット州最大の都市でありながら，1990 年代初頭には財政破綻寸前の状況に陥った同市の置かれた特殊な状況が手厚い支援の理由の一つであろう。また，州の公債に基づく補助金の交付は，州知事が議長を務める公債委員会で決裁されており，州内最大の有権者を抱える同市に対する知事の政治的なアピールも反映されている可能性も高い。

　なお，州の補助金が投入された大規模事業が必ずしも成功を収めているわけではない。民間

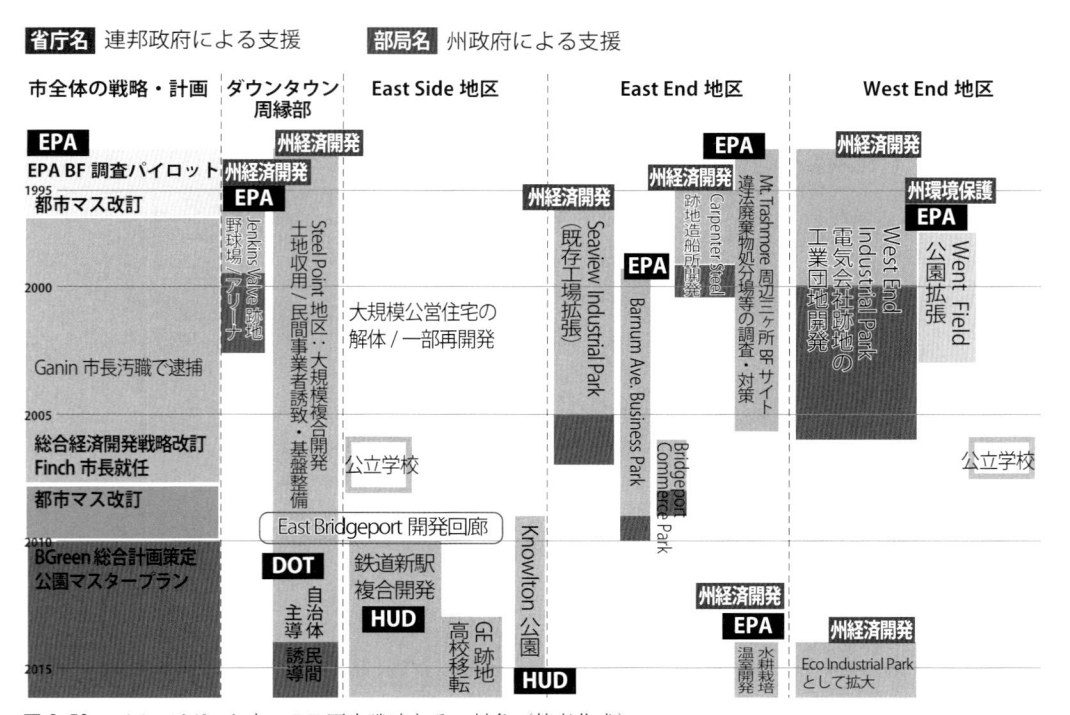

図 6-50　ブリッジポート市の BF 再生戦略とその対象（筆者作成）

事業者も参入した Jenkins Valve 跡地は短期間で完了したが，多くの事業は計画の事業化に長い期間を費やしており，想定通りに計画が進んでいない状況にある。

　ブラウンフィールド再生とは直接関係しないが，学校建設と公営住宅に対する州の支援も指摘しておきたい。ブリッジポート市は，第 2 次世界大戦前後に建設された大規模な公営住宅の荒廃に悩まされてきたが，州と住宅・都市開発省の支援により，公営住宅の解体と中小規模の低所得者向け住宅の設置を進めており，West End 地区，East Side 地区において，公営住宅の撤去と再開発は地区の環境改善に一定の効果をもたらした。同様に更新時期を迎えた市内の学校の再開発を進めており，一部では公営住宅跡地や工場跡地が利用されているが，これらにも州政府の公債による支援が行われている。

6.7.3　ブラウンフィールド再生の空間計画と計画技法

　ブリッジポート市のブラウンフィールド再生における空間計画技法や空間戦略も前項と同様に，製造業の再立地を目指していた 2000 年代半ばまでと，2008 年以降の持続可能性を市の戦略として掲げた Finch 市政下の 2 つの時期に大別される。

1）1990 年代から 2000 年代半ばまでの空間計画

　1900 年代の再生計画は，製造業の立地に不可欠な自動車によるアクセス性，特に高速道路との関係を重視しており，調査パイロットの再開発に関する評価項目でも，高速道路出口までの距離を重要な要素として検討していた。他地区に先行して開発された West End 工業団地も高速道路出口付近に位置しており，アクセス性と視認性に優れている点が評価された。この時期に計画された事業の多くは，敷地周辺の歩道の付置や敷地内の一部緑化など最低限の社会基盤整備は実施しているが，周辺地区も含めた広がりのある社会基盤整備や公共施設建設は行われなかった。

　ダウンタウン周縁部は，例外的に歩行者ネットワークに関する配慮が行われており，Jenkins Valve 跡地は北側のダウンタウンからの歩行者アクセスが Main St. を利用して整備された。Steel Point 地区も鉄道駅からの歩行者動線が想定されていた。

　この時期の市のブラウンフィールド再生計画の課題は，近隣地区の空間計画と経済開発事業として行われたブラウンフィールド再生の連携の不足である。近隣地区の計画は，地域コミュニティの協力のもとで策定されたが，計画資金しかないため計画立案後に提案された事業の実施が困難な状況にあった。老朽化した空き家の改修などが実施されているが，状況の悪化を食い止めることはできても，経済的困窮地区の再生をもたらすほどの力はない。一方で，ブラウンフィールド再生事業の多くは，自動車によるアクセスが中心となる工業団地か，Steel Point 地区や Jenkins Valve 跡地再開発のように，近隣地区との関係が構造的に薄い場所で実施されてきた。例外的に West End 地区の骨格街路の沿道に West End 工業団地，小中学校建設，Went Field 公園の再生が連続して展開した事例があるが，その他の地区では経済開発事業と近隣地区の空間計画の関係が希薄であった。

2）2008 年以降の空間計画

　Finch 市政下では，持続可能性の向上を掲げ，製造業から健康，金融，情報技術，芸術等の新たな産業分野での雇用拡大を目指した。また，これらのホワイトカラーにとって魅力的な住宅環境の提供を目指し，工業用途を縮小し複合用途を大幅に拡大した。社会基盤整備について

は，"Complete Street" を掲げ，街路空間の再整備により，公共交通と自転車の利用促進を目指す方向が打ち出された。

　2010 年の公園マスタープランに代表されるように，公共空間の再編とネットワーク化を打ち出しており，水辺のブラウンフィールド・サイトと公立学校の活用に重点が置かれている。その結果，以前の判断基準では，高速道路からのアクセスが悪く，敷地規模も小さいため優先順位が低かった工場跡地も，近隣住民向けのオープンスペースとして利用可能性が見出されるなど，市の空間計画において，ブラウンフィールド・サイトに新たな位置付けが与えられた。この時期の計画は，2000 年代に新設された小学校の運動場を公共空間と位置付けており，既存の取組を巧みに新しい空間戦略に取り入れている。GE 跡地に対しても高校の移転を検討するなど，ブラウンフィールド・サイトを学校や公園などの公共投資の対象として利用する方針も明確になった。また，取組が遅れていた East Side 地区では，Knowlton 公園の一部竣工や East Bridgeport 開発回廊の検討と新駅の設置など，ブラウンフィールド・サイトを活用した地区再生の取組が，計画段階から実施段階に進みつつある。

　市のブラウンフィールド再生政策は，1996 年の環境保護庁パイロット事業以来の区画単位で製造業の再立地を意図した経済開発を目指していたが，Finch 市政下でホワイトカラーの人口増を目標として，地区の生活環境改善に資する公共利用や複合用途での再開発を目指す方向に転換したことを明らかにした。また，経済開発目標の変化に伴い，計画手法も，区画単体の再開発の成立を目指すものから，ブラウンフィールド情報を前提とした地区の空間計画によって，地区全体の再生を目指す計画へ変化したことがわかった。

注

1) Bridgeport-Stamford-Norwalk Metropolitan Statistical Area
2) これらの歴史を活用すべく同市は Park City のコンセプトを掲げ，2010 年代から公園やオープンスペースの再生に力を注いでいる。
3) Reminton Arms の Boston Ave. の工場は，1920 年に GE が購入し，工場および一時期は本社として活用した。6.4.6 参照のこと。
4) Los Angeles Times, Scot J. Paltrow, Connecticut tries to cancel Bridgeport's bankruptcy, June 8, 1991
5) 財団法人自治体国際化協会，米国における地方公共団体の財政再建制度——財政規律維持に関する制度と運用——，pp. 1–81，2008，P. 56
6) City of Bridgeport, Comprehensive annual financial report 2013, P. 95
7) 例えば，ブリッジポート市近隣のフェアフィールド郡スタンフォード市は，地価の高いマンハッタンから郊外に本社やバックオフィスを移転させる金融機関の受け皿として成功した。ブリッジポートも含まれるフェアフィールド郡は，1997 年には Fortune 上位 500 社のうち 14 社の本社機能を抱えるまでに成長していた。
8) ハイアライ（Jai-Alai）はバスク地方発祥のスポーツで米国では賭博の対象として流行した。ブリッジポート市では，1976 年からダウンタウンに近い East Side 地区の繊維工場（Salts Textile）跡地がハイアライ用の施設として開発されていた。1980 年代後半からプレーヤーのストライキや，近隣に建設されたインディアンによるカジノの影響もあり，経営が悪化，1996 年に閉鎖された。その後は，競争犬のレース場として再整備され運営されていたが，その経営も破綻し現在はレース場は未利用地として放置されている。
9) New York Times, 2d Casino Operator Woos Bridgeport in Gaming Bid, 1992/11/19, http://www.nytimes.com/1992/11/19/nyregion/2d-casino-operator-woos-bridgeport-in-gaming-bid.html，2014/11/29 参照。
10) New York Times, Trump Pays Bridgeport a Visit To Promote Theme Park Plan, 1994/6/3, http://www.nytimes.com/1994/06/03/nyregion/trump-pays-bridgeport-a-visit-to-promote-theme-park-plan.html，2014/11/29 参照。

11) コネチカット州は，ECD 内部にブラウンフィールド再生を一元的に取り扱う，ブラウンフィールド浄化・開発室（Connecticut Office of Brownfield Remediation and Development）を設置している。

12) 5 章のケース・スタディ選定に関する記述を参照。

13) 州債による支援については，主にコネチカット州会計検査院のデータベースから得られる情報に基づいて記述した。コネチカット州は，各部局は特定の事業を実施する際に，債券委員会と呼ばれる州知事を議長とする会議体の裁定を得ることが求められる。会計検査院は透明性を高めるため，債券委員会の裁定記録をデータベースとして開示している。
State Comptroller, Kevin Lembo, Bond Allocation Database, http://www.osc.ct.gov/finance/index.html, 2014/11/18 参照

14) SIMMONS, P. S., & FORD, J. D., Connecticut Industrial Park Program, 1967-1991 : a special report on the history and development of Connecticut's Industrial Parks Program since its inception in 1967 with statistical data on employment, dollar investment, and community economic development assistance. Rocky Hill, Conn. (865 Brook St., Rocky Hill 06067), Connecticut Dept. of Economic Development, 1992

15) 福永 実，経済と収用：経済活性化目的での私用収用は合衆国憲法第 5 修正「公共の用」要件に反しない（Kelo v. City of New London, 545 US 469 (2005)），大阪経大論集，2009

16) City of Bridgeport, Roy F. Weston, Inc., TPA Design Group, Inc., et al., The Bridgeport Brownfield Pilot Project, December 1996

17) City of Bridgeport et al.，前掲注 16)，Primary Focus 参照

18) 1965 年制定の公共事業・経済開発法に定められた経済開発を支援するための計画組織に対する補助金

19) City of Bridgeport et al.，前掲注 16)，Appendix 3, Market Study

20) ブリッジポート市の経済開発専門家であった Kevin Gremmer は，住宅・都市開発関係の補助金獲得のため，ワシントン D.C. を訪れた際に議会関係者から，ブラウンフィールド調査パイロットに関する話を耳にしたと述べている。
Greenberg, Michael R. and Hollander, Justin, The Environmental Protection Agency's Brownfields Pilot Program, American Journal of Public Health, Vol. 96, No. 2, pp. 277-281, February 2006，P. 279 参照

21) EPA, EPA National Brownfields Assessment Pilot - Bridgeport, CT, May 1997，P. 1 参照

22) Roy F. Weston（環境コンサルタント）・TPA Design Group（都市計画コンサルタント）・Asset Management Solutions（不動産開発・マーケティング・コンサルタント）

23) City of Bridgeport et al.，前掲注 16)，Step 7 参照

24) City of Bridgeport et al.，前掲注 16)，Step 8 参照

25) 総合経済開発戦略（Comprehensive Econimic Development Strategy）は，5ヶ年の経済開発計画であり，連邦政府 EDA による公共事業等への補助金を得る際に求められる計画である。

26) 2014 年現在，経済開発都市計画局長 David Kooris は，インタビュー（2014/6）において，低・未利用地は調査・追跡しているが，ブラウンフィールド・サイトに限定したリストは維持していないと述べた。また，ブラウンフィールド・サイトの再生検討にあたっては，市の経済開発回廊との関係を重視していることを強調した。

27) 工業用途および商業用途に適さないため，調査パイロットは，調査対象区画選定の段階で他の区画と連担していない，3 Acre（約1.2ha）以下の区画，不整形な区画，アクセス道路の条件が悪い区画を排除している。
City of Bridgeport et al.，前掲注 16)，Step 1 参照

28) City of Bridgeport, Master Plan of Conservation and Development Bridgeport, Connecticut, March 2008, P. 3

29) Michael Freimuth, Director of Economic Development，City of Bridgeport，以下の記事より引用
New York Times, In the Region : Connecticut ; Cleaning Up Contaminated Sites, 1995/8/27

30) 総合経済開発戦略は，商務省経済開発局（EDA）の経済開発補助金の交付を受ける条件となる計画である。

31) City of Bridgeport, City of Bridgeport Comprehensive Economic Development Strategy annual Update June 2005, P. 76

32) City of Bridgeport, City of Bridgeport, Comprehensive Economic Development Strategy 2007-2012, 2007/6, P. 37

33) City of Bridgeport，前掲注 32)，pp. 57-59

34) Mixed-Use Corridors として位置付けられたのは，下記の街路である。
Main Street, East Main Street, Stratford Avenue, Fairfield Avenue, State Street, Broad Street, Knowlton

Street, Madison Avenue, Pequonnock Street, Barnum Avenue and Boston Avenue の全部

Huntington Turnpike, North Avenue and Park Avenue の一部

City of Bridgeport, 前掲注 28), P. 208 より引用

35) City of Bridgeport, 前掲注 28), pp. 204-205

36) City of Bridgeport, 前掲注 28), pp. 11-12

37) City of Bridgeport, 前掲注 28), P. 87

38) City of Bridgeport, The Parks Master Plan 2011 Executive Summary, April 2012

39) この施設の立地により，市は年間約 30 万ドルの税収を予定していたため，土地所有者による土壌浄化実施に際して，市役所は同区画に対して税の滞納により設定していた抵当権を無償で解除した。

40) この事業も州の公債による財政的支援を受けている。

41) Bank Mart による開発計画は，住宅・オフィスと商業施設の複合開発を検討しており，Jenkins Valve のレンガの建物の一部を修復，再活用する計画であった。
New York Times, POSTINGS: Mixed Use in Bridgeport, 1998/5/22, http://www.nytimes.com/1988/05/22/realestate/postings-mixed-use-in-bridgeport.html, 2014/10/29 参照

42) The U. S. Conference of Mayors, A National Report on Brownfields Redevelopment, Volume II, April 1999, http://www.usmayors.org/brownfields/descriptions.htm, 2014/11/20 参照

43) EPA, Bridgeport's Restored Gateway Leads to a Whole New Impression EPA Fact Sheet, March 2004

44) National Association of Local Government Environmental Professionals, Northeast-Midwest Institute, Unlocking Brownfields, March, 2004, P. 70

45) 当時の市長の補佐役であった Thomas Corso が，開発事業者に指定された The Sterling Group の Harbor Pointe の担当者として，同社にも同時に勤務していたことが 1985 年の市長選の政治的な問題となった。また，同地にあった電力会社 United Illumination 社の発電所の操業停止時期がはっきりしなかったことも計画が立ち消えとなった原因の一つに指摘されている。The Hartford Courant, The Steel Point Saga, November 13, 2007

46) TIGER 補助金については，3 章の連邦政府運輸省によるブラウンフィールド再生支援の項を参照。

47) Steel Point 地区は洪水や高潮に対応するために現在の海抜 4 フィートから 12 フィートの高さに土地の嵩上げが必要である。

48) CT Post, Bridgeport's Steelpointe Harbor advances with property transfer, April 25, 2014, http://www.ctpost.com/default/article/Bridgeport-s-Steelpointe-Harbor-advances-with-5430438.php, 2014/11/10 参照

49) 民間事業者の撤退や市長の逮捕などの理由で執行されなかった資金もある。

50) 1980 年代は Steel Point 地区の北側に立地していた公営住宅 Father Panik Village の治安が，特に悪化しており，違法薬物の売買も行われていた。

51) City of Bridgeport et al., 前掲注 16), Primary Focus

52) 1991 年の財政破綻問題で，市と州は対立関係にあったが，1991 年末の市長交代後は，関係が回復した。

53) State of Connecticut, Office of Fiscal Analysis, Bond Allocation database, 2014/11/19 参照

54) The U. S. Conference of Mayors, 前掲注 42)

55) Edward Lavernoich, Brownfields Redevelopment, Notable City Projects, Bridgeport, Connecticut, EBO-CT Brownfields Seminar, September, 2010, P. 11

56) Fuel Cell Today, Fuel Cell Energy Completes 14.9 MW Fuel Cell Park on Schedule for Dominion, http://www.fuelcelltoday.com/news-archive/2013/december/fuelcell-energy-completes-149-mw-fuel-cell-park-on-schedule-for-dominion#sthash.QGa3qL3E.dpuf, 2014/11/20 参照

57) Edward Lavernoich, 前掲注 55), P. 7

58) Gute, David M. and Taylor, Michael, Revitalizing neighbourhoods through sustainable brownfields redevelopment: Principles put into practice in Bridgeport, CT, Local Environment, Vol. 11, No. 5, pp. 537-558, October 2006, P. 544

59) Gute, 前掲注 58), P. 546

60) Gute, 前掲注 58), P. 547

61) BILL, City of Bridgeport, Planned Development in Bridgeport, pp. 1-27, May 2008, P. 5

62) なお，Steel Point 地区は地区区分としては East Side に含まれるが，州間高速道路によって地区北側と隔絶されている点，一貫して鉄道駅やブリッジポート市との関係を重視している点を考慮し，ダウンタウン周縁部として記述したため，本節には含まれない。

63）State of Connecticut, Bridgeport Shoreline Star Greyhounds（1），http://www.ct.gov/dcp/lib/dcp/pdf/gaming/bridgeport_shoreline_star.pdf，2014/11/26 参照

64）East End Neighborhood profile, http://www.city-data.com/neighborhood/East-End-Bridgeport-CT.html，2014/11/24 参照

65）City of Bridgeport，前掲注 28），P. 46 および P. 66

66）City of Bridgeport, TPA Design Group, Municipal development plan, East Side/East End area, Bridgeport, Connecticut，1999/8

67）Michael C. Bingham, If You Build It, They Will Stay, Business New Haven, 4/17/2000

68）EPA, Seaview Industrial Park-Bunnell Block, Blighted Neighborhood Makeover：Revamping Industry in the City of Bridgeport, 2006/8

69）Lavernoich，前掲注 55），P. 16

70）港湾局は，Bridgeport Port Authority として 1993 年に設置されているが実質的には市役所の一部である。

71）United State Court of Appeals, Second Circuit, CARPENTER TECHNOLOGY CORP v. CITY OF BRIDGEPORT, http://caselaw.findlaw.com/us-2nd-circuit/1413950.html，2014/11/24 参照

72）Fitzpatrick, Caitlin Lura, Do Public Private Partnerships create sustainable economic development in the State of Connecticut?, May 2012, P. 41

73）Fitspatrick，前掲注 72），P. 41

74）Edward Lavernoich，Bridgeport 市の当時の都市計画経済開発局副局長（Fitspatrick，前掲注 72），P. 41 による）

75）Fitspatrick，前掲注 72），P. 42

76）地域の雇用創出を条件に州政府から融資や補助金が交付されている。

77）City of Bridgeport, East End Neighborhood Revitalization Zone, Strategic Plan of Action, P. 67

78）NY Times,‘Mount Trashmore’to Be Removed, Published：May 14, 1992, http://www.nytimes.com/1992/05/14/nyregion/mount-trashmore-to-be-removed.html，2014/11/23 参照

79）Brownfields Property Progress Profile, MOUNT TRASHMORE, Property ID：15213，2014/11/23 参照

80）Brownfields Property Progress Profile, PACELLI TRUCKING, Property ID：10062，2014/11/23 参照

81）City of Bridgeport，前掲注 77），P. 67

82）Gute，前掲注 58），P. 555

83）CITY OF BRIDGEPORT, ECONOMIC AND COMMUNITY DEVELOPMENT AND ENVIRONMENT COMMITTEE REGULAR MEETING, OCTOBER 16, 2013，169-12 参照

84）City of Bridgeport, 9/5/2013 - Mayor Finch, state and local dignitaries to join Boot Camp Farms to break ground for urban agriculture project in City's East End, https://www.bridgeportct.gov/controls/NewsFeed.aspx?FeedID=1016，2014/11/24 参照

85）CT Post, Bridgeport looks to clean up‘Mount Trashmore’，2017/1/7

86）The New York Times, The Last Farewell to Father Panik Village, October 17, 1993, http://www.nytimes.com/1993/10/17/nyregion/the-last-farewell-to-father-panik-village.html，2014/11/11 参照

87）Paul Grogan and Tony Proscio, Comeback Cities：A Blueprint for Urban Neighborhood Revival, Section, pp. 203-204, 2001/12

88）本項の内容は，主に Greater Bridgeport Regional Council and City of Bridgeport, BARNUM STATION Feasibility Study，June 2013 を参照した。

89）ロング・アイランド湾沿岸の自治体の多くが参加している。

90）State of Connecticut, Gov. Malloy, New Bridgeport train station will encourage economic and transit-oriented development while improving quality of life for residents, July 16, 2014, http://www.governor.ct.gov/malloy/cwp/view.asp?A=4010&Q=548670，2014/11/10 参照

91）同跡地は調査パイロットでも再開発検討対象として 23ヶ所のリストに含まれ，Seaview 工業団地の自治体開発事業の計画にも含まれていたが，その後 10 年以上新たな開発の動きはない。

92）ブリッジポートと同様に，鉄道新駅と TOD の検討が西隣のフェアフィールド市で行われ，2011 年に新たに Fairfield Metro 駅が開業，駅周辺の開発も進められた。

93）Bridgeport City Council, A Resolution by the Bridgeport City Council, Accepting the Donation of 459 Knowlton Street, October 5, 2009

94）Donald Eversly, Director of OPED, City of Bridgeport, City of Bridgeport Economic Development Progress, 2010.

95）CT Post, GE plans to dismantle massive East Side complex, March 23, 2010 http://www.ctpost.com/news/article/GE-plans-to-dismantle-massive-East-Side-complex-419380.php#photo-134990, 2014/11/10 参照

96）同高校は，定員を上回る学生を受け入れており新しい校舎の建設を検討していた。州政府から拡張のための補助金の提供を示されていたが，移転先が決まらずに二度にわたって受け入れを延期した経緯もあった。

97）City of Bridgeport Economic and Community development and Environment committee, Regular meeting, March 19, 2013 Minutes

98）City of Bridgeport City Council Public Speaking Session, May 6, 2013 Minutes

99）CT Post, BOE moves forward on Harding plan, April 30, 2014, http://www.ctpost.com/local/article/BOE-moves-forward-on-Harding-plan-5439414.php#photo-6235998, 2014/11/10 参照

100）CT Post, DEEP report on GE signals floodgate of questions, November 4, 2014, http://blog.ctnews.com/education/2014/11/04/deep-report-on-ge-signals-floodgate-of-questions/, 2014/11/10 参照

101）州環境保護局は，GE と市が共同で提出した浄化計画について，2014 年 11 月に基本的には同意した。2014 年 11 月に行われた教育委員会での州環境保護局担当者の説明においては，高校の建設に用いられない周辺の土壌汚染地の対策や，GE に雇われた民間の認定土壌汚染対策士に関する疑問などが指摘された。州政府は，他の土壌汚染対策と比べて浄化実施に対する監視を強化すると述べた。CT Post，前掲注 100）

102）City of Bridgeport City Council Public Speaking Session，前掲注 98）

103）なお，Jenkins Valve の野球場・アリーナへの再開発は調査パイロットの成果として高く評価されたが，Jenkins Valve は市役所の強い意向で対象地区外からリストに加えられており，同サイト自体が調査パイロットの枠組みで見出されたわけではない。優先取組区画指定後のフェーズ I 調査などの実質的な情報収集が，民間事業者や州政府の事業化に向けた支援を引き出した意義のほうが大きい。

7章　マサチューセッツ州ローウェル市

7.1　分析の枠組みと基礎的情報の整理

7.1.1　本章の目的と分析の枠組み

　本章では，マサチューセッツ州ローウェル市のブラウンフィールド再生の実態を，5章に挙げた「ブラウンフィールド再生に対する市全体の再生戦略と優先順位整理の手法」，「自治体による連邦と州の支援制度活用の実態とその効果の検証」，「ブラウンフィールド地区に対する計画技法」の3つの視点から分析する。

　ローウェル市は，19世紀の米国における産業革命を支えた「ミルタウン（Mill Town）」の一つである。ダウンタウンは，1978年に国立歴史公園に指定されたが，その周辺には歴史ある工場の建物が廃墟となり土壌汚染とともに放置されていた。

　本章では，連邦環境保護庁のブラウンフィールド補助金を活用して，ダウンタウン周縁部のブラウンフィールド再生に注力した市役所の再生戦略とその形成の過程に注目する。また，市南部に位置するスーパーファンド・サイトを含む Tanner St. 地区の再生の取組も分析し，市の経済開発戦略と環境保護庁の支援の関係についても明らかにする。

7.1.2　ローウェル市の位置と現状

　ローウェル市はボストンの北西約35kmに位置する人口約10万人の工業都市である（表7-1）。人口規模は，ボストン，ウースター，スプリングフィールドに次ぐ州内第4位であるが，一人あたりの平均所得は周辺都市と比べて低く失業率も高いため，1990年代には，住宅・都市開発省のコミュニティ再生イニシアチブの指定を受けていた[1]。

表7-1　ローウェル市の概況

州	マサチューセッツ州 Commonwealth of Massachusetts
郡	ミドルセックス郡　Middlesex County
人口	106,519人（マサチューセッツ州内第4位） 112,759人（過去最大の人口　1920年国勢調査）
世帯数	38,470世帯
市域	37.7 km^2
平均個人所得	$23,600（2012推定値） 州平均 $35,485（2012推定値）
貧困線以下割合	17.5%（個人）
人種構成	白人 60.3%/アジア系アメリカ人 20.2%/アフリカ系アメリカ人 6.8%/アメリカ先住民 8.8%

特に注記がない情報については，2010年国勢調査の情報に基づく

公共交通機関としては，マサチューセッツ湾交通局ローウェル線が，約 45 分でローウェル駅とボストン北駅を結んでいる。高速道路は，ボストンとニューハンプシャー州を結ぶ I-93 が郊外を通過しており，ダウンタウン近傍までローウェル支線（Lowell Connector）と呼ばれる支線が伸びている。自動車でも 30 分強でボストン市内に到着する距離に位置している。市内を流れる Merrimack 川は，動力源としてローウェルをはじめ，流域のミルタウン発展のきっかけとなった。現在でも上流にはニューハンプシャー州のマンチェスター，下流にはマサチューセッツ州ローレンスなどの工業都市が立地している。

図 7-1　ローウェル市の位置図

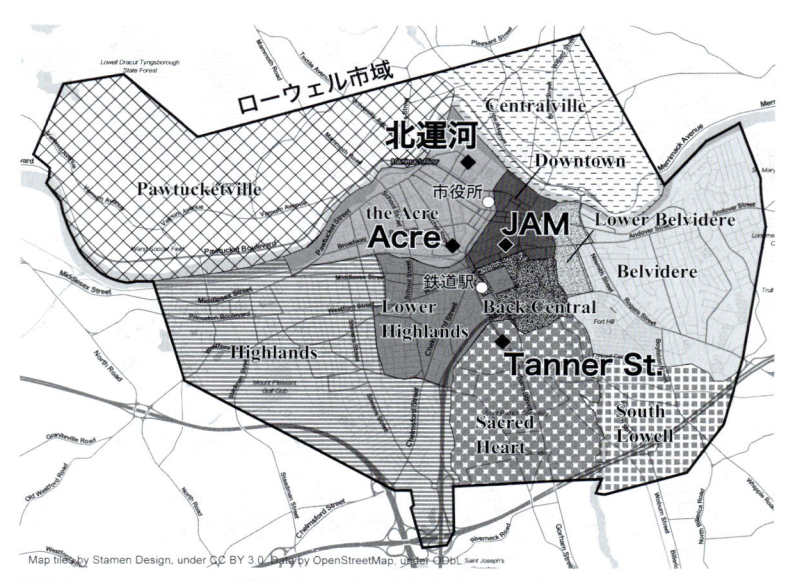

図 7-2　ローウェルの近隣地区と本書で取り扱う事例の位置

7.1.3　ローウェル市の歴史

　本項ではローウェルの市街地の歴史的変遷を整理し，ブラウンフィールド・サイトを多く抱えるダウンタウン周辺の過去の都市再生の取組についても整理する。

1）工業都市ローウェルの発祥

　ローウェルは 1820 年代に繊維工業の町として開発された米国で最も古い工業都市のひとつである。町の名称は，動力源として Merrimack 川に目をつけ，町に最初の織物工場を作ったボストン工業会社の出資者の一人である Francis Cabot Lowell に由来する。

　Lowell らが 1814 年に設立したボストン工業会社は，ボストン西部 Charles 川沿いの町ウォルサム（Waltham）に紡績工場をつくり，寄宿舎を用意して労働環境を整備し，周辺の農村から女工を集めた。同社を設立した資本家グループは，後にウォルサム・ローウェル・システムと呼ばれる 19 世紀初頭の米国繊維産業の典型的な労働生産モデルを作り上げた。

　ウォルサムの工場が成功し，Charles 川の動力源としての能力が限界に達したため，ボストン工業会社を設立した資本家たちが次の工場の建設地として選択したのが，現在のローウェルであった。町の北側を流れる Merrimack 川，および Pawtucket 滝の落差に注目して Merrimack 工業会社を設立，1822 年に最初の工場を East Chelmsford（現在のローウェル）に設置した。Pawtucket 滝を迂回するために建設された Pawtucket 運河も，後に拡張されてローウェルの工場群の発展に大きな役割を果たした[2]。

　その後ローウェルでは，運河システムの拡張と並行して同様の織物工場が建設され，1850 年代には米国最大の工業地帯となった。工場と寄宿舎や住宅が一体的に開発されて拡張したため，工場と住宅地および商業地が近接している点が特徴である（図 7-3，図 7-4）。運河の拡張や工場の建設に携わった労働者の多くはアイルランド移民であった。その後は，ドイツ，フランス系カナダ人，ポルトガル，ポーランド，リトアニア，スウェーデンおよび東ヨーロッパのユダヤ人など世界各国から労働者が集まり，多様な民族により構成されるコミュニティを形成していった（図 7-6）。1920 年には市の人口は 11 万人を上回り，経済的にもその繁栄の頂点に達した。

2）製造業の停滞と都市再開発

　しかし，1920 年代から綿花の生産地に近い南部への工場移転が始まり，大恐慌の時代には 1/3 以上の人口が生活保護を受け，6 つあった工場のうち 3 つしか操業していない状態に陥った。第 2 次世界大戦に関連したパラシュート等の軍需製品の受注によりローウェルの織物工業は一時的に回復したが，受注は長くは続かずに工場は徐々に閉鎖され，1958 年の Merrimack 工業会社を最後に主要な織物工場は全て閉鎖された。1970 年代の半ばには，市の人口は 91,000 人まで減少し人口の 12%が失業していた。多くの建物が築 100 年以上となり，遺棄された建物や，税滞納の結果行政に物納される建物も増えていた。

　工場に隣接する居住地区の再開発は，工場の衰退よりも早い時期に始まっていた。1939 年にギリシャ人移民が多く居住していた the Greek Acre（図 7-5，図 7-6 参照，後述の Acre 都市再開発区域に隣接）に対して，連邦政府の都市再開発補助金を受けて全米で初めてスラム・クリアランス・ポリシーのもと都市再開発が実施された。ギリシャ系住民が居住していた地区は，North Common Village という名称の公営住宅となった。また，Merrimack 工業会社の寄宿舎や工場も 1960 年に北運河地区の都市再開発事業により解体され，高層の公営住宅等が建

設された（図 7-7）。

3）ダウンタウンの国立公園化とコンピューター産業

　ローウェルは移民の割合が高く，郷土愛が育まれにくい状況であると 19 世紀から指摘されていたが，一部の熱心な市民により市内の歴史的建造物保全の活動が始められた。1972 年 9 月には，ダウンタウンの歴史的建造物の活用推進を謳ったローウェル市のマスタープラン（Comprehensive Plan）を策定．1974 年にはローウェル遺産州立公園が設立，1978 年にはローウェル国立歴史公園が設置され，壊されずに残っていた工場や寄宿舎，ダムや運河（図

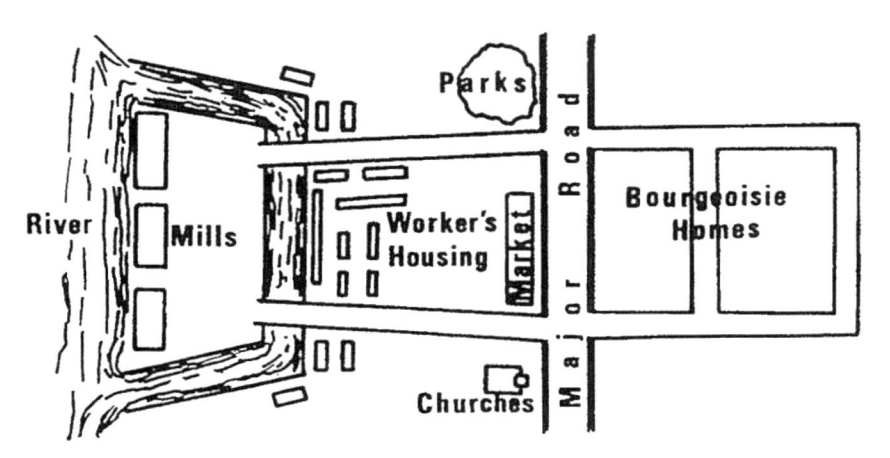

図 7-3　ローウェルの都市構造模式図
City of Lowell, Land Use Plan（Comprehensive Plan），Lowell, Massachusetts, 1972/9, P. 1

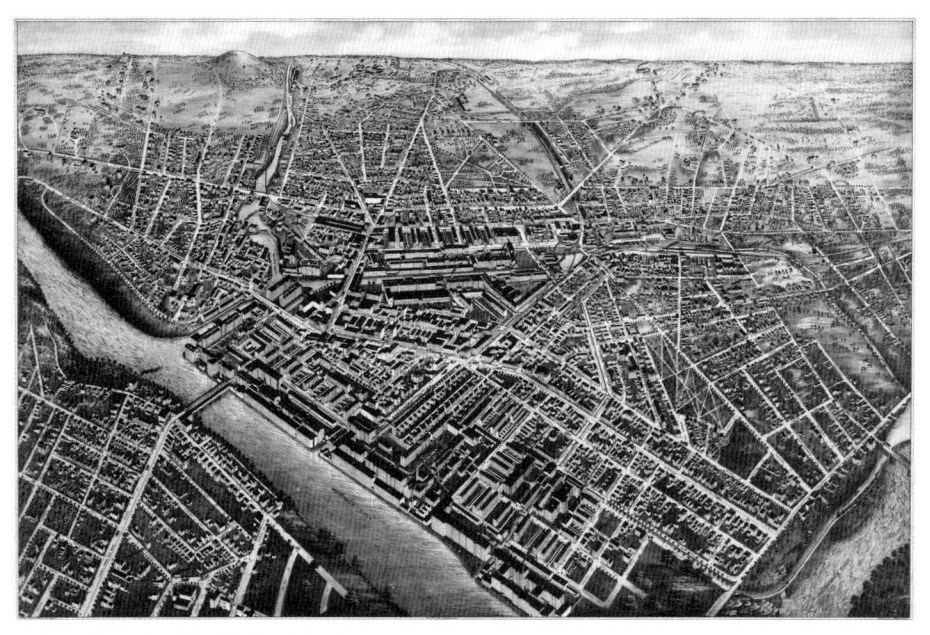

図 7-4　ローウェルの鳥瞰図（1876）
Library of Congress 所蔵，Lowell Canal System, Merrimack & Concord Rivers, Lowell, Middlesex County, MA, Historic American Engineering Record

7-8）が公園に指定され，工場等や寄宿舎は展示施設として活用された（図7-9）。

　また，1980年代はコンピューター企業として有名になったWang Laboratoriesが市郊外に本社を構え，「マサチューセッツの奇跡」と呼ばれた1980年代のコンピューター産業を中心としたハイテク産業の成功の一翼を担った。この時期にカンボジアからの難民が大量に移入しており，1990年には再び人口が10万人を超えるまでに回復した。

　しかし，Wang Laboratoriesは1992年に経営破綻しローウェル市内から撤退[3]，1990年代半ばには，市は従来にも増して深刻な経済的苦境に陥り市内の治安も大幅に悪化した。マサチューセッツ州は，1980年代後半は全米平均を下回る4%前後であった失業率が1990年代初頭には全米平均を上回る10%超となり州全体が深刻な不況にあった。

　戦後のローウェルの変化のなかでも，ダウンタウンとその周辺における都市再開発の取組と国立公園指定による歴史的建造物の再利用が，ブラウンフィールド再生以前から行われていたことはブラウンフィールド再生の分析にあたって重要な事実である。同市は都市再開発と歴史

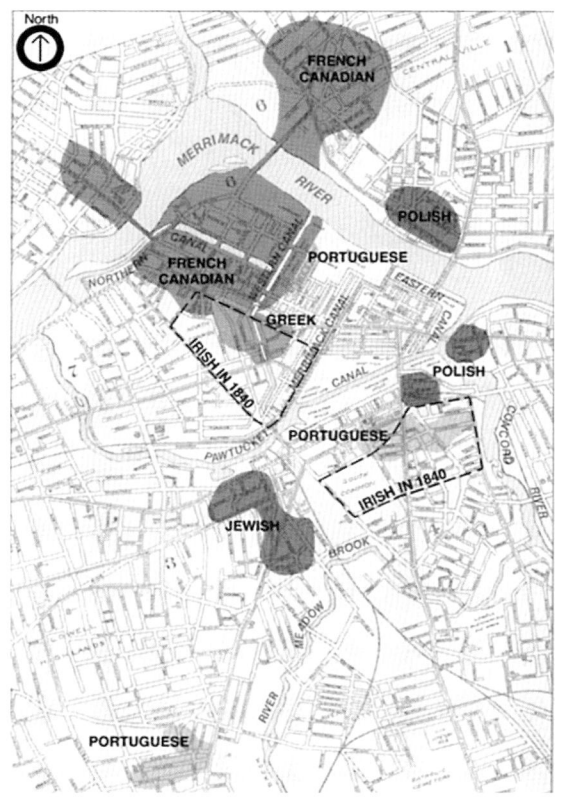

図 7-6　1912年時点の移民居住地区分布
National Park Service, Lowell – The Story of an Industrial City, 2001, P. 72

図 7-5　Acre 地区の居住環境（1912）
National Park Service, Lowell – The Story of an Industrial City, 2001, P. 73

図 7-7　北運河周辺の空中写真（1970）
National Park Service, Lowell National Historical Park and Preservation District-Cultural Resources Inventory, 1980, Fig. 3-17

図 7-8　1975 年の Hamilton 運河
Library of Congress 所蔵．General View Of The Hamilton Canal Taken
While The System Was Drained, W. Richard Ansteth, Photographer
1975 – Hamilton Canal, Jackson Street vicinity, Lowell.

図 7-9　ダウンタウン国立公園（運河上空）
National Park Service, Lowell – The Story of an Industrial
City, 2001, P. 103

的建造物の再利用の両方を駆使して，1990 年代後半からのブラウンフィールド関連の公的支援を活用しながら，積極的に都市再生を進めてきた。そこで用いられた手法は，1970 年代から進められた国立公園整備等，これまで実施されてきた空間計画の延長線上にある。また，都市再開発事業や国立公園整備にも連邦政府による補助金や運営支援が行われている。公的支援という意味では，同市には 1990 年代初頭までにすでに多くの連邦や州の資金が投じられていたのである。

7.2　ローウェル市のブラウンフィールド再生事業と公的支援

　本節では，ローウェル市内で 1990 年代以降に行われてきた主なブラウンフィールド再生事業と，それらの事業に関連して交付されてきた公的支援の内容を整理する。

7.2.1　ブラウンフィールド再生事業とその対象地区

　ローウェル市は，ブラウンフィールド再生にあたって地区単位で再生計画を立案した。地区抽出の経緯は 7.3.1 で詳述するが，市の戦略に基づくブラウンフィールド再生地区は，ダウンタウンの西側に隣接する北運河地区，Acre 再開発地区と，南側にあたる JAM 再開発地区，ダウンタウンからやや離れた Tanner St. 再開発地区の 4 地区である（図 7-10）。

7.2.2　ローウェルのブラウンフィールド再生に関する公的支援

　本項では，ローウェル市に交付された主なブラウンフィールド再生に関する公的支援を補助金の種類ごとに分析し，個別地区の分析を行う前提を整理する。

1）環境保護庁ブラウンフィールド補助金

　ローウェル市に対しては，調査補助金（調査パイロット含む）として総額 160 万ドル，リボルビング・ローン基金補助金として 50 万ドル，浄化補助金は約 120.5 万ドル，その他にショウケース・コミュニティとして 30 万ドル，地区全体計画支援補助金（AWP）で 17.5 万ドル，

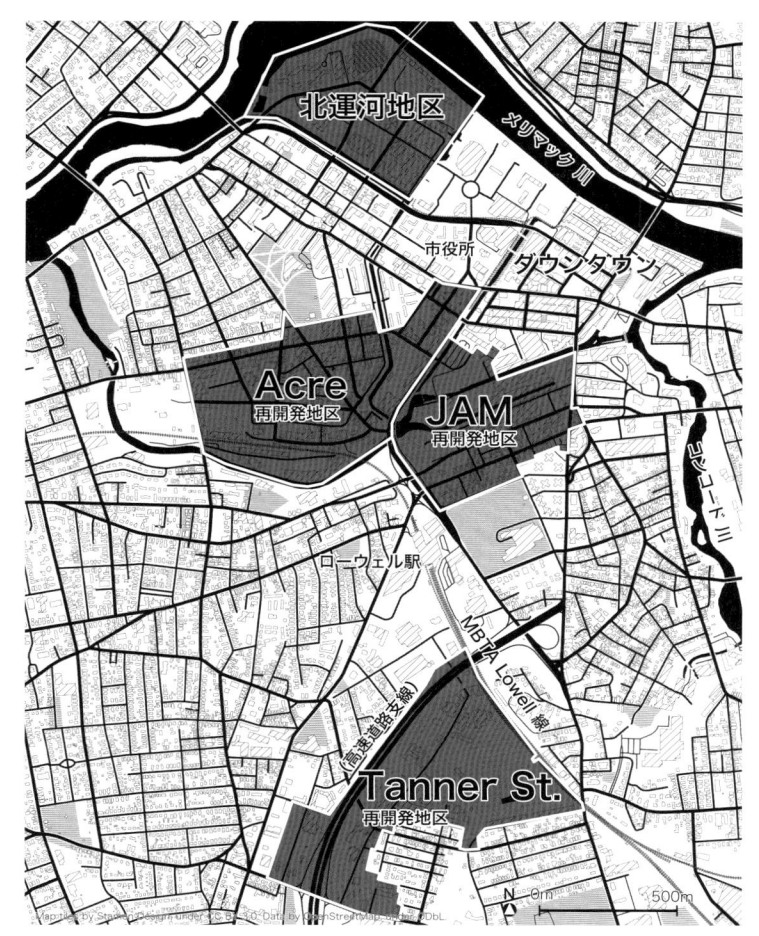

図7-10　本書が対象とするローウェル市中心部のブラウンフィールド地区

ターゲット調査補助金として約20.4万ドルが交付されており，20年間弱の期間で約400万ドルの資金が環境保護庁のブラウンフィールド補助金として交付されている。

　自治体ごとの規模の違いがあるものの，ローウェルの調査補助金合計額はマサチューセッツ州内でボストンを上回り，最大の受領者である。ショウケース・コミュニティと地区全体計画支援補助金の両方の指定を受けている自治体は全米でもほとんどない。地区全体計画支援補助金は対象地区である Tanner St. 地区（7.8）において分析する。

2）コミュニティ開発包括補助金

　ローウェル市は，コミュニティ開発包括補助金の交付資格に該当するため，毎年，住宅・都市開発省から直接補助金の交付を受け，低所得者向け住宅整備やコミュニティ開発会社への支援，市が主体となる都市計画事業に活用してきた。

　ブラウンフィールド再生に活用された例として，ローウェル市を含む Middlesex 郡内のブラウンフィールド目録の作成や，JAM 地区の再開発予定地の土地取得が挙げられる。土地取得では，本補助金の108条融資と住宅・都市開発省のブラウンフィールド経済開発イニシアチブの資金も活用しており，JAM 地区のブラウンフィールド再生事業の実施にあたって住宅・都

市開発省が提供した支援は大きな役割を果たした。

3）州政府の支援

ローウェル市のブラウンフィールド再生事業では，州が提供した様々な都市開発や経済開発を目的とした経済的支援が活用された。特定の事業を対象にした経済的支援と，特定事業を対象としない面的な地区指定による支援の2種類がある。

前者の代表例として，北運河地区のアリーナと野球場に対する財政支援が挙げられる（7.5にて詳述）。州政府は，1990年代初頭の不況時の市の経済開発を目的として，特別法に基づき北運河地区のアリーナと野球場の建設費用を，直接の補助金および州立大ローウェル校（University of Massachusetts Lowell）の拠出により負担した。この支援は，製造業が衰退した市の経済基盤の再生を意図したものであった。また，後者の事例として，州では都市再開発事業に対して計画に位置付けられた事業費用の50%を上限に補助金を交付している。ローウェル市は，ブラウンフィールド地区の再生に都市再開発事業を多用しているが，その背景には州からの手厚い事業費支援がある。

7.2.3　ブラウンフィールド再生事業に関わる主な主体

ローウェル市内の多くの事業は，市役所が事業主体である。市役所内では，主に都市計画・開発局（Department of Planning and Development）がブラウンフィールド再生を担当している。住民に対する環境教育などにおいては，保健局（The Lowell Health Department）も協力関係にある[4]。

連邦政府機関では，ダウンタウンの国立公園を管理する国立公園局との関係が強い。環境保護では，ボストンに拠点を持つ環境保護庁第1地域事務所が直接的な窓口となっている。経済的困窮地区にあたるため，都市再開発や公営住宅関連で住宅・都市開発省との関係も歴史的に深い。州政府関連の機関の関わりは多様であるが都市計画・開発に関しては住宅・コミュニティ開発局，土壌汚染の調査・浄化管理に関しては，州環境保護局が担当している。

また，市が属するミドルセックス郡は1997年に破産状態になり郡政府を廃止したが，北ミドルセックス自治体協議会（NMCOG）を設置している。NMCOGは，環境保護・経済開発・住宅供給・交通計画を含む土地利用計画の目標を達成するために，自治体に対する技術的な支援を行う地域計画庁にあたる。各地域で選出された委員による政策委員会によって運営される公的機関として機能することが認められている。NMCOGは，ローウェルを中心とした地域内のブラウンフィールド一覧の作成などを市役所と協力して実施している。

州政府と密接な関係を持ち，市内最大の雇用主である州立大ローウェル校も，最終的な土地の利用者として，ブラウンフィールド再生に一定の役割を果たしてきた。北運河地区の野球場やアリーナの主な利用者であり，アリーナの所有権も近年同校に移管された。北運河地区の大半は同校により利用されている[5]。大学側も特にダウンタウン周辺部の開発における大学の役割を認識しており，逆に教員や学生の募集時にダウンタウンの魅力を活用している[6]。

市内の地域住民団体としては，地域住民団体は，Acre地区のCBA[7]，JAM地区のCMAA[8]が特に再生事業に関わっている。またそれぞれ個別の民間開発事業者が北運河地区，JAM地区で再生事業の推進に特に大きな役割を果たしている。

7.3　ローウェル市の再生戦略1：ブラウンフィールド再生対象地区の抽出

　ローウェル市のブラウンフィールド再生事業は，開発が先行した北運河地区の野球場・アリーナを除くほとんどの事業において，地区を対象とした再生計画が立案され，面的な計画に基づき各事業が実施されている。ブラウンフィールド地区の再生を目的とした第2世代の政策の枠組みがなかった時代に，ローウェル市がどのような経緯で優先的に再生に取り組む「地区」を見出したのか，本節ではそのプロセスを分析する。

7.3.1　NMCOGと共同の工場跡地調査

　ローウェル市は，本書で取り扱うブリッジポート（1994年）やバッファロー（1995年）からやや遅れて，1997年に環境保護庁の調査パイロットの補助金交付を受けた。ブリッジポートやバッファローは，調査パイロットの資金を用いて市内のブラウンフィールド・サイトの一覧を作成して市全体の再生の優先順位の検討等を行った。

　ローウェルは，1997年の調査パイロット受領前にNMCOGと共同でコミュニティ開発包括補助金を用いて，地域全体の工業用地の調査を行い，郡内で317ヶ所の目録を作成，その中から低・未利用のサイト52ヶ所を抽出して順位付けし「ブラウンフィールド・サイト優先リスト」として土壌調査等の対象を検討する際に利用された[9]。

　同目録の順位付けの評価項目の詳細は明らかではないが，全体で1位とされた100 Phoenix Ave.（郊外型小規模工業団地として再開発された）や4位の663 Lawrence St.，5位の21 Nottingham St. は，いずれも高速道路のインターチェンジに近い幹線道路に面した工場跡地であり，工業用途の再開発を前提にした順位付けであったと推測される。評価も区画別に個別に行われており，ブリッジポートと同様に工業用途による区画単位の再利用を前提としていた。

7.3.2　環境保護庁の調査パイロット

　1997年にローウェルは，20万ドルの調査パイロット補助金を受領したが，この資金は，主として市役所が物納等で取得し売却や再生を検討しているブラウンフィールド・サイトのフェーズI，一部はフェーズIIの調査を実施するために利用された。また，NMCOGとの調査によって見出された区画や，市役所が当時開発を進めていた北運河地区のアリーナや野球場用地，Acre地区の中学校予定地などが対象とされた。

　また，1999年頃に市が作成したブラウンフィールド・サイトの目録を表7-2に示す。この目録には，市の各サイトに対する再開発の検討が付記されており，各サイトが5段階で評価されている。評価の基準は，①開発による経済的な効果，②開発ポテンシャル，③雇用創出ポテンシャル，④市民生活の質向上の可能性，⑤事業の規模の5点である。土壌汚染の詳細な情報はなく，経済開発や再開発の視点での評価であるが，④市民生活の質向上の可能性の評価も行われており，再開発による市民生活の質向上を検討していた点は注目される。その結果としてNMCOGの調査で順位付けされなかったダウンタウン周辺のブラウンフィールド・サイトに高い評価が与えられている。ただし，この段階では，地区全体の再生に取り組む方針は明確には

表 7-2 1999 年頃のローウェル市のブラウンフィールド・サイト目録と取組優先順位検討

住　　所	所有者	用途地域	検討されている開発計画	開発による経済的影響	開発ポテンシャル	雇用創出ポテンシャル	市民生活の質向上の可能性	事業の規模	総合的な評価	NMCOG調査順位
100 Phoenix Ave.	市役所	工業団地	工業用途で提案募集	高い	高い	高い	非常に高い	中規模	5	1
133 Stedman St.	市役所	工業団地	Middlesex シェルターまたは公園・余暇本部の移転	高い	高い	高い	高い	中規模	5	順位なし
276 Broadway St.	市役所	近隣商業	業務用途で売却（Acre 再開発計画の一部）	高い	高い	高い	非常に高い	大規模	5	順位なし
158 & 172 Middle St.	市役所	一般商業	芸術家の住宅兼アトリエまたは業務用途で提案募集	高い	高い	普通	非常に高い	中規模	5	順位なし
323 Middlesex St. (Gimore Trust)	市役所	一般商業	単独または周辺敷地と統合して開発の準備	高い	高い	普通	非常に高い	大規模	5	順位なし
51 Nottingham St.	市役所	工業	工業用途で提案募集	高い	高い	高い	非常に高い	中規模	5	－
Davidson St. Parking Lots	市役所	近隣商業	パフォーミングアートセンター	高い	高い	普通	非常に高い	大規模	5	順位なし
21 Nottingham St.	市役所	工業	工業用途で提案募集 建物解体可能性あり	普通	普通	普通	非常に高い	中規模	4	5
220 Tanner St.	市役所	重工業	工業用途で提案募集	普通	普通	普通	高い	中規模	3	10
135 Billerica St.	市役所	住宅	住宅か業務用途で売却（用途地域上認められれば）	低い	高い	低い	高くない	小規模	2	順位なし
Olney St.	市役所	－	競売予定（隣地所有者が駐車場として購入可能性あり）	低い	低い	低い	ほとんどない	小規模	1	順位なし
180 Church St.	物納物件	一般商業	ゲートウェイ・センター事業の改良の一部	高い	高い	高い	非常に高い	大規模	5	順位なし
663 Lawrence St.	物納物件	軽工業	工業用途で提案募集	普通	低い	高い	高い	小規模	3	4
1052 Gorham St.	物納物件	商業	業務用途で提案募集	低い	低い	低い	非常に高い	小規模	1	12
1058 Gorham St.	物納物件	商業	業務用途で提案募集	低い	低い	低い	非常に高い	小規模	1	－
207 Warker St.	物納物件	工業	建物を解体し土地を業務用途または他用途で売却	低い	低い	低い	非常に高い	小規模	1	51
1995 and 2011 Middlesex St.	民間	重工業	未定. 最近所有者が変更された	高い	高い	高い	非常に高い	大規模	5	26
33 East Merrimack St.	民間	近隣商業	パフォーミングアートセンター	高い	高い	普通	非常に高い	大規模	5	順位なし
11 East Merrimack St.	民間	近隣商業	パフォーミングアートセンター	高い	高い	普通	非常に高い	大規模	5	順位なし
117-125 Perry St.	民間	重工業	所有者の業務用途への貸借など利活用を支援	普通	普通	高い	高くない	小規模	4	16
237 Howard St.	民間	工業	所有者の利活用を支援	普通	普通	高い	高い	小規模	4	順位なし
171 Lincoln St.	民間	工業	所有者の利活用や希望があれば売却を支援	普通	普通	普通	高い	小規模	3	14
20.68 Arch St., 20 Howard St.	民間	近隣商業	隣地と一体的な売却や再開発を推進する	普通	普通	普通	高い	小規模	3	順位なし
246.1 Market St. (Boott Hydro)	民間	一般商業	所有者の国立公園局への売却を支援	低い	普通	普通	非常に高い	小規模	2	32
28 Livingston St.	民間	－	未定	低い	低い	低い	高い	小規模	1	27

ローウェル市役所提供，筆者が翻訳

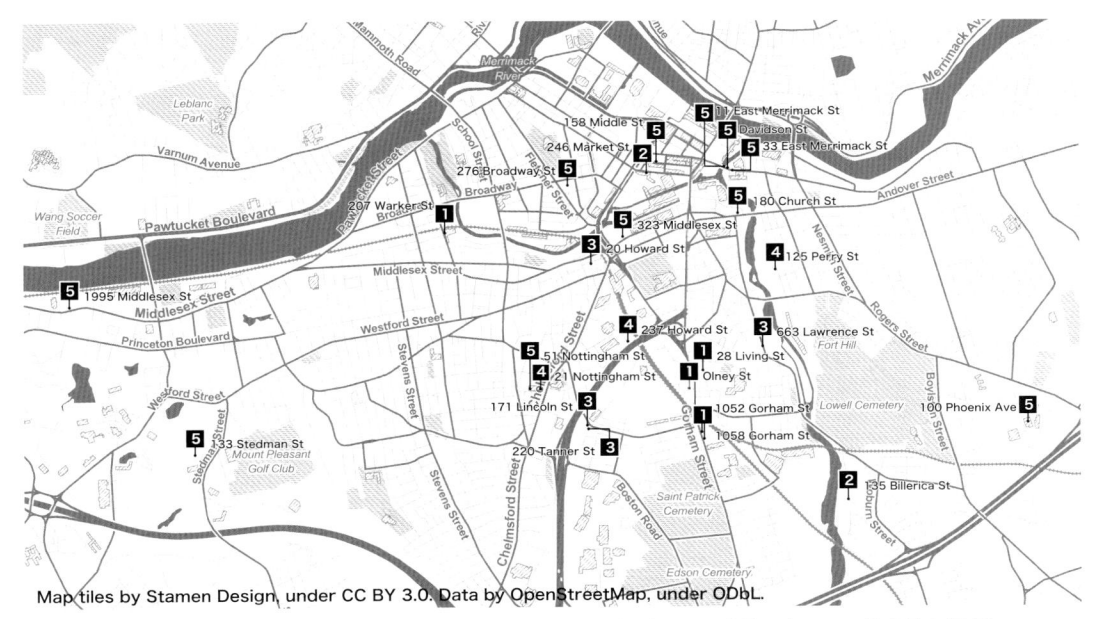

図7-11　1999年目録に掲載されたBFサイトの位置と総合的評価（図中の番号は表7-2の総合的な評価）
表7-2に基づき，筆者が作成

Map tiles by Stamen Design, under CC BY 3.0. Data by OpenStreetMap, under ODbL.

打ち出されておらず，土壌汚染の調査，浄化と単体の再開発事業を前提とした調査であった。

7.3.3　ショウケース・コミュニティ事業の市の戦略への影響

　市は1998年3月に連邦政府から，ショウケース・コミュニティに指定された。環境保護庁から同事業に基づく補助金を交付され，ブラウンフィールド・コーディネーターとして環境保護庁第1地域事務所の職員が1998年9月から市役所に派遣された[10]。市は1998年からAcre地区，1999年にはJAM地区で都市再開発計画の検討を開始しており，派遣職員は両地区の計画策定に参加して，土壌汚染地の取扱にも影響を与えたと考えられる。

　また，派遣職員は同事業における経済開発の目標を達成するために，優先的に取り組む対象を見出す作業を進め[11]，1999年4月の段階では，「①Acre地区，②JAM地区，③Davidson St. Parking Lots，④Lower Highlands近隣地区，⑤経済開発の可能性がある散在するサイト，⑥国立公園トロリー電車の延伸，⑦Tanner St. 地区」の7点を指摘した。2000年4月に行われた市議会に対する説明では，「①アクセスの悪さ，②駐車場不足，③時代遅れの建物のデザイン，④実在する汚染と汚染の印象，⑤立地，⑥住宅地区との用途の対立」を挙げ，環境問題以外のブラウンフィールドの課題も示した。さらに「市ブラウンフィールド戦略」として4つの戦略を示し，ブラウンフィールド対応において，優先取組地区を設定しマスタープランを策定して再生を推進する戦略を打ち出した（表7-3）。

　2000年8月に派遣職員が環境保護庁本部宛に送付した定期レポート[12]によると当時の市役所都市計画・開発局のブラウンフィールド再生を通した経済開発の目標として「①Acre地区とJAM地区の都市再開発の実行，②Lower Belvider/East Merrimack St. 回廊総合計画の策定，③トロリー延伸を含む総合的な市内の交通システムの分析，④市が所有する低・未利用地の生産的な利用への転換」の4点を挙げている。2001年8月に送付されたレポートでは，市

表7-3 市議会説明で示されたローウェルのブラウンフィールド戦略詳細

大 戦 略	具体の戦略	実 行 方 針
戦略1 市内に分散して立地するサイトへの方針	・市全体の荒廃した工場跡地を対象とする ・税金滞納の状況に応じて物納のプロセスを最大限活用する	・荒廃したサイトを特定し取得する ・既知の汚染と浄化費用を決定する（環境保護庁と州開発庁の補助金を活用） ・RFPにより民間開発事業者や一般事業者を募集する
戦略2 標的とする地区のマスタープラン策定	・開発にあたり構造的な課題がある地区に計画を策定する ・再開発のためには総合的なアプローチが必要となる	・Acre地区，JAM地区，E. Merrimack地区の都市再活性化・開発計画（都市再開発事業）を立案 ・北運河地区，Tanner St.地区，ダウンタウン地区の戦略的計画を立案
戦略3 民間の投資を促進する	・再開発にあたり「非ブラウンフィールド」と「ブラウンフィールド」の両方の手法とインセンティブを活用する	・非ブラウンフィールド・ツール：CDBG 108条融資，経済開発インセンティブ，歴史的建造物税額控除 ・ブラウンフィールド・ツール：リボルビング・ローン基金，市のブラウンフィールド再生向け減税，税額控除，州が提供する環境保険，州政府の財政的支援
戦略4 ブラウンフィールドの健康リスクについてアウトリーチの向上	・保健局の環境衛生の能力を向上させる	・環境衛生とブラウンフィールド再開発に関する地域住民とのリエゾンとなる ・公衆衛生の情報提供と関係する再開発計画の監視を行う
	・ブラウンフィールド問題と再開発に住民参加を行う	・住民助言委員会を設立する ・既存の環境および健康に関する情報収集 ・市役所職員や住民向けの教育・訓練用教材を作成する ・ブラウンフィールドと公衆衛生に関するアウトリーチを対象とする地区に実施する

環境保護庁派遣職員 Carol Trucker 氏作成，ローウェル市役所提供

の目標は「① Acre 地区と JAM 地区の都市再開発の実行，② Tanner St. 地区を含む市全体の低・未利用地を生産的な用途で活用する機会の創出，③ East Merrimack St. の Davidson St. 区画の再利用用途の検討」の3点となった。Acre 地区と JAM 地区の取組が明示された反面，Tanner St. 地区が市内に散在する低・未利用地と一体で記述され，優先取組地区の選定が進んでいる状況がうかがえる。

　派遣職員は，同事業を振り返って「当時市役所は，北運河地区（Lawrence Mill），Acre 地区，JAM 地区，そして Tanner St. 地区の4つを優先再開発地区として，総合的な都市再開発計画を完成させようとしていたが，複数のコミュニティ・ミーティングと内部調整の結果，市役所はショウケース・コミュニティの資金の半分を JAM 地区と Acre 地区の2地区に配分することを決めた[13]」と記しており，ショウケース・コミュニティ事業の期間中に Acre 地区と JAM 地区に集中的に取り組む市役所の方針が明確に固まったと考えられる。地区全体の再生計画を立案した背景には，市議会への説明で示されたように道路アクセスの悪さや駐車場の不足，周辺住宅地区との関係など，単体のブラウンフィールド・サイトだけでは解決できない課題を市役所側が認識していたことが挙げられる。このような市役所側の認識は，ブラウンフィールド再生の課題を認識していた環境保護庁派遣職員の考えを反映したものであったと推

測される。

　Tanner St. 地区が優先取組地区に選定されなかった理由は明記されていないが，ダウンタウン周辺の Acre 地区や JAM 地区の再生のほうが，経済開発効果が見込めること，Tanner St. 地区のスーパーファンド・サイトが浄化中で完了の時期がはっきり示されていなかったことが主な理由と推測される。なお，派遣職員は，Tanner St. 地区を対象に環境保護庁が当時展開していたスーパーファンド再開発イニシアチブに応募して，計画支援の補助金を獲得している。

7.4　ローウェル市の再生戦略2：自治体の都市計画と再生戦略の関係

　前節で分析した通り，ローウェル市の優先取組地区を選定し実行に移すブラウンフィールド再生戦略は，ショウケース・コミュニティ事業のプロセスで環境保護庁の派遣職員の協力のもとで生み出された。一方でダウンタウン周辺部のブラウンフィールド再生に用いられている歴史的な工場建物の修復および再利用や，Merrimack 川や運河沿いの遊歩道に代表される水辺空間の再生は，1970 年代の国立公園指定後から積み重ねられてきた空間計画による部分が大きい。本節では，国立公園の整備計画と 2000 年代のダウンタウン地区マスタープランおよび市全体のマスタープランを，ブラウンフィールド再生事業と関連付けて分析を行う。

7.4.1　1995 年以前の都市計画

　本項ではブラウンフィールド再生事業の展開以前にローウェルで行われてきた主な都市計画事業を分析し，市のブラウンフィールド再生戦略に与えた影響を分析する。

1）ローウェル市内の都市再開発事業

　ローウェル市は，7.1.3 で整理した通り，Acre 地区をはじめ多くの工場労働者居住地区の都市再開発（Urban Renewal）を 1930 年代後半から進めた歴史がある。ダウンタウン周辺の代表的な事業は，1930 年代後半に行われた Acre 地区のギリシャ系移民居住地区（Greek Acre）の都市再開発，1950 年代の JAM 地区の南側にあたる Gorham St. 沿道，1960 年代の北運河都市再開発，1970 年代には鉄道駅の南西部 Chelmsford St. 沿道がある。本項では，北運河地区および Acre 地区のブラウンフィールド再生事業と地理的に関係が深い Greek Acre と北運河の都市再開発事業を整理する。

Greek Acre の都市再開発

　Greek Acre は，ギリシャ系移民が多く居住していた Acre 地区の北東部（図 7-6，図 7-19 参照）を対象とした事業である。Merrimack 川と北運河の間に立地していたローウェルを代表する大規模工場と工場に付随して計画された寄宿舎の後背地にあたる。Acre 地区は元々アイルランド系の移民が多い地区であったが，19 世紀後半から 20 世紀前半にかけて，初期の移民であったアイルランド系は郊外へ転居し，新たな移民であったフランス系カナダ人やギリシャ系の割合が高まった。Greek Acre は，小規模な家屋が密集した地区にギリシャ系移民を中心とする労働者の住宅と住民向けの商店が立地していた。1930 年代の恐慌の影響で織物工場が閉鎖され，多くの労働者が失業，同地区の物理的環境も悪化した[14]。そのような状況において，市は同地区の大半の建物を取り壊し，North Common Village と呼ばれる低層の公営住宅として再開発する事業をローウェル住宅公社を主体として実施した（図 7-12，図 7-13，図

図 7-12　Greek Acre に設置された North Common Village 予定地を示す看板
LOWELL HISTORICAL SOCIETY 提供

図 7-13　再開発前の Greek Acre
LOWELL HISTORICAL SOCIETY 提供

図 7-14　再開発前の Greek Acre
LOWELL HISTORICAL SOCIETY 提供

図 7-15　現在の North Common Village（2014）

7-14）。同事業は，連邦政府の補助金による都市再開発事業としては最も初期の事例の一つであった。事業によって，ギリシャ系移民自体の居住地区も失われた（図 7-19）。

　North Common Village は，その後，公営住宅として維持され，近年はローウェルの歴史的な街並に合わせた勾配屋根の設置や，緑地の再整備が実施され，米国の公営住宅としては良好な状態が保たれている（図 7-15）。

北運河地区の都市再開発事業

　北運河地区の都市再開発事業は，ローウェルのなかでは最大の面積の都市再開発事業であり，対象は Merrimack 川と北運河に挟まれた北運河地区と呼ばれるダウンタウン北西部である。ローウェルの発展の基礎となった大規模な繊維工場と工場労働者向けの寄宿舎が立ち並んでいた地区であり，北西部には Little Canada と呼ばれたフランス系カナダ人居住地区が存在していた（図 7-6 参照）。

図7-16 Merrimack Mills 解体
LOWELL HISTORICAL SOCIETY 提供

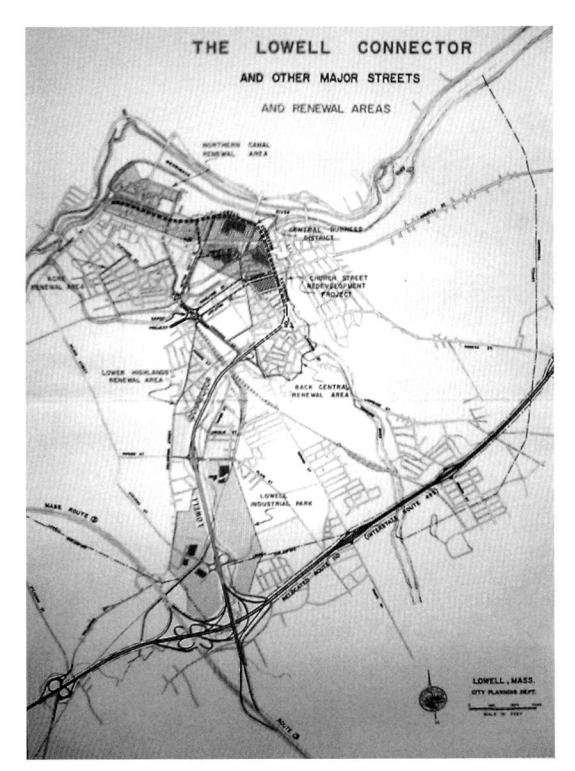

図7-17 ローウェル支線の延伸計画
City of Lowell, The Lowell Connector and other major streets and renewal areas, 1960 年代, Center for Lowell History, University of Massachusetts Lowell 所蔵

図7-18 Merrimack Mills 跡地の高層住宅（2014）

　1960 年代初頭から再開発の計画が開始され，60 年代後半から 70 年代にかけて整備が進められた。同事業は，ローウェルの主要な産業であった織物工業の衰退に対応して，自動車交通に対応した新たな開発をダウンタウンに隣接する北運河地区の工業地帯を活用して行おうとするものであった[15]。Merrimack Mills と Tremont Mills の 2 つの大規模な繊維工場の解体（図7-16）に加え，Dutton St. 沿道や Little Canada の大半をクリアランスする事業であった。高速道路ローウェル支線をダウンタウン経由で北運河地区まで延伸（図7-17）することを目指し，北運河に沿って高幅員道路（Fr. Morissette Blvd.）が整備された[16]。

　再開発事業の結果，事業区域には市役所の分庁舎や US Post の仕分けセンターが立地し，Merrimack 工場の跡地は高層住宅（図7-18）が建設された。また，北運河の南側には North Common Village に類似した低所得者向けの住宅が建設された。Little Canada があった地区北西部は，州立大ローウェル校の敷地となり学生寮等が立地した。同事業によって，Little Canada のコミュニティが失われ，都市再開発事業に対する批判が高まった。また，ローウェルを代表する歴史的建造物であった Merrimack Mills が解体されたことは，1970 年代の一連の歴史的市街地の保全の活動に大きな影響を与えた。

　本書では，北運河地区の Tsongas アリーナ，野球場および Lawrence Mills の再生を取り扱うが，アリーナおよび野球場は，本事業により 1960 年代に区画が整理された地区にあたる。

図 7-19　Greek Acre と北運河地区の都市再開発事業による変化

1938 年空中写真，USGS, Entity ID：AR1F00000030142, Acquisition Date：10-NOV-38
1981 年空中写真，USGS, Entity ID：AR1VESC00060180，Acquisition Date：07-APR-81
North Canal Urban Renewal および North Common Village の範囲は，Lowell Sun, 1963/3/31，P. 8 に基づき，筆者が
加筆し，概ねの範囲を示す

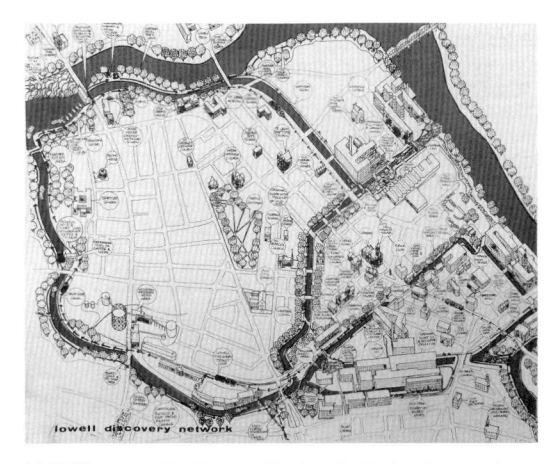

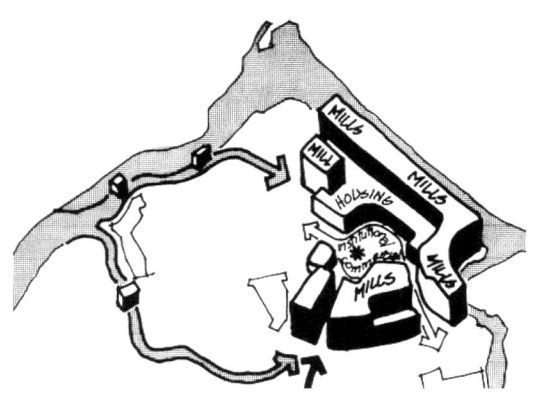

図7-20 Lowell Urban National Park Proposal の
Lowell Discovery Network 概念図
City of Lowell, Lowell Community Renewal Program, Central
City Development Study, 1972

図7-21 国立公園コンセプチャル・アプローチ
The Lowell Team, The Lowell Urban National Cultural Park,
1976, P. 9

アリーナの建設地には同事業により当時新たに工場が建設された。つまり，アリーナと野球場
は工場跡地の再々開発にあたる。Lawrence Mills は，工場建物の一部が使われていたことも
あり 1960 年代の事業区域には加えられていない。

2) ダウンタウンの国立公園化と歴史的市街地の保全

　1970 年代の半ばから，米国の産業革命を支えたローウェルの歴史を物語る資産として評価
する動きが広がり，歴史的な工場の保全と修復活用により，経済発展を模索する方向性が打ち
出されるようになった。1978 年には，全米で初めての工場を中心とした歴史的市街地の保全
を目的とした国立公園が完成した。ダウンタウンに近接する Boott Cotton Mills や Wanna-
lancit Mills が事務所や研究施設として再生され，Massachusetts Mills や Canal Place は住宅と
して再生された。当時は，土壌汚染は深刻な問題とされなかったが，遺棄されていた工場建物
が再活用可能であることが広く市民にも示された。

　ローウェルのダウンタウン周辺で荒廃していた歴史的工場を中心とした産業遺産への注目と
ともに，産業を支える重要なインフラであった運河を都市計画においても再定義して活用する
方向性が打ち出された。1972 年の Central City Development Study[17]では，特に運河を対象と
した視覚的な環境と将来利用に関する調査が行われ，国立公園指定に向けて産業遺産を回る
ルート（図7-20）として，また新たな開発のためのオープン・スペースとして，運河沿いの空
間が都市計画や国立公園の計画（図7-21）に取り込まれていった。

　ダウンタウン周辺の計画対象範囲も，運河ネットワークが存在する Acre 地区や北運河地区
および Hamilton 運河のあるダウンタウン南部（後の JAM 地区）周辺まで含まれるようにな
る。ローウェルが 1990 年代以降のブラウンフィールド再生戦略において優先的に取り組んだ
ダウンタウン周縁部は，1970 年代後半の国立公園化と運河に着目した産業遺産のネットワー
ク化の過程で見出された計画対象領域だったと言えよう。

3) 北運河地区を対象とした経済開発事業

　1980 年代は，ダウンタウンの国立公園整備が進められた一方で，Wang Laboratories 本社に

代表される高速道路周辺の郊外オフィス開発も進められていた。しかし，1990年代の初頭に同社が倒産し州全体が深刻な不況に襲われた。その時代に計画された事業が，北運河地区のアリーナと野球場の開発であった。

同計画はダウンタウンに近く大規模な低・未利用地があった北運河地区にアリーナと野球場を建設し，ローウェルの経済再生を促すものであった。1993年に計画が開始され，ローウェル出身の上院議員 Paul E. Tsongas の尽力もあり，同事業に対して州政府は多額の財政支援を行った。この計画の詳細は7.5の北運河地区の節で分析するが，その後の市の都市計画に与えた影響として以下の3点を挙げる。

第1に，施設の主な利用者となった州立大ローウェル校と市役所の結びつきが強まったことが挙げられる。同校は，1991年に州立大学のシステムに参加することで急速に拡大したが，大学施設の再整備と市のブラウンフィールド再生事業は密接に関係している。そのきっかけとなったのが北運河地区の開発事業であった。

第2に，産業遺産を中心とした国立公園に付随する訪問客が中心だったローウェルに，アリーナや野球場で行われるプロ・スポーツや文化イベントといった魅力を加えた点である。大規模な建設投資に見合う効果が得られているかどうかは本書では分析に至らないが，産業遺産に加えて文化やスポーツといった他のレクリエーションの選択肢が加わったことで，ローウェルの来訪者にとっての魅力は確実に向上した。

3点目は，両施設に付随して再整備された Merrimack 川の遊歩道（Riverwalk）の成功と拡大である。1960年代の都市再開発事業によって，大区画が続く自動車優先のまちとなっていた北運河地区に高質な歩行者空間が生まれた。遊歩道はアリーナと野球場の開発の付帯整備に過ぎないが，2000年代以降は従来の運河に加えて Merrimack 川や Concord 川沿いの公共空間整備に力点が置かれており，水辺の遊歩道の成功がその後の市の都市計画の方針に一定の影響を与えたと考えられる。

7.4.2　1996年以降の都市計画

ブラウンフィールド再生が始まる1996年以降の市の都市計画を分析し，同市における自治体の都市計画とブラウンフィールド再生戦略の関係を明らかにする。

1）ダウンタウン・マスタープラン（2001年）[18]

ダウンタウン・マスタープランは，2001年に策定されたダウンタウンを対象とした計画であるが，対象区域として北運河地区の一部を含む拡大ダウンタウンの経済開発や空間計画の方針を定めている。同計画は，計画の前提条件整理として，ダウンタウン周辺の状況を分析している（図7-22）。Acre 地区，JAM 地区，East Merrimack St. の再開発検討，北運河地区Lawrence Mills の再開発について計画内容も記述しており，ダウンタウンの計画と密接に関係する地区と認識されている。また，北運河地区のアリーナは拡大ダウンタウンに組み入れられており，同アリーナの隣接地の開発検討もダウンタウン・マスタープランのなかで進められた。

計画が策定された2001年の時点で北運河地区は1990年代から行われてきた集客施設建設が完了し，Acre 地区，JAM 地区の都市再開発計画の策定もほぼ完了していた。また，ダウンタウン東側の Belvidere 地区については，7.3で述べた Davidson St. のブラウンフィールド・サ

イト再開発に加えて，Concord川の緑道整備や川沿いの低・未利用地の再生計画立案が検討されていた[19]。つまり，2001年の時点で，ショウケース・コミュニティを通して確立された市のブラウンフィールド再生における優先取組地区は，法定の都市再開発事業を用いたこともあり，ダウンタウン・マスタープランや同計画に基づく2003年の市全体のマスタープラン（次項）に位置付けられたことがわかる。

　土地利用方針としては，当時の好景気による住宅取得を背景にダウンタウンにおける住宅用途の強化が謳われている。ダウンタウンの特に歴史的建造物の再利用において，低所得者向け住宅が多く建設され，結果として人口の割に購買力が弱く，ダウンタウンの小売の停滞につながっている点を課題として指摘した。歴史的建造物の再生に費用がかかるため，民間事業者が多額の税額控除が適用される低所得者向け住宅供給を選択することがその原因である。新たに導入する住宅は低所得者向けではなく，芸術家を含む一般所得者向けにすべきとされた。なお，この課題は現在でも継続しており，市役所は，2010年代には一般向けの住宅開発を促進する州政府のHousing Development Zoneの指定をダウンタウンとJAM地区に行っている。

　また，ダウンタウンの低・未利用の歴史的な繊維工場の再生を推進するために，駐車場を増強する必要性が指摘されている。ほぼ同じ時期に計画されたJAM地区には，900台程度の大規模な立体駐車場の導入が検討されており，JAM地区の計画とダウンタウン・マスタープランが連携していることがわかる。

　空間計画の方針として，重点が置かれている点は，Merrimack川を中心にした水辺空間の高質化と接続の強化である。ダウンタウンから川辺への接続が重視され，地区内の歩行者環境の向上も強調されている。具体的な事業として，2つの歩行者動線の強化が計画された。1つは，北運河地区の整備によって生まれたMerrimack川の遊歩道の延伸である。ダウンタウン北側を通り，再開発が予定されていたDavidson St.区画の整備の必要性が指摘された。もう一方は，鉄道駅からダウンタウンへのルートであった。ダウンタウンに居住する通勤利用者を

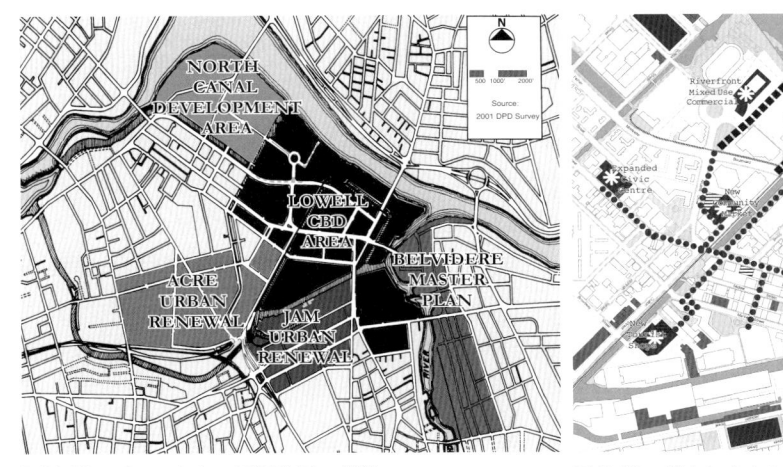

図7-22　ダウンタウン周辺地区の状況　　　　　図7-23　ダウンタウン都市デザイン図
City of Lowell, Downtown Lowell Master Plan,B 2001, P. 26.　City of Lowell, Downtown Lowell Master Plan, 2001,
Lowell CBD Areaがダウンタウン・マスタープランの計画対象　P. 119
区域

意識した整備の方針であり，従来の自動車中心の通勤を想定した計画から，一定程度鉄道駅の利用も想定した計画の方針に変化した。後述する 2003 年のマスタープランでは公共交通指向型開発の推進という方向が打ち出される。

2）市全体のマスタープラン（Comprehensive Master Plan 2003）[20]

2003 年の市全体のマスタープランは，ダウンタウン・マスタープランを中心に市全体の都市計画の方針を示している。ダウンタウンの内容は前項と重複するため省略する。

ブラウンフィールド再生における空間計画の面で関係が強い点として，特徴的な水辺環境の章が設けられ運河に加えて Merrimack 川と Concord 川への緑道の設置やネットワーク化が強調されている。北運河地区において成功をおさめた川沿いの空間改良による低・未利用地の再生を，Concord 川沿いをはじめ，市内の他地区へも展開することを狙った方針と考えられる[21]。

また，ダウンタウンおよびその周縁部については，大学や文化団体と連携した経済および社会の活性化を方針に掲げており，「先進的な医療機関および高等教育機関と連携して，これらの機関と地域が一体となったアイデンティティの確立と郊外移転の防止」を推進するとした。アリーナや野球場の完成に加え，ダウンタウンの低・未利用建物の大学による利用が進んでいた時期でもあり，ダウンタウン周縁部のブラウンフィールド再生戦略にも通じる土地利用の方針である。

近隣地区の生活の質向上として地区内の小規模な広場や公園の改修の方針が示され，都市再開発計画に基づき進められていた Acre 地区の交差点や広場の改良が位置付けられている。また「公共アクセスと余暇利用を促進することで，水域や水辺のオープン・スペースを近隣地区の活動や特徴が集中する場とする」とされ，観光客や新規開発誘導のツールとしてだけでなく，既存住民のための公共空間としても改めて定義している。

住宅供給の方針は，ダウンタウンにおける歴史的建造物を活用した一般向け，特に若い中高所得者向け住宅の供給を目指し，初めて鉄道駅を中心にした公共交通指向型開発の考え方も取り入れられた。この方針は，2004 年以降に行われる JAM 地区の住宅供給への方針転換とも符合する。また，住宅供給の方針図にも水辺環境が強調されており，水辺環境を活かした住宅開発を意識した計画であった。これも当時，再開発の検討が進められていた Lawrence Mills の再生の方針とも合致している。

経済開発の分野では，「浄化されたブラウンフィールドを再開発し，中小規模の会社を対象とした工業団地を開発する」，「既存の工業地域や新たな敷地の工業用途を維持強化する」といった方針が打ち出されており，Tanner St. 地区や郊外の中小規模の工業団地を維持する方針が示されている。再生事業の実施にあたり，都市再開発事業に基づく収容権を前提に区画整理を進める行動方針も記述されている。1990 年代に始まった個別の再開発による郊外のブラウンフィールド再生も進みつつあり，雇用創出については郊外の工業団地開発にも一定の重きを置いた計画であった。

3）Sustainable Lowell 2025（2013 年）[22]

本計画は 2011 年から 2013 年に策定された市のマスタープランの見直しである。ブラウンフィールド再生を直接取り扱った目標が設定され，経済開発分野で特に明確に位置付けられた。ブラウンフィールド再生を進めるために「①公的支援を見出し，技術的な支援を行うこと

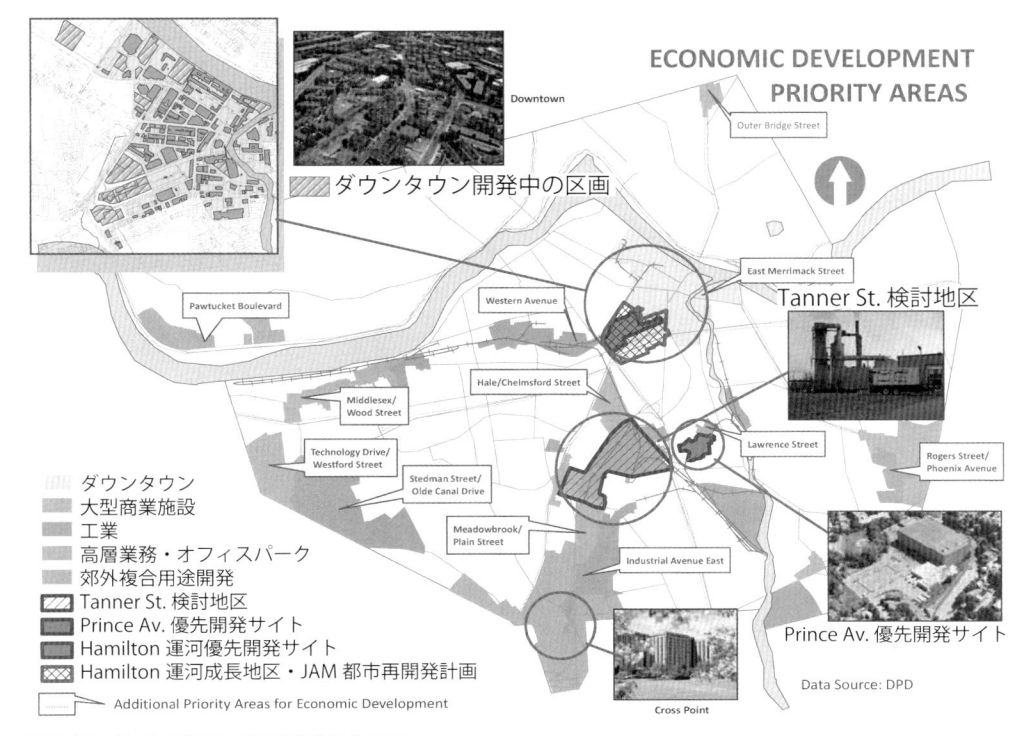

図7-24 2013年計画の経済開発優先地区
City of Lowell, Sustainable Lowell 2025, 2013, P. 101

で民間の土地所有者の調査・浄化費用を支援する，②物納や都市再開発事業による土壌汚染地の取得を進め，再生計画を立案して再利用を推進する。また，そのための公的支援を獲得する，③市役所のブラウンフィールド再生の実績を積み上げ，（市の）ブラウンフィールド再生に関して民間の注目を集め，結果として市場にブラウンフィールドの多様な開発可能性を認識させる，④ブラウンフィールド向けの連邦と州の公的資金を活用する，支援を受けられる敷地は新たな用途の導入のために調査・浄化・再利用を推進する」の4点が強調された。計画を立案した地区では，物納や都市再開発事業により取得した土地を，市が主体的に再生すると明示している点が注目される。

　また，JAM地区とTanner St. 地区については，優先的に取組を推進することが明記された（図7-24）。2000年代は優先取組対象となっていなかったTanner St. 地区の再開発の記述は，2010年に始まる地区全体計画支援補助金に基づく計画策定の進捗によるものである。Acre地区や北運河地区は，再開発の進捗に伴い具体的な記述は減少している。

　ブラウンフィールド再生後の用途について，ダウンタウン周辺地区において高等教育機関の拡大の推進（図7-25）と一般向けの住宅供給の拡大の方針が示されており，後述するJAM地区や北運河地区の近年の再開発の実態と対応している。

　空間計画については，従来から取り組まれてきた運河や川辺の再生に加えて，歩行者や自転車のための空間整備の方針が明確に示された。歴史的な工場建物の修復，再利用の方針も従来のローウェルの特にダウンタウンの都市計画を踏襲した目標である。

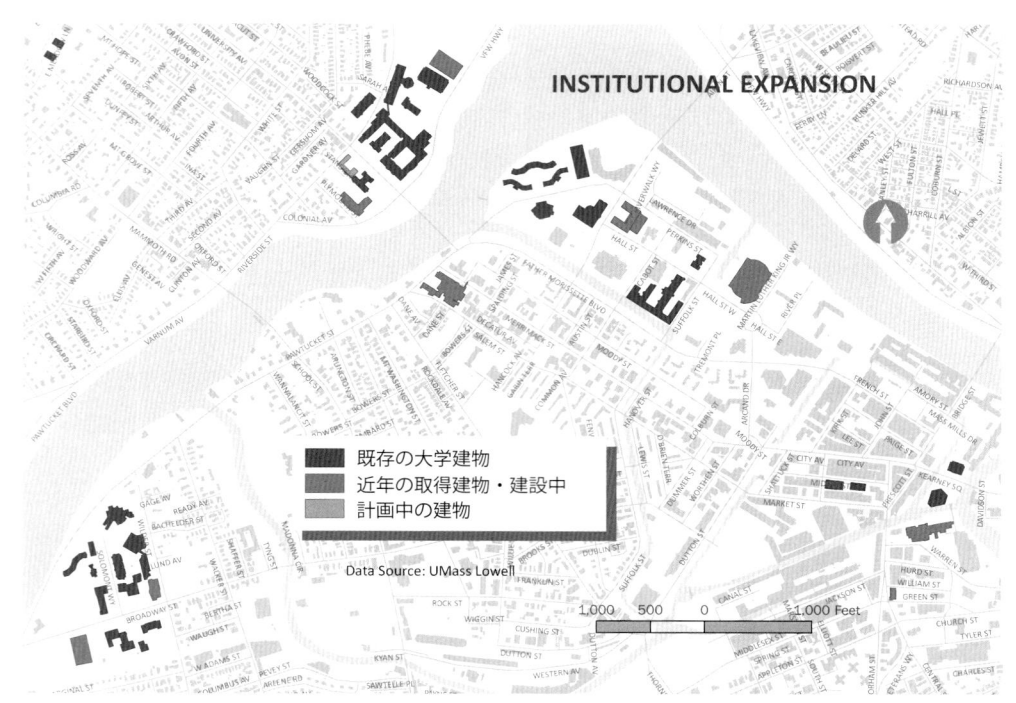

図 7-25 2013 年計画に示されたダウンタウン周辺における高等教育機関の拡大
City of Lowell, Sustainable Lowell 2025, 2013, P. 63

7.4.3 ローウェル市の都市計画とブラウンフィールド再生戦略の関係

　1930 年代から 1960 年代に行われた一連の都市再開発事業は，ローウェルの従来の空間的，社会的特徴を変化させた。特に北運河地区の都市再開発事業により，歴史的な工場建物が解体され，工場と寄宿舎，移民労働者向け住宅と連続していた都市構造自体も，大量の自動車交通に対応した高幅員道路と大規模な平面駐車場，高層の集合住宅へと大きく変化した。ローウェルの特徴でもある移民コミュニティの物理的な拠点も失われ，移民や移民の子孫も多い市民からの支持も得られなかった。

　1970 年代のダウンタウンの国立公園化以降のダウンタウンの都市計画は，都市再開発事業が目指した自動車による移動を前提とした空間計画から大きく方針転換し，歴史的な工場の修復・再利用を推進，運河や既存街路を活用した歩行者空間の充実を目指した。歴史的な工業都市の遺産という観点から，運河を中心に広範囲にわたって訪問者の回遊ルートが計画され，保全対象となったため，ダウンタウンと周辺地区は，運河や歴史的な街路による物理的なつながりが維持・強化された。

　国立公園化の進展以降，ダウンタウンを中心に工場建物を住宅や事務所として再生する手法も一般化し，ダウンタウンは製造業以外の土地利用による経済開発を目指すようになった。1990 年代の北運河地区の再々開発によって，国立公園と並ぶ大規模集客施設が開発され，同時に遊歩道を中心にした川辺の公共空間整備が行われた。

　ブラウンフィールド再生戦略が検討される 1990 年代後半の時点で，運河と川というローウェルの工業を支えた社会基盤を，歩行者動線として活用する空間計画が事業化されつつあっ

た。また，経済開発の手法としては，国立公園を中心とした観光客の来訪に加え，大学キャンパスの拡大をダウンタウンに誘導する萌芽が見られた。一方で工場跡地への工業の再立地は郊外に限定され，ダウンタウンとその周辺から工業的利用を段階的に減らす方針が明確になりつつあった。

2000 年前後に，ショウケース・コミュニティ事業において抽出された最終的な優先取組対象は，Acre 地区及び JAM 地区であった[23]。両地区とも 1990 年代に再開発された北運河地区と同様に拡大ダウンタウンとして捉えることができる位置にある。郊外の工業団地開発と比べ，市のダウンタウン再生の取組との連携が期待できる可能性が高く，優先取組地区の選定に市の都市計画の考え方が影響を与えた可能性が高い。

2000 年代以降の市の都市計画とブラウンフィールド再生戦略の関係は，都市計画におけるブラウンフィールド再生の位置付けと，再生戦略における都市計画の影響の 2 方向から分析できる。

市全体の総合計画では，2003 年計画，2013 年計画において，ともにブラウンフィールド再生全体が経済開発の方針として位置付けられている。また，2013 年計画では，Hamilton 運河地区と Tanner St. 地区が二大経済開発事業として強調されている。一方で市全体の空間計画においては，個別のブラウンフィールド・サイトの分布は考慮されていないが，ダウンタウン・マスタープランではダウンタウン周辺地区として北運河地区，Acre 地区，JAM 地区との関係を重要視しており，ブラウンフィールド再生優先取組地区は，空間計画上も考慮されていると言えるだろう。

土地利用方針については，Acre 地区および JAM 地区の再開発後の用途は，ダウンタウン・マスタープランの計画方針と概ね一致しており，北運河地区から始まった開発主体としての大学との連携が他地区へ展開した。時期としては北運河地区，Acre 地区，JAM 地区の計画策定の時期のほうが早く，個別に検討されたダウンタウン周辺地区の再生方針を踏まえて，ダウンタウン・マスタープランが策定されている。これらの地区の土地利用方針は，主として国立公園化以降，歴史的建造物の修復・再利用に際して行われてきた工場建物の再利用や大学施設の誘致の結果であり，既存のダウンタウンの土地利用方針の延長線上にあると言える。

空間計画の面では，国立公園化後に始まった「水辺を活用した公共空間の接続と高質化」が市全体の計画でも強調されるようになり現在も継続している。この方針は，水域に面して開発された工場跡地の再生においても有効な戦略であり，優先取組地区では当初から川沿いや運河沿いの遊歩道整備が計画に組み込まれた。つまり，市全体の空間計画の方針が，個別の優先取組地区の計画にも影響を与えていたと考えられる。

ローウェルのブラウンフィールド再生戦略は，1970 年代以降のダウンタウンとその周辺の都市計画を基礎として生み出された戦略であると言える。市全体の都市計画がダウンタウンとその周辺の再生に力点を置いていたため優先取組地区は，市全体の都市計画でも戦略的な対象に位置付けられた。また，都市全体の空間計画の方針は，各地区の再生戦略に取り入れられ，ダウンタウンを中心とした歩行者空間の高質化につながった。

7.5 北運河地区

　本節では，ローウェル市のブラウンフィールド再生の最初期の事例であり，ダウンタウンとの地理的な関係が深い北運河地区のブラウンフィールド再生事業を分析する。

7.5.1 事業全体の経緯

　1990年代初頭，ローウェルは深刻な経済的停滞に見舞われていた。ローウェルに本社を置いていた世界的なコンピューター会社 Wang Laboratories は，1980年代後半のローウェルの経済発展の柱であり，ローウェル郊外の巨大な本社に加えダウンタウンにも事務所を構えたが，競合他社との競争に敗れて1992年に破綻した[24]。

　ローウェル出身の政治家で当時上院議員であった Paul E. Tsongas は，1970年代にダウンタウンの国立公園の指定に尽力したが，1990年代初頭の深刻な状況にあったローウェルの経済を支えるために，ダウンタウンの国立公園に次ぐ新たな魅力を加える方向性を打ち出した。1993年に Coopers and Lybrand をコンサルタントとして，アリーナの計画検討が開始され，建設のための資金の確保も並行して開始された。

　市役所はこの事業を強力に推進したが，市議会では多額の税金を投入することが予想されるアリーナの建設には賛否両論あり，1994年にはアリーナの建設への市の予算の投入の可否を問う住民投票が行われた。その結果は，10,637 対 9,747 と僅差で賛成派が上回り，市はアリーナ建設事業を推進することとなった[25]。

　1995年1月には，マサチューセッツ州議会においてアリーナ建設を推進する法律（ローウェル アリーナ委員会設置法 1994年325章[26]）が可決され，同法に基づき設置された委員会によって建設が主導された。この委員会には Paul Tsongas の夫人である Niki Tsongas も委員として参加しており，アリーナ建設事業に Paul Tsongas 上院議員の政治的な力が働いたことが推測される。1995年に同法は修正され，野球場についての緊急の必要性も追加された。

　アリーナ（口絵15）と野球場（図7-28）は1998年に竣工しており，検討開始から5年弱で事業が完了した。2つの施設の建設にあわせて，運河と Merrimack 川沿いの遊歩道の再整備と緑地の設置（口絵14，図7-27）も行われた。それぞれの施設については，7.5.2 以降で詳述する。

　遊歩道の再整備や隣接する郵便局の再開発やアリーナへのアクセス道路等の建設も含め，一連の開発には総額7,800万ドル以上が費やされた[27]。州と州立大学は2,400万ドル，市は490万ドルを拠出しているが，遊歩道の整備に運輸省の資金，土壌汚染調査に環境保護庁の調査パイロットというかたちで多岐にわたる補助金が活用された。

　アリーナと野球場の中間に位置する Lawrence Mills は2000年代に再生事業が具体化した。州による汚染対策や市と州の意向調整に長い時間がかかったが，1999年にようやく Lawrence Mills 跡地再開発に関する州法[28]が議会で可決された。民間事業者への売却を視野にいれ，法によって設置された Lawrence Mills 再利用委員会によって再利用方針を決めて事業者を選定する方針が定められた。委員会は市から3名，州立大ローウェル校から3名，州の資産維持管理局から1名と市役所から職務上の代表者1名で構成される。州政府は約24エーカーの土地

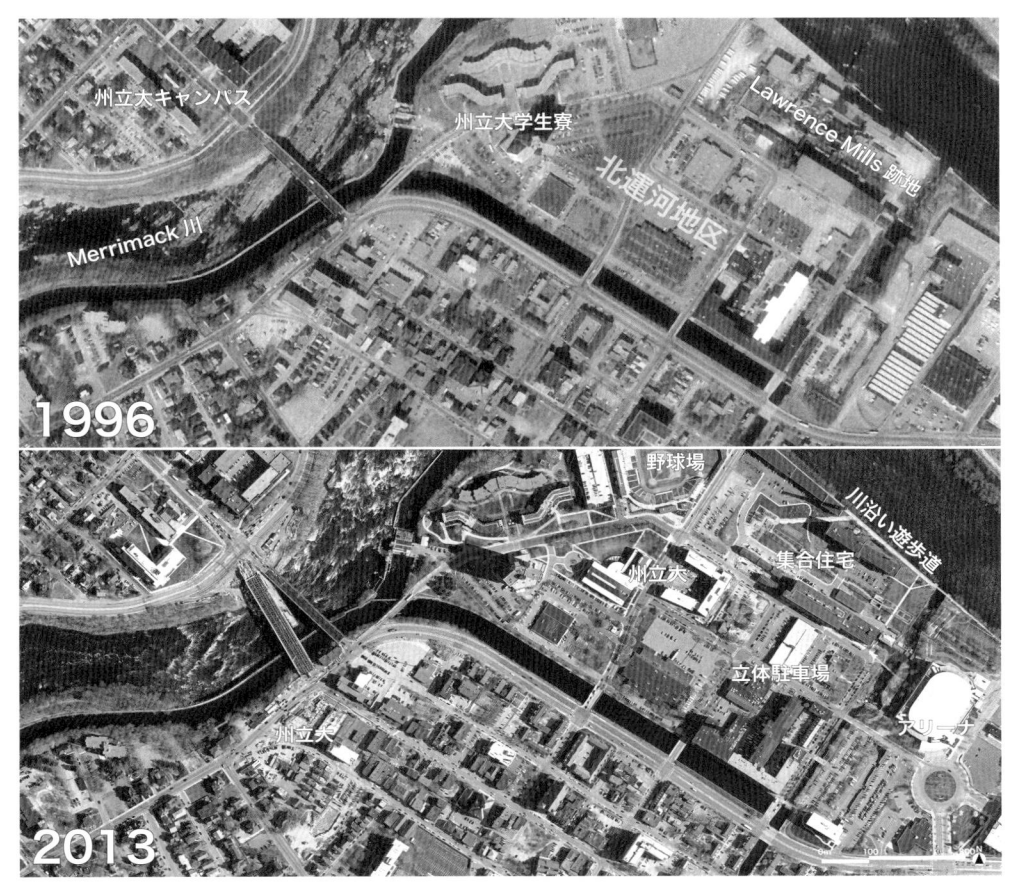

図 7-26　北運河地区の航空写真
空中写真は USGS より引用，施設名称は筆者追記

図 7-27　Lawrence Mills 再開発前の状況（2004 年頃）（左手前アリーナ，右手前
　　　　川沿い遊歩道と緑地，写真中央 Lawrence Mills，写真奥は野球場）
City of Lowell, Economic Development Officer, Lowell Brownfield Program, 2004/1, P. 12

図 7-28　野球場 LeLacheur Park（2014）

図 7-29　再生前の Lawrence Mills 周辺（2005）

図 7-30　Lawrence Mills 周辺（2005）

図 7-31　再生後の Lawrence Mills と立体駐車場（2014）

を所有していたが，委員会における協議のなかで土地の半分を大学施設として利用し半分を民間に売却して活用する方針が 2000 年頃に決まった[29]。Lawrence Mills の工場建物が残っている Merrimack 川沿いの用地の大半は，民間事業者売却にあてられた。また，民間売却予定地の一部は，公園とすることも定められ，州の資金で公園整備が行われた。市のなかには，州の委員会組成や方針決定が遅いことに対する不満もあった[30]が，最終的には市と州が協力して，民間事業者の誘致に努め，2005 年以降土地建物の売却と住宅向けの再開発が進められた。

7.5.2　Tsongas アリーナと LeLacheur Park

1）Tsongas アリーナの建設とその後

　1996 年に着工，1998 年に竣工した大規模なアリーナで，7,800 席を誇る。オープン当初から州立大ローウェル校のホッケーチームがホームスタジアムとして利用している。建設コスト 2,800 万ドルのうち，2,000 万ドルは州政府の補助金，400 万ドルずつを市役所と大学が拠出した。建設された場所は，Merrimack Mills と Lawrence Mills の中間に位置する倉庫が立ち並んでいた土地であった。1960 年代の Merrimack Mills の再開発の際には，着手されず放置されていた部分にあたる。土壌汚染の調査には 1996 年 9 月に交付された環境保護庁の調査補助

金が利用された。アリーナの着工も 1996 年であり，建設と並行して土壌調査が進められていた。サイトは 1800 年代から塩素系有機溶剤，炭化水素，アスベストおよび重金属により汚染されていた[31]。

　アリーナの開発は，ブラウンフィールド再生の成功事例として広く取り上げられた[32]が，市役所は管理に年間 1 万ドル近い赤字を出してきた。その結果，このアリーナは 2010 年に州立大ローウェル校へ 1 ドルで売却された。市と大学の間で土地交換も行われ，大学はアリーナ周辺の土地を 80 万ドルで購入した。

2）LeLacheur Park 野球場の建設とその後

　アリーナとほぼ同時期に建設された公設の野球場である。1997 年着工，1998 年竣工で建設コスト 1,040 万ドルのうち 800 万ドルが州政府，240 万ドルを市が負担した[33]。4,700 席の収容力を誇り，ボストンレッドソックスのマイナーチームであるローウェル・スピナーズのホームスタジアムであり，州立大学の野球チームのホームスタジアムでもある。近年は野外コンサート等でも活用されている。

　北運河地区の北西端に位置し，州立大学の寮に隣接している。野球場として整備される以前は，廃車置場と廃棄物置場であった。アリーナと同様に調査補助金を受けて，土壌調査が実施され，汚染の状態が確認された。野球場の建設は 1995 年の州法修正時点で事実上決定しており，調査補助金は側面支援の意味合いが強い。野球場の運営は州立大学に委ねられており，市役所と州立大学が共同で所有している。

3）両事業についての考察

　州政府による巨額の補助金によって建設されたアリーナであったが，維持管理で赤字となり，州立大ローウェル校へ売却した。1990 年代の米国のスタジアム建設ブームのなかで計画され，現在から見ればやや過大な投資とも言える大型事業であった。ただし，周辺地域への波及や地区全体のイメージの改善という視点にたてば，現在でも重要な意味を持つ開発でもあった。ダウンタウンから北運河地区の入口にあたる場所に位置し，開発当時は地区全体が低・未利用地であった北運河地区に人の流れを作った。また，市外からの集客も見込まれる施設であり，住宅や事務所などの一般的な利用とは異なる波及効果も期待された。

　Tsongas アリーナは，環境保護庁の補助金が寄与したブラウンフィールド再開発の成功事例として取り上げられることも多いが，実態はすでに着工も決まっていた事業の土壌環境調査に補助金が使われたに過ぎない。その意味では，環境保護庁の補助金が果たした役割は，市内の他の事業に比べて小さい（土壌汚染対策には州からのアリーナ建設資金が用いられた）。

　北運河地区の事業は自治体単独の事業ではなく州政府の資金によって建設が進められた。市の雇用回復や新しい産業の創出を狙って，州政府から多額の補助金が拠出された経済開発事業に位置付けられるが，広義にはブラウンフィールド再生を支援する州の公的支援が事業を支えたと言うことができるだろう。アリーナは最終的に州立大に売却されており，事業全体を成功事例と簡単に結論付けることはできないが，その後の周辺の開発の進展に表れているように北運河地区の物理的な再生に寄与したことは間違いないだろう。

7.5.3 Lawrence Mills 跡地

1）事業の経緯

同跡地は，敷地北側を Merrimack 川が流れ，Tsongas アリーナと LeLacheur 野球場の間に位置する。1980 年代には州立大学の拡張用地として州が取得していたが[34]，1987 年の工場跡地の火災により建物が大きな被害を受けた[35]。火災後は廃墟となり，所有者である州により土壌汚染対策等は徐々に進められた。州政府所有であったため，土壌汚染対策などの市の負担は小さいが，積極的に開発を進めたい市役所と慎重な州のスピード感の違いが課題となった時期もあったという[36]。2000 年に州立大ローウェル校が土地の半分をキャンパスとして使うことが決まり，残りの部分は民間事業者を公募して工場建物を活かした集合住宅の開発が企画された。

民間事業の側は，ボストンに本拠地を持つ民間事業者 Mira Development が，州から複数の歴史的建造物を約 316 万ドルで取得し，水辺に面したロフトスタイルの集合住宅として 2009 年から 2013 年にかけて再開発し，Perkins Park と呼ばれる 200 戸を超える比較的高級な賃貸住宅となった。隣接地には 320 台分の立体駐車場も建設されている。歴史的建造物の修復のため，約 640 万ドルの歴史的建造物再生向けの税額控除が適用されている[37]。

州立大は，民間事業が実施された Lawrence Mills 跡地と野球場に近い敷地を大規模に再開発しており，野球場に隣接する立体駐車場（2006 年頃），学生向けレクリエーション・センター（2007 年），University Suites と呼ばれる学生寮（2013 年）を建設，北運河地区一帯は，同校の East Campus と位置付けられるようになった。民間事業について，州立大は再開発には参画していないが，開発後の賃貸住宅の一部はロフトタイプのものであり，学生寮を出た後の学生の利用も意識して事業が行われた[38]。また，最終期に修復が行われた 1 Perkins St. は，開発段階で州立大と民間事業者が建物全体の長期貸借契約を年間 13 万ドルで締結しており，大学の利用が確定したことで再生事業が進められた。2016 年には，州立大が民間事業者から土地・建物を約 6,150 万ドルで購入し，学生および教職員向けの住宅として活用することが発表されている。

2）Lawrence Mills の土壌汚染について

Lawrence Mills は，民間事業者に売却されるまで州政府が所有していたため，土壌汚染調査や浄化は州によって行われた。1980 年代後半から 90 年代にかけて，州政府は 400 万ドル以上をかけて建物の解体や浄化を実施しており，マサチューセッツ州資産維持管理局は，毎年 4,200 万ドルの資金を浄化のために再認可し続けていた[39]。石炭の灰が地中から見つかったほか，建物にアスベストや鉛，ポリ塩化ビニル等が使われた可能性も疑われていた。1998 年には 250 万ドルをかけて汚染物質を撤去し，汚染の大半を除去した状態で民間事業者に建物を売却している。ただし，一部の土地には地下に汚染が封じ込められており州の制度的管理である活動用途制限が設定されている。

3）Lawrence Mills 再生に関する考察

1990 年代半ばから行われた，アリーナと野球場という大型の公共投資と川沿いの遊歩道の整備により，敷地の 3 方向の環境が改善したこともあって，当初の市役所の意図に近いかたちで，工場建物の修復・再利用が進んだ。土壌汚染や建物に含まれる有害物質は全て州政府の負担によって対策が実施されており，連邦政府の補助金等は使われていない。再生まで非常に時

間がかかったが，州による土壌汚染対策が 2000 年代以降の再開発の基盤となった。州立大ローウェル校は 2000 年代に入って，キャンパス内の学生向け居住施設の整備を急速に展開し，民間再開発を需要の面でサポートし，最終的には大学が改修済の建物の取得にまで及んだ。90 年代のアリーナ開発により周辺整備が進んだこと，州立大の急速な拡大と学生寮の整備により住宅需要が膨らんだことが再生の要因と言える。

7.5.4　Merrimack 川遊歩道

1）遊歩道整備の経緯

　国立公園局と市役所は，長期間にわたって協力して運河や川沿いの遊歩道の整備を進めてきた（図 7-32）。北運河地区に限らず，市内の工場跡地の再生を通して経済開発を進めるにあたり，アクセスの改善は極めて重要な要素であったからである。北運河地区では 350 万ドルを投じてアリーナや野球場の整備に伴う Merrimack 川遊歩道の再整備が行われた。

　国立公園局は市内に点在する歴史的建造物を歩いて回るトレイルを整備してきたが，北運河地区では，野球場・Lawrence Mills・Tsongas アリーナとダウンタウンで博物館として活用されている Boott Mills まで遊歩道により接続されている。北運河地区内には現在も一部に空き地が残り，一般道路を徒歩で移動することは決して快適ではないが，遊歩道により広域の自転車・歩行者の快適な移動経路が整備された。また，周辺の環境整備として民間事業者による Lawrence Mills の修復型再生を側面支援した。アリーナや Lawrence Mills では，内陸側と川辺を接続するために遊歩道に隣接した緑地整備も行われている。

　2011 年からは，北運河地区の遊歩道をダウンタウンの運河に沿って延伸する計画が建設段階に入っている。なお，市役所の市政執行官である Bernard F. Lynch によると「現在（2011）に至るまでの開発費用の総額は，5,240 万ドルと見積もられる。このうち，1,850 万ドルは連邦高速道路管理局（Federal Highway Administration），1,630 万ドルは内務省国立公園局，1,760 万ドルは州政府と市役所の資金による[40]」とのことであり，遊歩道も交通関連と国立公園の補助金に事業資金の大半を頼っていることがわかる。

2）Merrimack 川遊歩道についての考察

　アリーナや野球場と一体となった川沿いの遊歩道建設は，運河を利用した産業遺産のネットワーク化を目指した国立公園の整備構想の延長線上にあるが，次の 2 つの点で重要であった。

　1 点目は，ダウンタウンの運河を中心に整備されていた歩行者ネットワークを西側へ大きく拡張し，ダウンタウン周辺地区まで拡大した点である。北運河地区の西側には，運河へ水を引き込む水門等も設置されており，国立公園の整備構想にも含まれていたが，歩行者空間の整備は 1990 年代の整備で大きく前進した。この遊歩道の成功が，他のダウンタウン周辺地区への水域を活用した歩行者ネットワーク整備の先鞭となった。また，1960 年代の都市再開発事業による広幅員街路が支配的な地区に，歩行者動線の骨格を加えたことも重要であった。結果として，国立公園の来訪者だけでなく，拡大しつつあった州立大ローウェル校の学生や職員など，北運河地区の利用者・居住者がダウンタウンへ向かう経路としても利用されるようになった。

　2 点目は野球場やアリーナといった新規開発の周辺整備として歩行者空間の充実が図られた点である。ローウェルは，米国の他都市と比べればダウンタウン周辺にコンパクトな都市構造

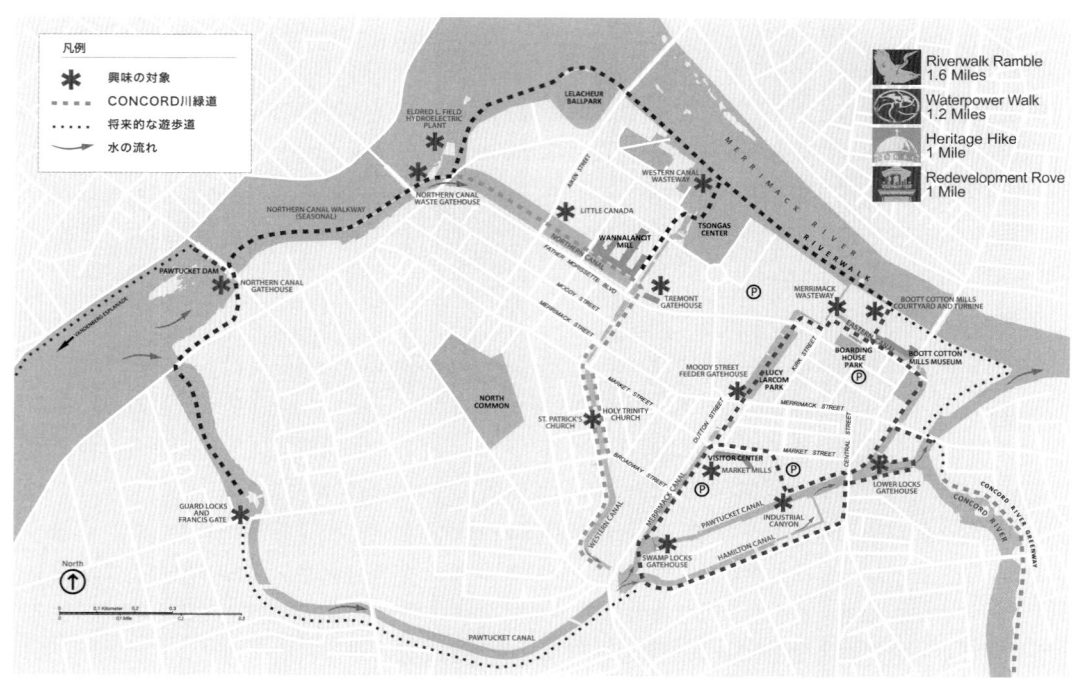

図 7-32　2014 年現在のローウェルの主な水域沿いの歩行者ネットワーク
National Park Service, Lowell Waterways, 2014, P. 2

を維持しているが，市民の移動手段としては自動車が中心であり，基本的には自動車による来訪を想定して施設整備が行われる。ブラウンフィールド再生事業にあわせて，周辺地区の歩行者空間整備も進めた市内では最初の事例である。

　北運河地区における水辺の歩行者空間整備の方向性は，2001 年に策定されたダウンタウン・マスタープランに踏襲され，川沿いの歩行者空間の充実と陸側から水域へのアプローチ空間の重要性が強調された。また，その後は Concord 川の緑道整備など市域全体の水辺のオープン・スペース・ネットワーク構築の方針にも影響を与えた。

7.6　Acre 地区

　本節ではダウンタウンの西側の Acre 地区のブラウンフィールド再生を分析する。なお the Acre は，北運河地区等を含む比較的広い範囲を示す地区名称であるが，本書では the Acre の南東部を対象とした Acre 地区都市再開発事業の対象地を Acre 地区と呼称し，the Acre 全体を指す場合は the Acre と記述する。

7.6.1　Acre 地区の事業経緯と都市再開発事業の概要

　7.4.1 で述べたギリシャ人居住地区を対象とする 1930 年代後半の the Acre の北側再開発事業のあと，本節で分析する Acre 地区は，1972 年の都市基本計画[41]により都市再開発の対象に挙げられた。1960 年代後半から 1970 年代前半にかけて同地区では複数の再開発案が検討されたが，1990 年代後半まで事業が具体化することはなかった。

都市再開発事業とは別に1997年に学校新設に関する実現性調査が行われ，the Acre 全体では600人規模の新設の中学校[42]の必要性が指摘された。市は，この新設中学校を同地区のブラウンフィールド・サイトに建設することを意図し，同時に都市再開発事業を行うことで，中学校建設予定地の取得に州の都市再開発事業の補助金を獲得することを狙った[43]。なお，計画対象区域は南側の運河に沿って工業系の土地利用が多く，中央部や北側は住宅系と商業系の土地利用が多い。

Acre 地区は，後述の JAM 地区や北運河地区と比較しても大きな土地が少なく，細分化された住宅や小規模な事業所等が混在している地区である。土地利用計画としては，地区南側の工業利用は残しつつ地区西側の工場跡地に中学校を配置して，新設中学校と中心部を結ぶBroadway の街路整備を進める計画であった。また，JAM 地区に隣接する地区の東側部分は工業から商業・業務への用途転換により，低・未利用の工場跡地の再活用を目指す計画である。市が土地を買収して建物を除却する土地は中学校の建設予定地のみとして，他の土地は全て修復型に設定している（図 7-33，図 7-34）。全面的に対象地区を買収して除却する過去の都市再開発事業とは大きく異なるアプローチである。

7.6.2　都市再開発事業における土壌汚染地への対応

本項では，都市再開発事業の計画内容と特に工場跡地に新設された中学校に関する議論を取り上げ，Acre 地区の計画における土壌汚染地の対応を分析する。いずれにおいても，ショウケース・コミュニティ事業により環境保護庁から派遣された職員の存在は非常に重要なものであった。

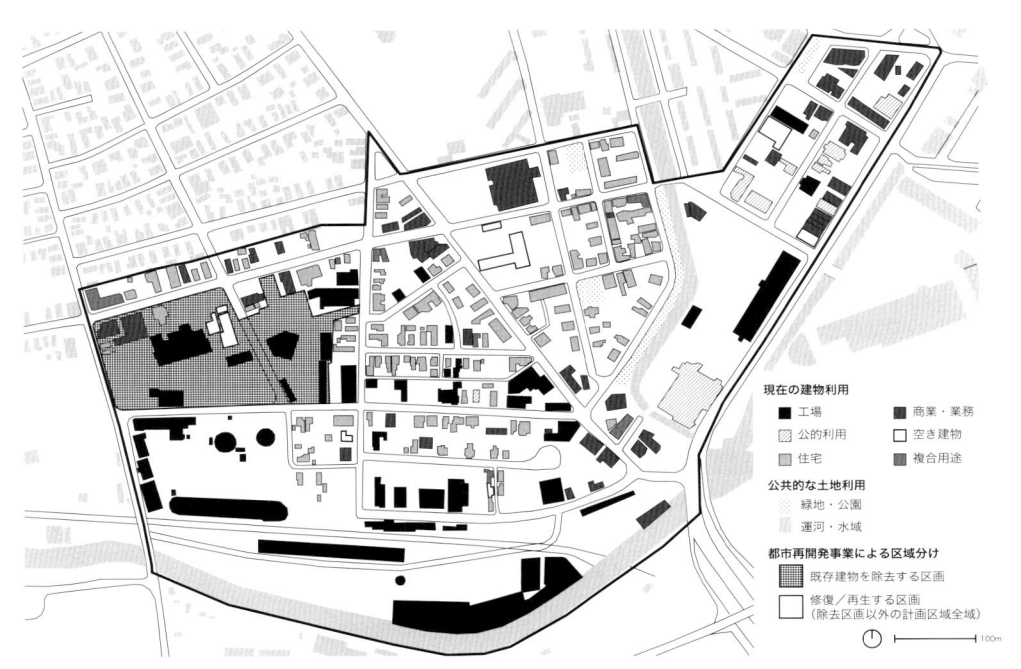

図 7-33　Acre 地区の計画策定時の土地利用現況と都市再開発の地区区分
City of Lowell, The Acre Urban Revitalization and Development Project, 1999, 筆者トレース・翻訳

図 7-34　将来土地利用計画図
City of Lowell, The Acre Urban Revitalization and Development Project, 1999, 筆者トレース・翻訳

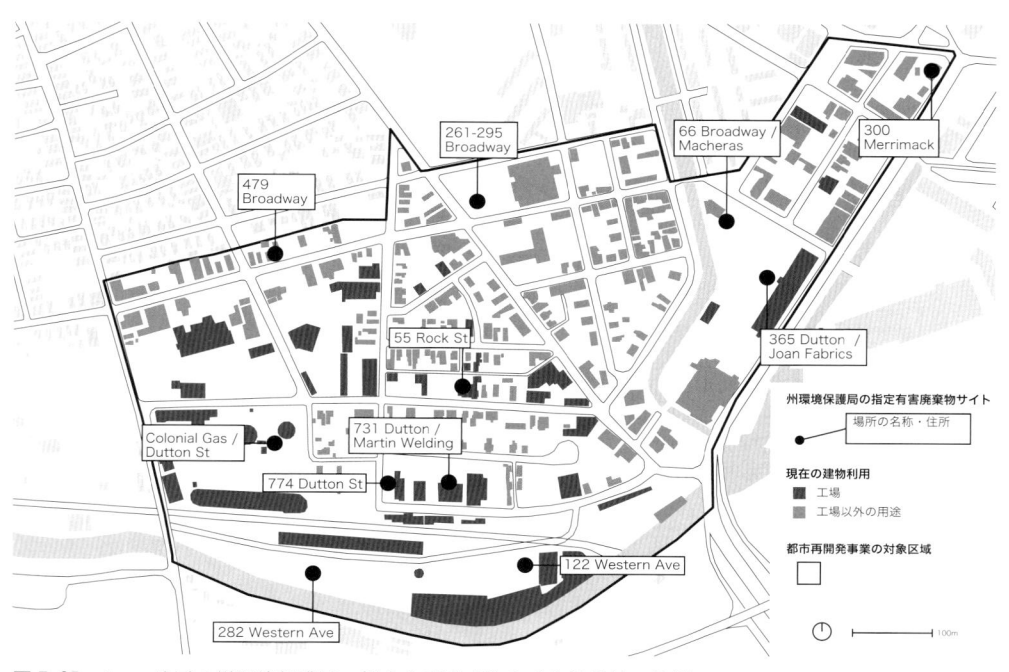

図 7-35　Acre 地区の州環境保護局の指定有害廃棄物サイト掲載地の位置
City of Lowell, The Acre Urban Revitalization and Development Project, 1999, 筆者トレース・翻訳

都市再開発事業の計画策定には派遣職員は途中段階から参画したが，最終的には土壌汚染への対応があらかじめ想定された事業計画が策定された。計画の前提条件として州環境保護局に有害廃棄物サイトに指定されていた土地が計画書に加えられた（図7-35）。事業予算についても「他の土地の多くについてもその土地の工業利用の特性により，州環境保護局指定の有害廃棄物サイトと同様の環境浄化が求められることが予想される。本事業の予算には，取得する土地の州法に基づく調査と潜在的な浄化コストの予測に基づく追加費用が含まれている[44]」と述べられており，計画の実現に向けて土壌汚染対応の必要性が認識された計画となっている。

　子供が毎日利用する施設をブラウンフィールド・サイトに建設する計画であるため，住民から計画を不安視する意見もあがった。次項で詳述する住民とのやり取りや最終的な浄化計画決定においても環境保護庁の派遣職員が中心的な役割を果たした。

7.6.3　Acre 地区の中学校建設

　Acre 地区の都市再開発事業の最大の対象は，連邦のスーパーファンド・サイト検討用の情報システムにも登録されていた石炭ガス工場跡地を浄化して，中学校を新設するという点であった。民間では再開発が難しい土壌汚染地を，公共施設として再生する特徴的な事業であったが，初期段階には住民から安全性に関する懸念が提起された。本項では，中学校建設に関わる住民側と市役所の議論の過程を分析する。

1）都市再開発計画策定段階の中学校立地に関する議論

　都市再開発事業の市と住民の意見交換の場である市民助言委員会の会合は 1998 年 7 月から 1999 年 4 月までに 11 回開催された。市役所は中学校用地として十分な広さが確保できることを理由に地区の中心にあるガス工場跡地を新設中学校の建設場所として提案した。委員会や公聴会の議事録[45]によると，住民は必ずしも常に土壌汚染に高い関心を寄せていたわけではなく，交通問題や開発による立ち退きなどの議論も行われた。しかし，市役所が中学校をブラウンフィールド・サイトに新設することについては，表7-4 のような意見が市民から寄せられた。計画策定の時点で土壌汚染に対する不安が市民から指摘され，それに対して市は土壌汚染を市の負担で確実に処理すると約束している。

2）土壌汚染対策に関する議論

　前項の計画策定のプロセスを経て，石炭ガス工場跡地に中学校を建設することが決定された。本項では中学校建設予定地の土壌汚染に対する浄化計画の策定プロセスに注目することで，ブラウンフィールド再生のカギとなる住民の不安の解消と事業に対する理解が，どのような過程を経て得られたかを分析する。

中学校建設予定地の汚染の概況

　予定地の過去の土地利用としては，石炭ガス製造施設，機械販売業，塗装施設，染物工場が確認されている。計画当時は一部に住宅があり，残りは印刷・小規模な工業・プロパンガスタンクとして利用されていた。5.8 エーカーの土地は，荒廃した建物を含み，特に 19 世紀から操業が行われていた石炭ガス製造施設の汚染が問題であった。

　浄化計画の策定プロセスと並行して進められた，フェーズⅡの詳細な環境調査によって汚染の状況が明らかになった。土壌に関しては，1,000 以上のサンプル調査（70ヶ所以上の地点），地下水に関しては 40ヶ所以上のサンプル調査を行い，建築材料もアスベストに関して 200 以

上のサンプル調査が行われた。その結果，土壌汚染として，鉛，クロム，カドミウム，ヒ素，炭化水素，シアン化物が発見され，地下水にシアン化物による汚染が確認された。既存建物にアスベストが大量に使用されていることも判明した。

浄化計画策定プロセスと参加した主体

　中学校の浄化計画策定に関わった主体の関係を図7-36に示す。浄化計画の策定プロセスにおいて，住民側と市役所は浄化の度合いについて当初対立した。市役所側は都市計画・開発局と環境コンサルタントTRCが中心となり，住民側は，地域住民と地域の非営利団体Coalition for the Better Acre（CBA），同団体が環境保護庁の技術支援補助金を利用して雇用した環境コンサルタントが協議に参加した。環境保護庁は，市に対しては調査パイロットを交付しただけでなく，住民側にも土壌調査の結果や対策について住民の理解を深めることを目的とした技術支援補助金を交付していた。これにより，市側だけでなく住民側にも土壌汚染浄化の専門家を配置して議論が進められた。

　浄化計画の策定プロセスを図7-37に整理した。住民との協議は，土壌調査の実行以前から開始され，住民に対して地歴調査の結果や土壌調査の手順などの説明を行っている。市役所は最新の土壌調査結果を毎回住民協議で報告している。また，プロセス全体で継続された試みと

表7-4　Acre地区都市再開発事業の計画策定過程における中学校建設に関する発言

年　月	市民助言委員の発言	市役所（もしくは市のコンサルタント）の発言
1998年11月		新しい中学校をブラウンフィールド・サイトに建設する方針を示す。
	学校の建設予定地が（通りを挟んで向かい側にある既存の）ガス会社の施設に対して近すぎて不安である。ガス会社は計画についてどのように考えているのか。	ガス会社はまだ計画を見ていないが，市役所は地区再生計画に含まれるか否かにかかわらず，学校を建設するために土地を取得する予定である。
1998年12月	学校予定地にある事業者を移転させることに問題はないのか。	事業者は基本的に市内に移転できるようにする。移転を助けるためのスタッフと予算は，都市再開発プログラムに含まれている。
	学校建設の財源と都市再開発プログラムとの関係はあるのか。	都市再開発プログラムに含まれれば，州政府が土地取得費用の半分を補助する。含まれなければ市役所の全額負担となる。
	現在の位置での学校の建設を支持する。	
1999年1月		ガス会社は学校建設の計画を支持しており，現在ある施設を通りの向かい側の施設に移転できる。また，一定の環境浄化がすでに行われた。
1999年4月	学校建設予定地の事業者からどの程度の情報が得られているのか。誰が州法に基づく環境浄化に対して責任があるのか。	誰が現在所有しているかにかかわらず，州法により汚染の原因を作った企業や個人に対して適用される。土壌汚染を原因として活動用途制限を付けた状態で土地が取引される場合がある。活動用途制限が付いている場合，新しい所有者は他の用途に用いる場合は，浄化費用を負担する義務がある。また，中学校建設の予算には浄化費用も含まれている。

City of Lowell, The Acre Urban Revitalization and Development Project, 1999

して①（移民に対応するため）全ての会議でスペイン語とクメール語（カンボジア系移民向け）の翻訳を提供，②図書館に議事録と最新の土壌調査結果を公開，③州環境保護局と連邦環境保護庁が技術的な支援を提供，④保健局が住民に対して健康面のリスク情報を提供するという４点が行われている。

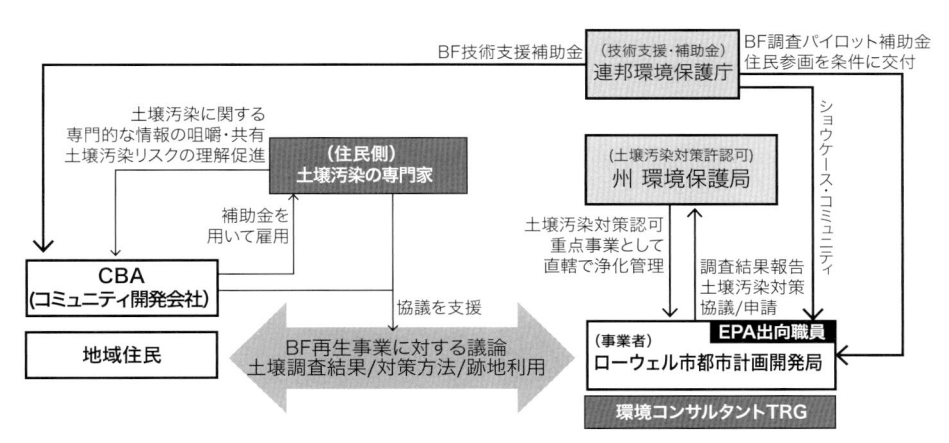

図 7-36　Acre 地区中学校建設予定地の議論に関する公的支援と主体の関係図（筆者作成）

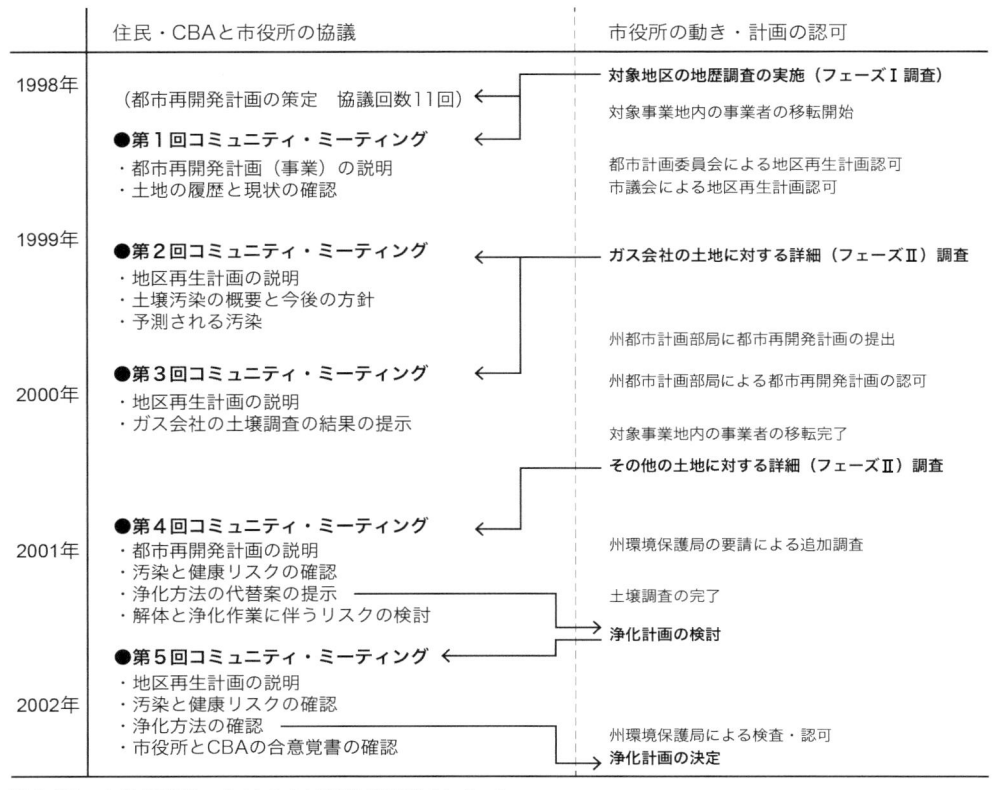

図 7-37　中学校建設における土壌汚染対策検討プロセス
ローウェル市役所および TRC 提供資料に基づき筆者作成

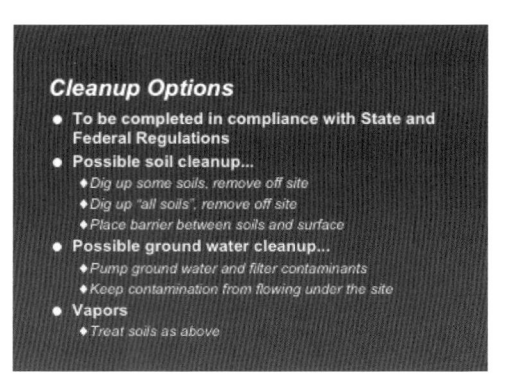

図7-38　第2回コミュニティ・ミーティング資料（環境保護庁派遣職員による説明）
ローウェル市役所提供

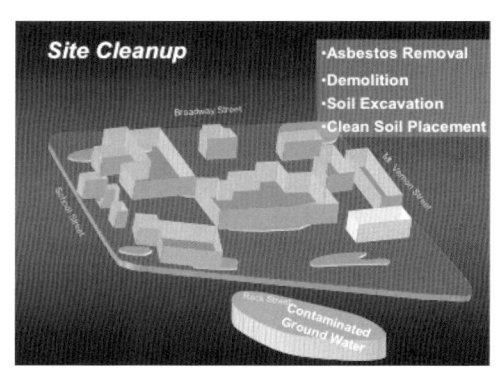

図7-39　第5回コミュニティ・ミーティング資料（土壌調査結果報告と浄化方法の説明）
ローウェル市役所提供

3）市役所による浄化方法の提案と住民の要望による変更

　土壌調査の結果を経て，市から住民に対して土壌は中学校の用途に対して州の環境基準に適合せず，対策をしないと州環境保護局から許可されないことが報告された。地下水については，飲料水として利用されていないため浄化の必要はなかった。

　市役所は住民に対して，①部分的な掘削除去と土地全体の舗装による封じ込めの併用と②土地全体の掘削除去の2種類の戦略を提示した（表7-5）。どちらの方法でも学校の建設が認められるため，市はより費用が安価な①部分的な掘削除去と土地全体の舗装による封じ込めで浄化を実施する予定であった。②は費用はかかるが用途制限はなく，安全性の高い浄化であった。

　市役所の方針に対して，地域住民は汚染土壌が学校の地下に残されていることに不安を覚え，コミュニティ・ミーティングで全面掘削除去を求めた。CBAも住民の意向を踏まえ，雇用した土壌汚染専門家による技術支援を受けて市役所に対して全面掘削除去を求めた。CBAはコミュニティ・ミーティング以外の場でも市役所との協議を行い，全面掘削除去を求め続けた。最終的に市役所は，住民側の主張を認めてより高額な費用がかかる全面掘削除去を選択した。

表 7-5　学校の浄化手法の比較

	部分的な掘削除去（市役所の元提案）	全面掘削除去（協議後の最終対策案）
費用	70 万ドル	220 万ドル
汚染土壌の扱い	汚染がひどい部分の掘削除去 汚染土壌の一部は地下に残る	表層 3 フィートまでの全ての汚染土壌を除去 新しい土壌により表層部 3 フィートを埋め戻す
州基準との関係	学校のための州の基準に適合している	州が中学校に求める基準よりさらに高いレベル
用途制限	活動用途制限が付帯する（A-3）	活動用途制限が付帯しない（A-2）

図 7-40　中学校建設予定地建設前（1981 年）
USGS 所蔵

図 7-41　中学校建設予定地建設後（2013 年）
USGS 所蔵

7.6.4　Acre 地区内で行われた事業とその成果

　本項では，Acre 地区において都市再開発事業策定後に行われた市役所と非営利団体を含む民間事業者による事業を整理し，中学校建設を中心とした同地区のブラウンフィールド再生事業の地区への波及について分析する。

1）市役所主導の事業（中学校・街路整備）

　市主導で進められた事業は，前述の中学校の建設と街路改良が中心である。中学校は，州政府による都市再開発事業向けの補助金と，州の建築支援局の補助金および市役所の資金で，総額約 2,400 万ドルが投資された。街路の改良事業は，新設の中学校周辺にあたる地区の骨格道路でもある Broadway，南北の骨格である Fletcher St.，ダウンタウンに直結する Dummer St. や運河沿いの遊歩道（口絵 14）を中心に実施された。電線地中化とビクトリア風の街灯設置が行われ，市役所の予算に加えて，州運輸局の補助金[46]とコミュニティ開発包括補助金も使われている。2007 年までに市が進めた事業の多くは，将来ゾーニング図で「小売兼住宅または業務兼住宅」と定めた複合用途地区に集中している。また，その整備と呼応して民間事業者による中小規模な再開発も進められてきた（図 7-44）。

図7-42　市役所により改良された街路（左は中学校，右側街路は Broadway）（2014）

図7-43　歩道が設置された Fletcher St.（2014）

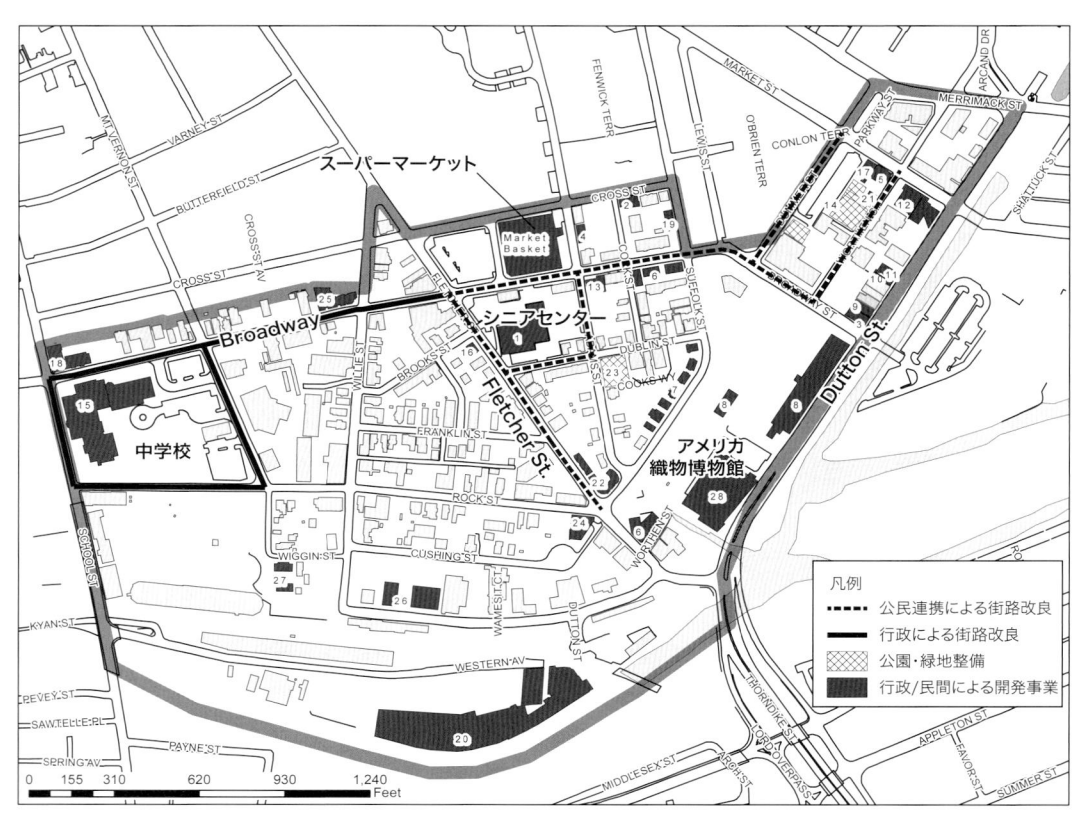

図7-44　ローウェル地区都市再開発事業の 2007 年までの主な進捗状況
Lowell City, DPD, ACRE URBAN REVITALIZATION AND DEVELOPMENT PLAN 2000-2007, 2007, P. 3 より引用

2）民間主導で進められた事業

　民間事業者中心で行われた事業は図 7-44 に示された通り数多く存在するが，大別すると①一般住宅，②低所得者向け住宅，③シニアセンター，④アメリカ織物博物館周辺の再生の 4 点に整理される。

図 7-45　アメリカ織物博物館（奥建物）と Dutton St.（左道路）（2014）

図 7-46　Broadway と Fletcher St. の交差点の大型小売店（2014）

ダウンタウンや JAM 地区に近接した Dutton St. 沿道では，住宅と商店やオフィスの複合施設として再生が進められた。図 7-44 の 28 にあたるアメリカ織物博物館は，地元新聞社のオフィスと一般向け住宅へリノベーションされた（博物館は建物の一部の機能として現在も残されている）。また，博物館の隣にあたる 305 Dutton St. も，民間事業者により 1,300 万ドルをかけて 2004 年に住宅としてリノベーションされた。また，市場向けの住宅は主に Dutton St. や Dummer St. 沿道に立地した。

Broadway 沿道等では，図 7-44 の 1 にあたる部分に民間によるシニアセンターと薬局が立地した。再開発計画立案前にブラウンフィールドの再利用として立地したスーパーマーケットとシニアセンターが街路を挟んで向かい合うかたちとなり，沿道では再開発により住宅や小規模な小売の立地も進んだ。なお，低所得者向け住宅の事業の多くには，住宅・都市開発省の低所得者向け住宅のための補助金（HOME[47]）が提供された。

7.6.5　小括：Acre 地区のブラウンフィールド再生

工場跡地と住宅等が入り混じった Acre 地区の再生に関して，ここまで整理した再開発の方法とその結果に基づき，考察を行う。同地区の主体の関係を図 7-47 に示す。

1）計画の手法

工場跡地と住宅が入り混じった土地利用に対して，大規模な工業利用が少ない計画対象地区の北側 Broadway 沿道とダウンタウンに隣接する Dutton St. 沿道を中心に用途転換を図った。Broadway 沿道で民間による土地利用転換が難しい土地には新設の中学校を配置した。また，土地利用転換を図る地区を通る街路の整備を行い地区のイメージ自体の向上も狙った。その結果，民間や CDC による個別の土地再生も進行した。

Acre 地区は，土地が細分化されており面的な再開発を行うことが困難な地区だが，市役所は中学校を地区の再生を促す先導的な事業として利用し，ダウンタウンと中学校をつなぐ街路（Broadway）とその沿道の再生に力点を置いて一定の成功をおさめた。中学校用地は，土壌汚染の対策コストや住民協議の長期化の課題もあったが，民間開発を促すには立地が悪く土地の規模が大きいため，行政主体で事業を推進したことも合理的な方法であったと言えよう。

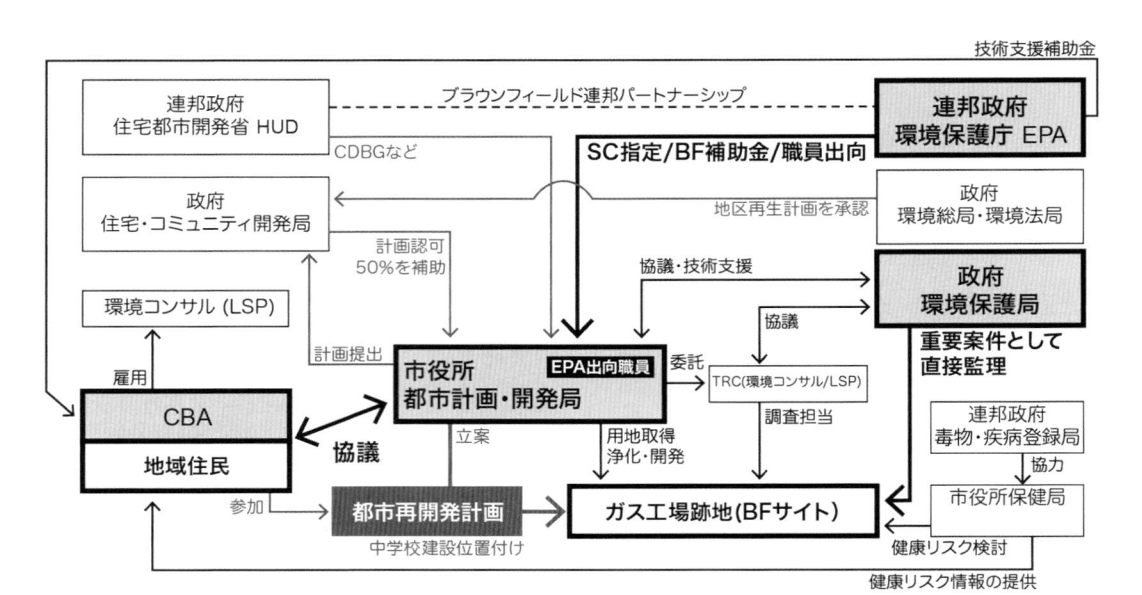

図 7-47　Acre 地区都市再開発事業の主体関係図（筆者作成）

2）地区の非営利団体 CBA との関係

　Acre 地区における計画プロセスの住民へのアウトリーチにおいて，大きな役割を担ったのは，地区において長年活動してきた CBA であった。中学校建設予定地の土壌汚染対応では当初の市と CBA の対立はあったが，最終的には CBA を中心とした住民グループが提案する対策方法が採用された。CBA は，都市再開発の対象地区において低所得者向け住宅の供給にも参画しており，重要な役割を担っている。

3）土壌汚染との関係

　地区内で土壌汚染が大きな問題となったのは中学校の建設予定地であった。市は，都市再開発計画の策定過程で持ち上がった住民の疑問に応えるために，CBA や住民を対象とした意見交換会を開催した。土壌汚染に関する住民との協議は，ショウケース・コミュニティによって派遣されていた環境保護庁派遣職員が担当していた。実際の調査は，環境保護庁の補助金で市から委託された環境コンサルタントが実施したが，市役所担当者として環境の専門家である派遣職員がいたことの意義は大きかった。

4）公的支援について

　Acre 地区で主に用いられている公的支援は，州の都市再開発事業向け補助金であった。市に交付された住宅・都市開発省のコミュニティ開発包括補助金等も一部事業に使用された。環境保護庁の補助金は中学校予定地の土壌調査に使われているが，事業全体における割合は限定的である。ただし，住民側への技術支援補助金や職員派遣を含む環境保護庁の支援は，同予定地で市が住民との協議によって環境に関する課題を共有・解決する過程の推進には重要な役割を担った。

7.7　JAM 地区

　本節ではダウンタウンの南側に隣接し，Appleton Mills をはじめとする大規模な工場跡地の再生対象とした JAM[48] 地区のブラウンフィールド再生について分析する。

　JAM 地区では，2000 年に策定された都市再開発計画（7.7.2）が，2008 年に大幅に改訂され，民間事業者が主導する Hamilton 運河地区（Hamilton Canal District，HCD）が設定された（7.7.4）。本節では，各計画の内容を整理したうえで，一定程度再開発が進んだ同地区の実態を踏まえて分析を行う（図 7-48，図 7-49）。

7.7.1　JAM 地区の事業経緯

　JAM 地区はダウンタウンに隣接した位置にあるが，Hamilton 運河等の運河が地区の中央や西側を流れており，運河沿いの織物工場の建物の一部は国立公園に指定されている。ただし，運河や工場建物の存在により JAM 地区はダウンタウンの裏手となっており，中心部に近接しているにもかかわらず土地利用は停滞していた。

　JAM 地区は 1972 年の都市基本計画[49] において，再生の対象として見出され，その後，1986 年に駐車場ビル実現性調査，1987 年に Appleton/Middlesex Plan が策定された。しかし，都市再開発事業が開始された 2000 年まで，JAM 地区に対する民間投資はほとんど行われてこなかった。そのため，市役所はより直接的に公共側からの支援を行い，民間事業者による再開発を誘致することを目指した[50]。

　計画策定時の土地利用は図 7-50 の通り，Middlesex St. 以北の運河周辺は工場跡地や空地・駐車場が多く，低・未利用地となっていた。Appleton St. 沿道は，空地も多いものの商業・事務所・住宅等の小規模な土地利用が大半を占めていた。そのため，計画は主に Middlesex St. 以北の大規模な低・未利用地の再生を主眼として，南側は小規模な建替や修復を目指す計画となった。

図 7-48　Jackson St. と Canal St. 交差点付近（2005）

図 7-49　改修前の Appleton Mills と Courier & Adden Furniture buildings（2005）

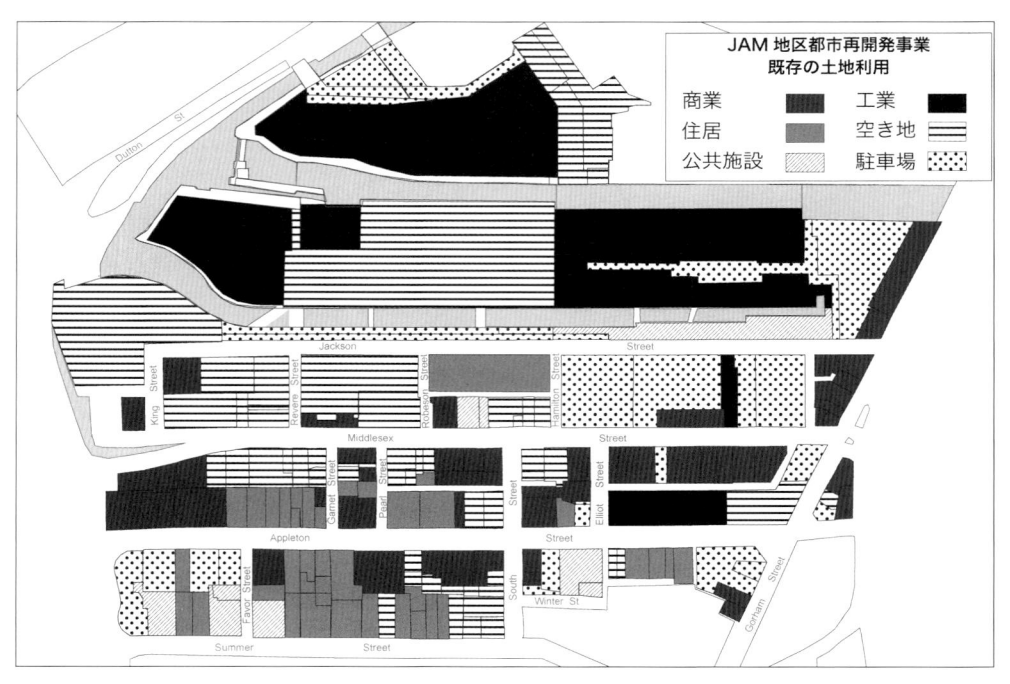

図 7-50　JAM 地区：計画策定時の土地利用現況
City of Lowell, Jackson Appleton Middlesex Urban Revitalization and Development Project, 2000，筆者トレース・翻訳

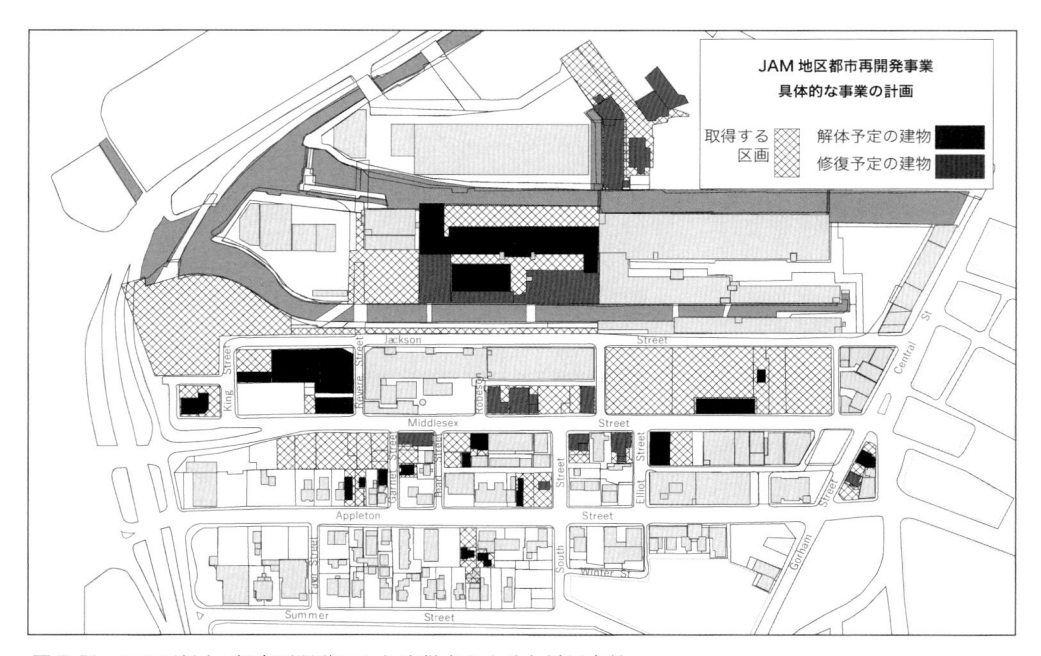

図 7-51　JAM 地区：都市再開発により取得する土地と活用方針
City of Lowell, Jackson Appleton Middlesex Urban Revitalization and Development Project, 2000，筆者トレース・翻訳

7.7.2 2000年のJAM地区都市再開発計画

2000年策定の計画は，地方裁判所を含むJackson St. と Middlesex St. の間の土地の一部を市役所が取得して，再開発と修復を組み合わせた事業を実施する計画である（図7-51）。再開発後の土地利用計画は地区北側の工業的土地を維持したまま，Middlesex St. 沿道の区画を業務と一体となった立体駐車場ビルとして再開発し，それ以外の部分は住宅・商業用途を計画していた。計画は，地区内の事業者，コミュニティ組織，住民，国立公園局および市役所の関連部局の代表を含む，25名の市民助言委員会（以下，助言委員会）による議論を経て策定された。

1）住宅および商業用途の促進と市役所の土地取得

住宅と商業用途の複合による土地利用を推進して，工業用途とその他の用途の混在を減らすことを目指した。従前，一般業務用途であったAppleton St. 沿道をほぼ住宅・商業複合用途にゾーニング変更し，Hamilton運河とPawtucket運河の間の部分に工業用途を限定した。市の取得地は，建物完全除却1ヶ所（立体駐車場建設予定地），18ヶ所の部分的除却18ヶ所と建物修復9ヶ所を含む約18エーカーの民有地の取得を前提とした計画であった（図7-51）。

2）社会基盤の強化と立体駐車場の建設

同計画では，地区の交通の状況を改善し交通安全を強化するために，市役所は①街路の改善（双方向化）と歩行者空間の整備，②下水システムの改善を計画している。

街路の改善として，東西方向の街路の双方向化と南北方向の公道の追加・位置変更を行った。従前は工場の搬入トラック用として舗装もひび割れた状態の一方通行だった通りを，街路樹・歴史的な意匠の街灯，運河沿いの遊歩道と歩道を備えた双方向の街路とすることで，再開発の主な対象であった通り北側の開発を支えることを目指していた。南北道路については，Hamilton運河にかかる橋梁の架け替えが行われた[51]。

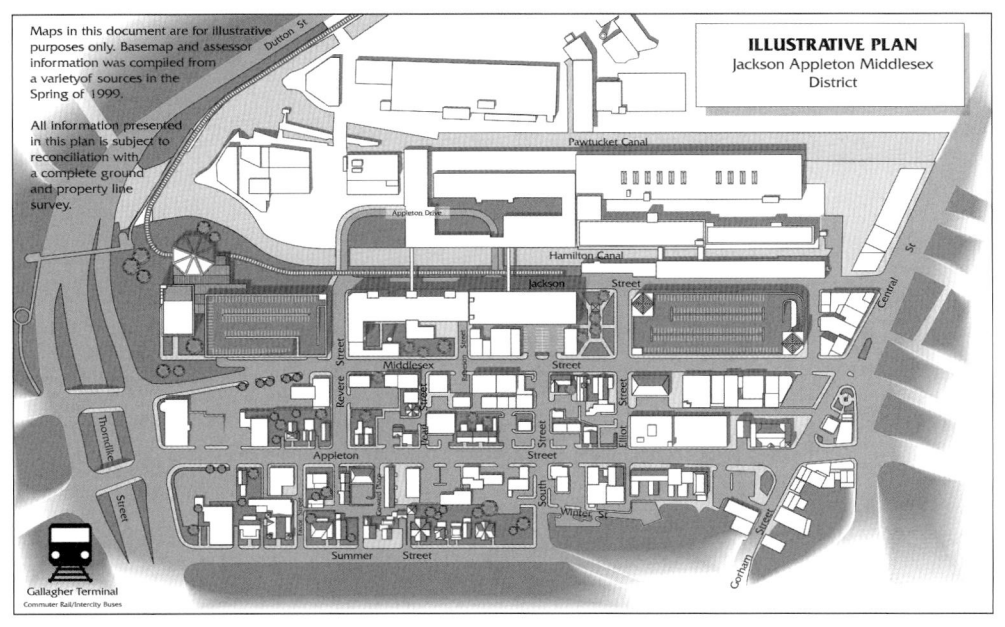

図7-52　JAM地区：将来マスタープラン
City of Lowell, Jackson Appleton Middlesex Urban Revitalization and Development Project, 2000

また，歩道・横断歩道と適切な舗装を備えた街路への改修を進めダウンタウンや鉄道駅とJAM地区をつなぐ歩行者環境を改善した。あわせて運河沿い等のオープン・スペースを計画している。街路整備とあわせて合流式下水道を雨水排水と汚水に分離した。

　計画では，地区の再開発後に必要駐車台数が検討され，全ての開発・再開発が実施された場合，地区全体で5,000台の駐車場が必要であると算出された。駐車台数を確保するとともに，既存の民間事業の下支えも意図して，1,000台収用可能な立体駐車場が計画された。なお，この駐車場は市の事業として，2007年に900台規模で完成している。

3）経済的インセンティブプログラムの実施

　市は，民間事業者の地区に対する投資を促すために，州の経済開発インセンティブプログラム（Economic Development Incentive Program）を地区に適用した。同制度は①遺棄された不動産（の再生）に対する税免除，②再開発投資に対する税控除，③開発後の固定資産税の増加分の減免の3点を提供した。特に3点目の固定資産税増加分の減免は，従前の固定資産税が非常に低い地区だったため，地区内のほとんどの開発に適用されることになり，地区街の民間事業者の地区内への誘致に一定の効果を発揮した。

4）土壌汚染地への対応

　JAM地区の計画はブラウンフィールドのみを特別に扱った項目はないが，環境保護庁の派遣職員が策定に携わり，土壌汚染地の対応について以下の2点が明示されている。

　第1に，事業費の項目に環境浄化費用として1,000万ドルが計上された[52]。全体事業費4.8億ドルと比較すると大きな金額ではないが，土壌汚染対策費が明示された点が注目される。第2に，土地の準備の項目[53]で，州環境保護局が指定する有害廃棄物表登録地がAcre地区と同様に指摘された点である。加えて計画書には「（表に示された）土地以外の多くの土地も工業用途で利用された実態があり環境浄化が必要とされることが予想される。事業費は，市役所が取得する土地について州が定める土壌調査と潜在的な環境浄化に基づく追加費用の見込みを含む」と述べられている。策定時点では，地区内の土壌汚染に関する情報が全て判明していたわけではないが，土壌汚染対応を前提にした地区の再生計画であることがわかる。

7.7.3　土壌汚染に対する環境保護庁補助金の活用

　都市再開発事業にあたって市が取得した土地の多くは，工業利用の履歴があり土壌汚染の調査と対策が課題となった。環境保護庁は，JAM地区に対して2000-2009年にかけて多数の調査補助金と，3回の浄化補助金を交付して事業の初期段階を支えた。浄化補助金の利用は公有地にしか認められないため，立体駐車場の建設予定地と後述のHamilton運河地区内の土地など，事業に伴って市有地となった土地に利用された。これらの土地の一部は最終的に州の裁判所や民間事業者に売却されるが，市が保有している時期に補助金を得て浄化を進め，最終的な土地の利用者に引き渡す方法が採られた。

7.7.4　計画区域の拡大とHamilton運河地区の設定

　2004年に地区内に残っていた大規模工場が閉鎖され，都市再開発事業の区域や再生後の用途が大きく変化することとなった。民間事業者が主導する開発地区Hamilton運河地区がJAM地区内に設定された。本項では2004年以降の計画の変化を分析する。

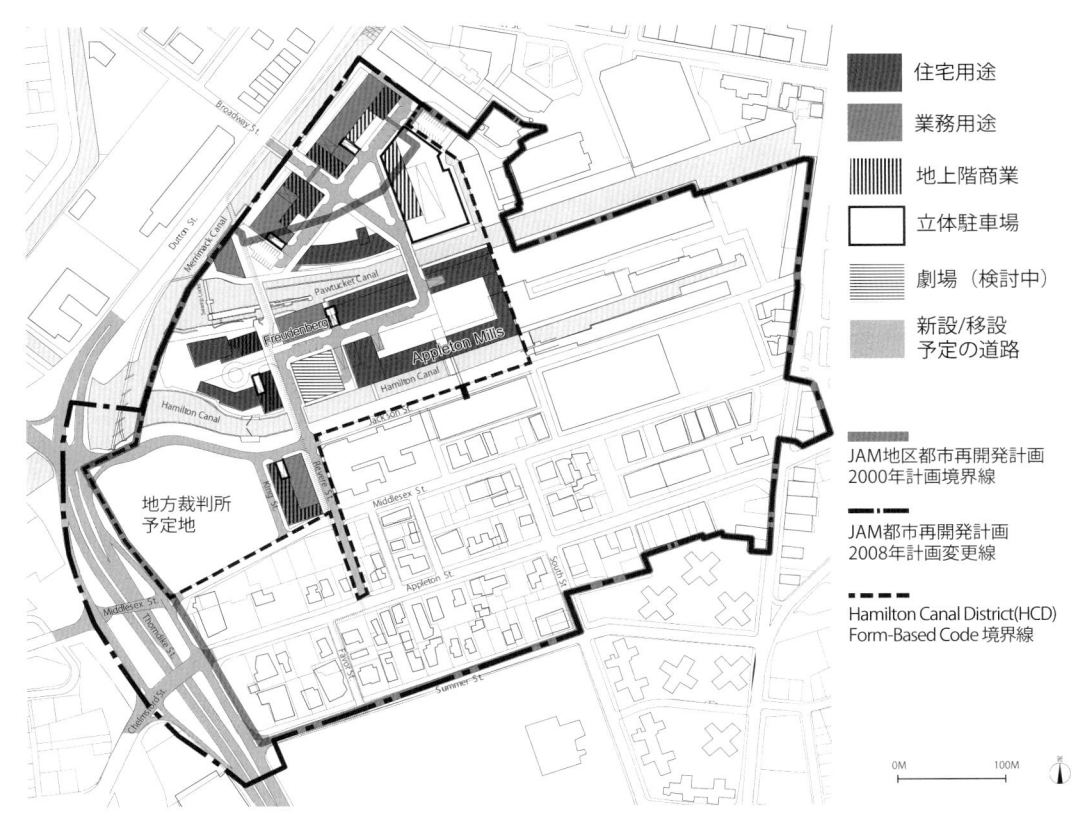

図 7-53　Hamilton 運河地区：マスタープランと JAM 都市再開発計画の関係
Trinity Hamilton Canal Limited Partnership, Fort Point Associates, Inc., Hamilton Canal District, Lowell, Massachusetts, Draft Environmental Impact Report, 2008 をトレース・翻訳して筆者作成

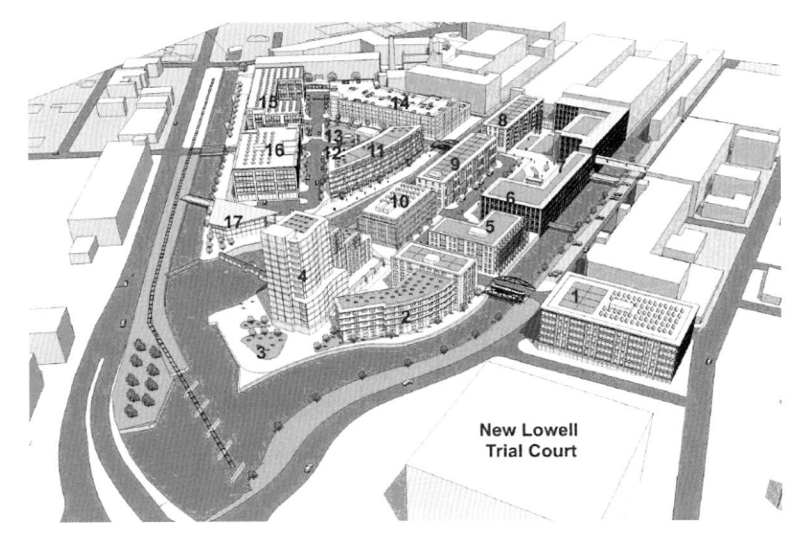

図 7-54　Hamilton 運河地区：マスタープラン竣工時の鳥瞰パース
Trinity Hamilton Canal Limited Partnership, Fort Point Associates, Inc., Hamilton Canal District, Lowell, Massachusetts, Draft Environmental Impact Report, 2008

2004 年に JAM 地区の北西の部分（Jackson St. 沿道）を所有していた Freudenberg Nonwovens が操業を停止して閉鎖した。市役所はこの機会を捉え，2004 年 3 月に同工場跡地を取得する計画に変更することを州に申請，翌月に州当局から計画の「軽微な変更」として認可された。この変更により，従来の計画では工業用途を保持することが予定されていた地区の北側の街区においても，再開発を行う方向で調整が進められた。

　市役所は 2006 年に，上述の工場跡地を中心に JAM 地区の北西部分の再開発を民間事業者に委託する方針を固め，統括事業者（マスター・ディベロッパー）を募集した。2007 年 8 月には実績等の審査に基づきボストンに拠点を置く Trinity Financial が選定され，対象となる部分は Hamilton 運河地区と命名された。同事業は，州が建設する地方裁判所（事業費 1.75 億ドル）を含む，総事業費 5 億ドル超の大規模再開発事業となった。Trinity Financial は，2007 年 12 月から 9ヶ月かけて市役所と共同で Hamilton 運河地区のマスタープランを策定している。

7.7.5　JAM 地区内で行われた事業とその成果

　本項では JAM 地区内の事業と関連する民間の再生事業について整理する。

1）市役所主導の事業（駐車場・街路整備）

　都市再開発計画が策定された 2000 年以降，市は民間再開発を地区内に誘導すべく社会基盤の整備（立体駐車場建設と Middlesex St. の双方向化）に注力した。

　立体駐車場は地区のほぼ中心に位置しており，900 台分の駐車スペースを備え，1 階部分には店舗が設置されている（図 7-56，図 7-57）。公共駐車場の設置により，十分な駐車場を持たない地区内の小規模事業者に駐車場を提供可能になった。また，大規模な平面駐車場がなくなり，修復・再利用された工場建物と立体駐車場によって連続した市街地と街路が形成された。地区の北側にダウンタウン，南側に鉄道駅，西側は Acre 地区に隣接する JAM 地区は，周辺地区から連続する歩行者環境を生み出すことが重要であった。

　Middlesex St. は，Jackson St. や Appleton St. と並ぶ地区を東西に横切る街路である。双方向化に伴い歩道や街灯の整備も行われ，工場や倉庫への搬入動線に使われる一方通行の裏道から，沿道に店舗や事務所等が並ぶ街路へと道の性格を変えた。

2）民間および非営利団体主体の事業（歴史的建造物の再利用）

　JAM 地区では，民間主体による大規模な事業は Hamilton 運河地区と，Hamilton 運河地区外の工場建物の修復・再利用（図 7-55 の 2,4,7,9）の 2 つに大別される。

Hamilton 運河地区外の再生事業

　Hamilton 運河地区外の建物の修復としては，米国建築遺産財団[54]とコミュニティ開発会社が，JAM 地区の東側に位置する旧 Hamilton Manufacturing 会社の経理部の建物と 2 つの工場建物（建屋 4・6）の再生を手がけた（図 7-55 の 9 の位置）。両社はマスター・ディベロッパーとして土地と建物を取得して建物の再生をコーディネートし，実際の事業を担当する別の民間事業者に土地と建物を譲渡している[55]。経理部の建物は，Winn Development 社により低所得者向けと一般向けの混在住宅 65 戸として再生が進められている[56]（図 7-59）。建屋 6 は，ローウェル地区保健センター[57]に譲渡され，同センターの本部と医療施設が入居している。建屋 4 は事務所用途の利用が検討されている。経理部の建物の再生には，連邦・州の歴史的建造物修

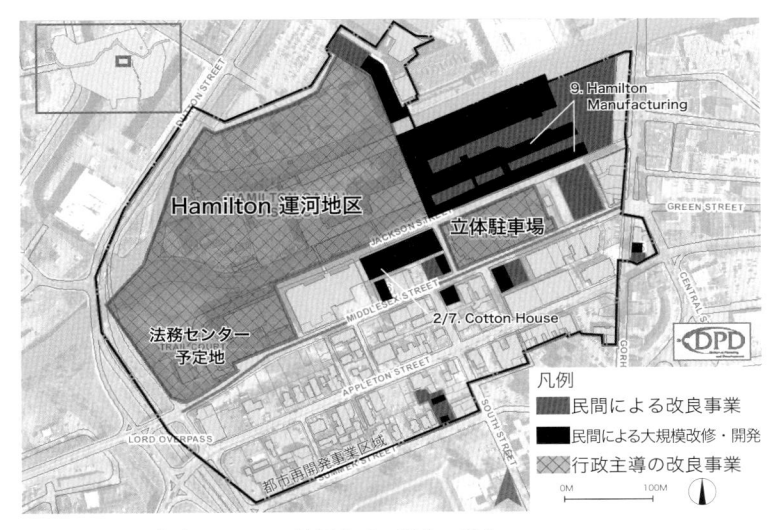

図 7-55　2007 年までの JAM 地区内での再生の動き
City of Lowell, Jackson Appleton Middlesex Urban Revitalization and Development Plan
2000-2007, 2007 に筆者が加筆・翻訳

復税額控除と低所得者向け住宅税額控除が利用され，建屋 4・6 には，歴史的建造物修復税額
控除に加えて，コミュニティ開発・経済開発の促進を目的とした州の New Markets 税額控除
も適用されている。

　Appleton Mills の南側にあたる Cotton House も 2005 年と 2007 年の二度にわたって民間事
業者によって修復され一般向け賃貸住宅として再利用された（図 7-55 の 2/7）。

Hamilton 運河地区の事業

　Hamilton 運河地区の開発は，中央部分にあたる Appleton Mills（図 7-53 Appleton Mills と図
示）の修復・再開発が Trinity Financial により進められ，第 1 期が 2011 年 4 月に竣工した
（図 7-58）。Appleton Mills は重要な歴史的建造物であったため，事業の実施にあたり，州や連
邦の歴史的建造物に指定され，南側の運河沿いの壁面は保全された（口絵 11，口絵 12）が，そ
の他の部分は新築に近い。

　Appleton Mills の修復と再開発において，連邦と州の歴史的建造物税額控除とマサチュー
セッツ州住宅金融公社が重要な役割を果たした。第 1 期 A 工区の事業費総額約 4,708 万ドル
の半分以上を歴史的建造物修復税額控除の還付金として得ており，その他にも州政府の住宅関
連の基金や融資を多数利用している[58]。第 1 期 B 工区でも，総額 1,697 万ドルの事業のほと
んどを税額控除でまかない，残りの一部に HOME の補助金を活用している[59]。Appleton
Mills の第 1 期の大半は，歴史的建造物税額控除と州の既存の住宅供給に対する支援を存分に
活用したものであった。

　Appleton Mills の第 1 期につづいて，以前は Freudenberg 社が使用し，再生後は 110 Canal
St. と呼ばれる工場建物の再生が進められた（図 7-53 Freudenberg と図示，図 7-60）。同建物は，
地区内で唯一事務所用途に設定されており 2013 年に再生が完了した。市は同建物に対して州
の遺棄建物税減免制度[60] の適用を決めテナントの確保を支援した。最終的には，2014 年 4 月
に州立大ローウェル校のマサチューセッツ州医療機器開発センターの拡張およびイノベーショ

図 7-56　立体駐車場建設地の従前（2005）

図 7-57　1F に店舗が入った立体駐車場と双方向化された Middlesex St.（2012）

図 7-58　ロフト型住宅として再生した Appleton Mills
Mass Housing Finance Agency, Appleton mills At a Glance, 2011 より引用

図 7-59　再生工事中の Hamilton Manufacturing 経理部の建物（2014）

図 7-60　修復後の 110 Canal St.（2014）

ン・センターとして利用されることを発表している[61]。同校は，キャンパスへの近接性に加えて自由なフロアレイアウトが可能な建物，住宅・飲食・交通機関等の都市アメニティに近接していること，主要な街路からの視認性が高いことを選定の理由に挙げている。

Hamilton 運河地区の Trinity Financial の撤退

Appleton Mills と 110 Canal St. の 2 つの建物の再生を進めた Trinity Financial であったが，十分なペースで開発が進められず市役所との関係が悪化，2015 年 5 月に同地区の開発から撤退した。その後は，住宅系の民間ディベロッパーである Winn Development を主な事業者として開発を進めることが検討されているが，業務系用途の増加と低所得者向け住宅の供給の抑制を望む市側との議論は難航している[62]。2017 年 9 月には，同社が 135 戸の一般向け住宅と 10,000 平方フィートの商業を含む複合開発を行うことが報道された。また，地元の建築会社である Wartemark 社が本社ビルの建設を予定している[63]。

これらの民間事業の動きに加えて，州が事業主体になり約 200 万ドルの予算で，2016 年 9 月には Hamilton 運河地区の西端に 7 階建てのローウェル法務センター（地方裁判所を中心とする施設）が着工された。市内の老朽化した施設からの移転であり 2019 年に竣工が予定されている[64]。

7.7.6　小括：JAM 地区のブラウンフィールド再生

本項では，JAM 地区のブラウンフィールド再生とその戦略について小括する。

1）市のブラウンフィールド再生戦略

他地区と比べて JAM 地区のブラウンフィールド再生事業では，市役所の果たした役割が特に大きい。前節の Acre 地区のように地元住民のまとめ役であり，かつ低所得者向けの住宅供給事業も手がける非営利団体 CBA のような主体は存在せず，また北運河地区で大規模地権者かつ支援者であった州政府の関与も少ない。そのため，対象地区内の複数の土壌汚染地の取得，土壌浄化，区画整理，公共施設建設や浄化の土地売却まで，市役所が主導的な役割を果たしている。

土壌汚染対策については，環境保護庁のブラウンフィールド調査補助金を活用した土壌調査の実施に加えて，都市再開発事業に基づき土壌汚染地を取得，浄化補助金を投入して土壌汚染対策を終えてから土地を民間事業者へ売却している点が特徴的である。北運河地区や Acre 地区では，公共施設による再開発が多く，公共施設の整備費用を用いて土壌の浄化が行われたが，JAM 地区では土地の浄化までを補助金を活用して市役所が担い，建物の新築や修復を中心とした再開発は民間や非営利団体が事業主体となった。

2）公的支援の活用

JAM 地区に適用された公的支援の対象は，①土地取得と土壌汚染調査・浄化，②緑地や街路等の社会基盤整備，③民間による歴史的建造物活用型の再開発の 3 点に大別される。

市役所の土地取得には，約 500 万ドルが投じられているが，300 万ドルはコミュニティ開発包括補助金 108 条融資保証，200 万ドルは融資保証と一体で提供された住宅・都市開発省の補助金で費用を工面した。土壌汚染の調査と浄化には，環境保護庁の補助金が集中的に投入された。一旦公有地化することで浄化補助金の利用も可能になった。

社会基盤整備として実施された，運河沿いの遊歩道には，連邦および州政府の道路関連補助

金が投入され，Jackson St. の双方向化や運河を横断する橋梁整備には商務省経済開発局の補助金や住宅・都市開発省のコミュニティ開発包括補助金も用いられている。

　歴史的建造物の修復には，州および連邦の歴史的建造物保全に対する税額控除に加えて，州の住宅供給関係（低所得者向けも含む）の補助金も用いられており，新規開発と比べて手間が多い保全修復に財政面で手厚いサポートが提供され民間事業者を支えた。

　以上の通り，JAM 地区においては多様な公的支援が活用された実態が明らかになった。また，市役所が主体となって 2000 年に策定した計画を下敷きに，事業化に向けた継続的な努力を続けている点も重要である。Hamilton 運河地区では 2007 年から参画した民間事業者と共同で詳細計画を策定した。

　純粋なブラウンフィールド再生の資金は，事業の前半部分を支えているに過ぎないが，1990年代後半から進められたブラウンフィールド・サイトの目録整備，優先地区の絞込の結果として JAM 地区再生の方針が明確となり，計画策定と市役所が継続的に同地区の再生に注力する体制づくりにつながった。ブラウンフィールド再生の取組がきっかけとなり，市全体の地区再生の方針が明確になったことも，間接的ではあるが JAM 地区の再生進捗の要因として指摘しておきたい。

7.8 Tanner St. 地区

　Tanner St. 地区は，ダウンタウンから 2km 程度南にあり，スーパーファンド・サイトと多くのブラウンフィールド・サイトを抱えている。州間高速道路ローウェル支線と鉄道により周囲と隔絶されており，高速道路沿いに Meadow Brook 川が流れている（図 7-61）。

7.8.1　Tanner St. 地区の歴史とスーパーファンド・サイトへの対応

　Tanner St. 地区はローウェルのダウンタウンからやや離れており，北運河地区，Acre 地区，

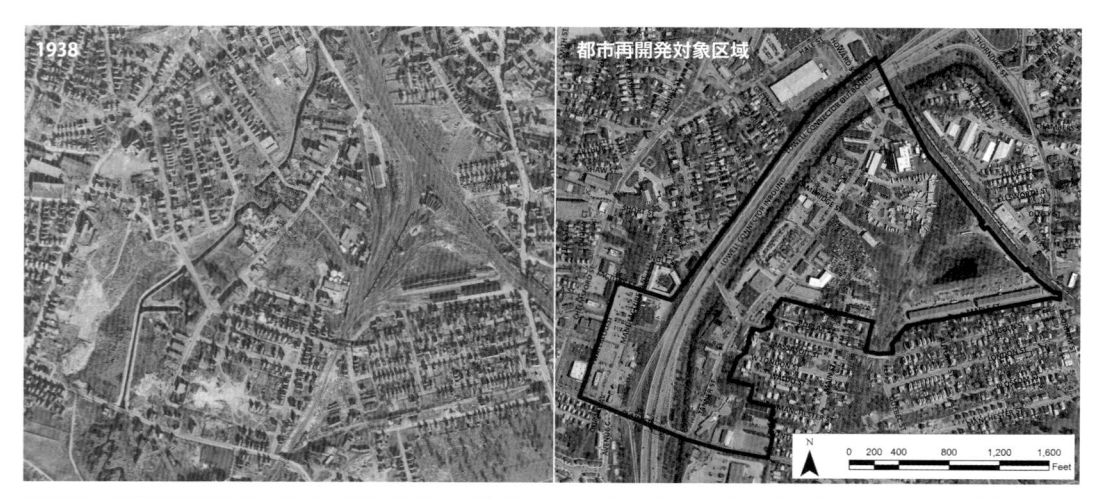

図 7-61　高速道路建設前の地区の状況（1938・左）と 2010 年代に行われた都市再開発の区域の比較（右）
左の空中写真は USGS，右図は City of Lowell Dept. of Planning and Development, Ayer's City Industrial Park, An Urban Revitalization and Development Project, 2014, Map 1 を筆者が一部加工

JAM 地区とは異なる「郊外の工業地区」として歴史を重ねてきた。その過程でスーパーファンド・サイトに登録された深刻な土壌汚染地が発生した。本項では地区の歴史を概観し，スーパーファンド・サイト発生の背景とその対策について記述する。

1）Daniel Ayer による開発計画と多様な工場の立地

　本地区は，ローウェルに鉄道が開通して以来，主に鉄道ヤードや石炭置場として使われていたが，1847 年にカナダ生まれの不動産家 Daniel Ayer が Meadow Brook 川に沿って大規模に土地を取得して，Ayer's New-City として工業都市を計画した。同計画は Tanner St. 沿道は工場，Tanner St. より東側は住宅地としての利用を見込んでいた。同計画は住宅地としては成功しなかったが，Tanner St. の由来でもあるなめし革工場をはじめとした中小の工場が徐々に立地した。19 世紀末には，鉄製品の工場やビール工場も立地して，様々な業種の工場が立地する工業地区となった。1920 年代までは，地区の工業は順調に成長を続けたが，その後，大恐慌で市全体が不況となり本地区でも，ビール工場の閉鎖等が続き停滞の時期を迎えた。

2）ローウェル支線の完成と周辺地区との隔絶

　1962 年に完成した高速道路ローウェル支線のために，Meadow Brook 川の流路が変更され，高速道路は川の西側の土地を利用して盛土で建設された。その結果，同地区は Meadow Brook 川を挟んで接続していた地区の西側とのつながりが失われ，地区北東の鉄道，北西の高速道路によって周囲から隔絶された現在の構造ができあがった。後述するスーパーファンド・サイトの発生により地区全体に環境汚染のイメージが定着したが，周囲から隔絶された都市構造が，迷惑施設の立地と地区全体の汚染されたイメージの定着の遠因となっていると考えられる。

3）スーパーファンド・サイトの発生

　1971 年にシェル石油の石油備蓄施設の跡地に立地した Silresim 化学会社は，石油由来・化

表 7-6　Tanner St. 地区のブラウンフィールド再生に関する経緯（筆者作成）

20 世紀初頭	ビール工場等の織物工場以外の工業が立地
1962 年	ローウェル支線（高速道路支線）が地区西側を通過するかたちで開通
1971 年	石油備蓄施設跡地に Silresim 社が石油由来有害廃棄物加熱処理プラント設置，操業開始
1977 年	Silresim 社破産
1978 年	マサチューセッツ州環境保護局が浄化開始
1983 年	環境保護庁が Silresim 社跡地を全国優先浄化リストに登録してスーパーファンド・サイトとして浄化を開始
1998-2000 年	ブラウンフィールド・ショウケース・コミュニティ事業において優先的な取組地区には選定されず
2001 年	環境保護庁スーパーファンド再開発イニシアチブ補助金交付
2002 年	スーパーファンド再生計画の策定完了
2009 年	米国再生・再投資法によりスーパーファンド・サイトへ加熱土壌ガス吸引装置が設置され，浄化速度が飛躍的に向上
2010-2012 年	環境保護庁 地区全体計画支援補助金の交付，都市再開発事業に向けた計画策定を実施
2014 年	Ayer's City Industrial Park 都市再開発事業 素案提示

図 7-62　Silresim 社操業中の空中写真
EPA, Remediation System Evaluation Silresim Superfund Site Lowell-Massachusetts, 2001, Fig. 1-2

図 7-63　スーパーファンド・サイト入口
　　　　（2014）

学関連の有害廃棄物の加熱処理によって，化学溶剤と石油の再生を行うプラントを設置して操業を開始した。しかし，実際には同社は不法に有害化学物質や汚泥を敷地内に投棄・下水に放出していた（図 7-62）。同社は 1977 年に破産し処理施設と廃棄物がそのまま放置された。スーパーファンド法の立法前の 1978 年から，州の環境保護局が浄化を開始し，1983 年には連邦政府が直轄管理を行うスーパーファンド・サイトに指定された[65]。なお，土壌汚染と地下水汚染は Silresim 化学会社所有地以外の周辺の敷地にも広がっており，スーパーファンド・サイトも元々の敷地の外側まで含まれている。

4）スーパーファンド・サイトの対応と米国再生・再投資法による浄化の促進

　環境保護庁はスーパーファンド・サイト指定後，表層のカバーシステムの構築や地下水汚染の浄化を主にスーパーファンドの資金を用いて実施してきたが，対策の完了には長い時間がかかると想定されていた。しかし，2009 年の米国再生・再投資法に基づき，浄化速度を上げる支援が連邦政府から提供された。2010 年には再生法基金から 1,400 万ドルを投じて，加熱強化型土壌ガス抽出装置を用いて汚染された土壌の浄化が進められた。また，Silresim 社の土地の最終的な舗装を完成させ，サイトの一部は，将来の再利用が可能な状態とすることを目指した。この工事により，特に土壌の浄化期間が大幅に短縮され，再開発の本格的な検討も可能となった[66]。

7.8.2　地区の現状

　Silresim 社跡地のスーパーファンド・サイトへの登録が直接的な原因となり，市民の間では，地区全体に極めて深刻な土壌汚染が存在しているという認識が広がった。同地区が高速道路と鉄道により周辺市街地から分断され，物理的に周囲との断絶が大きいことが，その原因の一つと考えられる。

　スーパーファンド・サイト指定の結果として，深刻な土壌汚染の影響がない区画にも他地区では受け入れられないような土地利用が広がった。地区内の土地利用は，ジャンクヤードや自動車修理，中古車販売などの自動車関連が多い（図 7-64）。地区北東の鉄道ヤード跡地は空き地だが，スーパーファンド・サイトの影響が大きい土地である。地区の南端にあたる Plain St. 沿道はファーストフード店等が立地している。

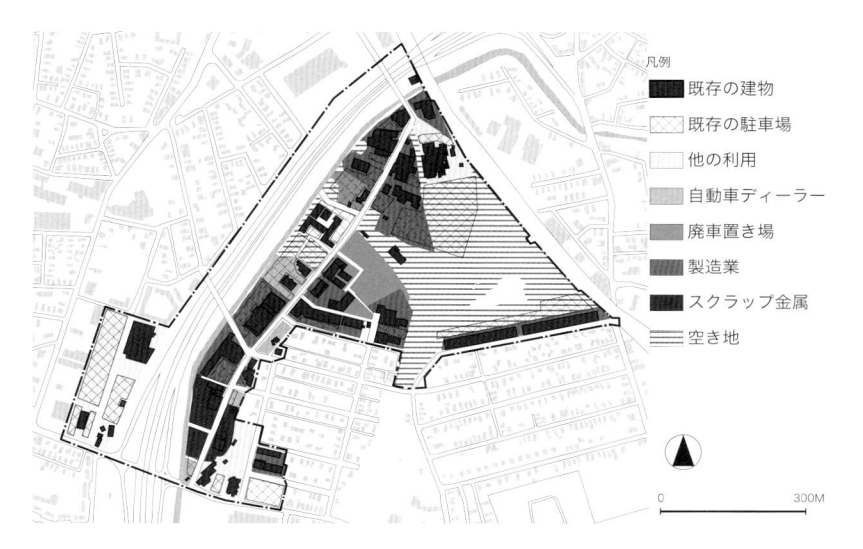

凡例

■ 既存の建物
⊠ 既存の駐車場
□ 他の利用
▨ 自動車ディーラー
▨ 廃車置き場
▨ 製造業
■ スクラップ金属
≡ 空き地

0　　　　300M

図 7-64　対象地区の現在の土地利用
City of Lowell, Dept. of Planning and Development, Ayer's City Industrial Park, An Urban Revitalization, 2014, Map 1 を筆者トレース・翻訳

図 7-65　Tanner St. 中央部（2014）

図 7-66　Tanner St. 地区に隣接する住宅（2014）

7.8.3　スーパーファンド再開発イニシアチブ（SRI）パイロットによる再開発検討

　環境保護庁は，深刻な土壌汚染が存在するため連邦政府の直轄管理の対象であるスーパーファンド・サイトの再開発の取組を進めてきた。スーパーファンド再開発イニシアチブ（Superfund Redevelopment Initiative, SRI）パイロットは，1999 年から 2002 年にかけて実施された事業で，同サイトがある自治体に対してスーパーファンド・サイトの再開発を検討するために 10 万ドルの補助金を交付した。汚染対応が優先されるスーパーファンド・サイトでも周辺住民や自治体との協働を検討しはじめた時期であった[67]。

　市は SRI の補助金の交付にあわせて，州司法長官行政ブラウンフィールド補助金プログラムによる追加的資金を獲得して，ランドスケープ・コンサルタントを起用して再開発の検討を進めた。市役所のなかでは本地区の優先順位は相対的に低く，SRI は再生計画の策定の契機となった補助金と言えるだろう。

　この再生計画の対象地はスーパーファンド・サイトとその周辺が中心ではあったが，Tanner St. 沿道の高速道路と鉄道で区切られた地域を比較的広い範囲を対象としており，2010

年以降の都市再開発の検討区域とほぼ変わらない。

同検討では，フェンスが設置され長い間市民から遠ざけられてきたスーパーファンド・サイトにおいて，川沿いの緑道の設置や地下に汚染が残る場所でも地上を緑地化することにより可能な限り土地を市民に開放して，植物を用いた浄化を進めることが提案された。

7.8.4　ブラウンフィールド地区全体計画支援補助金

前項の SRI に続いて 2012 年に環境保護庁はブラウンフィールド地区全体計画支援補助金をローウェル市に交付し Tanner St. 地区がこの補助の対象となった。2009 年の連邦政府の投資によりスーパーファンド・サイトの浄化速度が向上したため，2001 年の SRI よりも熟度が高い計画の検討が期待された。本項では，同補助金により検討が行われ 2014 年に策定された都市再開発計画[68]の内容から 2010 年代の本地区の取り組みを分析する。

1）ブラウンフィールド・サイト調査と重点地区の精査

市の委託を受けたコンサルタントが，地区全体の環境調査と地区内のブラウンフィールド・サイトの状況確認を進め，ブラウンフィールド・サイト目録を作成した。机上調査と関係者へのヒアリングであり実際の土壌調査は行われていないが，図 7-67 の通り，複数のブラウンフィールド・サイトをまとめ，11ヶ所の重点エリアが設定された。なお，スーパーファンド・サイトは，重点エリアに指定されていない。

土壌汚染対策の観点からの分析も進められた。この地区は，全体で 16 エーカーにわたり地下水汚染が存在し，土壌も 7 エーカーが汚染されている。特に地下水汚染については，再開発の検討において「考慮に入れる必要がある」と環境コンサルタントから指摘された。地下水の

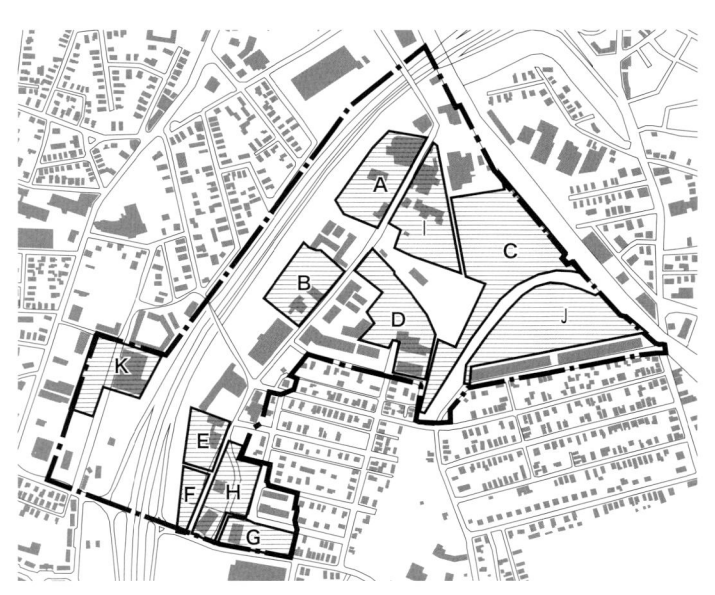

図 7-67　Tanner St. 地区：ブラウンフィールド重点エリアとして検討された区画群
City of Lowell, Dept. of Planning and Development, Ayer's City Industrial Park, An Urban Revitalization and Development project, 2014, Fig. 5 を筆者トレース・翻訳

浄化作業が続けられているが，最低でも今後30年以上の浄化期間が必要とされている。汚染物質が気化して地上部分に影響を与える可能性があること，モニタリング用井戸および吸引用井戸が再開発後もアクセス可能な状態に保たれ，土地所有者や利用者から妨げられないことが再開発の検討の前提条件として求められた。

　以上の分析の結果，重点エリアG，H，Kが既知の環境汚染の課題は最も少ないとされた。他のエリアは，土壌汚染に関する課題が原因となり，実現可能な再開発案が限定される可能性があると指摘された。

2）土壌汚染に関する費用の検討

　土地取得費用に839万ドル，街路整備等の公共事業に930万ドルが想定されたのに対し，環境修復費用には1,000万ドルが計上されており，大規模な土壌汚染対策を見込んだ事業計画と言える。土地取得の際に十分に調査を行い，発見された環境面の課題は全て取得価格に反映させることを想定しているため，土地取得費用は安価に設定されている。対策費用については，連邦や州の補助金を活用して市役所と民間双方が拠出することを見込んでおり，市役所のこれまでの経験に基づき費用を想定している。

3）市場分析

　将来の土地利用の検討に向けて専門コンサルタントにより市場調査が行われた。その結果，この地区で最もニーズが高いのは，10,000平方フィート以下のトラック荷降ろし設備を備えた可変性が高く簡素な軽工業，倉庫，小規模商業のための施設であった。そのため，再開発する土地はその規模に見合った区画形状で設定されることとなった。

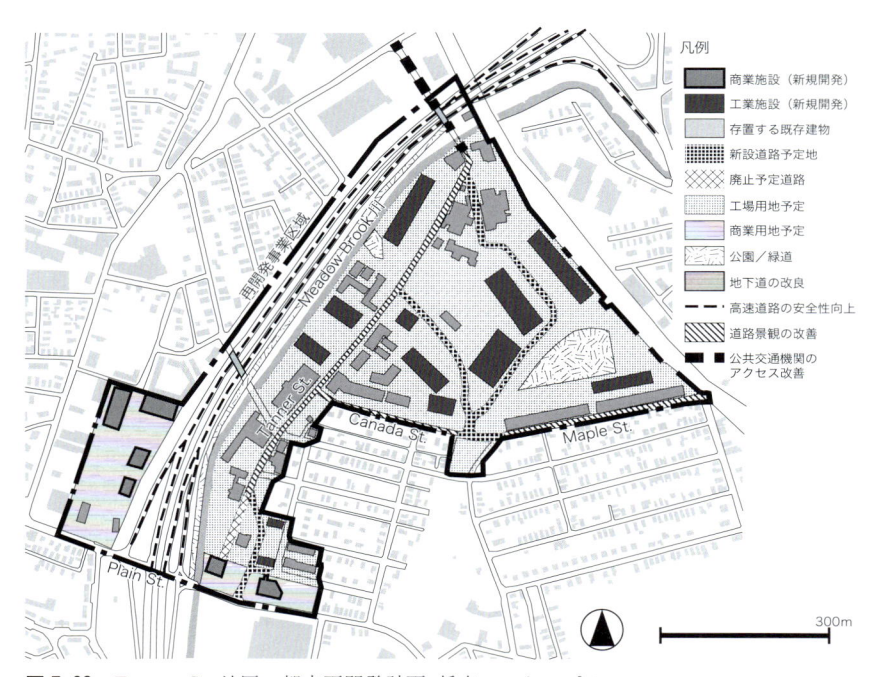

図 7-68　Tanner St. 地区：都市再開発計画 将来マスタープラン
City of Lowell, Dept. of Planning and Development, Ayer's City Industrial Park, An Urban Revitalization and Development Project, 2014, Map 15 を筆者トレース・翻訳

4）都市再開発事業を利用した区画整理と街路改良

　計画は，不整形で小規模に分割された土地の所有権を整理するために，区画を統合・整理する必要があると指摘している。適切な規模の駐車場，荷降ろし設備を備えた施設を設置できるサイズを前提として，再開発候補地が提案された。

　また，都市再開発事業の補助金を活用した物理的な改良も計画されている。高速道路出口の直近にある現在の Tanner St. の線形を東側にずらし信号を設置することにより，トラックの出入りが行いやすくなること，沿道の不整形な土地をまとめて Plain St. 沿道に開発可能な区画を増やすことを目的として提案されている。

5）最終的な計画

　同計画は，最終的に図 7-68 に示すマスタープランとして州当局と市議会の認可を受けた。地区の大半は工業利用を維持し，南側の Plain St. 沿道にわずかに商業用途を設定している。また，重点エリア J にあたる湿地の周辺は公有の緑地として再生する方針が示されている。骨格街路である Tanner St. と住宅地との境界にあたる Canada St. および Maple St. の街路景観改良，Meadow Brook 川沿いの緑地整備も盛り込まれた。

7.8.5　小括：Tanner St. 地区のブラウンフィールド再生

　本項では，深刻な土壌汚染地を抱え，ダウンタウンからやや離れた場所に位置しているため，他地区とは異なる文脈にある Tanner St. 地区を分析する。

1）市のブラウンフィールド再生戦略

　Tanner St. 地区は，深刻な土壌汚染が発覚した後は，浄化の過程で敷地にはフェンスが設置され，市民はスーパーファンド・サイトとその周辺からなるべく遠ざけられてきた。土壌や地下水の汚染の広がりは実際は隣接区画までだったが，スーパーファンド・サイトの影響がほとんどない区画にも悪いイメージが定着していた。

　Tanner St. 地区は，2000 年代初頭の市役所のブラウンフィールド再生戦略において，検討の俎上にあがっていたが，ダウンタウン周辺地区が優先されたため，同地区の再生の具体化は後回しにされてきた。北運河地区，Acre 地区の事業が進捗し，JAM 地区も計画策定の段階は完了したため，2010 年代からようやく Tanner St. 地区で本格的な取組が始まった。市役所の中では，取組の優先順位が低い地区であったと言って良いだろう。スーパーファンド・サイトについては 2009 年以降の浄化施設の追加がなければ，浄化に長期間がかかることが想定されていたこと，ダウンタウン周辺と比べて同地区の土壌汚染対策後の土地の再利用の可能性が低いことがその要因と推測される。

2）公的支援の活用

　市役所は，1990 年代後半から 2000 年代にかけて，ダウンタウン周辺の民間再開発が見込めそうな地区に人的・経済的資源を集中していた。そのような状況において，環境保護庁が 2001 年に提供した SRI パイロットは，市が後回しにしていた深刻な土壌汚染地とその周辺地区への対応を促進した。2010 年にブラウンフィールド地区全体計画支援補助金の交付も，ようやく本地区の再生に取り組み始めた市役所を強力に支援した。

　スーパーファンド・サイトの浄化は当然連邦政府の資金で進められているが，困難な状況に陥っている周辺に対して，調査や浄化といった土壌汚染対策に限らず，地区の再生計画策定に

対しても支援を進めている実態が本地区の分析を通して明らかとなった。

市役所も環境保護庁の支援に応えて2014年に都市再開発の素案を提示，市として一歩踏み込んだ取組を始めた。都市再開発事業は，州の補助金交付はあるものの市の財源や人的資源を対象地区に投入することになる。環境保護庁の手厚い支援によって，市役所も本地区の再生へ関与の度合いを高めつつあると言えるだろう。

7.9　小括：ローウェル市のブラウンフィールド再生

本節では，ローウェル市のブラウンフィールド再生について，5章で設定した①都市全体のブラウンフィールド再生戦略，②公的支援の活用実態，③ブラウンフィールド再生の空間計画と計画技法の3つの視点から分析する。

7.9.1　都市全体のブラウンフィールド再生戦略

市全体を対象とした自治体のブラウンフィールド再生戦略は，以下の4点に整理される。比較的早い時期に優先地区を抽出したことが同市の再生戦略の特徴である（図7-69）。

1）市の論理による優先地区抽出と環境保護庁による計画支援

ローウェル市内には500ヶ所を越える土壌汚染地が存在しており[69]，工場立地と同時に街が生まれたため中心部にも土壌汚染地が多い。市全体に数多く存在する土壌汚染地に対して，市役所は優先順位をつけて取組を行った。市が中心となって事業を推進した地区（北運河地区・Acre地区・JAM地区）はダウンタウンに隣接しており，郊外の土壌汚染地に比べると再生後の土地利用も，市の経済発展に対する貢献も期待される。市は，初期の環境保護庁の補助金の大半を3地区に振り向けており，ダウンタウン周辺部を集中的に再生する戦略は，市の優先地区選定の方針が固まった90年代末から一貫していた。

一方，Tanner St. 地区は中心からやや離れていることもあり，市役所主導ではなく，環境保護庁の補助金に後押しされて計画の検討が行われた。土壌汚染の数や環境面の課題は，Tanner St. 地区のほうがダウンタウン周辺3地区と比べてはるかに大きい。環境保護庁の計画段階からの支援がなければ，Tanner St. 地区の再生の進捗は困難だったと考えられる。

2）都市再開発計画の立案と多様な支援の集中

州の制度に基づく都市再開発計画の立案は，地区の状況に合わせて再生後のあり方を地権者や住民とともに検討するとともに，将来参画する民間事業者に対して再生のビジョンを示すことができるため重要な計画ツールとして機能した。なぜならば，一般市街地の再開発と比べて，ブラウンフィールドを抱える地区は地区全体が疲弊しており，そもそも民間事業の対象とならない状態の場合が多いからである。市役所が中心となって，先導事業の実施や公共空間の改良を行うこと，市の事業に対して連邦や州の財政的な支援があり事業が確実に実施されることを，計画に基づいて民間事業者に示すこと自体も重要な再生戦略と言えるだろう。

再生計画対象地区の民間投資に対するインセンティブとして，歴史的建造物の再生に対する税額控除に加え，一般住宅建設に対する税制優遇（JAM/北運河），または低所得者向け住宅建設に交付される補助金（Acre/JAM）が提供された。これらの支援は，狭義のブラウンフィールド向け資金ではなく，各省庁の個別の補助金を市が再生地区に適用したものである。

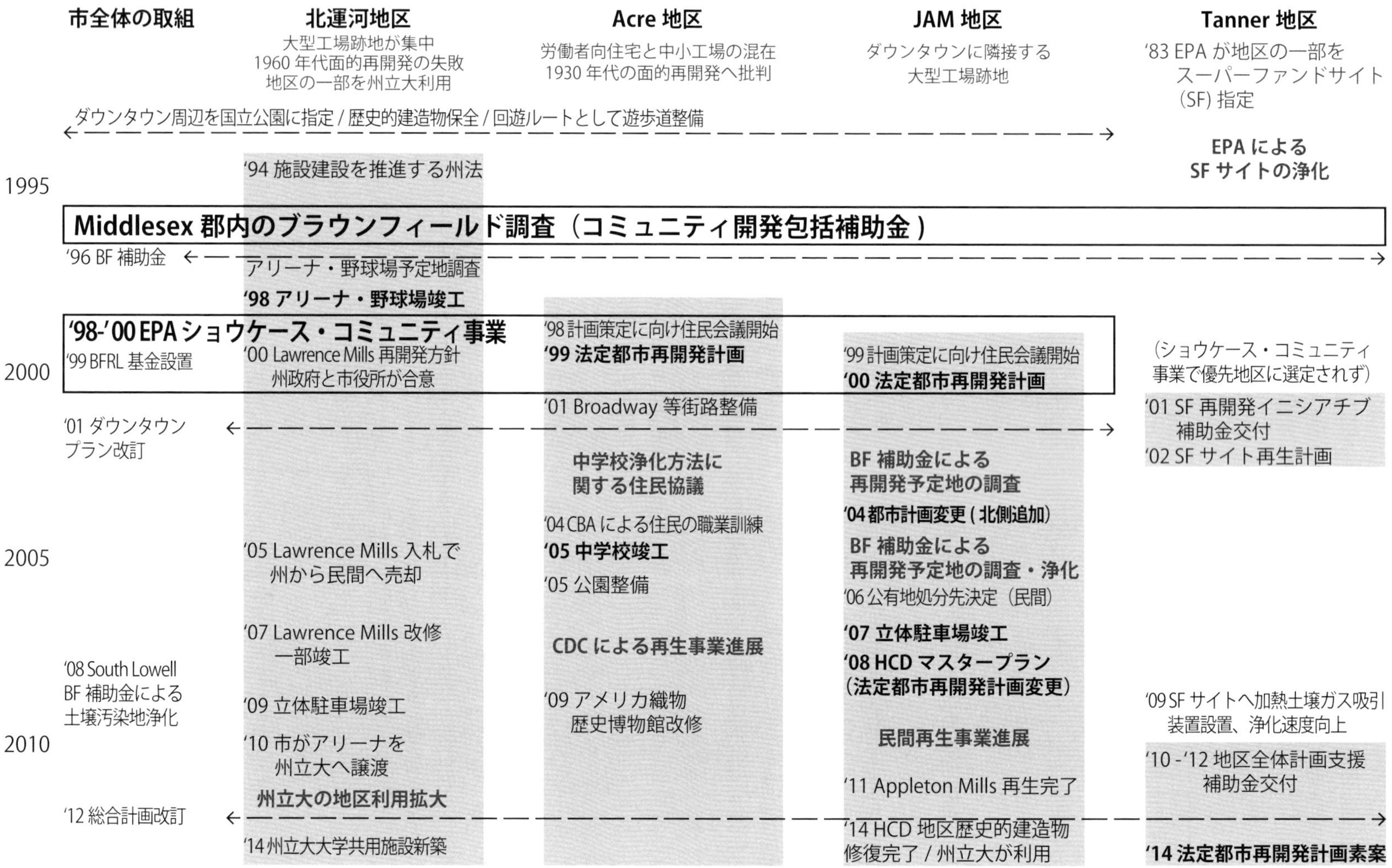

市全体の取組	北運河地区 大型工場跡地が集中 1960年代に面的再開発の失敗 地区の一部を州立大利用	Acre 地区 労働者向住宅と中小工場の混在 1930年代の面的再開発への批判	JAM 地区 ダウンタウンに隣接する 大型工場跡地	Tanner 地区 ダウンタウンの一部を スーパーファンドサイト （SF）指定

1995

ダウンタウン周辺を国立公園に指定/歴史的建造物保全/回遊ルートとして遊歩道整備

'96 BF補助金

'94 施設建設を推進する州法

Middlesex 郡内のブラウンフィールド調査（コミュニティ開発包括補助金）

'99 BFRL基金設置

'98-'00 EPAジョブケース・コミュニティ事業

'98 アリーナ・野球場予定地調査

'00 Lawrence Mills再開発方針 州政府と市役所が合意

2000

'01 ダウンタウンプラン改訂

'98 アリーナ・野球場竣工

'98 計画策定に向け住民会議開始

'99 計画策定に向け住民会議開始

'99 法定都市再開発計画

'00 法定都市再開発計画

'01 Broadway 等街路整備

'01 SF再開発イニシアチブ 補助金交付
'02 SFサイト再生計画
（ジョブケース・コミュニティ 事業で優先地区に選定されず）

'04 CBAに関する住民の職業訓練

'05 Lawrence Mills入札で州から民間へ売却

'05 中学校竣工

'05 公園整備

'04 BF補助金による再開発予定地の調査（北側追加）

'04 都市計画変更（北側追加）

'06 有地処分先の決定（民間）

2005

'07 Lawrence Mills改修 一部竣工

CDCによる再生事業進展

'07 立体駐車場竣工

'08 HCD マスタープラン（法定都市再開発計画変更）

'08 South Lowell BF 補助金による 土壌汚染地浄化

'09 立体駐車場竣工

'10 市がアリーナを 州立大へ譲渡

'09 アメリカ織物 歴史博物館改修

'09 SF再開発 民間再生事業進展

'09 SFサイトへ加熱土壌ガス吸引 装置設置、浄化速度向上

2010

'12 総合計画改訂

'11 Appleton Mills 再生完了

'11 HCD 地区歴史的建造物 民間再生事業進展

'10-'12 地区全体計画支援 補助金交付

'14 州立大学地区共用施設新築

'14 州立大歴史的建造物 修復売却/州立大が利用

'14 HCD 地区全体計画支援 補助金交付

'14 法定都市再開発計画案

'83 EPAが地区の一部を スーパーファンドサイト（SF）指定

EPAによる SFサイトの浄化

図7-69　ローウェル市におけるブラウンフィールド再生の展開（筆者作成）

ローウェルでは，市役所は計画立案を主導的に行うとともに荒廃した地区の再生に寄与する可能性があるあらゆる方策を対象地区に投入した。ブラウンフィールド再生の掛け声のもとで，これまで個別に行われてきた地区再生・都市再生の取組が，再生計画に基づいて集中的に行われた。これらの多様な支援の組み合わせにより，従来の政策では前進が難しかったブラウンフィールド地区の再生が動き始めた。

3）地区の状況に応じた計画手法の使い分け

　市役所はダウンタウン周辺3地区のなかでも，大型工場跡地が多い北運河地区・JAM 地区と住工混在の Acre 地区では，計画手法を大きく変えている。

　北運河地区に対しては，アリーナ・野球場を州政府の補助金を活用して建設し，並行して遊歩道の整備を進めて地区のイメージを大きく変えた。その結果，Lawrence Mills の跡地は民間事業者による住宅再開発の誘致に成功した。JAM 地区では，公共事業は駐車場の整備や街路整備にとどめ，JAM 地区西側の大半を Hamilton 運河地区として，都市再開発事業を活用して集約した土地を対象に民間事業者による再開発を進めている。Acre 地区は，地割が細かいこともあり，市役所主体の事業は中学校建設と骨格街路の改良に限定し，それ以外の小規模な土地は非営利団体や民間事業の誘導に努めた。

　なお，北運河地区のアリーナは州政府の補助金により建設され市が維持管理してきたが，毎年多額の赤字が発生し最終的に州立大に売却された。その後の再生事業においては，市は一貫して計画立案と社会基盤の改良に徹している。JAM 地区でも市が取得した土地の規模は大きいが再開発は民間事業者に任せている。

4）調査の推進と公有地化による浄化

　土壌汚染対策において，市役所は民有地に対しても一定の役割を担っている。先導的な公共事業（Acre 地区中学校・JAM 地区立体駐車場）では，市が土地を取得することで環境保護庁のブラウンフィールド補助金等を活用可能となるため，市が主体となって土壌汚染調査・浄化を進めた。また，北運河地区の Lawrence Mills では，地権者であった州政府が調査・対策を実施した。JAM 地区内 Hamilton 運河地区では都市再開発事業の過程で市役所が土地を取得した時点で，環境保護庁補助金を活用して調査と対策を進めた。Tanner St. 地区においても現地権者から対策費用を割り引いて土地を取得することを想定している状況から，土壌汚染調査・対策は市役所が主導的役割を担う可能性が高い。市役所のこのような役割を下支えしているのは，環境保護庁の調査補助金・浄化補助金であり，ローウェル市では効果的に使われていたと言えるだろう。

　土壌汚染対策は，一般的には地権者や汚染者が行うことが原則である。しかし，汚染責任者に問題がある場合，放置するのではなく，地区再生において重要な区画を市役所が安価に取得して，公的支援を活用しながら調査・対策を実施する方法も現実的な解決策と言えるだろう。ローウェルは法定の都市再開発事業を進めている事例が多いが，土地取得をスムーズに進め，汚染対策に早期に着手できることも同事業を適用する利点であった。

7.9.2　公的支援の活用実態

　ローウェルに提供された多様な公的支援は，実際に自治体の都市再生や地区再生の動きにどのような効果と影響があったのか。

環境保護庁のブラウンフィールド補助金は，市が優先的に取り組みを進めた地区において，公有地の調査・浄化に幅広く利用された。住宅・都市開発省のコミュニティ開発補助金や州政府が提供する経済開発・住宅供給等の補助金，歴史的建造物の再生に対する税額控除も，土壌汚染対策後の再開発・建物修復の事業化に一定の役割を果たしている（図7-70，図7-71）。本項では多岐にわたる公的支援のなかでも，環境保護庁が提供するブラウンフィールド補助金（調査・浄化）とショウケース・コミュニティに着目して分析する。

1）ブラウンフィールド補助金

　ローウェル市は，優先的に再生を進めるエリアとして設定したAcre地区とJAM地区にブラウンフィールド補助金の大半を投入した。特に2000年以降のブラウンフィールド調査補助金のほとんどは，Acre地区とJAM地区を対象としており，地区内の汚染が疑われる土地の調査進捗に寄与したと言える。中でも浄化補助金の利用先の全7ヶ所中6ヶ所がJAM地区内の土地を対象としており，環境保護庁の補助金が都市再開発事業で取得された公有地の浄化に有効に機能していた。JAM地区の民間事業者による再開発の準備段階で環境保護庁の補助金が果たした役割は認められるだろう。

　Acre地区については，JAM地区のような面的な再開発はないが，地区内に点在するブラウンフィールド・サイトの再生が少しずつ進められている。低所得者，移民の多い地域であり，環境保護庁の補助金により土壌調査が進展した。なお，北運河地区のアリーナ建設等やAcre地区の中学校建設は，実質的に州政府の補助金で対応しているためブラウンフィールド補助金の役割は相対的に小さい。

2）ブラウンフィールド・ショウケース・コミュニティ

　自治体の再生方針や計画の策定に影響を与えた支援は，環境保護庁のブラウンフィールド・

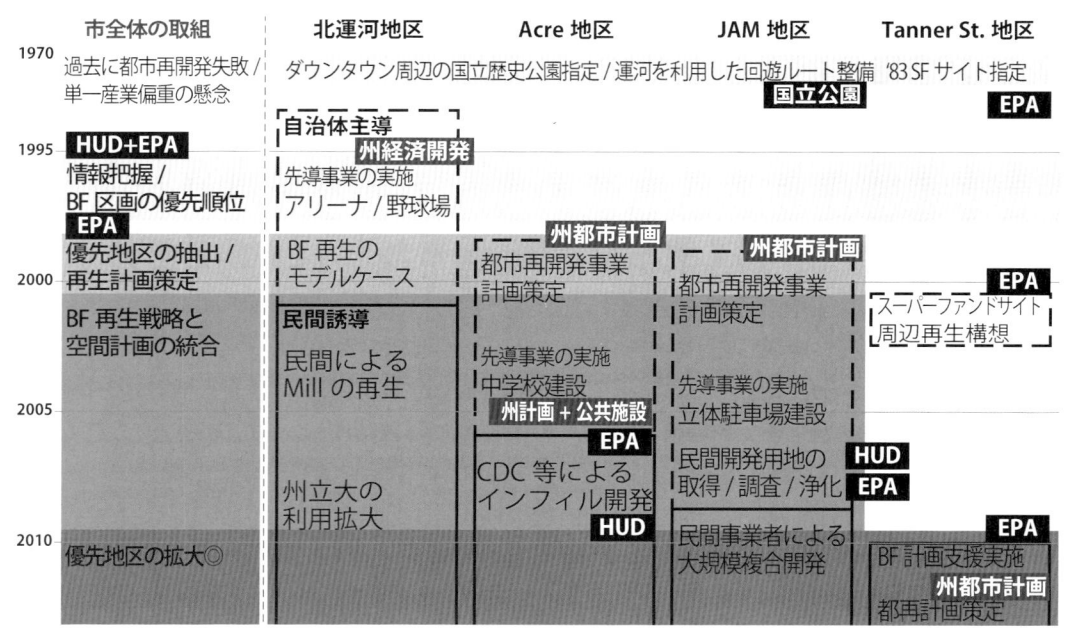

図7-70　ローウェルのブラウンフィールド再生事業の時系列分析（筆者作成）
HUD：住宅・都市開発省，EPA：環境保護庁，国立公園：内務省，他の支援は州政府による

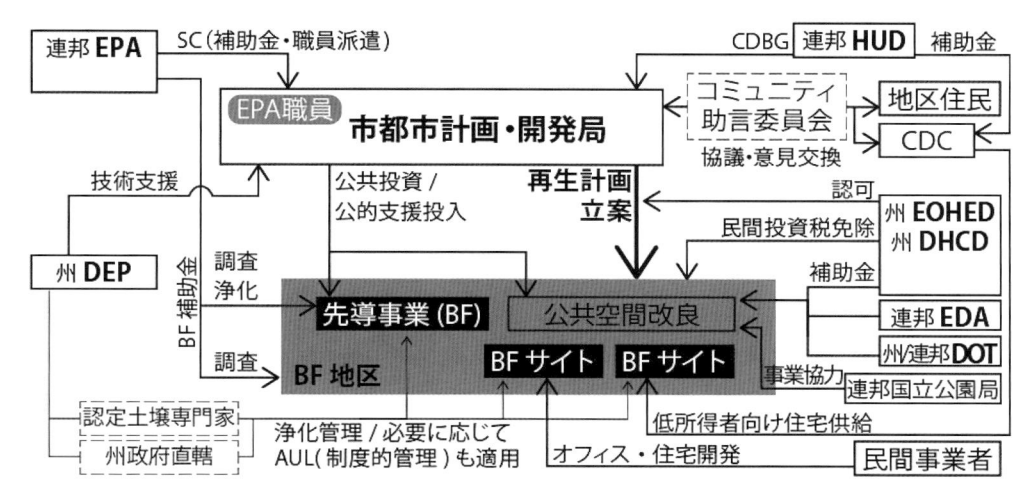

図 7-71　ローウェル市のブラウンフィールド地区再生の体制図
ショウケース・コミュニティ実施時期の Acre 地区の実態に基づき筆者が模式化
HUD：住宅・都市開発省，EPA：環境保護庁，DOT：運輸省，EDA：商務省経済開発局，DEP：環境保護局，
EOHED：住宅・経済開発総局，DHCD：住宅・コミュニティ開発局

ショウケース・コミュニティである。同事業による環境保護庁からの派遣職員の支援のもとで，ローウェル市は優先的に取り組む地区を明確化した。Acre 地区（1999 年 8 月）・JAM 地区（2000 年 3 月）の 2 つの地区は，1998 年から 2 年間行われた事業期間中に計画の最終的な取りまとめが行われており，派遣された環境保護庁職員の支援が土壌汚染対応を前提とした地区再生計画の策定に寄与している。両地区の事業は，様々な省庁と連携して事業を推進したが（図 7-71 参照），その体制作りも環境保護庁職員の尽力により，ショウケース・コミュニティの事業期間中に確立したものである。

7.9.3　ブラウンフィールド再生の空間計画と計画技法

ローウェル市のブラウンフィールド再生は，ダウンタウン周辺のブラウンフィールド地区に対象を限定し，地区単位の再生計画に基づき進められてきた。そのため，本項では北運河地区，Acre 地区，JAM 地区，Tanner St. 地区の計画の分析に基づき，市のブラウンフィールド再生における空間戦略の特徴を分析する（口絵 13）。

1）優先取組地区の選択における空間戦略

市全体のスケールで考えれば，前節ですでに述べたダウンタウン周辺の地区に優先的に取り組んだことが空間計画における工夫の一つに挙げられる。現在の市の重要な産業の一つである州立大ローウェル校との位置関係や，近年見直されている鉄道の存在を考えても，ダウンタウン周辺の地区で再生を積極的に進めることは合理的であった。いずれの計画も自動車以外に歩行者や自転車による移動を想定しており，隣接する地区との接続として歩行者空間の改良を実施している点も特徴である。

2）先導事業の実施

優先取組地区では，比較的規模が大きなブラウンフィールド・サイトに先導的に公共事業を行い，公共施設（集客施設，学校，立体駐車場，緑地等）を開発することにより，地区全体の再生を推進している。本書ではこれらの公共事業を先導事業と呼ぶ。

先導事業の事例は，北運河地区の野球場・アリーナ，Acre 地区の中学校，JAM 地区の立体駐車場などの公的資金を投じて行われた施設整備である。ローウェル市役所は，地区の特性に応じて整備する施設を計画しているが，ブラウンフィールド再生の実績が積み上がるにつれて，徐々に先導事業は縮小する傾向にある。北運河地区は，州政府の補助金が大半だったとは言え，同時に 2 つの公共施設を整備・維持することは市役所にとっても容易ではなかった（アリーナは 2010 年に州立大へ譲渡された）。

　ただし，北運河地区で市が主導するブラウンフィールド再生事業が一定の成果をおさめたことがきっかけとなり，市役所の再生計画の実行能力に一定の信頼が置かれるようになった。Acre 地区，JAM 地区の先導事業は地区基盤として必要な施設の整備にとどまっている。Tanner St. 地区では公園整備が検討されているが大規模な先導事業は予定されていない。先導事業の位置や民間事業との関係については，次章で検討する。

3）歩行者動線等の公共空間の改良

　前節でも指摘した歩行者動線の改良は，地区の骨格街路に歩道を設置した事例と運河や河川沿いの遊休地を活用した事例に大別できる。前者は Acre 地区 Broadway や JAM 地区 Jackson St. や Middlesex St.，Tanner St. 地区の Tanner St. などであり，後者は北運河地区の Merrimack 川沿い遊歩道，JAM 地区の運河沿い遊歩道が事例である。

　先導地区の位置も，市役所の空間計画や土壌汚染の状況に応じて戦略的に設定されている（口絵 13 参照）。北運河地区では，野球場とアリーナという 2 つの公共施設で挟み込むことで，Lawrence Mills 再生へ民間事業者の誘致に成功した。これらの先導事業は Merrimack 川沿い遊歩道によってダウンタウンと接続されている。Acre 地区ではガス工場跡地を含むやや大規模な土壌汚染地に中学校を建設し，ダウンタウンと中学校を結ぶ Broadway の改良が実施された。JAM 地区でも，再生の対象となる大規模工場跡地に隣接して立体駐車場を整備することで，民間事業者の駐車場負担を減らすとともに，空間の連続性が損なわれる大規模な平面駐車場を減らした。

　これらの公共空間の改良において，実施された事業は電線地中化・歩道の設置・川や運河沿いの遊歩道の整備などであり，特に目新しいものではない。しかし，ローウェル市の事例で言えば，再生前の地区の公共空間の質は極めて低く，最低限の維持管理も行われていない状態だった。公共空間の改良は比較的低コストで，市役所の地区再生の意図を地権者や民間事業者へ伝えるという意味もあった。道路関連を中心に連邦政府や州政府の補助金も充実しているため，市役所の実際の費用負担は小さい。

　ダウンタウンや駅から快適な歩行者環境を連続させ，学校やアリーナ・大学などの施設と接続させることで，空き地や荒廃した土地が目立つ地区のなかでも，一部に地区の再生を実感させる空間を演出することの効果も期待された。

注
1）1993 年に導入されたエンパワーメント・ゾーン，エンタープライズ・コミュニティ，リニュアール・コミュニティは，連邦政府の租税インセンティブ，衰退した地区に対する補助金の交付を通して，失業率の低減と経済成長を目指した。
2）同じ資本家グループは，同様の織物工場をニューイングランド地方各地に建設した。資本家グループ・ボストンアソシエーツが設立または改良した工場は以下の通りである。Waltham, Massachusetts（1813），

Lowell, Massachusetts（1822），Manchester, New Hampshire（1825），Saco, Maine（1831），Nashua, New Hampshire（1836），Dover, New Hampshire（1836），Chicopee, Massachusetts（1838），Lawrence, Massachusetts（1845），Holyoke, Massachusetts（1847）（引用：The Run of the Mill, Steve Dunwell, 1978）．5章のケース・スタディ候補にも含まれていたローウェル近郊のローレンス（Lawrence），マサチューセッツ州西部チコピー（Chicopee）など，ローウェルと同様にブラウンフィールド再生事業の対象となった都市が多い。

3）Wang Laboratories の本社は，市の中心市街地からやや離れた高速道路出口付近に位置していたが，会社の研修センター等はダウンタウンにも立地していた。研修センターと接続して，Lowell で初めてのダウンタウンにある大規模なホテルとして，1986 年にはヒルトンホテルが開業した。研修センターは，1990 年に Middlesex Community College に買収され，Lowell キャンパスとして利用されている。ヒルトンホテルは，Wang Laboratories の破綻に伴い，高い空室率に悩まされ，シェラトン，ダブルツリーにブランドを変更したあと 2009 年に州立大学に学生寮兼宿泊施設として買収された。（Boston Globe, UMass Lowell purchase of Doubletree Hotel will transform downtown 2009/07/16）

4）なお，近年ローウェル市の都市計画・開発局の中に "Environmental Officer" という名称で，環境を担当する担当者を設置している。2005 年に筆者が初めてローウェル市を訪れた際は，市役所職員は都市計画の担当者のみで構成されていた。

5）中心市街地に 1986 年に開業したヒルトンホテルも 2009 年に大学が買収して，大学が運営する学生寮兼ホテルとして改装された。

6）"Expanding university development in ways that blend with the downtown is vital to the long-term success of the city and the university. A vibrant city makes faculty and student recruitment and retention easier and offers exciting after-graduation employment opportunities for students."
UMass Lowell, Downtown Initiative report, 2010/11，P. 22 より引用

7）CBA － Coalition for the Better Acre：エーカー地区の非営利組織「より良いエーカー地区のための連合」

8）CMAA-Cambodian Mutual Assistance Association：カンボジア系移民の相互扶助組織

9）City of Lowell, Brownfield Program Update Fact Sheet, 1999/2，市内環境コンサルタント TRC 提供

10）環境保護庁第 1 地域事務所の Carol Tucker 氏が派遣された。同氏は，州立大ローウェル校において環境工学の修士を，MIT にて都市計画の修士を取得しており，環境保護と都市計画の両方の知識を活かしてブラウンフィールド再生に携わっている。

11）Lowell Brownfields Showcase Community Coordinator, Action Plan Draft Outline and Schedule, 1999/4，ローウェル市役所内部資料，P. 1

12）Lowell Brownfields Showcase Community Coordinator, Annual Progress Report September, 1998 － May 2000, 2000/8，ローウェル市役所内部資料，P. 1

13）ICMA and NMEW, Brownfields Blueprints. –A Study of the Showcase Communities Initiative-, 2001, P. 234

14）Lowell National Historical Park, National Park Service, The Acre, http://www.nps.gov/lowe/planyour-visit/upload/acrenew.pdf，2014/10/12 参照

15）City of Lowell, Downtown Lowell Master Plan, 2001, P. 17

16）本事業の前提となった自動車交通中心の発想は，1970 年代初頭の市役所においては支配的な考え方であった。1971 年に策定された Central City Study においても，大規模なショッピングセンターと平面駐車場による開発を推奨し，高幅員道路による Central City Loop の導入によりダウンタウンの再生を目指していた。1972 年の Central City Development Study では平面駐車場ではなく，初めて立体駐車場が提案され，ダウンタウン内部の通過交通を抑制する方向に変化し，歴史的市街地保全と両立可能な都市計画の検討がはじまる。City of Lowell, Lowell Community Renewal Program, Central City Study, 1971

17）City of Lowell, Lowell Community Renewal Program, Central City Development Study, 1972

18）City of Lowell, Downtown Lowell Master Plan, 2001

19）City of Lowell, Concord River Neighborhood Plan, 2006

20）City of Lowell, Comprehensive Master Plan, 2003/5

21）Belvidere 地区の近隣地区マスタープラン（2006）も同様の方針を踏襲している。

22）City of Lowell, Sustainable Lowell 2025, 2013

23）ダウンタウン東側の Davidson St. 区画は，事業費の問題があり現段階では着手されていない。

24）Wang 社は，数千人をローウェルの本社と製造施設で雇用しており，本社には最大で 4,500 人の従業員が勤務していた。1985 年のローウェルの失業率は約 3% であり，全米で最低であった。
Paul Marion, Mill Power：The Origin and Impact of Lowell National Historical Park, 2014/9, P. 24

25) Marion，前掲注24），P. 144

26) この法律の前文には，アリーナ建設の目的を次のように記している。「ローウェル市内に大人数の公的・私的集会を行うために適切な規模の施設（中略）が，緊急に必要とされている。その施設によって，市の開発は促進され，公共の福祉を増進し，雇用と商業不動産の価値を高める。したがって，このような構造物や施設を供給することは，公共と自治体としてふさわしい目的である。」

27) Marion，前掲注24），P. 144

28) State of Massachusetts, 1999 Act Chapter 36, An act relative to redevelopment of the former Lawrence Mills property in the city of Lowell

29) ICMA and NEMW，前掲注13），P. 239

30) ICMA and NEMW，前掲注13），P. 239

31) EPA New England, Brownfields revitalization in new England : A Look Back 1994-2006, 2006

32) EPA New England，前掲注31）

33) City of Lowell, Status and development plans for central business district（Pursuant to section 13 of chapter 844 of the mass. Acts of 1975), 2012

34) University of Massachusetts Lowell, The Economic Effect : How UMass Lowell Benefits the City of Lowell, 2013

35) 1870年から1909年にかけて建設されたとされる。The Lowell Sun, New development at Perkins Park, 2013

36) （1990年代において）Lawrence Mills の土地は，市役所と州の論争の場となった。その理由は，両者が目指す最終的な用途に違いがあったことに加え，州は市が考えているほど迅速に動かなかったことにあった。市役所は，再開発の検討を行うための委員会を組織し，行政的な手続きを進めるのが遅かったと考えており，以前は土地全体を研究目的もしくは工業用途にしたいと考えていた。最終的には，州と市は土地利用用途について合意に至り，州はマスタープランを作成して，土地の浄化を開始した。州と市が合意した内容は，140戸のコンドミニアムと集合住宅を対象地に設けるというもので，当初，市が想定していた州立大による利用は Lawrence Mills 周辺の他の土地で実施されることとなった。ICMA and NMEW，前掲注13）P. 239 より引用翻訳

37) Boston Globe, UMass Lowell's move forces out residents, 2016/07/06

38) Robert R. Robins, Renaissance on the River, http://faculty.uml.edu/bdriscoll/42.300/articles/robins1.htm, 2014/10/14 参照

39) ICMA and NEMW，前掲注13），P. 240

40) Bernard F. Lynch, City Manager, Lowell to Receive $1 Million in Transportation Funding for Riverwalk, http://lowellma.wordpress.com/2011/08/17/lowell-to-receive-1-million-in-transportation-funding-for-riverwalk/（2014年3月30日閲覧）

41) City of Lowell, Land Use Plan（Comprehensive Plan), Lowell, Massachusetts, 1972

42) 本書では Middle school（小学校高学年と中学校を含む5〜8学年が通う学校）を中学校と訳した。

43) City of Lowell, The Acre Urban Revitalization and Development Project, 1999, Appendix E. CAC and Public Meeting Minutes

44) City of Lowell，前掲注43），P. 51

45) City of Lowell，前掲注43），Appendix E. CAC and Public Meeting Minutes

46) Chapter 90 program と呼ばれる道路関連の補助金で再舗装，道路用地買収，路肩，側道，ランドスケープや植樹，側溝，橋梁，歩道，信号，街路灯などの整備が対象となる。(http://www.mhd.state.ma.us/default.asp?pgid＝content/stateaid01a&sid＝about)

47) HOME Investment Partnerships Program は，州および自治体に提供される資金でアフォーダブルハウジングの建設・購入・修復や低所得者の住宅取得，家賃補助等に使うことができる。

48) 地区を東西に横断する Jackson St., Appleton St., Middlesex St. の3本の街路のイニシャルに由来する。

49) City of Lowell，前掲注41）

50) City of Lowell, Jackson Appleton Middlesex Urban revitalization and Development project, 2000, P. 1

51) 橋の架け替えには，連邦商務省経済開発局の公共事業補助金・州政府社会基盤改良補助金・コミュニティ開発包括補助金が用いられている。http://lowellma.wordpress.com/2012/05/31/canal-street-bridge-opening/，2014年4月7日閲覧

52) City of Lowell，前掲注50），P. 75

53) City of Lowell，前掲注50），P. 82

54) Architectural heritage Foundation は，ボストンの Quincy Market の修復再利用を進めたことで知られ

る非営利団体で，ボストンを拠点に New England 地方の歴史的建造物の修復と再利用を多く手がけている。

55）Architectural Heritage Foundation, Hamilton Crossing, http://www.ahfboston.com/hamilton_crossing.php，2014/10/10 参照

56）同事業にも，100万ドルの州 Housing Stabilization Fund（HSF），100万ドルの低所得者向け住宅財団基金（Affordable Housing Trust Fund, AHTF），50万ドルのローウェル市 HOME ローンが活用されている。
Nolan Sheehan Patten LLP, Counting House Lofts, http://nolansheehanpatten.com/repprojects/counting-house-lofts-lowell-massachusetts/，2014/10/10 参照

57）1970年から続くローウェル都市圏の主に低所得者に対する基礎的な医療を提供する施設である。プライマリケア医と看護師が常駐し，28ヶ国の言語サービスを提供している。連邦と民間財団の支援する公衆保健施設である。Lowell community health care center, http://www.lchealth.org/about，2014/10/10 参照

58）同事業の第1期A工区では，州・連邦の歴史的建造物修復税額控除2,628万ドルが実質的に補助金として機能している。また，マサチューセッツ州住宅金融公社は，つなぎ融資2,240万ドル，160万ドルの優先開発基金融資（PDF），140万ドルの建設および通常融資，200万ドルの低所得者向け住宅財団基金（AHT）を第1期A工区に対して供与した。さらに，州住宅安定化基金 Housing Stabilization Fund から100万ドル，成長地区イニシアチブ債権法財源（GDI）から1,367万ドルの支援が行われている。
Jim Keefe, Appleton Mills Presentation, 2010
Mass Housing Finance Agency, Appleton mills At a Glance, 2011

59）マサチューセッツ州住宅金融公社は1,250万ドルのつなぎ融資，17.5万ドルの建設および通常融資をPhase1B に対して実施した。さらに，州 HOME から80万ドル，市の HOME から20万ドル，州・連邦の税額控除1,579万ドルが利用された。

60）2年以上空いていた建物を再開発した場合，再開発にかかった費用の10%の税減免を行う制度。
Lowell Sun, Economic opportunity label for Freudenberg site in Lowell called boost, http://www.lowellsun.com/ci_23264918/economic-opportunity-label-freudenberg-site-lowell-called-boost 2014/12/10 参照

61）UMass Lowell, Gov. Patrick Announces Location of UMass Lowell Innovation Hub, Awards Funding for Construction, http://www.uml.edu/News/press-releases/2014/InnovationHub.aspx 2014/10/10 参照

62）Lowell Sun, Second master developer resigns from Lowell's Hamilton Canal project, 2017/02/09

63）Lowell Sun, Hamilton Canal zone taking shape, 2017/09/15

64）Massachusetts Court System, New Lowell Judicial Center, http://www.mass.gov/courts/ 2017/10/22 参照

65）EPA ウェブサイト，NPL, Site Description, Silresim Chemical Corp. Lowell, Massachusetts, http://yose-mite.epa.gov/r1/npl_pad.nsf/f52fa5c31fa8f5c885256adc0050b631/8115F9851E28AB768525691F0063F6F-6?OpenDocument，2014/4/1 参照

66）EPA, Superfund Program Implements the Recovery Act, Silresim Chemical Corporation, Lowell, Massachusetts, http://www.epa.gov/superfund/eparecovery/silresim.html 2014/4/7 参照

67）環境保護庁は，1999年は10地域，2001年は40地域，2002年には19地域を選定した。同事業のウェブサイトでは「第一の目的として人体の健康と環境を守ることを挙げているが，スーパーファンドの浄化は，汚染された土地の，生産的な土地利用への回復も支援してきた。同庁は浄化プロセスの一環として将来の土地利用を決定するにあたり，将来土地利用に見合う安全な浄化を実施するために地域コミュニティと協働する必要性の認識を高めてきた」と指摘している。
環境保護庁，スーパーファンド再開発パイロットについて，http://www.epa.gov/oerrpage/superfund/programs/recycle/activities/pilotabout.html，2014年4月5日閲覧

68）City of Lowell Dept. of Planning and Development, Ayer's City Industrial Park, An Urban Revitalization and Development Project, 2014/5

69）MassDEP, Waste Sites and Reportable Releases Lookup によるとローウェル市内の土壌汚染地は2014年4月2日現在，504ヶ所にのぼる。

8章　ニューヨーク州バッファロー市

8.1　分析の枠組みと基礎的情報の整理

8.1.1　本章の目的と分析の枠組み

　本章では，ニューヨーク州バッファロー市のブラウンフィールド再生と自治体の再生戦略を分析する。バッファロー市はニューヨーク州において，ニューヨーク市に次ぐ人口第2位の都市だが，工業の衰退により，1950年代の約58万人をピークに人口が半減し，工場跡地の再生や低・未利用地の活用が，自治体にとって大きな課題となっている。ブリッジポート市やローウェル市と比べて立地していた工場の規模が大きく，結果として現在抱えるブラウンフィールド・サイトも規模が極めて大きいものが多数存在する。

　ニューヨーク州は，3章で詳述した計画支援制度であるブラウンフィールド・オポチュニティ地区（BOA）を導入しており，市内でも4地区に適用されている。本章の分析では，BOAを用いた地区を対象とするブラウンフィールド再生計画の立案について実態を明らかにし，地区再生への影響や実際の計画手法について，詳しく分析する。

8.1.2　バッファロー市の現状

　バッファロー市は，Hudson川から五大湖に至るエリー運河の西端にあたり，1825年の運河の開通により急速に発展した（図8-1）。1950年には市域人口は58万人に達し，鉄鋼や製粉を中心とする工業都市として繁栄したが，以降は工業が衰退し，2010年には人口26万人にまで減少し，低・未利用地増加が大きな課題となっている。特に郊外に大規模なブラウンフィールド・サイトが点在しており，周辺の住宅地区も空き家が増加して地区全体が衰退している場所が存在しており，BOAの対象となっている。

表 8-1　バッファロー市の概要

州	ニューヨーク州 State of New York
郡	エリー郡 Erie County
人　　口	261,310人（ニューヨーク州内第2位） 580,132人
世 帯 数	112,144世帯（2010年国勢調査）
市　　域	136.0 km^2
個人平均所得	$20,245　州平均 $32,104
貧困線以下割合	26.6%（個人）
人種構成	白人 50.4%/アフリカ系アメリカ人 38.6%/（ヒスパニック・スペイン語圏出身 10.5%）/ アジア系アメリカ人 3.2%

特に注記がない情報については，2010年国勢調査の情報に基づく

図 8-1 バッファローの位置図
USGS の空中写真に筆者が主要な地名と縮尺を追記

8.1.3 バッファロー市の歴史

バッファローの歴史，特に商工業の発展は水運・鉄道との関係が深い。本節では，インフラ整備とともに工業都市として繁栄し衰退したバッファローの歴史を概観する。

1）バッファローの成立

バッファローと呼ばれる以前のこの地域は Buffalo Creek と呼ばれており，現在の Buffalo 川（Buffalo River）に由来する地名である。18 世紀アメリカ先住民との交易のための拠点が作られたことが都市の起源とされる。18 世紀末にオランダ人投資家グループが土地を購入し，1801 年から入植者へ土地の売却が進められた。1808 年にナイアガラ郡が設立されバッファローは郡都となった。バッファローの市街地は，Holland Land Company の Joseph Ellicott により放射状の骨格街路と格子状の街路を組み合わせた現在のダウンタウンの街路網が設計された。Ellicott は新たな町を New Amsterdam と命名したが定着せず，1810 年に Clarence から分離して正式に Town of Buffalo が設立されている。

2）エリー運河の開通

1825 年にエリー運河が開通し，バッファローは大西洋と五大湖をつなぐ当時の物流の大動脈の，五大湖側の始点となった。物流拠点として重要な役割を担うこととなり人口も急増した町は 1832 年にはバッファロー市となった。1840 年代から 50 年代にかけてバッファローの港湾地区には多くの穀物貯蔵施設（Grain Elevator）が建設された。その一部は現在も残っており，産業遺産としての保全・活用が検討されている。運河の河口にあたる Canal District は物流と，西部開拓へ向かう人々の拠点として繁栄した。

エリー運河と同様に鉄道も市の商工業の発展に大きな役割を果たした。エリー運河の開通後，オールバニとバッファローの鉄道による接続が計画され，1830〜40 年代に区画ごとの建設が進められたが，1853 年には一体的な運営が開始された。バッファローは，ピッツバーグ

やクリーブランドとニューヨークを結ぶ鉄道の結節点としても機能した。市内には主に東側からダウンタウンを取り囲むように鉄道網が張り巡らされ，沿線に大規模工場が立地した。

　20世紀に入ってもバッファローの戦略的な立地の優位は変わらず，工業は拡大を続け，鉄鋼業や製粉業を中心に労働者として多くの移民を受け入れた。ナイアガラの滝を利用した水力発電の電力がバッファローにももたらされ，1901年にはパン・アメリカン博覧会が開催された。1927年には市とカナダを直接接続するPeace Bridgeが建設されカナダとの陸路による結節が強化された。また，20世紀初頭には，South Buffaloをはじめ，市の周辺部にまで工場の立地が広がった。中でも鉄道と舟運の利便性の高さに着目して1903年に操業を開始したバッファロー市の南（現在のラッカワナ市）に位置するLackawanna Steelは，当時としては非常に大規模な製鉄所を建設し，6,000人以上の雇用を生み出した。

3）工業都市バッファローの衰退

　バッファローの繁栄が転機を迎える最も大きなきっかけは，1957年のSt. Lawrence海路の完成とされる。五大湖と大西洋は，エリー運河をバイパスして同海路により直結したことで，従来のバッファローの地理的優位性が失われた。これにより，バッファローだけでなく，ロチェスターやシラキュースなどエリー運河沿いに立地するアップステートの工業都市の衰退が進んだと言われる。ただし，実際には既に貨物輸送の大半は鉄道に置き換わっており，南部への工場転出など他の米国北東部と同様に複合的な理由で，製造業の衰退が始まった。1950年代から60年代には，市内の高速道路網が充実しトラック運輸関連の立地もあった[1]が，工業の衰退を食い止めるには至らなかった。1980年代にはSouth Buffaloに立地していた前述のLackawanna Steelなど主要な製鉄所が相次いで閉鎖し，市は多くの製造業の雇用を失った。ダウンタウン周辺では都市再開発が進められ，1988年に野球場，1996年には内港地区の再開発の一環として大型屋内アリーナも建設されたが，産業基盤の回復には至っていない。

　市の人口は1950年の58万人から急速に減少し，2010年には全盛期の半分程度となった。人口減少の原因は，バッファローの商工業の衰退だけではなく，米国の他都市でも同時期に発生している白人の郊外転居（White flight）によるところも大きい。1950年から1960年の間に

図8-2　1937年のバッファロー・ダウンタウン（右上）と内港地区（中央）

View of downtown Buffalo, Official Review 1932-1937 : Judges and Police Executives Conference Text Book, published 1937, P. 117より引用

図8-3　1973年のSouth Buffalo（上部）とBuffalo川（中央）

Burns, George 撮影, EPA, BETHLEHEM STEEL PLANT AT LACKAWANNA ON LAKE ERIE, JUST SOUTH OF BUFFALO, 07/1973, National Archives Identifier : 549494, National Archive 所蔵

8万人以上の白人市民が市外へ転居した[2]。一方でアフリカ系アメリカ人は市内の居住環境が悪い地区に集中し，1967年には，East Side でアフリカ系アメリカ人による暴動が発生している。2010年現在の人種構成は白人50.4%，黒人またはアフリカ系アメリカ人38.6%となっており，主にダウンタウン北東部から東部にかけて Main St. から Broadway St. の範囲にアフリカ系アメリカ人が高い割合で居住している。

8.2 バッファロー市のブラウンフィールド再生事業と公的支援

本節では，市内で行われてきた主なブラウンフィールド再生事業とこれまで交付されてきた公的支援の内容を整理し，バッファローの再生戦略に関する背景を分析する。

8.2.1 バッファロー市のブラウンフィールド再生事業

本項では，バッファロー市内で1990年代半ば以降に計画，実施されてきた主なブラウンフィールド再生事業を表8-2と口絵17に整理した。個別に実施された事業は他にも存在するが，ある程度の面的な広がりを持つブラウンフィールドを活用した再生事業が行われている事例を取り上げた。大まかには，ダウンタウン周辺の中小規模サイトの高密度再開発と，郊外の大規模ブラウンフィールド・サイトの再生の2つに分けることができる。

前者の事例として，拡大ダウンタウン地区にあたる Canalside 地区およびバッファロー・ナイアガラ医療キャンパス（BNMC）が挙げられる。両地区とも比較的規模が小さいが，高密度の再開発を実施している地区にあたる。ブラウンフィールド再生よりも，Canalside 地区であれば内港地区の再開発，BNMC であれば医療関連の研究機関等の集積が主眼であり，結果としてブラウンフィールド・サイトが再開発されている状況にある。

後者は，ブラウンフィールド地区の再生を意図して開始された BOA の対象地区である。市域人口が大幅に減少したバッファローでは，市街地全域に低・未利用地が分布する。その中で，市役所は大規模なブラウンフィールド・サイトが連担する地区の再生が経済開発を推進するうえで効果的だと考えており，大規模な低・未利用地が連担する市内4地区で，BOA を活用した再生戦略の検討を進めている。

なお，両者は完全に排他的なわけではなく，Buffalo Harbor BOA は Canalside 地区を内包している。他の BOA も実施段階ではより小規模な面的事業を含んでいる。バッファローの BOA は，他都市の BOA と比べて規模が大きく，中小規模の再生事業を相互調整，統括する計画フレームワークとしての側面も持ち合わせている。

8.2.2 バッファローに交付された公的支援

本項では，これまでバッファローに交付されてきたブラウンフィールド再生支援に関する公的支援について整理する（表8-3）。主な支援は，環境保護庁によるブラウンフィールド補助金と州政府による経済開発や環境再生を目的とした補助金に大別される。

バッファローは，ケース・スタディ対象の他都市と比べて，相対的に環境保護庁から交付されたブラウンフィールド補助金の金額は小さい。その背景には，ニューヨーク州のブラウン

表 8-2　バッファロー市内の主なブラウンフィールド再生地区

地区名称 立地	活用された 支援制度	内包されている 個別ブラウンフィールド再生事業	再生後の主な地区の用途 /主な公共投資
Canalside 地区 （エリー運河港湾地区の一部） 拡大ダウンタウン	州ブラウンフィールド浄化プログラム（BCP） 州経済開発支援	One Canalside（ホテル＋オフィス） HARBORCENTER（大型複合施設） One Niagara Center（大規模アリーナ）	水辺の立地を活かしたエンターテイメント施設，商業施設，事務所および宿泊施設 エリー運河再生や公園整備を公共投資として先行実施
バッファロー・ナイアガラ医療キャンパス（BNMC） 拡大ダウンタウン	BCP	Coventus（医療系テナント事務所） Torico Plant 1（長期滞在型宿泊施設）	大学医学部や病院，研究機関，医療関係事務所等の医療系産業クラスター
South Buffalo 地区 2,000acre 郊外	調査パイロット 自主的浄化プログラム（VCP）/ BOA 環境回復基金 経済開発支援	Lakeside Commerce Park RiverBend Commerce Park South Park Golf Course Tifft 自然保護区	工業用途を一部地区では継続，研究開発や事務所等との複合化も検討 緑地整備により付加価値の高い産業の誘導を狙う 地区内の緑地整備，基盤整備を先行実施
Buffalo River 回廊 1,050acre 郊外	ブラウンフィールド・オポチュニティ地区（BOA）	Buffalo Color 所有地， Exxon Mobil 石油ターミナル跡地， Buffalo River 沿い低・未利用地	川沿いの環境向上と多面的な利用の促進による再開発後の土地利用可能性向上
Tonawanda Street 回廊 558acre 郊外	BOA	Pratt and Letchworth（鉄鋼）， 鉄道跡地，Buffalo Belting & Weaving（ナイロン装具） Pratt and Lambert（塗料）	Buffalo 大学隣接大規模跡地の再開発と既存工業団地を核とした鉄道用地の再生
Buffalo Harbor 地区 1,031acre 拡大 DT 及び郊外	BOA	Canalside 地区	Canalside 地区の再開発の進展と CBD 南側の遊休地の活用方法・時期の検討

フィールド再生に対する手厚い経済的支援がある[3]。ただし，1990 年代の支援は州の制度が拡充される以前の支援であり，詳細は後述するが，市全体のブラウンフィールド再生戦略が形作られた時期の補助金交付であったと言える。

　ニューヨーク州からの補助金は，公有地や公共目的のブラウンフィールド再生を支援する環境回復基金と，BOA や関連する州務局の補助金，経済開発を目的とした補助金の 3 つに大別される。

8.2.3　環境保護庁ブラウンフィールド調査パイロット事業

　バッファローは環境保護庁の全米ブラウンフィールド調査パイロット事業（調査パイロット）を 1995 年に交付された。バッファローは交付当時，30ヶ所の州のスーパーファンド・サイトと 60ヶ所の CERCLIS（スーパーファンド・サイトの候補地の情報システム）掲載サイトを抱え，住宅・都市開発省が全米で 4 番目に困窮した都市であるとランク付けするほど困難な状況にあった。

　調査パイロットでは，Buffalo Brownfields Task Force と命名された組織が市長のもとで，市役所や州政府，大学，民間事業者，一般市民団体の参加を得て構成され，市全体の再生の方

表 8-3　バッファロー市関係の環境保護庁 ブラウンフィールド補助金一覧

種　別	年	金　額	受 領 者	主な補助金利用先
調査 パイロット	1995	$200,000	バッファロー 市役所	市内のブラウンフィールド・サイトの一覧表作成と，優先取組区画のフェーズ I 調査を実施した。また，South Buffalo 地区の再開発計画を検討した。また，Republic Steel 跡地のトマト用温室農場の開発も支援した。
ブラウン フィールド SC 事業	2000	$400,000	ナイアガラ 地域	地域全体のブラウンフィールド・サイトの再生戦略を検討し，取組の優先順位を検討，優先区画はフェーズ I 調査，フェーズ II 調査を実施した。
調査 パイロット 追加支援	2000	$150,000	バッファロー 市役所	市が調査パイロットで雇用したブラウンフィールド・マネージャーの雇用を維持し，市内のブラウンフィールド再生を推進することを目的としている。市役所が推進する事業に関係する新たなブラウンフィールド・サイトの調査等を実施予定。
職業訓練	2000	$200,000	州立大 バッファロー校	大学の統合廃棄物管理センターが，バッファロー市，ナイアガラ・フォールズ市，ナイアガラ郡と協力してブラウンフィールドに影響を受けている地域に居住する住民に対して，ブラウンフィールド・サイトに関する技術的なトレーニングを行い，就業機会の拡大を図ることを目的とする。
浄化	2003	$200,000 （ガソリン）	Development Downtown, Inc.	市役所の管轄下にある公社（現在のバッファロー都市開発公社）への補助金である。浄化対象地は，Lakeside Commerce Park の区画 2 と呼ばれる土地で，調査によって 1,388 立方ヤードのガソリンに汚染された土壌が発見されていた。
職業訓練	2006	$141,764	州立大 バッファロー校	2000 年の事業とほぼ同様の職業訓練で，対象となる住民は，バッファロー，ラッカワナ市，ナイアガラ・フォールズ市およびナイアガラ郡の居住者である。
職業訓練	2010	$200,000	州立大 調査研究財団	2006 年の事業とほぼ同様の職業訓練を大学の調査研究財団を通して実施。

環境保護庁補助金交付記録と環境保護庁の地区別データベースを参照して筆者が作成
EPA, Brownfields Grant Fact Sheet Search, http://cfpub.epa.gov/bf_factsheets/index.cfm，2014/11/18 参照
EPA, Cleanups in My Community, http://www2.epa.gov/cleanups/cleanups-my-community，2014/11/18 参照

向性等の議論を重ねた[4]。また，市全体の潜在的なブラウンフィールド・サイトのリストを作成することに注力し，1998 年の初頭の段階で 100ヶ所の区画を含む一覧表を完成させた[5]。そこから優先的に取り組む対象として 25ヶ所の区画を選択し，22ヶ所を潜在的なパイロット・デモンストレーション事業として一覧にまとめた。また，11ヶ所についてはフェーズ I 調査を行って，GIS のデータベースを作成した。

　市はブラウンフィールドのリストだけではなく，特定の地区に対象を絞ったブラウンフィールド再生に向けた総合的な開発計画も策定した。当時，市が選択した地区は，Republic Steel や Lackawanna Steel 跡地が地区の一部に連担している South Buffalo 地区であった。計画の内容については，South Buffalo の節（8.5）に譲るが，調査パイロットによってブラウンフィールド・サイトの目録作成だけでなく，地区の具体の再生計画策定まで行われていたことは，注目すべき点である。なお，市は調査パイロット事業の補助金を利用して，ブラウンフィールド・マネージャーを雇用しており[6]，その人物が後に BOA 等を統括するバッファロー市のブラウンフィールド再生の中心人物となった。

8.2.4 ブラウンフィールド・オポチュニティ地区（BOA）

　バッファロー市の再生戦略を考えるうえで，1995 年の調査パイロットに並んで重要な公的支援は，ニューヨーク州 BOA である。バッファローは，表 8-4 に整理した通り，4 地区でBOA の支援を受け地区の再生計画（BOA Masterplan）を立案している。

　BOA は，第 1 部で述べた通り，その進度に応じて 3 つの段階があるが，バッファロー市役所は全て，段階 1 を省略し，段階 2 から調査を開始している。一般に，段階 1 の調査に相当する報告書を提出するか，相当する既存の計画を示す必要がある。BOA の対象とする区域の提案とその理由，BOA 対象区域の基礎的な調査[7]が段階 1 の調査の主なポイントである。市役所の担当者によると，South Buffalo については，調査パイロットで策定した South Buffalo 再開発計画が段階 1 相当の計画と認められ，その他の 3 地区については市職員がインハウスで段階 1 相当の調査を実施した[8]と述べている。

　バッファロー市内には，4 地区以外にも多くの低・未利用地が存在しており，その中には土壌汚染が疑われる土地も少なくない。市役所は，BOA の対象地区選定にあたっては大規模なブラウンフィールド・サイトが集中して存在することを重視している。市にとっては，ブラウンフィールド・サイトの再生によって，市全体の税基盤を強固にする経済開発を進めることが第 1 の目的であり，住宅地のなかに点在する小規模サイトは BOA の対象とはしていない[9]。BOA 対象地区内には一体の大規模なブラウンフィールド・サイトが複数存在しており，ほと

表 8-4　バッファロー市内の BOA 指定地区（2014 年 6 月現在）

地区名称/ 面積	補助金 交付年	2014/6 現在進捗	大規模なブラウン フィールド・サイト	段階 2 の計画立案に おける主な論点
South Buffalo 地区 2,000acre	段階 2 2005/3 段階 3 2009/10	段階 2 完了 段階 3 素案提示。 Lakeside Commerce Park 骨格部分開発完了 RiverBend Commerce Park 詳細計画立案済み	Lakeside Commerce Park（製鉄関連施設跡地），River-Bend 地区（製鉄所跡地），Tifft 自然保護区（廃棄物埋立地）	再生後の土地利用として，従来の工業や倉庫と，研究開発や住宅等の混在度合いに関する議論
Buffalo River 回廊 1,050acre	段階 2 2008/3	段階 2 計画立案中	Buffalo Color 所有地，Exxon Mobil 石油ターミナル跡地，Buffalo River 沿い低・未利用地	川沿いの環境向上と多面的な利用の促進による再開発後の土地利用可能性向上
Tonawanda Street 回廊 558acre	段階 2 2008/3	段階 2 計画立案中	Pratt and Letchworth（鉄鋼），鉄道跡地，Buffalo Belting & Weaving（ナイロン装具）Pratt and Lambert（塗料）	Buffalo 大学隣接大規模跡地の再開発と既存工業団地を核とした鉄道用地の再生
Buffalo Harbor 地区 1,031acre	段階 2 2009/10	段階 2 計画立案中	Downton 隣接 Buffalo Canal Site 地区開発中／港湾沿いに産業遺産を伴う大型ブラウンフィールド点在	CBD 隣接地区の再開発の進展と CBD 南側の遊休地の活用方法・時期の検討

City of Buffalo, Application of Nomination-Buffalo Harbor BOA, 2009/3
City of Buffalo, Application of Nomination-Buffalo River Corridor BOA, 2006/5
City of Buffalo, Application of NominatioTonawanda Street Corridor BOA, 2006/5
City of Buffalo, South Buffalo Brownfield Opportunity Area, Nomination document, Final Draft, 2010/4

んどが公有地または大規模民間地権者の土地である。

　この4地区の設定は，直接的には州政府へのBOA申請を行う際に，計画範囲の設定が行われている。次節で詳述する通り，市の都市マスタープラン等で大規模な低・未利用地が存在する地区は，戦略的開発対象として位置付けられており，当然であるがそれまでの市の都市計画の位置付けも考慮して，区域設定が行われている。

　本研究では，最も進捗度が高いSouth Buffalo地区の計画プロセスを詳述する他，残りの3地区の2014年現在の計画内容についてもレビューする。

8.2.5　地域水辺再生プログラム

　ニューヨーク州の地域水辺再生プログラム（Local Waterfront Revitalization Program, LWRP）は州務局が担当する沿岸管理に関する計画制度であり，水域に接して立地することが多い大規模工場の跡地再生と物理的に関係が深い計画である。市は，2005年と2014年にLWRPを改訂している。計画の対象は前項で整理した4つのBOAやCanalside地区の大半を含んでおり，エリー運河をはじめとした水運と陸運の結節点として反映した同市において，ブラウンフィールド・サイトの再生と水辺の再生は密接な関係がある。口絵17にLWRPとBOAの重複も示している。

　LWRPは，水域および水域と関係が深い陸地部分を対象に土地利用計画と水域利用計画を策定する。BOAとLWRPは，いずれも州務局が所管する都市計画支援という共通点があり，計画内容の関係も深い。2012年にはSouth Buffalo以外の3地区のBOAと2014年に策定完了したLWRP，市の統合開発条例の3つの計画を一体として，州の環境アセスメントを実施している[10]。

　BOAに対する影響は，BOAの検討の項で詳しく整理するが，いずれのBOAでも水辺への公共アクセスの拡大や，オープン・スペースのネットワーク化が指摘されており，水辺と周辺地域の再生を目指すLWRPの影響が見られる。水域と工場跡地の関係が強いバッファローにおいては，複数のBOAを相互調整する枠組みの一部をLWRPが担っていると言える。

8.3　バッファロー市の再生戦略：自治体の都市計画と再生戦略の関係

　本節では，市の都市マスタープラン（Comprehensive Plan）と用途地域の大幅な見直しを伴う統合開発条例を例として，バッファロー市の都市計画におけるブラウンフィールド再生の位置付けと戦略を分析する。

8.3.1　自治体計画におけるブラウンフィールド再生の位置付け

　2006年に2月にバッファロー市は約30年ぶりに都市マスタープラン[11]を策定し，2030年を目標年次とした全市を対象とする都市計画の枠組を示した[12]。同計画は，1990年代末から2000年代にかけて策定されたダウンタウンとその周辺地区の再生計画[13]やBNMCのマスタープランなど既存計画を取り込んだ計画であった。

　この計画のなかで「市と地域の経済開発事業を支えるためには，ブラウンフィールド・サイトの迅速な区画整理と浄化の実施が必要[14]」と指摘され，ブラウンフィールド再生を通して市

の産業基盤を回復させる方針が示された。また，空間面の方針として，3つの戦略的投資回廊（口絵 16）が設定され，この回廊に沿って「新たな開発のための土地を準備し，ブラウンフィールド・サイトの浄化を進める[15]」ことも明記された。この3つの戦略的投資回廊は①Waterfront/Tonawanda 回廊，② Main Street/Downtown 回廊，③ South Park/East Side Rail回廊である。② Main Street/Downtown 回廊は，低・未利用地の分布よりも，LRT（次世代型路面電車）に沿ってダウンタウンと当時既に開発が進められていた内港地区，州立大バッファロー校とバッファロー・ナイアガラ医療キャンパス（BNMC）を位置付けるもので，公共交通指向型開発の思想のもとに，拡大ダウンタウンを位置付ける性格が強い。①と③の2つの回廊は，市内の大規模な低・未利用地の分布（図 8-5）とほぼ一致しており，区域の分割はやや異なるが，現在の4つの BOA とほぼ同じ地域が戦略的投資回廊に位置付けられた。

　なお，ブラウンフィールド・サイトの用途地域については，その地区の状況に応じて，工業，商業，オープン・スペース，複合用途へ転換する[16]方針も示されており，基本的には工業用途を維持しつつも，住宅以外の多様な用途が想定されている。

8.3.2　ブラウンフィールド再生戦略の Buffalo Green Code への反映

　市役所は，2010 年代に前項の都市マスタープランの実施にあたり，1953 年の設定から 50 年以上を経た用途地域を大幅に見直し，Buffalo Green Code という名称で新たな土地利用計画とそれに対応した統合開発条例（Unified Development Ordinance）に再編している（図 8-4）。この土地利用計画に従来の法定都市再開発事業，BOA で策定した地区再生計画，地域水辺再生計画（LWRP）の情報を統合することで，ワンストップのわかりやすい都市計画規制とすることを目指している。

　土地利用計画の改訂にあたっては，用途が大きく変わる大規模低・未利用地を抱える地区の多くは，4 地区のいずれかの BOA に含まれており，Buffalo Green Code の計画内容は BOAの再生計画と調整されている[17]。また，BOA の多くは州の LWRP 指定地区とも重なっており（口絵 17），市・州が協力して双方の計画内容を相互調整している[18]。

8.3.3　ダウンタウン周縁部の再開発の位置付け

　8.3.1 で述べた都市マスタープランは，2005 年前後に策定されたが，1990 年代後半から2000 年代初頭の議論に基づく 2003 年の中心地区アクション・プランによってダウンタウン周辺の位置付けが行われている。市役所が州立大バッファロー校と協力して作り上げた The

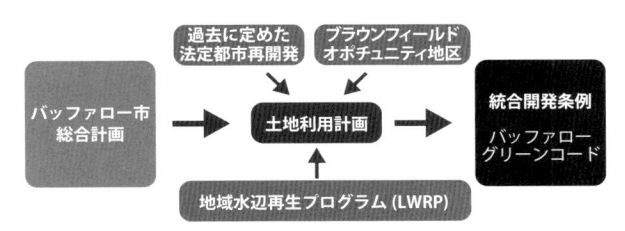

図 8-4　市の都市計画と BOA 及び LWRP の関係
City of Buffalo, Buffalo Green Code, http://www.buffalogreencode.
com/ より引用・翻訳，2014/09/16 参照

Queen City Hub, A Regional Action Plan for Downtown Buffalo において，従来の CBD の周辺を取り込んだ拡大ダウンタウンとして 5 地区（BNMC，シアター地区，金融/行政中心地区，ダウンタウン教育安全キャンパス，エリー運河港ウォーター・フロント地区）を位置付けた（図 8-6）。

　この計画において，ブラウンフィールド再生が強調されているわけではないが，特にウォーター・フロント地区には多くのブラウンフィールド・サイトが存在しており，拡大ダウンタウンの位置付けとそれに伴う地区スケールの再開発の推進は，ダウンタウン周縁部のブラウンフィールド再生を促した。ダウンタウンと州立大バッファロー校を結び，LRT 路線もある Main St. 沿道への注力は，都市マスタープランにおいては Main St. の戦略的投資回廊として継承された。

　本書では，エリー運河港ウォーター・フロント地区（Canalside 地区）と BNMC の概略，州のブラウンフィールド浄化プログラム BCP を活用した民間主体のブラウンフィールド再生事業を分析し，バッファロー市におけるダウンタウン周辺の比較的立地の良いブラウンフィールド・サイトの再生を 8.4 で概観する。

8.3.4　都市全体の計画とブラウンフィールド再生戦略の統合化

　本節で整理した通り，バッファロー市は 1990 年代に開始された市のブラウンフィールド再

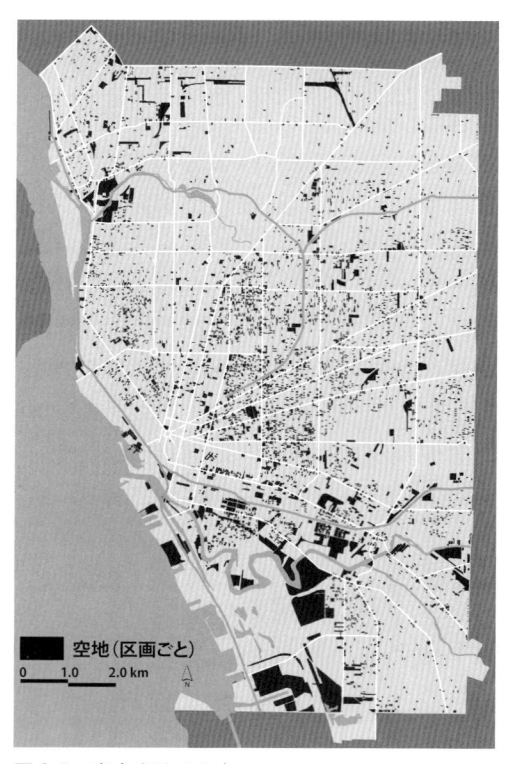

図 8-5　市内空地の分布
City of Buffalo, Buffalo Green code Draft land use plan, 2012, P. 33 より引用・加筆

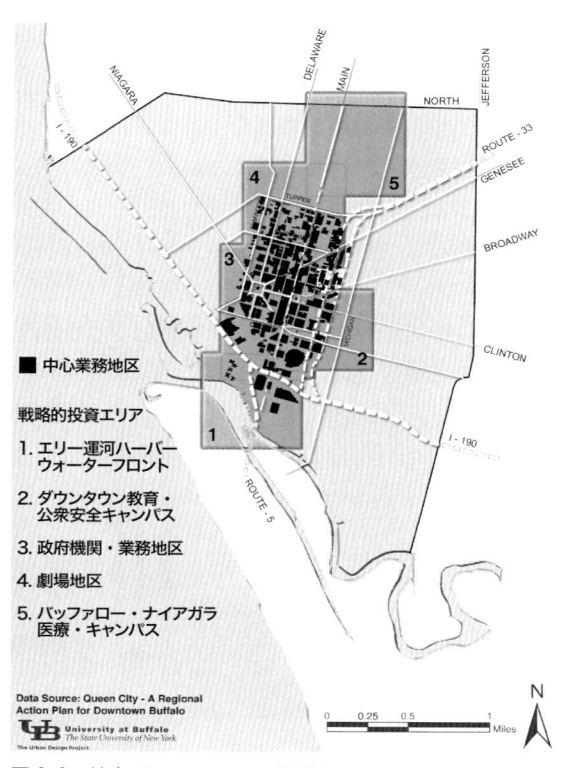

図 8-6　拡大ダウンタウンの位置付け
City of Buffalo, Queen City in the 21st Century – Buffalo's Comprehensive Plan, 2006/2 より引用・加筆

生の試みや戦略を，2000年代に策定された都市マスタープランに反映させた。同計画では，後のBOA指定につながる郊外の大規模跡地を含む戦略的投資回廊を設定し，中心部では拡大ダウンタウンとして既存のテーマ型地区再生計画を州政府や大学，民間事業者と協力して作り上げた。2010年代にはBOAで検討されたブラウンフィールド地区の再生計画も内包するかたちで用途地域の全市的な見直しを進めている。

　ブラウンフィールド地区を多く抱えるバッファローにおいて，ブラウンフィールド・サイトの再生は自治体の都市計画に密接に関わっており，BOAは都市マスタープランを実現する重要な計画手段となっている。また，BOAで策定された地区再生計画に一般には法的拘束力はないが，バッファローではゾーニング変更に向けた計画検討の前提となるなど，両者は密接に関係していると言える[19]。

8.4　ダウンタウンとその周縁部

　前節で述べた通りダウンタウン周縁部では，地区スケール再開発の動きに対応した民間事業主体のブラウンフィールド再生が行われてきた。本節では，ダウンタウンおよびその周縁部におけるブラウンフィールド再生事例をレビューし，その特徴を整理する。

8.4.1　Canalside地区のブラウンフィールド再生

　Canalside地区は，州政府の公社であるErie Canal Harbor開発会社[20]（ECHDC）が事業を推進する再開発地区の名称である。エリー運河の入口にあたり，19世紀には市の成長と開発の中心となった地区である。港湾関連の土地利用が行われてきた地区であり，程度の差はあるが土壌汚染が残る土地が多い。埋め立てられていたエリー運河の一部を復元して地区の中心に据え，運河周辺の再開発を進めることを目指している。

　同地区は，Canalside地区と命名される前から港湾利用からの土地利用転換が進められていた。1980年代半ばには，地区を貫通するMain St.にLRTが導入され，現在ダウンタウンと同地区は無料区間として設定されている。1996年9月には，エリー郡が建設主体となりアリーナFirst Niagara Centerが竣工し，地区内にあり老朽化した公会堂で行われていた主要なプロスポーツは，新アリーナへ移動した（図8-7）。

　現在のCanalside地区の開発と直接関係する動きは，1999年に開始されたErie Canal Harbor再開発事業である。第1期としてECHDCの親会社でもある州政府経済開発庁（Empire State Development Corporation）が主体となり，約5,300万ドルをかけて整備を行い，2003年に完了した。退役した軍艦や航空機の展示を北側へ移動させ，その後の再開発の対象となる敷地が創出された。第2期は，2005年に開始，エリー運河の再生と歴史的な構造物の復元等が進められ，2008年に完了した（図8-8，図8-9，図8-10）。

　Canalside地区は再開発事業の第3期にあたり，運河の復元や公共空間の再整備が中心であった第1期・第2期と比べて，不動産開発の側面も強い。現在地区の上空には高架の高速道路が通過しているが，その下部に19世紀のErie Canal Harborが市の中心だった時代の街区を再現する計画も進められており，デザインガイドラインも設定されている。

　また，前述の旧公会堂は，構造物を残したまま商業施設として利用する計画があったが実現

図 8-7　Canalside とダウンタウンの位置関係と近年の変化
USGS 所蔵の空中写真に筆者が加筆

図 8-8　復元されたエリー運河（2014）

図 8-9　整備前の Canalside
Erie Canal Harbor Development Corporation, Construction Gallery, http://www.eriecanalharbor.com/Construction_gallery/index.htm, 2014/10/27 参照

図 8-10　公園整備完了後の Canalside
Erie Canal Harbor Development Corporation, Construction Gallery, http://www.eriecanalharbor.com/Construction_gallery/index.htm, 2014/10/27 参照

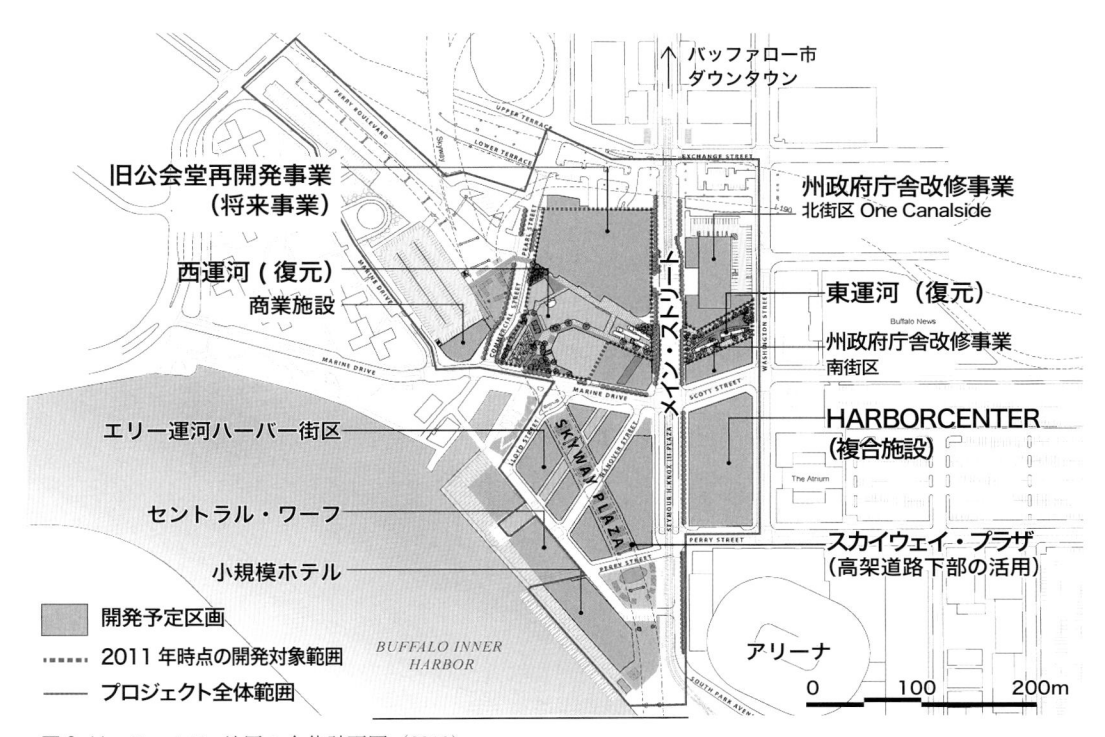

図 8-11 Canalside 地区の全体計画図（2010）
ECHDC, Modified General Project Plan and Related Documents, 2010/11, MGPP Exhibit B – Project Component Map をトリミングして引用

せず，ECHDC は市役所と協力して，旧公会堂のアスベスト除去と解体を行い，運河復元の延伸と再開発のための準備を進めている。地区内に州が所有する Donovan Building もアスベスト除去工事を実施して，ホテルとオフィスの複合ビルとして再生された（One Canalside）。従来は計画に含まれていなかった Main St. 東側の建物の再開発も進められ，これらの動きに対応して，Erie Canal Harbor 再開発事業が想定する範囲も拡大した。

　第 3 期の不動産開発は，基本的に民間事業者を各街区に誘致してデザインガイドラインに基づいた開発を進めている。図 8-11 の州政府庁舎改修事業北街区および HARBORCENTER 街区の開発が先行しており，本項では各開発におけるブラウンフィールド再生制度の活用を整理する。

1）One Canalside におけるブラウンフィールド浄化プログラム（BCP）の活用

　One Canalside は，Donovan 北街区にあたる建物で州政府の建物（Donovan Building）の改修である。改修後は，弁護士事務所が入居する事務所とマリオット・コートヤードホテルが貸借するホテルとなった（口絵 18）。敷地の規模は約 2 エーカーである。

　土地は ECHDC と州政府が所有しており，2011 年 6 月の ECHDC の事業者募集に民間事業者である Benderson 社が応じて，建物自体の売却と再開発，関連して必要になった土壌の浄化を実施した。事業者募集にあたっては，応募者から土壌汚染や地下の石油タンクに関する質問が ECHDC に寄せられている[21]。それに対応して，ECHDC も州政府が過去に実施した調査や限定的な浄化作業等の情報を提供しており，土壌汚染についても一定の情報共有が行われ

図 8-12　改修前の Donovan Building
Erie Canal Harbor Development Corporation, Donovan Office Building RFP, 2011/6 より引用

た上で入札が実施された。

　改修にあたって，建物の周辺の土壌汚染が問題となった。建物は元々アスファルト舗装の駐車場により囲まれていたが，以前は敷地内を下水道として用いられた運河が流れており，1899年から1925年の間に埋め立てられた。工業・商業用途を含む様々な用途に利用されたあと，Lehigh Valley 鉄道駅として利用され，1960年に州政府の事務所が建設された。ガソリンの地下タンクや機械工業，塗料関係の利用が土壌汚染の主な原因と考えられているが，州政府以外の汚染責任者は特定されていない。土壌汚染は，ヒ素，ベンゼン，ベリリウム，クロム，鉛，水銀，タリウム等が発見されている[22]。

　汚染を完全に除去することも検討されたが多大な費用がかかるため，汚染土壌の上部にカバーシステムを設置する「トラック4」で対策が実施された。また，その結果，制度的管理手法として，カバーシステムの維持管理や地下水利用の禁止および商業・工業，制限付き住宅用途に用途を限定することを定めた環境地役権[23]が設定されている（図8-13）。州環境保全局は2013年12月に完了証明書を発行しており，税額控除の手続きが開始されているが，控除額は明らかではない。建物は2014年に竣工して One Canalside と命名され供用が開始された。

2）HARBORCENTER におけるブラウンフィールド浄化プログラム（BCP）の活用

　HARBORCENTER は，市役所が所有し Webster 街区と呼ばれていた2.08エーカーの土地を Buffalo Sabres 社が購入し，2014年10月に一部オープンした複合施設の名称である。商業施設，205室のマリオットホテルと2つのスケートリンクを含む大規模な複合施設である（図8-14）。2013年3月に市から事業者への土地譲渡が行われ建設が開始された。

　この街区は，隣接する大型アリーナ First Niagara Center 向けの平面駐車場として利用されてきたが，歴史的にはエリー運河に隣接していたため，1820年代から商業，製造業やその他の工業用途で使われてきた。汚染土壌による埋め立てもあり，汚染としてアセトン，銅，水銀，ニッケルなどが指摘された[24]。BCP の手順に則って提出された対策に関する調査書[25]では，市役所と事業者の売買前に行われた調査も参照されており，汚染土壌の規模等は対策実施前から事業者は一定程度把握していたと考えられる。2013年5月から汚染された土壌を取り

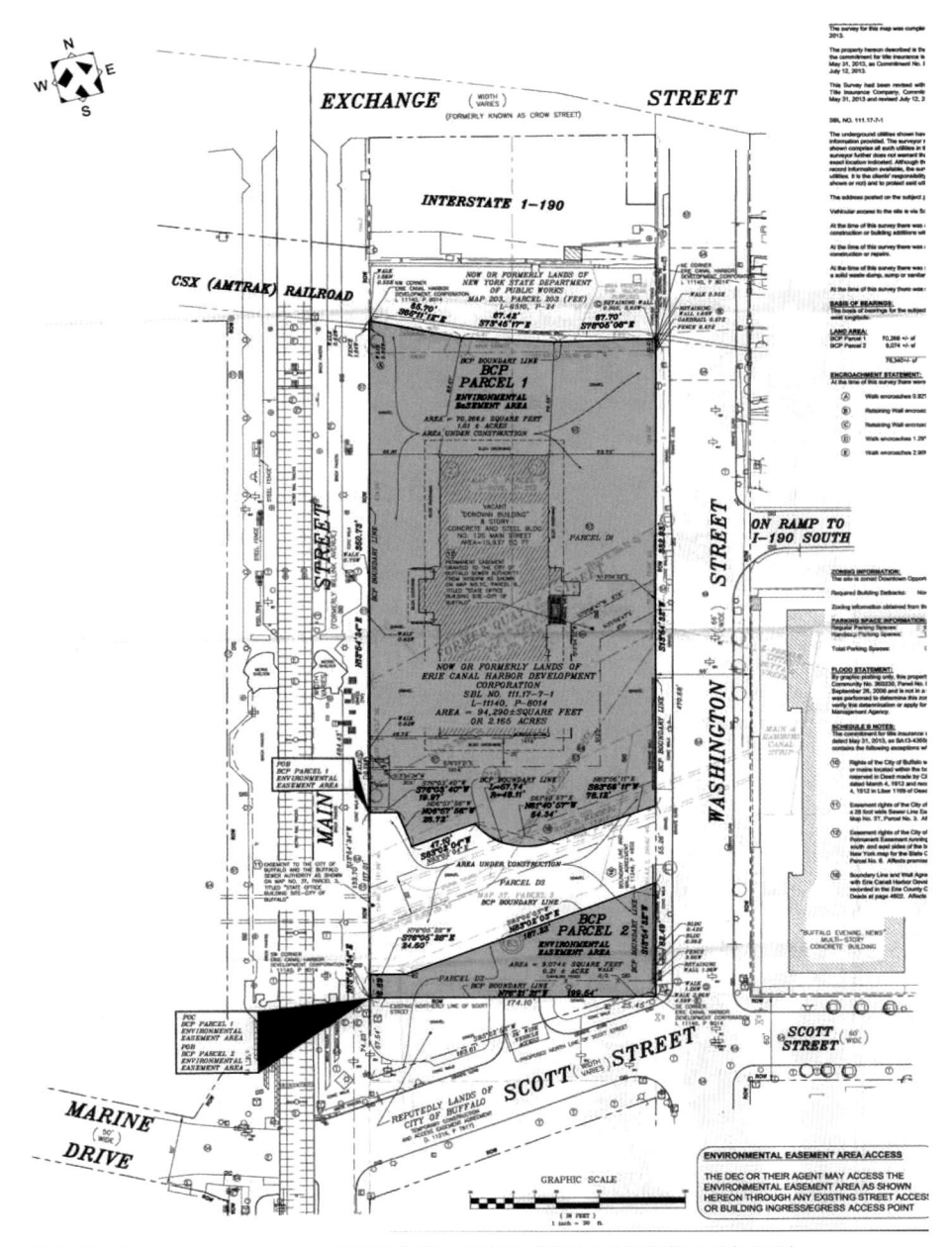

図 8-13 One Canalside に対する環境地役権の設定図（網掛けが地役権の対象部分）
DEC, Environmental Easement, C915262, P. 11 に筆者加筆

除き，商業用途の浄化基準を達成することを目的として大規模な土壌の掘削が行われた（図 8-15）。合計 52,839 トンの汚染土壌が掘削され，処分場へ搬送された。

　大規模な掘削による汚染土壌の除去により，現在用途制限のない浄化基準を達成した「トラック 1」で手続きが進められている[26]。そのため，制度的管理の設定も予定されていない。まだ浄化完了確認書が発行されていないため，税額控除額は未定だが，トラック 1 が認められた場合，浄化費用の 50%，再開発については 14%（一般地区）の税額控除が行われると予想

図 8-14 竣工後の HARBORCENTER（2017）左奥が One Canalside

図 8-15 HARBORCENTER への BCP 適用を示す看板（2015）

される。大規模な掘削は費用もかかるが，One Canalside で用いられたトラック 4（最大 28%）と比較しても税額控除の規模が大きい。

3）Canalside 地区における BCP の活用

同地区の多くの部分は，州政府や市役所が所有しており，前項で整理した地区のガイドラインに従って開発することを前提に民間事業者へ売却されている。区画によっては売却前に土壌調査が実施されており，民間事業者は事業参入前から，土壌汚染に関する状況を把握していた。そのため，One Canalside も HARBORCENTER も民間事業者の参入から BCP への参加，浄化完了と建設工事が並行的に進められ，短期間で竣工を迎えている点が特徴的である。

8.4.2　BNMC におけるブラウンフィールド再生

バッファロー・ナイアガラ医療キャンパス（BNMC）は，2001 年に大学や研究機関等によって開始された医療関係施設が集積した地区の名称である。開発主体は，州立大バッファロー校，Roswell Park ガン研究所，Kaleida 保険組合，Hauptman-Wood 医療研究所，バッファロー医療グループ財団等により構成される。2002 年に最初のマスタープランを発表し，ダウンタウンの北側の Main St. と Michigan Ave. に挟まれた地区の開発を進めた。対象地区内に複数のブラウンフィールド・サイトが存在したが，BNMC の一部に位置付けられ BCP を利用して浄化・再開発が進められている。2010 年には，当初のマスタープランを改訂して対象地区を拡大した（図 8-16）。

医療系オフィス Conventus の建設

Conventus が建設された場所には，1940 年代から 1982 年までモービルのガソリンスタンドが立地しており，地下貯蔵タンクが複数設置されていた。ガソリン漏れにより，ガソリン由来の炭化水素等で土壌と地下水が汚染されており，真空抽出等により濃度を下げる対策を 1998 年から 2008 年まで実施した。2012 年 3 月に BCP に参加することを決め，建物の建設とほぼ同時に一部土壌の掘削除去を実施した。BCP への参加により，浄化費用に対する税額控除が予定されている。土壌は住宅基準を達成しており，地下水は継続的にモニタリングされている。地下水利用を管理する環境地役権が設定された状態で Kaleida 保険組合が事業者となり，2015 年 6 月に 35 万平方フィート 7 階建のオフィスとして竣工した（図 8-17）。

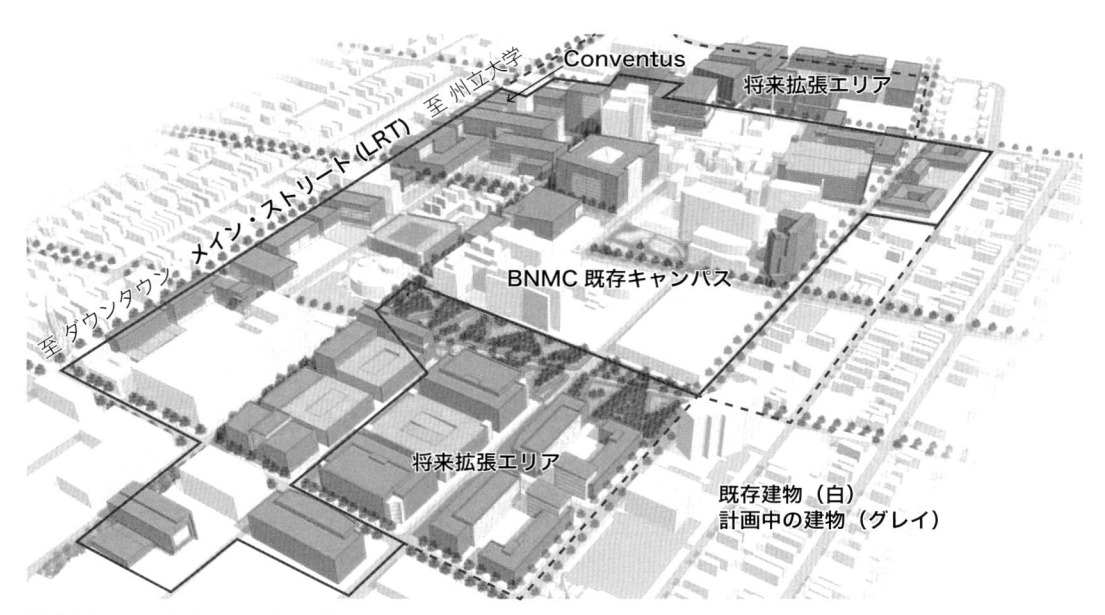

図 8-16　BNMC2010 マスタープラン
CKS Architecture & Urban Design, Buffalo Niagara Medical Campus, Master Plan Update, A Scoping Documenting for the Future, 2010/12, P. 13 に筆者加筆

図 8-17　BNMC の業務ビル Conventus（2017）

図 8-18　HealthNow 本社（2013）

8.4.3　HealthNow 本社：ダウンタウンのブラウンフィールド再開発

　8.4 では，地区スケールの再開発の動きに対応したブラウンフィールド再生事例を整理したが，ダウンタウンに単独の再開発プロジェクトとして成功した事例もある。本項では，その代表例として市庁舎の裏手に立地する HealthNow 本社（医療保険組合）のプロジェクトについて，事業を概観し用いられた公的支援について整理する。

　従前はバッファローガス灯会社の石炭ガス製造工場が置かれていた。1948 年の石炭ガス事業閉鎖後は倉庫・物流施設として 2004 年まで使われていた。40 年以上にわたり土壌汚染は放置されており，石炭ガス製造の過程で発生する廃棄物（ベンゼンやその他の揮発性有機化合物，PAH，シアン化合物）により土壌と地下水が汚染されていた。

　土地所有者は，ガス会社の後継にあたる National Fuel Gas（NFG）であり，浄化責任も NFG にあった。同社は州の自主的浄化プログラムに参加して調査を進めていたが，

NOW THEREFORE, in consideration of the covenants and mutual promises contained herein and the terms and conditions of Brownfield Cleanup Agreement Numbers B9-0695-05-06(A), B9-0695-05-06(B), and B9-0712-06-01, Grantor grants, conveys and releases to Grantee a permanent Environmental Easement pursuant to Article 71, Title 36 of the ECL in, on, over, under, and upon the Controlled Property as more fully described herein ("Environmental Easement").

1. Purposes. Grantor and Grantee acknowledge that the Purposes of this Environmental Easement are: to convey to Grantee real property rights and interests that will run with the land in perpetuity in order to provide an effective and enforceable means of encouraging the reuse and redevelopment of this Controlled Property at a level that has been determined to be safe for a specific use while ensuring the performance of operation, maintenance, and/or monitoring requirements; and to ensure the potential restriction of future uses of the land that are inconsistent with the above-stated purpose.

2. Institutional and Engineering Controls. The following controls apply to the use of the Controlled Property, run with the land are binding on the Grantor and the Grantor's successors and assigns, and are enforceable in law or equity against any owner of the Controlled Property, any lessees, and any person using the Controlled Property:

A. The Controlled Property may be used for Commercial and /or Industrial use, as long as the following long-term engineering controls are employed:

i) Implementation of the Operation, Monitoring, and Maintenance Work Plan including the Soil/Fill Management Plan.
ii)Use of groundwater for potable and non-potable purposes is prohibited.

B. The Controlled Property may not be used for a higher level of use such as unrestricted or residential use and the above-stated engineering controls may not be discontinued without an amendment or extinguishment of this Environmental Easement.

C. Grantor covenants and agrees that until such time as the Environmental Easement is extinguished in accordance with the requirements of Article 71, Title 36 of the ECL, the property deed and all subsequent instruments of conveyance relating to the Controlled Property shall state in at least fifteen-point bold-faced type:

This property is subject to an environmental easement held by the New York State Department of Environmental Conservation pursuant of Title 36 to Article 71 of the Environmental Conservation Law.

1. 目的 （地役権の）設定者と被設定者は，この環境地役権の目的は以下の通りであることを認める。
・必要な（土壌汚染に対応する装置や制度の）運用や維持管理，モニタリングの成果を保証しつつ，対象不動産を特定用途に用いるために定められた水準においての再利用や再開発を促す効果的で強制力のある手法を提供するために，被設定者に不動産の所有権と永続的に被交付者の土地に付従する権利を譲渡するものである。
・上記に適合しない将来の土地利用を法的に制限する力を保証する。

2. 制度的および工学的管理
対象不動産の利用にあたって以下の管理が適用される。この管理は土地に付従し，譲与人や譲与人の後継者や譲渡者も法的に拘束する。また，対象不動産に持ち分を持つ者，貸借人，使用者に対しても法的に強制することができる。

A. 対象不動産は以下の長期の工学的管理が行われている限り，業務または工業用途に利用することができる。
i）土壌・埋め戻し土の管理計画を含む運用・モニタリング・維持管理計画書（別途付記されている）を実行する
ii）飲用・非飲用に関わらず地下水の利用を禁止する
B. 規制対象の不動産は，用途規制なしまたは住宅用途以上の用途に供することができない。また，上記の工学的管理は，本環境地役権の修正または消滅しない限り中止することができない。
C. 譲与人は，州環境保全法の71条の要求に基づき環境地役権が設定されている旨を当該不動産の土地証書と当該不動産の全ての譲渡証書に15ポイント以上の太字で明記することに，誓約し同意する。

この不動産は，ニューヨーク州環境保全法36編71条に基づき州環境保全局によって環境地役権が設定されている。

図 8-19　HealthNow 本社に設定された環境地役権を示す書面の一部と抄訳
DEC, Environmental Easement C915194, Book11118, P. 9143

HealthNow がバッファロー都心に本社をかまえることを検討しており，Duke 社が開発事業者として参加することになり，開発を前提に浄化が進められることとなった。NFG，HealthNow，Duke 社は，土地取引と浄化を実行する有限責任会社 QLT Buffalo を設立して全ての環境責任を QLT に移すとともに浄化資金を QLT に提供した[27]。なお，QLT は浄化費用の上限を設定する環境保険にも加入している。

16 エーカーの土地は，州 BCP トラック 4（サイトごとに土壌浄化水準を決定可能）に基づき，工業・商業用途に制限された土壌浄化目標を設定して対策された。汚染された土壌を一部掘削除去し汚染されていない土壌で埋め戻した。隣接する学校や市が所有する駐車場の敷地にも汚染が広がっていたため，敷地の外側の対策もあわせて実施された。浄化完了後は環境地役権（図 8-19）が設定されており，BTEX と PAH の地下水モニタリングの継続を中心としたサイト維持管理計画が付帯している。環境保全局により，2006 年 11 月に完了確認書（COC）が交付されている。

全体の開発費用は，約 1.1 億ドルでそのうち浄化コストは 1,000 万ドル（約 9%）を占める[28]。再開発（建物の建設等）には約 9,400 万ドルかかったが，本事業の実施時期が州の制度変更前であったため，再開発部分に上限なしで 20% の税額控除が行われた（浄化は汚染責任者であるガス会社が負担しており税額控除はない）。その結果として開発事業者は約 1,880 万ドルの税額控除を受けており[29]，ニューヨーク市周辺の事業を除けば，税額控除の金額は最大クラスの事業の一つとなった。

延床面積約 44,000 平米のオフィスが建設され約 1,300 人の雇用が創出された。過去 20 年間で同市のダウンタウンで最大のオフィス開発であり，大きな経済開発効果を及ぼした[30]。税額控除による資金を見込めたため，Duke 社は周辺と比べても競争力のある賃料で HealthNow

に建物を貸借した[31]と言われており，ここでは BCP は主に再開発とその後の土地利用の回復に効果があった。

8.4.4　小括：ダウンタウン周辺部のブラウンフィールド再生

市は 1990 年代後半から現在に至るまで，LRT が通る Main St. を骨格として既存の CBD の概念を南北に拡張し，ダウンタウン周辺部で新たな開発を進めている。

大規模集客施設が中心の Canalside 地区も医療キャンパスである BNMC も，開発計画のなかでブラウンフィールド再生は特に強調していないが，一部に土壌汚染が存在しており，ブラウンフィールド浄化プログラム（BCP）の活用を前提に事業が進められていた。

Canalside 地区では，公有地を条件付きで売却，民間事業者が土壌汚染対策を含む再開発を担っているが，公有地の段階で行われた土壌調査の情報は，売却時に共有されており，民間取得後は，BCP 参加，調査，浄化方法決定，浄化実施と建物の建設が，並行して実施され，短期間で再開発が完了している。BNMC の業務ビル Conventus も BCP に参加することで税額控除による支援を得ている。

HealthNow 本社は，市役所に近接した立地であったが，深刻な土壌汚染が原因となり，ガス製造工場閉鎖後 50 年以上低利用の状態にあった。浄化費用は，汚染原因者が費用負担したが，再開発に関しては費用の 20% が BCP 税額控除によって事業者への財政的支援となっており，事業採算性の向上に貢献した。

BCP は，税額控除による経済的支援に加えて，環境地役権の設定による経済的な対策の採用が可能になった。浄化プロセスとスケジュールの明確化により，比較的短い期間で調査・浄化が可能になったこともその効果として確認された。

比較的立地の良いダウンタウン周辺のブラウンフィールド再開発では，BCP への参加と税額控除による財政支援を前提に事業が進められている。Canalside 地区や BNMC は，地区のマスタープランを設定することにより，地区全体の価値向上を図っており，結果としてブラウンフィールド・サイトへの民間事業者の参入が促された。

市役所は，ダウンタウン周辺ではブラウンフィールドに特化した戦略は採っていないが，地区マスタープランの作成を事業推進主体（Canalside 地区は ECHDC，BNMC の場合は州立大バッファロー校をはじめとする医療関係団体）と協力して事業を推進した。また，HealthNow 本社の一部や HARBORCENTER の敷地は，市の所有地だったが汚染を残したまま引き渡し，建物の建設と同時期に民間事業者主体で土壌汚染対策を実施して，事業全体を効率化した。

8.5　South Buffalo 地区 1：BOA 以前の取組

本節と 8.6 では市内最大のブラウンフィールド・サイト集積地区である South Buffalo 地区のブラウンフィールド再生を分析する。市担当者への聞き取り調査と行政資料に基づき，本節ではニューヨーク州計画支援制度である BOA 開始以前のブラウンフィールド再生を分析し，8.6 において BOA の計画プロセスとその内容について検討する。

8.5.1 South Buffalo 地区の歴史と現状

South Buffalo 地区は市の南端に位置しており，エリー運河の終端となる Buffalo 川の南側にあたる。19 世紀後半から川沿いには大型の穀物倉庫が並んでいたが，20 世紀初頭から，川の南側の本地区から隣のラッカワナ市に至るまで Lackawanna Steel や Hanna Furnace（図 8-21），Republic Steel 等の複数の大規模な製鉄所が立地し，地区は市内最大の重工業地区となった。エリー湖に直接アクセス可能な海岸線や Buffalo 川の存在に加え鉄道網も充実しており，原料や製品の輸送にも好都合な立地であった。また，ほぼ同時期に地区南端には F. L. Olmsted のデザインによるサウス・パークが設置された（図 8-20）。同地区は，ダウンタウンにも比較的近く，工場地帯の東側には工場労働者が居住する住宅の立地も進んだ。

8.1.3 でも述べた通り，バッファローの重工業は第 2 次世界大戦の時期をピークに，徐々に賃金の安い南部や海外への移転が進み衰退した。本地区の製鉄所も 1970 年代から 80 年代にかけて次々に閉鎖した（図 8-22，口絵 20）。地区中央部の現在の Tifft 自然保護区（Nature Preserve）の部分には運河が接続し，石炭と鉄鉱石の積み替えに利用されていたが，その後は製鉄所や自治体の廃棄物の埋め立てが行われていた。その結果，1980 年代には地区は大規模な工場跡地・土壌汚染地が集中する市内最大のブラウンフィールド地区となった。土壌汚染の規模も汚染の程度も大きく，1990 年代後半までほぼ放置された状態にあった。現在は，主な大規模ブラウンフィールド・サイトの調査や対策の道筋はつきつつあるが，2009 年現在でも地区の 32%[32] が低・未利用地に分類されている。

8.5.2 South Buffalo 再開発計画

1980 年代の主要な製鉄所の閉鎖に伴い，様々な再開発計画が検討されたが，現在に至る計画の基礎を構想した計画が 1997 年の South Buffalo 再開発計画である（図 8-23）。この計画は，

図 8-20 South Buffalo 地区およびその周辺（1950）
USGS, Topographic Map, Buffalo SE, 1/24000, 1950 の一部を抜粋

図 8-21 操業中の Hanna Furnace（1944）
Buffalo History Museum 提供

ブラウンフィールド・サイトの再生に着目して策定された地区再生計画であり，バッファローでは初めての取組であった。策定には，州の水質浄化・大気浄化公債法に基づく補助金と前述の環境保護庁の調査パイロットを用いたため，従来の工場跡地の再開発計画と比べ「環境浄化に強く力点を置いた」計画となった[33]。計画策定にあたって，バッファロー市役所を中心に関係する自治体と公社・郡・州の部局等で構成される運営委員会[34]が設置された。

　計画は，軽工業の立地と雇用再生を目指す一方で，当時すでに自然地化していたオープン・スペースの保全や市民の水辺へのアクセス強化もその目標に掲げている。新たな開発が「そこでの活動を支援するアメニティと，郊外にあるような魅力的な空間の創出に支えられた，可変性が高く大学キャンパスのような周辺環境」を実現するとしており，工業を中心とした開発ではあるが，オープン・スペースや緑地整備にも力点が置かれている点に特徴がある。計画は11 のサブエリアに分割されており，特に大規模な工場跡地である Union Ship Canal と Republic Steel 跡地に再開発の力点が置かれた。

　計画の対象は，後の BOA の計画区域とほぼ重複しており複数のサブエリアに分割して再生計画が立案される点も含め，道路計画以外[35]は後述する BOA 段階 2 のマスタープランの原型と言えるものであった。ただし，BOA のような制度で定められた計画策定の枠組みはなく，当時，市内最大の工場跡地群が存在していた同地区に対して，試験的に立案された計画という位置付けにあった。よって，その後の個別の事業推進や資金は，各々のサブエリアの事業ごとに進められた。道路計画など周辺の社会基盤整備もこの再開発計画を前提に線形等が再検討された。

図 8-22　Union Ship Canal と Lackawana Steel
1973 年環境保護庁撮影 National Archive 所蔵

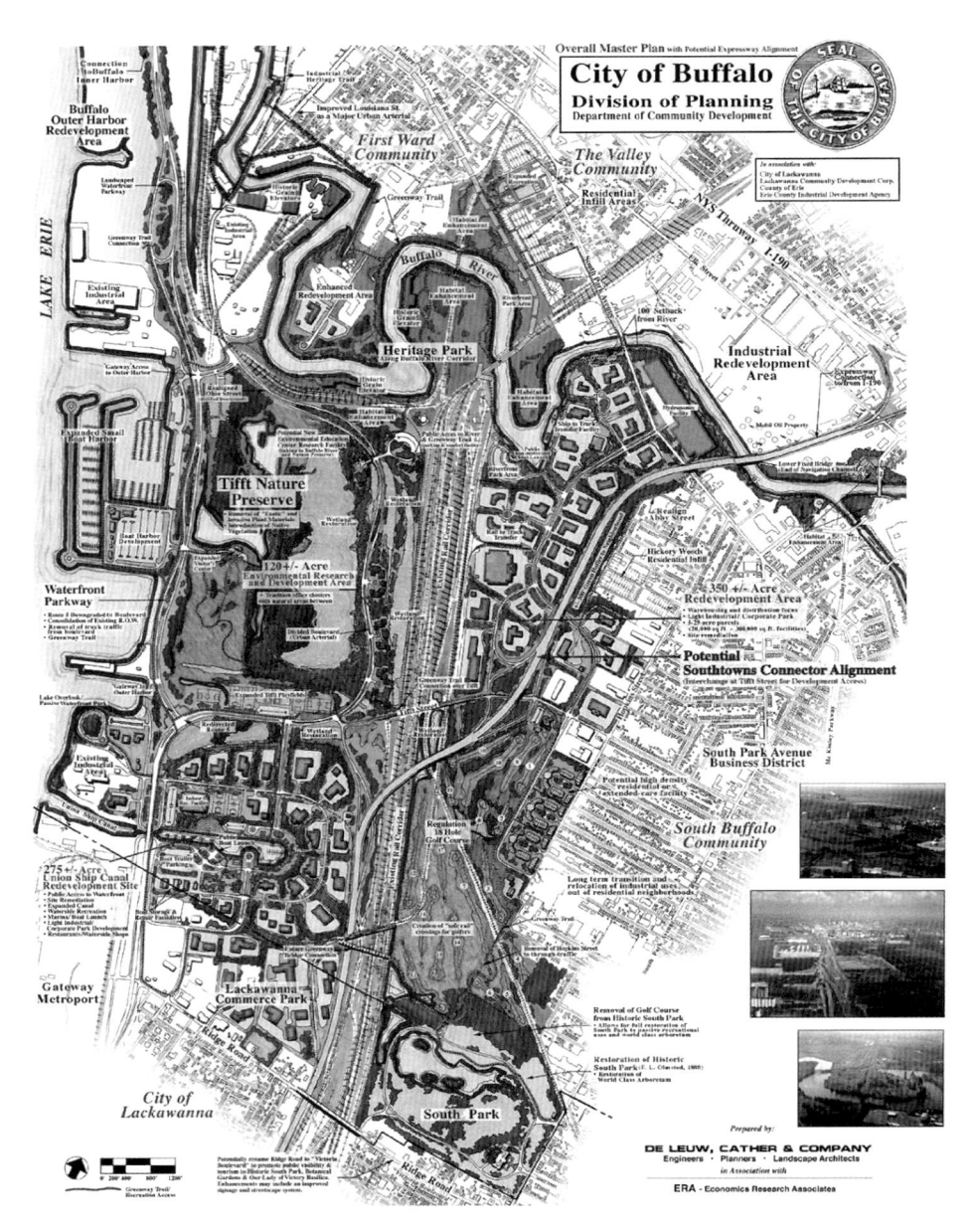

図 8-23　South Buffalo 再開発計画
Buffalo Urban Development Corporation 提供

8.5.3 Lakeside Commerce Park の開発

Lakeside Commerce Park（LCP）は，前項の South Buffalo 再開発計画のなかで先行的に事業化されたプロジェクトである。運河を利用した公園（Ship Canal Commons）を中心に，周囲を産業団地で取り囲んだ特徴的な形状で，土壌汚染の調査・浄化から企業の誘致までブラウンフィールド再生に関する様々な手法が活用された。本項では，South Buffalo 地区のブラウンフィールド再生事業の一例として同事業の経緯を整理する。

1）事業の経緯

South Buffalo 再開発計画に基づいて，2000 年代初頭に Union Ship Canal 周辺の再開発計画が事業化された。同地は元々，1900 年頃から Buffalo Union Steel が掘り込んだ運河の脇に鉄道を敷設し，鉄道輸送と舟運の結節点として利用されていた。1915 年には Hanna Furnace 社が施設を取得し，銑鉄の生産が行われた（図 8-24，図 8-26）。1982 年に同社が閉鎖され，跡地は一時期スクラップ・ヤードとして利用され，その後荒廃していた。

図 8-24 1963 年の Union Ship Canal 周辺
USGS

図 8-25 2013 年の浄化・整備後の LCP
USGS

図 8-26 Union Ship Canal（写真左側）と Lackawanna Steel（写真左上）
1973 年環境保護庁撮影 National Achive 所蔵

再開発計画の深度化に先行して土壌汚染の調査が 2000 年頃に進められた。土壌汚染調査には，環境保護庁の調査パイロットの補助金や州の環境回復基金などが用いられた[36]。市役所が当時取得を予定していた部分の詳細調査が実施され，土壌汚染物質として PCB，VOC，鉛，PAH とガソリンが発見された[37]。汚染の曝露経路が，直接接触のみと想定可能だったため，土壌汚染対策の大半は，表層へのアスファルトかコンクリートの舗装により対応された。ガソリン汚染は掘削除去が必要だったため，環境保護庁の浄化補助金が交付されている。なお，この地区の土地利用は後述する都市再開発計画により住宅用途が禁止されているため，商業・工業用途の浄化目標が設定されている。

　市は，2001 年に製鉄会社の土地を継承する土地所有者の破綻により土地を取得し，2003 年 6 月に都市再開発計画を策定し，周辺地権者からの土地購入と土壌汚染対策，道路と公園や供給インフラなど社会基盤の整備を進めた。都市計画の検討には，住宅・都市開発省のコミュニティ開発包括補助金が活用されている[38]。

　計画の内容は，South Buffalo 再開発計画の構想を維持しており，運河沿いの公共空間の充実，運河に近い部分は事務所や研究開発施設や軽工業の立地，外側は大型の区画として倉庫等の立地も認めている。なお，都市再開発計画では，軽工業の区画に対しても敷地の 25％以上の緑化を求めており，計画コンセプトが反映された。

　開発事業は，主として 4 期に分割して実施された。第 1 期，第 2 期は 2004 年に着工し道路整備には州の資金が活用された[39]。第 1 期の一部の敷地の油汚染には環境保護庁が交付した浄化補助金 20 万ドルが利用された。第 1 期地区は，Certain Teed 社が 25 エーカー（2005 年竣工），Corby 社が 12 エーカー（2007 年竣工）を取得し，州の BCP 税額控除を活用して再開発を行った。第 2 期は運河沿いの公園である Canal Ship Commons として再生した（図 8-25）。次項で詳述する。

　第 3 期の部分は，2008 年から 2009 年にかけて土地の取得が進められた。鉄道貨物事業者と民間事業者から都市開発公社が土地を購入し，一部の土地は所有していた Shenango Steel の破産後の税滞納分に対応して市が土地を取得した。州の Upstate Blueprint の補助金を活用して基盤整備が行われ 52 エーカーの巨大な Sonwil の物流センターが立地している。

2）Ship Canal Commons の建設

　Ship Canal Commons は産業団地の中央に位置する運河を中心とした公園である（口絵 19，口絵 22，図 8-27）。この部分には，州の環境回復基金をはじめとした多様な資金が導入され，土壌浄化と公園整備が進められた（表 8-5）。

　環境回復基金は，1996 年に大気浄化・水質浄化公債法に基づいて州が設置した基金であり，ブラウンフィールド・サイトを活用した公共空間の再生を支援する。本事業には 600 万ドルを超える資金が投入されており，土壌汚染対策と公園整備の双方に利用された。環境保護庁の 20 万ドルの浄化補助金と比べると圧倒的に規模が大きい公的支援である。環境回復基金に加え，ニューヨーク州運輸局も街路整備に 140 万ドルを超える補助を交付しており，総事業費 925 万ドルの大半を州の支援に依っている。

　この公園は，South Buffalo 再開発計画においてバッファロー市民だけでなく南側に隣接するラッカワナ市民の利用も見込んで構想された。ラッカワナ市は，エリー湖畔の水際線を Lackawanna Steel によって完全に占有されているため，水辺空間へアクセス可能な場所がほ

表 8-5　Ship Canal Commons に用いられた費用内訳

負　　　担　　　者	負担額
ニューヨーク州 環境保全局（環境回復基金）（土壌汚染対策および公園整備）	$6,030,000
ニューヨーク州 運輸局 連邦高速道路局基金：街路整備	$1,430,000
エリー郡（州資金に対する地元負担分）	$995,000
ナイアガラ河川緑道委員会（Buffalo and Erie County Standing Committee）	$385,000
ナイアガラ河川緑道委員会（Ecological Committee）	$115,000
ニューヨーク州 州務局（Local Waterfront Revitalization Program）	$250,000
バッファロー市 都市開発公社（再開発基金）	$50,000
合　　　計	$9,255,000

Buffalo Rising, Ship Canal Commons Opens on Outer Harbor, 2011/11/6 参照

図 8-27　Lakeside Commerce Park 全景（中央部は Ship Canal Conmons）
BUDC 提供

とんどなかった。

3）Lakeside Commerce Park の成功と課題

　Lakeside Commerce Park は，土壌調査段階では環境保護庁のブラウンフィールド補助金，都市計画にはコミュニティ開発包括補助金，基盤整備には主に州政府の道路関連補助事業，公園の整備には環境回復基金を用いて，自治体や都市開発公社の負担を最小限に抑えて事業を進めている。企業誘致にも州の BCP，経済開発目的のインセンティブ地区である Empire Zone を用いて立地企業の負担を軽減した。これらの多様な資金を活用しながら，10 年以上にわたって事業を継続しているが，その中核を担っているのは都市開発公社の職員である。公社自体の資金力は限定的だが，1997 年の South Buffalo 再開発計画で立案された将来像を念頭に，バイパスの改良など周辺の事業と本事業の計画調整の役割も担ってきた。また，200 エーカー

を超える巨大事業を，各時点で実施可能な事業に分割し，計画自体も修正を重ねながら事業を積み重ねてきた。その結果として少しずつではあるが荒廃した大規模なブラウンフィールドの再生を実現しつつある。

　課題も指摘しておきたい。計画当初は，軽工業に加えて事務所の立地も想定していたが，実態としてこれまで立地した企業は，物流または製造業であり，これまで行われてきた工業団地と比べてその業態が大きく変化したわけではない。既に開発されているのは，大型の軽工業，物流業用地であり，公園の両側にある5エーカー前後の中規模の土地は，これまで1ヶ所のみ販売されている。このことからも，比較的大規模な事業用地が市場では求められており，当初想定していた事務所等の立地が進んでいないことがわかる。

　また，公園自体は規模も大きく，市民の利用も見られるが，利用する市民の多くは自動車で訪れている。周囲から孤立した立地であるため，やむを得ない部分もあるが，South Buffalo地区内の住宅やラッカワナ市との歩行者ネットワークは十分とは言えず，現在のところ，周辺住民の日常的な利用は難しい。

8.5.4　Republic Steel 跡地

　Republic Steel 跡地は，1995 年まで CERCLIS の登録がアーカイブ化され[40]，再利用に関する検討が本格的に始まった。Republic Steel 跡地は，South Park Ave. と北側の敷地（Village Farms 進出区画）と，South Park Ave. 南側の広大な Republic Steel および Donner Hanna Coke の跡地の2つの区画に分かれる（図 8-28）。本項では，両区画の 1990 年代以降の再生の取組を明らかにする。

1）Village Farms の進出と撤退

　市役所は，跡地のうち South Park Ave. と Buffalo 川に囲まれた部分を 1991 年に購入し，Village Farms 社によるトマト水耕温室栽培施設の計画を進めた。South Buffalo 再開発計画とは整合していないが，この計画のほうが早い時期に始まっていた。1996 年に地下ガソリン貯蔵タンク，遺棄された鉄のパイプラインおよび汚染された土壌の一部が撤去され，1999 年にトマトの水耕栽培用の温室が建設された[41]。Village Farms 社は，ナイアガラ郡のウィートフィールド市で同様の水耕栽培を当時既に成功させており，事業拡大を狙ってバッファローへ進出した。州経済開発公社は，Village Farms 社に 40 万ドルの経済的支援を実施した[42]ほか，環境保護庁の調査パイロットの資金も支援に利用された[43]。

　建設当初は，ブラウンフィールド・サイトの新たな再利用方法として注目されたが，バッファローの気候では冬場に多額の燃料費がかかることもあり利益を出すことができず 2003 年に Village Farms 社は操業を停止し，多くの施設を燃料費が安く抑えられる南部へ移転させた[44]。現在は温室は撤去され倉庫施設のみが利用されている。

　温室撤去後，2007 年に公有地部分のフェーズ I 調査，2009 年にフェーズ II の調査が実施され，スラグやレンガ，コンクリート等が土地の埋め立てに利用され，土中に現在も残っていることが判明した[45]。PAH や重金属について州の工業用途の基準も超過している部分が発見され，BOA 段階 2 において，戦略サイトとして追加的浄化が予定されている。市や州が，誘致のために手厚い財政的支援を行った事業だったが，非常に短期間で事業を終了しており，ブラウンフィールド・サイトに新たな産業を根付かせることの難しさが浮き彫りとなった事業で

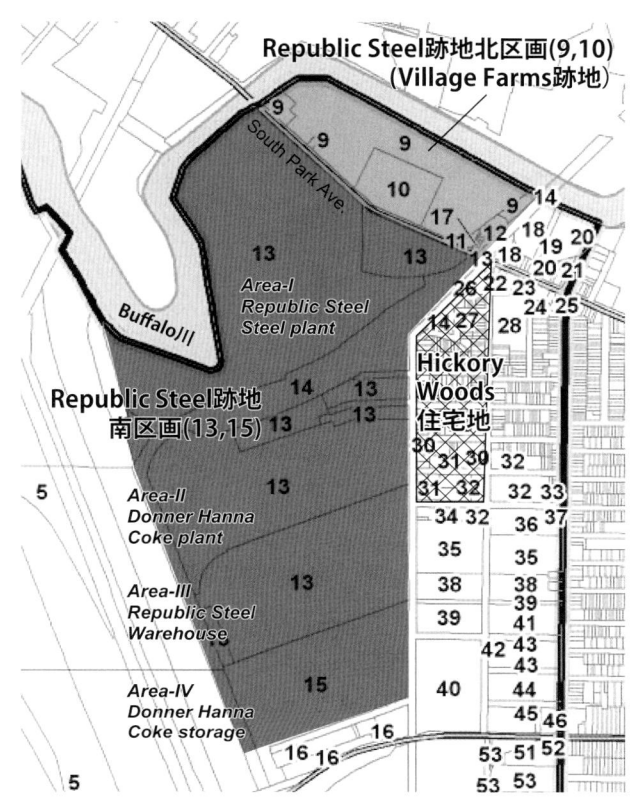

図 8-28 Republic Steel 跡地周辺の区画

City of Buffalo, South Baffalo Brownfield Oppotunity Area, Nomination document Final Draft, Appendix. B, Key Map に筆者が区画名称および Hickory Woods 位置を加筆

あった。

2）South Park Ave. 南側の区画

　Republic Steel 跡地のうち前項の水耕栽培事業に利用されなかった南側の区画[46]（219 エーカー）については，Republic Steel 社の後継である LTV 社が，自主浄化プログラムへの参加を前提として 1997 年から複数回の土壌調査を行い，州の環境保全局と協議を進めていた。しかし，2000 年に LTV 社と Donner Hanna Coke 社が破綻したため手続きが一旦停止された。市は，破綻後も浄化作業を継続することを求めて両社を提訴し 2002 年に和解が成立した。その和解では，両社があわせて 1,650 万ドルの浄化費用を契約履行保証基金に提供し，土地の浄化を実施する Steelfields 社が土地購入・浄化を継続することになった。隣地の Hickory Woods の住宅地の対策のために LTV 社の 100 万ドルの支払いもあわせて定められた[47]。

　2003 年に開始されたこの自主的浄化事業は，州内で行われた事業のなかでも，費用と規模の面で最大級[48]の事業であった。主な汚染は，PAH と重金属であり，一部土壌中にはガソリン，地下水中でベンゼンが発見された。浄化目標は，商業・工業用途向けに限定され汚染を一部存置する対策が採用されている。Steelfields 社は，①約 20,000 立方ヤードの汚染されたタールおよび土壌を掘削除去，② 40,000～75,000 立方ヤードの汚染土壌を安定化させカバーを設置，③ 80,000 立方ヤードのコークを再利用，④ 1,000 フィートにおよぶ地下パイプを撤

図 8-29　操業時の Republic Steel 工場（1950 年代）
Buffalo State University, Department of History & Social
Studies, The Monroe Fordham Regional History Center,
Republic Steel Arbitration Cases 所蔵

図 8-30　操業中の Village Farms の温室（2002）
USGS

図 8-31　Village Farms 撤退後の Republic Steel 跡地と
South Park Ave.（2014）

図 8-32　2000 年代初頭の Republic Steel 跡地（写真
中央奥が Village Farms 社による温室）
NYDOT, Southtonws Connector/Buffalo Outer Harbor
Project, Appendix D: Visual Impact Assessment, 2006/5,
Fig. D-15 引用

去，⑤ Buffalo 川沿いの流出抑制の実施，⑥地下水集水処理システムの設置，⑦長期間にわた
る地下水モニタリングの実施，の 7 点の浄化作業を実施した。

　図 8-28 に示した通り，Steelfield 社が浄化を実施した土地は，従前の土地利用に応じて
Area I-IV に分割されるが，最も南側の Area-IV は VCP 実施中に Hydro-Air 社の新工場建設
が決まり，自主的浄化事業も Hydro-Air 購入部分が分離された。2007 年 9 月に浄化が完了し，
商業・工業用途に限定した環境地役権が同年 12 月に設定されている。2008 年には，市の都市
開発公社が Steelfield 社から土地（Area I-III）を約 464 万ドルで取得し[49]，Village Farms 社
が利用した部分とあわせて，RiverBend Commerce Park として事業化を進めている。

8.5.5　Tifft 自然保護区

　South Buffalo 再開発計画において，自然地として現状維持されることが示された Tifft 自然

図 8-33 Tifft 自然保護区内部の概況
Buffalo Museum of Science, Tifft Nature Preserve Management Plan, Feb. 2009. P. 19

保護区は現在は 264 エーカーの広大な緑地であるが，以前は行政の廃棄物埋立地であった。同地は，歴史的にはバッファローの著名な実業家である George Washington Tifft が所有する農地の一部であった。バッファローの工業化に伴って貨物の積み替え場所として機能するようになり，特に石炭と鉄鉱石の積み替えに頻繁に利用された[50]。その後，船舶用の運河は埋め立てられたが，その際に市役所や Republic Steel 等の土地所有者が，スラグや灰，浚渫土，自治体の廃棄物等を埋めた。

　1972 年に市役所は全体の土地を買い戻し，Squawl 島にある下水処理場予定地から廃棄物を同地に移転させることを計画した。しかし，South Buffalo 地区の住民の反対により，行政側は廃棄物埋立地の計画を変更，廃棄物の埋立を土地の南西角部分に限定し[51]，土地全体を自然保護区（Nature Preserve）として再生を目指すこととなった。

　1975 年から自然保護区として運営が始まった。およそ 200 万平方ヤードの固形廃棄物が粘土の下に埋められ，敷地内から掘削された土壌で覆われた。また，池が拡張され，樹木や野生の植物が植えられた。現在は，アウトドア・スポーツや釣り，野鳥観察等が楽しまれている。ただし，現在でも敷地内に埋立物に由来する重金属等の土壌汚染が存在しており[52]，特に廃棄物が新たに埋め立てられた部分は，排水処理や表層の植生に注意が払われている。

8.5.6　South Buffalo 地区の地域水辺再生プログラム

　8.2.5 で述べた通り，水域との関係によって工業が発達してきたバッファロー市にとって，地域水辺再生プログラム（LWRP）の対象と大規模工場跡地の再生は対象とする空間がほぼ重複しており，両者の計画は密接に関係している。

　2005 年の LWRP[53]では，South Buffalo 地区は LCP，Tifft 自然保護区と Republic Steel 跡地の一部が計画に位置付けられている。LCP については，2005 年の時点で計画内容は概ね確定

していたため，中央部の運河に沿って緑地，周囲は業務および軽工業の用途が設定されている。Republic Steel 跡地は，South Buffalo 再開発計画の内容を踏襲し，業務と軽工業の用途が設定された。同計画では，水辺への公共アクセスの強化を明示しており，LCP における運河や Buffalo 川に沿ったオープン・スペース回廊（川岸から 100 フィートの壁面後退を命じる条例に基づく）が計画でも示されている。

2014 年に改訂された LWRP では，後述する South Buffalo BOA の内容が反映されており，サウス・パークやサウス・パーク北西の廃棄物埋立地（ゴルフ場へ再生予定）が LWRP の対象に加えられ，緑地やオープン・スペースのネットワークに位置付けられている。

8.6　South Buffalo 地区 2：BOA 以降の分析

前節の South Buffalo 地区の BOA 以前の取組を踏まえて，本節では，同地区の BOA 段階 2 および段階 3 の計画内容及びそのプロセスを整理し，戦略サイトの選定，空間計画に着目して分析する。

8.6.1　BOA 段階 2 の指定と計画立案の体制

South Buffalo 地区は，州知事の 2005 年 3 月の第 1 回の BOA 指定発表により，段階 2 の指定を受けた。前述の South Buffalo 再開発計画が段階 1 に相当すると認められたため，段階 2 から開始されている[54]。なお，BOA は州政府の指定発表から補助金の交付まで時間がかかることが問題となっており，South Buffalo 地区の場合も実際は交付発表から 2 年後の 2007 年に本格的に開始されている。

段階 2 は，BOA 指定の根拠となる再生計画（BOA Masterplan）策定と戦略サイトの選定を行う重要な段階である。一般の住民との意見交換会に加えて，主要な行政関係者，地権者・住民コミュニティの代表を含む運営委員会を設置して，利害関係者との意見調整を頻繁に実施している[55]。段階 2 の計画プロセスについて図 8-34 に整理した。

従来，市が主導してきたブラウンフィールド再生事業は説明会は実施されても実質的な協議はほとんど行われなかったが，BOA は州政府が規定する住民参加のプロセスに則って事業を進めることが求められる。South Buffalo BOA でも，報告書の 1 章分を住民との議論の過程の説明に割いている。実際には，2008 年 3 月から 2009 年 4 月まで 5 回の公聴会を実施し，地区住民をはじめとした市民との議論の場を設けた。また，実質的な議論の場として機能したと考えられる運営委員会は，2007 年 12 月から 2009 年 2 月まで合計 9 回行われている。

情報収集・地区分析・代替案の検討・最終案の選定・市議会及び州務局の同意というプロセスは一般的な地区の計画手法と変わらない。しかし，分析の段階で地区の状況を示す情報として，地区のブラウンフィールドに関する机上調査（既往調査の整理）を行い計画立案の基礎とする点，計画完成後に戦略サイトを選び，先行して再生を進める土壌汚染地を抽出する点に，BOA の特徴が見られる。また，情報収集段階で市場調査の専門家を起用し，再生後の土地需要の可能性を吟味しており，従来の再開発計画よりも慎重な計画立案である。段階 2 の成果である指定調査書の主な内容を以下に示す。

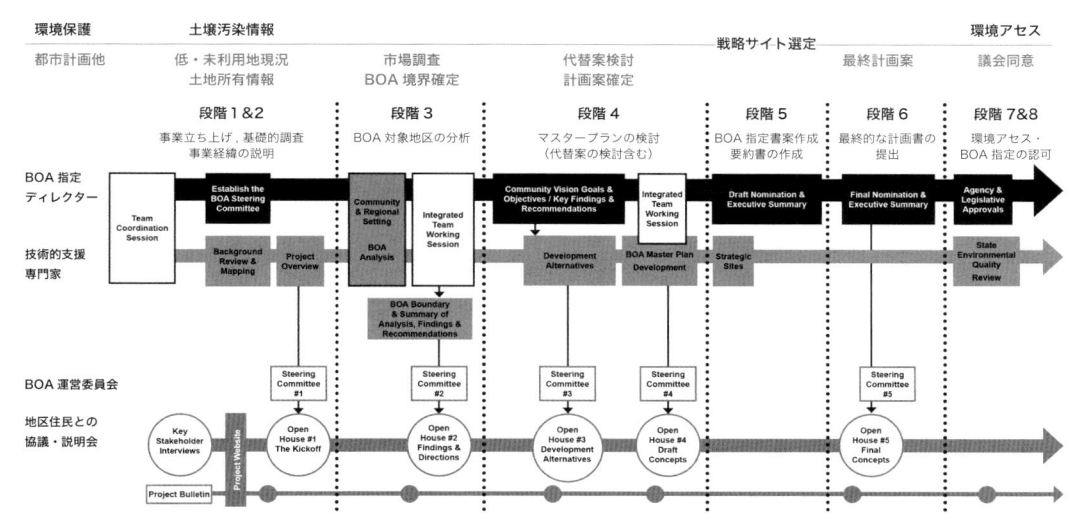

図 8-34　BOA 段階 2 の計画プロセス

City of Buffalo, Buffalo River BOA, Public Open House #2 Analysis and Visioning, 2012/6 より引用，筆者が一部加筆

8.6.2　ブラウンフィールド・サイト情報の収集

　前項で述べた通り，段階 2 の初期条件整理において，ブラウンフィールド・サイトに関する既存情報が徹底して収集されている。既存計画として，州の地域水辺再生地区と経済開発に関する地区指定を重視していることがうかがえる。ブラウンフィールド・サイトに関する詳細な情報として，計画の参考資料には地区内の住宅を除く全ての区画（全 81 区画）の土地利用の履歴，土壌汚染の実態，過去の調査と浄化の詳細な記録が整理されている。

　現状の土地利用や土地所有は一般の都市計画の策定プロセスでも整理されるが，BOA は段階 1・2 において地区の再生に寄与するブラウンフィールドの精査が求められるため，机上調査の範囲内ではあるが区画ごとに詳細な情報整理が行われた。土壌汚染地に関する情報は連邦や州など部局ごとに管理されているため，各情報を収集して対象地区内の地理的な分布を分析することは計画の前提条件として重要である。

　また，ブラウンフィールド・サイトの分布に関しては，土壌汚染の有無ではなく，①浄化済みおよび浄化中，②ブラウンフィールド（汚染可能性あり），③既知の土壌汚染あり，④既知の土壌汚染なし，⑤土壌未調査，⑥閉鎖済み埋立地の 6 種類の凡例が設けられている。土壌汚染の有無だけで土地を区別するのではなく，土壌汚染の可能性が疑われるが調査が行われていない土地を抽出することも重要である。これらの情報の収集と整理に膨大な作業が発生しているが，計画の前提として丁寧な情報整理を行うことによって，後述する公的資金を用いた戦略的な土壌調査の対象地の検討など，環境保護と都市計画が連携して事業を執行する基盤が生み出されていると言えるだろう。

8.6.3　BOA 段階 2 における地区再生計画と策定プロセス

　本項では South Buffalo 地区の BOA 段階 2 の再生計画の内容と策定過程を検討する。

1）地区再生計画の原則とその特徴

　市役所を中心とした計画チームは，市場調査や運営委員会での議論の結果として，10 の計

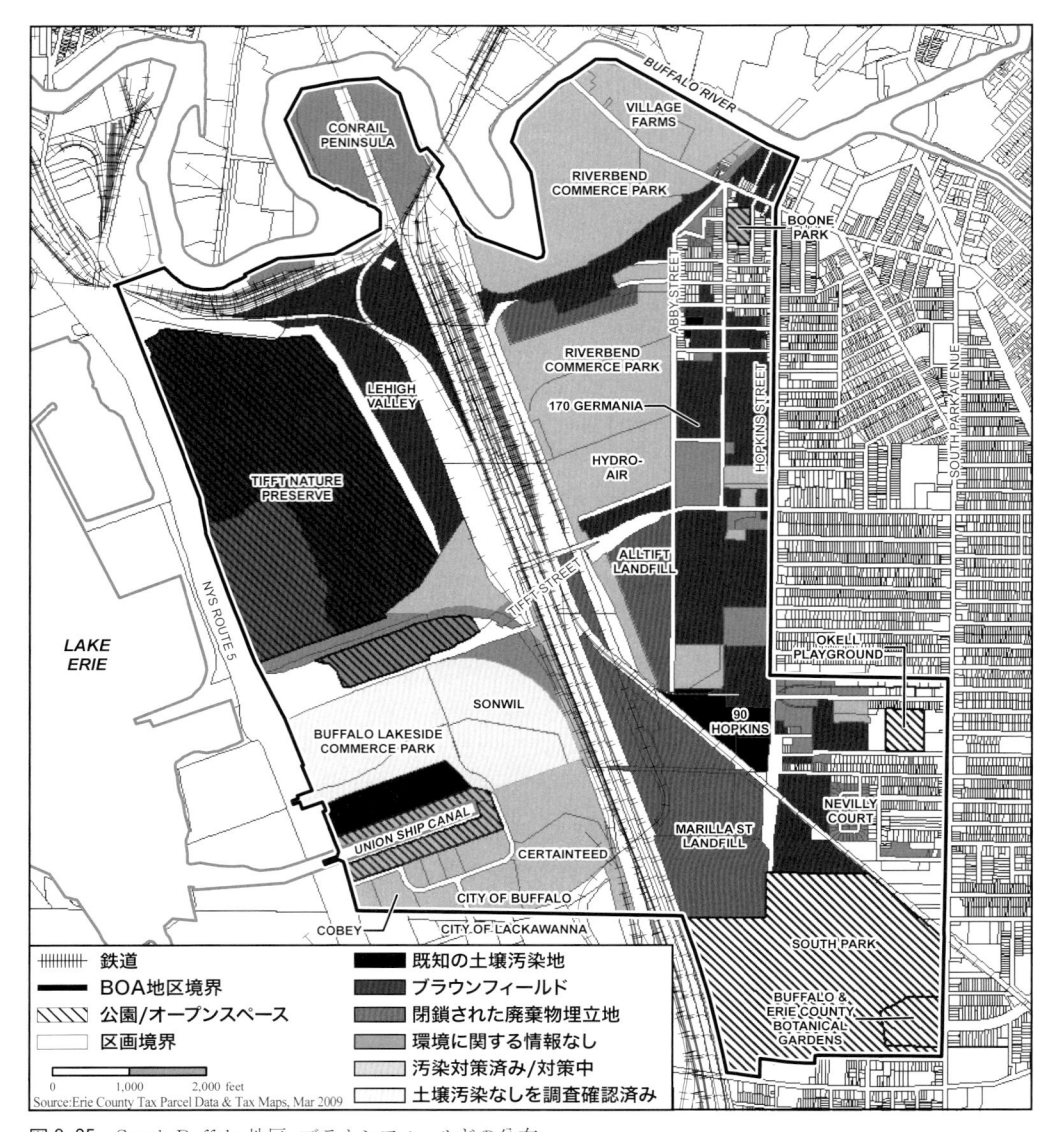

図 8-35 South Buffalo 地区 ブラウンフィールドの分布
City of Buffalo, South Buffalo Brownfield Opportunity Area, Nomination document, Final Draft, P. 70

画の原則（表 8-6）を打ち出した。本項では，特にブラウンフィールド地区の計画として特徴的な点を以下において分析する。

低・未利用地の自然の評価と活用

　特徴的な内容として，原則 1 と原則 3 で示されているように既存資源，特に自然環境を，新たな開発を呼びこむための魅力として捉え直している点が挙げられる。地区内に純粋な野生の環境は残っていないが，廃棄物埋立地から自然保護区となった Tifft 自然保護区のように産業撤退の結果生じた低密度な空間を前向きに評価し，自然環境の豊かさを強調することで，他地区との差別化を図る戦略が明確に示されている。

公共空間の高質化

　原則 5 と原則 6 では，公共空間の高質化に関する原則が打ち出されている。実際に再開発が

表8-6　South Buffalo BOA 段階2における計画の原則

計画の原則	原　則　の　内　容
原則1 既存資源を最大限活用する	自然，オープン・スペース，交通基盤および近隣地区などの BOA 内の既存資産は，望まれている変化を現実にする触媒として機能し，BOA の競争力のある長所を強化し，より高い価値を持つ土地利用を地区に呼び寄せることを可能にする。特に，公有地の所有と浄化済みの土地は，重要な資産であり，戦略的に活用されれば，より多くの公共および民間の投資を集めることも可能である。
原則2 経済基盤を多様化する	既存資源を活用し，長期的に持続可能な経済成長を遂げるためにも，BOA は，様々な土地利用と土地利用クラスターを，地域で新たに生まれる成長産業の集積の上に生みだすべきである。これらの新しい土地利用クラスターは，新たなシナジーを引き出し，さらなる再生の触媒となり不況時の復元力を創りだす可能性を持っている。
原則3 自然環境を重要な資産として強化・活用する	クリーンで健康的な自然環境を育むことは BOA の優先的に行う取組として継続すべきである。健康面で機能する環境は，住民や勤務者の生活の質を高めるだけでなく，BOA の多様な種とユニークな生態系を支え続ける点においても重要である。
原則4 不動産市場において強力なブランドを創出する	グリーン・エコノミーやイノベーション，商業化，Placemaking とまちづくりに焦点をあて，従来のネガティブな見方から転換させ BOA を価値の高いエリアとしてリブランドする。
原則5 公共空間への投資を優先的に行う	公共空間の強化は，望まれている新たな投資を呼びこむために必要な，Placemaking を促進し，新しくなった魅力的な物的空間を提供する。公共空間への戦略的投資は地区内の遺産と BOA のユニークな空間の質を尊重し，BOA 内外の接続性を高める。また，経済や観光面の目標を前進させ，地区のイメージと川辺へのアクセスを改善する。
原則6 高質の都市デザインとPlacemaking を推進する	BOA の成功は，高質な都市環境に配置された，土地利用と意図的に生み出された場の特徴の多様性にかかっている。BOA は，より郊外の立地で見られるような環境とは異なる，都市性の高い目的地として発展すべきである。高質なデザインを育てる文化は，BOA 内の新たな投資に対する高い期待感を生み出す。また，強化された地区の場所の感覚の優先度を高め，都市の中心にふさわしい都市的な性格に到達することを促す。
原則7 協働と参加を促進する	BOA の成功は，州政府，地域機関，市役所，民間投資家と地元のコミュニティを含む，多くの人々と政府機関との協働にかかっている。
原則8 （地区の再生により）近隣地区へ便益を提供する	BOA の再開発は，対象を絞った再開発や街路景観の改善を通して，周辺地区に対して便益を供与すべきである。BOA は，地元向けのサービスや住宅に不足している点を補い，BOA との連携を強化し，地域のアメニティを向上させ，新たな職業訓練や雇用の機会を提供することで，地域に繁栄をもたらすべきである。
原則9 長期的な視座に立ち，計画する	短期的な活動により長期的な目標が妨げられないように注意する。意思決定にあたり，Placemaking への長期的な影響と目標の達成について慎重に検討しなければならない。中間的な利用は，BOA 全体の高価値の土地利用への移行を妨げたり，近隣の区画の潜在的な開発可能性に悪影響を与えたりしないように注意深く選定すべきである。新たな開発は目標に合致したものでなければならず，インセンティブは適切に対象を絞るべきである。
原則10 計画の実行の枠組みの範囲を確立する	South Buffalo BOA は規模が大きいため，（各々ばらばらに）何度も開発される可能性が高い。対象とする実行活動の枠組みは，進行中の政策変更も踏まえて市役所によって管理されるべきであり，州や連邦政府機関とのパートナーシップも同様である。計画実現に向けて多様な実行活動が不可欠であり，段階3の戦略検討において詳細が決められる。

City of Buffalo, South Buffalo Brownfield Opportunity Area, Nomination document, Final Draft, pp. 112-114
Placemaking とは，公共空間をあらゆるコミュニティの中心として捉え直す動きであり，人々が自分たちの公共空間をつくり出し，改善することを鼓舞するように変化することを促すアプローチである。Placemaking により，場所とその場所を共有する人々のつながりを強くするものである

行われるブラウンフィールド・サイトは民間企業が立地する可能性が高い。ただし，再開発の一部や街路改良・遊歩道の設置により公共空間の質を高めて，最終的には価値の高い土地利用を誘導するという方針を掲げ，自治体や州政府による公共空間への先行投資を促す内容である。公共空間の改良は，原則8にある周辺地区にBOAが提供する具体的なメリットの一つにも位置付けられている。従来の工場跡地の再開発は，対象敷地の内部で完結するものが多かったが，BOAは空間面でも雇用創出の面でも近隣地区への配慮と貢献を明確に示している点が特徴である。

経済基盤の多様化

原則2「経済基盤の多様化」には，これまでの製鉄業を中心に限られた大規模工場に雇用を頼ってきたブラウンフィールド地区の方針を転換する意識が込められている。「公共空間の高質化」には，工業系以外の土地利用を誘引するための努力が必要であったが，その最終的な目標は「経済基盤の多様化」にある。ただし，工業系と業務系の立地やバランスが本地区の計画検討のなかでも最も難しい課題であり，目先の利害にとらわれず，中長期の目標に基づいて判断し，長期的な目標達成を阻害する暫定利用は避けるという考え方も予め示されている（原則6）。

背景には軽工業や物流の立地が順調な一方で業務系の利用が停滞しているLakeside Commerce Parkで得られたノウハウがある。両者が混在するイメージが，特に業務系の立地を停滞させてしまったと事業者である都市開発公社は考えており，BOA全体では，工業系と非工業系のそれぞれに土地を適切に配分する方針を明確にすることで，両者が混在してしまうデメリットを防ごうという意図が示された。

2）土地利用の多様性に関する代替案の作成

再生計画の策定プロセスでは，市とコンサルタントが作成した代替案の評価を運営委員会と地域住民が行い，その結果を踏まえて最終案が策定された。本項では，代替案の内容とそれに対する評価について整理し，計画プロセスの特色を抽出する。

土地利用の多様性をどの程度まで認めるかという点を軸に25年後を想定して代替案が作成された（図8-36，図8-37，図8-38）。多様性が低い代替案①は，工業や物流の土地利用が中心で一部に事務所系用途が加えられた。多様性最大の代替案③は地区の大半がビジネス・パークや住宅を含む複合用途に転換されている。

この土地利用の議論は，実際には事業の短期的な成功を目指すのか，中長期的な土地利用転換を目指すのかという点に深く関係する[56]。社会基盤が整った大規模敷地が多いため，物流や工業系の用途は短期的にも一定の需要が見込まれる。一方で事務所や住宅，研究施設の立地を進めるには，これらの用途の立地に見合う地区の環境を創りだすことが求められる。原則に示された公共空間や緑地の整備も重要となるが，そのための公共投資と一定の時間が必要となり事業の不確実性も上昇する。

3）代替案の評価

運営委員会と地域住民が代替案の評価を行い，土地利用の多様性（＝将来の地区の経済基盤の多様性）については代替案②や③の多様な土地利用の導入が支持された。ただし，不安定な不動産市場に対する配慮として，広大な計画対象面積を活かし，地区内の将来土地利用に幅を持たせるという方法も併せて議論された。自然保護と経済発展のバランスについても議論が分

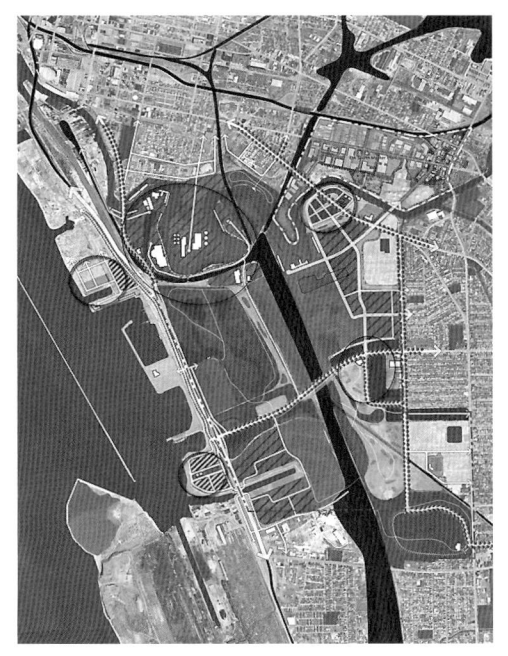

図 8-36　代替案①-多様性中程度

本頁の図は全て City of Buffalo, South Buffalo Brownfield Opportunity Area, Nomination document, Final Draft, pp. 116-121 より引用し凡例部分を筆者が加工した

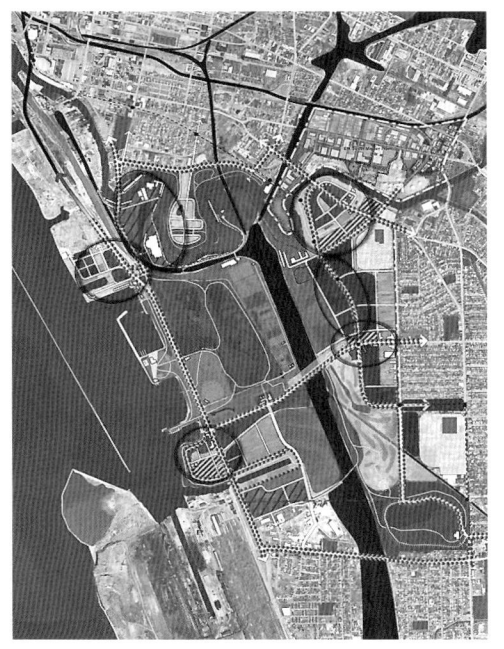

図 8-37　代替案②-多様性高

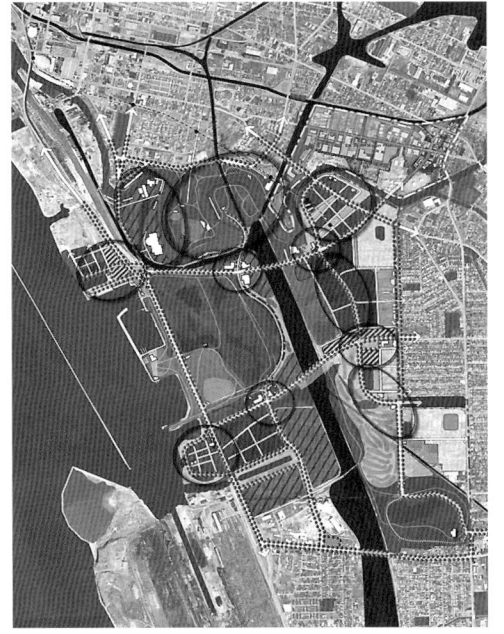

図 8-38　代替案③-多様性最大

凡例

雇用を生み出す地区
- 研究・開発地区
- 特徴的な業務地区
- ビジネス・パーク
- ビジネス支援サービス
- 高度な製造業/グリーン・インダストリー
- 倉庫/物流

近隣地区の開発
- 複合用途のコア
- 職住混合
- 近隣地区への投資
- 新規住宅地区
- 近隣商業及びサービス
- 鉄道

公園とレクリエーション
- サウス・パーク（既存）
- 公園緑地（既存）
- 湿地/自然地（既存）
- Tifft自然保護地（既存）
- Tifft自然保護地（拡張）
- 公園緑地（新規）
- その他オープンスペース（新規）
- 湿地/自然地（新規）

- 特徴的なサイト

かれたが，原則にも示された通り保護する自然を新たな土地利用の誘致にも活用するという方針で最終的に合意された。

市側は再開発の完成によって得られる固定資産税の増分，居住者増加と雇用増加について定量的な分析を行い，代替案②または③が税収を最大化し居住者や雇用の増加につながるという分析を，上述の評価とは別に実施している。

4）最終的な地区再生計画の特徴

前項の議論を経て，代替案②と③をベースに最終的な地区再生計画案（口絵21）が立案された。最終案の考え方は計画の原則とほぼ共通であるが，最終案の特徴として「サブエリアの設定」と「オープン・スペースのネットワーク化」の2点が強調された。

サブエリアの設定

最終案では，地区全体を「サブエリア」に分割（図8-39）し，各エリアごとに許容される土地利用，守るべき開発の水準や事柄，重点的に取り組む事項を整理している。本地区は，計画対象地の規模が大きく土地利用方針も多様なため，地理的な特性と土地の所有や利用の方針に応じてサブエリアが設定された。全体計画は，土地利用の方向性や開発の原則，緑地等のネッ

図8-39　サブエリアの分割図
City of Buffalo, South Buffalo Brownfield Opportunity Area, Nomination document, Final Draft, P. 145 を筆者がトレースおよび翻訳

トワークを定義する枠組みとしての機能が重視されている。

　8.5で分析した大規模なブラウンフィールドのサブエリア化と再生方針を整理しておく。計画当時すでに公有地となっていた Republic Steel 跡地では，北側の区画が RiverBend Peninsula として複合用途で開発，南側の区画は RiverBend Employment として工業系・オフィス系の土地利用という方針が示された。また，LCP は事業のほうが先行しており工業系・オフィス系が混在する現状の方針が追認された。サウス・パーク北西の廃棄物埋立地は，サウス・パークと一体で South Park Open Space System と位置付けられ，ゴルフコースとする再生方針が示された。

オープン・スペースの重視とネットワーク化

　緑地やオープン・スペースの重視とそのネットワーク化は計画の原則にも示されていたが最終案でも強調されている。全体計画は BOA 全体の将来方針を示す枠組みとしての色合いが強く，個別の都市設計が行われるわけではない。サブエリアに分割したがゆえに，緑地やオープン・スペースはサブエリアを跨ぐ連携がますます重要になった。そのため，図8-40のネットワーク図に加えて接続強化に向けた複数の具体策[57]が示された。

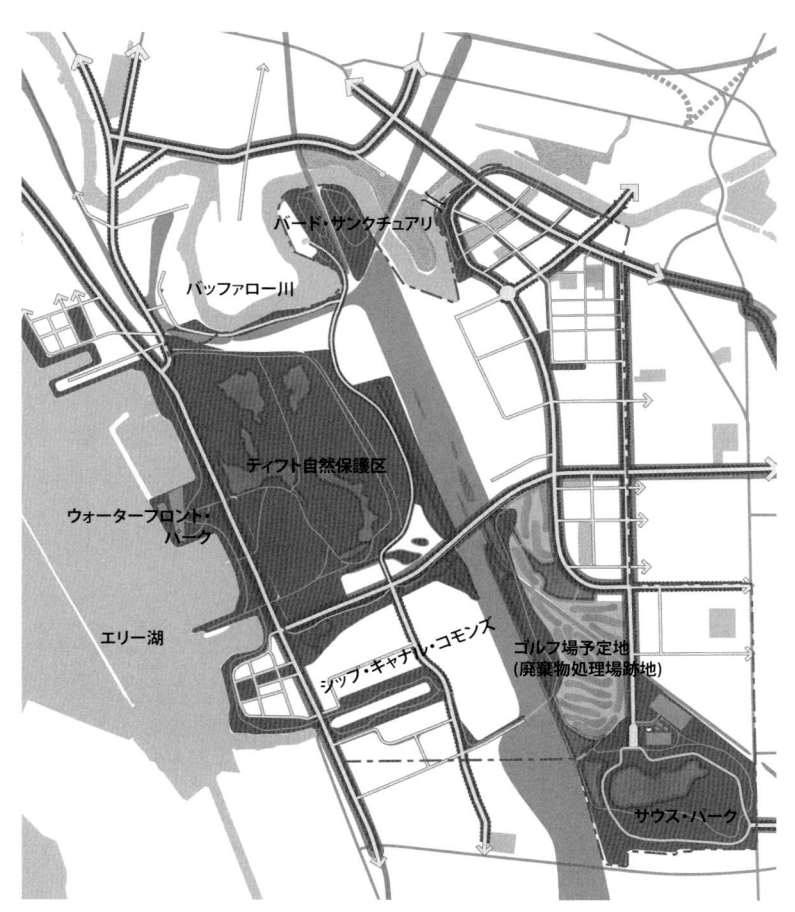

図8-40　South Buffalo 地区 BOA 段階 2 オープン・スペースのネットワーク
City of Buffalo, South Buffalo Brownfield Opportunity Area, Nomination document, Final Draft, P. 131

表8-7 BOAの土地利用別面積と想定される雇用（網掛けはオープン・スペース等）

土地利用	面　積 （エーカー）	割　合	延床面積 平方フィート	想定される 雇用者数
研究・開発	33	2%	500,000	700
業務（ビジネス・パーク）	220	11%	3,800,000	12,500
業務サービス	66	3%	2,100,000	2,800
工業	317	16%	2,800,000	1,800
鉄道	190	10%	0	0
複合用途	102	5%	4,400,000	2,800
既存の住宅地区	138	7%	N/A	N/A
Tifft 自然保護区とサウス・パーク	450	23%	N/A	N/A
自然地	212	11%	N/A	N/A
ゴルフ場	133	7%	N/A	N/A
公園・オープンスペース	107	5%	N/A	N/A
合計	1,968	100%	13,600,000	20,600

City of Buffalo, South Buffalo Brownfield Opportunity Area, Nomination document, Final Draft, P. 133 の
Table 5.1 に基づき作成，割合は筆者追加

　緑地やオープン・スペースを重視する姿勢は土地利用別面積にも表れている（表8-7）。緑地やオープン・スペースに該当する面積は，地区の全面積の約半分に達する。BOA計画前から緑地であったTifft自然保護区やサウス・パークの寄与もあるが，ゴルフコースとその他の公園緑地および自然地に452エーカーが割り当てられている。中には既存のものも含まれるが，Buffalo川の河畔や運河公園であるUnion Ship Canalを中心に現在低・未利用地となっているブラウンフィールド・サイトが，緑地へ転換する場所も多い。

戦略サイトの選定

　BOAの計画の特徴である戦略サイト（Strategic Brownfield Site）の選定は，8.6で述べた地区再生計画に基づいて検討された。段階2・段階3の戦略サイト選定について，8.6.6でまとめて整理するため本項では省略する。

8.6.4　一部サブエリアにおける事業化検討の進展

　BOA段階2の計画策定後，段階3の開始前に3つのサブエリアで事業化の検討が先行した。RiverBend PeninsulaとRiverBend Emloymentを合わせたRiverBend地区では2011年に詳細マスタープラン[58]が策定された。同地区は，前節で述べたRepublic Steel跡地のうち，先行的に開発されたHydro air社の土地を除く部分にあたる。2008年に市が土地を取得して以降，段階2の地区再生計画ではLCPに次ぐ新規開発部分として，代替案の検討においても議論の中心にあった地区である。また，サウス・パーク北西に位置する廃棄物埋立地のゴルフコース実現性調査[59]は，2013年に実施されサウス・パーク内の既存ゴルフコースを同埋立地に移設させる計画案の詳細が検討された。

1）RiverBend 地区の詳細マスタープラン

　同地区のマスタープランは，2012 年に市役所と都市開発公社が主導して策定した。計画資金は，インフラ企業 National Grid 社からの支援と BOA の補助金の一部を用いている。計画の対象地は，段階 2 のサブエリア RiverBend Peninsula と RiverBend Employment の 2 つを合

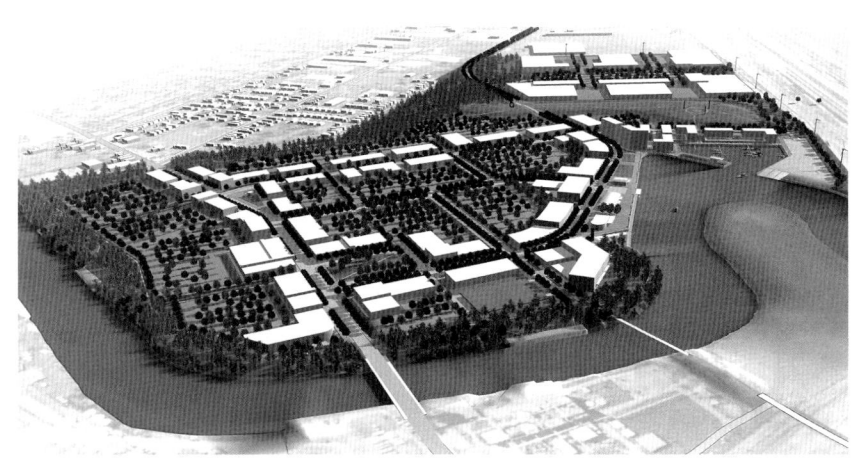

図 8-41　RiverBend 地区詳細マスタープラン
BUDC, City of Buffalo and New York State Department of State, RiverBend Master Plan, 2011/6，P. 4

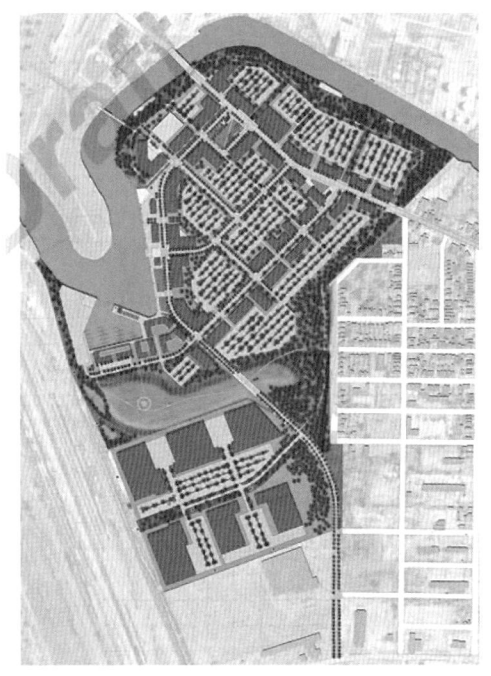

図 8-42　RiverBend 地区マスタープラン
BUDC, City of Buffalo and New York State Department of State, RiverBend Master Plan, 2011/6，P. 26

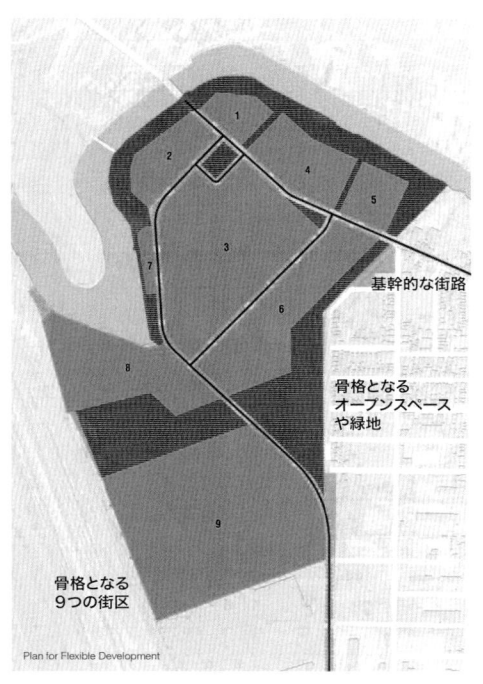

図 8-43　柔軟な開発の可能性を受け入れる緑地と骨格街路
BUDC, City of Buffalo and New York State Department of State, RiverBend Master Plan, 2011/6，P. 26 に筆者追記

わせた部分にあたる。計画策定の助言委員会には，BOA の関係者に加えて BNMC の関係者も加わり，拡大ダウンタウンで成功を収めた BNMC のプロトタイプ作成や機器の製造を担う拠点としての可能性も視野に入れていた[60]。

　段階 2 は，ブラウンフィールド・サイトの実態や土地利用用途の検討が中心であったが，詳細マスタープランはより具体的な開発イメージが検討された。計画の柱として「接続（Connect），回復（Restore），変化（Transform）」が掲げられ，街路と建物の関係やグリーン・インフラの導入検討，段階開発の具体的な検討が行われている。ただし，計画の詳細化と並行して可変性の確保にも配慮されており，土地利用等が大きく変化した場合に緑地や骨格街路以外の部分は，変更可能であるという枠組みを打ち出している（図 8-43 参照）。

2）RiverBend 地区の開発進展

　RiverBend 地区は，ニューヨーク州が主導する大規模な経済開発事業の対象となり，本格的な事業化が進められている。2012 年に Andrew M. Cuomo 州知事の主導により，バッファローを中心としたナイアガラ地域へ 10 億ドルの投資を行うバッファロー 10 億ドル投資開発計画が発表された[61]。同計画は，先進的な製造業，医療および生命科学，観光業の 3 点に重点投資する戦略を打ち出しており，先進的な製造業の成長を促す最初の具体策（Wave 1）として，先進的製造業競争力を向上するための研究機関の設置が謳われた[62]。生命科学関係がBNMC を中心とした地区を主な投資対象としているのに対し，South Buffalo を製造業の拠点として機能させるための検討が進められた。

　その結果，2013 年に RiverBend 地区のうち 90 エーカーを使って，再生可能エネルギーの拠点を州が開発する方向性が打ち出された。当初計画は，州経済開発公社が 2 億 2,500 万ドルを投資して，基盤整備と延床面積 27.5 万平方フィートの施設を建設，州立大学研究財団が保有し進出企業に施設を貸借するという内容だった（その後敷地規模は大幅に拡大した）[63]。民間事業者が単独では設置が難しい最先端の設備と研究施設を整備して，研究機関や民間事業者を誘致する手法であり，同様の計画として州都オールバニに設置されたナノテクノロジー産業拠点の成功の影響が指摘されている[64]。バッファローへの進出企業はソーラーパネル製造大手の Solar City（現在は Tesla 社の子会社）となった。都市開発公社は 2014 年 5 月に 88 エーカーの敷地を 250 万ドルで州政府へ売却，11 月にはさらに 98 エーカーを 280 万ドルで売却した。州の所有地は通常，固定資産税が免税となるが RiverBend 地区については，Payment in lieu

図 8-44　太陽光パネル工場（2017）（写真左端から右端まで）

図 8-45　Buffalo 川沿いの再生事業（2017）（写真左端は太陽光パネル工場）

of Taxes（税金代替支払い）が設定され，将来対象となる開発が免税となった場合もバッファロー市に一定の税収入が確保されるように工夫された[65]。研究開発には，州立大バッファロー校に加えてオールバニのナノテクノロジー拠点で中心的な役割を果たしたニューヨーク州立大学ナノスケール理工学カレッジ（College of Nanoscale Science and Engineering）の参画も検討されている。

2017年の時点で，88エーカーの敷地に120万平方フィートの巨大な建物の建設が概ね完了し，州の支援は7.5億ドルに達している。RiverBend地区マスタープランで想定された中小規模の軽工業や事務所が連続する街区型の計画から大きく変更され，巨大な工場建物と駐車場がRepublic Steelの跡地に生まれている。市の都市開発公社の担当者たちは，このような巨大な面積を必要とする事業者の進出を想定していなかったという。巨大な一街区のソーラーパネル工場は同地区のマスタープランとは大きく異なるが，市に雇用をもたらす大規模な経済開発事業であり，Lakeside Commerce Park以降の具体的な事業の進展も重要であったため，州の全面的な土地買収の申し出を受け入れたと彼らは述べている[66]。Buffalo川沿いの再生（図8-45）やグリーン・インフラストラクチャの導入などは，同事業と並行して進められている。

RiverBend地区の巨大な太陽光パネル工場建設は，州知事の主導により強力に推し進められてきた側面も強く，同事業が生み出す雇用に対して補助金が巨大すぎるという批判も少なくない。ただし，土壌汚染の浄化やBOAによる開発戦略の検討を通して，大規模な経済開発事業に対応することができる「準備」は，長期間にわたって進められてきた。都市開発公社の関係者も「開発にすぐに取り掛かれる状態（shovel-ready）」にするまでが，最も苦労が多く大切な役割であると指摘している。本事業の成否は現段階では判断できないが，多額の公的支援が必要となるため様々な政治的思惑に影響を受けやすいブラウンフィールド再生の難しさを考えさせられる事業である。

8.6.5　BOA段階3の取組

South Buffalo地区は州に段階2の計画が認可され，2009年に実行戦略を立案する段階3の補助金が交付された。段階2までは市の戦略計画局が主に担当していたが，段階3は実行機関である都市開発公社に補助金が交付されている。2014年現在，段階3の実行戦略の原案が完成した段階にあり，本項の記述は原案の内容による。

実行戦略は，RiverBend地区等の先行地区の詳細計画を包含しつつ，地区全体を結ぶ街路や歩行者道・自転車道の整備，一部のブラウンフィールド・サイトの緑地化など，重点整備すべき公共空間が整理され，整備主体や利用できる可能性がある補助金も列挙された（表8-8）。先行地区は詳細計画が既に完成していることもあり，実行戦略では，サブエリア間の連携と，民間所有のブラウンフィールドが多い地区に対する計画に注力している。戦略サイトの内容も，事業化が決まったRiverBend地区内のサイトは除外されるなど大きく見直された（8.6.6）。地域コミュニティとの議論も，戦略的に公共投資を行う地区（Hopkins St.周辺地区）や新たな地区ルールを定める部分に集中している。

8.6.6　戦略サイトの実態とその選定

戦略サイト（Strategic Brownfield Site）は，環境保護政策と都市計画を統合的に取り扱う

表 8-8　South Buffalo BOA 段階 3 実行戦略素案の主な内容

大　項　目	中項目・計画の主な内容
1.　事業概要と経緯	（省略）
2.　住民参加計画と関係者	段階 3 における住民参加計画の概要 コミュニティや利害関係者に関する記述
3.　現状分析と開発機会 （段階 2 内容踏襲，先行地区取組に応じ一部見直し）	1.　導入 2.　対象地区と地域全体の現況（市場調査含む） 3.　土地利用の形式と規制 （3-3 ブラウンフィールド低・未利用地，3-4 戦略的ブラウンフィールドサイト，3-6 土地所有の現状）
4.　実行戦略 （地区全体の短期的変化と継続的変化を先導する最重要イニシアチブへの集中を目的とする）	戦略 1.　誰もが楽しめる街路をつくる（地域コミュニティの要望に基づく地区内の重要な街路の植栽・グリーンインフラの導入・歩行者道路網の改良） 戦略 2.　地域全体の歩行者トレイルを統合する（公園・緑地内の歩行者網と戦略 1 で整備する歩行者網を繋ぎ，居住者・新規事業者を地区内の多様なサービスに接続） 戦略 3.　自然の持つ経済的・社会的な可能性を利用する（地区の大半を占める，工場跡地や廃棄物埋立地から回復した，広大な緑地を最大限活用） South Buffalo BOA のマーケティング戦略検討

City of Buffalo, South Buffalo Brownfield Opportunity Area, Implementation Strategy Draft, 2014/1 より筆者作成

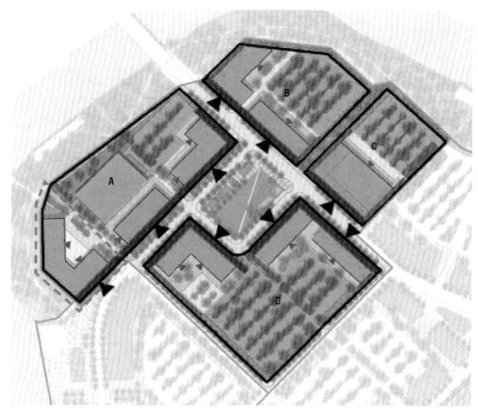

図 8-46　開発地区のフォーム・ベースド・コード導入検討
BUDC, City of Buffalo and New York State Department of State, RiverBend Master Plan, 2011/6, P. 20 に筆者追記

図 8-47　歩行者及び自転車の通行空間の改良
City of Buffalo, South Buffalo Brownfield Opportunity Area, Implementation Strategy Draft, 2014/1, P. 110

図 8-48　現在の 4 車線の Tifft St.（2014）

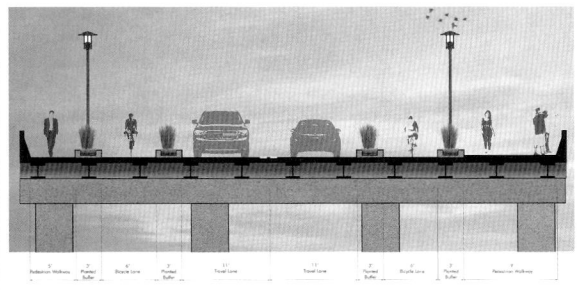

図 8-49　自動車向け 4 車線街路を歩行者向けに再配分する
計画
City of Buffalo, South Buffalo Brownfield Opportunity Area,
Implementation Strategy Draft, 2014/1, P. 123

図 8-50　現在の Hopkins St.（2014）

図 8-51　Hopkins St. の改変案
City of Buffalo, South Buffalo Brownfield Opportunity Area,
Implementation Strategy Draft, 2014/1, P. 123

BOA の計画プロセスの特徴的な要素である。South Buffalo 地区では，段階 2 の最終段階で戦略サイトを選定された。市は，戦略サイトの条件として，①土地所有者は土壌汚染に対して（過去から現在に至るまで）責任がない，②土地所有者が BOA マスタープランと矛盾しない方法で，土地を再開発する意思がある，③対象となる土地がその土地自体または BOA 地区内の別の土地に，鍵となる再開発の機会を可能にするという 3 点を掲げている[67]。なお，戦略サイトとして BOA の資金を活用した調査を行うためには，州政府も，他法に基づく対策の対象となっていないなどの一定の条件[68]を示している。

　戦略サイトの選定に携わった関係者への聞き取り調査によると，上述した 3 条件に加えて，土地所有者の意向と所有者のブラウンフィールド再生の実績，公有地との一体開発の可能性の有無も考慮された[69]。土壌汚染に関する情報が少ない区画についても，戦略サイトには優先的に土壌汚染調査の補助金が段階 3 で提供されるため，重要な候補になる[70]とされた。なお，戦略サイトは，市場調査・マスタープラン・地域住民の要望に基づき，市と都市開発公社が共同で選定し，利害関係者を含む運営委員会に報告された[71]。

1）段階 2 における戦略サイトの指定

　段階 2 では，戦略サイトとして 2 タイプの区画が設定された。①段階 3 の BOA 事業のなかで土壌調査を行うべき区画（BOA 調査区画）と②州・連邦の他の公的補助プログラムを活用して調査・浄化を行う区画（他の公的支援調査区画）である。① BOA 調査区画は，地区全体で 86 区画 311 エーカーが選定され，②他の公的支援調査区画には 4 区画 60 エーカーが選定さ

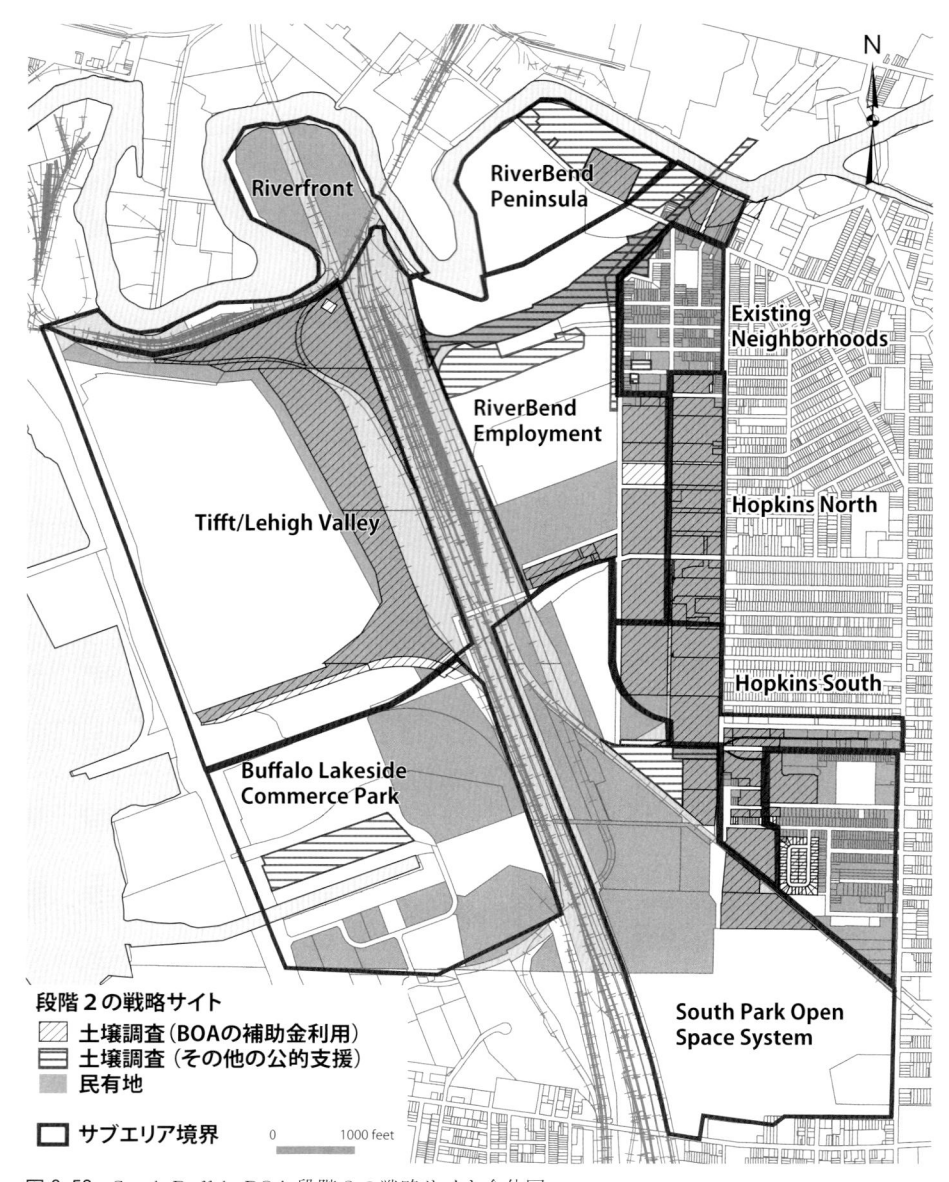

図 8-52　South Buffalo BOA 段階 2 の戦略サイト全体図
City of Buffalo, South Buffalo Brownfield Opportunity Area, Nomination document, Final Draft, pp. 188-224 の
内容に基づき筆者が全体図に再整理した

れた（図 8-52）。②の利用は，基本的に公有地に限定されており，この 4 区画も全て公的機関
が所有している[72]。

　段階 2 の戦略サイトは，サブエリアごとに整理されている。例えば RiverBend 地区は，地
区の西方大半は，8.5.4 で述べた Republic Steel の跡地にあたり，段階 2 の計画時点で土壌汚
染対策が完了し，既に市有地となっていた。そのため，このサブエリアでは，BOA の段階 3
で土壌調査を実施すべき戦略サイトとして，同跡地に隣接するこれまで十分な土壌調査が行わ
れてこなかった民有地が選定された。

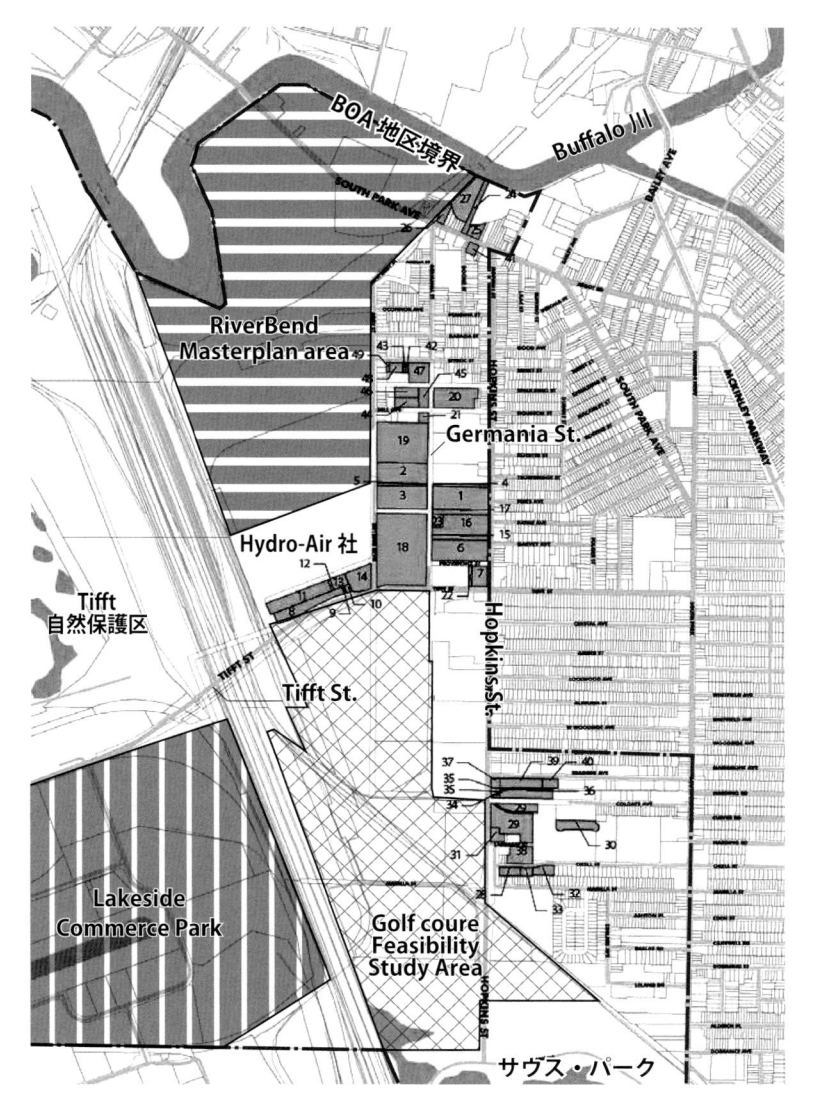

図 8-53 段階 3 の戦略サイト全体図
City of Buffalo, South Buffalo Brownfield Oppotunity Area, Nomination document, Final
Draft, 2010/4 P. 62 より引用，開発地区の範囲や地区名を筆者加筆

2）段階 3 における戦略サイトの変更

　段階 2 の計画策定後，RiverBend 地区の詳細計画や事業化の進行を踏まえ，市と都市開発公社は戦略サイトの開発可能性を再吟味した。結果，段階 3 の BOA 事業で実施する戦略サイトは 49 区画に減少した。

　段階 2 では，サブエリア毎に戦略サイトを選定していたが，段階 3 では，RiverBend 地区の事業に目処が立ったこともあり，RiverBend 地区に隣接し，民有地のブラウンフィールドが多い Hopkins St. や Germania St. 周辺の区画を中心に選択された（図 8-53）。段階による戦略サイトの変化からもわかる通り，BOA 計画プロセスは民間事業者進出やサブエリアの事業状況に応じて変化し，進捗度の異なる地区を継続的，統合的に検討する枠組みと言えよう。

8.6.7 小括：South Buffalo BOA の意義とその計画技法

South Buffalo 地区は，大規模な産業施設が多数立地していたバッファロー市内でも，最も大規模な工場跡地の集中地区である。一方でバッファロー都市圏の市況は停滞しており，特に住宅ストックは過剰な状態にある。土壌汚染を抱える大規模低・未利用地の再生を不安定な開発需要のなかで前進させるという非常に困難な課題への対応が，South Buffalo BOA の再生計画立案の中心的課題であった。

この課題に対して，土地利用用途の多様化と可変性向上，市場の変化に関係なく必要となる公共空間や社会基盤の高質化の 2 点を骨格として対応した。前者は，サブエリアの設定，工業系用途と業務系用途の空間的棲み分けと可変性の高い土地利用規制の設定により対応した。後者は，地域住民の生活環境改善の要望と高質な公共空間の創出により，税収増が期待できる土地利用への転換を狙う市役所の意図が合致したこともあり，州の道路事業や環境回復基金などの補助金も活用して事業化された。

同地区では BOA の計画プロセスの進展と並行して，公有地の土壌汚染対応には概ね目処がついていた。そのため，BOA では先行的に再開発が進む可能性が高い大規模公有地に隣接する民間のブラウンフィールド・サイトを戦略サイトに指定し，調査と浄化を推進していた。

South Buffalo BOA は，主な大規模ブラウンフィールド・サイトであった Lakeside Commerce Park，RiverBend 地区，廃棄物埋立地の再生の方針に一定の目処が立ちつつある。この背景には，South Buffalo 再開発計画から始まった BOA 以前の計画策定の歴史や都市再開発事業を用いた LCP の事業化など BOA 以前の取組による部分も大きい。そのなかで，BOA が果たした役割は，個別の再開発事業を全体の再生計画のなかに位置付け，オープン・スペースのネットワーク化や公共空間の高質化を促した点にある。Buffalo 川の再生やサウス・パークの復元など，非営利団体が中心となって継続的に行われてきた活動と，自治体が進める経済開発を目的とした再開発が，BOA の計画検討プロセスで結び付けられ，各主体が一つの将来像を共有したことも重要な成果である。交通利便性も比較的高い大規模低・未利用地であるため，BOA が存在しなくても同地区のブラウンフィールド・サイトは，物流や工業系の用途で再利用が進められたかもしれない。しかし，全体の再生計画がない状態で，個別区画で短期的な市場ニーズに応じた再開発を行えば，工場跡地を工場用地として再開発してきた従来の再開発事業の限界を超えることは難しい。BOA の計画プロセスによって，大規模な地区全体で役割分担を行い，互いの既存資源を活かすことで，不確実な状況のなかでも一定程度，戦略的な土地利用転換を進めることができたと言えるだろう。

8.7 バッファロー市内の BOA の取組

8.7.1 Buffalo BOA 選定の背景

8.1.2 で整理した通り，市役所は，2006 年のマスタープランにおいて，大規模な低・未利用地が連担する地区を戦略的投資回廊と位置付け，South Buffalo 地区と同様に州に対して BOA 指定を申請し，2014 年現在，South Buffalo を含む 4 地区で州の補助金を得て再生計画の検討が行われている。

既に述べた通り South Buffalo BOA は，1997 年の South Buffalo 再開発計画を下敷きに段階

2 から事業を進めている。他の3地区についても市役所は市内部で段階1の事前指定調査書を作成し，2008年3月に Buffalo River 回廊および Tonawanda Street 回廊，2009年10月に Buffalo Harbor 地区の段階2の指定が発表された[73]。3地区については，同じコンサルタント・グループが計画策定の支援を行っており，市全体の市場調査等，共通化可能な部分は成果を共用している。

　2016年に各地区は最終的な指定調査書を提出しているが，本節では段階1の指定準備調査書と市役所から入手した段階2の指定調査書素案[74]および住民向けの BOA Open House（計画検討のための協議会）で用いられた資料に基づき，3地区の BOA の計画内容と計画プロセスを分析する。分析の観点として，South Buffalo 地区の BOA の分析と同様に，対象地区内の計画前の取組，計画の前提として収集した情報，代替案検討の内容の3点に着目する。なお，戦略サイトの選定は素案段階のため，完了しておらず，本項の分析対象には含まれていない。

8.7.2　バッファロー市内の BOA の比較検討

　本項では，バッファロー市内で行われた4地区の BOA を対象に段階2の計画内容の概略を比較し，共通する手法や個別計画の特徴を整理する（表8-9，8-10）。

1）ブラウンフィールド再生を意図した計画策定の前提情報整理

　計画策定の前提として収集される情報は，ブラウンフィールド・サイトに関するものとブラウンフィールド・サイトの再生の具体的なツールとなるものに大別される。ブラウンフィールドに関する情報として，土壌汚染の実態に関する情報，公有地および民有地の分布の整理が特徴的である。バッファロー市は基本的に大規模なブラウンフィールド・サイトの再生に注力していることもあり，大規模低・未利用地の分布も前提情報として地図上に整理されていた。ブラウンフィールド再生に利用するツールとしては，地区内の産業遺産の分布，水域，緑地やオープン・スペース，トレイル等の計画も基礎情報として整理されており，短期的な再開発が困難なブラウンフィールド・サイトの活用として，浄化後のブラウンフィールド・サイトへの公共アクセスの回復や緑地化を視野に入れた情報収集が行われていることが明らかとなった。

2）市場調査を活用した慎重な用途の見極め

　一般に BOA は段階2において地区の市場調査を綿密に行う。これは，従来の土壌汚染の浄化に主眼を置いて行われた環境修復事業が浄化後の土地利用に必ずしもつながらなかった反省に基づくものである。バッファローでも浄化後の土地利用の可能性についての分析を調査・計画段階で行うために，段階2で専門コンサルタントにより地区の開発可能性の分析と立地の可能性がある用途の検討が行われた。この市場調査の結果に基づいて地権者や住民との議論が行われたため，立地が見込まれる現実的な用途について議論が進められている[75]。また，同市の場合，いずれの BOA も規模が極めて大きいため，ある程度の規模のサブエリアに分割して，地区の特性や土壌汚染の状況に応じて最適な用途の検討が行われていた。

3）計画対象区域の規模とサブエリアの設定

　計画対象区域の規模は，South Buffalo が突出して巨大であるが，4地区とも州務局が推奨する 50-500acre の規模を大きく上回っており，他市と比べると市が取り組む BOA はいずれも極めて大規模であることがわかる。地区が広大で一度に再開発を行うことが困難であるため，全ての BOA が比較的一体性の高いサブエリアを設定している。サブエリアのサイズは概ね

表 8-9　バッファロー市内の BOA の計画策定内容の比較①

名　称	South Buffalo	Buffalo River 回廊	Tonawanda St. 回廊	Buffalo Harbor
BOA 以前の計画	South Buffalo 再開発計画 Lakeside Commerce Park	Elk Street 回廊再開発計画	Tonawanda 回廊計画 Waterfront 都市再開発計画	Canalside 地区再開発計画
関係水域	Buffalo 川/Union Ship Canal	Buffalo 川	Scajaquada Creek	エリー湖，Buffalo 川
BOA 区域変化（段階 2）	South Buffalo 再開発計画から州道 5 号線以西および Buffalo 川以北を除外	段階 2 開始時から Ohio St. 東側の一部街区を追加（Ohio St. 再整備に対応）	段階 2 の計画プロセスにおいて，南側の Niagara St. 沿道を対象に追加	段階 1 から概ね変化なし
面積	S. B. 再開発計画 約 1,200acre 段階 2：1,968 acre	事前指定調査書：980 acre 段階 2：1,052 acre	事前指定調査書：513 acre 段階 2：650 acre	事前指定調査書：1,039acre 段階 2：1,045acre
住民参加	運営委員会および Open House（説明会）			
市場調査	あり/都市全体および BOA を対象			
土地条件	地区境界　土質　地形　湿地帯　洪水危険地区　（表層水域）			
現況情報	自転車用および多目的トレイル/道路/鉄道と鉄道用地の所有/公園/オープン・スペース/考古学資源/歴史資源（産業遺産含む）	歩行者/自転車用道路/トレイル/道路/鉄道/公共交通機関経路/航行可能な水路 公園/オープン・スペース/水域へのアクセス/考古学資源/歴史資源（産業遺産含む）		
土地現況	現状の用途地域　土地利用現況　土地所有現況			
ブラウンフィールド関連	低・未利用地の分布 ブラウンフィールドの分布	大型区画の分布/重要な建造物/主要な施設/遺棄された構造物/空地の分布/ 潜在的なブラウンフィールド・サイト		
サブエリアの設定 *印は BOA 以前の計画の主な対象	段階 2 の時点で 9 地区 1. RiverBend Peninsula* 2. RiverBend Employment* 3. Existing Neighborhoods 4. Hopkins North 5. Hopkins South 6. South Park Open Space System* 7. Buffalo Lakeside Commerce Park* 8. Tifft/Lehigh Valley 9. Riverfront	事前指定調査書：7 地区 1. Kelly island City Ship Canal 2. Childs St. Peninsula 3. Katherine St. Peninsula 4. Balley Community 5. Rail Corridor 6. Mixed Commercial/ Residential 7. Buffalo Color/ Exxon Mobil*	事前指定調査書：4 地区 1. Former Black Rock Yard 2. Austin Streeet 3. Chandler Street 4. Lower Tonawanda Street*	事前指定調査書：7 地区 1. Holcim Cement/ Gateway 2. Gallagher Beach/Small Boat Harbor 3. Outer harbor Area 4. Times Beach/Coast Gurad 5. Erie Basin Village 6. Inner Harbor District* 7. CBD Transitional

City of Buffalo, South Buffalo Brownfield Opportunity Area, Nomination document, Final Draft, 2010/4
City of Buffalo, Application of Nomination-Buffalo Harbor BOA, 2009/3
City of Buffalo, Application of Nomination-Buffalo River Corridor BOA, 2006/5
City of Buffalo, Application of NominatioTonawanda Street Corridor BOA, 2006/5
City of Buffalo, Local Waterfront Rentalization Program, Draft LWRP, 2005/10

表 8-10　バッファロー市内の BOA の計画策定内容の比較②

名　称	South Buffalo	Buffalo River 回廊	Tonawanda St. 回廊	Buffalo Harbor
計画検討の基本的な考え方	• 既存資源を最大限活用する • 経済基盤を多様化する • 自然環境を重要な資産として強化・活用する • 不動産市場において強力なブランドを創出する • 公共空間への投資を優先的に行う • 高質の都市デザインと Place-making を推進する • 協働と参加を促進する • （地区の再生により）近隣地区へ便益を提供する • 長期的な視座に立ち計画する • 計画の実行の枠組みの範囲を確立する	• 川の環境面の改善を強化し，全面的に利用可能な状態に回復させる • Buffalo 川を地区住民や市民，広域の住民にとってのアメニティとして位置付け，その役割を拡大し多様化させる • 既存の水域を利用する産業のニーズと新たに生まれつつある関心のバランスをとり，産業用に稼働している水辺の利用を守る • BOA の価値を高める，水域に関連した複合用途の場所を創出する • 水辺のアクセスを改善し BOA 内の新たな接続により孤立した状況を減らす	• 環境の質を回復し，地域コミュニティの健康を増進する • ブラウンフィールド再開発により雇用機会を拡大する • BOA 内外の目的地，特に水辺へのアクセスと接続を改善する • 地区の歴史的な特性を高く評価し，その魅力を更に高める • 住宅の再活性化を推進し，住宅街のインフィル型開発を目標とする • レクリエーションのためのアメニティを向上させる機会を吟味する • Buffalo State（大学）を重要なコミュニティの核，雇用主および教育者として再認識	• 地域内で卓越した重要なウォーターフロントを創出 • 全ての人が訪問可能な目的地をデザインする • ユニークなエンターテイメント地区かつダウンタウンの延長として北地区の再生に注力する（南地区長期的目標） • 歩行者，自転車およびオープンスペースのネットワークを接続することで BOA とより幅広い周辺地区を結びつける • 地区の利点を最適化する投資や開発に注力する，段階的な成長を計画し，短期的な活動により長期的な目標を阻害しない • クリーンで緑あふれるウォーターフロントを創出する
代替案検討	地区全体 3 案 ①土地利用の多様性中程度 ②土地利用の多様性高い ③土地利用の多様性最大	地区全体 3 案 ①地上/水上交通による物流 ②工業拡大と多様化 ③雇用，レクリエーション及び文化による多様化	地区全体 3 案 ①工業用途の拡大と強化 ②雇用の多様化（イノベーション・キャンパス） ③キャンパス，雇用創出と住宅供給の複合化	[北地区　3 案] ①既存 Canalside/ Cooblestone 地区注力 ②Erie Basin 地区へ拡大 ③外港地区へ拡大 [南地区　3 案] ①環境修復とレクリエーション ②遺産公園と文化施設 ③住宅中心の複合開発
代替案に対する地域住民の反応	• 幅広い雇用タイプを持つ経済の多様化を進める • グリーン・インダストリーの技術開発と実践の場としてブランディング • 街路の接続性向上と多様なモビリティの提供，高収入の雇用機会や新たなレクリエーションの機会の提供により，周辺地区を強化 • RiverBend 半島の住宅，小売店，研究開発機関および事務所用途を含む価値の高い土地利用を強調，Placemaking を推進する • 環境保護と経済開発のバランスに関する議論 • LRT 延伸や大胆な土地利用の多様性について議論が分かれた • 地域住民および運営委員会の参加者は，より野心的な代替案 2/3 を最終案のベースとして合意	• 水辺への公共アクセス強化や川岸生態系の回復を支持 • 公共空間の改良，住宅，複合開発による Ohio St. の戦略回廊化を支持 • 鉄道跡地はトレイル化または道路化の両意見あり • Elk St. 回廊の検討には関心が薄い • 代替案②はレクリエーションと水辺へのアクセス強化の面で高い評価	• 汚染の少ない経済，Creek の回復や近隣地区との新たな接続の強化を希望 • Creek 環境改善に支持 • トレイルへのアクセス改良も共通条件とすべき • ハイテク・イノベーション・キャンパスと教育キャンパスの両方に支持，工業地区の開発に強い反対 • 住宅地区内のインフィル型開発に支持 • Chandler St. の将来利用は意見が分かれた • 鉄道アンダーパスの改良に支持 • 代替案③に強い支持，案②にも一部の支持	[北地区] • 現在の再開発の継続と Canalside の拡大に強い支持 • Cobblestone 地区を拡大 Canalside と位置付け開発を強化 • 内港と外港の接続について水上タクシーは支持を得たが新たな橋梁については意見が分かれた • Erie Basin の住宅開発は支持もあったが大部分は公共利用を支持 • Times Beach 周辺の開発について生態系への懸念 • 水域に関連するマリーナや文化施設に広い支持 [南地区] • 案①に高い支持 • トレイルやボードウォークによる公共アクセスの拡大に強い支持 • 案③は実現性，他地区からの人口流出，公共アクセスの限定の面で懸念あり • 遺産公園は強い支持，公共アクセス拡大後の第二波として有効との意見 • 環境イノベーションパークや教育キャンパスは意見が分かれた • 案①，②に同程度の支持

100acre から 300acre 程度の規模が多く，他市では単体で一つの BOA となっても良い規模の区域どりである。結果として，いずれの地区の BOA にも複数のサブエリアで行われるブラウンフィールド・サイトの再開発やその他の社会基盤整備をより広い地区全体で位置付け，統合する枠組みとしての役割が重要となっている。

サブエリア内の計画の詳細度は，サブエリアの性質により大きく異なる。South Buffalo BOA の RiverBend 地区や先行事業である Lakeside Commerce Park，Buffalo River BOA の Elk St. 沿道，Buffalo Harbor BOA の Canalside 地区とその周辺，Tonawanda St. BOA の南側 Scajaquada Creek 一帯は，現在低・未利用となっている大規模なブラウンフィールド・サイトが存在するため，詳細な開発検討が BOA の一部として，またはその他の資金を利用して既に実施されているか，BOA 立案後に策定される。

中小規模のブラウンフィールド・サイトが点在する地区は，上述の大規模なブラウンフィールド・サイトに近接している場合，それらとの連携強化が検討されている。ブラウンフィールド・サイトに近接して立地する既存の住宅地については，緑地や街路の美観，接続性向上等によりブラウンフィールド・サイトの再生の恩恵を住宅地区に波及させることが重視された。

4）不安定な開発需要への対応

計画策定の手法は，計画全体のコンセプトを運営委員会や住民との協議によって整理し，それに基づき複数の代替案を示して，意見聴取を進め，最終案を作成するというオーソドックスな手順であった。ブラウンフィールド・サイトを取り扱う BOA の特徴として，不安定な将来の開発需要を前提にした，土地利用方針の検討手法を指摘したい。

いずれの地区も複数の低・未利用地が存在しており，それぞれ立地条件が異なる。一般的に工業用途による再利用は，土壌汚染対策の費用も安く物流や製造業用地として民間企業の立地も獲得しやすい。しかし，地域住民は多くの場合，工業から一般業務や研究開発，大学キャンパス等の"クリーン"な産業に転換することを望んでいる。市役所も中長期的な土地の価値向上や，高質な雇用の発生，税収増を考えると工業以外の土地利用を促進したいが短期的には工業用途のほうが誘致しやすいという状況が発生していた。

この矛盾する状況に対して，各計画ではブラウンフィールド・サイトを立地や土地の状況に応じて，軽工業や物流など相対的にクリーンな工業系用途を受け入れる区画と，立地条件や環境条件が良く工業系以外の用途が誘致可能な区画に大別していた。そして，前者で一定規模の軽工業・物流の用地も確保しつつ，後者では工業用途が混在して将来の土地利用転換の障害とならないように工夫されていることがわかった。

計画策定に地域住民が参画していることもあり，緑地の拡大やネットワーク化，水域へのアクセス向上等は，いずれの計画案でも強調されていた。市役所側も，地区の視覚的な環境改善は，立地を促したい業務や研究開発系の企業誘致に有効であると認識しており，公共空間の高質化は空間計画の重要な戦略として位置付けられた。地域住民が期待する生活空間の改善と，土地利用転換を目指すためのブランディングが必要な市役所の思惑が一致したかたちとなり，先行的に市や州の資金で事業化が進められている。

5）広大な低・未利用地に対する基盤整備の考え方

BOA の対象となる地区の多くは，工場向けの物流を支えるための（自動車向けの）道路基盤は整っている。South Buffalo 地区でも，東西を結ぶ Tifft St. や Hopkins St. 等が既に整備さ

れており，広域幹線道路自体の新設は予定されていない。自転車および歩行者を意識した街路断面構成の変更，工場敷地に向かう行き止まり道路の解消，緑地内や河川沿いの遊歩道と一般街路との接続性向上が主な基盤整備である[76]。

　また，South Buffalo 地区では，サブエリア内の基盤整備が個別の開発事業として進む一方で，BOA 段階 3 の実行戦略では，エリア間の街路や公共空間のネットワーク形成に投資することにより，先行地区とその周辺のつながりを強化することを狙っている。

6) 積極的な緑地の評価・活用

　South Buffalo 地区は，地区の約 46% を緑地，オープン・スペースとする計画である[77]。緑地のうち，Tifft 自然保護区およびゴルフ場予定地は，廃棄物埋立地であり，建物の建設自体が難しいこともあるが，段階 2 の再生計画においても，大規模緑地を積極的に評価し，河川緑地や他のブラウンフィールド内の緑地と接続するネットワークの形成を目指している。RiverBend 地区では，緑地以外の部分は，フォーム・ベースド・コードを用いて密度感のある街並み形成を目指しており[78]，BOA 内でも再開発部分と緑地部分を明確にした，密度のメリハリを重視した計画であった。

　市担当者は，緑地は市民の利用だけでなく，職場環境を重視する企業も多いため，ブラウンフィールド再生後のオフィス・パークの企業誘致に対しても有効と述べており[79]，地区全体を再開発するのではなく，積極的に緑地を活用して，ブラウンフィールド地区のイメージを一新する工夫をしている。

8.7.3　バッファローにおける BOA の役割

　本項では 8.6 および本節で行った BOA の分析に基づき，バッファロー市のブラウンフィールド再生に果たした BOA の役割を分析する。

1) 都市計画行政と環境保護行政の連携

　都市計画と環境保護の連携は，①計画策定前の土地環境情報の地区再生計画への活用と②策定後に実施される地区再生計画の優先順位に基づく環境調査・浄化の公的支援の 2 つに整理できる。図 8-54 に，BOA のプロセスを示す。

　BOA 対象地区では，BOA 事業に明示された枠組みにより，地区内の土壌汚染情報・土地所有情報が事前に調査され，計画策定に活用されている[80]。具体的には，段階 2 で BOA 地区内の地歴調査や既存の土壌汚染調査に関する情報収集が求められており，同段階で策定される地区再生計画にそれらの土地の環境情報が活用される。土壌汚染浄化に対する公的資金の導入は，多くの場合，公有地に限定されており，土地所有者調査も浄化戦略立案において重要な要素である。

　BOA により策定された計画対象地内の土壌汚染地は，土壌汚染対策に関する補助金の優先配分が規定されており，都市計画の公的支援と環境行政の公的支援が連携して再生を促している。都市計画や地区再生の観点で，戦略的に重要なブラウンフィールド・サイトを戦略サイトと位置付けて，段階 3 で詳細な土壌調査（フェーズⅡ）を実施する補助金を交付，他の環境再生の補助金も優先交付することにより，対象区画の環境条件を明確化することを目指す。その後は，民間事業者が土地取得及び浄化する場合と，公的資金を用いて浄化・再生される場合があるが，いずれも公的資金による土壌調査の結果が，事業前進のきっかけとなる。

2）民間投資を引き出すことに注力した計画支援

BOA は，ブラウンフィールド地区内の土壌汚染地を，民間事業者が意思決定をすれば，即座に建設工事が進められるように，土壌汚染等の障害を取り除いた（または汚染の程度を明らかにした）状態（shovel-ready)にすることを目指しているが，再開発自体は民間や非営利団体などの事業者の手に委ねている。段階 2 の計画立案前の綿密な市場調査も，ブラウンフィールド・サイトの現実的な出口戦略を見極めるためのプロセスである。段階 3 の実行戦略では，計画実現化のために各事業が獲得すべき連邦・州の補助金の整理も行う。

BOA 指定を受けている自治体の多くは小規模で財政力に乏しく，バッファローのように一定の人口があっても税収の減少に悩む厳しい状況に置かれた都市がほとんどである。自治体自ら投資して再開発を行える状況にはない中で，BOA の計画支援は環境・交通・経済開発等の様々な公的支援を活用して，民間事業者の投資をブラウンフィールド地区に誘導するための，実効性の高い再生計画立案に注力している点が特徴的である。

3）多様なリソースを巻き込み統合する枠組みの提供

BOA は，3 章で述べた通りブラウンフィールド地区の再生計画立案を支援する補助金であり，補助金額自体は，他の社会基盤整備に関する事業への補助金に及ばない。しかし，事業制度の工夫により，ブラウンフィールド地区に関係する多くの利害関係者の再生計画への参画を促し，効果的に地区の再生を促す仕組みとして機能している。

特に利害関係者の協力・連携を促す計画プロセスを提供した役割は大きい。BOA 対象地は，開発需要も低く，計画支援なしでは利害関係者が集まり，地区の将来を議論することが困

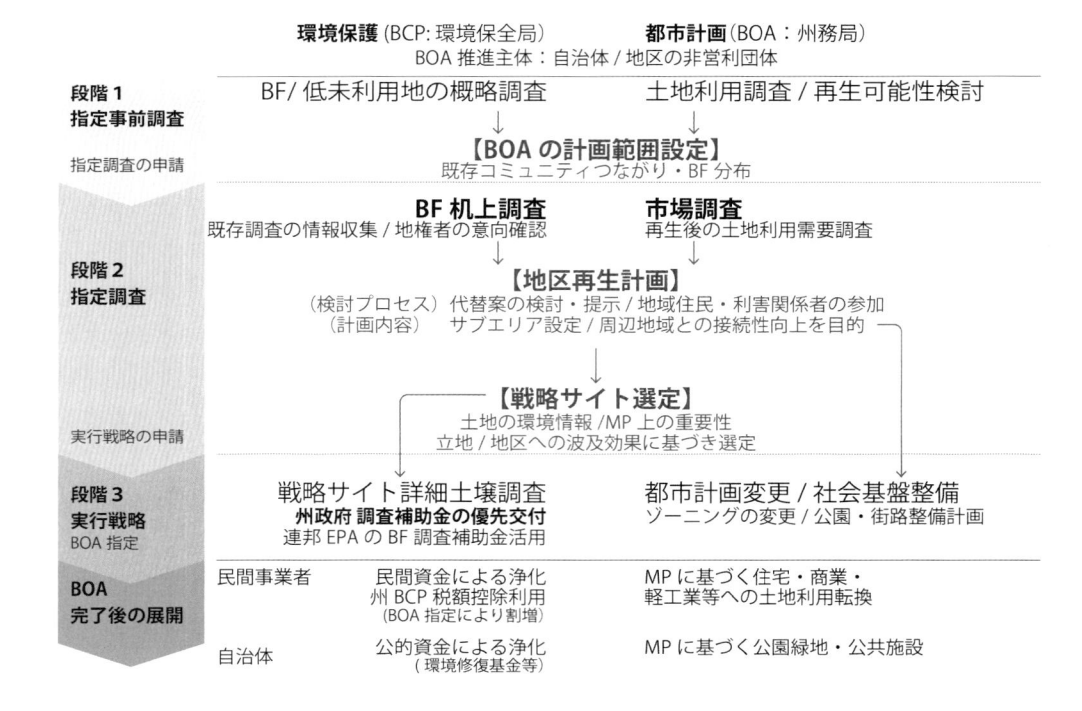

図 8-54　環境保全と都市計画が連携した BOA の計画プロセス
South Buffalo BOA 及びバッファロー市内のその他の BOA の計画プロセスを参考に筆者作成，MP はマスタープラン

難な状況にあった。BOA は，計画プロセスにおいて利害関係者の参加を要求しており，地区選出の市会議員・地区住民・地域の活動団体・土地所有者に加え，環境保全局・州務局と市担当者も加わり，計画策定の議論を重ねる。また，土地所有者へは個別の聞き取り調査も行い，所有者の意向も踏まえ，戦略サイトを指定している[81]。

4）市全体の再生戦略との関係

バッファローは，都市マスタープランにおいて位置付けた戦略的投資地区を対象に，市内に複数の BOA 指定を行い，ブラウンフィールドを多く抱える市域全体の再生に取り組んでいる。また，BOA による再生計画を前提に市域全体のゾーニング変更を行っている。ダウンタウン周辺部の BNMC や Canalside 地区のような立地に恵まれた地区を除く，市内の大半のブラウンフィールド・サイトを対象とした都市計画の枠組みとして機能しており，市全体の空間計画と個別のブラウンフィールド・サイトの再生の間を取り持つ，重要な地区スケールの計画手段であると言える。

8.8　小括：バッファロー市のブラウンフィールド再生

本節では，バッファロー市のブラウンフィールド再生について 5 章で設定した①都市全体のブラウンフィールド再生戦略と②公的支援の活用実態，③ブラウンフィールド再生の空間計画と計画技法の 3 つの視点から分析する。

8.8.1　都市全体のブラウンフィールド再生戦略

バッファローのブラウンフィールド再生戦略の特徴は，経済開発を重視し，工業や研究開発，事務所等の住宅以外の再利用用途の導入に注力している点にある。複合用途の一部として住宅の導入を行う地区は存在するが，人口減少に伴い住宅ストックが過剰な状態にあるため，ローウェルやブリッジポートのような住宅主体複合開発とは土地利用の方向性が異なる。

1）バッファローのブラウンフィールド再生戦略の展開

バッファローのブラウンフィールド再生戦略検討の発端は，環境保護庁のブラウンフィールドパイロット事業であった。同事業により，全市のブラウンフィールド・サイトの概略情報を整理するとともに，優先的に取り組む対象として，South Buffalo 地区が抽出され，South Buffalo 再開発計画が立案された。その中でも Lakeside Commerce Park は，市の土地取得に伴い，都市再開発事業を活用して，計画立案を実施し，South Buffalo 地区の先行地区として事業が進められた（図 8-55，図 8-56）。

また，1990 年代末期から 2000 年代初頭にかけて，拡大ダウンタウンにおいて 2 つの面的再開発計画が策定された。Canalside 地区と BNMC は，双方ともブラウンフィールド再生を主眼とした再開発計画ではないが，計画に基づいて地区全体の環境改善に公的資金を投じ，地区内のブラウンフィールド再開発が進行した。

ニューヨーク州の BOA 開始に伴い，South Buffalo 地区は BOA の段階 2 に応募し，2005 年に補助金交付が決定した。South Buffalo 地区や拡大ダウンタウン周辺の再開発計画は，2006 年の都市マスタープランに位置付けられ，大規模な低・未利用地が集中する地区が戦略的投資回廊に設定された。これに呼応するかたちで，2008〜2009 年にかけて，戦略的投資回廊上の 3

地区で BOA による計画策定が開始された。都市マスタープランに基づく統合開発条例の設定等は，州の計画支援制度である BOA を活用して土地利用の変化が多いエリアに対して，先行的な計画支援を行い，その成果を踏まえて条例を設定するなど，ダウンタウンからやや離れたブラウンフィールド地区において，第 2 世代の計画支援を存分に活用している。

2）ブラウンフィールド再生の目標と課題

バッファローのブラウンフィールド再生戦略は，一貫して経済開発への寄与に重点が置かれている。そのため，ダウンタウン周辺の立地の良い地区と，大規模なブラウンフィールド・サイトという，区画の統合や整理等の手間をかけずに再開発を行える土地に，ブラウンフィールド再生に関する取組を集中している[82]。2014 年現在の状況を評価すると，取組が先行する Canalside 地区，BNMC と South Buffalo 地区は，事業化が進行しており，一定の成功をおさめていると評価してよいだろう。

ただし，RiverBend 地区に代表されるように，州の大規模な投資は政治的な色彩も強く，投資自体が継続するかどうか不透明な部分も大きい。単一の大規模産業施設の立地は短期的な競争力強化につながるが，当該産業，さらに言えば特定の企業の経営状態に地域が大きく左右されることになるため，中長期の持続性には課題が残る。

South Buffalo においては，製鉄業の衰退とともに土壌汚染という負の遺産だけが残された。二度同じ轍を踏まないために，South Buffalo BOA では，地区を中長期で支える多様な産業の立地を目指した。そして，市況の変化に耐えうる再生計画として，BOA で検討されてきた緑地を中心とする魅力的な社会基盤や，段階的な開発を可能とする空間計画が，計画の中心に据えられてきた。しかし，州知事による政治的なイニシアチブにより RiverBend 地区には再び

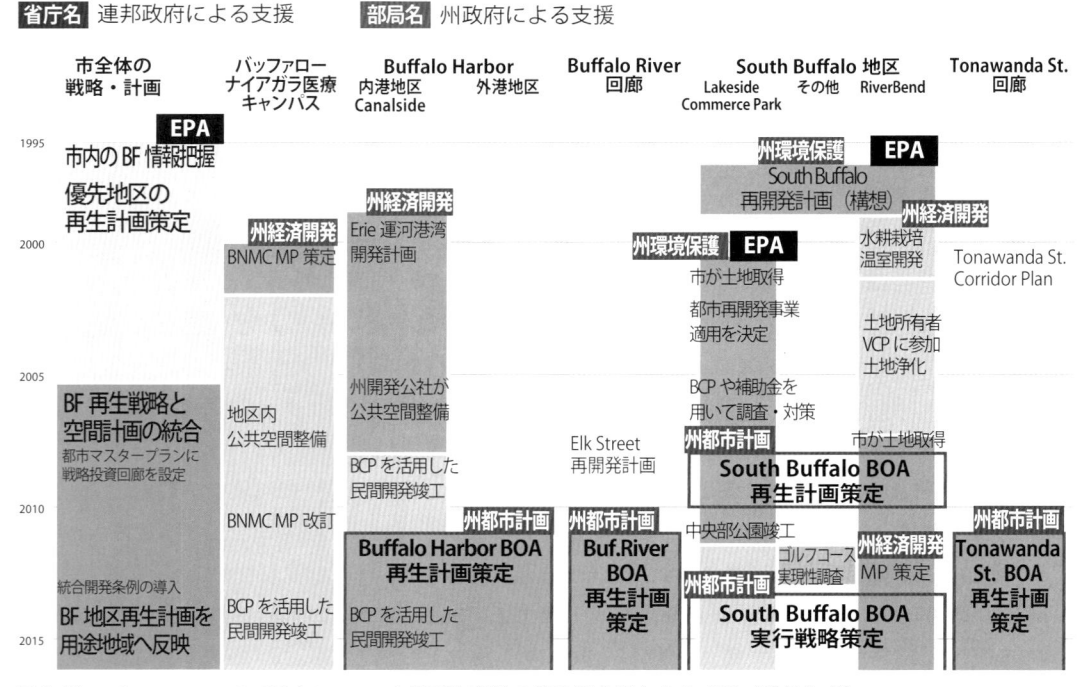

図 8-55　バッファローのブラウンフィールド再生事業の時系列分析と公的支援（筆者作成）

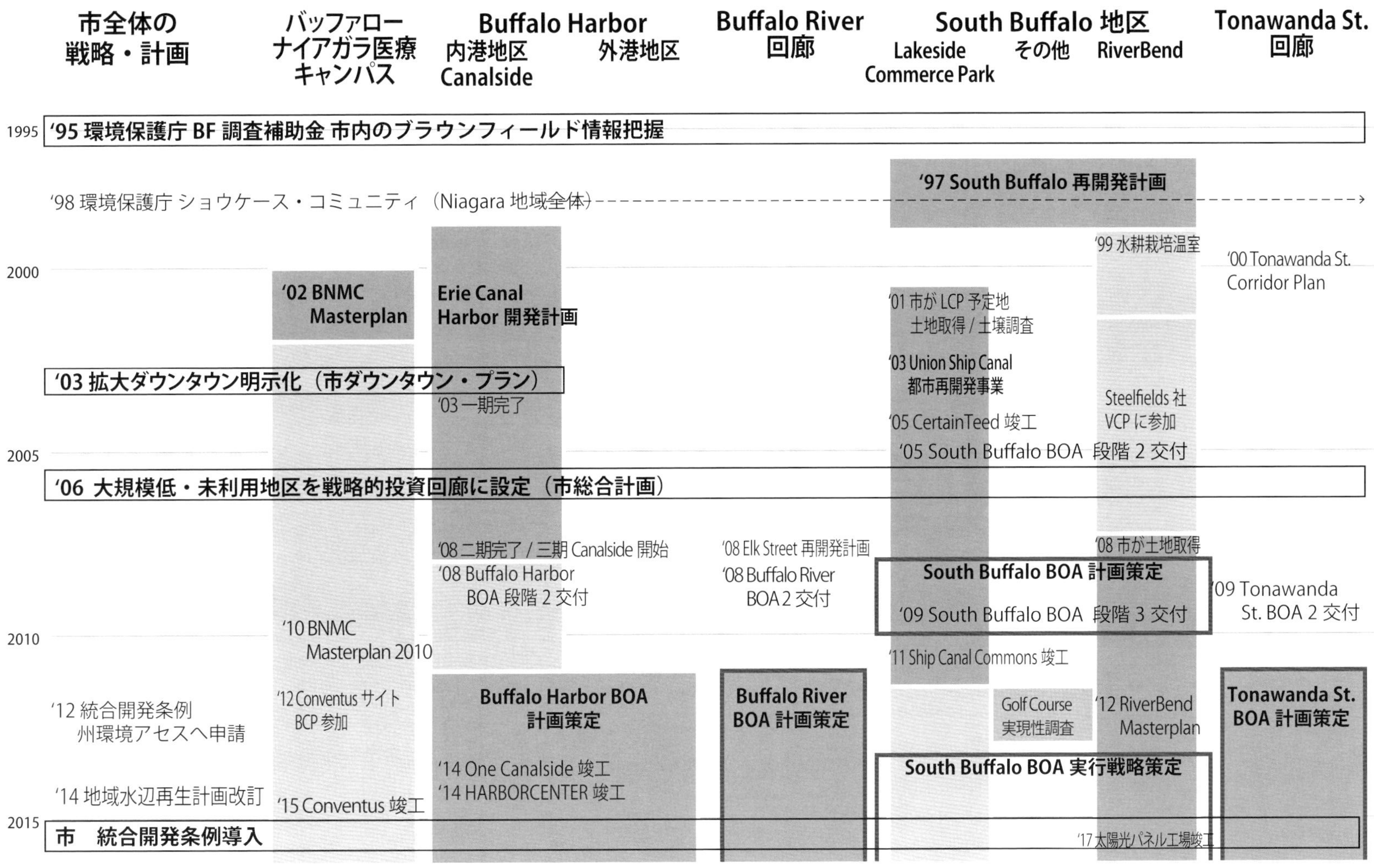

図 8-56　バッファローにおけるブラウンフィールド政策の展開（筆者作成）

大規模な産業が立地することになっており，ブラウンフィールド再生，工業都市の産業構造の転換の難しさを象徴している。

　現在，計画を立案している他の BOA 3 地区の評価は現段階では困難だが，Buffalo River 回廊と Buffalo Harbor については，Canalside 地区や South Buffalo 地区と連担した開発が期待されている。

3）経済開発と地域の環境改善の両立

　一方で工場跡地の規模が，他のケース・スタディ都市と比較しても巨大であり，既存の住宅地からやや離れた場所に位置しているため，ブラウンフィールド・サイトを活用した学校建設など，住宅地の改善を直接意図した事業は少ない。Republic Steel 跡地に隣接する Hickory Woods では，1980 年代後半の市役所や再開発公社の事業であったが，土壌調査の不備により住宅地に土壌汚染問題が発生した。これまで周辺地域に，換気用汚染とともに一定の雇用や経済的メリットを提供してきた大規模工場であるが，移転後は土壌汚染という負の遺産だけが残った。

　工場跡地の Buffalo 川に沿った公園の拡大，エリー運河の修復など緑地整備は進められており，Tifft 自然保護区やサウス・パークの改修など規模が大きい公園の整備も含め，市民が利用可能なオープン・スペースの充実が図られている。経済開発を推進するための産業用地の整備という側面からも，重工業からの転換がイメージされる緑地整備は重視されている。

　なお，市役所は 2014 年に州に対してダウンタウンの東側でアフリカ系アメリカ人の居住地区とブラウンフィールド・サイトが混在する East Delavan 地区に対して BOA 指定を申請した[83]。州は近年 BOA に対する予算を削減しており，指定は行われていないが，市は BOA に類似した計画プロセスで計画策定を進めている。今後，現在の 3 つの BOA 地区の大規模なブラウンフィールド・サイト再生に一定の目処がつけば，後回しにしてきた住工混在地区のブラウンフィールド再生支援が行われる可能性もある。

4）計画支援の活用による公的支援の効果的な利用

　通勤圏内に強い雇用を持つ大都市がなく，自身の産業基盤を拡大せざるを得ないバッファローは，ダウンタウン周辺部の再開発と郊外の非常に大規模なブラウンフィールド・サイトの再生に注力して，一定の成功をおさめた。BOA や Canalside 再開発など，計画支援，環境改善，社会基盤強化に対する手厚い州政府の支援が財政面でこれらの事業を支えた。また，市役所も中期的な視点で継続して計画作業を続けており，様々な補助金を活用して策定した計画の内容が丁寧に参照されている。上位計画から個別計画まで相互調整が行われていることに目新しさはないが，多様な公的支援を活用するうえで重要な取組だろう。

8.8.2　公的支援制度の活用実態

　バッファロー市が活用したブラウンフィールド再生の主な公的支援は，連邦環境保護庁の補助金（ブラウンフィールド補助金など）と，州政府の支援（BOA 等の計画策定，公有地の土壌汚染浄化，経済開発など）の 2 つに大別される（図 8-55）。

1）連邦政府の支援

　バッファロー市において環境保護庁のブラウンフィールド補助金が活用された機会は限定的である。ただし，1995 年交付のブラウンフィールド調査パイロット事業の役割は重要であっ

312　第 2 部　米国のブラウンフィールド再生の実態

た。同事業は，市全体のブラウンフィールド・サイトの目録化と戦略的な対象の選定に用いられ，市で初めてのブラウンフィールド・サイトの再生を目標とした地区再生計画である 1997 年の South Buffalo 再開発計画策定を支援した。また，同事業のプロジェクト担当として設置されたブラウンフィールド・マネージャーはその後も継続され，戦略計画局に無期限のポジションとして確立された。その後のショウケース・コミュニティ事業は，エリー郡全体のブラウンフィールド再生を支援する色合いが強く，市のブラウンフィールド再生戦略に対する影響は限定的であった。

ローウェルやブリッジポートでは多用されていた，調査や浄化に対するブラウンフィールド補助金の交付例は 1 例しかない。バッファローが環境保護庁の補助金活用に消極的な理由は，同市が注力する市内のブラウンフィールド・サイトの規模の大きさにある。環境保護庁の補助金は基本的に 20 万ドルが上限であるが，BOA で取り扱っている大規模なブラウンフィールド・サイトの浄化費用は数百万ドルに及ぶものも多く[84]，環境保護庁の補助金の規模では遠く及ばない。自治体や都市開発公社担当者も州の補助金のほうが金額の規模も大きく，補助金使用のための事務作業も少ないと指摘している[85]。

2) 州政府の支援

環境保護庁の支援が限定的であるのに対し，州政府の支援は，同市のブラウンフィールド再生を大きく推進した。支援の種類をブラウンフィールド・サイトに対する計画，土壌汚染対策，再開発に大別して記述する。

ブラウンフィールド再生の計画立案の支援として州務局による計画支援が大きな役割を果たしていることが明らかとなった。本章で明らかにした通り，市は大規模なブラウンフィールド・サイトを抱える地区のほとんどに BOA を活用して再生計画を立案した。同じく州務局が所管する LWRP は，直接的にブラウンフィールド再生を意図した事業ではないが，水域に近接したブラウンフィールド・サイトが多い同市において，水辺のオープン・スペース再生や公共空間高質化など空間計画の面で，ブラウンフィールド・サイトの再生方針に影響を与えた。Canalside 地区や BNMC などダウンタウン周辺部の事業においては，州の経済開発公社が再開発計画の立案を支援しており，特に Canalside 地区周辺のエリー運河再生や緑地整備では主導的な役割を果たしていた。

土壌汚染対策に対する支援は，州のブラウンフィールド浄化プログラム（BCP）が，近年の民間によるブラウンフィールド・サイトの再生事業の大半に利用されており，浄化および再開発に対する税額控除がインセンティブとして有効に機能していることが確認された。また，1997 年に設定された環境回復基金によって，BOA や LWRP においても重視されているブラウンフィールド・サイトの公園化が進められた。South Buffalo 地区の運河公園 Ship Canal Commons や Buffalo 川の再生，Outer Harbor の緑道整備は，その代表例である。

州政府は，経済開発庁（Empire State Development）を通して，市の開発事業を支援し，場所によっては開発事業主体としてブラウンフィールド再生を進めた。Canalside 地区のエリー運河の再生や公共空間整備の大半は，州経済開発公社の子会社が主導した。BNMC に対しても経済開発公社の多額の補助金が交付されている。また，RiverBend 地区の再開発も市から州への土地売却後は，経済開発公社が主体となって事業を推進している。市や市の再開発公社が主体となって再生計画の立案や土壌汚染対策を進めるが，最終段階の大規模な再開発の実施に

あたっては，州の経済開発分野からの資金が大きな役割を果たしていることがわかった。ただし，経済開発公社の事業は，支援規模が巨大である反面，州知事の意向を反映した政治的な色も強く，事業の継続性という点では危うさも残る。

8.8.3 ブラウンフィールド再生の空間計画と計画技法

バッファロー市のブラウンフィールド再生における空間計画技法の特徴は，大規模なブラウンフィールド・サイトが集中する地区を対象とした枠組みにある。以下の2点に同市のブラウンフィールド再生計画の特徴を整理する。

1）市場の変化に対応する柔軟性の高い枠組み

BOA によって計画された地区は，需要が予想しづらい状況で広範囲の地区の再生計画を検討している。本章では，South Buffalo を中心に4地区のBOA の計画内容を検討し，土地利用の可変性を保持したまま，社会基盤や公共空間の位置と質の確保を目指していることを明らかにした。この手法の背景には，近年のニューアーバニズムの方向であるフォーム・ベースド・コードや Placemaking の影響もあると思われる。それでも，業務系用途を目指しつつ工業系用途も受け入れざるをえない BOA でも，緑地やオープン・スペースの整備，閉鎖されていた空間への公共アクセスの導入により，地区の価値が向上するという共通理解が利害関係者により共有されていた。これは同市の BOA 対象の4地区に共通する手法として指摘できるだろう。この戦略は，周辺地域の住民からも支持を得ており，地域住民の参加が求められる BOA の計画プロセスでも合意を得やすい内容であった。

2）工業用社会基盤の転換による公共空間改良

工場跡地における社会基盤整備は，大規模な工場跡地を適切な土地規模に分割する街路や供給インフラの設置が一般的であるが，バッファロー市の公共空間の改良は，歩行者やレクリエーション等での自転車の利用者にも着目した点に特徴がある。工場周辺の社会基盤である運河，鉄道用地，道路は，工業利用を前提に計画されたものである。市はブラウンフィールド再生において，これらの社会基盤を従業員や居住者の徒歩や自転車向けに転用，改修する方針を打ち出し実行に移していることが明らかになった。バッファローの地区再生計画は，特定の場所（河川沿い，再開発事業範囲）で散発的に進むこれらの社会基盤の改良を，一定の質を保って接続する枠組みを提供した。また，将来，地区の資源として活用可能なブラウンフィールド・サイトや産業遺産候補，既存の緑地の情報を調査し，最小限の投資で工場向けの社会基盤を人のための社会基盤への転換するという前提を計画段階で明示した。

公共空間の高質化の取組は，既存の公園・緑地の再整備や拡張，ネットワーク化というかたちで，既存の空間資源の再評価にもつながった。BOA 対象地には，低・未利用の状態が続き緑地になってしまった土地や，廃棄物埋立地のカバーシステムとして設置された緑地も少なくない。需要が読めないブラウンフィールド・サイトの再開発において，市場の状況によっては土壌汚染対策中や対策後しばらくは空き地として放置せざるをえない場合も多い。消極的な土地利用の結果であった空き地を，積極的に自然資源として評価し地区の魅力として再活用する方向性が打ち出された点が注目される。

ブリッジポート市やローウェル市では，地区再生の先導的事業として，大規模な公共施設や学校等を計画する事例が多かったが，バッファロー市ではダウンタウンに隣接する Canalside

地区のアリーナ等が同様の事例と考えられる。BOA 地区とその周辺は工場跡地の規模自体が大きいため，居住人口が極めて少なく，学校等を活用した周辺住宅地区との共存や補完関係は見られなかった。

注

1) City of Buffalo, South Buffalo Redevelopment Plan Project Summary, 1997/2, P. 2
2) The Circle Association's African American History of Western New York State 1935-1970, http://www.math.buffalo.edu/~sww/0history/1935-1970.html, 2014/12/04 参照
3) 環境保護庁の補助金は上限額が低く，州政府の補助金のほうが好まれていると指摘した。聞き取り調査：David A. Stebbins, Vice President, Buffalo Urban Development Corp.（2014/6/16）
受領し管理するための書類作業が膨大であることも課題とされた。聞き取り調査：Peter M. Cammarata, President, Buffalo Urban Development Corp.（2014/6/16）
4) EPA, Characteristics of Sustainable Brownfield Projects, 1998/7, P. C-5
5) EPA, 前掲注 4), P. C-5
6) 聞き取り調査：Dennis Sutton, BOA 統括責任者, Office of Strategic Planning, City of Buffalo（2014/6/16）
なお，ブラウンフィールド・マネージャーとして雇用されたのが Dennis Sutton 本人である。
7) 現在の土地利用・ブラウンフィールド及び低・未利用地の分布・土地所有・経済開発に関する指定概況
8) インハウスで作成を行ったが，これは段階 1 が重要ではないということではない。各段階の意義について Dennis Sutton は，次のように述べた。「どの段階もそれぞれの重要性がある。段階 1 は，市全体のなかでどの地区に注力するかという点を選ぶ意味で重要である。段階 2 は，まさに計画立案を行い，戦略サイトを選定するという意味で重要だ。段階 3 はその戦略を実施に移すという意味において重要性を持つ」。Sutton, 前掲注 6)
9) 市担当者は「再生にかかる時間と経済開発の効果を考え，ブラウンフィールド・サイトのなかでも大規模サイトや市所有地が多く立地している地区を優先的に BOA に指定して計画立案を進めている」と述べた。
10) City of Buffalo, Buffalo Consolidated Development Framework Draft Scoping Document for the New York State Environmental Quality Review Act Draft Generic Environmental Impact Statement, 2012/7
11) City of Buffalo, Queen City in the 21st Century - Buffalo's Comprehensive Plan, 2006/2
12) なお，2005 年 12 月に市で初めてのアフリカ系アメリカ人市長である Mayor Brown が着任しているが，計画策定自体は市長着任以前から進められていた。
13) The Queen City Hub : Regional Action Plan for Downtown
14) City of Buffalo, 前掲注 11), P. 16
15) City of Buffalo, 前掲注 11), P. 72
16) City of Buffalo, 前掲注 11), P. 103
17) 2012 年に市が州に提出した環境影響評価書（City of Buffalo, 前掲注 10)）では，4 地区の BOA の取組を明示し，統合開発条例は，市の再開発を促進するために行われてきた近年の都市計画の取組を統合したものであると記述されている。
18) 聞き取り調査：John M. Fell, 統合開発条例担当者, Office of Strategic planning, City of Buffalo（2014/6/16）
19) 実際に，多くの都市で，BOA で策定された地区再生計画に基づいてゾーニングの変更が行われている。州環境保全局担当者は「どのような土壌汚染対策を行うのか，その程度を決めるためには，再生後の土地利用を定めることが重要であり，BOA の結果として必要であればゾーニング変更が行われるべき」と述べている。
（NYDEC, Region 9, Environmental Remediation, Martin Doster, Brownfield Summit 2014, Albany 2014/6/2 での発言）。
20) ECHDC は 2005 年に設立された州の経済開発庁が 100%所有する開発公社である。7 人の取締役は州政府の指名により決まり，エリー郡の高官と市長の 2 名は議決権のない役員として参加している。
21) Erie Canal Harbor Development Corporation, Donovan Office Building RFP, 2011/6
22) DEC, Environmental Site Remediation Database Search Details Site Record C915262, http://www.dec.ny.gov/cfmx/extapps/derexternal/haz/details.cfm?pageid=3&progno=C915262, 2014/10/27 参照

23) DEC, Environmental Easement, C915262

24) DEC, Environmental Site Remediation Database Search Details Site Record C915270, http://www.dec.ny.gov/cfmx/extapps/derexternal/haz/details.cfm?pageid=3&progno=C915270, 2014/10/27 参照

25) HARBORCENTER Development, LLC, Draft Remedial investigation, Interim remedial measure and alternatives analysis report for the Webster block, 75 Main street, City of Buffalo, Erie County, New York, Site No. C915270, 2014/6, P. 4

26) HARBORCENTER Development, LLC, 前掲注 25), P. 18

27) Rieger, Glen, Redevelopment of a Manufactured Gas Plant Site, WSP Environment & Energy, 2008/9, P. 4

28) Redevelopment Economics, NEW YORK STATE BROWNFIELD CLEANUP PROGRAM, February 2014, P. 47

29) NYUSCHCK, New York State Brownfield Cleanup Program and Tax Credit Analyses, January 2014, P. 13

30) Redevelopment Economics, 前掲注 28), P. 43

31) Redevelopment Economics, 前掲注 28), P. 43

32) City of Buffalo, South Buffalo Brownfield Opportunity Area, Nomination document, Final Draft, P. 49 より算出、閉鎖済み廃棄物埋立地除く。

33) City of Buffalo, South Buffalo Redevelopment Plan Project Summary, 1997/2, P. 1

34) バッファロー市、エリー郡、ラッカワナ市、調査パイロットに対応して発足した Buffalo Brownfields Task Force、エリー郡産業開発公社、ラッカワナ・コミュニティ開発公社、エリー郡、州議会議員、州環境保全局、州運輸局で構成された。

35) South Buffalo 再開発計画の策定時は、地区を南北に横切る新たなバイパス道路の計画があった。当時、州の運輸局はエリー湖沿いを高架で通過する Route 5 の改良を検討しており、1997 年当時は本地区を南北に横切るルートが主に検討されていた。このバイパス道路の建設により、バイパス道路より西側では、湖と一体となった開発が検討可能な反面、道路の東側と西側は完全に分断されてしまう。2000 年代初頭にこの計画は既存の Route 5 の改良と South Buffalo 地区内の街路改良の組合せに変更され、Lakeside Commerce Park や RiverBend Commerce Park へのアクセスも配慮した計画となった。なお、Route 5 の改良は 2000 年代後半に実施されている。
NYDOT, Buffalo's Outer Harbor Parkway, https://www.dot.ny.gov/regional-offices/region5/projects/outer-harbor/reports, 2014/12/06 参照

36) Stebbins, 前掲注 3)

37) Western Pennsylvania Brownfield Center, Buffalo Lakeside Commerce Park, P. 1

38) Stebbins, 前掲注 3)

39) 第 1 期の部分の道路整備は州運輸局の 400 万ドルの Multi-Modal Fund を利用して実施され、第 2 期には 290 万ドルの工業アクセスプログラムも活用された。ニューヨーク州運輸局が交付する事業であり、道路アクセスに問題を抱えた経済開発事業に対して道路アクセスの補助を行う。60％の補助金と 40％の無利子融資により構成される。
NYDOT, Industrial Access Program (IAP) - Overview & Highlights, https://www.dot.ny.gov/divisions/operating/opdm/local-programs-bureau/iap, 2014/11/06 参照

40) スーパーファンド・サイト登録サイト以外のサイトでも CERCLIS に登録されることにより、深刻な土壌汚染地という印象が強くなり、土地の再生が進まないという問題があった。そこで、環境保護庁は、ブラウンフィールド経済再開発イニシアチブに基づき、CERCLIS に登録された土壌汚染地のうち、連邦政府直轄の浄化作業を行う必要がないと判断されたサイトを、CERCLIS 上でアーカイブ化することによって、土壌汚染がスーパーファンド・サイトほど深刻でないことを明確に示し、所有者による自主浄化を促した。
EPA, Round 2-4c : Refining CERCLIS, http://www.epa.gov/superfund/programs/reforms/reforms/2-4c.htm, 2014/11/02 参照

41) City of Buffalo, South Buffalo Brownfield Opportunity Area, Nomination document, Final Draft, pp. 193-195

42) ニューヨーク州プレスリリース、Governor Dedicates 18 Acre Greenhouse At Republic Steel Site, 1998/9/9, http://www.state.ny.us/governor/press/sept09_1_98.htm（2000/8/24 時点の情報を Internet Archive により取得）

43) EPA, Quick Reference Fact Sheet, Regional Brownfields Assessment Pilot-Buffalo, NY, May 1997

44) Manning, Cristen, A Growing City, 2007 Fall, P. 5

45）City of Buffalo, South Buffalo Brownfield Opportunity Area, Nomination document, Final Draft, P. 224

46）South Park Av. の南側にあたるが，その一部に Marilla Street Landfill と呼ばれる廃棄物処分場が 1980年代中頃まで利用されていた。現在は閉鎖され，州環境保全局の規定に基づき，カバーが設置され，モニタリングが実施されている。Steelfields 社による浄化作業はこの部分を除く区画である。

47）Republic Steel 跡地に隣接する住宅地 Hickory Woods は，市の公社が LTV 社と Hanna Furnace 社から購入し，低所得者向けの住宅地として分譲された。入居後に住宅地内の区画から高濃度の PAH が発見され，大きな問題となった。市は緊急対応を行い，両社に浄化費用を請求したが合意に至らず裁判となっていた。
The Jaecke Advisory Petroleum Law Bulletin, Feb. 2003, THE CITY OF BUFFALO AND BURA PRESS, PETROLEUM CLAIMS UNDER RCRA:Settle Lawsuit against LTV Steel and Hanna Furnace for $16.5 Million, http://www.jaeckle.com/files/source/Petroleum%20Law%20Newsletter.pdf，2014/12/07 参照

48）DEC, DEC Approves Voluntary Cleanup Plan for Former Industrial Site Steelfields Ltd. to Remediate Former Republic Steel and Donner Hanna Coke Properties, 2003/1/3, http://www.dec.state.ny.us/website/press/pressrel/2003/2003-04.html，2003/6/18 参照

49）Buffalo Rising, City of Buffalo's Steel fields, http://buffalorising.com/2007/11/city-of-buffalos-steel-fields/，2014/12/07 参照

50）Buffalo Museum of Science, About Tifft, http://www.sciencebuff.org/tifft-nature-preserve/about-tifft/，2014/12/07 参照

51）Buffalo Museum of Science, Tifft Nature Preserve Management Plan, Feb. 2009, P. 8

52）Buffalo Museum of Science, 前掲注 51），P. 8

53）City of Buffalo, Local Waterfront Rentalization Program, Draft LWRP, 2005/10

54）City of Buffalo, South Buffalo Brownfield Opportunity Area, Implementation Strategy Draft, 2014/1

55）City of Buffalo, South Buffalo Brownfield Opportunity Area, Nomination document, Final Draft, pp. 23-26

56）City of Buffalo, South Buffalo Brownfield Opportunity Area, Nomination document, Final Draft, P. 115

57）指定調査書に示された具体策を下記に示す。
① Tifft St. の橋部分の歩行者通行帯を拡張，強化する
② 公共のオープンスペースと湖畔・河畔に至る歩行者道及び自転車道を強化する
③ 街路景観を改善する，特に Tifft St. および Hopkins St.
④ RiverBend Drive や Tifft 自然保護区の東端の南北道路（環境的にも意味がある緑を強化した街路とする）などの公共の街路ネットワークを拡大する
⑤ サウス・パークのアメニティを向上し，Tifft Preserve と接続する
⑥ 連続した川沿いの公園とオープンスペース・ネットワークを創出する
⑦ 地域の街路や小道と接続した小規模な近隣地区向けのオープンスペースを創出する
City of Buffalo, South Buffalo Brownfield Opportunity Area, Nomination document, Final Draft, P. 132

58）BUDC, City of Buffalo and New York State Department of State, RiverBend Master Plan, 2011/6

59）City of Buffalo, Buffalo Olmsted Parks Conservancy, BUDC, South Buffalo Golf Course Feasibility Study, 2014/2

60）BUDC, 前掲注 58），P. 3

61）この計画は副知事である Robert J. Duffy を議長として，州立大バッファロー校の学長や Larkin Development の Howard A. Zemsky を Buffalo 側の共同議長とする Western New York 地域経済開発協議会により策定された。ナイアガラ地域の主な自治体の市長は協議会のメンバーであるが，従来の都市計画や経済開発を主導してきた市役所の戦略計画局や都市開発公社等は直接関係していない。

62）WNY Regional Economic Development Council, THE BUFFALO BILLION Investment Development Plan, February 2013, P. 29

63）New York State, Governor Cuomo Announces Phase II RiverBend Purchase Agreement, http://www.governor.ny.gov/news/governor-cuomo-announces-phase-ii-riverbend-purchase-agreement，2014/12/08 参照

64）Buffalo News, Your guide to the Buffalo Billion, http://www.buffalonews.com，2014/11/07 参照

65）Buffalo News, N. Y. wraps up purchase of S. Buffalo site for RiverBend, 2014/11/13, http://www.buffalonews.com/business/ny-wraps-up-purchase-of-s-buffalo-site-for-riverbend-20141113，2014/12/08 参照

66）聞き取り調査：Dennis Sutton, City of Buffalo および David Stebbins, Vice President, Peter M. Cammarata, President, Buffalo Urban Development Corp.（2017/5/1）

67）City of Buffalo, South Buffalo Brownfield Opportunity Area, Nomination document, Final Draft, P. 190

68）BOA の資金により土壌調査を行うことが可能な条件は以下の通り。① be any real property, the redevelopment or reuse of which may be complicated by the presence or potential presence of a contaminant ② additional environmental information must be necessary to determine a technically and economically viable land use for the BOA ③ must be owned by a volunteer（as defined at 6 NYCCR 375-3.2）or a municipality（as defined at 6 NYCCR 375-4.2）④ cannot be a Class 1 or 2 site on the Registry of Inactive Hazardous Waste Disposal Sites in New York ⑤ cannot be on the Federal National Priority List ⑥ cannot be a permitted Resource Conservation and Recovery Act site（note : interim status sites are eligible）⑦ cannot be subject to an order for cleanup under Article 12 of the Navigation Law or Article 17 Title 10 of the Environmental Conservation Law ⑧ cannot be subject to an enforcement action under another State or Federal remedial program. City of Buffalo, South Buffalo Brownfield Opportunity Area, Nomination document, Final Draft, P. 191 参照

69）Cammarata, 前掲注 3）

70）Sutton, 前掲注 6）

71）Sutton, 前掲注 6）

72）土壌浄化を行う主体が確定している場合（例えば，道路建設を行うため，州運輸局が土壌調査・土壌浄化を実施等）は，戦略サイトには含まれていない。

73）なお，BOA の補助金は，指定発表後，実際の交付までに長い時間がかかるという問題があり，本節で取り扱う 3 地区で実際に住民との協議が開始されたのは，2011 年以降である。

74）City of Buffalo, Buffalo River Corridor, Brownfield Opportunity area, Nomination document, Working draft, 2014/7

75）Sutton, 前掲注 6）

76）City of Buffalo, 前掲注 54）

77）City of Buffalo, South Buffalo Brownfield Opportunity Area, Nomination document, Final Draft, P. 133 表 5-1 の大公園・自然地・ゴルフ場・小公園及びオープンスペースの合計である。

78）BUDC, 前掲注 58）

79）Sutton, 前掲注 6）

80）7 章で取り上げたローウェルのように，ショウケース・コミュニティ事業が実施された都市等で，ブラウンフィールド・サイトの情報を法定の都市再開発計画に付録資料として追加した例もあるが，BOA は計画の前提として，明示的に段階 1・段階 2 で土壌汚染に関する基礎的な調査を実施することを求めている。

81）Stebbins および Cammarata, 前掲注 3）

82）市役所 BOA 担当者は，市が South Buffalo 地区から着手した理由を「大規模で低・未利用地の割合が高く，再開発を行えば大きなインパクトが得られると考えていた」と述べている。また，他の BOA についても，例えば Buffalo River 地区の選定理由として，「Exxon Mobile や Buffalo Color といった 100 エーカーを上回る大規模な低・未利用地が存在したこと」を挙げており，大規模で土地所有者の少ない低・未利用地を優先的に取り扱っていることを示唆した。
Sutton, 前掲注 6）

83）Buffalo News, Large East Side eyesore bought with hopes for redevelopment, http://www.buffalonews.com/city-region/erie-county/large-east-side-eyesore-bought-with-hopes-for-redevelopment-20140826, 2014/12/05 参照

84）例えば 8.5.4 で取り扱った通り，Republic Steel 跡地の浄化には，1,650 万ドルの基金が設定されている。

85）Stebbins, 前掲注 3）および Sutton, 前掲注 6）

9章　ブラウンフィールドを抱える都市の再生

9.1　都市全体のブラウンフィールド再生戦略

　3都市の事例分析を通して，自治体のブラウンフィールド再生戦略は，市全体の情報把握，情報把握に基づく優先取組対象の選定，優先取組対象の事業化に向けた戦略立案の3段階に整理できることが明らかになった。本節では，それぞれの段階について各事例から明らかになった点を詳述し，小括では各段階の相互の関係について考察する。

9.1.1　都市全体のブラウンフィールド・サイトの情報把握

　第2部で分析した全ての都市において，1990年代後半の時期に，市内のブラウンフィールド・サイトを対象に，既存の州環境保護局のデータベースと机上調査を活用し，市内のブラウンフィールド・サイトの目録を作成していた。ブリッジポートとバッファローは，環境保護庁のブラウンフィールド調査パイロット事業を活用した。ローウェルでは，初期の調査をミドルセックス郡と共同でコミュニティ開発包括補助金を利用して実施，環境保護庁のブラウンフィールド調査パイロット事業により，コミュニティ開発包括補助金の内容を深度化していた。自治体の初期段階の再生戦略を検討するうえで基盤的な情報となるブラウンフィールド・サイトの目録や優先順位の検討において，連邦政府の資金による調査パイロットが一定の役割を果たしたことが明らかとなった。

　本研究で分析対象とした都市は，いずれも多数のブラウンフィールド・サイトを抱えており，その全てに同時に対応することは困難な状況にあった。そのため，市内ブラウンフィールド・サイトの概況を把握し，再生の優先順位を検討するための基礎的な情報を得ることは，再生戦略の検討に不可欠であった。

　この時作られたブラウンフィールド・サイト目録は，各都市の初期のブラウンフィールド再生戦略の検討に活用された。その後，各都市で策定された地区スケールの計画でも，ブラウンフィールド・サイトの分布の整理が行われるようになった。連邦政府の補助金を利用したブラウンフィールド・サイトの目録作成は，都市計画立案の前段階でブラウンフィールド情報を把握するプロセスを自治体に導入したという間接的な効果もあった。

9.1.2　再生の優先順位の検討

　情報把握後の，優先的な取組対象の選定手法も概ね共通していた。基本的には，再開発の経済的な成立性と，土壌汚染の対策の困難性を重ねあわせて優先取組対象を選定していた。その過程で，市役所の（特に経済開発に関する）意向も反映された。

　優先順位検討については，最初期のブリッジポートは，調査パイロットのなかで，再開発に関する分析と土壌汚染に関する分析をそれぞれ点数化して合計し，その合計点で優先取組対象

候補地を選ぶ厳密な方法を採った。ローウェルやバッファローは，ブリッジポートほど厳密な手法は採っていないが，同様の考え方で検討を行った。ローウェルは，ダウンタウン周辺にあるブラウンフィールド・サイトを再開発の可能性や市民の生活環境の改善に対する効果という側面で評価して選定した。バッファローは，大規模なブラウンフィールド・サイトが最も集中していた South Buffalo 地区を優先取組対象に選定した[1]。

　また，再生事業の実施にあたっては，土地所有者の意向も重要となるため，対象となる区画の私有，公有の別と，税滞納により市が租税先取特権（Tax lien）を得る可能性も，全ての都市で分析の対象となっていた。

9.1.3　優先取組対象の違い

　前項で述べた優先順位の検討は，各都市とも共通していたが，選定された対象とその後の取組には，大きな違いがあった。取組範囲の設定はその後の再生事業の展開に大きな影響を及ぼしていた。区画単位の再生は事業期間が短いが，周辺への波及効果が限定的であった。それに対し，ブラウンフィールド地区全体を対象とした再生事業は，事業期間は長いが，公共事業に加えて周辺地区に民間再生事業を誘導する再生の波及が観察された。

1）ブリッジポートの優先取組対象と事業の展開

　ブリッジポートは，調査パイロットの時点で区画単位または連担した複数区画を優先取組対象として検討していた。Jenkins Valve サイトは，ダウンタウンに隣接した立地であったため，再開発後はダウンタウン及び駅周辺地区と連担した市街地となったが，他の再生事業は，個別のブラウンフィールド・サイトを，中小規模の工業団地や製造業の再立地先として開発した事例が多い。自動車でのアクセスを前提とした区画単位の事業のため，街路整備等も限定的であり，周辺地区に連鎖的に民間の再生事業が展開した事例は，ほとんど見られない。その後，2007 年のマスタープランとその後の取組を通して，複数のブラウンフィールド・サイトを対象とした開発回廊の構想を導入し，従来の区画単位の取組から地区単位への取組に移行した。

2）ローウェルの優先取組対象と事業の展開

　ローウェルも，当初は区画単位で優先取組対象を選定していたが，1998 年に始まったショウケース・コミュニティ事業で派遣された環境保護庁職員の意向もあり，都市再開発事業を用いた比較的小規模な地区を優先取組対象とする方針に変化した。派遣職員は，特定の地区を対象としてブラウンフィールドに関する公的支援と，既存の都市計画や住宅政策，経済開発の補助金を活用した社会基盤整備を組み合わせて，市内のブラウンフィールド・サイトの再生を進めることを提案し，市は，ブラウンフィールド・サイトが多く集まる地区のうち，ダウンタウンに隣接する 2 地区に都市再開発事業を導入し，その後の市の人的，財政的資源を集中的に振り向けた。その結果，ダウンタウンと連担を目指して強化された骨格街路や水辺の遊歩道に沿って，民間主導の再開発も進行した。

　ローウェルの取組地区は，従来の市の計画単位とは異なり，再生事業の中心となるブラウンフィールド・サイトの立地とダウンタウンとの関係を重視して設定されている。数 ha 規模であり，バッファローやブリッジポートの計画単位と比べるとその規模は小さい。運河や道路に沿って立地していた工場跡地が種地となるため，一般に計画の境界となりやすい水域や街路をまたいで設定されていることも特徴である。

3）バッファローの優先取組対象と事業の展開

バッファローは，ブリッジポートやローウェルと比べて工場が立地した時期がやや遅く，ダウンタウン周縁部を除くと工場跡地の規模が大きい。中でも初期段階で優先取組地区となったSouth Buffalo 地区は2,000 エーカーと巨大な取組地区であるが，選定自体はブラウンフィールド・サイトの立地とそのブラウンフィールド・サイトの存在の影響が大きい中小工場跡地や住工混在地区に限られており，近隣地区の計画単位とは異なる。その後設定された3つのBOA地区も1,000 エーカー前後と巨大であるが，連担した工場跡地に対して設定されているため，河川，港湾，鉄道といった線形の産業基盤に沿って地区が定められた。South Buffalo 地区では，都市再開発事業を用いた先行的事業であるLakeside Commerce Park の事業の骨格部分がほぼ完成し，その後地区に適用されたBOA の計画に基づき，複数のプロジェクトが，事業化にこぎ着けている。

一方，ダウンタウン周縁部では，ブラウンフィールド再生を中心とした計画ではないが，地区単位の再生計画が1990 年代後半から2000 年代初頭に策定され，ブラウンフィールド・サイトを活用した再開発が民間事業者により進められている。

9.1.4　ブラウンフィールド再生戦略と自治体都市計画の統合

ブラウンフィールド再生戦略は，当初は土壌汚染地の位置と汚染に関する情報を整理したデータベースに過ぎなかった。その情報を地理情報として分布を整理し，再開発可能性や，再利用後の用途を検討する過程で，土壌汚染地のデータベースから自治体のブラウンフィールド再生戦略に変化した。

しかし，再生戦略のみで都市や地区の再生が起こるわけではない。ケース・スタディの分析によって，ブラウンフィールド再生戦略策定後に検討された自治体の都市計画は，ブラウンフィールド・サイトの情報や再生戦略と一般の自治体の空間計画が統合される傾向にあることが明らかとなった。再生戦略と空間計画の統合によって，ブラウンフィールド地区の社会基盤整備の推進，公的資金を用いた公園やオープン・スペース等の地区の価値を高める（少なくとも下げない）用途への転換を円滑に進めることが可能となった。

1）ブリッジポートの都市計画と再生戦略の関係

ブリッジポートでは，1996 年のマスタープランは，調査パイロットとほぼ同時期に検討され，製造業の再立地を目指す方針を共有していたが，空間計画においてはSteel Point 地区を中心としたウォーターフロント開発しか位置付けられておらず，その後の同市のブラウンフィールド再生事業の多くは，区画単位の周辺地区とのつながりが薄い事業がほとんであった。2008 年のマスタープランは，製造業の再生から複合市街地によるホワイトカラーの増加を目指す方向へ，土地利用の方針を大きく転換した。結果としてブラウンフィールド再生の方針自体も変化した。水辺のブラウンフィールド・サイトの緑地としての活用や，2つの近隣地区をまたいだ開発回廊の発想は，目標とする土地利用方針の変化と，前提条件としてのブラウンフィールド・サイトの分布や再利用の可能性が，マスタープランへ統合された結果，生み出されたものであると言える。

2）ローウェルの都市計画と再生戦略の関係

ローウェルでは，再生事業が先行していた北運河地区と優先取組対象となったダウンタウン

周縁部の Acre 地区・JAM 地区は，2001 年のダウンタウン・マスタープランや 2003 年市全体のマスタープランでダウンタウンとの関係を明確に位置付けられている。ブラウンフィールド・ショウケース・コミュニティの実施を通じて，市役所はブラウンフィールド再生に向けて地区スケールで都市計画の取組を進める重要性を認識した。そのため，ブラウンフィールド再生戦略の柱として位置付けられた優先取組地区は，同時期に策定されていた都市マスタープランでも明確に優先的な取組対象として位置付けられた。また，2000 年代に Acre 地区と北運河地区の事業に概ね目処がついたため，2013 年には JAM 地区に加えて Tanner St. 地区が優先的に推進する事業に加えられた。

3）バッファローの都市計画と再生戦略の関係

　バッファローでは，1990 年代から計画されてきた拡大ダウンタウン地区の再生は，2003 年のダウンタウン・マスタープランにも明確に位置付けられている。ただし，拡大ダウンタウンは，ブラウンフィールド再生の取組から生まれたというよりは，当時のウォーターフロント再開発や医療キャンパス開発計画に基づくものであり，結果としてブラウンフィールド・サイトを多く含む地区が対象となったと考えるべきであろう。

　一方，ブラウンフィールド地区については，市役所は 2006 年の都市マスタープランにおいて，やや中心から離れた大規模な低・未利用地が集中する地区を戦略的投資回廊に設定した。BOA 指定の申請を州政府へ提出する段階でも，どの地区を申請するべきかという議論が市役所内部で行われており，市の再生戦略は，単純なブラウンフィールドの分布の情報から，市として注力する地区を選定する空間計画の議論へと深化した。また，BOA 指定に基づき検討された地区の再生計画は，市全体の都市計画の改訂作業である統合開発条例へ反映され，ブラウンフィールド再生と自治体の空間計画は完全に統合された。

9.1.5　ブラウンフィールド再生戦略の進化とその契機

　本節で分析した各都市のブラウンフィールド再生戦略の変化を表 9-1，個別の再生事業の種類と分布を図 9-1 に整理した。ブラウンフィールド再生戦略の都市計画への統合プロセスは，3 市とも独自の展開をたどっていた。

　ブラウンフィールドの情報把握については，環境保護庁のブラウンフィールド調査パイロットによって，ほぼ同時期に進められているが，その後の優先取組地区の抽出，計画策定の時期によって，ブラウンフィールド再生事業の地区への展開に大きな差異が生じた。

　また，図 9-1 からわかる通り，各都市とも中心市街地周辺部では脱工業化を図り，郊外では工業の立地も視野に入れている点は共通している。ただし，ブリッジポートが工業団地を優先して事業化したのに対し，ローウェルやバッファローは再生の初期段階では，中心市街地周辺部の複合用途による再生に注力していたことが明らかとなった。

　ブリッジポートは，工業の再立地にこだわり工業団地としての再開発に注力した。工業の再立地が困難な状況が続いたが 2000 年代初頭も市政の混乱があり，2008 年の都市マスタープランでブラウンフィールド再生戦略と市の都市計画の統合が遅れた。

　ローウェルは，ショウケース・コミュニティの期間中に環境保護庁派遣職員の影響により，環境保護と環境保護以外の政策ツールを組み合わせた地区単位の再生計画の重要性が共有されたことが，優先取組地区抽出と再生計画立案の直接の契機であった。ダウンタウン周辺の 3 地

表 9-1　ケース・スタディ対象都市のブラウンフィールド再生戦略の変化（筆者作成）

ブリッジポート

- 1980 年代　大規模公営住宅の治安深刻化
- 1990　市の財政危機、市長破産申請

**情報把握 /
区画単位の優先順位整理**
- 1994-96 EPA BF 調査パイロット
- 1996 都市マスタープラン

West End 工業団地事業化

- 1998 野球場竣工
- 2001 アリーナ竣工
  （Jenkins Valve 跡地）

Went Field 公園拡張

BF 再生戦略と地区の計画乖離
- Seaview 工業団地 /Carpenter Steel 跡地
- Barnum Ave. 工業団地

BF 再生戦略と空間計画の統合
- 2007 総合経済開発戦略見直し
- 2008 都市マスタープラン

- 2010 持続可能性計画
- 2011 公園マスタープラン

優先取組地区の計画
- East Bridgeport 回廊開発構想
- 2013 新駅実現性調査

ローウェル

- 1978 Downtown 国立歴史公園指定
- 1993- 北運河地区経済開発事業

**情報把握 /
区画単位の優先順位整理**
- 1996 CDBG 工場跡地調査
- 1996- EPA BF 調査パイロット

- 1998-00 BF ショウケース・コミュニティ

**優先取組地区抽出
再生計画策定**
- 1999 Acre 地区都市再開発事業認可
- 2000 JAM 地区都市再開発事業認可

BF 再生戦略と空間計画の統合
- 2001 ダウンタウン・マスタープラン改訂
- 2003 都市マスタープラン

優先取組地区再生進展
- 2008 Hamilton 運河地区マスタープラン

- 2010 Tanner St. 地区
       BF 地区全体計画支援補助金交付

- 2012 都市マスタープラン

優先取組地区の拡大
- 2014 Tanner St. 地区都市再開発事業認可

バッファロー

- 1970 年代以降 都市再開発事業を用いた
  工場跡地再開発

情報把握 / 一部優先地区抽出
- 1995- EPA BF 調査パイロット
- 1997 South Buffalo 再開発計画

- 1990 年代後半 Erie 運河港湾開発計画

拡大ダウンタウン計画着手
- 2002 BNMC マスタープラン
- 2003　ダウンタウン・マスタープラン改訂

優先取組地区再生計画策定
- 2003 Union Ship Canal 都市再開発事業認可
- 2005　地域水辺再生計画改訂

BF 再生戦略と空間計画の統合
- 2006 総合計画にて戦略的投資回廊設定
- 2006 South Buffalo 地区に BOA 段階 2 交付

- 2008/9 3 地区に BOA 段階 2 交付
  (BUF. River, BUF. Harbor and Tonawanda St.)
- 2010 BNMC マスタープラン改訂

優先取組地区の拡大
- 2012 3 地区で BOA 段階 2 計画策定開始

再生計画を用途地域へ反映
- 2012 統合開発条例による用途地域見直し検討
- 2014 地域水辺再生計画改訂

年表左端：1990 / 1995 / 2000 / 2005 / 2010 / 2015

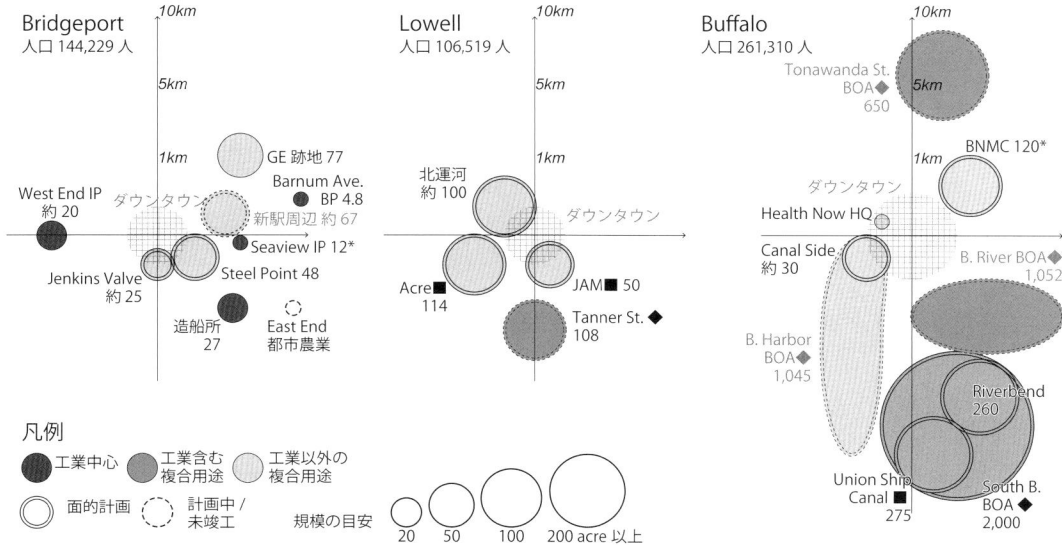

図 9-1　事例分析都市におけるブラウンフィールド再生事業の種類と位置（筆者作成）

区が優先的に事業を進められたが，その前提には国立公園指定以降進められてきたダウンタウンを中心とした観光業の成長と州立大学の立地という実需の存在があった。

バッファローでは，市内でも突出して大規模な工場跡地が集中していた South Buffalo 地区が調査パイロットを契機として優先地区に選定され，1997 年にいち早く再開発計画が策定された。大規模で地権者が少なく，再生による経済開発効果が大きいことが選定の理由であった。ブラウンフィールド再生戦略が本格的に市の空間計画と連動するようになった契機は，2006 年の総合計画による戦略的投資回廊の設定であり，その後は BOA 指定による地区の再生計画を立案し，その計画は全市の用途地域見直しへ反映された。

再生戦略の違いの背景を単純化することは困難だが，土壌汚染地として工場跡地再生に取り組む以前の自治体の工場跡地再生の経験の多寡と，従来の工業中心の経済開発から工業以外の産業の展開や付加価値の高い新たなタイプの工業の誘致へと経済開発戦略を転換したタイミングに影響を受けていると言えるだろう。

9.2 ブラウンフィールド再生における計画技法

前節では自治体が市全体の再生戦略を検討し，優先取組対象として選定するプロセスを整理した。本節では，ブラウンフィールド再生における計画技法という観点から，ケース・スタディから得られた知見として，計画立案の契機，計画立案の体制，ブラウンフィールド再生のための空間計画技法と計画プロセスについて整理する。

9.2.1 計画立案の契機

ブラウンフィールド地区の再生を考えるうえで，そもそもの計画立案の契機とそのための計画資金の確保は重要な課題である。多くのブラウンフィールド地区は，複数のブラウンフィールド・サイトとあわせて，低所得者の居住地区を周辺に抱える状況にある。しかしながら，居住人口や商業者が集中した状況にもないため，ダウンタウン計画のような特定地区を対象とした計画立案を市役所単独で実施することは難しい。都市再開発事業は，地区内の建物が荒廃している（Blight）ことが実施の根拠として求められるが，ブラウンフィールドを多く抱える都市は，同様の基準が当てはまる地区が多数存在する。そのため，特定の地区を対象にブラウンフィールド地区の計画立案を行う契機として，連邦や州による公的支援が重要な役割を果たしていたことが明らかとなった。

ブリッジポートは，工業団地の計画や野球場・アリーナの開発に対して，主に州政府の経済開発支援を目的とした公債による補助金の交付を受けて，計画資金を確保した。また，環境保護庁の調査パイロットを活用して，市内の主要なブラウンフィールド・サイトを対象に環境情報の整理に加えて再開発に関する初期段階の検討が行われた。

ローウェルは，本格的なブラウンフィールド再生戦略を立案する以前に開始された野球場・アリーナの計画は，ブリッジポートと同様に州の経済開発補助金が利用された。その後の都市再開発事業の計画策定は市の負担だが，土壌調査や浄化に関する検討等には，環境保護庁の調査パイロットや，ブラウンフィールド・ショウケース・コミュニティによる職員派遣が活用された。立地条件が悪く深刻な土壌汚染を抱える Tanner St. 地区には，環境保護庁の計画支援

補助金が2度交付された。

　バッファローでは，1990年代終わりにSouth Buffalo再開発計画が調査パイロットと州の補助金を契機に策定された。2005年以降，第2世代の代表的な支援策であるニューヨーク州のBOA指定によって，市内4ヶ所のブラウンフィールド地区の再生計画を立案している。

　ダウンタウン周縁部は，ダウンタウンの再生，再投資の計画に位置付けることで拡大ダウンタウンとして計画策定の位置付けが行われることが多い。分析事例のなかでは，ブリッジポートのJenkins Valve跡地やSteel Point地区，ローウェルの北運河地区，JAM地区，バッファローのBNMCやCanalside地区はダウンタウン周縁部に分類される。

　一方，ダウンタウンから離れた荒廃した工場跡地や低・未利用地が連なる土地の場合は，ブラウンフィールド・サイトが集中しているからこそ，再生計画の対象となったと言える地区が多い。特に第2世代のブラウンフィールド再生支援制度であるBOAは，その対象となったことで，初めて地区の将来を利害関係者が集まって議論する場が生まれたと評価する指摘もあり[2]，ダウンタウン周縁部のブラウンフィールド地区と比べて，ブラウンフィールド再生に対する計画支援の意義はより大きいと言えるだろう。

　従来も衰退した工業都市に対して，産業立地を支援する経済開発補助金等は存在したが，工場跡地の再開発のみを対象としたものであった。第2世代の計画支援制度は，荒廃したブラウンフィールド・サイトとその周辺の市街地を対象としており，多様な主体が地区の将来目標を議論・共有する場を生み出した。結果として，策定された計画は，ブラウンフィールド・サイト単独の再開発から，周辺地区との空間的接続や既存の社会基盤の改良も含む地区全体の再生を目指したものへと変化した。

9.2.2　計画立案の体制

　ケース・スタディ都市は，いずれも地区スケールの計画立案を実施する際にブラウンフィールド・サイトに関わる利害関係者との意見聴取，計画案説明，意見交換の実施に多大な努力を重ねている。ブラウンフィールド地区の計画において，一般の都市計画との違いは，土壌汚染地の再利用に対する地区住民や市民の不安である。土壌汚染の実態と対策に関するアウトリーチの徹底が，その解消方法であるが，米国のブラウンフィールド再生の特徴として，中立的な専門家の参加と，環境保護行政と都市計画行政の連携の確立の2点を指摘する。

1）中立的な専門家の参加

　中立的な専門家の参加は，ブラウンフィールド・サイトを公共施設として再開発する場合に見られた方法で，計画の初期段階から詳細な情報公開と議論が積み重ねられた。

　ローウェルは，Acre地区の石炭ガス工場跡地に公立中学校を建設したが，立地の検討時から地区住民との議論を重ねた。Acre地区で長年活動を続けるコミュニティ開発会社であるCBAが中心となり，市役所の提案に対して，住民が抱える不安や疑問をぶつけ続けた。初期段階においては，地区のなかでも土壌汚染がひどい土地に学校を建設すること自体への反対もあったが，最終的には市役所が提案した部分除去ではなく，一定の深さまでの土壌汚染の全面除去を提案したCBA・住民案が，土壌汚染対策として採用され，学校建設が実現した。CBAに対して連邦政府が技術支援補助金を交付し，住民側にもマサチューセッツ州の認定土壌専門士のコンサルタントがつき，事業主体である市側のコンサルタントが策定した浄化計画に対し

て，専門的な立場で疑問点や意見を提示した。州の環境保護局も，特に注意を要する事業として重点的に浄化管理を行った。

　ブリッジポートでは，West End 地区の Went Field 公園を，土壌汚染地を利用して拡張した。この計画では，土壌および地下水の土壌汚染の完全除去は困難であったため，地下水の広がりを管理しながら，市役所と住民が対話を進めた。その際，市が委託したコンサルタントに加え，環境保護庁のブラウンフィールド技術支援により，大学の研究者がリスク・コミュニケーションを支援した。

　いずれの事例においても，連邦や州の技術支援により，公共事業の主体となる市役所や市役所の発注で土壌調査，浄化を実施するコンサルタントから，土壌汚染に関する十分な知識がない地域住民に対する一方的な説明を実施するのではなく，事業主体とは独立した専門家を環境保護部局の補助金を活用して起用していた。また，地域にある既存のコミュニティ組織（ローウェルの CBA やブリッジポートの West End コミュニティ協議会等）と，初動期から議論を重ね，土壌汚染の実態とその対策に関する理解を深めた。移民が多い地区の場合，多言語によるサポートが重視され，ローウェルはカンボジア系移民向けのクメール語，ブリッジポートではスペイン語のサポートが提供されていた。

2）環境保護行政と都市計画行政の実務的な協力体制の構築

　2点目の特徴は，環境保護と都市計画の実務的な協力体制の構築にある。より具体的に言えば，土壌調査と浄化を管轄する州の環境部局と，ブラウンフィールド地区の再生を進める市役所の都市計画部局の協力関係の構築である。従来，市役所の都市計画部局が実施する事業の多くは，州政府の住宅・都市計画に関する部局，連邦政府レベルでは住宅・都市開発省との関係が強く，環境部局との関係は，環境アセスメントにおけるレビュー等が中心であった。しかし，ブラウンフィールド再生に関する事業においては，都市計画の前提となる土地利用の用途や可能性，事業計画に関わる部分まで，早い段階から実務的な関わりが必要となる。

　市役所は，都市計画部局において，土壌汚染に関する一定の専門知識を持つ人材の雇用を始めた。ローウェルは，近年市役所の都市計画部局に創設された環境担当者が，都市開発事業における環境関連の業務を行っている。バッファローは，市に交付された 1996 年の調査パイロットの際に，環境の専門家を都市計画部局に任期付で雇用し，最終的にはブラウンフィールド・マネージャーのポストを設置，現在その人物は 4ヶ所の BOA の計画策定を進める責任者としてブラウンフィールド再生に携わっている。州は，州内の各地域に地域事務所を設けており，日常的なブラウンフィールド・サイトの再生に関するやり取りは，地域事務所の土壌汚染担当者と市の担当者の間で行われている。ニューヨーク州の場合は，都市計画を担当する州務局も同様の地域事務所と，BOA 担当者を各地域に配置している。

9.2.3　空間計画技法 1：開発需要自体の低さや需要の変化への対応

　特に，ブラウンフィールド地区の計画単位が大きい事業や立地環境が相対的に低い事業の特徴として需要の低さや需要の変化への対応を挙げる。本項では，積極的緑地化による視覚的再生と密度のメリハリ創出，広域の枠組計画と地区詳細計画の二層構造という 2 点から空間計画技法として整理する。

1）積極的緑地化と密度のメリハリ創出

　対象とするブラウンフィールド・サイトが広大な場合，短期的に全ての土地を再開発することは困難である。しかし，広大なブラウンフィールド・サイトの一部のみを再開発するにしても，近傍に巨大なブラウンフィールド・サイトが存在していることが，地区全体のマイナス・イメージとなるため，環境的にも視覚的にも広大なブラウンフィールド・サイトを一定程度，再生させる必要がある。

　このような問題に対応するために，上部の土地利用を一定程度制限して，土壌汚染対策費用を低減させるとともに，広大なブラウンフィールド・サイトを自然保護地や緑地とすることによって，費用をかけずに視覚的にも再生するという手法があることもわかった。同時に，緑地化した大規模低・未利用地を積極的に評価することで，限られた開発需要を先行地区に集中させ，開発地区には土地利用密度を高めることで，全体として密度のメリハリを生み出し，単純な製造業や物流用途以外の，より付加価値の高い土地利用の展開を目指していた。

　例えば，South Buffalo では，土壌汚染に加え地盤も安定しない廃棄物処分場跡地は，自然地やゴルフ場，緑地として位置付け，公有地化して再開発を行う地区へ立地する企業にとっても付加価値となるような枠組みを BOA 段階 2 で構想している。開発する部分と緑地やオープン・スペースとして機能する部分に分割することで，RiverBend 地区では主要街路沿いには，既成市街地と同等の街路を形成できるような密度の達成を目指した。同市の BOA は，全体に規模が大きく，現在計画中の他の BOA でも大規模な低・未利用地の積極的な緑地化を中心に South Buffalo と類似した戦略が採られている部分が多い。

　ローウェルの Tanner St. 地区もダウンタウンから離れたやや孤立した立地にあり，バッファローの BOA ほど巨大ではないが，想定される開発需要が限られるなかで，積極的な緑地化の戦略を採っている。同地区はスーパーファンド・サイトも抱えて，環境汚染に対しては多額の連邦政府の資金を投じて回復が進められているが，地区全体の汚染イメージの改善のためには，視覚的な再生を印象づけることも重要であり，その具体策として緑地化が計画されていると考えられる。

2）広域の枠組計画と地区詳細計画の二層構造の計画

　ブラウンフィールド・サイトやブラウンフィールド地区の規模が 500 エーカーを上回るような規模の場合，500 エーカー超のスケールで計画される緑地や街路ネットワーク等の地区全体の再生に向けた取組と，100 エーカー前後の規模で 1 つまたは少数の地権者が一体的に開発可能な単位に分け，二層で再生計画の策定が行われている。計画規模を 2 つの階層に分けることにより，開発需要が読めないなかでも全体計画の継続性・持続性を維持しつつ，各地区で機動的に開発需要に対応可能な枠組みをつくることが可能となる。

　例えば，South Buffalo BOA は，2,000 エーカー程度の規模の地区を単位としているため，対象地区全体の将来像を共有しつつ，地区内を 100 エーカー前後のサブエリアに分割し，それぞれのサブエリアごとに事業化を進める計画を採っている。BOA により全体の将来像や交通，緑地のネットワークの大まかな考え方が示されているため，個別地区の事業化のタイミングにズレが生じても，最終的にはサブエリアが互いに空間要素を連携させることが可能である。また，地区の再生計画自体も，土地利用を厳格に定めるものではなく，街路や緑地などの空間資源の関係を担保する役割を期待されており，地区に対する土地需要が変化した場合は，

変化に追随可能な計画としている。同様の計画策定は，バッファロー市内の他の BOA 計画でも確認された。

　優先地区に選定された地区の規模が 100 エーカー前後のローウェルでは，ダウンタウン・マスタープランがダウンタウン周縁部を含む複数の優先地区の緑地や公共空間のネットワークを検討しており，広域の計画として機能していた。ブリッジポートでは East Bridgeport 開発回廊が複数のブラウンフィールド地区を含む計画として挙げられるが，バッファローやローウェルほど詳細な空間計画は行われていない。

9.2.4　空間計画技法 2：公共施設の戦略的配置と活用

　第 2 部の 3 市の事例を通して，ブラウンフィールド地区の再生を進める過程で，地区の再生を先導するために，公共施設が戦略的に用いられる実態が明らかとなった。

　本項では，主な公共施設として，①公立学校，②大規模集客施設，③公園と緑地を取り上げて分析する。なお，各都市ともブラウンフィールド再生の実績が少なかった 1990 年代には，比較的立地の良い地区に州の経済開発支援を用いた大規模集客施設を建設しているが，近年は，経済的困窮地区内に学校や公園などの公共施設を計画するなど変化も生じている。

1）公立学校

　公共施設の代表例としては，自治体の戦略を比較的反映しやすい公立の小中学校，高校が挙げられる。ローウェルは Acre 地区で最も土壌汚染が深刻であった土地の一つである石炭ガス工場跡地を公立中学校とそのグラウンドとして再開発した。ブリッジポートも East Side 地区の公営住宅跡地や，West End 地区の工業団地に隣接する街区に小中学校を建設しており，ブラウンフィールド・サイト自体ではないが，その近傍に学校を立地させた。また，市内でも最大級のブラウンフィールドである GE 跡地へ，近隣の老朽化した高校の移転を進めた。民間事業者の参入が見込めない立地にある比較的規模の大きい土壌汚染地を，学校として再開発することにより，空間としても機能の面でも大きく変化させることができるため，空間戦略として一定の有効性はある。ローウェルやブリッジポートの場合，公立学校の建設には，土壌浄化等の基盤整備も含め，その大半に州の補助金が交付されており，自治体の財政負担も小さく抑えられる。

　ただし，万一有害物質の曝露が起こった場合に最も弱い立場に置かれる子供が毎日通う学校を，土壌汚染地に建設することに対して，当然ではあるが地域住民の反発や不安が高まる。9.2.2 で述べた通り，計画検討の段階で，対象地に存在する土壌汚染の実態と対策について，地域住民との十分な議論の時間が不可欠である。実際の対策においても，ローウェルは住民との議論の結果，住宅用途なみの対策を実施しており，州が定める学校向けの浄化基準を上回る水準の浄化を行うことで，地域住民も学校の立地を認め，事業が前進した。ブリッジポートでも GE 跡地について教育委員会主導で土壌汚染対策に関する丁寧な議論が行われた。

2）大規模集客施設

　教育施設以外の公共施設としては，ブラウンフィールド・サイトを利用した野球場やアリーナ等のスポーツ施設による再開発の事例がケース・スタディ各都市で見られた。ブリッジポートは Jenkins Valve 跡地の再開発に野球場とアリーナ，ローウェルは北運河地区のブラウンフィールド・サイトに野球場とアリーナ，バッファローは Canalside 地区に隣接して大型のア

リーナ[3]を 1990 年代に建設している。

　米国では，1990 年代以降，プロスポーツ施設の開発が集客や雇用創出，ダウンタウンの再生に寄与することを期待して[4]，事例として取り上げた都市以外のまちでも野球場や屋内型アリーナの建設が数多く行われた[5]。このようなダウンタウン周縁部の再開発においてスポーツ施設を起爆剤として用いる発想は 1990 年代以降，全米各地で顕著にあらわれており，本研究で取り上げた事例もこの文脈に位置付けられる[6]。

　多くの都市においてダウンタウン近くの大規模用地は，ブラウンフィールド・サイトしか残っていない。ブラウンフィールドのイメージを一新する視覚的な効果もあったが，実際にはダウンタウン周辺の大規模用地はブラウンフィールド・サイト以外に選択肢がなかったとも言えるだろう。

　経済開発の目的で建設されたスポーツ施設であるが，建設後のスポーツ施設を活用した周辺整備は，都市ごとに大きな違いが生まれた。ブリッジポートは，高速道路と鉄道に挟まれた敷地だったため，周辺地区への再開発の波及はほとんど発生しなかったのに対し，ローウェルは野球場とアリーナの周辺地区を川沿いの遊歩道や緑地帯でダウンタウンと接続し，両施設の周辺で民間事業者や州立大学ローウェル校によるブラウンフィールド・サイトや低・未利用地の再開発を進めた。バッファローもアリーナ周辺の内港地区（Canalside 地区）の再生計画を立案し，運河の再生など公共空間の改良を続けた結果，近年，民間事業者によるブラウンフィールド・サイトの再生が進行している。

3) 公園及び緑地

　ブラウンフィールド・サイトを活用した公園の事例としては，ブリッジポートの Went Field 公園拡張や Knowlton 公園，South Buffalo の Ship Canal Commons が代表的である。ローウェルも水辺の遊歩道ネットワーク拡充と合わせて中小規模の緑地整備を進めている。公有地化して公園等の用途として再開発する場合は，州や連邦の経済的支援を受けやすいため，民間事業者による再開発が起こりづらく，公園化により周辺地区の環境改善が期待できる場所の場合は，公園の導入も検討されている。

　より大規模な低・未利用地を抱える計画の場合には，例えば South Buffalo 地区の廃棄物埋立地のように開発を行いづらい土地を大規模な緑地として位置付け，低コストで周辺に対する悪影響の広がりを抑制している事例も見られた。

　公園は学校に比べて利用者の滞在時間は短いが，若年層の利用もあるため，特に周辺に居住者が多い場合は，学校と同様に地域住民との意見交換や情報開示が丁寧に行われている。6 章ではブリッジポートの Went Field 公園について，計画プロセスも取り上げた。

4) その他の公共施設

　公共施設として，都市によっては立体駐車場を建設する事例も見られる。ローウェルが JAM 地区や北運河地区に建設しているほか，バッファローも Canalside 地区に立体駐車場の設置を計画している。立体駐車場の設置により，地区内の平面駐車場をなるべく抑制し，低・未利用地が連続した空間から，街路沿いに建物が連続した歩行者空間へと転換することが意図されており，街路沿いは店舗が設置されている。

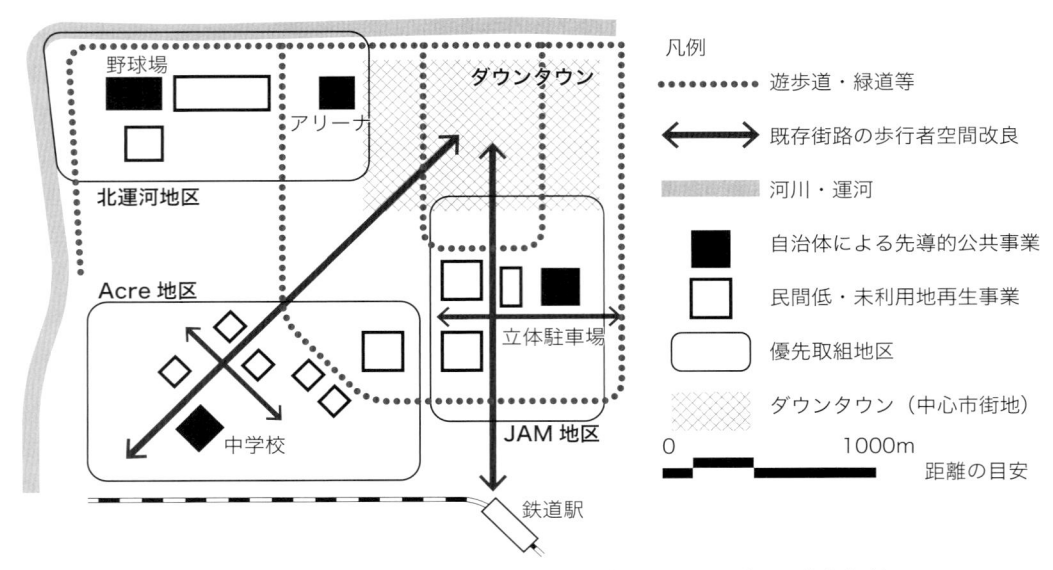

凡例

- ∙∙∙∙∙∙∙∙ 遊歩道・緑道等
- ⟷ 既存街路の歩行者空間改良
- ▨ 河川・運河
- ■ 自治体による先導的公共事業
- □ 民間低・未利用地再生事業
- ⬭ 優先取組地区
- ▨ ダウンタウン（中心市街地）
- 0 ～ 1000m 距離の目安

図 9-2 公共施設の先導的配置と工業用社会基盤の転換模式図（ローウェルを事例に筆者作成）

9.2.5 空間計画技法３：工業用社会基盤の転換による周辺との接続強化

　分析の対象とした米国北東部の工業都市は，運河や河川，鉄道を利用して大きく発展した経緯があり，ブラウンフィールド・サイトに付随して，これらの工業用社会基盤が低・未利用の状態で放置されている場所が少なくない。加えて，工業地区の道路も貨物自動車の利用を前提とした歩道のない状態にある。

　第２部のブラウンフィールド地区に対する再生計画の分析を通して，これらの工業用社会基盤を積極的に新たな用途に適した社会基盤へ転換することで，地区内や周辺地区との物理的な接続を強化していることが明らかとなった。具体的には，歩行者・自転車向けの交通環境の改善，公園や緑地等のオープン・スペースの拡大とネットワーク化の２点を主な目標として，運河・河川・港湾等の水域沿いの土地や廃止された鉄道跡地の利用と，既存道路の改良の２つのタイプが観察された。これらの工業用社会基盤は，地区外との物流を目的に利用されていたため，工場跡地と物理的な接続が多い。工場の閉鎖により，物理的にも社会的にも隔絶した跡地周辺地区とのつながりを回復するうえで重要な資産となった。

　ローウェルは，運河や水域に沿って遊歩道の整備や小規模なオープン・スペースを設置しており，ダウンタウンから北運河地区の野球場，アリーナに至る北運河地区の歩行者動線の骨格として機能している。JAM 地区ではほぼ全ての運河沿いに緑地や遊歩道を計画しており，ダウンタウンの歴史地区から新たに再開発された JAM 地区まで連担した空間に変化しつつある。Acre 地区でも学校とダウンタウンを結ぶ骨格街路や運河沿いの遊歩道整備が進められ，民間事業者やコミュニティ開発会社による住宅改修，新設がその周辺で進行した。

　バッファローでも South Buffalo 地区の運河とその両岸が公園化され，周辺住民に利用されるとともに，緑豊かな業務地の空間を演出し Lakeside Commerce Park への企業誘致にも寄与している。水運に利用されていた Buffalo 川の整備も進められ，川沿いに遊歩道も計画されている。地区の幹線道路の車線数を減らし，歩道と自転車道を設置する計画が進められており，

工業用のインフラを低コストで転換している。水域に関係する用途転換や再生は，地域水辺再生計画や Buffalo 川の再生事業を契機に先行して計画策定が進み，BOA によって内陸部も含む面的な計画へ進化した。

　ブリッジポートは，2010 年の公園マスタープランにおいて，水辺のブラウンフィールド・サイトをオープン・スペースに転換する方針を打ち出し，Knowlton 公園はその第 1 弾として実施に移された。また，ブラウンフィールド・サイトが集中する地区を通過する鉄道路線を活用した新駅の設置も計画している。

9.2.6　空間計画技法4：ブラウンフィールドの再利用後用途

　ブラウンフィールド地区の実際の計画立案において最も予測が難しいのは，将来の土地利用用途である。事例分析都市が，民間による土地の再利用が自発的に進まない状況に対して，どのように将来土地利用を設定して事業を進めたのか，本項で分析を行う。実際の事業の展開は，地域一帯の不動産市況の変化，開発時期による部分も大きいが，本項では事例分析都市の過去 20 年の変化を材料として議論を進める。

　主な再利用用途として，①工業（特に環境汚染の可能性が低い軽工業）用途，②住宅用途，③事務所および商業用途，④大学・医療施設，⑤公共施設および緑地が挙げられる。このうち，小中学校を含む公共施設と緑地は主な再利用用途ではなく，地区の再生を誘導する公共投資である場合が多いことを既に 9.2.4 で言及した。本項では①工業用途，②住宅用途，③事務所および商業用途，④大学・医療施設について整理する。

　なお，近年の第 2 世代のブラウンフィールド地区再生事業においては，将来土地需要に関する詳細な市場調査を行うことが，一般的になりつつある[7]。例えば，バッファローのように住宅ストックが余っている都市では，軽工業や郊外型のオフィスなど住宅以外の用途が計画策定の早い時期から検討されている。過去には，1980 年代のブリッジポートの Steel Point 地区へのカジノの誘致に代表されるように，衰退した工業都市の起死回生を狙う土地利用が検討されたこともあった。しかし，近年のブラウンフィールド再生事業は，補助金の交付段階から現実的な再利用用途を検討する枠組みが設定されるように変化しつつある。

1）工業用途

　一定の従業員を必要とする製造業を初めとする工業は，税基盤の強化と雇用増加が期待される。そのため，工場跡地を工業団地として再開発する手法は，ブラウンフィールド問題が発生する以前から都市再開発事業等を利用して行われてきた。スーパーファンド法の立法以降，一定の土壌汚染対策が求められるようになったが，用途別浄化基準を併用することで住宅等に比べると浄化費用も抑えることができる。

　例えば，ブリッジポート市が 1990 年代に進めた West End 工業団地や Seaview 工業団地は，経済開発事業として州支援も得て実現した。これらの工業団地は，大規模な工場跡地を道路で分割し，中小規模の事業所でも利用できる区割に変更した。6 章で指摘した通り，工場跡地を工業団地にする事業には，製造業が衰退した都市に再び製造業が安定的に立地しうるかという構造的な課題がある。加えて，周辺地区へのブラウンフィールド再開発の効果が広がりづらいという空間面の課題も存在する。

　前者の製造業の衰退に対しては，"Eco Industry" のように今後拡大する可能性の高い分野

を積極的に誘導し，事務所や研究施設と一体化した製造施設の誘致を行い，付加価値の高い工業用地へ転換する考え方が打ち出されている。ブリッジポートもバッファローも大規模工場跡地の再利用に用いている方向性であり，全米でもトップクラスの大学や研究機関を地域内に持つ米国北東部の工業都市の一つの生き残り策と言えるだろう。

　後者の空間面の課題は，前者とも関係するが，事務所と製造施設や物流施設が複合した施設の立地を狙うために，工業団地の空間計画も変化しつつある。詳細は9.2.7で述べるが，緑地や歩行者空間を充実させる空間計画の導入が進んでいる。歩行者空間や緑地を地区内外で接続することにより，従来の「関係者以外は立ち入れない工業地区」から「地区住民もアクセス可能で住宅とも隣接しうる研究開発地区」へと，その性格を変化させることが可能になる。

　事例分析から，大学等と連携した製造業の高度化とそれに対応した空間計画の変化により，工業用途によるブラウンフィールド再生の欠点を最小限に抑える手法が採られていることが明らかとなった。

2）住宅用途

　ブラウンフィールド・サイトの再開発において，住宅は最も一般的な用途の一つである。ブラウンフィールドを抱える都市において，住宅導入の可否を分けるポイントは，通勤圏内の大都市の有無と，ブラウンフィールド・サイトの立地の2点にある。

　第1に，都市周辺や通勤可能圏内に有力な雇用先を持つ大都市があるかどうかという点が重要である。事例分析都市のなかでは，ローウェルが住宅によるブラウンフィールド再開発の事例が最も多いが，同市は全米でも有数の大都市であり経済も好調なボストンの通勤圏内に位置している。州立大学ローウェル校がダウンタウンと北運河地区で拡張を続けており，大学生や大学勤務者の住宅需要も拡大傾向にあった。近年，住宅を含む複合用途による再開発を進めるブリッジポートも，ニューヨークやスタンフォード，ニューヘイブン等への通勤が可能な立地にある。一方で，バッファローは通勤圏内に大都市はなく，都市内の雇用が拡大している状況にないため，前述の通り住宅を主体とした再開発は行われていない。BOA内に事務所等の立地が進み，地区内に一定の雇用が創出される時期に，中小規模の住宅を導入することは計画されている程度である。

　第2に，ブラウンフィールド・サイト再生のメリットを住宅開発の魅力とすることができたかという点である。ローウェルを例にとると，ダウンタウンに近接した立地で鉄道駅に近いこと，運河や河川に隣接していること，歴史的建造物の再利用であることの3点を付加価値として住宅事業が成立している。産業インフラとして鉄道と水域を利用していた工場跡地の立地特性を活かしており，クリアランス型の再開発では解体費用が発生する負の遺産だった工場建物の再活用である。ブリッジポートがEast Side地区で計画している新駅周辺の再開発も，駅の設置によって通勤利便性を高め，既存の河岸を緑地帯として再整備することを目指している。ローウェルは，1970年代以降のダウンタウンの国立公園化の過程で築いた計画や資産に依る部分も大きいが，鉄道駅までの歩行者動線の改良，荒廃した運河や水辺空間の再整備によって，ダウンタウン周辺地区のブラウンフィールド再生事業に民間が参入するようになり，具体的に再生事業が進展した。

3）業務および商業用途

　業務用途の再開発は，立地は良いが土壌汚染が原因となり停滞していたブラウンフィール

ド・サイトの再生事例が大半であった[8]。立地に課題があるブラウンフィールド地区において再生の初期段階に事務所が立地した事例は少なく、"Commerce Park（業務団地）"のなかで工場や倉庫と事務所が複合した開発の事例が散見される程度である。

商業単独の導入は、幹線道路に面するブラウンフィールド・サイトに着目した大型のショッピングモールの事例が多い。これらの商業開発は、立地と敷地規模によって再開発の可否が決まるため、第1世代のブラウンフィールド再生支援によって商業施設が立地可能な土地の多くは既に開発されている場合が多かった。

4）教育施設・医療施設

事務所用途等とも類似するが、ブラウンフィールド・サイトの再生において、重要な役割を果たしている大学と医療施設（病院）について特に言及しておきたい。

ケース・スタディ対象都市では、工業都市の発展と同時期に設置された大学は、衰退した製造業と比較して、現在でも一定の競争力を保っており、市内の大規模雇用主としてその重要性が高まっている。また、大学と同様に医療機関も、製造業の衰退後の工業都市で存在感が相対的に高まっている（図9-3）。

ブリッジポートでは、医療関係セクターの雇用が市内の雇用の2割を上回り、市内最大の雇用を創出している。1990年代、製造業の再立地を目指していたブラウンフィールド再生と医療機関の関わりは薄かった。しかし、2008年の都市マスタープラン改訂以降、市内最大の病院であるブリッジポート病院の拡張とEast Side地区の新駅開発や、GE跡地の高校移転が関係付けられるなど、低・未利用地の再生後の用途として医療・教育分野の比重が高まりつつある。

ローウェルでは、北運河地区は州有地が多かったこともあり、現在は州立大ローウェル校の東キャンパスとして位置付けられており、再生後の土地利用も大学関係のものが中心である。JAM地区でも業務ビルとして開発されて大学の施設となった事例がある。民間が開発した住宅やホテルも開発後に州立大が買い取る事例も少なくない。

バッファローでは、拡大ダウンタウンとして再開発が進むバッファロー・ナイアガラ医療キャンパス（BNMC）において、州立大バッファロー校や医療関係の財団が中心的な役割を

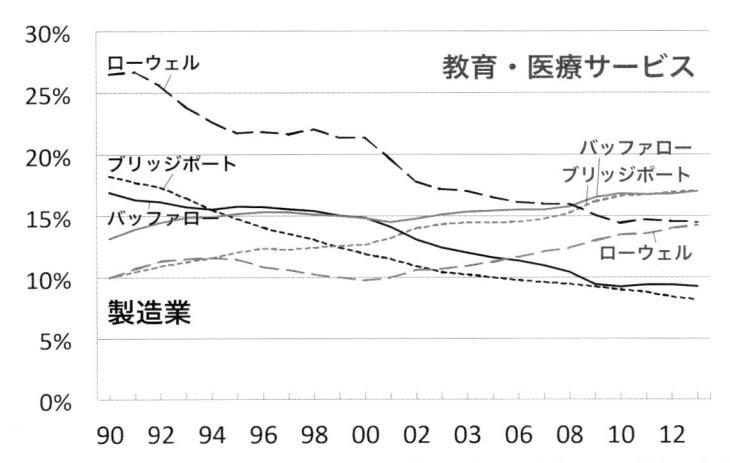

図9-3 ケース・スタディ都市の製造業と教育・健康関連産業の雇用割合の変化
Bureau of Labor Statistics の統計データより筆者作成

果たしている。South Buffalo BOA 内の RiverBend 地区もニューヨーク州立大学の財団を活用した州の財政支援によって太陽光パネル工場が建設された。

9.2.7　空間計画技法 5：再生地区の立地に応じた計画技法の組合せ

　本節で整理した空間計画の技法は，地区の現状に応じて計画技法を組み合わせて用いられている。第 2 部で分析したブラウンフィールド再生事業を表 9-2 に分類・整理し，図 9-4 に各事

表 9-2　事例分析都市の主なブラウンフィールド再生事業一覧（筆者作成）

地区名称／計画制度	都市	都市内の立地	先導的公共事業	主な用途（予定含む）
Jenkins Valve 跡地 単独開発	ブリッジポート	ダウンタウン周縁部	野球場・アリーナ	先導的公共事業のみ
Steel Point 地区／ 都市再開発事業		ダウンタウン周縁部／（以前は住工混在）	なし（道路整備）（カジノ計画失敗）	商業施設・集合住宅・マリーナ
West End 工業団地／ 自治体開発計画 MDP		ダウンタウン外／住宅工業混在地区	工業団地	工業団地
Went Field 拡張		ダウンタウン外／住宅工業混在地区	公園拡張	公園拡張のみ
Seaview 工業団地／ 自治体開発計画 MDP		ダウンタウン外／住宅工業混在地区	工業団地	工業団地
East Bridgeport 開発回廊／検討中		ダウンタウン外／住宅工業混在地区	小中学校・高校（予定）・鉄道新駅（予定）	住宅中心の複合用途
East End 地区南部 単独開発		ダウンタウン外／住宅工業混在地区	なし（土壌浄化）	水耕栽培施設
北運河地区／ （州政府所有地）	ローウェル	ダウンタウン周縁部	アリーナ・野球場	大学施設・集合住宅
Acre 地区／ 都市再開発事業		ダウンタウン周縁部／住宅工業混在地区	中学校	一般・低所得者向け住宅
JAM 地区／ 都市再開発事業		ダウンタウン周縁部	立体駐車場	一般集合住宅・事務所
Tanner St. 地区／ 都市再開発事業		ダウンタウン外	緑地整備・道路	軽工業・小売
BNMC（医療キャンパス） 単独開発事業	バッファロー	ダウンタウン周縁部	医療関係施設（既存病院等あり）	医療関係施設／関連事務所
Canalside 地区／ （州政府所有地）		ダウンタウン周縁部	アリーナ・緑地整備	エンタメ／事務所／ホテル
South Buffalo ／ BOA		ダウンタウン外・大規模	緑地・先端産業	研究開発型工業・余暇等
Buffalo River 回廊／ BOA		ダウンタウン外・大規模	川沿い緑地	軽工業・住宅等
Buffalo Harbor ／ BOA		北部-ダウンタウン周縁部 南部-ダウンタウン外・大規模	Canalside 地区 水辺緑地整備	北部-複合用途 南部-レクリエーション
Tonawanda St. 回廊／ BOA		ダウンタウン外・大規模	Creek 沿い環境改善	大学拡大・産業施設

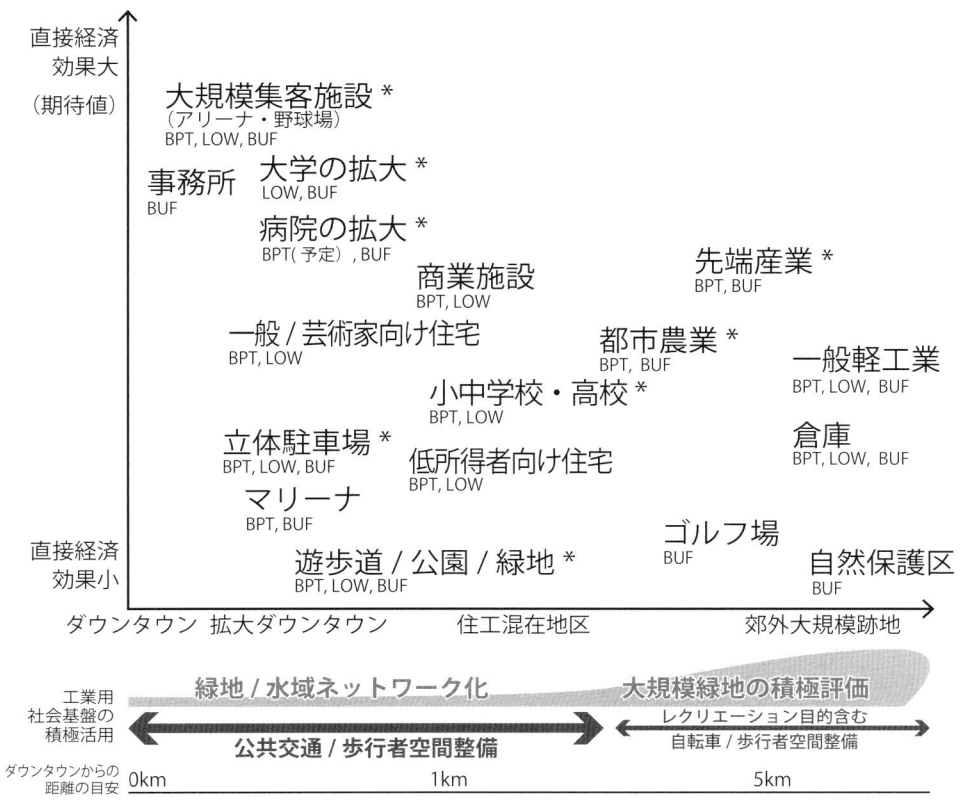

図 9-4 ブラウンフィールド再生後の用途と立地の関係を表す模式図

(＊印は，先導的公共事業となりうる用途を示す／用途名の下にある文字は都市名を示す
BPT：ブリッジポート，LOW：ローウェル，BUF：バッファロー／第2部の分析対象に基づき筆者が作成)

業の再生後の用途と立地の関係を示した。

　ブリッジポートは，製造業の立地を意図した工業団地の開発を繰り返したが，地区全体に再生が波及する状況には至らなかった。近年は，近隣都市と比べ相対的に安い住宅価格を武器に，住宅中心の複合市街地による再生を目指しており，緑地の整備も進めている。

　ローウェルは，織物工業が衰退した時期が早く，ダウンタウンの国立公園化を1970年代に経験していた。そのため，ダウンタウン周縁部のブラウンフィールドについては，産業用途の可能性に早い段階で見切りをつけ，州立大ローウェル校や，ボストンへの通勤者向けの住宅供給に対象を絞って再開発を進めている。

　バッファローは，都市規模が大きいため複数の戦略を選択しているが，都市圏の住宅ストックが過剰であり，産業立地を進める戦略を採らざるを得ない状況にある。ダウンタウン周縁部は研究機関やエンターテイメント利用，郊外は緑地を拡充し公共空間の高質化を進め，研究開発施設や高度な製造業の立地を計画している。

　各都市の事例をブラウンフィールド地区の立地と再生戦略の観点から，ダウンタウン周縁部，住工混在地区，郊外大規模工場跡地の3種類に分類して以下の通り分析する。

1）ダウンタウン周縁部

　ダウンタウン周縁部に立地するブラウンフィールド・サイトには，公共施設として大規模集

客施設（プロ・スポーツ施設等）が先行的に建設され，ダウンタウンと集客施設を結ぶ歩行者空間の整備によって周辺のブラウンフィールド・サイトに民間事業者の参入を促し，再生を地区全体に波及させている事例が多いことを空間計画技法2で示した[9]。バッファローのCanalside 地区やローウェルの北運河地区で採られた手法である。ブリッジポートも Jenkins Valve 跡地が同様の事例であるが，スポーツ施設が鉄道や道路に囲まれたやや孤立した立地であったため，周辺への波及効果は限定的であった。

スポーツ施設などの開発後，後発の土地は既存の大学や病院の拡張用地としての利用を進めた。バッファローの BNMC やローウェルの北運河地区に見られる手法である。拡張する投資余力のある大学や病院が周辺に存在する都市では有効な方法であった。バッファローもローウェルも州立大学があり，衰退した工業都市の再生を推進する州の経済的支援も得やすい状況にあった。ブリッジポートは，病院との連携は検討されているが，私立大学であるブリッジポート大学とブラウンフィールド再生との関係は確認できなかった。

大規模施設の立地に頼らない方法としては，ダウンタウンや駅等と連携して，歩いて生活できる居住地区として再生する試みが挙げられる。ローウェルは，アメリカの産業革命の遺産として市街地で初めて国立公園指定されたダウンタウンのイメージを活用し，JAM 地区や Acre 地区，北運河地区の工場建物を一部利用した住宅として再生することで，州立大学ローウェル校の学生や低コストで広いスペースを必要とする芸術家など，新たな都市居住者を集めることに成功した。運河沿いの遊歩道整備や工場のバックヤード用だった街路に歩道を設置するなど，歩行者と自転車を意識した基盤整備が効果的に実施された。

2）住工混在地区

ダウンタウン周縁部よりも少し中心部から離れ，歴史的に工場と工場労働者向けの居住地区が混在した地区のブラウンフィールド再生について検討する。このような地区では，ブラウンフィールド・サイトに公共施設として学校や公園を先導的に導入し，荒廃した工場跡地の印象が強い地区のイメージを変化させ，その変化を街路整備や遊歩道など歩行者環境の充実により周辺へ波及させる空間戦略が採られていることが明らかとなった。

ローウェルの Acre 地区は，修復型の都市再開発事業[10]を用いて，この戦略を明確に打ち出した。市役所が直接行う事業は，ブラウンフィールド・サイトを活用した中学校の建設と街路・緑地整備にとどめ，地区のコミュニティ開発会社を活用して地区内の住宅の改修や新設を進めた。

ブリッジポートの West End 地区は，学校の建設，公園の拡張，工業団地の整備を骨格街路に沿って進めた。骨格となる街路の沿道空間改善には一定の効果が見られたが，住宅改修や新設の動きと十分連動せず，地区全体の改善には至らなかった。East Side 地区および East End 地区は，1990 年代から 2000 年代半ばまでは，区画ごとの工業用地としての再開発が続き，周辺地区への波及効果は観察されなかった。しかし，近年の East Bridgeport 開発回廊計画では，学校の建設，水辺の公園整備，新駅設置の計画を連動させ，ニューヨーク等の近隣の都市への通勤者をターゲットとした公共交通指向型の複合市街地を計画している。従来の方針と比べ，跡地周辺の住宅地区の再生に寄与する計画に変化した。一方で，同市の Steel Point 地区はダウンタウンに近接した住工混在地区だったが，全面的な除却を前提として計画したため，土地取得に長い期間を要することとなった。

バッファローは，前述の通り，住宅ストックが余剰であるため，一部地区では工場建物を利用した芸術家向けロフト等は開発されているが，現段階では住宅系の開発自体が少ない。住工混在地区内のブラウンフィールドよりも大規模な工業地区の計画立案を優先して BOA 指定を進めてきたが，住工混在地区へ今後取組を拡大することが想定されている。

3）郊外大規模工場跡地

　上述のダウンタウン近傍の 2 つの類型と比較して相対的に「郊外」にある大規模工場跡地を郊外大規模工場跡地として記述する。工場跡地の規模が大きく，立地もダウンタウンからやや離れる場合は，産業用地として再利用する方向と，緑地やオープン・スペースとして再生し，積極的な再開発を行わないという 2 つの方向性が確認された。工場跡地のイメージを大きく変える緑地と産業用地の開発を組み合わせた事例も見られた。ダウンタウンから離れた立地であることもあり，ダウンタウン周縁部で見られるような住宅による再開発事例は少ない。

　バッファローの South Buffalo 地区をはじめとする 4 つの BOA 地区やローウェルの Tanner St. 地区等のケース・スタディの事例に共通する特徴的な点は，土壌汚染のある工業地区という印象を変化させることを目的として，緑地の整備や歩道を含む街路空間の整備に一定の重きを置いている点である。同市では，高度化した製造業や研究拠点の誘致も視野に入れた基盤整備を進めている。そのため，工業用途の部分も従来の工業地区のように周辺との関係を最小化するのではなく，地区に開かれた緑地を内包し，周辺との関係を重視した空間計画を採って事業を進め，企業誘致においても地区のイメージ戦略の一環としての効果も期待している。

9.2.8　ブラウンフィールド・サイトを抱える都市の計画プロセス

　本節で取り扱った空間計画技法は，都市内に多数の土壌汚染地が存在する自治体の対応を整理したものである。本項では，9.1 で指摘した都市全体のブラウンフィールド再生戦略と，本節で取り扱った空間計画技法に基づいて，ブラウンフィールド・サイトを抱える都市の空間計画プロセスを示す。図 9-5 から図 9-7 に都市全体の再生戦略と空間計画を一体で取り扱った時系列の模式図を示す。

　都市全体の再生戦略で既に明らかにした通り，市全体の情報把握が計画プロセスの第 1 段階となる。ブラウンフィールド・サイトに関する情報は，第 2 段階の優先地区の選定と地区再生計画の双方に活用される。

　第 2 段階では，対象地区のブラウンフィールド・サイトの集積度や土地所有の状況及び再開発の可能性と，土壌汚染の状況を総合的に勘案して，優先地区が選定される。自治体は主として市の経済開発戦略に基づき選定しているが，環境保護庁や州の環境部局は環境正義の問題を重視して公的支援を実施している。図 9-7 の後発地区はブラウンフィールド地区として認識されており，放置されているわけではない。優先地区の選定とほぼ同時に地区再生計画立案や先導的な公共事業が展開される。

　第 3 段階では，地区再生計画や市の都市計画に基づき，優先地区を中心に公共空間整備が行われ，民間事業者によるブラウンフィールド再生事業が展開される。優先地区は，初期の事業の進捗により追加されることが多く，図中の後発地区のようなやや立地条件が不利な地区に着手することも多い。

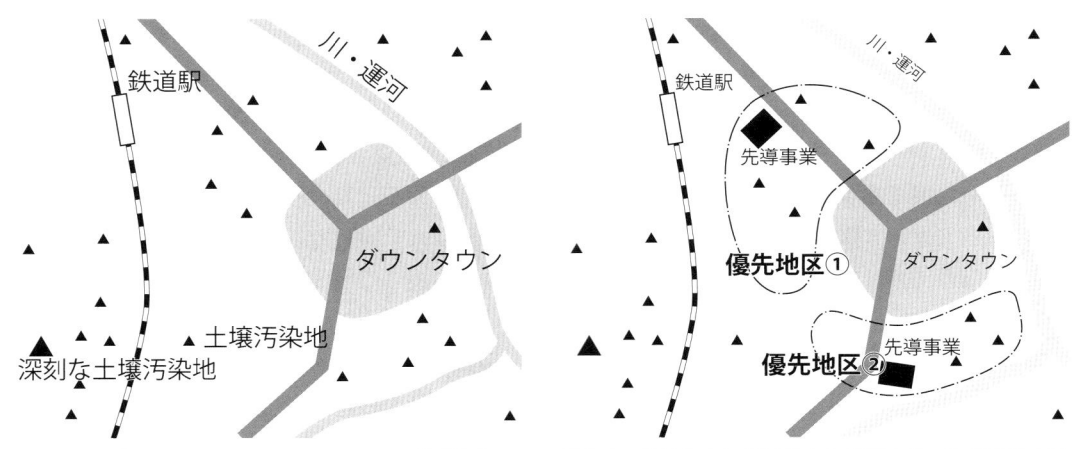

図 9-5　①ブラウンフィールド・サイトの情報把握 　図 9-6　②優先取組地区選定と計画立案／先導事業実施
（目録作成）

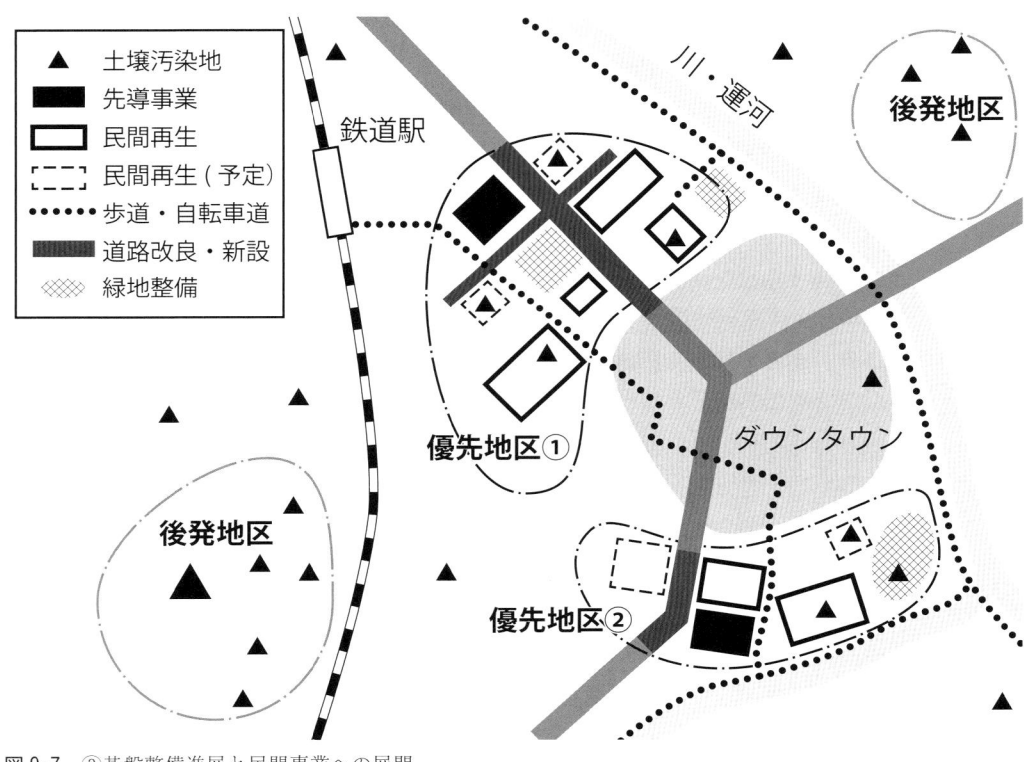

図 9-7　③基盤整備進展と民間事業への展開

9.3　公的支援の利用実態とその意義

　ブラウンフィールドに関する公的支援の用途は，①自治体のブラウンフィールド再生戦略の検討や計画立案に対する支援，②環境保護を推進する支援（土壌調査・土壌浄化），③再開発とそれに関わる基盤整備に対する支援の 3 つに大別される。

第2部の3都市の約20年間の再生実態を分析した結果，再生戦略の検討や計画策定の支援でも環境保護庁を中心とした環境保護の補助金が一定の役割を果たしていることが明らかとなった。一方で，土壌浄化や再開発の事業化など，土地の再利用を進める段階では，住宅・都市開発省のコミュニティ開発包括補助金や州の経済開発補助金など規模が大きな補助金が活用されており，都市計画や経済開発分野の資金の役割が大きいことがわかった。調査や計画策定への環境保護行政の支援と土壌浄化への都市計画・経済開発行政の支援は，各分野の従来の補助対象にとらわれない特徴的な活用実態であると言える。

本節では，上述の3つの支援の分析に加えて，民間事業者や自治体にとってのブラウンフィールド・サイトのリスクと，そのリスクに対する公的支援の果たした役割も議論する。

9.3.1 自治体のブラウンフィールド再生戦略を支えた公的支援

再生戦略の検討への公的支援は，市全体のブラウンフィールド再生戦略策定，地区や区画を対象とした再利用計画の策定，自治体と住民の協議を支える支援の3つに分類できる。

1）都市全体の再生戦略検討を推進した支援

市全体のブラウンフィールド再生戦略に対する支援は，前節で述べたブラウンフィールド目録の作成とその後の優先順位検討が代表的であり，環境保護庁のブラウンフィールド調査パイロット事業（調査パイロット）によって推進されたことが明らかとなった。特に同事業の最初期に補助金を交付されたブリッジポートでは，情報収集から分析，評価に至るまで客観的なデータを用いており，"National Pilot"として他都市への展開を意識した「ブラウンフィールド再生のプロトタイプとして機能する」[11]ことが示された。ローウェルは調査パイロットに加えて，ブラウンフィールド・ショウケース・コミュニティ事業により，地区単位の優先取組対象を選定し市の戦略を深度化した。バッファローでも，市内のブラウンフィールド・サイトリストを作成し，優先対象には地歴調査が行われた。

2）地区単位の再生計画立案を支えた公的支援

地区単位の再生立案は，州政府・連邦政府の第2世代の支援策が大きな役割を果たしていたが，都市によってはそれらの支援策の開始以前から既存の制度を用いて，地区を単位としたブラウンフィールド再生支援も行われていたことが明らかになった（図9-8）。

第1世代の再生支援策は都市計画等の他分野との連携は取られておらず，好立地のブラウンフィールド・サイトのみが再開発された。ただし，一部の都市では，既存の都市計画制度を用いた地区単位のブラウンフィールド再生の取組もみられた。そのような都市の計画策定においては，調査パイロットの一部や，ショウケース・コミュニティ等の環境保護庁のブラウンフィールド補助金と，州政府が提供する都市再開発事業等の既存の都市計画制度が活用されていた。

バッファローは，調査パイロットと州政府の大気浄化・水質浄化公債法による補助金を活用して，South Buffalo 再開発計画を立案した。ローウェルは，ショウケース・コミュニティにより派遣された環境保護庁職員と協力して，2地区の都市再開発事業の計画を2000年前後に策定した。ブリッジポートは，1990年代前半から州政府の補助金を活用して，ブラウンフィールド・サイトの再利用計画を作っていた。ただし，中小規模の工業団地による再開発であり，工場跡地を再整理して工業団地として開発する，従来型の計画であったため，周辺地区へのブ

第1世代のブラウンフィールド（BF）再生支援策

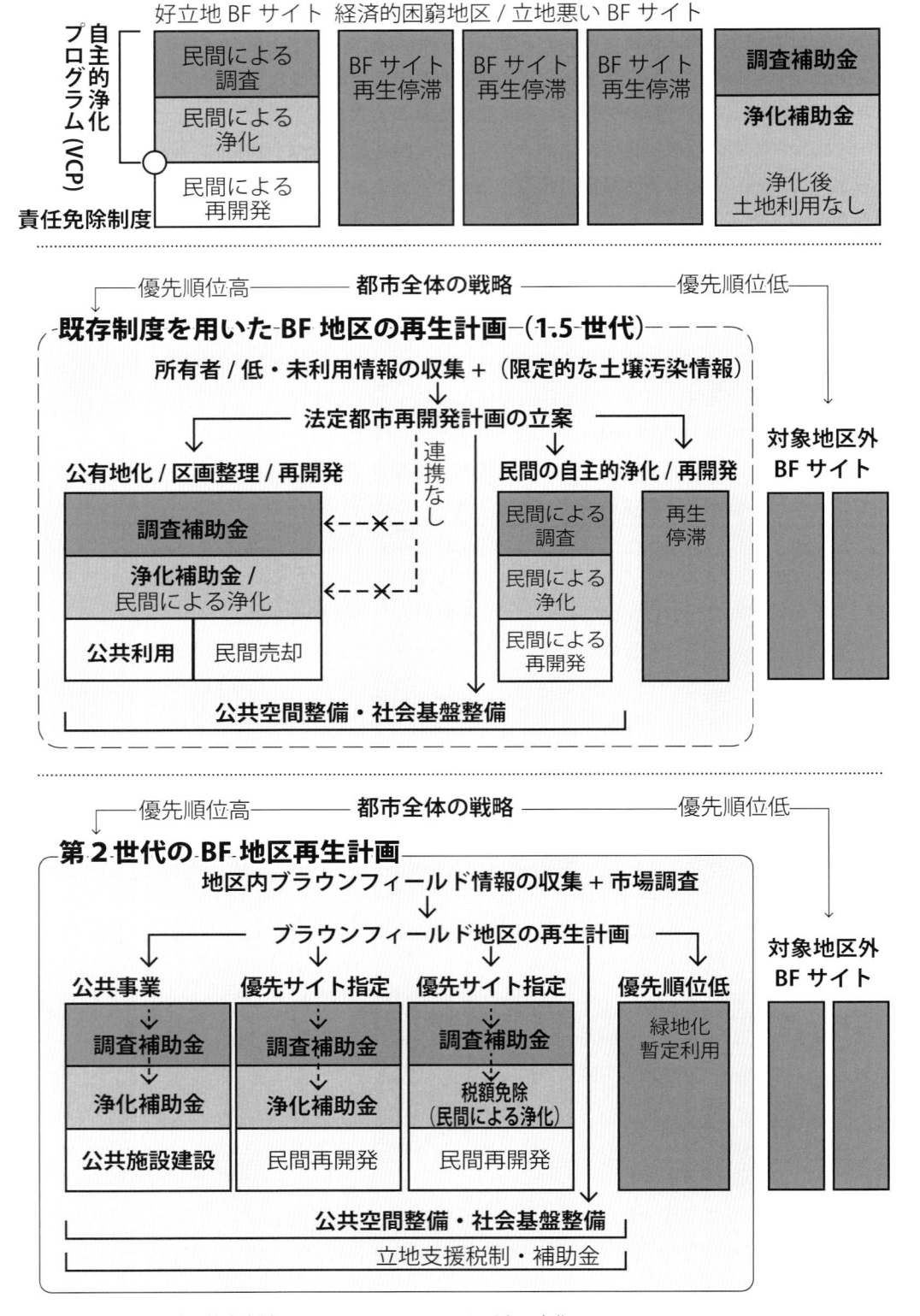

図 9-8　地区単位の計画策定支援によるブラウンフィールド再生の変化

ラウンフィールド再生効果の波及には至らなかった。先駆的な取組であったが，土壌汚染への対応と都市計画制度の連携は，自治体担当者の調整能力に依る部分も大きかった。

　そのため，第2世代の再生政策は，土壌汚染対応と地区の再生計画の策定を一体的に進める枠組みが作られた。バッファローでは，市内4地区でBOA事業による再生計画を策定し，市内の大規模な低・未利用地の大半が計画対象となった。ローウェルでは地区単位の計画の深度化が遅れていた深刻な土壌汚染地であるTanner St. 地区において，環境保護庁の計画策定支援が，州の都市再開発事業導入に至る計画策定プロセスを支えた。

　都市内のブラウンフィールドの立地と第2世代の再生政策の支援のイメージを口絵23に示す。計画策定支援によって地区の将来像が明確になるとともに，様々な分野の支援が経済的に困窮したブラウンフィールド地区に組み込まれ，民間投資や非営利団体による投資が促進された。図9-9に示す通り，第2世代の再生政策は策定プロセスの前半では土壌汚染の情報と再生計画をリンクさせ，実際の再生事業を動かす後半では公共空間整備や企業立地支援，地区内のブラウンフィールド再開発と周辺との接続強化などの役割を担っていると言えるだろう。

3）地域住民と自治体の協議を支える支援

　公園や学校など地域にとって重要な公共施設の用地に，ブラウンフィールド・サイトを用いる場合，土壌汚染の対応について地域住民と協議，合意することが極めて重要なプロセスとなる。環境保護庁は，自治体に対してブラウンフィールド補助金による経済的な支援を行う際に，事業への住民参加を条件としていた。また，環境正義の問題が発生しうる場合等を中心に，住民側にも技術支援補助金を交付して，地域住民と公共事業の事業者となる自治体が，対等に協議を行う環境をサポートしていることが明らかとなった（図9-10）。

　ブリッジポートでは，West Side 地区 Went Field 公園拡張において，環境保護庁が技術支援

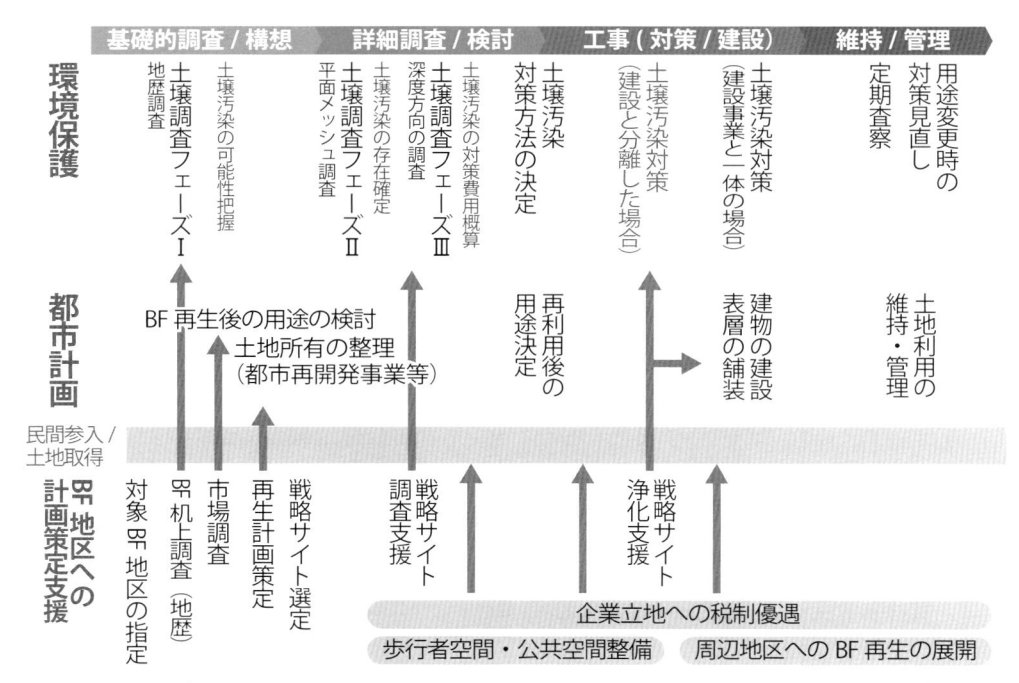

図9-9　計画支援と各政策分野の再生プロセスの関係

補助金を提供し，学識経験者を第三者的立場の専門家として議論に参加させ，土壌汚染の現状と対策に関する住民理解を促進した。

ローウェルでは，Acre地区の中学校建設にあたって，環境保護庁が地区のコミュニティ開発会社に技術支援補助金を交付，コミュニティ開発会社は住民側の環境コンサルタントを雇用して，市役所と土壌汚染対策について協議し，当初は部分的な掘削除去を検討していた市から，住民の不安に対応した広範囲にわたる掘削除去を引き出し，住民も土壌汚染対策に納得して事業が進められた。

環境保護庁の技術支援補助金は，住民の土壌汚染リスクに対する理解を深め，専門コンサルタントに委託する市役所と，住民側の技術的な格差を減らし，対等な関係で自治体と協議を進められる状況を提供したと言えるだろう。

9.3.2　環境保護を推進する支援

本項では，ブラウンフィールドに対する支援のうち，環境保護を推進する支援として，主として自治体に提供される土壌調査と土壌浄化に対する公的支援と，民間事業者による土壌調査や浄化の実施に対する支援を整理する。

1）土壌調査に対する支援

ブリッジポートやローウェルでは，環境保護庁のブラウンフィールド調査補助金が積極的に活用された。次項の浄化補助金と異なり，調査補助金の対象は比較的自由度が高く，自治体が再生を推進したい土壌汚染地の調査に幅広く利用されていた。調査補助金により初期の土壌調査が実施されたあと，州の経済開発向け補助金や民間事業者の資金により，浄化や再開発が進められた事例も多い。土壌調査によってブラウンフィールド・サイトの環境面のリスクが定量化されるため，その後の再開発資金の呼び水として機能していることがわかった。

一方で環境保護庁の調査でも指摘[12]されている通り，調査補助金により土壌調査が行われた区画のうち一部は，現在でも浄化や再開発が行われていない状態にあった[13]。第1部で整理した通り，差し迫った健康被害の恐れがあるスーパーファンド・サイトと異なり，ブラウンフィールド・サイトは浄化にあたって民間事業者は経済的な合理性を必要とする。公的資金を投じて浄化する場合は社会的な意義を説明する必要がある。浄化や再開発に結びついていない

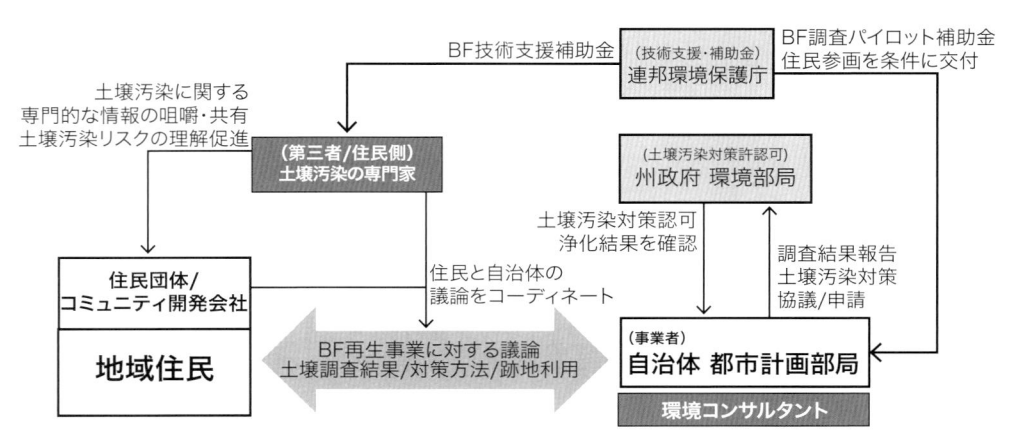

図9-10　ブラウンフィールドサイトへの公共施設建設時の体制模式図（筆者作成）

事例の評価が難しいが，初期段階の全市的な調査によって，全市のブラウンフィールド・サイトを，民間が対応可能な土地，公的資金による浄化を進めるべき土地，いずれにも該当しない土地に分類することが可能になった。これにより，市全体のブラウンフィールド再生の取組は加速しており，調査＝浄化・再開発とならない場合も一定の意義があったと言えるだろう。

2）土壌浄化に対する支援

　浄化についてはブラウンフィールド浄化補助金の対象が公有地に限定され，20万ドルが上限であるため，比較的規模が小さい公有地の浄化の事例が多いことがわかった。土壌浄化補助金を活用するため，都市再開発事業の施行中に一時的に市が土地を保有して，公的支援を受けて浄化を行ったあとに，民間事業者に土地を売却した事例も複数あり，汚染責任者負担の原則を維持し，民間事業者による再生を推進したい環境保護行政と，戦略的に重要な都市計画事業を迅速に推進したい都市計画側の妥協点として，都市再開発事業が利用されている側面があることも明らかとなった。

　環境保護庁の浄化補助金では規模が不足している大規模なブラウンフィールド・サイトの浄化では，州が提供する経済開発や公共施設建設を目的とした補助金を利用した事例が多かった。また，ニューヨーク州の環境回復基金は環境再生を目的とした補助金だが，環境保護庁の補助金よりも交付額上限も高く，ブラウンフィールド・サイトを公園等の公共空間として再利用する事業に大きく貢献していた。

　環境保護庁の補助金は交付額が小さい割に，取扱の手間がかかるとの指摘もある[14]。比較的自由度が高い調査補助金に比べ，浄化補助金は低所得者居住地区の責任者不在の土壌汚染など，環境保護，環境正義の観点で重要性，緊急性の高い事業に限定して交付されている。浄化補助金の対象地が必ずしも再開発されていない状況の背景には，土地の再利用を目的としつつも，浄化対象地が一般の再開発可能性とは異なる価値基準で選定されている実態も指摘したい。もちろん，浄化補助金の対象地でも民間事業者の誘致に成功した事例もある。他の社会基盤整備補助金と組み合わせて周辺環境も改善し，民間の住宅開発を誘致したローウェルのJAM 地区や，住宅よりも周辺環境に左右されない都市農業の用地として再利用を検討するブリッジポートの East End 地区のように，土地を生産的な用途に回復させる工夫は現在も続けられている。

3）民間事業者によるブラウンフィールド再生を支える制度

　ここまでは，自治体が主導する事業への公的支援について議論してきたが，民間事業者による環境再生を支える第1世代の制度の利用についても本項で指摘しておきたい。

　州の自主的浄化プログラム（VCP）は，ケース・スタディで分析したほぼ全てのブラウンフィールド再生事業で活用されていた。軽工業や商業等の非住宅の利用では，多くの事業で用途に応じた浄化基準の設定が活用され，あわせて環境地役権の設定など制度的管理も行われていた。ブラウンフィールド・サイトの規模が大きい場合，汚染の掘削除去は経済的にも物理的にも困難である。封じ込めによる対策が認められなければ，土地の価値が低い都市では，ブラウンフィールド・サイトの再生は事実上不可能であり，制度的管理に支えられた将来用途別浄化基準の導入の意義が確認された。

　民間事業者による浄化を経済的に支援する制度の活用も確認された。ブリッジポートでは市や地域の経済団体と環境保護庁のブラウンフィールド補助金による出資で設置されたリボルビ

ング・ローン基金を用いた民間主体のブラウンフィールド再生事業が複数確認された。バッファローでは，ニューヨーク州の民間事業者向け制度であるブラウンフィールド浄化プログラム（BCP）が多くの再開発事業で利用されており，民間がブラウンフィールド再生を検討するうえで前提となる制度が確立されていることが確認できた。

9.3.3 土地取得と再開発に対する支援

　土壌浄化後の再開発や土地取得については，連邦政府からはコミュニティ開発包括補助金等の従来の都市計画分野の補助金，州政府からも経済開発や公共施設建設の補助金の交付が多く，これらの資金を自治体がブラウンフィールド再生に戦略的に投じることで，事業化が進んでいることが明らかとなった。土地取得は，税滞納による物納によって市が取得している場合も多いが，優先取組地区は州法に基づく都市再開発事業を導入（選択的に収用も利用）して，土地区画の整理を進めていることがわかった。

　ニューヨーク州のブラウンフィールド浄化プログラムに基づく税額控除は，ブラウンフィールド再生を主眼に据えた公的支援のなかでは数少ない再開発への経済的支援であり，バッファロー市では立地を問わず，多くの民間主体の再生事業に利用されていた。要件を満たせば自動的に交付される税額控除は，競争的な補助金や個別交渉が必要な申請型の補助金と比べ，民間事業者の評価は高い。

　街路整備や遊歩道の設置など，地区単位の再生事業で行うことが多い公共空間の整備には，連邦政府の交通関連の補助金や，都市再開発事業に対する州の補助金が活用されている。近年は経済開発事業との連携した道路整備事業である連邦運輸省の TIGER も，面的な社会基盤整備を行うブラウンフィールド再生事業に投入されている。

　ローウェルでは，歴史的な工場建物を再利用する場合に歴史的建造物保全修復に関する税額控除なども効果的に利用されていた。同市では国立公園による公共空間整備がダウンタウン周辺地区にまで広がっており，周辺地区のブラウンフィールド・サイト再生と連動して大きな効果をあげた。また，低所得者向け住宅を一定量供給することで交付される住宅・都市開発省や州の住宅関係の補助金も住宅開発では幅広く活用されていた。

9.3.4 ブラウンフィールド再生に対する公的支援の意義

　ブラウンフィールド再生に対する公的支援は，スーパーファンド法により課された環境や法制度によるリスクと，需要が見えづらい衰退工業都市の不動産開発のリスクという，2つの不明瞭なリスクへの対応であった。図 9-11 に公的支援が分担したブラウンフィールドが抱えるリスクを整理した。

　ブラウンフィールド再生に対する公的支援は，地区単位でも区画単位でもブラウンフィールドに関するリスクを明確化し，公的支援によってその一部を公共が分担することで，民間事業者や自治体が負うリスクを小さくし，見通し可能なものに変化させてきた。

　地区単位では，第2世代の計画支援によって，戦略サイトのリスクを優先的に減らし，再生計画の事業化のために社会基盤整備等の支援をあわせて実施した。地区再生計画は，環境面のリスク低減と不動産開発リスクを減らす社会基盤整備等の立地向上策をつなぎあわせるツールとして重要な役割を果たしている。

地区単位の再生支援・最適化

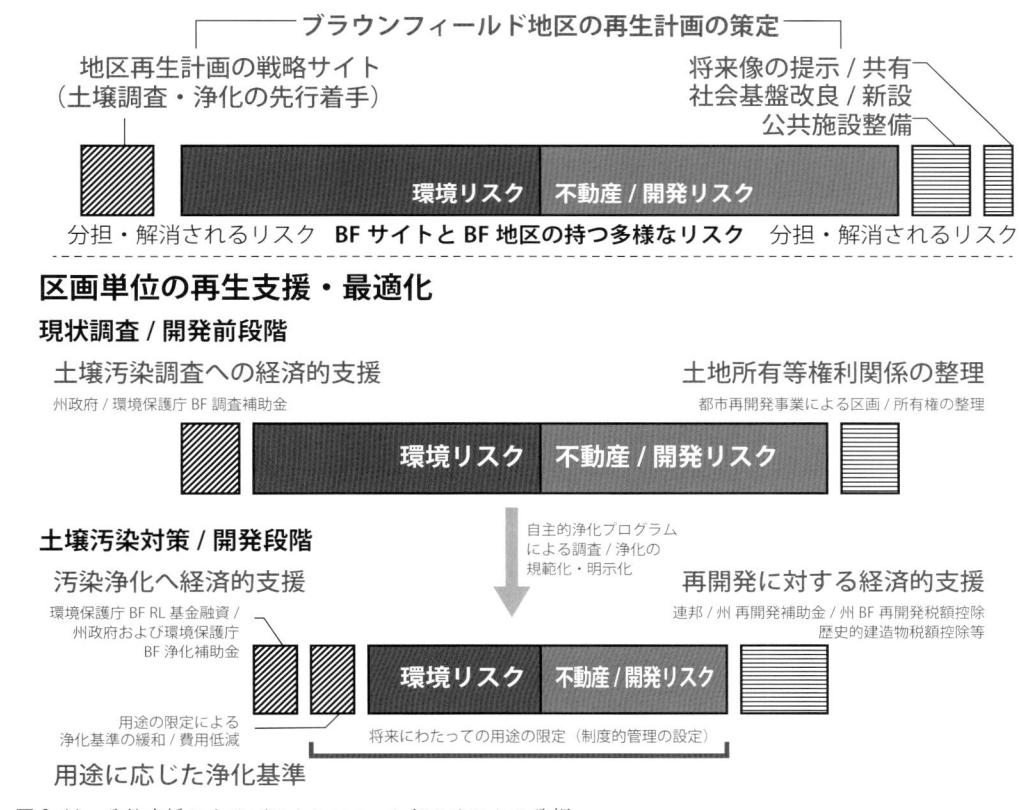

図 9-11　公的支援によるブラウンフィールドのリスクの分担

　区画単位では，調査・計画段階で，土壌調査や土地所有の整理を進めることによって，再生の事業化に向けた見通しの確度を高めるための支援が行われている。特に環境面のリスクは，浄化と比べると低コストで実施できる土壌調査の費用対効果は大きい。汚染対策や再開発の事業化では，用途別浄化基準の適用と制度的管理の導入によって，土壌汚染対策費用を縮減している。

　多くの支援はリスクの一部を経済的な支援が代替する形式だが，ブラウンフィールド地区再生計画や用途別浄化基準は，環境保護と都市計画が制度面で連携することにより，ブラウンフィールドが抱えるリスクの低減に貢献している。

注
1) 市役所は，効率的に経済開発に資する土地の再利用を行える地区を優先取組対象として選択していることを，当時から市の担当者であった Sutton は指摘している。Dennis Sutton, Buffalo 市 BOA 統括責任者，Office of Strategic Planning, City of Buffalo（2014/6/16 聞き取り調査）
2) 聞き取り調査：Andrew Raus, Vice President, Bergmann Associates（2014/6/3）
3) バッファローの First Niagara Center は 1996 年に建設され，明示的にブラウンフィールド・サイト再開発の事例としては取り上げられていないが，周辺の土壌調査結果からも，この地区は過去の土地利用や埋め立てに由来する土壌汚染が面的な広がりを持って存在しており，ブラウンフィールド・サイトの再開発と考えられる。

4）Chema, Thomas V., When professional sports justify the subsidy, a reply to Robert A. Baade, Journal of Urban Affairs, Vol. 18, No. 1, pp. 19-22, 1996 などはスポーツ施設の開発による効果を評価している。

5）ボルチモアの Camden Yards やクリーブランドの Gateway プロジェクトが代表的な事例である。近年は必ずしも期待された経済効果を生み出していないことが指摘されている。
Baade, Robert A., Professional sports as catalysts for metropolitan economic development, Journal of Urban Affairs, Vol. 18, No. 1, pp. 1-17, 1996 などは，投入された補助金に対して得られた経済効果は限定的であると指摘している。1990 年代後半から 2000 年代前半に多数の研究がある。

6）ローウェル市役所は維持管理費用の支払いに窮して，アリーナを州立大学ローウェル校に譲渡しており，人口 10 万人で独立した都市圏を持たないローウェルにとって野球場とアリーナを同時に建設した北運河地区の事業は過剰投資だった可能性が高い。

7）特に BOA や環境保護庁のブラウンフィールド地区全体計画支援補助金では，計画検討の前提として現実的な市場調査の実施が求められる。

8）バッファローのダウンタウンに立地した HealthNow 本社や BNMC 内の事務所開発が典型である。

9）ただし，ダウンタウン近傍への大規模集客施設は，米国においては 1990 年代以降のダウンタウン周縁部の再生手法の典型であり，ブラウンフィールド再生とは関係なく行われている事業も多い。比較的大規模な土地をダウンタウン周縁部において提供する場合があるため，ブラウンフィールド・サイトが施設用地となることが多いが，ブラウンフィールド再生と大規模集客施設が直接的に関係しているわけではない。

10）都市再開発事業計画において，既存建造物の撤去地区に指定した区画は，中学校建設予定地であったガス工場跡地のブラウンフィールド・サイトのみであった。

11）EPA, EPA National Brownfields Assessment Pilot, Quick reference fact sheet - Bridgeport, CT, May 1997, P. 1

12）EPA, Evaluation of the Brownfields Program, 2012

13）本研究で調査したなかでも，例えばブリッジポートの調査パイロットの取組対象候補 26 ヶ所の一部は現在でも浄化，再利用が行われていない土地もあった。

14）Sutton，前掲注 1）

結章　環境保護と都市計画の連携が生み出した米国のブラウンフィールド再生政策

10.1　本書が明らかにした論点

　本書では，第1部において米国のブラウンフィールド再生政策の変遷と実態を整理し，その特徴を明らかにした。第2部では，連邦政府や州政府の公的支援を活用した自治体のブラウンフィールド再生戦略と再生事業について3都市を事例に分析した。本節ではそれぞれの論点を振り返り，次節の総括の前提となる論点を改めて整理する。

10.1.1　第1部の論点

　2章では，米国の土壌汚染地対応の枠組みは，連邦政府が対応する深刻な土壌汚染地（スーパーファンド・サイト）と，州政府が対応する中軽度の土壌汚染地（ブラウンフィールド・サイト）に分類して対応すること，再生後の土地利用は自治体が主体となり検討することを指摘した。また，ブラウンフィールド再生政策の変遷を分析し，以下の点を明らかにした。

　第1に，スーパーファンド法による連邦の土壌汚染対応の枠組みから外れた中軽度の土壌汚染地の問題は，既成市街地の再開発の停滞を招き，ブラウンフィールド問題の原因となったことを確認した。その反面，同法は定量的なリスクの評価に基づき，迅速かつ強制的に対応すべき深刻な土壌汚染と，対応の緊急性が低い中軽度の土壌汚染を分類する枠組みを生み出した。この枠組みは，環境保護と都市計画・経済開発の観点を重ねあわせて土壌汚染地の再生を目指す，ブラウンフィールド再生政策の前提条件となった。

　第2に，ブラウンフィールド再生政策は，自主的浄化プログラムにより民間事業者を誘導して，立地の良い工場跡地の区画単位の再生を進めた「第1世代の再生政策」と，立地の悪いブラウンフィールド地区の再生を意図して，地区の再生計画策定から複数サイトの浄化・再利用まで包括的に支援する「第2世代の再生政策」に分類できることを示した。いずれの政策も一部の先進的な州政府によって開発され，連邦政府や他州へ展開していることを指摘した。

　3章では，現在のブラウンフィールド再生政策のうち，連邦政府と州政府が実施する主要な再生支援制度を整理して，以下の点を明らかにした。

　連邦政府の再生支援制度としては，環境保護庁ブラウンフィールド補助金（土壌汚染の調査，浄化）の支援に加えて，住宅・都市開発省のコミュニティ開発包括補助金や運輸省の道路整備事業も活用されている実態を明らかにした。また，省庁間連携や連邦・州・自治体の連携を目的とした事業が導入されていることも指摘した。

　州政府については，自主浄化プログラムとして，連邦法からの責任保護制度や用途別浄化基準・土地証書に紐付けた環境地役権の設定など，第1世代の再生政策の詳細を整理した。また，経済的困窮地区に配慮した州政府の多様な支援（第2世代の再生政策も含む）についても整理した。

4章では，第1部で得られた知見に基づき，米国のブラウンフィールド再生政策を改めて分析し，環境保護の推進，衰退工業都市の経済開発，経済的困窮地区の再生（特に環境正義の実現）という3つの異なる政策目標の間で，多様な再生支援策が展開されてきたことを論じた。また，多様な再生支援策を地区スケールで統合的に執行するためのツールとしての第2世代の再生政策の役割を指摘した（口絵23）。

10.1.2　第2部の論点

　第2部では，米国北東部の3都市を分析対象として取り上げ，1990年代から現在に至るまでの各都市のブラウンフィールド再生戦略と再生の実態を分析した。

　5章では分析の枠組みとして，都市全体のブラウンフィールド再生戦略，公的支援利用の実態，ブラウンフィールド再生における空間計画と計画技法の3点を挙げ，長期にわたりブラウンフィールド再生の取組を行っている人口10万人から30万人の都市としてコネチカット州ブリッジポート市（6章），マサチューセッツ州ローウェル市（7章），ニューヨーク州バッファロー市（8章）の3市を分析対象に選定した。

　9章では，分析対象都市から得られた知見に基づき，以下の点を指摘した。

　まず，都市全体のブラウンフィールド再生戦略については，環境保護庁の調査パイロットの影響もあり，ブラウンフィールド・サイトを目録化し，優先ブラウンフィールド・サイトを選定するプロセスが3都市共通で行われている実態を明らかにした。また，優先的な再生対象の設定範囲によって，ブラウンフィールド再生後の地区の実態に大きな違いが生じることもわかった。すなわち，地区単位で再生計画を立案し，自治体が継続的に地区再生の取組を行った場合には，複数の民間再生事業が誘発され地区全体の再生に一定の寄与が観察されたが，区画単位の再生事業の周辺への波及効果はほとんど観察されなかったのである。

　ブラウンフィールドの分布に基づく優先取組対象地区の設定を通して，自治体のブラウンフィールド再生戦略は，都市マスタープラン等の自治体の都市計画と徐々に統合されており，近年は単独のブラウンフィールド再生戦略から，ブラウンフィールド・サイトの分布や優先取組対象地区の設定を前提条件として組み入れた自治体の都市計画に変化している実態が明らかになった。

　公的支援については，環境保護庁の調査補助金は金額は小さいが計画検討段階を支える重要な役割を担っていること，浄化補助金は経済的困窮地区の再生事業に注力していることが明らかとなった。一方で，経済開発目的の大規模なブラウンフィールド再生事業の多くは，州政府の経済開発補助金や公共施設建設などを利用して，土壌浄化を進めている実態も明らかにした。また，第2世代の政策に基づく計画支援や都市再開発事業等の既存の計画の枠組みを活用して，地区スケールの再生計画を立案し，多様な公的支援を戦略的に組み合わせることで，立地条件に課題があるブラウンフィールド地区でも再生が具体化した事例があることを指摘した。

　計画技法については，対象とする地区の立地により違いがあった。ダウンタウン周縁の比較的規模が小さいブラウンフィールド地区では，オープン・スペースや歩行者空間の充実によるダウンタウンとの空間的な連担を強化したことが特徴であった。郊外の土地需要の弱い地区では，密度のメリハリを強化し，積極的な緑地化により工場跡地の負のイメージを改善しつつ，適切な規模へ分割し段階的に再生事業が展開されていた。

10.2 事例都市の分析を踏まえた米国のブラウンフィールド再生政策

　事例分析で明らかとなった公的支援制度活用の実態を踏まえ，米国のブラウンフィールド再生政策を，ブラウンフィールド・サイトの立地を縦軸に土壌汚染の深刻度を横軸にとり分析を行った（口絵24）。

　第2部の分析を経て，土壌汚染がやや深刻な土地でも中心部に近い立地が良い場所では事務所や集合住宅等に再生されていることがわかった。また，立地が悪い場合でも土地の規模や交通アクセスが可能であれば，物流施設や工業団地として再利用が進められている実態が明らかとなった。責任免除制度に加え，用途別浄化基準や制度的管理の導入により，土壌汚染の対策費用が軽減され期間も短縮されたことで，事業可能性が拡大したことがその背景にあった。

　環境保護庁のブラウンフィールド補助金は，主に自治体に交付され，自治体の意向に沿って調査・浄化が進められている。1990年代の調査補助金は，市内のブラウンフィールドの分布や概略を全体的に確認する調査に利用されることが多かったが，近年は民間事業の導入が困難な経済的困窮地区等の土壌汚染地を対象とした事例が多数を占めていた。浄化補助金はその傾向がより明確であり，民間だけでは浄化が困難な地区の土壌汚染対策に利用される傾向が高いことがわかった。

　浄化や再開発に対する税額控除は，自治体や州との協議リスクがなく，民間事業者にとって利用しやすい制度であり，民間事業者が営利事業として対応可能なブラウンフィールド・サイトを拡大する効果があったと考えられる。なお，ブラウンフィールド・リボルビング・ローン基金も民間による浄化事業の支援を目的とするが，事例分析対象の都市では同基金は自治体が関与して再生を強く後押しする事業に利用されており，税額控除とは異なる戦略的な活用であった。

　第2世代の再生政策に基づく支援の多くは，民間事業だけでは立ち行かない経済的困窮地区に交付されている。自治体や非営利団体は，環境保護庁の地区全体計画支援補助金やニューヨーク州ブラウンフィールド・オポチュニティ地区の制度を用いて計画立案を行い，土壌調査と浄化に対する環境保護の補助金による支援と，社会基盤や公共施設の整備に使うことができる都市計画や経済開発の補助金を組み合わせて，ブラウンフィールド・サイトを中心とした地区全体の環境改善を進めている実態を明らかにした（再掲・口絵23）。一部の自治体では，第2世代の再生政策の開始前から，既存の都市計画制度を活用して，ブラウンフィールド地区の総合的な再生計画を策定し，実施している事例が存在することも指摘した。

10.3 ブラウンフィールド再生における環境保護行政と都市計画行政の連携

　本節では，本書で得られた知見に基づき，米国のブラウンフィールド再生政策における環境保護行政と都市計画行政の連携とその進化について，両者の目標共有，連携が生み出した成果，複数政策分野連携の先駆けとしての意義の3点から整理する。

10.3.1 環境保護行政と都市計画行政の目標の共有

　環境保護行政と都市計画行政の連携は，本来的に異なる両者のそれぞれの政策目標を乗り越えて，両者がブラウンフィールド・サイトの再利用という目標を共有したことに原点がある。

　ブラウンフィールド再生政策が本格的に展開する以前は，環境保護政策の目標は有害物質の人体への曝露を最小化することであった。土壌汚染について言えば，人体への曝露の危険性の高い土壌汚染から順番に対策を行うことであった。しかし，スーパーファンド法導入以降，スーパーファンド・サイトの対策実施に想定以上の費用がかかり，連邦政府の主導による環境改善の限界が明らかとなった。有害物質の人体への曝露を最小化するためには，中軽度の土壌汚染対策の拡大が必要であり，州政府版のスーパーファンド法によりすでに多額の資金を費やしていた 1990 年代前半の州政府の状況を考えれば，その資金は民間事業者から引き出す他なかった。そのため，州政府は自主的浄化プログラム（VCP）を拡充し，環境保護庁はブラウンフィールド再生による土地の再利用と経済開発を政策目標に掲げた。

　都市計画行政は，ブラウンフィールド問題が発生する以前から，既成市街地の再生，特に経済的困窮地区の再生に取り組んできた歴史を持つ。ブラウンフィールド問題は，既成市街地再生の停滞を生む障壁であった。特にブラウンフィールドを多く抱えるラストベルトの自治体は，熱心に問題解決を求めて活動した。一方で住宅・都市開発省は，経済的困窮地区を面的に指定し税制優遇を行うエンパワーメント・ゾーン等が，1990 年代初頭のブラウンフィールド再生政策とほぼ同時期に開始されたこともあり，ブラウンフィールド再生事業に対する関与は限定的であった[1]。経済的困窮地区の取り組みの歴史が相対的に長い住宅・都市開発省にとっては，ブラウンフィールド問題は同地区が抱える多くの問題の一つに過ぎなかった。

　一部の州政府は 1980 年代から自主的浄化プログラム（VCP）の導入を先導的に進めていたが，1990 年代半ばからは環境保護庁も州と自治体に対して，単純な環境保護にとどまらない，土地の再利用を目指した財政支援を進めた。土地の再利用の可能性を示すことで，ブラウンフィールド補助金が，民間資金の呼び水となり環境保護も強化されることを期待した。自治体の都市計画行政は，ブラウンフィールド再生を旗印にブラウンフィールド・サイトと周辺地区の再生計画を立案，都市計画や交通等の補助金を集中的に投下してブラウンフィールド・サイトの再利用による雇用の増加や自治体の税基盤の強化を目指した。

　つまり，1990 年代初頭のブラウンフィールド再生政策の初期段階においては，連邦・州の環境保護行政とブラウンフィールド・サイトを抱える自治体の都市計画・経済開発行政が，「ブラウンフィールド・サイトの再利用による経済開発の推進」という目標を共有し連携して再生を進めていた。特に，初期段階では，環境保護行政がブラウンフィールド再生政策の展開を強くリードしていた[2]。

　当初，ブラウンフィールド再生支援にそれほど積極的でなかった住宅・都市開発省も，1997年のブラウンフィールド全米パートナーシップにより，政治主導でブラウンフィールド再生に対する貢献を求められ，ブラウンフィールド再生事業に対するコミュニティ開発包括補助金の活用を推進した[3]。同パートナーシップとブラウンフィールド・ショウケース・コミュニティは，ブラウンフィールド・サイトの再利用による経済開発の推進という目標を，連邦政府機関を中心により幅広く浸透させた。

　ブラウンフィールド再生は，1990 年代後半以降，環境保護や都市計画の分野にとどまらず，

経済開発行政にも広く受け入れられた。第2部の分析で明らかにした通り，停滞する工業都市の経済的基盤を再生するために，州政府は自治体に対して経済開発目的で，多額の補助金を交付しており，ブラウンフィールド再生事業の土壌浄化や再開発の実施に大きく貢献した。

　ブラウンフィールド再生政策は，民主党のクリントン政権下で環境保護庁が政策展開を進めたが，共和党政権でも制度は一定程度維持されており，政治的にも幅広い支持を得るに至っている。その背景には，環境保護の強化を前提とした経済開発事業であり民間事業者からも一定の支持が得られていることがあると考えられる。第2世代の再生政策は，困窮地区の生活改善にも注力しているが，広い意味では，従来の命令・統制型の環境保護行政から，経済発展を側面支援する新しい環境保護行政へと展開しており，ブラウンフィールド再生政策の継続の理由とも言えるであろう。

10.3.2　環境保護行政と都市計画行政の連携が生み出した成果

　本項では，環境保護行政と都市計画行政の連携によって生み出された成果を，都市計画と環境保護のそれぞれの変化として整理する。

1）都市計画行政の変化

　環境保護との連携により，都市計画側で起こった変化は，区画単位の環境規制と土地利用規制の統合的運用と，都市計画における土地環境情報の前提条件化の2点に分類される。

　区画単位の環境規制と土地利用規制の統合的運用は，用途別浄化基準の導入とそれに伴う制度的管理の実施が契機となった。土地利用に応じた適切な経済的な環境回復措置を許容した結果，汚染土壌の完全撤去ではなく継続的な管理を前提にした封じ込めも認められ，多面的な環境管理手法の導入を可能にした。用途別浄化基準により，従来の用途地域とは別に土壌環境と講じられた対策に応じて追加的な土地利用規制を区画単位で運用する体制も整備された。土壌環境情報と追加的土地利用規制（制度的管理）は，土地登記に付加されており，不動産取引にも一定の影響を与えた。既知の土壌環境情報は，基本的に全て公開されており，土壌汚染の情報に基づく都市計画の前提条件として機能している。

　都市計画の策定過程で土地環境の情報の前提条件への組入は，主に第2世代の計画支援において展開された。都市計画と環境保護が別々に計画策定を行った場合，都市計画の論理で実施したい事業が環境保護を理由に実施できない事態や，その逆の事態が発生しうる恐れがあった。ブラウンフィールド問題を前提とした地区の再生計画の立案において，既知の土壌汚染情報を計画の前提条件として分析・確認することで，環境保護行政側の情報や優先順位を踏まえて再生計画を策定することが可能となり，環境問題を理由とした手戻りが減るため計画の実現性が向上した。

2）環境保護行政の変化

　環境保護行政の側で起きた変化として，上述した都市計画のツールを用いた環境保護の実践に加えて，都市計画や経済開発の論理を踏まえた，環境保護行政の執行を指摘したい。スーパーファンド法による土壌汚染リスクの分類により，ブラウンフィールド・サイトの対応は，差し迫った人体の健康に対する危機がない環境問題に分類される。そのため，浄化の優先順位検討に，健康リスクだけでなく都市計画や経済開発の観点を加えることが可能となり，浄化後に土地が再利用される可能性が高まった。第2世代の計画支援制度では，戦略的ブラウン

フィールド・サイトを選定するプロセスが導入され，より明示的に都市計画・経済開発における重要性を，浄化の支援に結びつける方法が導入されるようになった。

10.3.3　場所に根ざした複数政策分野連携の先駆け

　ブラウンフィールド再生の重要な対象である経済的困窮地区は，住宅・都市開発省が長年その政策の主な対象としてきたエリアである。同省は，1930 年代から開始された問題地区のクリアランス型の都市再開発事業から，1974 年にその利用について自治体に大幅に裁量権を移譲したコミュニティ開発包括補助金へ転換した。クリントン政権下で 1990 年代に開始されたエンパワーメント・ゾーンは経済的困窮地区を対象とした事業だったが，国勢調査に基づき対象都市の市域を幅広く対象にする制度であり，見方によっては再生の対象や効果がわかりづらい支援であった。

　それに対して，ブラウンフィールド再生政策は，ブラウンフィールド・サイトやブラウンフィールド地区という比較的狭い地理的領域を対象として進められた。初期のブラウンフィールド再生支援は，スーパーファンドの資金の一部を利用して開始されており，環境保護庁単独で多額の資金が必要となる浄化や再開発まで支援することはそもそも困難であった。そのため，環境保護に加え，都市計画，経済開発等の多分野の資金や技術を最大限活用する方針が，ブラウンフィールド全米パートナーシップとして示され，そのモデル事業としてショウケース・コミュニティが展開された。ブラウンフィールド再生政策は，物理的な場所の再生に複数の省庁や利害関係者が連携して取り組む枠組みを生み出した。

　第 2 部で明らかにした通り，環境保護庁は，調査パイロットにおける再生優先順位の検討やショウケース・コミュニティに対する職員派遣を通じて，自治体が抱えるブラウンフィールド問題の現場に密着した技術支援も展開した。近年ではブラウンフィールド地区に対する計画支援を開始して，都市計画の分野にまでその政策を拡大している。州政府の取組も，環境保護と都市計画，経済開発の部局が，事業実施ではなく計画段階から連携して，計画支援制度の運用を進めている。連邦も州もブラウンフィールド再生一般を支援するのではなく，自治体が選んだ特定の事業や地区を対象として連携型の支援を行っている。

　連邦政府は，オバマ政権下で「持続可能なコミュニティのためのパートナーシップ」を開始し，持続可能性の向上を目標に既成市街地への優先的な投資を掲げて，運輸省，住宅・都市開発省，環境保護庁の連携強化を打ち出した。公共交通指向型開発の推進や広域計画の支援に加え，環境正義，ブラウンフィールド再生も対象に加えられている。環境保護庁のブラウンフィールド地区に対する計画支援も，同パートナーシップの一環である。また，連邦政府による都市・地域を対象とした事業の Place-based review[4] による見直しも検討された。

　ブラウンフィールド再生政策は，結果として，地理的な対象を特定した「場所」に根ざした多分野の政策連携の先駆けとなった。その理由としては，ブラウンフィールド問題がそもそも既存の環境保護と都市計画や経済開発政策との境界領域に位置していたこと，さらに環境保護行政に十分な財政力がなく，都市計画・経済開発・運輸等の予算規模の大きい政策との連携が不可欠であったこと，特に 1990 年代後半は政治的なイニシアチブも活用して連携の枠組みが生まれたことが指摘される。

10.4 ブラウンフィールド再生政策継続の背景

前項の通り，ブラウンフィールド再生政策は，複数政策分野の連携の先駆けとなったが，なぜ，米国で長期間にわたりブラウンフィールド再生政策が継続しているのか。本項ではその背景として，米国の土地所有の概念と実態，ブラウンフィールド再生の産業化，近年の都市計画の思想について考察する。

10.4.1 土地所有の概念と地役権

まず，米国の土地所有の概念や土地所有に関する背景について，用途別浄化基準や制度的管理の導入が比較的スムーズに行われた理由は，権利の束（Bundle of rights）の概念に代表されるように，土地所有は土地に関する様々な権利を束ねたものであるという考え方が一般的であったことが影響している。用途制限など環境リスクに対応した土地に対する制限も，従来の地役権設定の延長線上の制度と捉えられる「環境地役権」として設定されており，不動産業界や一般市民にも理解されやすかったと考えられる。

土地所有の実態においては，ブラウンフィールド・サイトが多い米国東部は，公有地の割合が低く，民間事業者による再生を促さざるを得ない状況にある。再生政策は，一貫して，制度や補助金により民間の地権者や事業者によるブラウンフィールド再生を支援するという姿勢を保っている。行政や公社がブラウンフィールド再生事業を全て担当すると，事業の完成が目的化し，市場性の低い事業が行われる恐れが大きくなる。米国のブラウンフィールド再生事業は，過去20年の間，景気変動の波を受けて停滞した時期もあるが，民間事業者が再開発を担当しており，市場の需要に応じて事業の速度も変化してきた。

10.4.2 ブラウンフィールド再生の産業化

2点目はブラウンフィールド再生の「産業化」である。スーパーファンド法による厳しい環境規制と責任追及への対応は都市問題となった反面，環境法に対応するための民間ビジネスを生み出した。スーパーファンド法に対応する環境法務関係に加えて，土壌汚染の調査や浄化を行う民間事業者や，州政府の浄化管理の民間化に伴う民間の認定土壌専門家の登場もその一部と考えられる。土壌汚染の対応に悩まされた民間開発事業者も，ブラウンフィールド再生に対する公的支援制度（特に事前明示性が高い税額控除）によって収支が支えられるため一定の利益を確保することが可能となっており，再生支援制度の維持・拡充を唱えるロビー団体となりつつある。

10.4.3 1990年代以降の都市計画の思想

3点目は，1990年代から現在に至る米国のニューアーバニズムの思想と，環境問題や経済的困窮地区を抱えつつも既成市街地に立地するブラウンフィールド・サイトの再生が目指す都市計画の方向性が合致した点である。ダウンタウン再生，拡大ダウンタウンの開発，公共交通指向型都市開発の対象地は，特に東海岸や五大湖沿岸の諸都市では，ブラウンフィールド・サイトを含まざるを得なかった。2000年代の環境負荷低減の思想もあり，開発の対象として既成

市街地が選択される場合が増加しており，ブラウンフィールド再生は避けて通れない課題となった。また，米国の衰退市街地に存在する社会的な課題（貧困層の居住環境改善・環境正義）と，地理的な対象や支援の方向性が一致するため，幅広い社会階層からブラウンフィールド再生政策への支持が維持されることとなった。

10.5　日本への示唆

本節では，米国のブラウンフィールド再生政策の日本における活用を検討する。まず，検討にあたって，日本と米国のブラウンフィールド再生に関する前提条件の違いを整理したうえで，本書の知見から得られる日本への示唆を指摘したい。

10.5.1　ブラウンフィールド再生における日米の前提条件の違い

本項では，日本への示唆を得るにあたり，日米のブラウンフィールドに関する前提条件の違いとして，人口密度の違い，連邦制の有無，環境規制の違いを指摘する。

1）人口密度の違い

日本と米国の基本的な条件の違いとして，人口密度の違いが指摘される。人口密度が高いため，一般に土地の価値が高い日本では，開発事業における浄化費用の割合が高くなりづらく，ブラウンフィールド問題は発生しづらいと一般に考えられている。

例えば，本書でケース・スタディの対象としたローウェル市やブリッジポート市の位置するニューイングランド地方は 2010 年の国勢調査で 85.59 人/km^2 であり，米国のなかでは人口密度が高い地域にあたるが，日本全国の平均人口密度は 343 人/km^2（2005 年国勢調査）であり，依然として大きな開きがある。ただし，日本のなかでも例えば東北地方の人口密度は 144 人/km^2（2005 年国勢調査）であり，今後の人口減少も想定すれば米国と同じような状況が発生する地方が生まれる可能性が高い。

世界的に見ても人口密度が高く，今後も一定の土地需要が予想される日本の三大都市圏において，工場跡地が遺棄されることは考えにくい。しかし，多くの地方都市では，土壌汚染対策費用や建物の除却費用が理由となって，土地が放置される事態は現実のものとなりつつある。必ずしも日本と米国はかけ離れた状態にあるわけではない。

2）連邦制による政策発展

日本は，米国やドイツ等の連邦制を採用している国と比較すると，地方政府の自主財源比率が低いことが指摘されている。「地方の歳出比は米独並み」に高いが，これを可能にしているのは，「国から地方への多額の財政移転であり，とりわけ使途の定められた特定補助金によって，財政面での国の関与が地方に及んできた」と言われている[5]。一方，米国の州政府は，広範な徴税権を有しており，日本の都道府県と比べると米国の州政府は，財政面でも独自の制度を設置しやすい環境にある[6]。

第 1 部で指摘した通り，米国のブラウンフィールド再生支援制度の大半は，環境管理に広範な権限を有しつつ，ブラウンフィールド・サイトの調査・浄化を直接担当してきた州政府の環境保護部局が生み出したものであった。連邦法として制定されたスーパーファンド法による環境責任追及から民間事業者を保護する制度を導入しており，州政府の独立性の高さが，革新的

な制度の試験的な導入につながった。第2世代のブラウンフィールド地区に対する計画支援制度も，同様に州政府が開始して，連邦政府が追随した制度である。

日本でも，1970年代の革新自治体により環境基準の上乗せ条例や横出し条例を制定している。自治体が国に先んじて，先進的な環境規制を導入することは，我が国においても珍しいことではない。ただし，自主的浄化プログラムでは，州法で適法となっても連邦法で浄化責任に問われる可能性が残るという意味で，より踏み込んだ対応を州政府が行った事例である。日本で地方自治体が国の法律や基準のグレーゾーンに踏み込んで政策展開するということは，連邦制である米国よりもさらに難しいと思われる。

3）環境規制の違い

日米の土壌汚染に対する環境規制の法制度の考え方は，一定の違いがある。

本書の第1部で取り上げたように，米国はラブ・キャナル事件等を背景とした土壌汚染に対する国民的拒否反応のなかで，例外なき厳しい環境規制の実施と責任追及の実施をスーパーファンド法として1980年に法制度化した。日本では，大気や水質は公害病の発生後，全国的な規制強化が行われたが，イタイイタイ病の発生をきっかけとして規制法が制定された農用地を除けば，一般市街地における土壌汚染を直接規制する法律の制定は，2002年の土壌汚染対策法まで遅れた。また，土壌汚染対策法も制定当初は特定有害物質を使用している特定施設の廃止時など，土壌汚染発見の契機が限定的であり，法対象以外の自主調査による土壌汚染判明件数のほうが多かった。2010年の改正後も「3,000平米以上の土地の形質変更を形質変更時に都道府県知事が特定有害物質により土壌が汚染されている恐れがあると認めた範囲について土壌調査義務が発生」するとされているが，3,000平米未満の土地は現在でも法対象とされていない。また，規制物質の種類もスーパーファンド法は1,000種類を超える物質が規制対象となっているが，土壌汚染対策法の対象となる特定有害物質は25種類である。また，油汚染についても油汚染対策ガイドラインは制定されているが，法対象とはされていない。

米国は，厳しい法規制を導入後に，再生が困難な土地のうち経済的・社会的に公的支援を行い，再生する意義がある土地の再生を支援してきた。一方，日本の土壌汚染に対する法規制は，法対象となる土地自体が限定されている。日本の法規制は，法対象の範囲を広げて，中小事業者の経済活動に支障を来したり，米国が経験した土壌汚染の存在可能性を原因とする既成市街地の利用の停滞を招いたりするような事態を，事前に防ぐことに重きを置いている。

ただし，法が契機となる調査や浄化の対象地が限られることにより，汚染の発見や対策が遅れ，結果として人体に対する曝露可能性が高い汚染がそのままになる恐れも認識しておく必要がある。環境規制が厳しくなければ，米国のブラウンフィールド再生支援のように，規制を限定的に緩和することがインセンティブとなりづらく，土壌汚染リスクの顕在化も進まない。土壌汚染の存在が明らかにならないまま土地取引が行われる恐れもある。

もちろん，日本でも民間同士の土地取引の前提条件として土壌調査の普及は進んでおり，これから土地需要が縮小する過程で，立地に問題がある土壌汚染地は，法対象とならなくても土地利用が停滞する可能性が高い。土地需要が小さい地域にある土壌汚染地の管理，活用方法として，米国で行われている汚染管理と並行した緑地化，オープン・スペース化などの土地利用や都市計画の工夫は，我が国にとっても重要な知見となりうるものである。

10.5.2　前提条件の違いを踏まえた日本への示唆

　前項で述べた日本と米国の前提条件の違いを踏まえたうえで，本書の知見から得られる米国のブラウンフィールド再生の日本への示唆を整理する。

1）リスクに基づく土壌汚染の評価と分類

　まず，発見された土壌汚染のリスクについて，リスクに基づく評価と分類を行うことの重要性を指摘したい。第1部で指摘した通り，米国では，スーパーファンド法によって，定量的な指標によりスーパーファンド・サイトとブラウンフィールド・サイトが分類され，リスクが高い汚染については連邦政府の管理による浄化が実施されている。これにより，深刻な土壌汚染は，適切に管理されており，それ以外の土壌汚染は，土地利用や周辺環境などの状況に応じた対策を講じる対象であるという認識が長い期間を経て共有された。用途別浄化基準の導入をはじめとする，リスクに応じた対応が広く国民から理解されるためには，深刻な土壌汚染に迅速かつ適切に管理することが前提となる。

2）環境保護行政と都市計画行政の連携強化

　次に，環境保護行政と都市計画行政の計画と事業における連携強化を挙げたい。具体的には，土壌汚染をはじめとする土地リスクの問題を抱える地区に対して，土地リスク単体の解消ではなく，地区の将来像を検討する計画立案の段階から支援を実施することは有効であると考えられる。土壌汚染に関して言えば，土壌調査，計画立案（地区の将来像の検討），地区の将来像において重要な区画に対する土地汚染リスクの低減，解消の3点をパッケージ化して提供することが大切だ。これにより地権者のリスク顕在化に対する躊躇や不安も一定程度解消することが期待される。なお，土壌浄化費用については，汚染責任者の負担を原則としつつも，土地所有者や責任者に資力がなく，土地の再利用によって社会的，経済的な効用が得られる場合は，その一部に公的資金を投入することも検討すべきである。

3）土地の環境情報の保管と継承

　第3に，土地の環境情報を確実に将来に継承する仕組みの整備を挙げる。第1部で明らかにした通り，用途別浄化基準を適用し，汚染を存置する場合は，土地登記に環境地役権の設定を行い，土壌及び地下水に関する環境情報と土地に対する制限が，土地とともに移転する仕組みを確立している。また，その制限は自治体の用途地域を担当する部局に対しても通知され，一般市民にも公開されている。土地登記への紐付けは，短期的には不動産価値の低下に繋がる可能性が指摘されるが，中長期でみれば土地リスク情報が適切に評価されることで，土地リスクが高い土地の土地利用が変化し，国民が晒されるリスクの総量が低減することが予測される。自然災害のリスクについては，近年日本でもハザードマップが公開されるなど，土地リスクの情報開示は徐々に国民に受け入れられつつある。

4）リスクを評価する第三者の介入

　第4に土壌汚染等の土地リスクへの対応における，中立的な第三者の介入の重要性を指摘したい。我が国では，公的機関が販売等を行った宅地等の場合，土壌調査や健康リスクの評価を行う機関と汚染責任者が同一の主体になりうる事例も散見される。自治体や都道府県が汚染責任者となる可能性がある場合，国や国の研究機関などの中立的な立場にある公的機関が土壌汚染の調査や評価を行うことが重要であり，そのような技術支援について財政的な担保も確立すべきであろう。

米国でも自治体が開発に関わった住宅地に土壌汚染が存在した事例は複数存在するが，自治体とは独立した連邦環境保護庁や州の環境保護局が介入して，調査や評価，住民の健康診断を実施している。健康被害の可能性が低いと結論づけられた場合の資産価値減少に対する補償は，米国でも裁判で争われることが多く，解決が難しい課題である。ただし，スーパーファンド・サイトについては，汚染責任の追及と対策の執行が分離されており，緊急性の高い対策は，原因者によらず，中立的な機関が迅速に執行する体制が構築されていることを指摘しておきたい。

5）再開発を伴わない土地の再生

　産業の転出や人口の減少の結果として発生したブラウンフィールドのなかには，新たな開発を行うほどの需要が存在しない状況にある土地も少なくない。土壌汚染の完全除去が経済的に難しい土地でも，土壌汚染を適切に管理して人体への曝露を抑制することで，対策費用を抑えて工場跡地を緑地やレクリエーションのための場所として活用できる可能性がある。汚染者による対策費用の拠出や公的支援が必要とはなるが，跡地として市民が利用できないまま放置するよりも，周辺地区への負の影響も抑えることができる。暫定的な再生が長期的に新たな外部から投資を呼び込む可能性もある。特に地方都市では「再生＝再開発」という考え方から離れて，多様な再生のあり方を検討することも重要だろう。

6）複数政策分野の統合ツールとしての都市計画の活用

　最後に，特定の空間領域に対する複数政策分野の統合的運用のツールとして，都市計画の活用可能性を指摘したい。本書では，米国の既成市街地における土壌汚染への対応が，環境保護行政単独の事業から，経済開発事業の種地や経済的困窮地区に対する支援の一環としての役割も担う複合的な事業へ変化してきたことを明らかにした。その過程において，個別には異なる事業目標を持つ複数の政策を，相互に調整する役割を担ったのは，自治体の都市計画であった。抽象化して言えば，都市計画は元来，特定の空間領域を対象に，利害関係者の間で将来目標を共有，合意し，様々な政策分野の事業を協調的に運用して，その目標を達成させるためのツールである。

　残念ながら，都市計画事業や土木事業，再開発事業を正当化するために「都市計画」が利用されてきたことは，我が国でも米国でも変わらない。しかし，米国の第2世代のブラウンフィールド再生政策においては，条件不利地域の再生を考える際に重要となる「複数の政策分野を利用した地区への協調的介入」や「再生の優先順位を整理するツール」として，都市計画の役割を再評価し積極的に活用している。

　土壌汚染や自然災害に代表される土地リスクへの対応をはじめとして，環境，健康，福祉といった個別に事業が展開されてきた分野においても，空間計画に基づく協調的な運用により高い事業効果が得られる可能性がある。一方で，単純な都市計画事業や土木事業が減少傾向にあり，これらの事業だけでは空間計画の具現化が困難な時代になった。都市計画が本来内包している，特定の空間を対象とした多様な政策分野の統合により，個別事業だけでは対応が困難な複合的課題を解決できる可能性が高まる。計画の重要性の理解が深まることによって，適切な空間計画の有無が個別事業の執行と紐付けされるようになり，結果として計画の実現性も向上することが期待できる。

10.6 本書の限界と展望

10.6.1 研究の対象の限界

本書は米国を対象としているが，その中でも詳細な分析の対象とする「都市・地域」と「土壌汚染の程度」が限定されている点を本書の限界として挙げたい。

第2部の事例分析対象都市は，調査の物理的な限界から，米国で最もブラウンフィールド問題を多く抱えている地域の一つである米国北東部に限定した。しかし，五大湖沿岸の諸州や西海岸の工業都市など，北東部以外にもブラウンフィールド再生によって都市再生を進めている都市は数多く存在している。北東部においても事例分析の対象としなかった大都市のなかには，ニューヨーク市やシカゴ市のように市独自の再生支援制度を整備している都市も存在する。本書では取り扱うことができなかったが，米国内には特色あるブラウンフィールド再生事例が多数存在することを強調しておきたい。

また，本書で取り上げた土壌汚染地は，主に民間の事業活動により汚染されたものだが，軍事基地や空港等の，一般のブラウンフィールドと異なる文脈で発生した大規模産業跡地にも分析が及ばなかった。非常に規模は大きいが，土壌汚染の責任主体は明確であり，本書で取り上げた一般のブラウンフィールド再生と比べて，より計画的に土地の再生に向けた作業が進められている可能性が高い。

汚染の程度についても本書は，中軽度の土壌汚染地であるブラウンフィールドの範疇にある事例しか取り上げることができなかった。深刻な土壌汚染地であるスーパーファンド・サイトについては，ローウェル市の Tanner St. 地区の事例でしか取り扱えなかったが，全米でスーパーファンド・サイトの再生も進められており，土壌汚染の存置やその他の対策手法に基づき厳しい土地利用規制の下で，環境保護行政が主導する再開発が行われている。本書で取り上げた環境保護の論理と都市計画や経済開発の論理を重ね合わせるブラウンフィールド再生の概念を適用することが適切ではない状況があることを指摘しておきたい。

10.6.2 今後の展望

第1に，本書は調査対象が米国に限定されており，欧州やカナダ等の他の先進工業国の分析を行うことができなかった。本書では米国の経済的困窮地区に対して，環境保護と都市計画，経済開発の両面から多様な支援が行われていること，それらの公的支援を効果的に利用するための計画策定の支援が重要であることを指摘した。しかし，欧州では公的機関の介入もより包括的に行われている事例もあり，米国と欧州の条件不利地域に対する州や国，EU の公的支援の手法を比較することで，より普遍的な知見を得られる可能性があり，今後の課題としたい。

第2に，環境保護と都市計画の両方の政策領域にまたがる課題の解決の実態を，主に都市計画の視点から分析したが，定性的な政策目標共有のプロセスの分析にとどまり，2つの領域を統合的に取り扱う定量的な分析に至っていない。土壌汚染対策費用と再開発費用を足しあわせてスコア化する手法は，環境保護庁のブラウンフィールド調査パイロットでも検討されているが，米国のブラウンフィールド再生事業は経済的な合理性だけでは解決できない環境正義や経済的困窮地区の問題への対応にも力点が置かれており，それらを統合するような定量的評価に

至らなかった。なお，ブラウンフィールド再生支援によって，郊外開発が抑制されていると言われており，その点に着目したブラウンフィールド関連の補助金の経済効果を分析した研究は進められている。

　日本への導入を想定した場合に，厳しい環境規制の導入により既成市街地再開発の停滞による損失と，国民の潜在的な土壌汚染に対する曝露リスクの低下の利益を比較する必要がある。筆者は，米国のブラウンフィールド再生として行われた既成市街地の再開発は，スーパーファンド法による既成市街地の再生停滞を解消しそれを上回る規模で進行したと考えているが，両者の関係を指摘するにはさらに詳細な分析が必要となるため，今後の課題としたい。

注

1）ブラウンフィールド・サイトが多く存在する経済的困窮地区の再生は，環境保護庁にとっては新たな挑戦であった。一方，住宅・都市開発省にとっては，経済的困窮地区は，クリアランス型の都市再開発事業（Urban Renewal）の推進とその失敗，コミュニティ開発包括補助金への転換を図ってきた長年の政策対象であった。

2）聞き取り調査：Charlie Bartsch, Senior advisor for Economic Development, EPA（2012/10/25）

3）住宅・都市開発省の予算規模を考えると，同省は現在でもブラウンフィールド再生単独に対して，大きな力点を置いていない。ただし，持続可能なコミュニティのためのパートナーシップでも触れたように既成市街地再生という点では，住宅・都市開発省，運輸省，環境保護庁は利害を共有している。

4）場所に根ざした政策や投資を実施することで投資効果を相互に連携させ，中長期の持続可能性向上を目指すものである。以下を参照した。
The White House, Memorandum for the Heads of Executive Departments and Agencies, Developing effective place-based policies for the FY 2011 budget, August 11, 2009

5）松浦　茂，米英独仏における国と地方の財政関係，調査と情報612，2008，P. 9 より

6）ただし，連邦政府の補助金は，補助要件に規制基準が設定されている場合も多く，「州・地方政府が連邦基準に適合した行政活動を採用するか否かは自治的な裁量行為に過ぎないが，実際の政治行政過程において連邦補助金に担保されることによって連邦の権威的強制として機能している」との指摘もある。
財務省財務総合政策研究所，主要諸外国における国と地方の財政役割の状況，2006/09，P. 429

あとがき

　熊本県八代市，筆者が，ほぼ小学校卒業まで過ごした土地は，駅の近くに大きな製紙工場が聳え，中心市街地である「まち」に出かけるたびに，ごく自然に煙突が目に入る街でした。この研究を行うまで，強く意識したことは少なかったのですが，四大公害病の一つである水俣と同じ，八代海に面した街でもありました。大学進学までは工業都市や環境問題をそれほど意識していたわけではありませんが，土壌汚染を抱える工業都市を研究する根底には，私の育った街が影響を与えているのかもしれません。

　この研究の直接のきっかけは，北沢猛東京大学教授（故人）と野原卓助手（当時）に誘われて，研究室の京浜臨海部再生の「プロジェクト」に参加したことでした。一般の市街地とは異なり，企業の論理で，広大な工業地帯にポツポツと低・未利用地が生まれる。土壌汚染の可能性もある。そんな状況に，都市計画はどうやって向き合えばよいのか，大きな問いを，突きつけられました。修士の夏に，欧州と米国のブラウンフィールド再生事例を調査しました。北欧やドイツの華々しい臨海部再生に感動しつつも，力の弱い自治体が泥臭い取組を続ける米国の中小都市の実態に惹かれ，米国のブラウンフィールド再生を調べようと決めました。

　本書で取り上げた米国の再生事例のほとんどは，驚くような美しい建物があるわけでもなく，結果だけ見れば普通の地方都市の風景が生まれているに過ぎません。しかし，誰も近づかなかった工場の廃墟と（普段は目に見えませんが）大量の土壌汚染を抱えた場所が，家族連れで賑わう公園や人々が普通に暮らす住宅に変化する様子を目の当たりにして，見捨てられた土地を再生させる関係者の熱意とそれを何とか支えようとする制度に深く感銘を受けました。

　本書は，筆者の東京大学大学院における修士論文と博士論文を編集したものです。2つの論文の執筆と本書の出版にあたり，多くの方々にお世話になりました。

　筆者が大学で研究を続けるきっかけをいただき，博士論文の主査を務めていただいた東京大学の西村幸夫教授に心より感謝申し上げます。西村先生と重ねた議論の過程で，自分の研究を客観的に捉え直す貴重な機会を与えていただきました。都市デザイン研究室のプロジェクトの現場で，先生や研究室のメンバーと都市に関する多くの議論に参加できたことが，研究を進める原動力となりました。

　研究を続けるなかでおきた東日本大震災によって，筆者は土地が持つリスクに都市計画がどのように向き合うべきかという課題を，正面から突きつけられました。博士論文の副査でもある窪田亜矢教授と，岩手県大槌町に通い，共に悩み，議論した時間が，本書の礎となりました。

　新領域創生科学研究科の出口敦教授には，遅々として進まない論文執筆を終始温かく励ましていただきました。ブラウンフィールドに関わる多様な立場から見た再生プロセスについて，重要な示唆をいただきました。都市工学科の森口祐一教授には，本研究に環境行政や環境保護の立場から助言いただき，行政連携の要点をより具体的に記述することができました。

大阪大学の阿部浩和教授とは，筆者が日建設計に在職している時期から，ブラウンフィールド再生に関する研究をご一緒させていただきました。本書についても英国のブラウンフィールド再生との比較のなかで，重要な指摘をいただきました。都市計画の本流ではない工場跡地を対象に研究を続けることができたのは，阿部先生はじめブラウンフィールド研究会（和歌山大学宮川智子教授，産業技術総合研究所保高徹生主任研究員，大塚紀子氏，阿部研究室のみなさん）での議論の積み重ねがあったからでした。

　残念ながら，博士論文以降の指導を受けることは叶いませんでしたが，研究のきっかけをいただいた北沢猛教授にも改めて本書を届けて感謝申し上げたいと思います。

　学生時代から指導いただいた先生方（特に横浜国立大学野原卓准教授，東京大学中島直人准教授，工学院大学遠藤新教授）と都市研究室の先輩・同僚（東京都市大学中島伸講師，早稲田大学 Christian Dimmer 助教，龍谷大学阿部大輔准教授，和歌山大学永瀬節治准教授，東京大学森朋子助教，五十嵐技官，鈴木秘書），そして筆者が所属した東京大学都市デザイン研究室の学生のみなさんにも感謝申し上げます。研究室の日常は，私の大切な学びの場でした。5年弱在籍した日建設計でもブラウンフィールド研究を続ける機会をいただきました。特に中分毅氏，田中亙氏，奥森清喜氏には大変お世話になりました。

　2016年に赴任した九州大学でもブラウンフィールドの研究を継続し，本書を執筆する環境を支えていただいた皆様，特に都市共生デザイン専攻の先生方と都市設計研究室の学生のみなさんにも改めて感謝申し上げます。

　米国での現地調査では，ブラウンフィールド再生の現場に関わる方々に，大変お世話になりました。見知らぬ日本の研究者からのメールに返事をいただき，インタビューに応じてくれる自治体や政府職員の方々に筆者は何度となく助けられました。とりわけ，米国ブラウンフィールド再生政策に初期段階から関わられ，Mr. Brownfield と呼ばれた Charles William Bartsch 氏との議論は，公的な資料からはわからない政策の背景を理解する上で，非常に貴重な機会をいただきました。残念ながら，本書刊行前の2018年1月17日に逝去されました。

　本書の出版にあたって，九州大学出版会の野本敦様，奥野有希様，大同印刷の皆様には大変お世話になりました。特に奥野様には，読みづらい草稿に丁寧に目を通していただき，わかりづらい語句や表現のブレをご指摘いただき，原稿の提出が遅れる筆者を常に温かく励ましていただきました。本当にありがとうございました。

　本書の一部に，2017年に学芸出版社から出版された西村幸夫編『都市経営時代のアーバンデザイン』のうち，筆者の執筆部分を改変して使用しています。使用を快諾いただいた学芸出版社の前田裕資社長にお礼申しあげます。また，本書は日本学術振興会科学研究費補助金・研究成果公開促進費（学術図書，課題番号 JP17HP5251，2017年度）の交付を受けて出版されています。

　終わりに，研究生活を変わらず支えてくれた家族に心からの感謝を伝えたいと思います。

本書が，環境汚染や産業の衰退に悩む日本のまちの再生に少しでも役に立つ部分があれば，
それは筆者にとって望外の喜びです。

黒瀬 武史

2018 年 2 月

Acknowledgement

This book would not have been possible without the help of the following interviewees.

Charles Bartsch, Senior advisor for Economic Development, US EPA

Dennis Sutton, Office of Strategic planning, City of Buffalo
Peter M.Cammarata, President, Buffalo Urban Development Corp.
David A. Stebbins, Vice President, Buffalo Urban Development Corp.
John M. Fell, Office of Strategic planning, City of Buffalo
David Kooris, Director, OPED, City of Bridgeport
Brian Connors, Dept. of Planning & Development, City of Lowell
Adam Baacke, Dept. of Planning & Development, City of Lowell
Sarah Brown, Dept. of Planning & Development, City of Lowell
Dale Weiss, TRC
Suzanne Frechette, Deputy Director of CBA
Colleen Kokas, Economic Growth & Green Energy, NJDEP
Christopher Bauer, Office of Planning and Development , NYSDOS
David MacLeod, Office of Planning and Development, NYSDOS
Jody Kass, Executive Director, NPCR
Andrew Raus, Vice President, Bergmann Associates
Val Washington, Former Deputy Commissioner, NYSDEC

索 引

略語一覧

AUL Activity and Use Limitation
→活動用途制限
AWP Brownfield Area-Wide Planning Grant
→（ブラウンフィールド）地区全体計画支援補助金
BCP Brownfield Cleanup Program
→（ニューヨーク州）ブラウンフィールド浄化プログラム
BDA Brownfield Development Area
→ブラウンフィールド開発地区
BEDI Brownfield Economic Development Initiative
→ブラウンフィールド経済開発イニシアチブ
BF Brownfield
→ブラウンフィールド
BFP Brownfield Program
→ブラウンフィールド・プログラム
BNMC Buffalo Niagara Medical Campus
→バッファロー・ナイアガラ医療キャンパス
BOA Brownfield Opportunity Area
→ブラウンフィールド・オポチュニティ地区
BST Brownfield Support Team
→ブラウンフィールド支援チーム
CBA Coalition for the Better Acre
→よりよいエーカー地区のための連合
CDBG Community Development Block Grant
→コミュニティ開発包括補助金
CERCLA Comprehensive Environmental Response, Compensation, and Liability Act
→包括的環境対処・補償・責任法
CERCLIS Comprehensive Environmental Response, Compensation, and Liability Information System
→CERCLIS（スーパーファンド・サイト選定のための土壌汚染地データベース）
CLEAN Community Linkage for Environmental Action Now
→CLEAN（環境対策に向けたコミュニティ連携タスク・フォース）
CNTS Covenant Not To Sue
→訴権放棄契約
CT State of Connecticut
→コネチカット州
DEC, NYSDEC New York State Department of Environmental Conservation
→ニューヨーク州環境保全局

DEEP　　Connecticut Department of Energy and Environmental Protection
　　　　　→コネチカット州エネルギー・環境保護局

DEP, MASSDEP, MADEP　　Massachusetts Department of Environmental Protection
　　　　　→マサチューセッツ州環境保護局

DEP, NJDEP　　New Jersey Department of Environmental Protection
　　　　　→ニュージャージー州環境保護局

DOS, NYSDOS　　Department of State
　　　　　→（ニューヨーク州）州務局

DOT　　Department of Transportation
　　　　　→運輸省

ECHDC　　Erie Canal Harbor Development Corporation
　　　　　→ Erie Canal Harbor 開発会社

EDA　　Economic Development Administration
　　　　　→（商務省）経済開発局

EPA　　Environmental Protection Agency
　　　　　→環境保護庁

ERF　　Environmental Restoration Fund
　　　　　→環境回復基金

HCD　　Hamilton Canal District
　　　　　→ Hamilton 運河地区

HRS　　Hazard Ranking System
　　　　　→危険度順位システム

HUD　　Department of Housing and Urban Development
　　　　　→（連邦政府）住宅・都市開発省

IC　　Institutional Control
　　　　→制度的管理

JAM　　Jackson St./Appleton St./Middlesex St.
　　　　　→ JAM 地区

LCP　　→ Lakeside Commerce Park

LSP　　Licensed Site Professionals
　　　　　→認定サイト専門家（マサチューセッツ州）

LSRP　　Licensed Site Remediation Professionals
　　　　　→認定サイト浄化専門家（ニュージャージー州）

LWRP　　Local Waterfront Revitalization Program
　　　　　→地域水辺再生プログラム

MA, MASS　　Commonwealth of Massachusetts
　　　　　→マサチューセッツ州

MCP　　Massachusetts Contingency Plan
　　　　　→（マサチューセッツ州）緊急対応計画

MDP　　Municipal Development Project
　　　　　→自治体開発事業

NFA　　No Further Action Letter
　　　　　→対策完了証書

NJ　　State of New Jersey
　　　　　→ニュージャージー州

アルファベット順

五十音順

著者紹介

黒瀬　武史（くろせ・たけふみ）

1981 年に福岡県で生まれ，熊本県で育つ。東京大学大学院工学系研究科都市工学専攻修士課程修了，株式会社日建設計 都市デザイン室，東京大学大学院助教を経て，2016 年から九州大学大学院人間環境学研究院都市・建築学部門准教授。近年の主な研究分野は「ブラウンフィールドの再生」と「人口減少時代の都市デザイン」。共著に『都市経営時代のアーバンデザイン』（学芸出版社），『アーバンデザインセンター 開かれたまちづくりの場』（理工図書），『まちを読み解く―景観・歴史・地域づくり―』（朝倉書店）など。

米国のブラウンフィールド再生
―― 工場跡地から都市を再生する ――

2018 年 3 月 20 日　初版発行

著　者　黒　瀬　武　史

発行者　五十川　直　行

発行所　一般財団法人　九州大学出版会
〒814-0001 福岡市早良区百道浜 3-8-34
九州大学産学官連携イノベーションプラザ 305
電話　092-833-9150
URL　http://kup.or.jp/
印刷・製本／大同印刷㈱